Geiger • Kanzow

Theorie und Numerik restringierter Optimierungsaufgaben

Springer
Berlin
Heidelberg
New York
Barcelona
Hongkong
London
Mailand
Paris
Tokio

Carl Geiger · Christian Kanzow

Theorie und Numerik restringierter Optimierungsaufgaben

 Springer

Professor Dr. Carl Geiger
Universität Hamburg
Fachbereich Mathematik
Bundesstraße 55
20146 Hamburg, Deutschland
e-mail: geiger@math.uni-hamburg.de

Professor Dr. Christian Kanzow
Universität Würzburg
Institut für Angewandte Mathematik und Statistik
Am Hubland
97074 Würzburg, Deutschland
e-mail: kanzow@mathematik.uni-wuerzburg.de

Die Deutsche Bibliothek - CIP-Einheitsaufnahme

Geiger, Carl:
Theorie und Numerik restringierter Optimierungsaufgaben / Carl Geiger; Christian Kanzow. - Berlin;
Heidelberg; New York; Barcelona; Hongkong; London; Mailand; Paris; Tokio: Springer, 2002
ISBN 3-540-42790-2

Mathematics Subject Classification (2000): 65Kxx, 49Mxx, 90Cxx

---

ISBN 3-540-42790-2 Springer-Verlag Berlin Heidelberg New York

Springer-Verlag Berlin Heidelberg New York
ein Unternehmen der BertelsmannSpringer Science+Business Media GmbH
http://www.springer.de
© Springer-Verlag Berlin Heidelberg 2002
Printed in Germany

Einbandgestaltung: *design&production, Heidelberg*
Satz: Datenerstellung durch die Autoren unter Verwendung eines Springer LATEX- Makropakets
Gedruckt auf säurefreiem Papier   SPIN 10856089   46/3142ck-5 4 3 2 1 0

Vorwort

Das vorliegende Buch ist entstanden aus verschiedenen Vorlesungen, welche die Autoren an den Universitäten Hamburg und Trier gehalten haben. Es beschäftigt sich mit den numerischen Verfahren und den zugehörigen theoretischen Grundlagen zur Lösung von restringierten Optimierungsaufgaben. Die unrestringierte Minimierung ist nicht Bestandteil dieses Buches, da sich die Autoren in dem Buch [66] bereits ausführlich mit dieser Materie beschäftigt haben. Wir werden daher an verschiedenen Stellen auf [66] verweisen. Allerdings lässt sich das vorliegende Buch auch weitgehend unabhängig von [66] lesen.

An Vorkenntnissen benötigt das Buch nur die üblichen Grundlagen aus der mehrdimensionalen Differentialrechnung sowie der linearen Algebra. Wir haben darauf verzichtet, diese in eigenen Anhängen zusammenzustellen, da dies bereits in [66] geschehen ist. Aufgrund der nur relativ geringen Vorkenntisse, die zum Verständnis des Buches nötig sind, sollte das Buch für einen relativ großen Interessentenkreis gut lesbar sein. Es wendet sich daher nicht nur an Mathematiker, Wirtschafts- oder Technomathematiker, sondern auch an Natur-, Ingenieur- und Wirtschaftswissenschaftler, die im Laufe ihres Studiums oder in ihrer beruflichen Praxis mit Problemen der Optimierung konfrontiert werden.

Bei der Auswahl des Stoffes für das vorliegende Buch haben wir uns natürlich beschränken müssen. Einige Themen werden etwas kürzer besprochen als andere, insgesamt werden jedoch recht viele Gebiete behandelt, um dem Leser einen möglichst guten Überblick über die verschiedenen Ideen der Optimierung zu geben. Dabei wurden auch diverse aktuelle Gebiete mit einbezogen. Zusammen mit dem Buch [66] sollte dem Leser hiermit das zur Zeit wohl umfassendste einführende Werk in das Gebiet der stetigen Optimierung vorliegen.

Wir beschreiben im Folgenden einige Besonderheiten dieses Buches, wobei wir uns damit natürlich mehr an den erfahrenen Dozenten wenden als an den Studierenden, der sich mit der Materie ja erst auseinandersetzen muss.

Das Buch ist in sieben größere Kapitel gegliedert, wobei die ersten fünf insbesondere den üblichen Stoff von Kursvorlesungen zur (restringierten) Optimierung abdecken, während die beiden letzten Kapitel weniger Standard sind und sich eher für Spezialvorlesungen bzw. Seminare eignen.

Nach einer Einführung in die Problemstellung im Kapitel 1 werden im Kapitel 2 die notwendigen und hinreichenden Optimalitätsbedingungen der restringierten Optimierung hergeleitet. Dabei stehen insbesondere die KKT–Bedingungen im Mittelpunkt des Interesses, für die wir unter verschiedenen Regularitätsbedingungen zeigen, dass es sich tatsächlich um notwendige Optimalitätskriterien handelt. Ihre Herleitung erfolgt mittels des üblichen Tangentialkegels, da sich dieser Zugang anschaulich relativ gut darstellen lässt. Neben den KKT–Bedingungen enthält das Kapitel 2 allerdings auch noch die sonst eher selten besprochenen Fritz John–Bedingungen, da diese im Kapitel 5 bei der Behandlung der Verfahren der zulässigen Richtungen benötigt werden.

Das Kapitel 3 ist dann den linearen Programmen gewidmet, wobei der Schwerpunkt hier auf dem Simplex–Verfahren liegt. Neben der Darstellung der Dualitäts– und Optimalitätstheorie werden im Wesentlichen nur diejenigen theoretischen Grundlagen zur Verfügung gestellt, die dann auch tatsächlich zur Beschreibung und Umsetzung des Simplex–Verfahrens benötigt werden. Dabei haben wir bewusst auf die Tableau–Schreibweise verzichtet, die bei der Lösung von sehr kleinen Problemen per Hand zum Teil recht populär ist, jedoch bei der Lösung von anwendungsrelevanten linearen Programmen keine Rolle spielt. Gewissermaßen als Zusatz enthält das Kapitel 3 noch einen (auf dem starken Dualitätssatz für lineare Programme basierenden) Beweis der Fehlerschranke von Hoffman, die bei der Betrachtung der exakten Penalty–Funktionen im Kapitel 5 verwendet wird.

Die heute sehr beliebten Inneren–Punkte–Methoden sind der Inhalt des Kapitels 4. Sie werden dort ausführlich hergeleitet und anhand zweier spezieller Verfahren zur Lösung von linearen Programmen analysiert. Zusätzlich enthält das Kapitel 4 noch zwei weitere Abschnitte, die zwei sehr aktuelle Gebiete behandeln: Zum einen geht es um die sogenannten Glättungsverfahren zur Lösung von linearen Programmen, die in einem engen Zusammenhang zu den Inneren–Punkte–Verfahren stehen, und zum anderen werden die wichtigsten Ideen besprochen, die bei der Übertragung der Inneren–Punkte–Methoden zur Lösung von semi–definiten Problemen entstehen.

Das Kapitel 5 setzt sich dann mit der nichtlinearen Optimierung auseinander, und zwar im Hinblick auf konstruktive Zugänge. Hier werden eine ganze Reihe von verschiedenen Verfahren besprochen, die auch ganz unterschiedlichen Ideen folgen. Im Zentrum des Kapitels 5 stehen jedoch die SQP–Verfahren, da sie die wohl wichtigste Klasse von Verfahren zur Lösung von allgemeinen nichtlinearen Optimierungsaufgaben bilden. Da die exakten Penalty–Funktionen bei der Globalisierung der SQP–Verfahren eine gewisse Rolle spielen, gehen wir auch relativ ausführlich auf diese Penalty–Funktionen ein und geben insbesondere einige verhältnismäßig einfache Beweise zum Nachweis der Exaktheit dieser Penalty–Funktionen an.

Im Kapitel 6 besprechen wir neben einer Einführung in die Lagrange–Dualität der nichtlinearen Optimierung die wichtigsten Verfahren zur Lösung von nichtdifferenzierbaren Optimierungsproblemen. Um den Aufwand bezüglich des theoretischen Hintergrundes in Grenzen zu halten, beschränken wir uns hierbei allerdings auf die Behandlung von konvexen Problemen. Da die Bundle–Verfahren die heute wohl wichtigsten Methoden zur Lösung von allgemeinen nichtglatten Optimierungsaufgaben sind, gehen wir im Kapitel 6 auch ausführlich auf diese Klasse von Verfahren ein.

Das abschließende Kapitel 7 beschäftigt sich mit den sogenannten Variationsungleichungen. Dabei handelt es sich im Prinzip zwar um keine Optimierungsprobleme, jedoch gibt es eine Reihe von wichtigen Zusammenhängen zwischen den Variationsungleichungen und gewissen Optimierungsaufgaben. Insbesondere können die hier entwickelten Verfahren zur Lösung von Variationsungleichungen zum Teil auch zur Lösung von Minimierungsproblemen verwendet werden. Die meisten der hier angegebenen Methoden findet man nur in (überwiegend neueren) Originalarbeiten, die hier erstmals in Form eines Lehrbuches dargestellt werden.

Weiterhin enthält dieses Buch zahlreiche Aufgaben, etwa 140 an der Zahl. Diese Aufgaben sind von sehr unterschiedlichem Schwierigkeitsgrad. Einige Aufgaben dienen lediglich dazu, den Leser zu ermuntern, gewisse im Text durchgeführte Umformungen selbst nachzuvollziehen. Andere Aufgaben, auch solche, zu denen keine Hinweise gegeben werden, bringen Ergänzungen zum zuvor dargestellten Material und erscheinen zum Teil zunächst wesentlich schwerer. Wir glauben aber, dass der aufmerksame Leser mit etwas Nachdenken in der Lage sein sollte, diese Aufgaben zu lösen, sofern zuvor das betreffende Kapitel, in dem sich diese Aufgabe befindet, im Detail durchgearbeitet worden ist.

Damit beenden wir unseren kurzen Exkurs über die inhaltlichen Besonderheiten des vorliegenden Buches. Bedanken möchten wir uns an dieser Stelle bei unserem Kollegen Hans Joachim Oberle und bei einer Reihe von (ehemaligen) Studierenden (namentlich seien hier Michael Flegel, Christian Nagel, Heiko Pieper, Jan Fedor Sacksen und Martin Zupke genannt), deren Verbesserungsvorschläge an zahlreichen Stellen des Buches Verwendung fanden.

Nicht eingegangen wird im Rahmen dieses Buches auf das Thema Optimierungs–Software. Der hieran interessierte Leser sei auf das Buch [130] von Moré und Wright verwiesen sowie auf die beiden Internetseiten

```
http://www-neos.mcs.anl.gov
http://www.plato.la.asu.edu/guide.html.
```

Die erstgenannte Internet–Seite ist der sogenannte NEOS–Server am Argonne National Laboratory, während die zweite Internet–Adresse von Hans D. Mittelmann und Peter Spellucci stets auf dem aktuellen Stand gehalten wird.

Wir wünschen dem Leser abschließend viel Spaß bei der Lektüre und würden uns sowohl über positive als auch konstruktiv–kritische Kommentare sehr freuen.

Carl Geiger und Christian Kanzow   Hamburg und Würzburg, Okt. 2001

Inhaltsverzeichnis

1. Einführung

In diesem Kapitel führen wir zunächst in unsere Problemstellung ein und geben einige (Anwendungs–) Beispiele an. Dann beschäftigen wir uns kurz mit einigen weiteren Problemen der Optimierung, deren Behandlung allerdings nicht Gegenstand dieses Buches ist. Schließlich gehen wir auf einige mögliche Klassifikationen von Optimierungsproblemen ein, die später bei der Auswahl eines geeigneten Verfahrens von Bedeutung sein können.

1.1 Problemstellung und Beispiele

Seien $X \subseteq \mathbb{R}^n$ eine nichtleere Menge und $f : X \to \mathbb{R}$ eine gegebene Funktion. Gegenstand dieses Buches ist das *Minimierungsproblem*

$$\text{minimiere } f(x) \text{ unter der Nebenbedingung } x \in X. \tag{1.1}$$

Hierfür benutzen wir häufig die Kurzschreibweisen

$$\min f(x) \quad \text{u.d.N.} \quad x \in X$$

oder

$$\min_{x \in X} f(x).$$

Die Funktion f wird als *Zielfunktion* von (1.1) bezeichnet, und die Menge X heißt *zulässiger Bereich* oder *zulässige Menge* von (1.1). Ist $X = \mathbb{R}^n$, so spricht man von einem *unrestringierten Minimierungsproblem*, anderenfalls von einem *restringierten Minimierungsproblem*.

Alternativ könnte man auch ein *Maximierungsproblem*

$$\text{maximiere } f(x) \quad \text{u.d.N.} \quad x \in X \tag{1.2}$$

betrachten. In beiden Fällen spricht man von einem *Optimierungsproblem*.

Definition 1.1. *Betrachte das Minimierungsproblem (1.1).*

(i) Ein Vektor $x \in \mathbb{R}^n$ heißt zulässig *für (1.1), wenn $x \in X$ gilt.*

(ii) Ein zulässiger Vektor x^* heißt globales Minimum *von (1.1), wenn*

$$f(x^*) \leq f(x) \quad \text{für alle } x \in X$$

gilt.

(iii) Ein zulässiger Vektor x^* heißt lokales Minimum *von (1.1), wenn es ein $\varepsilon > 0$ gibt mit*

$$f(x^*) \leq f(x) \quad \text{für alle } x \in X \cap \mathcal{U}_\varepsilon(x^*);$$

dabei bezeichnet $\mathcal{U}_\varepsilon(x^*) := \{x \in \mathbb{R}^n \mid \|x - x^*\| < \varepsilon\}$ die ε–Kugel um den Punkt x^*.

(iv) Ein zulässiger Vektor x^* heißt striktes globales Minimum *von (1.1), wenn*

$$f(x^*) < f(x) \quad \text{für alle } x \in X \text{ mit } x \neq x^*$$

gilt.

(v) Ein zulässiger Vektor x^* heißt striktes lokales Minimum *von (1.1), wenn es ein $\varepsilon > 0$ gibt mit*

$$f(x^*) < f(x) \quad \text{für alle } x \in X \cap \mathcal{U}_\varepsilon(x^*) \text{ mit } x \neq x^*.$$

Entsprechend lässt sich ein (striktes) lokales oder globales Maximum für das Optimierungsproblem (1.2) definieren. Da x^* aber offenbar genau dann ein lokales (globales) Maximum von (1.2) ist, wenn x^* ein lokales (globales) Minimum von

$$\min -f(x) \quad \text{u.d.N.} \quad x \in X$$

ist, können (und werden) wir uns bei der Untersuchung von Optimierungsproblemen o.B.d.A. auf Minimierungsprobleme beschränken.

Probleme mit $n = 1$ oder $n = 2$ Variablen lassen sich gut veranschaulichen. Für $n = 1$ kann man den Graphen der Zielfunktion f betrachten. Für die in Abbildung 1.1 gezeichnete Funktion f auf $X = [x_1, x_8]$ ist x_2 das (strikte) globale Minimum, x_7 das (strikte) globale Maximum, x_1 und x_3 sind strikte lokale Maxima, x_8 ist ein striktes lokales Minimum und alle Punkte des Intervalls $[x_4, x_5]$ sind (nicht strikte) lokale Minima (die inneren Punkte dieses Intervalls sind zugleich lokale Maxima); x_6 ist weder ein lokales Minimum noch ein lokales Maximum.

Auch im Fall $n = 2$ kann man unter Verwendung eines Zeichenprogrammes (wie es etwa im MATLAB–Paket enthalten ist) den Graphen einer Funktion f zeichnen lassen. Beispielsweise wird in Abbildung 1.2 der Graph der Funktion

$$f(x, y) := \exp(-x^2 - y^2) + 4\sin(x)\sin(y)/(x^2 + y^2 + 1) \qquad (1.3)$$

wiedergegeben; es ist aber schon nicht mehr ganz leicht, aus dieser Abbildung die genaue Lage eines (lokalen oder globalen) Minimums abzulesen.

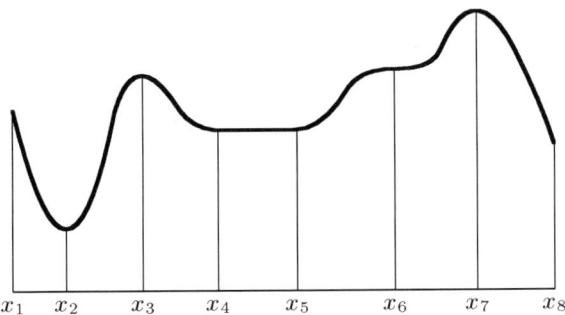

Abb. 1.1. Minima und Maxima einer Funktion einer Variablen

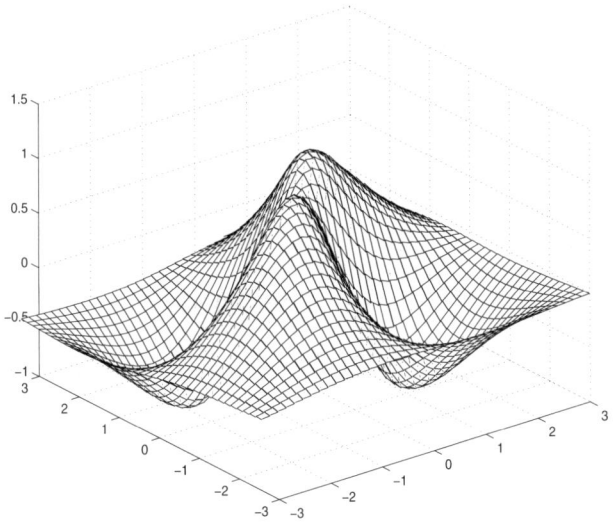

Abb. 1.2. Graph einer Funktion mit zwei Variablen

Eine alternative (und häufig übersichtlichere, wenngleich weniger „spektakuläre") Möglichkeit zur Veranschaulichung einer Funktion mit $n = 2$ Variablen besteht darin, sich die sogenannten *Höhenlinien* (auch *Niveaulinien* genannt)

$$H_c := \{x \in X \mid f(x) = c\}$$

für verschiedene Werte von c anzusehen. Die Abbildung 1.3 zeigt beispielsweise einige Höhenlinien der Funktion aus (1.3).

Wir kehren nun zu dem Minimierungsproblem (1.1) mit beliebigem $n \geq 1$ zurück. Ein solches Minimierungsproblem liegt häufig in der folgenden Gestalt vor:

$$\min f(x) \quad \text{u.d.N.} \quad g(x) \leq 0, \, h(x) = 0, \tag{1.4}$$

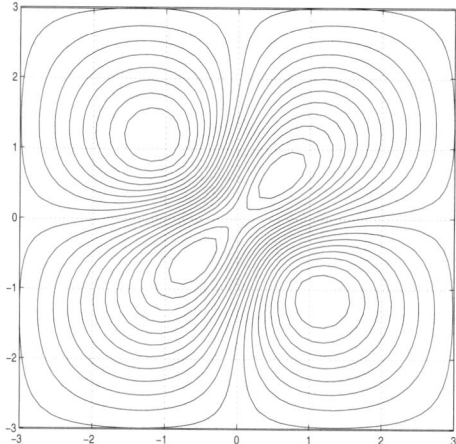

Abb. 1.3. Höhenlinien einer Funktion mit zwei Variablen

wobei $g : \mathbb{R}^n \to \mathbb{R}^m$ und $h : \mathbb{R}^n \to \mathbb{R}^p$ gegebene Funktionen sind und die Nebenbedingung $g(x) \leq 0$ komponentenweise zu verstehen ist:

$$g(x) \leq 0 :\Longleftrightarrow g_i(x) \leq 0 \quad \text{für alle } i = 1, \dots, m.$$

Bei dem Minimierungsproblem (1.4) ist der zulässige Bereich X also gegeben durch

$$X = \{x \in \mathbb{R}^n \mid g(x) \leq 0,\, h(x) = 0\}.$$

Das so einfach zu formulierende Minimierungsproblem (1.1) bzw. (1.4) erhält seine Bedeutung daraus, dass es ein *mathematisches Modell* für viele reale Probleme (aus den Ingenieurwissenschaften, Physik, Chemie, Medizin, Ökonomie, Ökologie usw.) ist. Dabei stelle man sich unter den Komponenten von $x \in \mathbb{R}^n$ Parameter des Modells vor, die durch die Modellbildung noch nicht festgelegt sind oder die Entscheidungsfreiheiten beschreiben. Diese Parameter sollen nun optimal gewählt werden. Wir illustrieren dies anhand einiger Beispiele, die bewusst einfach gehalten sind, um einige charakteristische Eigenschaften gut erkennen zu können. Man muss sich aber im Klaren darüber sein, dass die Modellierung realer Probleme schon für sich eine schwierige Aufgabe sein kann und die resultierenden mathematischen Optimierungsprobleme häufig sehr komplex sind. Eine ganze Reihe von Optimierungsproblemen aus verschiedenen Anwendungsfeldern und eine Fülle diesbezüglicher Literaturhinweise findet man beispielsweise in [10], vergleiche auch [5, 6, 21, 113].

Beispiel 1.2. (Angebotsauswertung [21])
Ein Unternehmen will eine bestimmte Menge M eines Gutes einkaufen und holt dazu Angebote von n Lieferfirmen ein, von denen keine die gewünschte

Gesamtmenge alleine liefern kann. Das Angebot des Anbieters i enthält maximale Liefermengen $\max_i$ und Preise $f_i(x_i)$ als Funktion der bestellten Menge x_i. Die Funktionen f_i sind in der Regel monoton steigend und möglicherweise nichtlinear. Die Aufgabe besteht darin, die bei jedem Anbieter zu bestellenden Mengen so zu bestimmen, dass die gesamten Einkaufskosten möglichst klein werden. Als Optimierungsproblem ergibt sich somit

$$\min \quad f(x) := \sum_{i=1}^n f_i(x_i)$$
$$\text{u.d.N.} \ \sum_{i=1}^n x_i = M,$$
$$0 \leq x_i \leq \max_i \quad \text{für alle } i = 1, 2, \ldots, n.$$

Beispiel 1.3. (Produktions–Lagerhaltungsproblem)
In einem Betrieb wird ein Produkt P während n Perioden produziert, etwa x_j Einheiten während der Periode j, $j = 1, \ldots, n$. Das Produkt kann bis zu einer Menge von L Einheiten gelagert werden. In Periode j ist (bis zum Ende dieser Periode) ein bestimmter Bedarf b_j zu befriedigen; dazu kann auf die laufende Produktion oder auf den zu Beginn dieser Periode vorhandenen Lagerbestand y_j zurückgegriffen werden, $j = 1, \ldots, n$. Zu Beginn der Periode 1 sind s_0 Einheiten vorhanden, am Ende der Periode n sollen (für Reklamationen oder Nachbestellungen) noch s_1 Einheiten vorrätig sein.

Für die Abhängigkeit der Produktionskosten in Periode j von der produzierten Menge liegen Erfahrungswerte in Form einer (monoton wachsenden und nur bei starker Vereinfachung als linear anzunehmenden) Funktion $f_j(x_j)$ vor. Weiter fallen zu Beginn jeder Periode für den zu diesem Zeitpunkt vorhandenen Lagerbestand Lagerkosten in Höhe von K DM pro Einheit an.

Die Produktion ist unter Beachtung aller genannten Auflagen so zu steuern, dass die Summe der Produktions– und Lagerkosten über alle Perioden möglichst klein ausfällt. Dies führt auf ein Optimierungsproblem in den Variablen x und y von der Gestalt

$$\min \quad F(x,y) := \sum_{j=1}^n f_j(x_j) + K \sum_{j=1}^n y_j$$
$$\text{u.d.N.} \ x_j \geq 0, \quad j = 1, \ldots, n,$$
$$y_j \leq L, \quad j = 1, \ldots, n,$$
$$x_j + y_j \geq b_j, \quad j = 1, \ldots, n,$$
$$y_{j+1} = y_j + x_j - b_j, \quad j = 1, \ldots, n,$$
$$y_1 = s_0,$$
$$y_n + x_n - b_n = s_1.$$

(Die Vorzeichenbedingungen $y_j \geq 0$ brauchen nicht explizit gestellt zu werden, da sie sich aus den übrigen Nebenbedingungen ergeben.)

Aus der Beziehung $y_1 = s_0$ und der Rekursion $y_{j+1} = y_j + x_j - b_j$ ergibt sich

$$y_{j+1} = s_0 + \sum_{i=1}^{j} (x_i - b_i), \quad j = 1, \ldots, n-1.$$

Einsetzen liefert dann das folgende Minimierungsproblem, welches nur noch von den Variablen x_j abhängt:

$$\min \quad f(x) := \sum_{j=1}^{n} f_j(x_j) + K \left(n s_0 + \sum_{i=1}^{n-1} (n-i)(x_i - b_i) \right)$$
$$\text{u.d.N.} \quad s_0 + \sum_{i=1}^{j} (x_i - b_i) \leq L, \quad j = 1, \ldots, n-1,$$
$$s_0 + \sum_{i=1}^{j} (x_i - b_i) \geq 0, \quad j = 1, \ldots, n-1,$$
$$s_0 + \sum_{i=1}^{n} (x_i - b_i) = s_1,$$
$$x_j \geq 0, \quad j = 1, \ldots, n.$$

Beispiel 1.4. (Frachtproblem [92])
Es sollen $5.000\,m^3$ einer Ware innerhalb eines Planungszeitraumes vom Produzenten zu einem Kunden gebracht werden. Die Ware wird in gleichen quaderförmigen Behältern der Höhe x_1, Breite x_2 und Länge x_3 (in m) transportiert, deren Volumen höchstens $1\,m^3$ ist und die beim Kunden verbleiben.

Das Material für Boden und die vier Seiten der Behälter kostet $4,00$ DM pro m^2. Die Deckel können aus einem Material hergestellt werden, das $0,50$ DM pro m^2 kostet, von dem im Planungszeitraum aber nur $6.500\,m^2$ erhältlich sind. Die Frachtkosten betragen 50 DM für jeden Behälter.

Die Frage ist jetzt, wie die Behälter zu bemessen sind, um die Gesamtkosten möglichst gering zu halten.

Die Anzahl n der Behälter ist (ohne Ganzzahligkeitsforderung an n)

$$n = \frac{\text{Gesamtvolumen}}{\text{Volumen eines Behälters}} = \frac{5.000}{x_1 x_2 x_3}. \tag{1.5}$$

Die Gesamtkosten belaufen sich daher auf

$$f(x) := 50n + 4n(2x_1 x_2 + 2x_1 x_3 + x_2 x_3) + 0.5 n x_2 x_3.$$

Einsetzen von (1.5) liefert die Optimierungsaufgabe

$$\min \quad f(x) := \frac{250.000}{x_1 x_2 x_3} + \frac{22.500}{x_1} + \frac{40.000}{x_2} + \frac{40.000}{x_3}$$
$$\text{u.d.N.} \quad x_1 x_2 x_3 \leq 1, \quad \frac{5.000}{x_1} \leq 6.500,$$
$$x_i > 0 \quad \text{für alle } i = 1, 2, 3.$$

Man beachte, dass im letztgenannten Beispiel strikte Ungleichungen auftreten; durch geschickte Transformation ist es häufig möglich, solche Ungleichungen zu beseitigen, was man unter dem Stichwort *geometrische Optimierung* etwa in [57] nachlesen kann.

Beispiel 1.5. (Ein Parameteridentifizierungsproblem aus der Pharmakokinetik [18])
Für die Wirksamkeit einer medikamentösen Therapie (z.B. mit einem Antibiotikum) ist es wichtig, dass ein definierter Blutspiegel während eines bestimmten Zeitraums aufrechterhalten wird. Um dies steuern zu können, ist es wünschenswert, die Abhängigkeit der Blutspiegelkurve von bestimmten pharmakokinetischen Bestimmungsgrößen zu kennen.

Für die Aufstellung eines mathematischen Modells für den Auf– bzw. Abbau des Blutspiegels $y(t)$ eines oral eingenommenen Medikaments unterscheidet man zwischen dem Invasionsvorgang (die Invasionsgeschwindigkeit ist proportional zum unresorbierten Anteil des Medikaments) und dem Eliminationsvorgang (die Eliminationsgeschwindigkeit ist proportional zum jeweils vorhandenen Blutspiegel). Bezeichnet $y_I(t)$ den Invasionsanteil des Blutspiegels zur Zeit t (d.h., ohne Berücksichtigung des gleichzeitig ablaufenden Eliminationsvorgangs), so ist

$$\frac{dy_I(t)}{dt} = k_1(a - y_I(t))$$

(k_1 Invasionskonstante, a Sättigungswert). Entsprechend gilt für den Eliminationsanteil $y_E(t)$ mit $y(t) = y_I(t) - y_E(t)$

$$\frac{dy_E(t)}{dt} = k_2 y(t)$$

($k_2 =$ Eliminationskonstante). Aus diesen Differentialgleichungen und den Anfangsbedingungen $y_I(0) = 0$ und $y(0) = 0$ gewinnt man mittels einer einfachen Rechnung die sogenannte *Bateman–Funktion*

$$y(t; k_1, k_2, a) = \begin{cases} \frac{ak_1}{k_2 - k_1}(e^{-k_1 t} - e^{-k_2 t}), & \text{falls} \quad k_1 \neq k_2, \\ ak_1 t e^{-k_1 t}, & \text{falls} \quad k_1 = k_2. \end{cases}$$

Sinnvoll sind hierbei nur Parameter k_1, k_2, a mit $l_1 \leq k_1 \leq u_1, l_2 \leq k_2 \leq u_2, a \geq 0$.

Soviel zur Modellierung, und nun zur eigentlichen Aufgabe: Zu gegebenen Messdaten (t_i, y_i), $i = 1, \ldots, m$, mit $m \gg 3$ sind die Parameter k_1, k_2, a so zu bestimmen, dass gilt

$$y(t_i; k_1, k_2, a) \approx y_i, \quad i = 1, \ldots, m,$$

wobei $\approx$ eine „möglichst gute" Übereinstimmung bezeichnet. Die übliche, angesichts der statistischen Natur der Daten auch vernünftige Präzisierung von $\approx$ („Methode der kleinsten Quadrate") führt auf die Optimierungsaufgabe

$$\begin{aligned} \min \quad & \textstyle\sum_{i=1}^{m} \left(y(t_i; k_1, k_2, a) - y_i\right)^2 \\ \text{u.d.N.} \quad & l_1 \leq k_1 \leq u_1, l_2 \leq k_2 \leq u_2, a \geq 0. \end{aligned} \tag{1.6}$$

Beispiel 1.6. (Entwurf eines Kurbelgetriebes [168])
Mittels eines Kurbelgetriebes soll eine gleichförmige Drehbewegung in eine Schwingbewegung mit vorgegebenem zeitlichem Ablauf umgesetzt werden. Das Kurbelgetriebe bestehe aus einem Gelenkviereck mit Stäben der Längen $\ell_1, \ell_2, \ell_3, \ell_4$ (siehe Abbildung 1.4). Die Eckpunkte $A = (0,0)$ und $B = (\ell_4, 0)$ seien fest verankert, der Eckpunkt P laufe mit konstanter Geschwindigkeit auf einem Kreis um A ($P = (\ell_1 \cos t, \ell_1 \sin t)$, wobei t der in der Abbildung 1.4 eingezeichnete Winkel bei A ist). Demzufolge läuft der Punkt Q auf einem Abschnitt des Kreises vom Radius ℓ_3 um B, wobei sich die Entfernung u der Punkte P und B ebenso wie die eingezeichneten Winkel w_1, w_2 und w beim Punkt B mit t ändern.

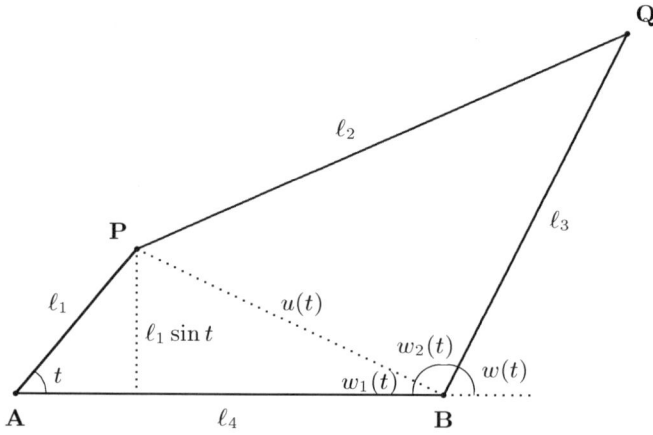

Abb. 1.4. Kurbelgetriebe

Mittels einer einfachen trigonometrischen Rechnung (unter Verwendung des Cosinus–Satzes) bestätigt man die folgenden Gleichungen:

$$\tan w_1(t) = \frac{\ell_1 \sin t}{\ell_4 - \ell_1 \cos t},$$
$$(u(t))^2 = \ell_1^2 + \ell_4^2 - 2\ell_1\ell_4 \cos t,$$
$$\ell_2^2 = (u(t))^2 + \ell_3^2 - 2u(t)\ell_3 \cos w_2(t).$$

Hieraus erhält man $w_1(t)$, $w_2(t)$ und damit eine Darstellung für den die Bewegung des Punktes Q beschreibenden Winkel $w(t)$:

$$w(t) = w(t; \ell_1, \ell_2, \ell_3, \ell_4) = \pi - w_1(t) - w_2(t).$$

Die Aufgabe besteht nun darin, die Längen ℓ_1, ℓ_2, ℓ_3, ℓ_4 der vier Stäbe so festzulegen, dass die Funktion $w(\,\cdot\,; \ell_1, \ell_2, \ell_3, \ell_4)$ möglichst gut mit einer vorgegebenen Funktion $v(\,\cdot\,)$ übereinstimmt. Sinnvoll ist hierbei die Forderung

$$\min_{} \max_{t \in [0, 2\pi]} |v(t) - w(t; \ell_1, \ell_2, \ell_3, \ell_4)|. \tag{1.7}$$

Allerdings unterliegen die Längen ℓ_1, ℓ_2, ℓ_3, ℓ_4 aus technischen Gründen bestimmten Einschränkungen. Wäre z.B. $\ell_2 + \ell_3 < \ell_1 + \ell_4$, so könnte der Punkt P gar keine volle Kreisbewegung ausführen (beachte die Lage mit $t = \pi$). Wir führen exemplarisch einige leicht einsehbare Restriktionen auf ($\ell_{\min}$ sei eine vorgegebene positive Zahl):

    (i) $\ell_1 \geq \ell_{\min}$, $\ell_2 \geq \ell_{\min}$,
    (ii) $\ell_4 \geq \ell_1 + \ell_{\min}$,
    (iii) $\ell_2 + \ell_3 \geq \ell_1 + \ell_4$,
    (iv) $|\ell_2 - \ell_3| \leq \ell_4 - \ell_1$ (bzw. $(\ell_2 - \ell_3)^2 \leq (\ell_4 - \ell_1)^2$)

(zu (iv) beachte man die Lage $t = 0$ und verwende, dass die Länge jeder Seite des dann entstehenden Dreiecks PBQ nicht größer als die Summe der Längen der jeweils anderen beiden Seiten sein kann, woraus sich insbesondere die Forderungen $\ell_2 \leq \ell_3 + (\ell_4 - \ell_1)$ und $\ell_3 \leq \ell_2 + (\ell_4 - \ell_1)$ ergeben, die zusammen gerade (iv) liefern).

Leider ist die Zielfunktion in (1.7) auf Grund der Maximumbildung im Allgemeinen nicht überall differenzierbar. Um die darauf beruhenden Schwierigkeiten zu umschiffen, kann man folgendermaßen vorgehen: Man bestimmt das Maximum nicht auf dem ganzen Intervall $[0, 2\pi]$, sondern auf einem hinreichend feinen Raster $\{t_1, t_2, \ldots, t_K\} \subseteq [0, 2\pi]$ und bringt dann das Problem durch Einführen einer neuen Variablen Δ mittels einer kleinen Rechnung auf die Form

$$\begin{aligned} \min \quad & \Delta \\ \text{u.d.N.} \quad & -\Delta \leq v(t_k) - w(t_k; \ell_1, \ell_2, \ell_3, \ell_4) \leq \Delta, \quad k = 1, 2, \ldots, K, \quad (1.8) \\ & \text{(i) – (iv)}. \end{aligned}$$

Auch dies ist ein Optimierungsproblem der Form (1.4) (mit dem Variablenvektor $x = (\ell_1, \ell_2, \ell_3, \ell_4, \Delta)$).

Abschließend betrachten wir noch ein weiteres Beispiel, das uns im nächsten Abschnitt insbesondere dazu dienen wird, die von uns im Rahmen dieses Buches zu untersuchenden Optimierungsprobleme von einigen weiteren Minimierungsaufgaben abzugrenzen.

Beispiel 1.7. (Design der Nase eines Flugzeugs [67])
Zu entwerfen ist die Nase eines Flugzeugs mit dem Ziel, seinen Luftwiderstand bei einer vorgegebenen Reisegeschwindigkeit zu minimieren. Dazu muss die Nase durch endlich viele Systemparameter beschrieben werden; man kann etwa die Nase aus vier Kegelstümpfen und einem Kugelabschnitt zusammensetzen, siehe Abbildung 1.5.
Die Flugzeugnase ist dann bei vorgegebenem Endradius R durch die Radien r_1, r_2, r_3, r_4, die Winkel $\alpha_1, \alpha_2, \alpha_3, \alpha_4$ und den Kugelradius r_0 vollständig beschrieben. Weiter ist der Luftwiderstand als Funktion des Parametervektors

$$x = (r_0, \ldots, r_4, \alpha_1, \ldots, \alpha_4)^T \in \mathbb{R}^9$$

zu formulieren:

$$LW = LW(r_0, r_1, r_2, r_3, r_4, \alpha_1, \alpha_2, \alpha_3, \alpha_4).$$

Hinzu kommen nun Restriktionen, die technischer, ökonomischer oder ästhetischer Art sein können, wie z.B. bei vorgegebenem Mindestvolumen V_0 und vorgegebener Höchstlänge L_0

$$\begin{aligned} &\text{(i)} \quad \text{Volumen}(r_0, \ldots, \alpha_4) \geq V_0, \\ &\text{(ii)} \quad \text{Länge}(r_0, \ldots, \alpha_4) \leq L_0, \\ &\text{(iii)} \quad 0 \leq r_i \leq R, \quad i = 0, 1, \ldots, 4, \\ &\text{(iv)} \quad 0 \leq \alpha_4 \leq \alpha_3 \leq \alpha_2 \leq \alpha_1 \leq \tfrac{\pi}{2}. \end{aligned}$$

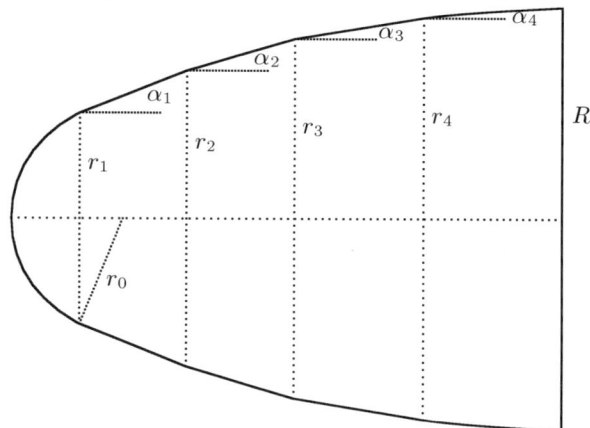

Abb. 1.5. Nase eines Flugzeugs

Weiter wird die mathematische Beschreibung des Luftwiderstandes nur in einem bestimmten Parameterbereich gültig sein, der etwa durch

$$\text{(v)} \; g_i(r_0, \ldots, \alpha_4) \le G_i, \quad i = 1, \ldots, m,$$

erfasst werden könnte. Zusammengenommen erhält man das Minimierungsproblem

$$\min LW(r_0, \ldots, \alpha_4) \quad \text{u.d.N.} \quad \text{(i) – (v)}.$$

Die zulässige Menge X wird hier also durch die Ungleichungen (i) – (v) beschrieben (und ist hoffentlich nichtleer!).

1.2 Abgrenzung

Nachdem wir im vorigen Abschnitt die in diesem Buch zu untersuchende Problemstellung (1.1) formuliert haben, wollen wir hier andeuten, dass es neben (1.1) durchaus weitere Optimierungsprobleme gibt, die wir aber nicht näher untersuchen werden. Dazu kehren wir noch einmal zu dem Beispiel 1.7 zurück.

Beispiel 1.8. Zu einem feineren Modell als in Beispiel 1.7 kommt man, wenn man die Flugzeugnase als Rotationskörper einer Funktion $r(\ell), \ell \in [0, L]$, mit $r(0) = 0$ und $r(L) = R$ beschreibt, siehe Abbildung 1.6.
Der Luftwiderstand ist jetzt in der Form $LW(r)$ zu beschreiben, die Restriktionen können etwa lauten

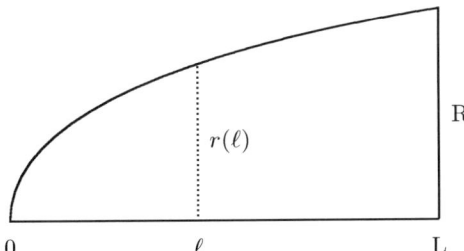

Abb. 1.6. Nase eines Flugzeugs als Rotationskörper

(i') $\quad \pi \int_0^L r^2(\ell)d\ell \geq V_0$,

(ii') $\quad L \leq L_0$,

(iii') $\quad 0 \leq r(\ell) \leq R, \quad \ell \in [0, L]$,

(iv') $\quad r'(\ell) \geq 0, \quad r''(\ell) \leq 0, \quad \ell \in [0, L]$.

Zur Formulierung der letztgenannten Bedingungen (die besagen, dass r monoton wächst und konkav ist) muss natürlich vorausgesetzt werden, dass die Funktion r zumindest zweimal stetig differenzierbar ist.

Im Beispiel 1.8 ist der zugrundeliegende Raum der zweimal stetig differenzierbaren Funktionen unendlichdimensional. Minimierungsprobleme in unendlichdimensionalen Räumen werden häufig als *infinite Optimierungsprobleme* bezeichnet, siehe etwa [4, 120]. Diese treten insbesondere in der *Variationsrechnung* sowie bei *Kontroll– oder Steuerungsproblemen* auf. Bei den letztgenannten Problemen treten als Nebenbedingungen auch Differentialgleichungen auf, siehe [81, 88, 23, 52, 90].

Beschränkt man sich im Beispiel 1.8 bei der Wahl der Funktion r auf einen endlichdimensionalen Raum (etwa einen durch endlich viele Funktionen aufgespannten Teilraum der zweimal stetig differenzierbaren Funktionen), so hat man immer noch unendlich viele Restriktionen zu erfüllen. Man spricht dann von einem *semi–infiniten Optimierungsproblem*, vgl. [68, 84, 83]. Semi–infinite Probleme lassen sich zwar in der Form (1.1) schreiben, sie ordnen sich aber im Allgemeinen nicht der Problemstellung (1.4) unter. Durch geeignete *Diskretisierung* von infiniten und semi–infiniten Problemen kommt man jedoch wieder auf Optimierungsprobleme der Gestalt (1.4) (und zwar zumeist auf solche von sehr großer Dimension)! Beispielsweise erhält man im Beispiel 1.6, wenn man eine Umformung in eine zu (1.8) analoge Form vornimmt, ein semi–infinites Optimierungsproblem, (1.8) selbst ist dann eine zugehörige Diskretisierung.

Eine weitere Problemklasse, die in diesem Buch unberücksichtigt bleiben soll, besteht aus Aufgaben, bei denen die Parameter (oder einige davon) auf diskrete Punktmengen beschränkt sind, etwa weil die x_i Mengengrößen bedeuten, welche nur in ganzen Einheiten sinnvoll sind (relevant ist die Ganz-zahligkeitsforderung in der Regel allerdings nur bei kleinen Werten x_i) oder weil die x_i Null–Eins–Entscheidungen beschreiben. Solche Aufgaben der *ganz-zahligen* oder *kombinatorischen Optimierung* sind trotz der häufig gegebenen Endlichkeit des zulässigen Bereiches X alles andere als trivial; sie erfordern zumeist jedoch Methoden, die von denen der hier zu diskutierenden *kontinu-ierlichen Optimierung* völlig verschieden sind, siehe etwa [144, 133, 14]. Eine ganze Reihe von Verfahren zur Lösung ganzzahliger Probleme basieren jedoch auch auf der Lösung einer endlichen Anzahl kontinuierlicher Minimierungs-probleme der Form (1.1) bzw. (1.4), so dass die später zu beschreibenden Verfahren durchaus auch als Grundlage der ganzzahligen Optimierung die-nen können.

Schließlich möchte man manchmal auch bezüglich mehrerer Ziele gleich-zeitig minimieren. Dies ist der Inhalt der sogenannten *Vektoroptimierung*. Unter Verwendung einer geeigneten Gewichtung der verschiedenen Zielfunk-tionen erhält man aber gerade wieder ein Minimierungsproblem der Gestalt (1.1).

1.3 Klassifikation

Bei der Lösung von Optimierungsproblemen der Gestalt (1.1) bzw. (1.4) wird man zunächst die Struktur eines vorliegenden Problemes untersuchen, um an-schließend ein geeignetes Lösungsverfahren auszuwählen. Wir listen im Fol-genden einige Unterscheidungsmerkmale auf (siehe auch [67]), die zum Teil auch für die Gliederung dieses Buches wichtig sind:

(a) Das Minimierungsproblem (1.4) hat
  α) keine Restriktionen,
  β) nur Gleichungsrestriktionen ($m = 0$),
  γ) nur Ungleichungsrestriktionen ($p = 0$),
  δ) Gleichungs– und Ungleichungsrestriktionen.
  Das vorliegende Buch behandelt im Wesentlichen restringierte Probleme. Eine ausführliche Darstellung von Methoden der *unrestringierten Opti-mierung* findet man in [66].

(b) Probleme der Form (1.4) von besonderer Bedeutung:
  1) *Lineare Optimierung*: f, g und h sind linear (genauer: affin–linear), z.B.
  $$\min c^T x \quad \text{u.d.N.} \quad Ax = b, \, x \geq 0$$
  mit $A \in \mathbb{R}^{p \times n}, c \in \mathbb{R}^n, b \in \mathbb{R}^p$. Lineare Optimierungsprobleme wer-den häufig auch als *lineare Programme* bezeichnet, vergleiche Kapitel 3.
  2) *Quadratische Optimierung*: f ist quadratisch und g, h sind linear, z.B.

$$\min \frac{1}{2}x^T Q x + c^T x + \gamma \quad \text{u.d.N.} \quad Ax = b,\, x \geq 0$$

mit $Q \in \mathbb{R}^{n \times n}$ symmetrisch, $A \in \mathbb{R}^{p \times n}, c \in \mathbb{R}^n, b \in \mathbb{R}^p, \gamma \in \mathbb{R}$.

3) *Optimierung mit Box–Restriktionen*: f ist beliebig nichtlinear und die Variablen x_i liegen zwischen gewissen unteren und oberen Schranken:

$$\min f(x) \quad \text{u.d.N.} \quad l_i \leq x_i \leq u_i \quad \text{für alle } i = 1, \ldots, n$$

mit $f : \mathbb{R}^n \to \mathbb{R}, l_i \in \mathbb{R} \cup \{-\infty\}, u_i \in \mathbb{R} \cup \{+\infty\}$ und $l_i < u_i$ für alle $i = 1, \ldots, n$.

4) *Linear restringierte Optimierung*: f ist nichtlinear, und g, h sind linear, z.B.

$$\min f(x) \quad \text{u.d.N.} \quad Ax = b,\, x \geq 0$$

mit $f : \mathbb{R}^n \to \mathbb{R}, A \in \mathbb{R}^{p \times n}, b \in \mathbb{R}^p$.

5) *Konvexe Optimierung*: f ist konvex (siehe Abschnitt 2.1), h ist linear und alle Komponentenfunktionen g_i von g sind konvex:

$$\min f(x) \quad \text{u.d.N.} \quad Ax = b,\, g(x) \leq 0$$

mit $f, g_i : \mathbb{R}^n \to \mathbb{R}$ konvex $(i = 1, \ldots, m), A \in \mathbb{R}^{p \times n}, b \in \mathbb{R}^p$.

6) *Nichtlineare Optimierung* : f, g und h sind beliebig nichtlinear, also im Allgemeinen weder linear noch konvex etc. Dies ist zweifellos das prinzipiell schwierigste Problem in dieser Auflistung.

(c) Glattheitseigenschaften der beteiligten Funktionen f, g und h:
Sind f, g und h zumindest stetig differenzierbar (möglichst sogar zweimal stetig differenzierbar), so spricht man von einem *glatten Optimierungsproblem*, anderenfalls von einem *nichtglatten Optimierungsproblem*. Bezüglich der letztgenannten Klasse vergleiche man auch die Beispiele im dafür einschlägigen Kapitel 6.

(d) Numerisch verfügbare Glattheit von f, g und h:
Seien f, g und h als (zweimal) stetig differenzierbar vorausgesetzt. Dann existieren zwar die Gradienten (und Hesse–Matrizen) der beteiligten Funktionen, aber das bedeutet noch lange nicht, dass man diese Ableitungen auch explizit vorliegen hat. Eine Berechnung dieser Ableitungen per Hand ist eine beliebte Fehlerquelle, insbesondere bei Optimierungsproblemen größerer oder auch nur mittlerer Dimension. Als mögliche Auswege bieten sich hier neben der Verwendung von Computeralgebra–Systemen wie MAPLE oder MATHEMATICA an:

- *numerische Differentiation*,
- *automatische Differentiation*.

Die numerische Differentiation mittels finiter Differenzen ist allerdings nicht ganz unproblematisch, siehe etwa [67, 45]. Für die Belange der Optimierung kommt der automatischen Differentiation daher in letzter Zeit immer größere Bedeutung zu; insbesondere ist die automatische Differentiation mittlerweile fester Bestandteil von *Modellierungssprachen* wie

GAMS [22] oder AMPL [58]. Der interessierte Leser findet einen Einstieg in das Thema der automatischen Differentiation in [154] und vor allem in [69], siehe auch [70] für geeignete Software.

(e) Dimension bzw. Besetztheitsstruktur des Problems:
Unter der Dimension eines Optimierungsproblems der Gestalt (1.4) versteht man die Größen von n, m und p, die bei der Auswahl eines geeigneten Verfahrens naturgemäß eine wichtige Rolle spielen. Ebenso bedeutend ist auch die Besetztheitsstruktur eines Optimierungsproblems. Beispielsweise hat man bei der Anwendung des Newton–Verfahren zur Lösung des unrestringierten Minimierungsproblems

$$\min \, f(x), \quad x \in \mathbb{R}^n,$$

in jedem Iterationsschritt ein lineares Gleichungssystem der Gestalt

$$\nabla^2 f(x^k)d = -\nabla f(x^k)$$

zu lösen, wobei x^k die aktuelle Iterierte des Verfahrens bezeichnet (vergleiche [66]). Dieses Gleichungssystem ist natürlich dann vergleichsweise einfach zu lösen, wenn die Dimension n sehr klein ist oder aber die Hesse–Matrix $\nabla^2 f(x^k)$ *schwach besetzt* (engl.: *sparse*) ist, d.h., sehr viele Nulleinträge besitzt (die möglichst noch an „schönen" Stellen sein sollten).

2. Optimalitätsbedingungen

Dieses Kapitel widmet sich den Optimalitätsbedingungen der restringierten Optimierung. Anders als bei den unrestringierten Minimierungsproblemen (siehe etwa [66, Kapitel 2]) ist die Herleitung dieser Optimalitätsbedingungen allerdings mit einem gewissen Aufwand verbunden. Da diese Optimalitätsbedingungen aber sowohl bei der Konstruktion diverser Verfahren als auch bei der theoretischen Untersuchung fast aller Verfahren der restringierten Optimierung eine erhebliche Rolle spielen, lohnt sich dieser Aufwand auch. Im Abschnitt 2.1 leiten wir zunächst eine Reihe von relativ wichtigen Hilfsresultaten her, mit denen wir im Abschnitt 2.2 dann die eigentlichen Optimalitätskriterien behandeln können. Da die Resultate aus den beiden Abschnitten 2.1 und 2.2 für das Verständnis der nachfolgenden Kapitel praktisch unerlässlich sind, sollte der Leser dieses zugegebenermaßen mehr theoretische Kapitel mit der ihm gebührenden Aufmerksamkeit lesen.

2.1 Theoretische Grundlagen

Dieser Abschnitt beschäftigt sich mit einigen grundlegenden Resultaten, die im Folgenden noch vielfach benötigt werden. Dazu beginnen wir in den Unterabschnitten 2.1.1 und 2.1.2 mit den konvexen Mengen und konvexen Funktionen. Letztere sind in der Optimierung schon deshalb von großer Bedeutung, da jedes lokale Minimum einer konvexen Funktion automatisch ein globales Minimum ist. Anschließend untersuchen wir im Unterabschnitt 2.1.3 die wesentlichen Eigenschaften von Projektionen. Im Unterabschnitt 2.1.4 stehen dann die Trennungssätze im Mittelpunkt des Interesses, die später in verschiedenen Beweisen als technisches Hilfsmittel wieder auftreten werden. Insbesondere verwenden wir im Unterabschnitt 2.1.5 einen dieser Trennungssätze, um das sogenannte Farkas–Lemma herzuleiten.

2.1.1 Konvexe Mengen

Wir beginnen mit der Definition einer konvexen Menge.

Definition 2.1. *Eine Menge $X \subseteq \mathbb{R}^n$ heißt* konvex, *falls*

$$\lambda x + (1 - \lambda)y \in X$$

für alle $x, y \in X$ und alle $\lambda \in (0,1)$ gilt.

Geometrisch besagt die Definition 2.1, dass eine Menge $X \subseteq \mathbb{R}^n$ konvex ist, wenn mit je zwei Punkten dieser Menge auch die gesamte Verbindungsstrecke dieser zwei Punkte zu der Menge X gehört, siehe auch Abbildung 2.1.

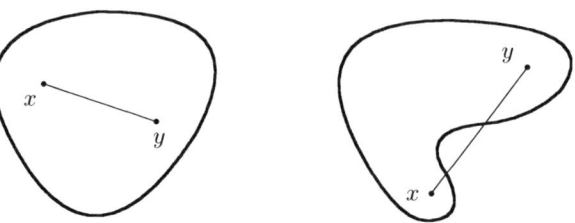

Abb. 2.1. Beispiel einer konvexen und einer nicht konvexen Menge

Das folgende Resultat besagt, dass der Durchschnitt von beliebig vielen konvexen Mengen wieder eine konvexe Menge ist (hingegen ist die Vereinigung von zwei oder mehr konvexen Mengen im Allgemeinen nicht konvex).

Lemma 2.2. *Sei $\{X_j\}_{j \in J}$ eine beliebige Familie von konvexen Mengen im $\mathbb{R}^n$. Dann ist auch der Durchschnitt*

$$X := \bigcap_{j \in J} X_j$$

eine konvexe Menge.

Beweis. Seien $x, y \in X$ und $\lambda \in (0,1)$ beliebig gegeben. Dann gilt $x, y \in X_j$ für alle $j \in J$. Da die Mengen X_j nach Voraussetzung konvex sind, folgt

$$\lambda x + (1 - \lambda)y \in X_j$$

für alle $j \in J$. Dies impliziert

$$\lambda x + (1 - \lambda)y \in X,$$

d.h., X ist in der Tat eine konvexe Teilmenge des $\mathbb{R}^n$.   □

Wir zeigen als Nächstes, dass auch der Abschluss einer konvexen Menge wieder eine konvexe Menge ist. Dabei bezeichnen wir den Abschluss (engl.: closure) einer Menge $X \subseteq \mathbb{R}^n$ mit $\mathrm{cl}(X)$.

Lemma 2.3. *Sei $X \subseteq \mathbb{R}^n$ eine konvexe Menge. Dann ist auch der Abschluss $\mathrm{cl}(X)$ von X eine konvexe Menge.*

Beweis. Seien $x, y \in \mathrm{cl}(X)$ sowie $\lambda \in (0,1)$ beliebig gegeben. Dann existieren Folgen $\{x^k\} \subseteq X$ und $\{y^k\} \subseteq X$ mit $x^k \to x$ und $y^k \to y$. Da X nach Voraussetzung konvex ist, liegt die Folge $\{\lambda x^k + (1 - \lambda)y^k\}$ ebenfalls in der Menge X; da diese gegen den Vektor $\lambda x + (1 - \lambda)y$ konvergiert, gehört dieser Vektor somit zum Abschluss der Menge X. Also ist $\mathrm{cl}(X)$ konvex. $\qquad\square$

Wir führen nun den Begriff einer Konvexkombination von endlich vielen Vektoren ein, der sich später noch als sehr nützlich erweisen wird.

Definition 2.4. *Wir sagen, dass ein Vektor $x \in \mathbb{R}^n$ eine* Konvexkombination *von Elementen $x_1, \ldots, x_m \in \mathbb{R}^n$ ist, wenn es Skalare $\lambda_i \in \mathbb{R}$ mit*

$$\lambda_i \geq 0 \quad und \quad \sum_{i=1}^{m} \lambda_i = 1$$

gibt, so dass

$$x = \sum_{i=1}^{m} \lambda_i x_i$$

gilt (sind dabei alle λ_i positiv, so sprechen wir von einer echten *Konvexkombination). Hingegen sagen wir, dass ein Vektor $x \in \mathbb{R}^n$ eine* Konvexkombination *von Elementen einer Menge $X \subseteq \mathbb{R}^n$ ist, wenn eine endliche Zahl $m \in \mathbb{N}$ sowie Vektoren $x_1, \ldots, x_m \in X$ existieren, so dass x eine Konvexkombination der Elemente $x_1, \ldots, x_m$ ist.*

Ist $x \in \mathbb{R}^n$ eine Konvexkombination von zwei Vektoren $x_1, x_2 \in \mathbb{R}^n$ (dies entspricht dem Fall $m = 2$ in der Definition 2.4), so bedeutet dies anschaulich, dass x auf der Verbindungsstrecke von x_1 nach x_2 liegt. Der Leser möge sich selbst überlegen, was man sich anschaulich unter einer Konvexkombination von drei oder mehr Vektoren vorzustellen hat.

Wir verwenden den gerade eingeführten Begriff einer Konvexkombination nun zur Charakterisierung von konvexen Mengen.

Lemma 2.5. *Eine Menge $X \subseteq \mathbb{R}^n$ ist genau dann konvex, wenn sie alle Konvexkombinationen ihrer Elemente enthält.*

Beweis. Enthält die Menge X alle Konvexkombinationen ihrer Elemente, so liegen insbesondere alle Konvexkombinationen von je zwei Elementen aus X wieder in X. Gemäß Definition 2.1 ist X daher konvex.

Sei umgekehrt X als eine konvexe Menge vorausgesetzt. Seien ferner $m \in \mathbb{N}, x_1, \ldots, x_m \in X$ und $\lambda_1, \ldots, \lambda_m \geq 0$ mit $\sum_{i=1}^{m} \lambda_i = 1$ gegeben. Wir haben zu zeigen, dass der Vektor

$$x := \sum_{i=1}^{m} \lambda_i x_i$$

wieder zur Menge X gehört. Der Beweis erfolgt durch Induktion nach m. Ist $m = 2$, so gilt $x \in X$ aufgrund der vorausgesetzten Konvexität der Menge

X. Wir nehmen daher an, dass X alle Konvexkombinationen von höchstens $m - 1$ Elementen aus X enthält.

Wegen $\sum_{i=1}^{m} \lambda_i = 1$ können wir o.B.d.A. davon ausgehen, dass $\lambda_m < 1$ gilt. Daher können wir

$$\alpha_i := \frac{\lambda_i}{1 - \lambda_m} \quad \text{für } i = 1, \ldots, m - 1$$

setzen. Offenbar ist dann $\alpha_i \geq 0$ für alle $i = 1, \ldots, m - 1$, und es gilt

$$\sum_{i=1}^{m-1} \alpha_i = 1.$$

Im Hinblick auf unsere Induktionsvoraussetzung gehört der Vektor

$$y := \sum_{i=1}^{m-1} \alpha_i x_i$$

daher zu der Menge X. Nun ist aber

$$x = (1 - \lambda_m)y + \lambda_m x_m,$$

so dass dann auch x zu der nach Voraussetzung konvexen Menge X gehört. Damit ist der Beweis vollständig erbracht. □

Wir führen jetzt den Begriff der konvexen Hülle einer beliebigen Menge ein.

Definition 2.6. *Sei $X \subseteq \mathbb{R}^n$ eine beliebige Menge. Die* konvexe Hülle *(engl.: convex hull) von X ist die kleinste konvexe Teilmenge des $\mathbb{R}^n$, welche die Menge X noch enthält. Wir bezeichnen sie mit* conv(X).

Ist die Menge $X \subseteq \mathbb{R}^n$ bereits konvex, so gilt offenbar $X = \text{conv}(X)$. Besteht X hingegen nur aus den zwei Punkten $x_1, x_2 \in \mathbb{R}^n$, so ist conv$(X)$ offenbar gleich der gesamten Verbindungsstrecke von x^1 und x^2.

Die beiden nachstehenden Resultate charakterisieren die konvexe Hülle einer Menge X. Wir beginnen dabei mit einer Charakterisierung von „außen".

Lemma 2.7. *Die konvexe Hülle einer nichtleeren Menge $X \subseteq \mathbb{R}^n$ ist der Durchschnitt aller konvexen Mengen, die X enthalten, d.h.,*

$$\text{conv}(X) = \bigcap \{C \mid C \subseteq \mathbb{R}^n \text{ konvex mit } X \subseteq C\}. \tag{2.1}$$

Beweis. Wegen Lemma 2.2 ist der Durchschnitt von beliebig vielen konvexen Mengen wieder konvex. Daher ist insbesondere die auf der rechten Seite von (2.1) auftretende Menge konvex. Offenbar ist X eine Teilmenge von dieser rechten Seite. Da conv(X) per Definition die kleinste konvexe Menge ist, welche X enthält, ist conv(X) notwendig eine Teilmenge der rechten Seite von (2.1).

Auf der anderen Seite ist conv(X) selbst eine der Mengen C, die auf der rechten Seite von (2.1) auftauchen. Daher ist die rechte Seite eine Teilmenge von conv(X). Dies beweist die Gleichheit in (2.1). □

Als Nächstes beweisen wir eine Charakterisierung der konvexen Hülle „von innen".

Lemma 2.8. *Die konvexe Hülle einer nichtleeren Menge $X \subseteq \mathbb{R}^n$ ist die Menge aller Konvexkombinationen von Elementen aus X, d.h.,*

$$conv(X) = \{x \in \mathbb{R}^n \mid \exists m \in \mathbb{N}\, \exists x_i \in X\, \exists \lambda_i \geq 0 : \sum_{i=1}^{m} \lambda_i = 1 \ und\ x = \sum_{i=1}^{m} \lambda_i x_i\}. \tag{2.2}$$

Beweis. Gemäß Definition ist $conv(X)$ eine konvexe Menge. Sie enthält wegen Lemma 2.5 daher alle Konvexkombinationen von Elementen aus $conv(X)$. Insbesondere enthält sie dann alle Konvexkombinationen von Elementen aus X. Somit ist die rechte Seite von (2.2) in $conv(X)$ enthalten.

Um die Gleichheit der beiden in (2.2) auftretenden Mengen zu beweisen, werden wir zeigen, dass die auf der rechten Seite von (2.2) auftretende Menge konvex ist. Da diese offenbar die Menge X enthält und $conv(X)$ per Definition die kleinste konvexe Menge mit dieser Eigenschaft ist, folgt dann, dass $conv(X)$ eine Teilmenge der rechten Seite von (2.2) ist. Insgesamt ist damit dann die Gleichheit in (2.2) nachgewiesen.

Seien daher x, y zwei Vektoren von der Gestalt

$$x = \sum_{i=1}^{m} \alpha_i x_i \quad und \quad y = \sum_{j=1}^{l} \beta_j y_j$$

für gewisse Zahlen $m, l \in \mathbb{N}$, Vektoren $x_i, y_j \in X$ sowie Skalare $\alpha_i, \beta_j \geq 0$ mit $\sum_{i=1}^{m} \alpha_i = 1$ und $\sum_{j=1}^{l} \beta_j = 1$. Sei ferner $\lambda \in (0, 1)$ beliebig gegeben. Dann folgt

$$\lambda x + (1 - \lambda)y = \lambda \sum_{i=1}^{m} \alpha_i x_i + (1 - \lambda) \sum_{j=1}^{l} \beta_j y_j,$$

d.h., der Vektor $\lambda x + (1-\lambda)y$ ist zumindest eine Linearkombination von $m + l$ Vektoren aus der Menge X. Da alle in dieser Linearkombination auftretenden Skalare nichtnegativ sind und

$$\lambda \sum_{i=1}^{m} \alpha_i + (1 - \lambda) \sum_{j=1}^{l} \beta_j = \lambda + (1 - \lambda) = 1$$

gilt, handelt es sich sogar um eine Konvexkombination. $\qquad\square$

Gemäß Lemma 2.8 lässt sich jedes Element $x \in conv(X)$ für ein $X \subseteq \mathbb{R}^n$ darstellen in der Form

$$x = \sum_{i=1}^{m} \lambda_i x_i$$

für ein $m \in \mathbb{N}, x_i \in X$ sowie $\lambda_i \geq 0$ mit $\sum_{i=1}^{m} \lambda_i = 1$. Dabei wird allerdings nichts über die Größe der natürlichen Zahl m ausgesagt. Der sogenannte *Satz von Carathéodory* besagt nun, dass es stets möglich ist, $m \leq n+1$ zu wählen. Wir gehen hierauf in der Aufgabe 2.1 ein.

Abschließend beweisen wir noch einige topologische Eigenschaften von konvexen Mengen. Dabei verwenden wir die folgenden Schreibweisen: Ist $X \subseteq \mathbb{R}^n$ eine gegebene Menge, so bezeichnet (wie vorher) cl(X) den Abschluss (engl.: closure), int(X) das Innere (engl.: interior) und $\partial X := \text{cl}(X) \setminus \text{int}(X)$ den Rand (engl.: boundary) von X. Ferner ist $\mathcal{U}_\varepsilon(x) := \{y \in \mathbb{R}^n \mid \|y-x\| < \varepsilon\}$ die offene Kugelumgebung um den Punkt $x \in \mathbb{R}^n$ mit dem Radius $\varepsilon > 0$, während $\bar{\mathcal{U}}_\varepsilon(x) := \{y \in \mathbb{R}^n \mid \|y-x\| \leq \varepsilon\}$ die abgeschlossene Kugel um x mit Radius ε bezeichnet.

Lemma 2.9. *Seien $X \subseteq \mathbb{R}^n$ eine konvexe Menge sowie $x_1, x_2 \in \mathbb{R}^n$ zwei gegebene Punkte mit $x_1 \in \text{cl}(X)$ und $x_2 \in \text{int}(X)$. Dann gilt $\lambda x_1 + (1-\lambda)x_2 \in \text{int}(X)$ für alle $\lambda \in [0,1)$, d.h., die gesamte Verbindungsstrecke von x_1 nach x_2 (eventuell mit der Ausnahme des Punktes x_1 selbst) gehört ebenfalls zum Inneren von X.*

Beweis. Nach Voraussetzung ist $x_2 \in \text{int}(X)$, also existiert ein $\varepsilon > 0$ mit $\mathcal{U}_\varepsilon(x_2) \subseteq X$. Sei $y = \lambda x_1 + (1-\lambda)x_2$ für ein $\lambda \in (0,1)$ beliebig gegeben. Wir werden zeigen, dass $\mathcal{U}_r(y) \subseteq X$ für $r := (1-\lambda)\varepsilon$ gilt, woraus dann unmittelbar $y \in \text{int}(X)$ folgt.

Sei dazu $z \in \mathcal{U}_r(y)$ beliebig gewählt, also

$$\|y - z\| < (1-\lambda)\varepsilon.$$

Wegen $x_1 \in \text{cl}(X)$ ist $\mathcal{U}_\delta(x_1) \cap X \neq \emptyset$ für alle $\delta > 0$. Speziell für

$$\delta := \frac{(1-\lambda)\varepsilon - \|y-z\|}{\lambda} > 0$$

existiert daher ein $z_1 \in \mathcal{U}_\delta(x_1) \cap X$, d.h., wir haben

$$z_1 \in X \quad \text{und} \quad \|z_1 - x_1\| < \frac{(1-\lambda)\varepsilon - \|y-z\|}{\lambda}.$$

Für

$$z_2 := \frac{1}{1-\lambda}z - \frac{\lambda}{1-\lambda}z_1$$

gilt daher

$$z_2 - x_2 = \frac{z - \lambda z_1}{1-\lambda} - x_2 = \frac{z - \lambda z_1 - (y - \lambda x_1)}{1-\lambda}$$

und folglich

$$\|z_2 - x_2\| \leq \frac{1}{1-\lambda}\big(\|z - y\| + \lambda\|x_1 - z_1\|\big)$$

$$< \frac{1}{1-\lambda}\big(\|z - y\| + (1-\lambda)\varepsilon - \|z - y\|\big)$$

$$= \varepsilon,$$

also $z_2 \in \mathcal{U}_\varepsilon(x_2)$ und somit $z_2 \in X$. Aus der Darstellung

$$z = \lambda z_1 + (1 - \lambda)z_2$$

und der Konvexität von X ergibt sich deshalb $z \in X$, was zu zeigen war. $\quad\square$

Als relativ einfache Konsequenz des Lemmas 2.9 notieren wir das folgende Korollar, das uns später insbesondere beim Beweis des wichtigen Lemmas 2.21 von Nutzen sein wird.

Korollar 2.10. *Sei $X \subseteq \mathbb{R}^n$ eine konvexe Menge mit $int(X) \neq \emptyset$. Dann gelten:*

(a) Die beiden Mengen X und $cl(X)$ haben dasselbe Innere: $int(X) = int(cl(X))$.

(b) Die beiden Mengen X und $cl(X)$ haben denselben Rand: $\partial X = \partial(cl(X))$.

Beweis. (a) Wegen $X \subseteq \mathrm{cl}(X)$ gilt offenbar die Inklusion $\mathrm{int}(X) \subseteq \mathrm{int}(\mathrm{cl}(X))$. Sei umgekehrt ein Element $x \in \mathrm{int}(\mathrm{cl}(X))$ gegeben. Dann existiert ein $\varepsilon > 0$ mit $\mathcal{U}_\varepsilon(x) \subseteq \mathrm{cl}(X)$. Nach Voraussetzung existiert ein Element $y \in \mathrm{int}(X)$, wobei wir o.B.d.A. davon ausgehen können, dass $y \neq x$ gilt (anderenfalls wäre $x \in \mathrm{int}(X)$ und der Beweis damit vollbracht). Setze dann

$$z := (1 + \delta)x - \delta y \quad \text{für} \quad \delta := \frac{\varepsilon}{\|x - y\|}.$$

Es folgt

$$\|z - x\| = \delta\|x - y\| = \varepsilon,$$

also $z \in \bar{\mathcal{U}}_\varepsilon(x)$. Insbesondere ist daher $z \in \mathrm{cl}(X)$. Wegen Lemma 2.9 ist somit auch

$$x = \frac{1}{1 + \delta}z + (1 - \frac{1}{1 + \delta})y$$

ein Element von $\mathrm{int}(X)$.

(b) Per Definition des Randes von X bzw. $\mathrm{cl}(X)$ gilt

$$\partial X = \mathrm{cl}(X) \setminus \mathrm{int}(X) \qquad \text{bzw.}$$
$$\partial(\mathrm{cl}(X)) = \mathrm{cl}(\mathrm{cl}(X)) \setminus \mathrm{int}(\mathrm{cl}(X)).$$

Offensichtlich ist aber $\mathrm{cl}(\mathrm{cl}(X)) = \mathrm{cl}(X)$; ferner gilt $\mathrm{int}(\mathrm{cl}(X)) = \mathrm{int}(X)$ aufgrund des gerade bewiesenen Teils (a). Zusammen folgt daher

$$\partial(\mathrm{cl}(X)) = \mathrm{cl}(\mathrm{cl}(X)) \setminus \mathrm{int}(\mathrm{cl}(X)) = \mathrm{cl}(X) \setminus \mathrm{int}(X) = \partial X,$$

also die Behauptung (b). $\quad\square$

Man beachte, dass die vorausgesetzte Konvexität der Menge X im Korollar 2.10 wesentlich ist; bezeichnet X beispielsweise die Menge der rationalen Zahlen im Intervall $[0, 1]$, so gilt $\mathrm{int}(X) = \emptyset$, hingegen ist $\mathrm{cl}(X) = [0, 1]$ und daher $\mathrm{int}(\mathrm{cl}(X)) = (0, 1)$, so dass in diesem Fall $\mathrm{int}(X) \neq \mathrm{int}(\mathrm{cl}(X))$ ist. Dagegen kann man auf die Voraussetzung $\mathrm{int}(X) \neq \emptyset$ verzichten; für einen Beweis vergleiche man etwa [86, p. 106].

2.1.2 Konvexe Funktionen

Wir beginnen gleich mit der Definition einer konvexen (bzw. konkaven) Funktionen.

Definition 2.11. *Sei $X \subseteq \mathbb{R}^n$ eine nichtleere konvexe Menge. Eine Funktion $f : X \to \mathbb{R}$ heißt*

(i) konvex *auf X, falls*

$$f(\lambda x + (1 - \lambda)y) \leq \lambda f(x) + (1 - \lambda)f(y)$$

für alle $x, y \in X$ und alle $\lambda \in (0, 1)$ gilt.
(ii) strikt konvex *auf X, falls*

$$f(\lambda x + (1 - \lambda)y) < \lambda f(x) + (1 - \lambda)f(y)$$

für alle $x, y \in X$ mit $x \neq y$ und alle $\lambda \in (0, 1)$ gilt.
(iii) gleichmäßig konvex *auf X, wenn es eine Konstante $\mu > 0$ gibt, so dass*

$$f(\lambda x + (1 - \lambda)y) + \mu\lambda(1 - \lambda)\|x - y\|^2 \leq \lambda f(x) + (1 - \lambda)f(y)$$

für alle $x, y \in X$ und alle $\lambda \in (0, 1)$ gilt.
(iv) (strikt, gleichmäßig) konkav *auf X, wenn $-f$ (strikt, gleichmäßig) konvex auf X ist.*

Der Graph einer (strikt) konvexen Funktion ist in der Abbildung 2.2 wiedergegeben.

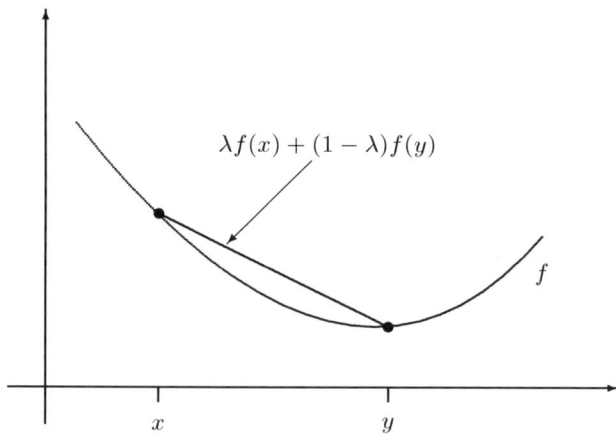

Abb. 2.2. Graph einer (strikt) konvexen Funktion

Die Konstante μ in der Definition 2.11 (iii) wird manchmal auch als *Modulus* der gleichmäßigen Konvexität bezeichnet. Offensichtlich ist jede gleichmäßig konvexe Funktion auch strikt konvex, und jede strikt konvexe Funktion ist konvex. Entsprechendes gilt für konkave Funktionen. Wir bemerken ferner, dass der Definitionsbereich einer konvexen bzw. konkaven Funktion stets als konvex angenommen wird und dass die strikte Ungleichung in Definition 2.11 (ii) für $x = y$ nicht gilt, so dass dort $x \neq y$ vorausgesetzt werden muss.

Ist $X \subseteq \mathbb{R}^n$ eine nichtleere und konvexe Menge sowie $f : X \to \mathbb{R}$ eine konvexe Funktion, so gilt

$$f\left(\sum_{i=1}^m \lambda_i x_i\right) \leq \sum_{i=1}^m \lambda_i f(x_i) \tag{2.3}$$

für alle $x_i \in X$ und $\lambda_i \geq 0$ mit $\sum_{i=1}^m \lambda_i = 1$, wobei m eine beliebige natürliche Zahl sei. Diese Verallgemeinerung von Definition 2.11 (i) wird manchmal als *Ungleichung von Jensen* bezeichnet und lässt sich analog zum Beweis des Lemmas 2.5 mittels vollständiger Induktion nach m beweisen, vergleiche Aufgabe 2.2.

Wir geben zunächst einige Beispiele von konvexen bzw. konkaven Funktionen an. Der Leser möge sich selbst davon überzeugen, dass diese Beispiele tatsächlich die jeweils genannten Eigenschaften besitzen. Bei der Verifikation dieser Eigenschaften können einige der später zu beweisenden Resultate über konvexe Funktionen durchaus sehr hilfreich sein.

Beispiel 2.12. (a) Die lineare Funktion $f(x) := a^T x + \alpha$ (mit $a \in \mathbb{R}^n$ und $\alpha \in \mathbb{R}$) ist sowohl konvex als auch konkav auf $X = \mathbb{R}^n$.
(b) Die quadratische Funktion $f(x) := \frac{1}{2} x^T Q x + c^T x + \gamma$ (mit $Q \in \mathbb{R}^{n \times n}$ symmetrisch, $c \in \mathbb{R}^n$ und $\gamma \in \mathbb{R}$) ist konvex (gleichmäßig konvex) auf $X = \mathbb{R}^n$ genau dann, wenn Q positiv semi–definit (positiv definit) ist.
(c) Die Exponentialfunktion $f(x) := \exp(x)$ ist strikt konvex auf $X = \mathbb{R}$, aber nicht gleichmäßig konvex.
(d) Die Funktion $f(x) := x^2$ ist gleichmäßig konvex, die sehr ähnlich aussehende Funktion $f(x) := x^4$ hingegen ist nur strikt konvex.
(e) Der natürliche Logarithmus $f(x) := \log(x)$ ist strikt konkav auf $X = (0, \infty)$.

Wie wir noch mehrfach sehen werden, spielen konvexe Funktionen eine fundamentale Rolle bei der Lösung von Optimierungsproblemen. An dieser Stelle bemerken wir zunächst das folgende Resultat, für dessen Beweis wir auf [66, Satz 3.10] verweisen. Auf eine Verallgemeinerung dieses Resultates werden wir im Unterabschnitt 6.3.2 zurückkommen, vergleiche den Satz 6.33.

Satz 2.13. *Seien $f : \mathbb{R}^n \to \mathbb{R}$ stetig differenzierbar und $X \subseteq \mathbb{R}^n$ konvex. Man betrachte das restringierte Optimierungsproblem*

$$\min f(x) \quad u.d.N. \quad x \in X. \tag{2.4}$$

Dann gelten die folgenden Aussagen:

(a) Ist f konvex auf X, so ist die Lösungsmenge von (2.4) konvex (evtl. leer).

(b) Ist f strikt konvex auf X, so besitzt (2.4) höchstens eine Lösung.

(c) Ist f gleichmäßig konvex auf X sowie X nichtleer und abgeschlossen, so besitzt (2.4) genau eine Lösung.

Die im Optimierungsproblem (2.4) auftretende abstrakte Menge X wird häufig durch endlich viele Gleichheits– und Ungleichungsrestriktionen beschrieben. Das nächste Resultat untersucht, wann die Menge X in diesem Fall konvex ist.

Lemma 2.14. *Seien $g : \mathbb{R}^n \to \mathbb{R}^m$ und $h : \mathbb{R}^n \to \mathbb{R}^p$ gegeben und*

$$X := \{ x \in \mathbb{R}^n \mid g(x) \le 0, h(x) = 0 \}.$$

Sind alle Komponentenfunktionen h_j $(j = 1, \ldots, p)$ affin–linear und alle Komponentenfunktionen g_i $(i = 1, \ldots, m)$ konvex, so ist die Menge X konvex.

Beweis. Seien $x, y \in X$ und $\lambda \in (0,1)$ beliebig gegeben. Dann gilt

$$g_i(\lambda x + (1 - \lambda)y) \le \lambda g_i(x) + (1 - \lambda)g_i(y) \le 0$$

für alle $i = 1, \ldots, m$ aufgrund der Konvexität von g_i. Da eine affin–lineare Funktion wegen Beispiel 2.12 (a) sowohl konvex als auch konkav ist, ergibt sich auf ähnliche Weise

$$h_j(\lambda x + (1 - \lambda)y) = \lambda h_j(x) + (1 - \lambda)h_j(y) = 0$$

für alle $j = 1, \ldots, p$. Dies zeigt, dass der Vektor $\lambda x + (1 - \lambda)y$ zu der Menge X gehört. Also ist X konvex. □

Wir untersuchen als Nächstes Linearkombinationen von (strikt) konvexen bzw. konkaven Funktionen.

Lemma 2.15. *Seien $X \subseteq \mathbb{R}^n$ eine nichtleere konvexe Menge, $f_i : X \to \mathbb{R}$ gegebene Funktionen und $\alpha_i > 0$ für $i = 1, \ldots, r$. Dann gelten die folgenden Aussagen:*

(a) Ist jede Funktion f_i konvex, so ist auch die Abbildung

$$f(x) := \sum_{i=1}^{r} \alpha_i f_i(x)$$

konvex. Ferner ist f strikt konvex, sobald nur eine der Funktionen f_i zusätzlich strikt konvex ist.

(b) Ist jede Funktion f_i konkav, so ist auch die Abbildung

$$f(x) := \sum_{i=1}^{r} \alpha_i f_i(x)$$

konkav. Ferner ist f strikt konkav, sobald nur eine der Funktionen f_i zusätzlich strikt konkav ist.

Beweis. Wir beweisen lediglich die Aussage (a), da sich (b) unmittelbar aus (a) sowie der Definition einer (strikt) konkaven Funktion ergibt.

Seien zunächst alle f_i als konvex vorausgesetzt. Wähle $x, y \in X$ und $\lambda \in (0,1)$ beliebig. Dann gilt aufgrund der Positivität der α_i und der Konvexität der f_i:

$$\begin{aligned}
f(\lambda x + (1-\lambda)y) &= \sum_{i=1}^{r} \alpha_i f_i(\lambda x + (1-\lambda)y) \\
&\leq \sum_{i=1}^{r} \alpha_i \left[\lambda f_i(x) + (1-\lambda) f_i(y) \right] \\
&= \lambda \sum_{i=1}^{r} \alpha_i f_i(x) + (1-\lambda) \sum_{i=1}^{r} \alpha_i f_i(y) \\
&= \lambda f(x) + (1-\lambda) f(y).
\end{aligned}$$

Somit ist f konvex. Der Beweis zeigt ferner, dass auch der zweite Teil der Behauptung gilt (wobei man beachte, dass alle Koeffizienten α_i als strikt positiv vorausgesetzt wurden). □

Wir charakterisieren als Nächstes die Klasse der stetig differenzierbaren (strikt, gleichmäßig) konvexen Funktionen. Ein entsprechendes Resultat gilt natürlich auch für die (strikt, gleichmäßig) konkaven Funktionen, die stetig differenzierbar sind.

Satz 2.16. *Seien $X \subseteq \mathbb{R}^n$ eine offene und konvexe Menge sowie $f : X \to \mathbb{R}$ stetig differenzierbar. Dann gelten:*

(a) f ist genau dann konvex (auf X), wenn für alle $x, y \in X$ gilt:

$$f(x) - f(y) \geq \nabla f(y)^T (x - y). \tag{2.5}$$

(b) f ist genau dann strikt konvex (auf X), wenn für alle $x, y \in X$ mit $x \neq y$ gilt:

$$f(x) - f(y) > \nabla f(y)^T (x - y). \tag{2.6}$$

(c) f ist genau dann gleichmäßig konvex (auf X), wenn es ein $\mu > 0$ gibt mit

$$f(x) - f(y) \geq \nabla f(y)^T (x - y) + \mu \|x - y\|^2 \tag{2.7}$$

für alle $x, y \in X$.

Beweis. Es gelte zunächst (2.7). Seien $x, y \in X$ und $\lambda \in (0, 1)$ beliebig. Setze $z := \lambda x + (1 - \lambda)y \in X$. Wegen (2.7) gelten dann

$$f(x) - f(z) \geq \nabla f(z)^T(x - z) + \mu \|x - z\|^2$$

und

$$f(y) - f(z) \geq \nabla f(z)^T(y - z) + \mu \|y - z\|^2.$$

Multipliziert man diese Ungleichungen mit $\lambda > 0$ bzw. $1 - \lambda > 0$ und addiert sie anschließend, so erhält man unter Verwendung der Definition von z :

$$\lambda f(x) + (1 - \lambda)f(y) - f(\lambda x + (1 - \lambda)y) \geq \mu \lambda(1 - \lambda)\|x - y\|^2,$$

d.h., f ist gleichmäßig konvex.

Analog zeigt man, dass aus (2.5) bzw. (2.6) die Konvexität bzw. strikte Konvexität von f folgt.

Sei f nun als gleichmäßig konvex vorausgesetzt. Für alle $x, y \in X$ und alle $\lambda \in (0, 1)$ gilt dann mit einem $\mu > 0$:

$$\begin{aligned} f(y + \lambda(x - y)) &= f(\lambda x + (1 - \lambda)y) \\ &\leq \lambda f(x) + (1 - \lambda)f(y) - \mu \lambda(1 - \lambda)\|x - y\|^2 \end{aligned}$$

und daher

$$\frac{f(y + \lambda(x - y)) - f(y)}{\lambda} \leq f(x) - f(y) - \mu(1 - \lambda)\|x - y\|^2.$$

Aus der stetigen Differenzierbarkeit von f folgt somit für $\lambda \downarrow 0$:

$$\nabla f(y)^T(x - y) = \lim_{\lambda \to 0+} \frac{f(y + \lambda(x - y)) - f(y)}{\lambda} \leq f(x) - f(y) - \mu\|x - y\|^2, \tag{2.8}$$

d.h., es gilt (2.7).

Ist f nur konvex, so ergibt sich mittels des soeben geführten Beweises mit $\mu = 0$ ebenso die Gültigkeit von (2.5).

Seien nun f strikt konvex und $x, y \in X$ mit $x \neq y$ gegeben. Der Beweis, dass dann auch (2.6) gilt, muss etwas anders geführt werden als die entsprechenden Beweise im (gleichmäßig) konvexen Fall, da beim Grenzübergang in (2.8) sonst das „<"–Zeichen verlorenginge.

Als strikt konvexe Funktion ist f insbesondere konvex. Somit gilt für f die Ungleichung (2.5) aufgrund der bereits bewiesenen Behauptung (a). Für

$$z := \frac{1}{2}(x + y) = \frac{1}{2}x + (1 - \frac{1}{2})y$$

ergibt sich daher

$$\nabla f(y)^T(x - y) = 2\nabla f(y)^T(z - y) \leq 2(f(z) - f(y)). \tag{2.9}$$

Auf der anderen Seite ist $x \neq y$. Aus der strikten Konvexität von f folgt somit unter Berücksichtigung der Definition von z:

$$f(z) < \frac{1}{2}f(x) + \frac{1}{2}f(y). \tag{2.10}$$

Aus (2.9) und (2.10) ergibt sich damit

$$\nabla f(y)^T (x - y) < f(x) - f(y),$$

also gerade (2.6). $\qquad\qquad\qquad\qquad\qquad\qquad\qquad\qquad\qquad\qquad\square$

Anschaulich besagt der Satz 2.16 (a), dass eine stetig differenzierbare Funktion $f : X \to \mathbb{R}$ genau dann konvex ist, wenn in jedem Punkt $y \in X$ gilt, dass die Linearisierung

$$L(x) := f(y) + \nabla f(y)^T (x - y)$$

nicht oberhalb des Graphen von f verläuft, siehe Abbildung 2.3. Entsprechend lassen sich die Aussagen (b) und (c) des Satzes 2.16 interpretieren.

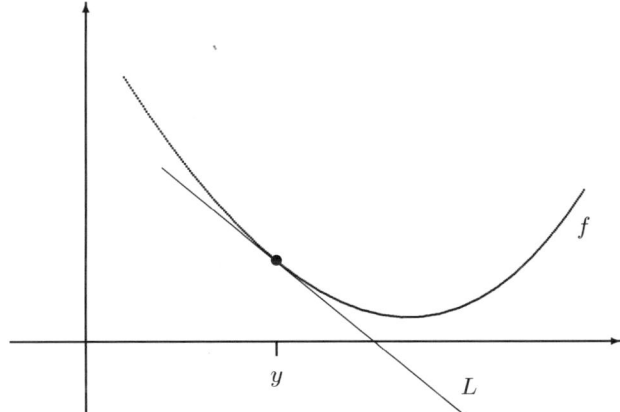

Abb. 2.3. Zur Charakterisierung einer differenzierbaren konvexen Funktion

Der Satz 2.16 besitzt eine interessante Anwendung: Seien $f : \mathbb{R}^n \to \mathbb{R}$ eine stetig differenzierbare konvexe Funktion und $x^* \in \mathbb{R}^n$ ein stationärer Punkt von f, also $\nabla f(x^*) = 0$. Dann gilt wegen Satz 2.16

$$f(x) - f(x^*) \geq \nabla f(x^*)^T (x - x^*) = 0$$

und somit $f(x^*) \leq f(x)$ für alle $x \in \mathbb{R}^n$. Somit ist der stationäre Punkt x^* bereits ein globales Minimum von f auf dem $\mathbb{R}^n$. (Alternativ könnte man statt des $\mathbb{R}^n$ auch eine beliebige nichtleere, offene und konvexe Menge als Definitionsbereich von f zulassen.)

In diesem Kapitel haben wir es zumeist mit stetig differenzierbaren Funktionen zu tun, weshalb sich die in Satz 2.16 angegebene Charakterisierung stetig differenzierbarer konvexer Funktionen als besonders wichtig erweisen wird. Es ist aber bemerkenswert, dass die Konvexität einer Funktion bereits gewisse Stetigkeits– und (schwache) Differenzierbarkeitseigenschaften impliziert. Wir werden darauf in Kapitel 6 (Abschnitt 6.3) zurückkommen.

2.1.3 Projektionssatz

Das Ziel dieses Unterabschnittes ist ein Beweis des sogenannten Projektionssatzes. Zu diesem Zweck zeigen wir zunächst ein Lemma, welches insbesondere klärt, was wir unter der Projektion eines Vektors auf eine gewisse Menge verstehen.

Lemma 2.17. *Sei $X \subseteq \mathbb{R}^n$ eine nichtleere, abgeschlossene und konvexe Menge. Dann existiert zu jedem $y \in \mathbb{R}^n$ ein eindeutig bestimmter Vektor $z \in X$ mit*

$$\|y - z\| \leq \|y - x\| \quad \text{für alle } x \in X.$$

Der Vektor z heißt Projektion *von y auf X und wird mit $\text{Proj}_X(y)$ bezeichnet.*

Beweis. Sei $y \in \mathbb{R}^n$ beliebig gegeben. Wir haben zu zeigen, dass die Funktion $f(x) := \frac{1}{2}\|y - x\|^2$ ein eindeutig bestimmtes Minimum auf der Menge X annimmt. Zu diesem Zweck wähle ein beliebiges $w \in X$. Dann ist $z \in X$ offenbar genau dann eine Lösung von

$$\min f(x) \quad \text{u.d.N.} \quad x \in X,$$

wenn $z \in X$ das Problem

$$\min f(x) \quad \text{u.d.N.} \quad x \in X \cap \{x \in \mathbb{R}^n \mid \|y - x\| \leq \|y - w\|\}$$

löst. Da die zulässige Menge des letztgenannten Problemes nichtleer und kompakt ist sowie die Zielfunktion f stetig ist, folgt aus einem bekannten Satz von Weierstraß die Existenz eines globalen Minimums $z \in X$ dieses Problems, d.h., es gilt

$$\|y - z\| \leq \|y - x\| \quad \text{für alle } x \in X.$$

Zum Nachweis der Eindeutigkeit nehmen wir an, dass die Funktion f auf der Menge X in zwei Punkten z^1 und z^2 ihr Minimum annimmt. Aufgrund der Konvexität der Menge X liegt dann auch der Punkt $z := \frac{1}{2}z^1 + \frac{1}{2}z^2$ in X, und eine einfache Rechnung zeigt, dass

$$f(z) = \frac{1}{2}f(z^1) + \frac{1}{2}f(z^2) - \frac{1}{8}\|z^1 - z^2\|^2$$

gilt. Wegen $f(z^1) = f(z^2)$ folgt somit

$$f(z) = f(z^1) - \frac{1}{8}\|z^1 - z^2\|^2.$$

Da z aber zulässig ist und z^1 ein Minimum von f auf X ist, muss notwendig $z^1 = z^2$ gelten, womit die Behauptung vollständig bewiesen ist.   □

Anschaulich versteht man unter der Projektion $\text{Proj}_X(y)$ eines Punktes $y \in \mathbb{R}^n$ auf die Menge X gerade denjenigen Vektor in X, der den kürzesten Abstand zum Punkt y hat, vergleiche Abbildung 2.4.

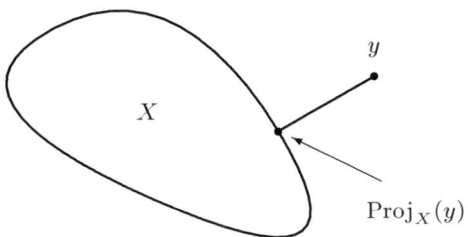

Abb. 2.4. Projektion eines Vektors auf eine konvexe Menge

Der folgende Satz zeigt, wie sich die Projektion eines Vektors auf eine Menge charakterisieren lässt.

Satz 2.18. *(Projektionssatz)*
Seien $X \subseteq \mathbb{R}^n$ nichtleer, abgeschlossen und konvex sowie $y \in \mathbb{R}^n$ beliebig gegeben. Dann ist $z \in X$ genau dann gleich der Projektion von y auf X, wenn

$$(z - y)^T (x - z) \geq 0 \quad \text{für alle } x \in X$$

gilt.

Beweis. Sei $y \in \mathbb{R}^n$ fest gegeben. Definiere wieder die Funktion $f(x) := \frac{1}{2}\|x - y\|^2$.

Wir nehmen zunächst an, dass z gleich der Projektion von y auf die Menge X ist. Dann gilt $z + \lambda(x - z) \in X$ für alle $x \in X$ und alle $\lambda \in (0,1)$. Dies impliziert

$$f(z) \leq f(z + \lambda(x - z)) = \frac{1}{2}\|(z - y) + \lambda(x - z)\|^2.$$

Eine einfache Rechnung zeigt, dass dies auch in der Form

$$0 \leq \lambda(z - y)^T(x - z) + \frac{1}{2}\lambda^2 \|x - z\|^2$$

geschrieben werden kann. Division durch $\lambda > 0$ ergibt daher mit anschließendem Grenzübergang $\lambda \downarrow 0$

$$(z - y)^T (x - z) \geq 0 \tag{2.11}$$

für alle $x \in X$.

Sei umgekehrt $z \in X$ ein Vektor mit der Eigenschaft (2.11) für alle $x \in X$. Für beliebiges $x \in X$ erhalten wir dann unter Verwendung der Cauchy–Schwarzschen Ungleichung:

$$
\begin{aligned}
0 &\geq (y - z)^T (x - z) \\
&= (y - z)^T (x - y + y - z) \\
&= \|y - z\|^2 + (y - z)^T (x - y) \\
&\geq \|y - z\|^2 - \|y - z\|\,\|x - y\|.
\end{aligned}
$$

Dies impliziert

$$\|x - y\| \geq \|y - z\|$$

für alle $x \in X$, d.h., z ist gerade die Projektion von y auf X wegen Lemma 2.17.   □

Der Projektionssatz 2.18 besagt, dass die Ungleichung

$$(\mathrm{Proj}_X(y) - y)^T (x - \mathrm{Proj}_X(y)) \geq 0$$

für alle $y \in \mathbb{R}^n$ und alle $x \in X$ gilt, d.h., der Winkel zwischen dem Vektor $\mathrm{Proj}_X(y) - y$ und allen Vektoren der Gestalt $x - \mathrm{Proj}_X(y)$ für $x \in X$ darf $90°$ nicht übersteigen, siehe Abbildung 2.5.

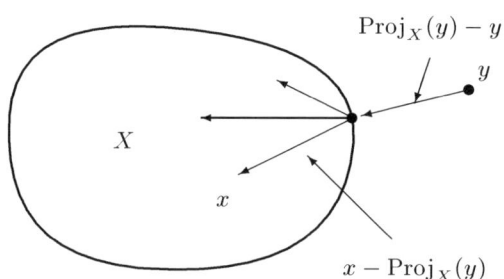

Abb. 2.5. Anschauliche Interpretation des Projektionssatzes

Wir zeigen als Nächstes, dass der Projektionsoperator $x \mapsto \mathrm{Proj}_X(x)$ „nichtexpansiv" ist.

Lemma 2.19. *Sei $X \subseteq \mathbb{R}^n$ eine nichtleere, abgeschlossene und konvexe Menge. Dann gilt*

$$\|Proj_X(x) - Proj_X(y)\| \leq \|x - y\|$$

für alle $x, y \in \mathbb{R}^n$. Insbesondere ist der Projektionsoperator Lipschitz–stetig auf dem gesamten $\mathbb{R}^n$.

Beweis. Seien $x, y \in \mathbb{R}^n$ beliebig gegeben. Dann ist

$$\begin{aligned}
x - y &= \mathrm{Proj}_X(x) - \mathrm{Proj}_X(y) + (x - \mathrm{Proj}_X(x)) + (\mathrm{Proj}_X(y) - y) \\
&= \mathrm{Proj}_X(x) - \mathrm{Proj}_X(y) + u,
\end{aligned}$$

wobei wir zur Abkürzung

$$u := (x - \mathrm{Proj}_X(x)) + (\mathrm{Proj}_X(y) - y)$$

gesetzt haben. Folglich ist

$$\begin{aligned}
\|x - y\|^2 &= \|\mathrm{Proj}_X(x) - \mathrm{Proj}_X(y)\|^2 + \|u\|^2 \\
&\quad + 2u^T(\mathrm{Proj}_X(x) - \mathrm{Proj}_X(y)) \\
&= \|\mathrm{Proj}_X(x) - \mathrm{Proj}_X(y)\|^2 + \|u\|^2 \\
&\quad + 2(x - \mathrm{Proj}_X(x))^T(\mathrm{Proj}_X(x) - \mathrm{Proj}_X(y)) \\
&\quad + 2(\mathrm{Proj}_X(y) - y)^T(\mathrm{Proj}_X(x) - \mathrm{Proj}_X(y)).
\end{aligned}$$

Aufgrund des Projektionssatzes 2.18 gilt einerseits

$$(x - \mathrm{Proj}_X(x))^T(\mathrm{Proj}_X(x) - \mathrm{Proj}_X(y)) \geq 0;$$

andererseits ist auch

$$(\mathrm{Proj}_X(y) - y)^T(\mathrm{Proj}_X(x) - \mathrm{Proj}_X(y)) \geq 0.$$

Zusammen ergibt sich

$$\|x - y\|^2 \geq \|\mathrm{Proj}_X(x) - \mathrm{Proj}_X(y)\|^2,$$

woraus die Behauptung unmittelbar folgt. □

Anschaulich besagt das Lemma 2.19, dass der Abstand zweier projizierter Punkte niemals größer sein kann als der Abstand dieser beiden Punkte selbst.

Schließlich zeigen wir noch, dass der Projektionsoperator auch „monoton" ist, vergleiche insbesondere das Kapitel 7, wo wir die Klasse der monotonen Funktionen formal einführen und etwas näher untersuchen werden.

Lemma 2.20. *Sei $X \subseteq \mathbb{R}^n$ eine nichtleere, abgeschlossene und konvexe Menge. Dann ist*

$$(x - y)^T(Proj_X(x) - Proj_X(y)) \geq 0 \qquad (2.12)$$

für alle $x, y \in \mathbb{R}^n$. Für $Proj_X(x) \neq Proj_X(y)$ gilt in (2.12) sogar die strikte Ungleichung.

Beweis. Aus dem Projektionssatz 2.18 folgt

$$(z - \text{Proj}_X(x))^T(\text{Proj}_X(x) - x) \geq 0$$

für alle $x \in \mathbb{R}^n$ und alle $z \in X$. Also ist

$$(\text{Proj}_X(y) - \text{Proj}_X(x))^T(\text{Proj}_X(x) - x) \geq 0 \qquad (2.13)$$

für alle $x, y \in \mathbb{R}^n$. Analog gilt aufgrund des Projektionssatzes 2.18 auch

$$(z - \text{Proj}_X(y))^T(\text{Proj}_X(y) - y) \geq 0$$

für alle $y \in \mathbb{R}^n$ und alle $z \in X$. Also ist

$$(\text{Proj}_X(x) - \text{Proj}_X(y))^T(\text{Proj}_X(y) - y) \geq 0 \qquad (2.14)$$

für alle $x, y \in \mathbb{R}^n$. Addition von (2.13) und (2.14) liefert

$$(\text{Proj}_X(y) - \text{Proj}_X(x))^T(\text{Proj}_X(x) - \text{Proj}_X(y) + y - x) \geq 0$$

für alle $x, y \in \mathbb{R}^n$. Somit ist

$$(y - x)^T(\text{Proj}_X(y) - \text{Proj}_X(x)) \geq \|\text{Proj}_X(y) - \text{Proj}_X(x)\|^2$$

für alle $x, y \in \mathbb{R}^n$. Hieraus ergeben sich alle Behauptungen. $\square$

2.1.4 Trennungssätze

Ziel dieses Unterabschnittes ist der Nachweis der Gültigkeit von sogenannten Trennungssätzen, die, anschaulich gesprochen, zeigen, dass man zwei konvexe Mengen unter gewissen Bedingungen durch eine Hyperebene (strikt) voneinander trennen kann. Wir beginnen mit einem einfachen Fall, in dem eine der beiden konvexen Mengen aus nur einem Punkt besteht.

Lemma 2.21. *Seien $X \subseteq \mathbb{R}^n$ eine nichtleere und konvexe Menge sowie $\bar{x} \in \mathbb{R}^n$ ein nicht zum Inneren von X gehörender Vektor. Dann existiert ein von Null verschiedener Vektor $a \in \mathbb{R}^n$ mit*

$$a^T x \geq a^T \bar{x}$$

für alle $x \in X$.

Beweis. Wir führen den Beweis zunächst unter der Zusatzvoraussetzung, dass das Innere von X nichtleer ist. Als Erstes bemerken wir, dass es eine gegen $\bar{x}$ konvergente Folge $\{x^k\}$ mit $x^k \notin \text{cl}(X)$ für alle $k \in \mathbb{N}$ gibt. Im Fall $\bar{x} \notin \text{cl}(X)$ ist dies klar, im Fall $\bar{x} \in \text{cl}(X)$ hingegen ist $\bar{x}$ wegen $\bar{x} \notin \text{int}(X)$ ein Randpunkt der Menge X und somit aufgrund des Korollars 2.10 auch ein

Randpunkt der Menge cl(X), woraus sich auch in diesem Fall die Behauptung ergibt.

Sei nun $\{x^k\}$ eine Folge mit den oben genannten Eigenschaften. Wir bezeichnen mit $\hat{x}^k$ die Projektion von x^k auf die Menge cl(X) (die wegen Lemma 2.17 existiert, da der Abschluss cl(X) nichtleer, abgeschlossen und konvex ist, vergleiche Lemma 2.2). Aufgrund des Projektionssatzes 2.18 gilt dann

$$(\hat{x}^k - x^k)^T (x - \hat{x}^k) \geq 0$$

für alle $k \in \mathbb{N}$ und alle $x \in$ cl(X). Somit ergibt sich für alle $k \in \mathbb{N}$ und alle $x \in$ cl(X):

$$\begin{aligned}
(\hat{x}^k - x^k)^T x &\geq (\hat{x}^k - x^k)^T \hat{x}^k \\
&= (\hat{x}^k - x^k)^T (\hat{x}^k - x^k) + (\hat{x}^k - x^k)^T x^k \\
&= \|\hat{x}^k - x^k\|^2 + (\hat{x}^k - x^k)^T x^k \\
&\geq (\hat{x}^k - x^k)^T x^k.
\end{aligned}$$

Mit

$$a_k := \frac{\hat{x}^k - x^k}{\|\hat{x}^k - x^k\|}$$

lässt sich dies äquivalent schreiben als

$$a_k^T x \geq a_k^T x^k \tag{2.15}$$

für alle $k \in \mathbb{N}$ und alle $x \in$ cl(X) (beachte: wegen $x^k \notin$ cl(X) ist der hier auftretende Nenner ungleich Null). Wegen $\|a_k\| = 1$ für alle $k \in \mathbb{N}$ existiert eine Teilfolge $\{a_k\}_K$, die gegen einen Vektor $a \in \mathbb{R}^n$ mit $a \neq 0$ konvergiert. Führt man auf dieser Teilfolge den Grenzübergang $k \to \infty$ aus, so ergibt sich aus (2.15)

$$a^T x \geq a^T \bar{x}$$

für alle $x \in$ cl(X). Dies impliziert offenbar die behauptete Ungleichung.

Nun ist noch der Fall zu betrachten, dass das Innere von X leer ist und somit Korollar 2.10 nicht angewandt werden kann. Ist $\bar{x} \notin$ cl(X), so liefert der obige Beweis die Behauptung, da dann das Korollar 2.10 gar nicht benötigt wird. Sei nun $\bar{x} \in$ cl(X). Wir sehen uns die affine Hülle von X an, also den Durchschnitt aller affinen Unterräume des $\mathbb{R}^n$, welche X als Teilmenge enthalten. Es ist nicht schwer zu zeigen, dass die Dimension der affinen Hülle von X wegen int(X) = $\emptyset$ höchstens $n-1$ ist (vergleiche Aufgabe 2.7). Folglich ist X eine Teilmenge eines $(n-1)$–dimensionalen affinen Unterraums des $\mathbb{R}^n$, also einer Hyperebene $H = \{x \in \mathbb{R}^n \,|\, a^T x = \gamma\}$ mit $a \in \mathbb{R}^n \setminus \{0\}$ und $\gamma \in \mathbb{R}$. Wegen $\bar{x} \in$ cl(X) gilt dann auch

$$a^T x = \gamma = a^T \bar{x} \quad \text{für alle } x \in X,$$

womit die Behauptung des Lemmas auch im Fall int(X) = $\emptyset$ bewiesen ist. $\qquad\square$

Es ist klar, dass die von Lemma 2.21 gelieferte Ungleichung

$$a^T x \geq a^T \bar{x}$$

sogar für alle x aus dem Abschluss $\text{cl}(X)$ der Menge X gilt (und nicht nur für alle $x \in X$ selbst). Setzt man $\gamma := a^T \bar{x}$, so besagt diese Ungleichung, dass alle Elemente $x \in X$ (bzw. $x \in \text{cl}(X)$) in einem der beiden durch die *Hyperebene*

$$H := \{x \in \mathbb{R}^n \,|\, a^T x - \gamma = 0\}$$

entstehenden *Halbräume* $H_\leq := \{x \in \mathbb{R}^n \,|\, a^T x \leq \gamma\}$ und $H_\geq := \{x \in \mathbb{R}^n \,|\, a^T x \geq \gamma\}$ liegen. Der (nicht notwendig normierte) Vektor a spielt hierbei die Rolle eines Normalenvektors dieser Hyperebene, siehe Abbildung 2.6.

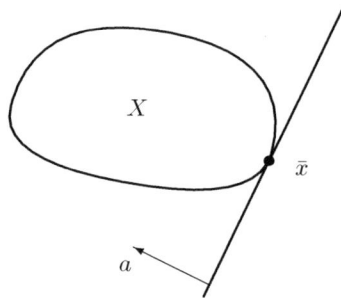

Abb. 2.6. Anschauliche Deutung des Lemmas 2.21

Unter Verwendung des Lemmas 2.21 beweisen wir jetzt einen Trennungssatz für zwei konvexe Mengen.

Satz 2.22. *(Trennungssatz)*
Seien $X_1 \subseteq \mathbb{R}^n$ und $X_2 \subseteq \mathbb{R}^n$ zwei nichtleere und disjunkte konvexe Mengen. Dann existiert ein Vektor $a \in \mathbb{R}^n$ mit $a \neq 0$, so dass

$$a^T x_1 \leq a^T x_2$$

für alle $x_1 \in X_1$ und alle $x_2 \in X_2$ gilt.

Beweis. Betrachte die Menge

$$X := X_2 - X_1 := \{x \in \mathbb{R}^n \,|\, x = x_2 - x_1 \text{ für gewisse } x_1 \in X_1, x_2 \in X_2\}.$$

Offenbar ist X eine nichtleere und konvexe Menge. Da die Mengen X_1 und X_2 disjunkt sind, gehört der Nullvektor nicht zu der Menge X. Insbesondere liegt der Nullvektor somit nicht im Inneren von X. Daher liefert das Lemma 2.21 die Existenz eines nichttrivialen Vektors $a \in \mathbb{R}^n$ mit

$$0 \leq a^T x$$

für alle $x \in X$. Im Hinblick auf die Definition von X ist dies äquivalent zu

$$a^T x_1 \leq a^T x_2$$

für alle $x_1 \in X_1$ und alle $x_2 \in X_2$. $\square$

Die Abbildung 2.7 veranschaulicht die Situation des Satzes 2.22: Die beiden Mengen X_1 und X_2 können durch eine Hyperebene getrennt werden, wobei dem Vektor a wieder die Rolle eines Normalenvektors dieser Hyperebene zukommt.

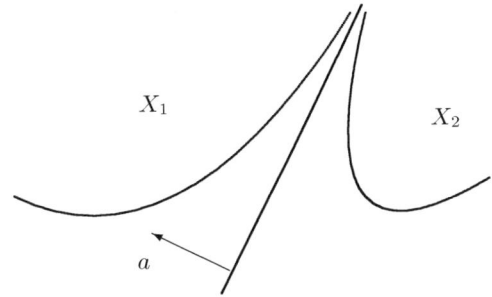

Abb. 2.7. Veranschaulichung des Trennungssatzes 2.22

Unser nächstes Ziel ist der Nachweis eines strikten Trennungssatzes. Zu diesem Zweck benötigen wir zunächst ein Hilfsresultat. Bevor wir dieses formulieren, wollen wir zunächst einmal feststellen, dass die Summe zweier abgeschlossener konvexer Mengen im Allgemeinen keine abgeschlossene Menge liefert (für ein Gegenbeispiel siehe Aufgabe 2.9). Aus diesem Grunde hat man eine weitere Forderung an die Einzelmengen zu stellen, was in dem folgenden Resultat geschehen wird.

Lemma 2.23. *Seien $X_1, X_2 \subseteq \mathbb{R}^n$ zwei nichtleere konvexe Mengen mit X_1 abgeschlossen und X_2 kompakt. Dann ist die Summe $X_1 + X_2 := \{x \in \mathbb{R}^n \mid \exists x_1 \in X_1, x_2 \in X_2 : x = x_1 + x_2\}$ ebenfalls eine nichtleere, abgeschlossene und konvexe Menge.*

Beweis. Die Summe $X := X_1 + X_2$ ist offenbar nichtleer und konvex. Zum Nachweis der Abgeschlossenheit von X betrachten wir eine konvergente Folge $\{x_1^k + x_2^k\} \subseteq X$ mit $x_1^k \in X_1$ und $x_2^k \in X_2$ für alle $k \in \mathbb{N}$. Da X_2 nach Voraussetzung kompakt ist, ist die Folge $\{x_2^k\}$ beschränkt. Aus der Konvergenz der Folge $\{x_1^k + x_2^k\}$ ergibt sich somit auch die Beschränktheit der Folge $\{x_1^k\}$. Daher existieren Teilfolgen $\{x_1^k\}_K$ und $\{x_2^k\}_K$, die gegen gewisse Punkte x_1

und x_2 konvergieren, d.h., die Teilfolge $\{x_1^k + x_2^k\}_K$ (und nach Voraussetzung daher die gesamte Folge $\{x_1^k + x_2^k\}$) konvergiert gegen $x_1 + x_2$. Da X_1 und X_2 aber abgeschlossen sind, ergibt sich $x_1 + x_2 \in X_1 + X_2 = X$. Also ist X tatsächlich abgeschlossen.   □

Nach dieser Vorbereitung sind wir nun in der Lage, einen strikten Trennungssatz zu beweisen. Einen Spezialfall dieses Resultates findet der Leser auch in der Aufgabe 2.8.

Satz 2.24. *(Strikter Trennungssatz)*
Seien $X_1 \subseteq \mathbb{R}^n$ und $X_2 \subseteq \mathbb{R}^n$ zwei nichtleere und disjunkte konvexe Mengen mit X_1 abgeschlossen sowie X_2 kompakt. Dann existieren ein nichttrivialer Vektor $a \in \mathbb{R}^n$ sowie ein Skalar $\beta \in \mathbb{R}$ mit

$$a^T x_1 < \beta < a^T x_2$$

für alle $x_1 \in X_1$ und alle $x_2 \in X_2$.

Beweis. Betrachte das Optimierungsproblem

$$\min \|x_1 - x_2\| \quad \text{u.d.N.} \quad x_1 \in X_1, x_2 \in X_2. \tag{2.16}$$

Die Menge $X := X_1 - X_2 := \{x_1 - x_2 \mid x_1 \in X_1, x_2 \in X_2\}$ ist offenbar nichtleer und konvex. Wegen Lemma 2.23 und der vorausgesetzten Kompaktheit von X_2 ist die Menge X auch abgeschlossen.

Da (2.16) gerade das Problem darstellt, den Nullvektor auf die Menge X zu projizieren, ist das Minimierungsproblem (2.16) wegen Lemma 2.17 lösbar. Sei (x_1^*, x_2^*) eine Lösung von (2.16). Definiere nun

$$a := \frac{x_2^* - x_1^*}{2}, \quad x^* := \frac{x_1^* + x_2^*}{2}, \quad \beta := a^T x^*.$$

Dann ist $a \neq 0$ wegen $x_1^* \in X_1, x_2^* \in X_2$ und $X_1 \cap X_2 = \emptyset$ nach Voraussetzung. Ferner ergibt sich aus (2.16) relativ leicht, dass x_1^* gerade die Projektion von x^* auf X_1 und x_2^* nichts anderes als die Projektion von x^* auf X_2 ist, siehe Aufgabe 2.10. Somit ergibt sich aus dem Projektionssatz 2.18

$$(x^* - x_1^*)^T (x_1 - x_1^*) \leq 0$$

für alle $x_1 \in X_1$. Wegen $x^* - x_1^* = a$ impliziert dies

$$a^T x_1 \leq a^T x_1^* = a^T x^* + a^T (x_1^* - x^*) = \beta - \|a\|^2 < \beta$$

für alle $x_1 \in X_1$. Dies beweist die linke Ungleichung in der Behauptung. Der Nachweis der rechten Ungleichung kann analog erfolgen.   □

Die Abbildung 2.8 illustriert die Aussage des Satzes 2.24: Unter den genannten Voraussetzungen können die beiden Mengen X_1 und X_2 durch eine Hyperebene mit (nicht notwendig normiertem) Normalenvektor a strikt voneinander getrennt werden. Man beachte, dass dies unter den Voraussetzungen des Trennungssatzes 2.22 im Allgemeinen nicht möglich ist. Die Abbildung 2.7 deutet an, wie ein geeignetes Gegenbeispiel konstruiert werden kann: Die Mengen X_1 und X_2 müssen sich asymptotisch der trennenden Hyperebene anschmiegen.

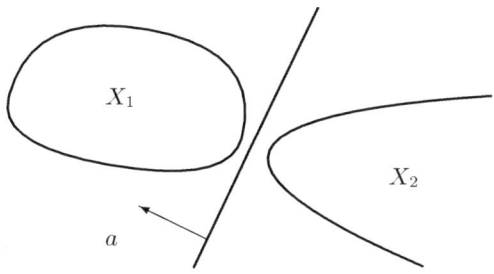

Abb. 2.8. Veranschaulichung des strikten Trennungssatzes 2.24

2.1.5 Farkas–Lemma

In diesem Unterabschnitt beweisen wir ein berühmtes Resultat von Farkas. Dazu beginnen wir zunächst mit der Definition eines Kegels.

Definition 2.25. *Eine Teilmenge* $X \subseteq \mathbb{R}^n$ *ist ein* Kegel *(engl.: cone), falls*

$$\lambda x \in X$$

für alle $x \in X$ *und alle* $\lambda > 0$ *gilt.*

Wir nennen einen Kegel $X \subseteq \mathbb{R}^n$ einen konvexen Kegel, abgeschlossenen Kegel etc., wenn X eine konvexe, abgeschlossene etc. Teilmenge des $\mathbb{R}^n$ ist. Die Abbildung 2.9 enthält je ein Beispiel eines konvexen und eines nichtkonvexen Kegels.

Sind $a_1, \ldots, a_m \in \mathbb{R}^n$ gegebene Vektoren, so ist die Menge

$$\text{cone}\{a_1, \ldots, a_m\} := \{x_1 a_1 + \ldots + x_m a_m \mid x_i \geq 0\, \forall i = 1, \ldots, m\}$$

offenbar ein konvexer Kegel im $\mathbb{R}^n$. Man nennt ihn den durch $a_1, \ldots, a_m$ *erzeugten Kegel*. Er wird in dem folgenden Resultat eine große Rolle spielen. Man beachte dabei, dass die Aussage dieses Resultates geradezu trivial erscheint, dass der Beweis jedoch vergleichsweise kompliziert ist.

Lemma 2.26. *Sei* $A \in \mathbb{R}^{m \times n}$ *gegeben. Dann beschreibt die Menge*

$$X := \{y \in \mathbb{R}^n \mid y = A^T x, x \geq 0\}$$

einen nichtleeren, abgeschlossenen und konvexen Kegel.

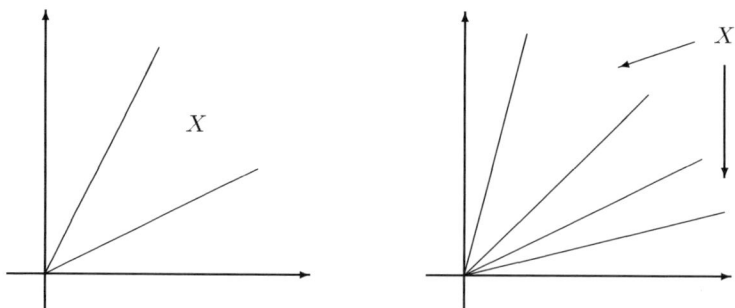

Abb. 2.9. Beispiel eines konvexen und eines nichtkonvexen Kegels

Beweis. Man verifiziert sehr leicht, dass es sich bei X um einen nichtleeren und konvexen Kegel handelt, so dass lediglich die Abgeschlossenheit von X nachzuweisen bleibt.

Wir bezeichnen die Spalten von A^T mit $a_1, \ldots, a_m$. Dann können wir X auch schreiben in der Gestalt

$$X = \{y \in \mathbb{R}^n \,|\, y = x_1 a_1 + \ldots + x_m a_m, \, x \geq 0\} =: \mathrm{cone}\{a_1, \ldots, a_m\},$$

so dass X der durch die m Vektoren $a_1, \ldots, a_m$ erzeugte Kegel ist. Der Beweis erfolgt durch vollständige Induktion nach m. Ist $m = 1$, so ist $X = \{y \in \mathbb{R}^n \,|\, y = x_1 a_1, \, x_1 \geq 0\}$ ein abgeschlossener Halbraum. Sei daher $m \geq 1$ vorausgesetzt und jeder von weniger als m Elementen erzeugte Kegel abgeschlossen.

Sei $\{y^k\} \subseteq X$ eine beliebige Folge, die gegen einen Punkt $y^* \in \mathbb{R}^n$ konvergiere. Wir haben zu zeigen, dass der Punkt y^* zu X gehört.

Wegen $y^k \in X$ ist

$$y^k = \sum_{i=1}^m \lambda_i^k a_i \quad \text{für gewisse} \quad \lambda_i^k \geq 0, \; i = 1, \ldots, m$$

und alle $k \in \mathbb{N}$. Weiterhin gilt, da $V := \{y \in \mathbb{R}^n \,|\, y = A^T x, x \in \mathbb{R}^m\}$ ein endlichdimensionaler und somit abgeschlossener Vektorraum ist mit $y^k \in X \subseteq V$, dass der Grenzwert y^* zumindest zu der Menge V gehört. Es ist also

$$y^* = \sum_{i=1}^m \alpha_i a_i \quad \text{für gewisse} \quad \alpha_i \in \mathbb{R}, \; i = 1, \ldots, m.$$

Sind alle α_i nichtnegativ, so ist der Beweis erbracht. Sei daher angenommen, dass ein Index $i_0 \in \{1, \ldots, m\}$ existiert mit $\alpha_{i_0} < 0$. Definiere

$$\beta_k := \min \left\{ \frac{\lambda_i^k}{\lambda_i^k - \alpha_i} \;\middle|\; i \in \{1, \ldots, m\} \text{ mit } \alpha_i < 0 \right\}$$

für $k \in \mathbb{N}$. Dann ist $0 \le \beta_k \le 1$ und $\beta_k(\lambda_i^k - \alpha_i) \le \lambda_i^k$ (falls $\alpha_i < 0$), folglich

$$r_{ik} := \beta_k \alpha_i + (1 - \beta_k)\lambda_i^k \ge 0 \quad \text{für alle } k \in \mathbb{N}, \; i = 1, \ldots, m. \qquad (2.17)$$

Definiere weiterhin

$$z^k := y^k + \beta_k(y^* - y^k) = \beta_k y^* + (1 - \beta_k)y^k = \sum_{i=1}^{m} r_{ik} a_i \in [y^*, y^k].$$

Wegen $y^k \to y^*$ gilt auch $z^k \to y^*$. Ferner zeigt (2.17), dass die z^k zu der Menge X gehören. Für jedes $k \in \mathbb{N}$ sei i_k ein (nicht notwendig eindeutig bestimmter) Index, bei dem in der Definition von β_k das Minimum angenommen wird, d.h.,

$$\beta_k = \frac{\lambda_{i_k}^k}{\lambda_{i_k}^k - \alpha_{i_k}}.$$

Dann ist $r_{i_k k} = 0$, so dass z^k bereits in dem von den $m - 1$ Elementen $\{a_1, \ldots, a_m\} \setminus \{a_{i_k}\}$ erzeugten Kegel liegt. Durch Übergang auf eine Teilfolge kann o.B.d.A. angenommen werden, dass es einen festen (von k unabhängigen) Index j gibt derart, dass jedes z^k zu dem durch die Elemente $\{a_1, \ldots, a_m\} \setminus \{a_j\}$ erzeugten Kegel gehört. Nach Induktionsvoraussetzung ist dieser Kegel aber abgeschlossen. Also gehört der Häufungspunkt y^* der Folge $\{z^k\}$ ebenfalls zu dem von $\{a_1, \ldots, a_m\} \setminus \{a_j\}$ erzeugten Kegel. Insbesondere liegt y^* damit in dem Kegel $X = \text{cone}\{a_1, \ldots, a_m\}$. $\qquad\square$

Unter Verwendung des Lemmas 2.26 sind wir nun in der Lage, das Farkas–Lemma zu beweisen.

Lemma 2.27. *(Farkas)*
Seien $A \in \mathbb{R}^{m \times n}$ und $b \in \mathbb{R}^n$ gegeben. Dann sind die beiden folgenden Aussagen äquivalent:

(a) Das System $A^T x = b, x \ge 0$ besitzt eine Lösung.
(b) Die Ungleichung $b^T d \ge 0$ gilt für alle $d \in \mathbb{R}^n$ mit $Ad \ge 0$.

Beweis. Besitzt (a) eine Lösung $x \in \mathbb{R}^m$, so ist

$$b^T d = x^T Ad \ge 0$$

für alle $d \in \mathbb{R}^n$ mit $Ad \ge 0$, d.h., (b) gilt.

Umgekehrt beweisen wir die Implikation (b) $\implies$ (a) durch Kontraposition. Die Aussage (a) möge also falsch sein. Dann gehört der Punkt b nicht zu der Menge

$$X := \{y \in \mathbb{R}^n \,|\, y = A^T x, \, x \ge 0\},$$

Wegen Lemma 2.26 ist X ein nichtleerer, abgeschlossener und konvexer Kegel. Aufgrund des strikten Trennungssatzes 2.24 existieren dann ein nichttrivialer Vektor $a \in \mathbb{R}^n$ sowie ein Skalar $\beta \in \mathbb{R}$ mit

$$a^T y > \beta > a^T b \qquad (2.18)$$

für alle $y \in X$. Dies impliziert

$$a^T y \geq 0 > a^T b \qquad (2.19)$$

für alle $y \in X$ (die rechte Ungleichung in (2.19) folgt aus (2.18) sowie $0 \in X$, die linke aus (2.18) sowie $\lambda y \in X$ für $\lambda \to \infty$ und $y \in X$, wie man sich leicht überlegt). Wählt man speziell $x = e_i$ für $i = 1, \ldots, m$ in der Definition des Kegels X, so impliziert (2.19) unmittelbar

$$a^T a_i \geq 0 > a^T b,$$

wobei $a_1, \ldots, a_m$ wieder die Spaltenvektoren der Matrix A^T bezeichnen. Also ist $Aa \geq 0$, aber auch $a^T b < 0$, d.h., die Aussage (b) ist falsch. Dies vervollständigt den Beweis.   □

Das Farkas–Lemma 2.27 wurde hier so formuliert, dass zwei Aussagen zueinander äquivalent sind. Offensichtlich lässt sich das Farkas–Lemma aber auch wie folgt angeben: Entweder ist das System

$$A^T x = b, \; x \geq 0$$

lösbar, oder das System

$$Ad \geq 0, \; b^T d < 0$$

hat eine Lösung. In dieser Formulierung spricht man häufig von dem sogenannten *Alternativsatz von Farkas*, da genau eine von zwei Aussagen zutrifft. In der Tat ist das Farkas–Lemma ein typischer Vertreter einer ganzen Reihe von (mehr oder weniger äquivalenten) Alternativsätzen. Der interessierte Leser sei diesbezüglich auf die Aufgaben 2.13, 2.14 sowie insbesondere auf das Buch [123] von Mangasarian verwiesen.

2.2 Optimalitätskriterien

Eine zufriedenstellende Behandlung von Optimalitätsbedingungen in der restringierten Optimierung bedarf einer gewissen Mühe. Diese Mühe lohnt sich allerdings insofern, als dass die Optimalitätsbedingungen der restringierten Optimierung von entscheidender Bedeutung bei der Konstruktion von geeigneten Verfahren sind. Nun gibt es zahlreiche Möglichkeiten, Optimalitätsbedingungen für die restringierte Optimierung herzuleiten. Wir benutzen hier den Zugang über den Tangentialkegel, der aus diesem Grunde im Unterabschnitt 2.2.1 behandelt wird und unter Verwendung einer geeigneten Regularitätsbedingung an die zulässige Menge des restringierten Minimierungsproblems zu den sogenannten KKT–Bedingungen führt. Dies sind die zentralen Optimalitätsbedingungen erster Ordnung für restringierte Probleme. In den Unterabschnitten 2.2.2–2.2.4 wird dann gezeigt, dass die hierbei benutzte Regularitätsbedingung in vielen Spezialfällen erfüllt ist. Neben den oben erwähnten KKT–Bedingungen gibt es ferner die sogenannten Fritz John–Bedingungen, denen der Unterabschnitt 2.2.5 gewidmet ist. Auch die Fritz John–Bedingungen stellen Optimalitätsbedingungen erster Ordnung dar, benötigen im Gegensatz zu den KKT–Bedingungen aber keinerlei Regularitätsannahme für die zulässige Menge; dafür ist die Aussage der Fritz John–Bedingungen allerdings auch schwächer. Im Unterabschnitt 2.2.6 schließlich gehen wir auf notwendige und hinreichende Bedingungen zweiter Ordnung ein.

2.2.1 Tangentialkegel

Wir beginnen mit der Definition des Tangentialkegels.

Definition 2.28. *Sei $X \subseteq \mathbb{R}^n$ eine nichtleere Menge. Dann heißt ein Vektor $d \in \mathbb{R}^n$ tangential zu X im Punkte $x \in X$, wenn Folgen $\{x^k\} \subseteq X$ und $\{t_k\} \subseteq \mathbb{R}$ existieren mit*

$$x^k \to x, \quad t_k \downarrow 0 \quad und \quad \frac{x^k - x}{t_k} \to d$$

für $k \to \infty$. Die Menge aller dieser Richtungen heißt Tangentialkegel *von X in $x \in X$ und wird mit $\mathcal{T}_X(x)$ bezeichnet, d.h.,*

$$\mathcal{T}_X(x) = \{d \in \mathbb{R}^n \mid \exists \{x^k\} \subseteq X \, \exists t_k \downarrow 0 : x^k \to x \ und \ (x^k - x)/t_k \to d\}.$$

Die Abbildung 2.10 veranschaulicht den Begriff eines tangentialen Vektors.

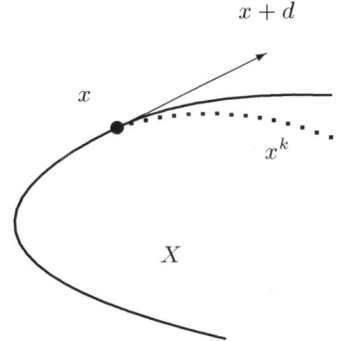

Abb. 2.10. Bild einer tangentialen Richtung d

Dagegen illustriert die Abbildung 2.11 den Begriff eines Tangentialkegels (der dort in den Punkt x verschoben wurde). Der Leser möge sich selbst weitere

Bilder dieser Art überlegen, um mit dem Begriff des Tangentialkegels besser vertraut zu werden.

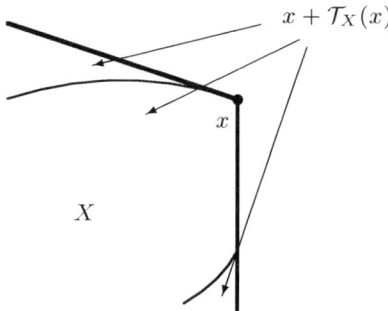

Abb. 2.11. Veranschaulichung eines Tangentialkegels

Man verifiziert sehr leicht, dass die Menge $\mathcal{T}_X(x)$ stets ein Kegel ist, womit insbesondere die Namensgebung gerechtfertigt ist. Wir zeigen als Nächstes, dass der Tangentialkegel stets eine abgeschlossene Menge ist.

Lemma 2.29. *Seien $X \subseteq \mathbb{R}^n$ eine nichtleere Menge und $x \in X$. Dann ist der Tangentialkegel $\mathcal{T}_X(x)$ abgeschlossen.*

Beweis. Sei $\{d^k\} \subseteq \mathcal{T}_X(x)$ eine gegen einen Vektor $d \in \mathbb{R}^n$ konvergente Folge. Zu jedem $k \in \mathbb{N}$ existieren dann Folgen $\{x^{k,l}\} \subseteq X$ und $\{t_{k,l}\}$ mit

$$x^{k,l} \to x, \quad t_{k,l} \downarrow 0 \quad \text{und} \quad \frac{x^{k,l} - x}{t_{k,l}} \to d^k$$

für $l \to \infty$. Daher gibt es zu jedem $k \in \mathbb{N}$ einen Index $l(k)$ mit

$$\|x^{k,l(k)} - x\| \leq \frac{1}{k}, \quad t_{k,l(k)} \leq \frac{1}{k} \quad \text{und} \quad \left\| \frac{x^{k,l(k)} - x}{t_{k,l(k)}} - d^k \right\| \leq \frac{1}{k}.$$

Für $k \to \infty$ ergeben sich auf diese Weise Folgen $\{x^{k,l(k)}\}_{k \in \mathbb{N}}$ und $\{t_{k,l(k)}\}_{k \in \mathbb{N}}$, welche den Vektor d als Element von $\mathcal{T}_X(x)$ ausweisen. □

Der Tangentialkegel wird im Folgenden zur Herleitung von Optimalitätskriterien für restringierte Optimierungsprobleme benutzt werden. Zu diesem Zweck ist das folgende Resultat von zentraler Bedeutung.

Lemma 2.30. *Seien $X \subseteq \mathbb{R}^n$ eine nichtleere Menge, $f : \mathbb{R}^n \to \mathbb{R}$ stetig differenzierbar und $x^* \in X$ ein lokales Minimum des Optimierungsproblemes*

$$\min f(x) \quad u.d.N. \quad x \in X. \tag{2.20}$$

Dann gilt $\nabla f(x^*)^T d \geq 0$ für alle $d \in \mathcal{T}_X(x^*)$.

Beweis. Sei $d \in \mathcal{T}_X(x^*)$ beliebig gegeben. Dann existieren Skalare $t_k \downarrow 0$ und Vektoren $x^k \in X$ mit $x^k \to x^*$ und

$$d = \lim_{k \to \infty} \frac{x^k - x^*}{t_k}.$$

Da f stetig differenzierbar ist, gilt aufgrund des Mittelwertsatzes der Differentialrechnung

$$f(x^k) - f(x^*) = \nabla f(\xi^k)^T (x^k - x^*)$$

für alle $k \in \mathbb{N}$, wobei ξ^k einen Punkt auf der Verbindungsstrecke von x^k und x^* bezeichnet. Insbesondere ist daher $\xi^k \to x^*$ für $k \to \infty$, da auch $x^k \to x^*$ gilt. Weiterhin ist

$$f(x^k) - f(x^*) \geq 0$$

für alle $k \in \mathbb{N}$ hinreichend groß, denn nach Voraussetzung ist x^* ein lokales Minimum des Optimierungsproblems (2.20). Hieraus ergibt sich

$$\nabla f(\xi^k)^T (x^k - x^*) \geq 0.$$

Division durch t_k liefert mit anschließendem Grenzübergang $k \to \infty$ daher

$$\nabla f(x^*)^T d \geq 0.$$

Da d beliebig aus dem Tangentialkegel $\mathcal{T}_X(x^*)$ gewählt war, folgt die Behauptung. $\qquad \square$

Ein für (2.20) zulässiger Vektor x^*, welcher der Bedingung

$$\nabla f(x^*)^T d \geq 0 \text{ für alle } d \in \mathcal{T}_X(x^*)$$

genügt, wird als *stationärer Punkt* des Minimierungsproblems (2.20) bezeichnet. Man beachte, dass dies im unrestringierten Fall $X = \mathbb{R}^n$ mit der üblichen Bedingung $\nabla f(x^*) = 0$ übereinstimmt.

Man kann Lemma 2.30 auch wie folgt aussprechen: In einem lokalen Minimum x^* von (2.20) gibt es keine zu X tangentiale Richtung d, für die mit $\varphi(t) := f(x^* + td)$ gilt

$$\varphi'(0) = \nabla f(x^*)^T d < 0,$$

welche also in diesem Sinn eine „Abstiegsrichtung" ist.

Als Nächstes diskutieren wir den Zusammenhang zwischen stationären Punkten eines Optimierungsproblems und gewissen Optimalitätsbedingungen. Zu diesem Zweck nehmen wir an, dass das Problem (2.20) von der folgenden Gestalt ist:

$$\begin{aligned}
\min \quad & f(x) \\
\text{u.d.N.} \quad & g_i(x) \leq 0, \quad i = 1, \ldots, m, \\
& h_j(x) = 0, \quad j = 1, \ldots, p,
\end{aligned} \qquad (2.21)$$

wobei sowohl die Zielfunktion $f : \mathbb{R}^n \to \mathbb{R}$ als auch die die Nebenbedingungen beschreibenden Funktionen $g_i : \mathbb{R}^n \to \mathbb{R}$ und $h_j : \mathbb{R}^n \to \mathbb{R}$ in diesem gesamten Abschnitt als stetig differenzierbar vorausgesetzt seien.

Die zulässige Menge X in dem abstrakten Optimierungsproblem (2.20) ist jetzt also gegeben durch

$$X := \{ x \in \mathbb{R}^n \mid g_i(x) \le 0 \, (i = 1, \ldots, m), \, h_j(x) = 0 \, (j = 1, \ldots, p) \}.$$

Aufgrund des Lemmas 2.30 gilt

$$\nabla f(x^*)^T d \ge 0 \quad \forall d \in \mathcal{T}_X(x^*)$$

in einem lokalen Minimum x^* des Optimierungsproblems (2.21). Leider ist diese Bedingung nur schwer zu handhaben, da der Tangentialkegel $\mathcal{T}_X(x^*)$ eine recht komplizierte Struktur haben kann. Aus diesem Grunde führen wir einen linearisierten Tangentialkegel ein.

Definition 2.31. *Sei $x \in X$ ein zulässiger Punkt des Optimierungsproblems (2.21). Dann heißt*

$$\mathcal{T}_{lin}(x) := \{ d \in \mathbb{R}^n \mid \nabla g_i(x)^T d \le 0 \, (i \in I(x)), \, \nabla h_j(x)^T d = 0 \, (j = 1, \ldots, p) \}$$

linearisierter Tangentialkegel von X in x, wobei

$$I(x) := \{ i \in \{ 1, \ldots, m \} \mid g_i(x) = 0 \}$$

die Menge der aktiven Ungleichungsrestriktionen im Punkte x bezeichnet.

Ein großer Teil dieses Abschnittes beschäftigt sich mit dem Zusammenhang der beiden Tangentialkegel $\mathcal{T}_X(x)$ und $\mathcal{T}_{lin}(x)$. Dabei zeigen wir zunächst, dass der Tangentialkegel $\mathcal{T}_X(x)$ stets eine Teilmenge des linearisierten Tangentialkegels $\mathcal{T}_{lin}(x)$ ist.

Lemma 2.32. *Sei $x \in X$ ein zulässiger Punkt des Optimierungsproblems (2.21). Dann gilt $\mathcal{T}_X(x) \subseteq \mathcal{T}_{lin}(x)$.*

Beweis. Sei $d \in \mathcal{T}_X(x)$ beliebig. Dann existieren Folgen $t_k \downarrow 0$ und $\{ x^k \} \subseteq X$ mit $x^k \to x$ derart, dass

$$d = \lim_{k \to \infty} \frac{x^k - x}{t_k}.$$

Wir zeigen zunächst, dass $\nabla g_i(x^k)^T d \le 0$ für alle $i \in I(x)$ gilt. Sei dazu $i \in I(x)$ ein fest gewählter Index. Aus dem Mittelwertsatz der Differentialrechnung folgt dann

$$0 \ge g_i(x^k) = g_i(x) + \nabla g_i(\xi^k)^T (x^k - x) = \nabla g_i(\xi^k)^T (x^k - x) \quad (2.22)$$

aufgrund der Zulässigkeit von x^k, wobei ξ^k ein Vektor auf der Verbindungsgeraden von x^k nach x bezeichnet. Man beachte, dass $\xi^k \to x$ für $k \to \infty$

gilt und dass ξ^k auch von dem gewählten Index $i \in I(x)$ abhängt, dass diese Abhängigkeit hier aber nicht weiter von Bedeutung ist. Dividiert man (2.22) durch $t_k > 0$ und lässt $k \to \infty$ gehen, so folgt

$$0 \geq \nabla g_i(x)^T d.$$

Auf ganz ähnliche Weise verifiziert man die Gültigkeit von $\nabla h_j(x)^T d = 0$ für $j = 1, \ldots, p$. Daher ist $d \in \mathcal{T}_{lin}(x)$ und somit $\mathcal{T}_X(x) \subseteq \mathcal{T}_{lin}(x)$.   □

Wir führen als Nächstes eine *Regularitätsbedingung* (engl.: *constraint qualification*) ein, in der wir fordern, dass der Tangentialkegel mit dem linearisierten Tangentialkegel in einem zulässigen Punkt des Optimierungsproblems (2.21) übereinstimmt.

Definition 2.33. *Ein zulässiger Punkt x des restringierten Optimierungsproblems (2.21) genügt der* Regularitätsbedingung von Abadie *(engl.: Abadie constraint qualification, kurz: Abadie CQ), wenn $\mathcal{T}_X(x) = \mathcal{T}_{lin}(x)$ gilt.*

Die nachfolgenden Unterabschnitte werden zeigen, dass die Regularitätsbedingung von Abadie unter relativ schwachen Voraussetzungen an die zulässige Menge X erfüllt ist. An dieser Stelle bringen wir daher ein Beispiel, in dem die Abadie–Bedingung nicht gilt. Zu diesem Zweck betrachten wir das Optimierungsproblem

$$\min -x_1 \quad \text{u.d.N.} \quad x_2 + x_1^3 \leq 0, \quad -x_2 \leq 0, \tag{2.23}$$

dessen zulässiger Bereich in der Abbildung 2.12 wiedergegeben ist. Offenbar

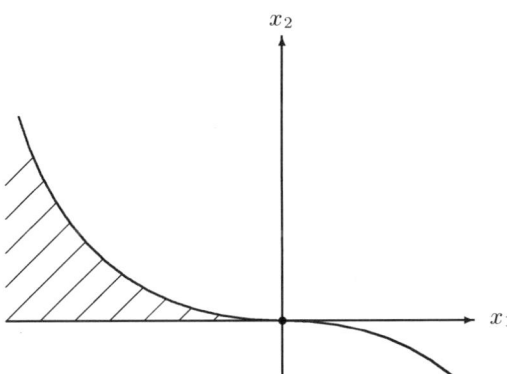

Abb. 2.12. Zulässiger Bereich zum Optimierungsproblem (2.23)

ist $x^* := (0,0)^T$ das eindeutig bestimmte Minimum von (2.23). Setzen wir $g_1(x) := x_2 + x_1^3$ und $g_2(x) := -x_2$, so sind beide Ungleichungsrestriktionen aktiv im Punkte x^*. Für den linearisierten Tangentialkegel ergibt sich definitionsgemäß daher

$$\mathcal{T}_{lin}(x^*) = \{d \in \mathbb{R}^2 \mid \nabla g_1(x^*)^T d \le 0,\ \nabla g_2(x^*)^T d \le 0\}$$
$$= \{(d_1, d_2)^T \in \mathbb{R}^2 \mid d_2 = 0\}.$$

Für den Tangentialkegel selbst gilt dagegen offenbar

$$\mathcal{T}_X(x^*) = \{(d_1, d_2)^T \in \mathbb{R}^2 \mid d_2 = 0, d_1 \le 0\}.$$

In diesem Beispiel ist der Tangentialkegel $\mathcal{T}_X(x^*)$ somit eine echte Teilmenge des linearisierten Tangentialkegels $\mathcal{T}_{lin}(x^*)$, d.h., die Abadie CQ ist nicht erfüllt.

Die Abadie CQ kann unmittelbar zur Herleitung von notwendigen Optimalitätskriterien für das Optimierungsproblem (2.21) benutzt werden. Dabei spielt die im Folgenden definierte Lagrange–Funktion eine wesentliche Rolle.

Definition 2.34. *Die durch*

$$L(x, \lambda, \mu) := f(x) + \sum_{i=1}^{m} \lambda_i g_i(x) + \sum_{j=1}^{p} \mu_j h_j(x)$$

definierte Abbildung $L : \mathbb{R}^n \times \mathbb{R}^m \times \mathbb{R}^p \to \mathbb{R}$ heißt Lagrange–Funktion des restringierten Optimierungsproblems (2.21).

Unter Verwendung der Lagrange–Funktion führen wir nun die (im Folgenden von zentraler Bedeutung werdenden) Karush–Kuhn–Tucker–Bedingungen des Optimierungsproblemes (2.21) ein.

Definition 2.35. *Betrachte das Optimierungsproblem (2.21) mit stetig differenzierbaren Funktionen f, g und h.*

(i) Die Bedingungen

$$\nabla_x L(x, \lambda, \mu) = 0,$$
$$h(x) = 0,$$
$$\lambda \ge 0,\ g(x) \le 0,\ \lambda^T g(x) = 0$$

heißen Karush–Kuhn–Tucker–Bedingungen *(kurz: KKT–Bedingungen) des Optimierungsproblems (2.21), wobei*

$$\nabla_x L(x, \lambda, \mu) = \nabla f(x) + \sum_{i=1}^{m} \lambda_i \nabla g_i(x) + \sum_{j=1}^{p} \mu_j \nabla h_j(x)$$

den Gradienten der Lagrange–Funktion L bezüglich der x–Variablen bezeichnet.

(ii) Jeder Vektor $(x^*, \lambda^*, \mu^*) \in \mathbb{R}^n \times \mathbb{R}^m \times \mathbb{R}^p$, der den KKT–Bedingungen genügt, heißt Karush–Kuhn–Tucker–Punkt *(kurz: KKT–Punkt) des Optimierungsproblems (2.21); die Komponenten von λ^* und μ^* werden auch* Lagrange–Multiplikatoren *genannt. (Häufig werden wir auch die Vektoren λ^* und μ^* selbst als Lagrange–Multiplikatoren bezeichnen.)*

Liegen keine Restriktionen vor, so reduzieren sich die KKT–Bedingungen offensichtlich auf die Forderung $\nabla f(x) = 0$; insofern verallgemeinern die KKT–Bedingungen also die übliche notwendige Optimalitätsbedingung erster Ordnung für unrestringierte Minimierungsaufgaben, siehe etwa [66, Satz 2.1]. Von daher ist es nicht verwunderlich, dass die KKT–Bedingungen in der restringierten Optimierung ebenfalls die Rolle von notwendigen Bedingungen erster Ordnung spielen. Wir werden dies im Satz 2.36 gleich formal beweisen. Zuvor jedoch noch einige weitere Bemerkungen zu den KKT–Bedingungen:

Die im Rahmen der KKT–Bedingungen auftretenden Eigenschaften

$$\lambda \geq 0, \ g(x) \leq 0, \ \lambda^T g(x) = 0$$

sind offenbar äquivalent zu

$$\lambda_i \geq 0, \ g_i(x) \leq 0, \ \lambda_i g_i(x) = 0 \quad \forall i = 1, \ldots, m.$$

Hieran erkennt man, dass in einem KKT–Punkt $(x^*, \lambda^*, \mu^*) \in \mathbb{R}^n \times \mathbb{R}^m \times \mathbb{R}^p$ für jedes $i \in \{1, \ldots, m\}$ stets

$$\lambda_i^* = 0 \quad \text{oder} \quad g_i(x^*) = 0$$

gilt. Ist zusätzlich

$$\lambda_i^* + g_i(x^*) \neq 0 \quad \forall i = 1, \ldots, m,$$

existiert also kein Index $i_0 \in \{1, \ldots, m\}$ mit

$$\lambda_{i_0}^* = 0 \quad \text{und} \quad g_{i_0}(x^*) = 0,$$

so sagt man, dass der KKT–Punkt (x^*, λ^*, μ^*) der *strikten Komplementarität* genügt.

Geometrisch lassen sich die KKT–Bedingungen wie folgt interpretieren: Sei (x^*, λ^*) ein KKT–Punkt des Optimierungsproblems

$$\min f(x) \quad \text{u.d.N.} \quad g_i(x) \leq 0,$$

bei dem also keine Gleichheitsrestriktionen auftreten. Sei ferner $I(x^*) := \{i \mid g_i(x^*) = 0\}$ die Menge der in x^* aktiven Ungleichungsrestriktionen. Aufgrund der KKT–Bedingungen ist der negative Gradient $-\nabla f(x^*)$ dann ein Element des von den Vektoren $\nabla g_i(x^*) \, (i \in I(x^*))$ erzeugten Kegels:

$$-\nabla f(x^*) \in \text{cone}\{\nabla g_i(x^*) \mid i \in I(x^*)\};$$

man beachte dabei, dass für die inaktiven Restriktionen $i \notin I(x^*)$ aufgrund der KKT–Bedingungen sowieso $\lambda_i^* = 0$ gilt.

Nach Einführung dieser Bezeichnungen sind wir nun in der Lage, lokale Minima des Optimierungsproblems (2.21) mit den KKT–Bedingungen von (2.21) in Beziehung zu setzen.

Satz 2.36. *(KKT–Bedingungen unter Abadie CQ)*
Sei $x^* \in \mathbb{R}^n$ ein lokales Minimum des Optimierungsproblems (2.21), welches der Abadie CQ genüge. Dann existieren Lagrange–Multiplikatoren $\lambda^* \in \mathbb{R}^m$ und $\mu^* \in \mathbb{R}^p$ derart, dass das Tripel (x^*, λ^*, μ^*) ein KKT–Punkt von (2.21) ist.

Beweis. Da x^* ein lokales Minimum von (2.21) ist, gilt

$$\nabla f(x^*)^T d \geq 0 \quad \text{für alle } d \in \mathcal{T}_X(x^*)$$

wegen Lemma 2.30. Unter Verwendung der Abadie CQ bedeutet dies, dass

$$-\nabla f(x^*)^T d \leq 0$$

für alle Vektoren $d \in \mathbb{R}^n$ mit $Ad \leq 0$ gilt, wobei A diejenige Matrix bezeichnet, deren Zeilenvektoren gegeben sind durch

$$\nabla g_i(x^*)^T (i \in I(x^*)), \nabla h_j(x^*)^T (j = 1, \ldots, p) \text{ und } -\nabla h_j(x^*)^T (j = 1, \ldots, p).$$

Anwendung des Farkas–Lemmas 2.27 liefert, dass das System

$$A^T y = -\nabla f(x^*), \quad y \geq 0$$

eine Lösung y besitzt. Bezeichnen wir die Komponenten des Vektors y mit λ_i^* $(i \in I(x^*)), \mu_j^+$ und μ_j^- für $j = 1, \ldots, p$ und setzen $\mu_j^* := \mu_j^+ - \mu_j^-$ sowie $\lambda_i^* := 0$ $(i \notin I(x^*))$, so ergibt sich unmittelbar, dass das Tripel (x^*, λ^*, μ^*) ein KKT–Punkt von (2.21) ist. $\qquad \square$

Es sei bereits hier erwähnt, dass der Satz 2.36 nicht nur das Hauptresultat dieses Unterabschnittes ist, sondern auch eines der wichtigsten Ergebnisse dieses gesamten Kapitels darstellt.

2.2.2 Nichtlineare Restriktionen

In diesem Unterabschnitt betrachten wir das Optimierungsproblem (2.21) mit allgemeinen (möglicherweise nichtlinearen und nichtkonvexen) Gleichheits– und Ungleichungsrestriktionen. Wir werden zeigen, dass es zu einem lokalen Minimum x^* unter gewissen (leichter als die Abadie CQ zu handhabenden) Voraussetzungen Lagrange–Multiplikatoren (λ^*, μ^*) gibt, so dass das Tripel (x^*, λ^*, μ^*) ein KKT–Punkt von (2.21) ist.

Zu diesem Zweck beweisen wir zunächst das folgende wichtige Hilfsresultat.

Lemma 2.37. *Sei x^* ein zulässiger Punkt des Optimierungsproblems (2.21) und sei $I(x^*) := \{i \mid g_i(x^*) = 0\}$ die Menge der aktiven Ungleichungsrestriktionen in x^*. Die Gradienten $\nabla h_j(x^*)$ seien linear unabhängig für $j = 1, \ldots, p$. Sei ferner $d \in \mathbb{R}^n$ ein Vektor mit $\nabla h_j(x^*)^T d = 0$ für alle $j = 1, \ldots, p$ und $\nabla g_i(x^*)^T d < 0$ für alle $i \in I(x^*)$. Dann existieren ein $\varepsilon > 0$ und eine Kurve $x : (-\varepsilon, +\varepsilon) \to \mathbb{R}^n$ mit den folgenden Eigenschaften:*

(a) x ist stetig differenzierbar auf $(-\varepsilon, +\varepsilon)$.

(b) $x(t) \in X$ für alle $t \in [0, +\varepsilon)$, d.h., die Kurve verläuft für alle $t \geq 0$ in der zulässigen Menge X von (2.21).

(c) $x(0) = x^*$, d.h., die Kurve „beginnt" in dem lokalen Minimum x^*.

(d) $x'(0) = d$, d.h., die Kurve verläuft im Punkt $t = 0$ tangential zum Vektor d.

Beweis. Wir zeigen zunächst, dass es ein $\varepsilon > 0$ und eine stetig differenzierbare Kurve $x : (-\varepsilon, +\varepsilon) \to \mathbb{R}^n$ gibt mit $x(0) = x^*, x'(0) = d$ und $h_j(x(t)) = 0$ für alle $j = 1, \ldots, p$ und alle $t \in (-\varepsilon, \varepsilon)$.

Zu diesem Zweck definieren wir eine Abbildung $H : \mathbb{R}^{p+1} \to \mathbb{R}^p$ komponentenweise durch

$$H_j(y, t) := h_j\left(x^* + td + h'(x^*)^T y\right) \quad \forall j = 1, \ldots, p,$$

wobei $h'(x^*) \in \mathbb{R}^{p \times n}$ die Jacobi–Matrix von h in x^* bezeichnet. Das nichtlineare Gleichungssystem

$$H(y, t) = 0 \tag{2.24}$$

besitzt eine Lösung $(y^*, t^*) = (0, 0)$. Als Jacobi–Matrix in diesem Lösungspunkt ergibt sich

$$H'_y(0, 0) = h'(x^*) h'(x^*)^T \in \mathbb{R}^{p \times p}.$$

Nach Voraussetzung hat die Matrix $h'(x^*)$ vollen Rang. Folglich ist die quadratische Matrix $H'_y(0, 0)$ regulär. Daher lässt sich der Satz über implizite Funktionen auf das nichtlineare Gleichungssystem (2.24) mit der Lösung $(y^*, t^*) = (0, 0)$ anwenden: Es existieren ein $\varepsilon > 0$ sowie eine stetig differenzierbare Funktion $y : (-\varepsilon, +\varepsilon) \to \mathbb{R}^p$ mit $y(0) = 0$ und $H(y(t), t) = 0$ für alle $t \in (-\varepsilon, +\varepsilon)$. Aus dem Satz über implizite Funktionen ergibt sich weiterhin

$$y'(t) = -\left(H'_y(y(t), t)\right)^{-1} H'_t(y(t), t)$$

für alle $t \in (-\varepsilon, +\varepsilon)$ (alternativ ergibt sich diese Formel mittels der Kettenregel durch Differentiation der Gleichung $H(y(t), t) = 0$ nach t und anschließendem Auflösen nach $y'(t)$). Daher ist

$$y'(0) = -\left(H'_y(0, 0)\right)^{-1} H'_t(0, 0) = -\left(H'_y(0, 0)\right)^{-1} h'(x^*) d = 0$$

wegen $\nabla h_j(x^*)^T d = 0$ für alle $j = 1, \ldots, p$ aufgrund der gestellten Voraussetzungen an den Vektor $d \in \mathbb{R}^n$.

Definiere nun eine Kurve $x : (-\varepsilon, +\varepsilon) \to \mathbb{R}^n$ durch

$$x(t) := x^* + td + h'(x^*)^T y(t).$$

Wir werden zeigen, dass diese Kurve alle gewünschten Eigenschaften hat (gegebenenfalls mit einem etwas kleineren $\varepsilon > 0$, wobei wir die Bezeichnungsweise aber nicht weiter ändern werden). Zunächst ist $x(0) = x^*, x'(0) =$

$d + h'(x^*)^T y'(0) = d$ und $H(y(t), t) = 0$ für alle $t \in (-\varepsilon, +\varepsilon)$, d.h., $h_j(x(t)) = 0$ für alle $j = 1, \ldots, p$ und alle $t \in (-\varepsilon, +\varepsilon)$.

Als Nächstes weisen wir nach, dass die Kurve $x(t)$ auch bezüglich der Ungleichungsrestriktionen zulässig bleibt. Aus Stetigkeitsgründen folgt sofort $g_i(x(t)) < 0$ für alle $i \notin I(x^*)$ und alle t hinreichend nahe bei 0. Betrachte daher einen Index $i \in I(x^*)$ und definiere $\phi(t) := g_i(x(t))$. Dann ist $\phi'(t) = \nabla g_i(x(t))^T x'(t)$ aufgrund der Kettenregel. Die zuvor verifizierten Eigenschaften von $x(t)$ und die an d gestellten Voraussetzungen liefern daher $\phi'(0) = \nabla g_i(x^*)^T d < 0$. Dies impliziert $\phi(t) = g_i(x(t)) < 0$ für alle hinreichend kleinen $t > 0$. Somit ist $x(t)$ in der Tat eine stetig differenzierbare Kurve, die für alle hinreichend kleinen $t \in [0, +\varepsilon)$ im zulässigen Bereich des Optimierungsproblems (2.21) bleibt und somit alle gewünschten Eigenschaften besitzt. □

Man beachte, dass sich die stetige Differenzierbarkeit der im Beweis des Lemmas 2.37 konstruierten Kurve $x(\cdot)$ unmittelbar aus dem Satz über implizite Funktionen sowie der vorausgesetzten stetigen Differenzierbarkeit der beteiligten Funktionen g_i und h_j ergab. Auf gleiche Weise würde sich deshalb auch die zweimalige stetige Differenzierbarkeit der Kurve $x(\cdot)$ ergeben, wenn man g_i und h_j als zweimal stetig differenzierbar voraussetzen würde. Diesen Zusatz zum Lemma 2.37 werden wir im Beweis des Satzes 2.54 wieder aufgreifen.

Wir führen nun eine weitere Regularitätsbedingung ein, die vollständig durch die Voraussetzungen des Lemmas 2.37 motiviert ist.

Definition 2.38. *Seien $x \in \mathbb{R}^n$ ein zulässiger Punkt des Optimierungsproblems (2.21) und $I(x) = \{i \mid g_i(x) = 0\}$ die Menge der aktiven Ungleichungsrestriktionen. Der Vektor x genügt der* Regularitätsbedingung von Mangasarian–Fromovitz *(engl.: Mangasarian-Fromovitz constraint qualification, kurz: MFCQ), wenn die folgenden beiden Bedingungen erfüllt sind:*

(a) Die Gradienten

$$\nabla h_j(x) \quad (j = 1, \ldots, p)$$

sind linear unabhängig.
(b) Es existiert ein Vektor $d \in \mathbb{R}^n$ mit

$$\nabla g_i(x)^T d < 0 \quad (i \in I(x)) \quad und \quad \nabla h_j(x)^T d = 0 \quad (j = 1, \ldots, p).$$

Die Existenz einer stetig differenzierbaren Kurve mit den im Lemma 2.37 genannten Eigenschaften (a)–(d) wird manchmal auch als *Regularitätsbedingung von Kuhn–Tucker* (engl.: Kuhn-Tucker constraint qualification) bezeichnet. Das Lemma 2.37 kann daher auch wie folgt formuliert werden: Die MFCQ–Bedingung impliziert die Regularitätsbedingung von Kuhn–Tucker.

Der folgende Satz ist das Hauptresultat dieses Unterabschnittes.

Satz 2.39. *(KKT–Bedingungen unter MFCQ)*
Sei x^* ein lokales Minimum des Optimierungsproblems (2.21), welches der MFCQ–Bedingung genügt. Dann existieren Lagrange–Multiplikatoren $\lambda^* \in \mathbb{R}^m$ und $\mu^* \in \mathbb{R}^p$ derart, dass das Tripel (x^*, λ^*, μ^*) ein KKT–Punkt von (2.21) ist.

Beweis. Wegen Satz 2.36 genügt es zu zeigen, dass die MFCQ Regularitätsbedingung jene von Abadie impliziert. Es ist also die Gleichheit $\mathcal{T}_X(x^*) = \mathcal{T}_{lin}(x^*)$ zu beweisen. Wegen Lemma 2.32 gilt $\mathcal{T}_X(x^*) \subseteq \mathcal{T}_{lin}(x^*)$, so dass lediglich die Inklusion $\mathcal{T}_{lin}(x^*) \subseteq \mathcal{T}_X(x^*)$ zu verifizieren ist. Sei daher $d \in \mathcal{T}_{lin}(x^*)$ beliebig. Um zu zeigen, dass der Vektor d zum Tangentialkegel $\mathcal{T}_X(x^*)$ gehört, stören wir d zunächst ein wenig und setzen

$$d(\delta) := d + \delta \hat{d},$$

wobei $\hat{d} \in \mathbb{R}^n$ den Vektor aus der Regularitätsbedingung von Mangasarian–Fromovitz bezeichnet, d.h., $\hat{d}$ genügt den Bedingungen

$$\nabla g_i(x^*)^T \hat{d} < 0 \ (i \in I(x^*)) \quad \text{und} \quad \nabla h_j(x^*)^T \hat{d} = 0 \ (j = 1, \ldots, p).$$

Dann ist auch

$$\nabla g_i(x^*)^T d(\delta) < 0 \ (i \in I(x^*)) \quad \text{und} \quad \nabla h_j(x^*)^T d(\delta) = 0 \ (j = 1, \ldots, p)$$

für alle $\delta > 0$.

Als Nächstes zeigen wir, dass der Vektor $d(\delta)$ für jedes $\delta > 0$ zum Tangentialkegel $\mathcal{T}_X(x^*)$ gehört, wobei $\delta > 0$ vorläufig als fest vorausgesetzt werde. Da die Gradienten $\nabla h_j(x^*)$ $(j = 1, \ldots, p)$ aufgrund der MFCQ–Bedingung linear unabhängig sind, folgt aus Lemma 2.37 die Existenz eines $\varepsilon > 0$ und einer stetig differenzierbaren Kurve $x : (-\varepsilon, +\varepsilon) \to \mathbb{R}^n$ (die beide von δ abhängen) derart, dass die Kurve x für alle $t \in [0, \varepsilon)$ im zulässigen Bereich des Optimierungsproblemes (2.21) verläuft sowie den Bedingungen $x(0) = x^*$ und $x'(0) = d(\delta)$ genügt. Ist daher $t_k \downarrow 0$ und setzen wir $x^k := x(t_k)$, so erhalten wir eine zulässige Folge $\{x^k\}$ mit $x^k \to x(0) = x^*$ und

$$d(\delta) = x'(0) = \lim_{k \to \infty} \frac{x(t_k) - x(0)}{t_k} = \lim_{k \to \infty} \frac{x^k - x^*}{t_k}.$$

Damit ist gezeigt, dass der Vektor

$$d(\delta) = d + \delta \hat{d}$$

für jedes feste $\delta > 0$ ein Element des Tangentialkegels $\mathcal{T}_X(x^*)$ ist.

Für $\delta_k \downarrow 0$ folgt aus der Abgeschlossenheit des Tangentialkegels $\mathcal{T}_X(x^*)$ (gemäß Lemma 2.29), dass auch $d = \lim_{k \to \infty} d(\delta_k) \in \mathcal{T}_X(x^*)$ gilt. Damit ist der Beweis vollständig erbracht. $\square$

Wir erwähnen hier ausdrücklich, dass der Beweis des Satzes 2.39 zeigte, dass die MFCQ–Bedingung die Abadie CQ impliziert. Das folgende Beispiel zeigt, dass die Umkehrung hiervon im Allgemeinen nicht richtig ist. Betrachte dazu das Optimierungsproblem

$$\min x_1^2 + (x_2 + 1)^2 \quad \text{u.d.N.} \quad x_2 - x_1^2 \leq 0, \ -x_2 \leq 0, \qquad (2.25)$$

dessen zulässiger Bereich in der Abbildung 2.13 skizziert ist. Offenbar ist $x^* := (0,0)^T$ die eindeutige Lösung von (2.25). Man verifiziert sehr leicht, dass der Tangentialkegel und der linearisierte Tangentialkegel in diesem Lösungspunkt durch

$$\mathcal{T}_X(x^*) = \{(d_1, d_2)^T \in \mathbb{R}^2 \mid d_2 = 0\}$$

und

$$\mathcal{T}_{lin}(x^*) = \{(d_1, d_2)^T \in \mathbb{R}^2 \mid d_2 = 0\}$$

gegeben sind. Da beide Tangentialkegel übereinstimmen, ist die Abadie CQ in diesem Beispiel erfüllt. Andererseits sieht man sofort, dass es keinen Vektor $d \in \mathbb{R}^2$ geben kann, der der MFCQ–Bedingung genügt.

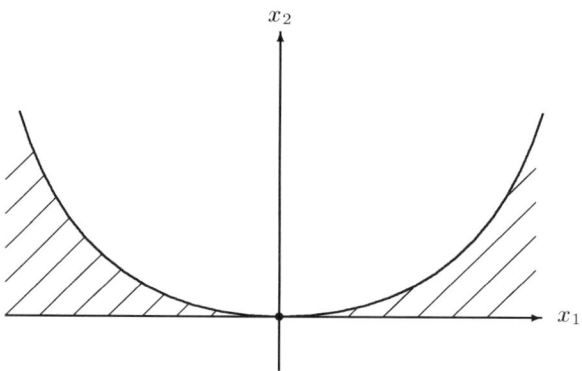

Abb. 2.13. Zulässiger Bereich zum Optimierungsproblem (2.25)

Die im Folgenden definierte Regularitätsbedingung ist vielleicht die populärste oder zumindest die wohl am häufigsten benutzte Bedingung in der Optimierung.

Definition 2.40. *Seien $x \in \mathbb{R}^n$ ein zulässiger Punkt des Optimierungsproblems (2.21) und $I(x) = \{i \mid g_i(x) = 0\}$ die zugehörige Menge der aktiven Ungleichungsrestriktionen. Dann genügt x der* Regularitätsbedingung der linearen Unabhängigkeit *(engl.: linear independence constraint qualification, kurz: LICQ), wenn die Gradienten*

$$\nabla g_i(x) \ (i \in I(x)) \quad und \quad \nabla h_j(x) \ (j = 1, \dots, p)$$

linear unabhängig sind.

Das folgende Resultat ist eine einfache Konsequenz des Satzes 2.39.

Satz 2.41. *(KKT–Bedingungen unter LICQ)*
Sei $x^* \in \mathbb{R}^n$ ein lokales Minimum des Optimierungsproblems (2.21), welches der LICQ–Bedingung genügt. Dann existieren eindeutig bestimmte Lagrange– Multiplikatoren $\lambda^* \in \mathbb{R}^m$ und $\mu^* \in \mathbb{R}^p$ derart, dass das Tripel (x^*, λ^*, μ^*) ein KKT–Punkt von (2.21) ist.

Beweis. Wir zeigen zunächst, dass sich aus der LICQ–Bedingung die MFCQ– Bedingung ergibt. Zu diesem Zweck sei also die LICQ–Bedingung im Punkte x^* erfüllt. Dann ist Teil (a) der Definition 2.38 offensichtlich erfüllt. Zum Nachweis der Existenz eines Vektors $d \in \mathbb{R}^n$ mit den in Teil (b) der Definition 2.38 genannten Eigenschaften bezeichnen wir mit $I(x^*)$ wieder die Menge der aktiven Ungleichungsrestriktionen in x^* sowie mit m^* die Anzahl der Element in $I(x^*)$.

Sei $A \in \mathbb{R}^{n \times n}$ eine wie folgt aufgebaute Matrix: Die ersten m^* Zeilen- vektoren seien die Gradienten $\nabla g_i(x^*)^T$ ($i \in I(x^*)$), die nächsten p Zeilen- vektoren seien die Gradienten $\nabla h_j(x^*)^T$ ($j = 1, \ldots, p$) und die verbleibenden Zeilen mögen gerade so aufgefüllt werden, dass die Matrix A regulär ist; man beachte, dass dies aufgrund der vorausgesetzten LICQ–Bedingung stets möglich ist.

Als Nächstes definieren wir einen Vektor $b \in \mathbb{R}^n$ wie folgt: Die ersten m^* Einträge von b seien jeweils -1, die nächsten p Komponenten von b sei- en alle gleich 0, und die verbleibenden Komponenten von b seien beliebig gewählt. Da die Matrix A per Konstruktion regulär ist, besitzt das lineare Gleichungssystem

$$Ad = b$$

eine eindeutige Lösung $d \in \mathbb{R}^n$. Die Definitionen von A und b implizieren ge- rade, dass der Vektor d allen Eigenschaften aus der Definition 2.38 (b) genügt. Damit ist gezeigt, dass die LICQ–Bedingung die Gültigkeit von MFCQ im- pliziert.

Aus diesem Grunde lässt sich der Satz 2.39 anwenden: Es existieren Vektoren $\lambda^* \in \mathbb{R}^m$ und $\mu^* \in \mathbb{R}^p$ derart, dass das Tripel (x^*, λ^*, μ^*) ein KKT–Punkt des Optimierungsproblems (2.21) ist. Da aus den KKT– Bedingungen unmittelbar $\lambda_i^* = 0$ für $i \notin I(x^*)$ folgt, ergibt sich aus der LICQ–Voraussetzung und $\nabla_x L(x^*, \lambda^*, \mu^*) = 0$ unmittelbar die Eindeutigkeit der Lagrange–Multiplikatoren λ_i^* für $i \in I(x^*)$ and μ_j^* für $j = 1, \ldots, p$. Damit ist alles bewiesen. □

Wie sich aus dem Beweis des Satzes 2.41 ergibt, impliziert die LICQ– Bedingung die Gültigkeit von MFCQ. Wir illustrieren anhand des Beispieles

$$\min x_1^2 + (x_2 + 1)^2 \quad \text{u.d.N.} \quad -x_1^3 - x_2 \le 0, \ -x_2 \le 0, \qquad (2.26)$$

dass die Umkehrung dieser Aussage im Allgemeinen nicht richtig ist. Da- zu bemerken wir zunächst, dass der Nullpunkt $x^* := (0,0)^T$ offenbar eine

Lösung von (2.26) ist, vergleiche auch die Abbildung 2.14, in der wir den zulässigen Bereich von (2.26) skizziert haben. Setzen wir $g_1(x) := -x_1^3 - x_2$ und $g_2(x) := -x_2$, so sind die beiden Gradienten $\nabla g_1(x^*) = (0, -1)^T$ und $\nabla g_2(x^*) = (0, -1)^T$ offenbar linear abhängig und somit die LICQ–Bedingung nicht erfüllt. Andererseits gilt $\nabla g_1(x^*)^T d < 0$ und $\nabla g_2(x^*)^T d < 0$ für (beispielsweise) den Vektor $d := (0, 1)^T$, so dass die MFCQ–Bedingung in x^* gilt.

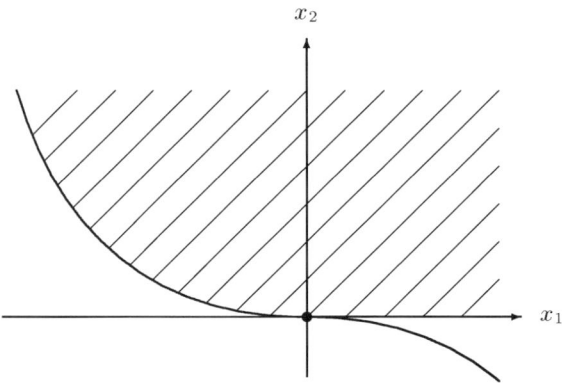

Abb. 2.14. Zulässiger Bereich zum Optimierungsproblem (2.26)

Die sich aus der LICQ–Bedingung ergebende Eindeutigkeit der Lagrange–Multiplikatoren ist manchmal etwas einschränkend. Hingegen wird in der Aufgabe 2.20 gezeigt, dass die MFCQ–Bedingung genau dann erfüllt ist, wenn die Menge der Lagrange–Multiplikatoren nichtleer und beschränkt ist. Allerdings stimmen LICQ und MFCQ natürlich überein, sofern nur Gleichheitsrestriktionen vorliegen.

2.2.3 Lineare Restriktionen

In diesem Unterabschnitt betrachten wir das linear restringierte Optimierungsproblem

$$\begin{aligned} \min \quad & f(x) \\ \text{u.d.N.} \quad & a_i^T x \leq \alpha_i, \quad i = 1, \ldots, m, \\ & b_j^T x = \beta_j, \quad j = 1, \ldots, p, \end{aligned} \qquad (2.27)$$

welches offenbar ein Spezialfall des allgemeinen Optimierungsproblems (2.21) ist mit

$$g_i(x) := a_i^T x - \alpha_i \ (i = 1, \ldots, m), \quad h_j(x) := b_j^T x - \beta_j \ (j = 1, \ldots, p). \ (2.28)$$

Hierbei seien $f : \mathbb{R}^n \to \mathbb{R}$ eine stetig differenzierbare Funktion, $a_i, b_j \in \mathbb{R}^n$ gegebene Vektoren und $\alpha_i, \beta_j \in \mathbb{R}$ gegebene Skalare ($i = 1, \ldots, m, j = 1, \ldots, p$).

Unser nächstes Resultat zeigt, dass die KKT–Bedingungen in diesem Fall stets notwendige Optimalitätsbedingungen sind, und zwar ohne Verwendung von weiteren Regularitätsannahmen. Mit anderen Worten: Die Tatsache, dass alle Restriktionen durch lineare Funktionen beschrieben werden, ist bereits eine Regularitätsbedingung.

Satz 2.42. *(KKT–Bedingungen für lineare Restriktionen)*
Sei x^* ein lokales Minimum des Optimierungsproblems (2.27). Dann existieren Lagrange–Multiplikatoren $\lambda^* \in \mathbb{R}^m$ und $\mu^* \in \mathbb{R}^p$ derart, dass das Tripel (x^*, λ^*, μ^*) den KKT–Bedingungen

$$\nabla f(x^*) + \sum_{i=1}^{m} \lambda_i^* a_i + \sum_{j=1}^{p} \mu_j^* b_j = 0,$$

$$b_j^T x^* = \beta_j \quad \forall j = 1, \dots, p,$$

$$a_i^T x^* \leq \alpha_i \quad \forall i = 1, \dots, m,$$

$$\lambda_i^* \left(a_i^T x^* - \alpha_i \right) = 0 \quad \forall i = 1, \dots, m,$$

$$\lambda_i^* \geq 0 \quad \forall i = 1, \dots, m$$

von (2.27) genügt.

Beweis. Analog zum Beweis des Satzes 2.39 ist lediglich zu zeigen, dass eine durch lineare Restriktionen definierte zulässige Menge X der Regularitätsbedingung von Abadie genügt, d.h., dass die Gleichheit $\mathcal{T}_X(x^*) = \mathcal{T}_{lin}(x^*)$ gilt. Wegen Lemma 2.32 ist zumindest $\mathcal{T}_X(x^*) \subseteq \mathcal{T}_{lin}(x^*)$. Zum Nachweis der umgekehrten Inklusion wähle ein $d \in \mathcal{T}_{lin}(x^*)$. Dann ist $a_i^T d \leq 0$ für alle $i \in I(x^*)$ und $b_j^T d = 0$ für alle $j = 1, \dots, p$. Bezeichnet $\{t_k\}$ eine beliebige Folge mit $t_k \downarrow 0$ und setzen wir $x^k := x^* + t_k d$, so folgt daher für alle hinreichend großen k:

$$a_i^T x^k = a_i^T(x^* + t_k d) = \alpha_i + t_k a_i^T d \leq \alpha_i \ \forall i \in I(x^*),$$
$$a_i^T x^k = a_i^T(x^* + t_k d) = a_i^T x^* + t_k a_i^T d < \alpha_i \ \forall i \notin I(x^*),$$
$$b_j^T x^k = b_j^T(x^* + t_k d) = b_j^T x^* + t_k b_j^T d = \beta_j \ \forall j = 1, \dots, p,$$

d.h., die Folge $\{x^k\}$ ist zulässig und konvergiert gegen x^*. Wegen

$$\frac{x^k - x^*}{t_k} = d \to d$$

ergibt sich aus der Definition des Tangentialkegels $\mathcal{T}_X(x^*)$ unmittelbar $d \in \mathcal{T}_X(x^*)$. Daher ist $\mathcal{T}_X(x^*) = \mathcal{T}_{lin}(x^*)$. $\square$

Auch hier sei noch einmal ausdrücklich erwähnt, dass der Beweis des Satzes 2.42 zeigt, dass eine durch lineare Restriktionen beschriebene Menge der Abadie CQ genügt. Rein anschaulich sollte die damit geltende Gleichheit $\mathcal{T}_X(x^*) = \mathcal{T}_{lin}(x^*)$ aber sowieso klar sein, da der linearisierte Tangentialkegel $\mathcal{T}_{lin}(x^*)$ ja gerade durch Linearisierung des Tangentialkegels $\mathcal{T}_X(x^*)$ entsteht und sich bei der Linearisierung von linearen Restriktionen nichts ändern sollte.

2.2.4 Konvexe Probleme

Betrachte das Optimierungsproblem

$$\begin{aligned}
\min \quad & f(x) \\
\text{u.d.N.} \quad & g_i(x) \le 0, \quad i = 1, \ldots, m, \\
& b_j^T x = \beta_j, \quad j = 1, \ldots, p,
\end{aligned} \qquad (2.29)$$

wobei $f : \mathbb{R}^n \to \mathbb{R}$ und $g_i : \mathbb{R}^n \to \mathbb{R}, i = 1, \ldots, m$, stetig differenzierbare konvexe Funktionen, $b_j \in \mathbb{R}^n$ gegebene Vektoren und $\beta_j \in \mathbb{R}$ gegebene Skalare seien für $j = 1, \ldots, p$, d.h., wir betrachten ein restringiertes Optimierungsproblem mit einer konvexen Zielfunktion, konvexen (möglicherweise nichtlinearen) Ungleichungsrestriktionen und linearen Gleichheitsnebenbedingungen. Wegen Lemma 2.14 ist der zulässige Bereich eines solchen Optimierungsproblems konvex. Aus diesem Grunde wird das Minimierungsproblem (2.29) auch als ein *konvexes Problem* bezeichnet. Konvexe Optimierungsaufgaben haben eine sehr wichtige Eigenschaft, die wir im folgenden Resultat wiedergeben.

Lemma 2.43. *Betrachte das Optimierungsproblem*

$$\min f(x) \quad u.d.N. \quad x \in X \qquad (2.30)$$

mit $X \subseteq \mathbb{R}^n$ nichtleer und konvex sowie $f : X \to \mathbb{R}$ konvex. Dann ist jedes lokale Minimum des konvexen Optimierungsproblems (2.30) bereits ein globales Minimum.

Beweis. Sei x^1 ein lokales Minimum von (2.30). Angenommen, x^1 ist kein globales Minimum von (2.30). Dann existiert ein zulässiger Vektor $x^2 \in X$ mit $f(x^2) < f(x^1)$. Betrachte die Punkte $x^\lambda := \lambda x^1 + (1 - \lambda)x^2$ für $\lambda \in (0, 1)$. Wegen $x^\lambda \in X$ aufgrund der Konvexität von X ergibt sich

$$f(x^\lambda) \le \lambda f(x^1) + (1 - \lambda)f(x^2) < \lambda f(x^1) + (1 - \lambda)f(x^1) = f(x^1),$$

denn nach Voraussetzung ist auch die Funktion f konvex. Für λ hinreichend nahe bei Eins widerspricht dies jedoch der lokalen Optimalität von x^1. $\qquad \square$

Für konvexe Optimierungsprobleme existiert eine recht handliche Regularitätsbedingung, die wir jetzt einführen wollen.

Definition 2.44. *Das konvexe Optimierungsproblem (2.29) genügt der Regularitätsbedingung von Slater, wenn es einen Vektor $\hat{x} \in \mathbb{R}^n$ gibt mit*

$$g_i(\hat{x}) < 0 \; (i = 1, \ldots, m) \quad und \quad b_j^T \hat{x} = \beta_j \; (j = 1, \ldots, p),$$

d.h., $\hat{x}$ ist strikt zulässig bzgl. der Ungleichungsrestriktionen sowie zulässig bzgl. der Gleichheitsnebenbedingungen.

Wir zeigen jetzt, dass die Slater–Bedingung die Regularitätsbedingung von Abadie impliziert, woraus sich wieder die Existenz von Lagrange–Multiplikatoren in einem Minimum des konvexen Optimierungsproblems (2.29) ergibt. (Ein Beispiel dafür, dass auch bei einem konvexen Problem die Abadie CQ nicht notwendig die Slater–Bedingung impliziert, ist in Aufgabe 2.21 zu finden.)

Satz 2.45. *(KKT–Bedingungen unter Slater–Bedingung)*
Sei $x^* \in \mathbb{R}^n$ ein (lokales=globales) Minimum des konvexen Optimierungsproblems (2.29). Sei ferner die Slater–Bedingung erfüllt. Dann existieren Multiplikatoren $\lambda^* \in \mathbb{R}^m$ und $\mu^* \in \mathbb{R}^p$ derart, dass das Tripel (x^*, λ^*, μ^*) den KKT–Bedingungen

$$
\begin{aligned}
\nabla f(x^*) + \sum_{i=1}^m \lambda_i^* \nabla g_i(x^*) + \sum_{j=1}^p \mu_j^* b_j &= 0, \\
b_j^T x^* &= \beta_j \quad \forall j = 1, \ldots, p, \\
g_i(x^*) &\leq 0 \quad \forall i = 1, \ldots, m, \qquad (2.31)\\
\lambda_i^* g_i(x^*) &= 0 \quad \forall i = 1, \ldots, m, \\
\lambda_i^* &\geq 0 \quad \forall i = 1, \ldots, m.
\end{aligned}
$$

von (2.29) genügt.

Beweis. Ähnlich wie beim Beweis der Sätze 2.39 und 2.42 genügt es, die Inklusion $\mathcal{T}_{lin}(x^*) \subseteq \mathcal{T}_X(x^*)$ zu verifizieren, wobei $X \subseteq \mathbb{R}^n$ wieder die zulässige Menge des konvexen Optimierungsproblems (2.29) bezeichnet.

Zu diesem Zweck erinnern wir zunächst daran, dass der linearisierte Tangentialkegel durch

$$
\mathcal{T}_{lin}(x^*) = \{d \in \mathbb{R}^n \mid \nabla g_i(x^*)^T d \leq 0 \ (i \in I(x^*)), \ b_j^T d = 0 \ (j = 1, \ldots, p)\}
$$

gegeben ist. Als Nächstes definieren wir die Menge

$$
\mathcal{T}_{strict}(x^*) = \{d \in \mathbb{R}^n \mid \nabla g_i(x^*)^T d < 0 \ (i \in I(x^*)), \ b_j^T d = 0 \ (j = 1, \ldots, p)\}.
$$

Wie man leicht sieht, ist $\mathcal{T}_{strict}(x^*)$ eine Teilmenge des Tangentialkegels $\mathcal{T}_X(x^*)$, siehe Aufgabe 2.22. Da $\mathcal{T}_X(x^*)$ wegen Lemma 2.29 abgeschlossen ist, folgt hieraus auch

$$
\mathrm{cl}(\mathcal{T}_{strict}(x^*)) \subseteq \mathcal{T}_X(x^*), \qquad (2.32)
$$

wobei $\mathrm{cl}(\mathcal{A})$ wieder den Abschluss einer Menge $\mathcal{A}$ bezeichnet. Wir zeigen nun, dass die Inklusion

$$
\mathcal{T}_{lin}(x^*) \subseteq \mathrm{cl}(\mathcal{T}_{strict}(x^*)) \qquad (2.33)
$$

gilt. Wähle dazu ein beliebiges Element $d \in \mathcal{T}_{lin}(x^*)$. Sei ferner $\hat{x} \in \mathbb{R}^n$ ein gemäß Slater existierender strikt zulässiger Vektor für das konvexe Problem (2.29). Definiere

$$
\hat{d} := \hat{x} - x^*.
$$

Da die g_i konvex sind, ergibt sich aus dem Satz 2.16:

$$\nabla g_i(x^*)^T \hat{d} \leq g_i(\hat{x}) - g_i(x^*) = g_i(\hat{x}) < 0 \quad \forall i \in I(x^*).$$

Ferner gilt

$$\nabla h_j(x^*)^T \hat{d} = h_j(\hat{x}) - h_j(x^*) = 0 \quad \forall j = 1, \ldots, p$$

aufgrund der Linearität der Funktionen $h_j(x) = b_j^T x - \beta_j$. Setzen wir daher

$$d(\delta) := d + \delta \hat{d}$$

für $\delta > 0$, so folgt

$$\nabla g_i(x^*)^T d(\delta) < 0 \quad \forall i \in I(x^*)$$

und

$$\nabla h_j(x^*)^T d(\delta) = 0 \quad \forall j = 1, \ldots, p.$$

Also ist $d(\delta) \in \mathcal{T}_{strict}(x^*)$ für jedes $\delta > 0$. Mit $\delta \downarrow 0$ ergibt sich somit $d \in \mathrm{cl}(\mathcal{T}_{strict}(x^*))$. Dies beweist die Inklusion (2.33). Zusammen mit (2.32) folgt daher $\mathcal{T}_{lin}(x^*) \subseteq \mathcal{T}_X(x^*)$, was zu zeigen war. $\qquad\square$

Umgekehrt zeigen wir nun, dass die Gültigkeit der KKT–Bedingungen (2.31) bei konvexen Optimierungsproblemen bereits ein hinreichendes Optimalitätskriterium darstellt. Dabei weisen wir ausdrücklich darauf hin, dass dieses Resultat sogar ohne Verwendung der Slater–Bedingung gilt, welche zum Nachweis der Notwendigkeit im Satz 2.45 noch von zentraler Bedeutung war.

Satz 2.46. *Sei $(x^*, \lambda^*, \mu^*) \in \mathbb{R}^n \times \mathbb{R}^m \times \mathbb{R}^p$ ein KKT–Punkt des konvexen Optimierungsproblems (2.29). Dann ist x^* ein (globales=lokales) Minimum von (2.29).*

Beweis. Nach Voraussetzung genügt das Tripel (x^*, λ^*, μ^*) den KKT–Bedingungen (2.31). Sei $x \in \mathbb{R}^n$ ein beliebiger zulässiger Vektor für das konvexe Optimierungsproblem (2.29). Dann implizieren die KKT–Bedingungen, die Konvexität von f sowie Satz 2.16:

$$
\begin{aligned}
f(x) &\geq f(x^*) + \nabla f(x^*)^T (x - x^*) \\
&= f(x^*) - \sum_{i=1}^{m} \lambda_i^* \nabla g_i(x^*)^T (x - x^*) - \sum_{j=1}^{p} \mu_j^* b_j^T (x - x^*) \\
&= f(x^*) - \sum_{i \in I(x^*)} \lambda_i^* \nabla g_i(x^*)^T (x - x^*) \\
&\geq f(x^*)
\end{aligned}
$$

wegen $\lambda_i^* \geq 0$ und

$$\nabla g_i(x^*)^T (x - x^*) \leq g_i(x) - g_i(x^*) \leq 0$$

für alle $i \in I(x^*)$ aufgrund der Konvexität der g_i sowie Satz 2.16. Dies zeigt, dass x^* in der Tat ein Minimum des konvexen Optimierungsproblems (2.29) ist. $\qquad\square$

Als unmittelbare Konsequenz der Sätze 2.42 und 2.46 erhalten wir das folgende Resultat über den Zusammenhang zwischen KKT–Punkten und Lösungen von konvexen Optimierungsproblemen mit linearen Restriktionen.

Korollar 2.47. *Betrachte das konvexe Optimierungsproblem (2.29), wobei jetzt alle Nebenbedingungen durch lineare Funktionen beschrieben seien. Dann ist $x^* \in \mathbb{R}^n$ genau dann ein (lokales=globales) Minimum von (2.29), wenn es Lagrange–Multiplikatoren $\lambda^* \in \mathbb{R}^m$ und $\mu^* \in \mathbb{R}^p$ gibt, so dass das Tripel (x^*, λ^*, μ^*) ein KKT–Punkt von (2.29) ist.*

Optimalitätskriterien für konvexe Optimierungsprobleme werden häufig in der Gestalt von Sattelpunktbedingungen angegeben. Aus diesem Grunde diskutieren wir zum Abschluss dieses Unterabschnittes noch kurz die Sattelpunktformulierung von KKT–Bedingungen.

Definition 2.48. *Ein Vektor $(x^*, \lambda^*, \mu^*) \in \mathbb{R}^n \times \mathbb{R}^m \times \mathbb{R}^p$ mit $\lambda^* \geq 0$ heißt* Sattelpunkt *der Lagrange–Funktion L, wenn die Ungleichungen*

$$L(x^*, \lambda, \mu) \leq L(x^*, \lambda^*, \mu^*) \leq L(x, \lambda^*, \mu^*) \tag{2.34}$$

für alle $(x, \lambda, \mu) \in \mathbb{R}^n \times \mathbb{R}^m \times \mathbb{R}^p$ mit $\lambda \geq 0$ gelten.

Die rechte Ungleichung in der Bedingung (2.34) besagt, dass x^* ein Minimum der Funktion $L(\cdot, \lambda^*, \mu^*)$ auf dem $\mathbb{R}^n$ ist, während die linke Ungleichung gerade bedeutet, dass der Vektor $(\lambda^*, \mu^*) \in \mathbb{R}^m_+ \times \mathbb{R}^p$ ein Maximum der Funktion $L(x^*, \cdot, \cdot)$ auf dem $\mathbb{R}^m_+ \times \mathbb{R}^p$ darstellt. Dies erklärt insbesondere den Namen „Sattelpunkt" für jedes Tripel $(x^*, \lambda^*, \mu^*) \in \mathbb{R}^n \times \mathbb{R}^m_+ \times \mathbb{R}^p$, welches der Bedingung (2.34) genügt.

Das zentrale Resultat über Sattelpunkte der Lagrange–Funktion L ist im folgenden Satz enthalten.

Satz 2.49. *(Sattelpunkt–Theorem)*
Betrachte das konvexe Optimierungsproblem (2.29). Dann ist das Tripel $(x^*, \lambda^*, \mu^*) \in \mathbb{R}^n \times \mathbb{R}^m \times \mathbb{R}^p$ genau dann ein Sattelpunkt der Lagrange–Funktion L, wenn (x^*, λ^*, μ^*) ein KKT–Punkt des Optimierungsproblemes (2.29) ist.

Beweis. Sei (x^*, λ^*, μ^*) zunächst als Sattelpunkt der Lagrange–Funktion L vorausgesetzt. Dann ist x^* ein globales Minimum der Funktion $L(\cdot, \lambda^*, \mu^*)$ aufgrund der rechten Ungleichung in (2.34). Insbesondere ist x^* somit ein stationärer Punkt dieser Funktion, d.h., $\nabla_x L(x^*, \lambda^*, \mu^*) = 0$. Weiterhin liefert die linke Ungleichung in (2.34)

$$\sum_{i=1}^m \lambda_i g_i(x^*) + \sum_{j=1}^p \mu_j h_j(x^*) \leq \sum_{i=1}^m \lambda_i^* g_i(x^*) + \sum_{j=1}^p \mu_j^* h_j(x^*) \tag{2.35}$$

für alle $\lambda \geq 0$ und alle $\mu \in \mathbb{R}^p$, wobei $h_j(x) := b_j^T x - \beta_j$ in der Notation von (2.28). Dies impliziert offensichtlich $g(x^*) \leq 0$ und $h(x^*) = 0$, da anderenfalls die Ungleichung (2.35) verletzt werden kann, indem man eine Komponente von λ oder μ beliebig groß werden lässt. Wählt man nun $\lambda = 0$ und $\mu = \mu^*$ in (2.35), so folgt $\sum_{i=1}^{m} \lambda_i^* g_i(x^*) \geq 0$ und daher $\lambda_i^* g_i(x^*) = 0$ für alle $i = 1, \ldots, m$ wegen $\lambda_i^* \geq 0$ und $g_i(x^*) \leq 0$. Somit ist nachgewiesen, dass (x^*, λ^*, μ^*) ein KKT–Punkt des konvexen Optimierungsproblems (2.29) ist.

Sei umgekehrt (x^*, λ^*, μ^*) ein KKT–Punkt von (2.29). Dann gilt insbesondere $\nabla_x L(x^*, \lambda^*, \mu^*) = 0$, d.h., x^* ist ein stationärer Punkt der Funktion $L(\cdot, \lambda^*, \mu^*)$. Aufgrund unserer Voraussetzungen ist diese Funktion aber konvex. Somit liefert der Satz 2.16 (a) (vergleiche die Ausführungen am Ende des Unterabschnittes 2.1.2), dass x^* bereits ein globales Minimum dieser Funktion ist, d.h., es gilt

$$L(x^*, \lambda^*, \mu^*) \leq L(x, \lambda^*, \mu^*)$$

für alle $x \in \mathbb{R}^n$. Unter Ausnutzung von $g_i(x^*) \leq 0, h(x^*) = 0$ und $\lambda_i^* g_i(x^*) = 0$ folgt weiter

$$
\begin{aligned}
L(x^*, \lambda^*, \mu^*) &= f(x^*) + \sum_{i=1}^{m} \lambda_i^* g_i(x^*) + \sum_{j=1}^{p} \mu_j^* h_j(x^*) \\
&= f(x^*) \\
&\geq f(x^*) + \sum_{i=1}^{m} \lambda_i g_i(x^*) + \sum_{j=1}^{p} \mu_j h_j(x^*) \\
&= L(x^*, \lambda, \mu)
\end{aligned}
$$

für alle $\lambda \geq 0$ und alle $\mu \in \mathbb{R}^p$. Also ist (x^*, λ^*, μ^*) ein Sattelpunkt der Lagrange–Funktion L. $\qquad\square$

Kombiniert man den Satz 2.49 mit den Aussagen der Sätze 2.45, 2.46 und des Korollars 2.47, so ergibt sich die nachstehende Folgerung.

Korollar 2.50. *Betrachte das konvexe Optimierungsproblem (2.29). Dann gelten die folgenden drei Aussagen:*

(a) *Ist $(x^*, \lambda^*, \mu^*) \in \mathbb{R}^n \times \mathbb{R}^m \times \mathbb{R}^p$ ein Sattelpunkt der Lagrange–Funktion L, so ist x^* ein globales Minimum des Optimierungsproblems (2.29).*

(b) *Ist x^* ein (lokales=globales) Minimum des Optimierungsproblems (2.29) und genügt dieses der Slater–Bedingung, so existieren Lagrange–Multiplikatoren $\lambda^* \in \mathbb{R}^m$ und $\mu^* \in \mathbb{R}^p$ derart, dass das Tripel (x^*, λ^*, μ^*) ein Sattelpunkt der Lagrange–Funktion L ist.*

(c) *Wird die zulässige Menge des konvexen Optimierungsproblems (2.29) durch lineare Restriktionen beschrieben, so ist x^* genau dann ein (lokales=globales) Minimum von (2.29), wenn es Vektoren $\lambda^* \in \mathbb{R}^m$ und $\mu^* \in \mathbb{R}^p$ gibt derart, dass das Tripel (x^*, λ^*, μ^*) ein Sattelpunkt der Lagrange–Funktion L ist.*

Man beachte, dass man zur Definition eines Sattelpunktes nicht die Differenzierbarkeit der Funktionen f und g_i benötigt (im Gegensatz zu unserer Formulierung der KKT–Bedingungen). Tatsächlich kann man zeigen, dass das Vorliegen eines Sattelpunktes auch bei eventuell nichtdifferenzierbaren konvexen Optimierungsproblemen unter gewissen Voraussetzungen ein notwendiges bzw. hinreichendes Optimalitätskriterium darstellt. Der Leser sei hierzu etwa auf die Bücher [36] von Collatz und Wetterling sowie [123] von Mangasarian verwiesen.

Im Rahmen dieses Buches werden wir im Kapitel 6 noch einmal auf den Begriff eines Sattelpunktes zurückkommen, und zwar als Grundlage der sogenannten Lagrange–Dualität.

2.2.5 Fritz John–Bedingungen

In den vorherigen Unterabschnitten haben wir gezeigt, dass die KKT–Bedingungen unter gewissen Regularitätsannahmen an die zulässige Menge eines Optimierungsproblems notwendige (und im konvexen Fall auch hinreichende) Optimalitätskriterien darstellen. In diesem Unterabschnitt wollen wir die sogenannten Fritz John–Bedingungen herleiten. Diese sind eng verwandt mit den KKT–Bedingungen und stellen ebenfalls notwendige Optimalitätskriterien dar. Für das Erfülltsein der Fritz John–Bedingungen benötigt man allerdings keinerlei Regularitätsannahmen, dafür ist die Aussage auch etwas schwächer als bei den KKT–Bedingungen.

In diesem gesamten Unterabschnitt betrachten wir wieder das allgemeine nichtlineare Optimierungsproblem (2.21) mit stetig differenzierbaren Funktionen $f : \mathbb{R}^n \to \mathbb{R}$, $g : \mathbb{R}^n \to \mathbb{R}^m$ und $h : \mathbb{R}^n \to \mathbb{R}^p$. Wir beginnen zunächst mit einem etwas technischen Resultat.

Lemma 2.51. *Sei x^* ein lokales Minimum des Optimierungsproblems (2.21) derart, dass die Gradienten $\nabla h_j(x^*)$ linear unabhängig sind für $j = 1, \ldots, p$. Sei ferner $I(x^*) := \{i \mid g_i(x^*) = 0\}$ die Menge der aktiven Ungleichungsrestriktionen in x^*. Dann gilt $\nabla f(x^*)^T d \geq 0$ für alle Vektoren $d \in \mathbb{R}^n$ mit $\nabla h_j(x^*)^T d = 0$ für $j = 1, \ldots, p$ und $\nabla g_i(x^*)^T d < 0$ für $i \in I(x^*)$.*

Beweis. Angenommen, es gilt $\nabla f(x^*)^T d < 0$ für ein $d \in \mathbb{R}^n$ mit $\nabla h_j(x^*)^T d = 0$ $(j = 1, \ldots, p)$ und $\nabla g_i(x^*)^T d < 0$ $(i \in I(x^*))$. Sei $x(t)$ die gemäß Lemma 2.37 existierende Kurve mit den dort genannten Eigenschaften. Ähnlich wie im Beweis von Lemma 2.37 für die Zulässigkeit von $x(t)$ bezüglich der aktiven Ungleichungsrestriktionen erhält man dann $f(x(t)) < f(x^*)$ für alle t hinreichend klein. Aus der Zulässigkeit von $x(t)$ sowie $x(0) = x^*$ ergibt sich dann aber ein Widerspruch zu der Voraussetzung, dass x^* ein lokales Minimum des Optimierungsproblems (2.21) ist. $\qquad\Box$

Wir definieren als Nächstes die sogenannten Fritz John–Bedingungen für das Optimierungsproblem (2.21).

Definition 2.52. *Betrachte das Optimierungsproblem (2.21) mit stetig differenzierbaren Funktionen f, g und h.*

(i) Die Bedingungen

$$r\nabla f(x) + \sum_{i=1}^{m} \lambda_i \nabla g_i(x) + \sum_{j=1}^{p} \mu_j \nabla h_j(x) = 0$$

$$h(x) = 0,$$

$$\lambda \geq 0, \ g(x) \leq 0, \ \lambda^T g(x) = 0$$

$$r \geq 0$$

heißen Fritz John–Bedingungen *(kurz: FJ–Bedingungen) des Optimierungsproblems (2.21).*

(ii) Jeder Vektor $(r^*, x^*, \lambda^*, \mu^*) \in \mathbb{R} \times \mathbb{R}^n \times \mathbb{R}^m \times \mathbb{R}^p$, der den FJ–Bedingungen genügt, heißt Fritz John–Punkt *(kurz: FJ–Punkt) des Optimierungsproblems (2.21).*

Die FJ–Bedingungen unterscheiden sich von den KKT–Bedingungen lediglich in der Einführung des Skalars $r^* \geq 0$. Im Falle $r^* = 1$ stimmen beide Bedingungen überein. Da mit $(r^*, x^*, \lambda^*, \mu^*)$ offenbar auch jeder Vektor der Gestalt $(tr^*, x^*, t\lambda^*, t\mu^*)$ für beliebiges $t > 0$ ein FJ–Punkt ist, kann man im Fall $r^* > 0$ ohne Beschränkung der Allgemeinheit $r^* = 1$ annehmen, indem man notfalls mit $t = 1/r^*$ durchmultipliziert. Anders formuliert: Ist $(r^*, x^*, \lambda^*, \mu^*)$ ein FJ–Punkt mit $r^* > 0$, so hat man bereits einen KKT–Punkt vorliegen.

Das nachfolgende Resultat zeigt, dass praktisch ohne irgendwelche Voraussetzungen in einem lokalen Minimum stets ein FJ–Punkt existiert. Es wird jedoch nicht ausgesagt, dass der Faktor r^* eines solchen Punktes ungleich Null ist. Die Hauptaussage besteht vielmehr darin, dass es einen *nichttrivialen* Vektor (r^*, λ^*, μ^*) gibt, so dass $(r^*, x^*, \lambda^*, \mu^*)$ ein FJ–Punkt ist; man beachte hierzu, dass der Vektor $(0, x^*, 0, 0)$ natürlich den FJ–Bedingungen genügt, dass es sich hierbei aber um einen recht uninteressanten FJ–Punkt handelt.

Satz 2.53. *(Fritz John–Bedingungen)*
Sei $x^* \in \mathbb{R}^n$ ein lokales Minimum des Optimierungsproblems (2.21). Dann existiert ein vom Nullvektor verschiedener Vektor $(r^*, \lambda^*, \mu^*) \in \mathbb{R} \times \mathbb{R}^m \times \mathbb{R}^p$, so dass $(r^*, x^*, \lambda^*, \mu^*)$ ein FJ–Punkt für das Optimierungsproblem (2.21) ist.

Beweis. Sind die Gradienten $\nabla h_j(x^*), j = 1, \ldots, p$ linear abhängig, so existiert ein vom Nullvektor verschiedener Multiplikator $\mu^* \in \mathbb{R}^p$ mit

$$\sum_{j=1}^{p} \mu_j^* \nabla h_j(x^*) = 0.$$

Setzt man dann $r^* := 0$ und $\lambda^* := 0$, so ist $(r^*, x^*, \lambda^*, \mu^*)$ offenbar ein FJ–Punkt des Optimierungsproblems (2.21).

Seien die Gradienten $\nabla h_j(x^*), j = 1, \ldots, p,$ daher als linear unabhängig vorausgesetzt. Sei ferner $I(x^*) := \{i \mid g_i(x^*) = 0\}$ wieder die Menge der aktiven Ungleichungsrestriktionen im Punkte x^*, und sei $m^* := |I(x^*)|$ die Kardinalität dieser Menge. Mit $A_1 \in \mathbb{R}^{(1+m^*) \times n}$ bezeichnen wir die Matrix, deren Zeileneinträge gerade die Vektoren $\nabla f(x^*)^T$ und $\nabla g_i(x^*)^T$ $(i \in I(x^*))$ bilden, und mit $A_2 \in \mathbb{R}^{p \times n}$ bezeichnen wir die Matrix mit den Zeilen $\nabla h_j(x^*)^T$ für $j = 1, \ldots, p$. Lemma 2.51 besagt dann, dass das System

$$A_1 d < 0, \quad A_2 d = 0$$

inkonsistent ist. Betrachte nun die folgenden beiden Mengen:

$$C_1 := \{(x_1, x_2) \in \mathbb{R}^{1+m^*} \times \mathbb{R}^p \mid x_1 < 0, x_2 = 0\},$$
$$C_2 := \{(y_1, y_2) \in \mathbb{R}^{1+m^*} \times \mathbb{R}^p \mid \exists d \in \mathbb{R}^n \text{ mit } y_1 = A_1 d, y_2 = A_2 d\}.$$

Man verifiziert sehr leicht, dass sowohl C_1 als auch C_2 nichtleere und konvexe Mengen sind. Die vorangegangene Diskussion zeigt ferner, dass $C_1 \cap C_2 = \emptyset$ gilt. Aufgrund des Trennungssatzes 2.22 existiert daher ein von Null verschiedener Vektor $a = (a_1, a_2)$ mit

$$a_1^T x_1 = a_1^T x_1 + a_2^T 0 \le a_1^T (A_1 d) + a_2^T (A_2 d) \tag{2.36}$$

für alle $x_1 < 0$ und alle $d \in \mathbb{R}^n$. Offensichtlich gilt diese Ungleichung dann auch für alle $x_1 \le 0$ und alle $d \in \mathbb{R}^n$. Fixiert man $d \in \mathbb{R}^n$ und beachtet, dass die Komponenten von x_1 in (2.36) beliebig klein gewählt werden können, so folgt $a_1 \ge 0$. Auf der anderen Seite ergibt sich speziell für $x_1 = 0$:

$$(a_1^T A_1 + a_2^T A_2) d \ge 0$$

für alle $d \in \mathbb{R}^n$. Insbesondere erhält man für $d := -(A_1^T a_1 + A_2^T a_2)$:

$$-\|A_1^T a_1 + A_2^T a_2\|^2 \ge 0.$$

Dies impliziert

$$A_1^T a_1 + A_2^T a_2 = 0. \tag{2.37}$$

Bezeichnen wir die Komponenten des Vektors $a_1 \in \mathbb{R}^{1+m^*}$ mit r^* und λ_i^* $(i \in I(x^*))$ sowie die Komponenten des Vektors $a_2 \in \mathbb{R}^p$ mit μ_j^* $(j = 1, \ldots, p)$ und setzen $\lambda_i^* := 0$ für $i \notin I(x^*)$, so folgt, dass das Tripel (r^*, λ^*, μ^*) ein von Null verschiedener Vektor ist derart, dass $(r^*, x^*, \lambda^*, \mu^*)$ den FJ–Bedingungen genügt. $\qquad\square$

Wie bereits erwähnt, garantiert der Satz 2.53 leider nicht, dass in einem FJ–Punkt $(r^*, x^*, \lambda^*, \mu^*)$ der Faktor r^* echt positiv ist. Betrachten wir etwa das Optimierungsproblem aus (2.23), in dem die Abadie CQ nicht erfüllt war, so ergibt sich nach kurzer Rechnung sofort, dass (r^*, x^*, λ^*) mit

$$r^* = 0, \quad x^* = (0,0)^T, \quad \lambda^* = (\lambda_1^*, \lambda_2^*)^T$$

und $\lambda_1^* = \lambda_2^* > 0$ ein FJ–Punkt von (2.23) ist; hierbei ist es nicht möglich, den Faktor r^* positiv zu wählen. Wegen $r^* = 0$ ist derselbe Vektor (r^*, x^*, λ^*) auch dann ein FJ–Punkt, wenn man in (2.23) die Zielfunktion beliebig abändert. Hieran erkennt man nochmals, dass im Falle $r^* = 0$ die FJ–Bedingungen nicht übermäßig aussagekräftig sind.

Einige der im Rahmen der Untersuchungen zu den KKT–Bedingungen eingeführten Regularitätsbedingungen (wie MFCQ und LICQ) können jedoch benutzt werden, um $r^* > 0$ zu garantieren. Auf diese Weise ergibt sich dann ein weiterer Zugang zu den KKT–Bedingungen, auf den wir hier aber nicht weiter eingehen wollen, siehe jedoch die Aufgabe 2.23.

2.2.6 Bedingungen zweiter Ordnung

Wir betrachten weiterhin das Optimierungsproblem

$$\min f(x) \quad \text{u.d.N.} \quad x \in X := \{x \in \mathbb{R}^n \mid h(x) = 0, g(x) \leq 0\} \qquad (2.38)$$

mit $f : \mathbb{R}^n \to \mathbb{R}, h : \mathbb{R}^n \to \mathbb{R}^p$ und $g : \mathbb{R}^n \to \mathbb{R}^m$. In diesem gesamten Unterabschnitt seien f, g und h als zweimal stetig differenzierbar vorausgesetzt.

Sei (x^*, λ^*, μ^*) ein KKT–Punkt des Optimierungsproblems (2.38). Wie zuvor bezeichnen wir mit

$$I(x^*) := \{i \mid g_i(x^*) = 0\}$$

die Indexmenge der in x^* aktiven Ungleichungsrestriktionen. Diese werde im Folgenden zerlegt in der Gestalt

$$I(x^*) = I_0(x^*) \cup I_>(x^*)$$

mit

$$I_0(x^*) := \{i \in I(x^*) \mid \lambda_i^* = 0\},$$
$$I_>(x^*) := \{i \in I(x^*) \mid \lambda_i^* > 0\};$$

man beachte, dass $I_0(x^*)$ und $I_>(x^*)$ nicht nur von x^*, sondern auch von dem Lagrange–Multiplikator λ^* abhängen (wobei wir später die LICQ–Bedingung voraussetzen werden, so dass der zu x^* zugehörige Lagrange–Multiplikator eindeutig bestimmt ist). Mittels dieser Indexmengen definieren wir nun

$$\begin{aligned}
\mathcal{T}_1(x^*) := \{d \in \mathbb{R}^n \mid &\nabla g_i(x^*)^T d = 0 \, (i \in I(x^*)), \\
&\nabla h_j(x^*)^T d = 0 \, (j = 1, \ldots, p)\}, \\
\mathcal{T}_2(x^*) := \{d \in \mathbb{R}^n \mid &\nabla g_i(x^*)^T d = 0 \, (i \in I_>(x^*)), \\
&\nabla g_i(x^*)^T d \leq 0 \, (i \in I_0(x^*)), \\
&\nabla h_j(x^*)^T d = 0 \, (j = 1, \ldots, p)\}, \\
\mathcal{T}_3(x^*) := \{d \in \mathbb{R}^n \mid &\nabla g_i(x^*)^T d = 0 \, (i \in I_>(x^*)), \\
&\nabla h_j(x^*)^T d = 0 \, (j = 1, \ldots, p)\}.
\end{aligned}$$

Wegen $I_>(x^*) \subseteq I(x^*)$ gilt offenbar stets

$$\mathcal{T}_1(x^*) \subseteq \mathcal{T}_2(x^*) \subseteq \mathcal{T}_3(x^*).$$

Ist in (x^*, λ^*, μ^*) die strikte Komplementarität

$$\lambda_i^* + g_i(x^*) \neq 0 \quad \forall i = 1, \ldots, m$$

erfüllt, so ist

$$\mathcal{T}_1(x^*) = \mathcal{T}_2(x^*) = \mathcal{T}_3(x^*).$$

Optimalitätsbedingungen zweiter Ordnung werden häufig unter Verwendung der beiden Mengen $\mathcal{T}_1(x^*)$ und $\mathcal{T}_3(x^*)$ formuliert. Hier dagegen verwenden wir eine etwas schärfere und einheitlichere Formulierung unter Benutzung von $\mathcal{T}_2(x^*)$. Wir beginnen mit einem notwendigen Kriterium.

Satz 2.54. *(Notwendiges Optimalitätskriterium zweiter Ordnung)*
Sei $x^* \in X$ ein lokales Minimum von (2.38), welches der LICQ–Bedingung genüge. Dann ist

$$d^T \nabla_{xx}^2 L(x^*, \lambda^*, \mu^*) d \geq 0 \quad \forall d \in \mathcal{T}_2(x^*),$$

wobei $\lambda^* \in \mathbb{R}^m$ und $\mu^* \in \mathbb{R}^p$ die gemäß Satz 2.41 eindeutig bestimmten Lagrange–Multiplikatoren zu x^* sind.

Beweis. Sei $d \in \mathcal{T}_2(x^*)$ mit o.B.d.A. $d \neq 0$ gegeben. Wir zerlegen die Indexmenge $I_0(x^*)$ weiter in

$$I_0^<(x^*) := \{i \in I_0(x^*) \,|\, \nabla g_i(x^*)^T d < 0\}$$

und

$$I_0^=(x^*) := \{i \in I_0(x^*) \,|\, \nabla g_i(x^*)^T d = 0\}$$

(beachte: diese Zerlegung hängt von dem speziell gewählten Vektor $d \in \mathcal{T}_2(x^*)$ ab). Da nach Voraussetzung insbesondere die Vektoren

$$\nabla g_i(x^*) \ (i \in I_>(x^*) \cup I_0^=(x^*)) \quad \text{und} \quad \nabla h_j(x^*) \ (j = 1, \ldots, p)$$

linear unabhängig sind, folgt analog zum Beweis des Lemmas 2.37 die Existenz eines $\varepsilon > 0$ sowie einer zweimal stetig differenzierbaren Kurve $x : (-\varepsilon, +\varepsilon) \to \mathbb{R}^n$ mit $x(0) = x^*, x'(0) = d$,

$$\begin{aligned} g_i(x(t)) &= 0 \quad (i \in I_>(x^*) \cup I_0^=(x^*)), \\ h_j(x(t)) &= 0 \quad (j = 1, \ldots, p) \end{aligned} \qquad (2.39)$$

für alle $t \in (-\varepsilon, +\varepsilon)$ sowie $x(t) \in X$ für alle $t \in [0, +\varepsilon)$ (ausführlicher Beweis als Aufgabe 2.26). Definiere nun

$$\varphi(t) := L(x(t), \lambda^*, \mu^*)$$

für $t \in (-\varepsilon, +\varepsilon)$. Dann ist auch φ zweimal stetig differenzierbar mit Ableitungen

$$\varphi'(t) = x'(t)^T \nabla_x L(x(t), \lambda^*, \mu^*)$$

und

$$\varphi''(t) = x''(t)^T \nabla_x L(x(t), \lambda^*, \mu^*) + x'(t)^T \nabla_{xx}^2 L(x(t), \lambda^*, \mu^*) x'(t)$$

(Kettenregel bzw. Produkt– und Kettenregel). Da (x^*, λ^*, μ^*) ein KKT–Punkt von (2.38) ist, folgt aus den Eigenschaften der Kurve $x(\cdot)$ insbesondere

$$\varphi'(0) = x'(0)^T \nabla_x L(x(0), \lambda^*, \mu^*) = d^T \nabla_x L(x^*, \lambda^*, \mu^*) = 0$$

und

$$\varphi''(0) = d^T \nabla_{xx}^2 L(x(0), \lambda^*, \mu^*) d = d^T \nabla_{xx}^2 L(x^*, \lambda^*, \mu^*) d$$

wegen $\nabla_x L(x^*, \lambda^*, \mu^*) = 0$.

Angenommen, es ist $\varphi''(0) = d^T \nabla_{xx}^2 L(x^*, \lambda^*, \mu^*) d < 0$. Aus Stetigkeitsgründen ist dann auch $\varphi''(t) < 0$ für alle $t \in (-\varepsilon, +\varepsilon)$ hinreichend klein. Taylor–Entwicklung von φ um $t = 0$ liefert

$$\varphi(t) = \varphi(0) + t\varphi'(t) + \frac{t^2}{2}\varphi''(\xi_t)$$

für alle $t \in (-\varepsilon, +\varepsilon)$ und einem von t abhängigen Zwischenpunkt ξ_t. Wegen $\varphi'(0) = 0$ sowie $\varphi''(\xi_t) < 0$ für hinreichend kleine $t \in (-\varepsilon, +\varepsilon)$ folgt daher

$$\varphi(t) < \varphi(0)$$

für diese $t \in (-\varepsilon, +\varepsilon)$. Wegen

$$\varphi(0) = L(x^*, \lambda^*, \mu^*) = f(x^*) + \sum_{i=1}^{m} \lambda_i^* g_i(x^*) + \sum_{j=1}^{p} \mu_j^* h_j(x^*) = f(x^*)$$

und

$$\varphi(t) = L(x(t), \lambda^*, \mu^*) = f(x(t)) + \sum_{i=1}^{m} \lambda_i^* g_i(x(t)) + \sum_{j=1}^{p} \mu_j^* h_j(x(t)) = f(x(t))$$

(verwende (2.39) sowie die KKT–Bedingungen für (2.38), insbesondere $\lambda_i^* = 0$ für $i \notin I_0(x^*)$) gilt somit

$$f(x(t)) < f(x^*)$$

für alle t hinreichend nahe bei Null. Da die Kurve $x(\cdot)$ jedoch im zulässigen Bereich X verläuft, widerspricht dies der vorausgesetzten lokalen Minimalität von x^*.   □

Für den Spezialfall eines unrestringierten Optimierungsproblems

$$\min f(x), \quad x \in \mathbb{R}^n,$$

ergibt sich aus dem Satz 2.54 wegen $T_2(x^*) = \mathbb{R}^n$ unmittelbar die positive Semi–Definitheit der Hesse–Matrix $\nabla^2 f(x^*)$, also die bekannte notwendige Optimalitätsbedingung zweiter Ordnung bei unrestringierten Minimierungsaufgaben, siehe etwa [66, Satz 2.2].

Wir geben als Nächstes ein hinreichendes Optimalitätskriterium zweiter Ordnung für das restringierte Minimierungsproblem (2.38) an.

Satz 2.55. *(Hinreichendes Optimalitätskriterium zweiter Ordnung) Sei (x^*, λ^*, μ^*) ein KKT–Punkt von (2.38) mit*

$$d^T \nabla_{xx}^2 L(x^*, \lambda^*, \mu^*) d > 0 \quad \forall d \in T_2(x^*), \, d \neq 0.$$

Dann ist x^* ein striktes lokales Minimum von (2.38).

Beweis. Angenommen, x^* ist kein striktes lokales Minimum von (2.38). Dann existiert eine zulässige Folge $\{x^k\} \subseteq X$ mit $x^k \to x^*, x^k \neq x^*$ und $f(x^k) \leq f(x^*)$ für alle $k \in \mathbb{N}$. Wegen $x^k \neq x^*$ ist

$$d^k := \frac{x^k - x^*}{\|x^k - x^*\|}$$

wohldefiniert. Da $\|d^k\| = 1$ gilt, besitzt die Folge $\{d^k\}$ eine konvergente Teilfolge. O.B.d.A. sei $d^k \to d^*$ für ein $d^* \in \mathbb{R}^n$, wobei offenbar auch $\|d^*\| = 1$ gilt. Da jede Komponentenfunktion h_j $(j = 1, \ldots, p)$ stetig differenzierbar ist, existiert aufgrund des Mittelwertsatzes der Differentialrechnung zu jedem x^k ein Zwischenpunkt ξ^k auf der Verbindungsstrecke von x^k zu x^* mit

$$h_j(x^k) = h_j(x^*) + \nabla h_j(\xi^k)^T (x^k - x^*)$$

(beachte: ξ^k hängt auch vom Index j ab, was an dieser Stelle aber nicht weiter von Bedeutung ist). Nun ist aber $h_j(x^k) = 0$ und $h_j(x^*) = 0$ aufgrund der Zulässigkeit der Vektoren x^k und x^*. Also folgt

$$\nabla h_j(\xi^k)^T (x^k - x^*) = 0.$$

Division durch $\|x^k - x^*\|$ und anschließender Grenzübergang $k \to \infty$ ergibt somit

$$\nabla h_j(x^*)^T d^* = 0,$$

denn wegen $x^k \to x^*$ gilt auch $\xi^k \to x^*$ für die Folge der Zwischenpunkte $\{\xi^k\}$. Da $j \in \{1, \ldots, p\}$ beliebig war, ist daher

$$\nabla h_j(x^*)^T d^* = 0 \quad \forall j = 1, \ldots, p. \tag{2.40}$$

Ebenso folgt

$$\nabla g_i(x^*)^T d^* \le 0 \quad \forall i \in I(x^*) \tag{2.41}$$

wegen $g_i(x^*) = 0$ und $g_i(x^k) \le 0$ für alle $i \in I(x^*)$. Analog zeigt man auch

$$\nabla f(x^*)^T d^* \le 0 \tag{2.42}$$

unter Verwendung der Annahme, dass $f(x^k) \le f(x^*)$ für alle $k \in \mathbb{N}$ ist.

Wir untersuchen nun zwei Fälle, die beide zum Widerspruch geführt werden, womit die Behauptung dann vollständig bewiesen sein wird.

Fall 1: In (2.41) gilt für alle $i \in I_>(x^*)$ das Gleichheitszeichen.
Im Hinblick auf (2.40) und (2.41) ist dann $d^* \in \mathcal{T}_2(x^*)$. Wegen $h_j(x^k) = 0, g_i(x^k) \le 0$ sowie $\lambda_i^* \ge 0$ für $i = 1, \ldots, m$ gilt

$$f(x^*) \ge f(x^k) \ge f(x^k) + \sum_{i=1}^m \lambda_i^* g_i(x^k) + \sum_{j=1}^p \mu_j^* h_j(x^k) = \ell(x^k)$$

mit

$$\ell(x) := L(x, \lambda^*, \mu^*) = f(x) + \sum_{i=1}^m \lambda_i^* g_i(x) + \sum_{j=1}^p \mu_j^* h_j(x).$$

Taylor–Entwicklung von ℓ um x^* liefert mit einem geeigneten Zwischenpunkt ζ^k:

$$\begin{aligned}
f(x^*) &\ge \ell(x^k) \\
&= \ell(x^*) + \nabla \ell(x^*)^T(x^k - x^*) + \frac{1}{2}(x^k - x^*)^T \nabla^2 \ell(\zeta^k)(x^k - x^*) \\
&= f(x^*) + \frac{1}{2}(x^k - x^*)^T \nabla_{xx}^2 L(\zeta^k, \lambda^*, \mu^*)(x^k - x^*)
\end{aligned}$$

wegen $\nabla_x L(x^*, \lambda^*, \mu^*) = 0, h_j(x^*) = 0 \, (j = 1, \ldots, p)$ sowie $\lambda_i^* g_i(x^*) = 0 \, (i = 1, \ldots, m)$. Division durch $\|x^k - x^*\|^2$ und anschließender Grenzübergang $k \to \infty$ ergibt

$$(d^*)^T \nabla_{xx}^2 L(x^*, \lambda^*, \mu^*) d^* \le 0$$

wegen $\zeta^k \to x^*$ für $x^k \to x^*$. Wegen $d^* \ne 0$ und $d^* \in \mathcal{T}_2(x^*)$ widerspricht dies jedoch der Voraussetzung unseres Satzes.

Fall 2: In (2.41) existiert ein Index $i_0 \in I_>(x^*)$ mit $\nabla g_{i_0}(x^*)^T d^* < 0$.
Dann folgt aus $\nabla_x L(x^*, \lambda^*, \mu^*) = 0, \lambda_i^* = 0$ für alle $i \in I_0(x^*)$, (2.40), (2.41) sowie (2.42):

$$\begin{aligned}
0 \ge \nabla f(x^*)^T d^* &= -\sum_{i=1}^m \lambda_i^* \nabla g_i(x^*)^T d^* - \sum_{j=1}^p \mu_j^* \nabla h_j(x^*)^T d^* \\
&= -\sum_{i \in I_>(x^*)} \lambda_i^* \nabla g_i(x^*)^T d^* \ge -\lambda_{i_0}^* \nabla g_{i_0}(x^*)^T d^* > 0,
\end{aligned}$$

Widerspruch. □

Im Spezialfall eines unrestringierten Optimierungsproblems reduziert sich die Aussage des Satzes 2.55 offenbar auf die Forderung, dass die Hesse–Matrix $\nabla^2 f(x^*)$ positiv definit ist; dies ist die übliche hinreichende Bedingung zweiter Ordnung bei unrestringierten Minimierungsaufgaben, vergleiche etwa [66, Satz 2.3].

Aufgaben

Aufgabe 2.1. (Satz von Carathéodory)
Jeder Vektor x aus der konvexen Hülle einer Menge $X \subseteq \mathbb{R}^n$ lässt sich als Konvexkombination von höchstens $n + 1$ Elementen aus X darstellen.

(Hinweis: Wegen $x \in \mathrm{conv}(X)$ gilt

$$x = \sum_{i=1}^{m} \lambda_i x_i$$

für ein $m \in \mathbb{N}$, Vektoren $x_i \in X$ sowie Skalaren $\lambda_i \geq 0$ mit $\sum_{i=1}^{m} \lambda_i = 1$. Man zeige, dass sich diese Darstellung von x als Konvexkombination der m Elemente $x_1, \ldots, x_m$ reduzieren lässt auf eine Summe von $m - 1$ Elementen, solange $m > n + 1$ gilt.)

Aufgabe 2.2. (Ungleichung von Jensen)
Seien $X \subseteq \mathbb{R}^n$ eine nichtleere konvexe Menge und $f : X \to \mathbb{R}$ eine konvexe Funktion. Dann gilt

$$f\big(\sum_{i=1}^{m} \lambda_i x_i\big) \leq \sum_{i=1}^{m} \lambda_i f(x_i)$$

für alle $x_i \in X$ und alle $\lambda_i \geq 0$ mit $\sum_{i=1}^{m} \lambda_i = 1$; dabei ist $m \in \mathbb{N}$ eine beliebige natürliche Zahl.

Aufgabe 2.3. Betrachte die quadratische Funktion

$$f(x) := \frac{1}{2} x^T Q x + c^T x + \gamma$$

mit $Q \in \mathbb{R}^{n \times n}$ symmetrisch, $c \in \mathbb{R}^n$ und $\gamma \in \mathbb{R}$. Dann gelten die folgenden Aussagen:

(a) f ist konvex $\Longleftrightarrow$ Q ist positiv semi–definit.
(b) f ist strikt konvex $\Longleftrightarrow$ Q ist positiv definit.
(c) f ist strikt konvex $\Longleftrightarrow$ f ist gleichmäßig konvex.

Aufgabe 2.4. (Projektionssatz für affine Unterräume)
Seien $y \in \mathbb{R}^n$ und $A \subseteq \mathbb{R}^n$ ein affiner Raum (d.h., für alle $\alpha \in \mathbb{R}$ und alle $x^1, x^2 \in A$ ist auch $\alpha x^1 + (1 - \alpha)x^2 \in A$). Dann ist ein Vektor $z \in A$ genau dann gleich der Projektion von y auf A, wenn

$$(z - y)^T (x - z) = 0$$

für alle $x \in A$ gilt.

Aufgabe 2.5. Seien $X \subseteq \mathbb{R}^n$ eine nichtleere und abgeschlossene (nicht notwendig konvexe) Menge,

$$\text{dist}_X(x) := \inf_{y \in X} \|y - x\|$$

der Abstand eines Punktes $x \in \mathbb{R}^n$ zu der Menge X (bezüglich der Norm $\|\cdot\| = \|\cdot\|_2$) sowie

$$P_X(x) := \{z \in X \,|\, \|x - z\| = \text{dist}_X(x)\}$$

für $x \in \mathbb{R}^n$.

(a) Man zeige, dass die Menge $P_X(x)$ für alle $x \in \mathbb{R}^n$ nichtleer ist.
(b) Man zeige, dass die Funktion $x \mapsto \text{dist}_X(x)$ Lipschitz–stetig ist.
(c) Seien $n = 2$ und

$$X = \left\{ \begin{pmatrix} 0 \\ 0 \end{pmatrix}, \begin{pmatrix} 1 \\ 0 \end{pmatrix}, \begin{pmatrix} 0 \\ 1 \end{pmatrix} \right\}.$$

Für welche Punkte $x \in \mathbb{R}^2$ besteht die Menge $P_X(x)$ aus mehr als einem Punkt? In welchen Punkten ist die Abbildung $x \mapsto \text{dist}_X(x)$ differenzierbar?

Aufgabe 2.6. Seien $X \subseteq \mathbb{R}^n$ eine nichtleere, abgeschlossene und konvexe Menge sowie

$$\text{dist}_X(x) := \inf_{y \in X} \|y - x\|$$

der Abstand eines Punktes $x \in \mathbb{R}^n$ zu der Menge X (bezüglich der Norm $\|\cdot\| = \|\cdot\|_2$). Man zeige, dass die Abbildung $x \mapsto \text{dist}_X(x)$ konvex ist.

Aufgabe 2.7. Sei $X \subseteq \mathbb{R}^n$ eine konvexe Menge mit der Eigenschaft, dass die affine Hülle von X mit dem ganzen $\mathbb{R}^n$ übereinstimmt. Dann ist das Innere von X nichtleer.

(Hinweis: Nach Voraussetzung gibt es $n + 1$ affin unabhängige Vektoren $x_i \in X$, $i = 1, \ldots, n+1$ (die Vektoren $x_i - x_1$, $i = 2, \ldots, n+1$ sind also linear unabhängig). Jeder Vektor $z \in \mathbb{R}^n$ lässt sich damit auf eindeutige Weise in der Form

$$z = \sum_{i=1}^{n+1} \alpha_i(z) x_i, \quad \sum_{i=1}^{n+1} \alpha_i(z) = 0$$

darstellen. Dabei hängen die $\alpha_i(z)$ linear und somit stetig von z ab. Mit $\hat{x} := \sum_{i=1}^{n+1} \frac{1}{n+1} x_i \in X$ gilt

$$\hat{x} + z = \sum_{i=1}^{n+1} \left(\frac{1}{n+1} + \alpha_i(z) \right) x_i, \quad \sum_{i=1}^{n+1} \left(\frac{1}{n+1} + \alpha_i(z) \right) = 1.$$

Für alle z aus einer geeigneten Umgebung von 0 sind die Koeffizienten in dieser Darstellung von $\hat{x} + z$ positiv, d.h., $\hat{x} + z$ ist eine Konvexkombination der x_i. Folglich ist $\hat{x}$ ein innerer Punkt von X.)

Aufgabe 2.8. Man beweise den folgenden Spezialfall des Satzes 2.24 unter Verwendung des Projektionssatzes 2.18: Seien $X \subseteq \mathbb{R}^n$ eine nichtleere, abgeschlossene und konvexe Menge sowie $\bar{x} \in \mathbb{R}^n$ ein gegebener Vektor mit $\bar{x} \notin X$. Dann existieren ein von Null verschiedener Vektor $a \in \mathbb{R}^n$ und ein Skalar $\beta \in \mathbb{R}$ mit

$$a^T x < \beta < a^T \bar{x}$$

für alle $x \in X$.

Aufgabe 2.9. Man zeige, dass

$$X_1 := \{(x_1, x_2)^T \in \mathbb{R}^2 \mid x_1 > 0, x_2 \geq 1/x_1\}$$

und

$$X_2 := \{(x_1, x_2)^T \in \mathbb{R}^2 \mid x_1 \geq 0\}$$

zwei abgeschlossene und konvexe Mengen sind, dass ihre Summe

$$X_1 + X_2$$

jedoch eine offene konvexe Menge bildet.

Aufgabe 2.10. Man vervollständige den Beweis des Satzes 2.24 (strikter Trennungssatz); dazu zeige man, dass x_1^* bzw. x_2^* tatsächlich die Projektionen von x^* auf X_1 bzw. X_2 sind (wobei hier die Notation aus dem Beweis des Satzes 2.24 verwendet wurde).

Aufgabe 2.11. Wir erinnern zunächst daran, dass eine Menge der Gestalt

$$\{x \in \mathbb{R}^n \mid a^T x = \beta\}$$

für ein $a \in \mathbb{R}^n$ und ein $\beta \in \mathbb{R}$ als Hyperebene bezeichnet wird, während die beiden „Seiten" einer Hyperebene, nämlich $H_\leq := \{x \in \mathbb{R}^n \mid a^T x \leq \beta\}$ und $H_\geq := \{x \in \mathbb{R}^n \mid a^T x \geq \beta\}$, sogenannte Halbräume sind.

Man zeige, dass für jede abgeschlossene konvexe Menge $X \subseteq \mathbb{R}^n$ gilt:

$$X = \bigcap \{H \subseteq \mathbb{R}^n \mid H \text{ Halbraum mit } X \subseteq H\}.$$

(Hinweis: Strikter Trennungssatz.)

Aufgabe 2.12. Man zeige, dass ein Kegel $X \subseteq \mathbb{R}^n$ genau dann konvex ist, wenn $x + y \in X$ für alle $x, y \in X$ gilt.

Aufgabe 2.13. (Alternativsatz von Gordan)
Sei $A \in \mathbb{R}^{q \times n}$. Dann ist entweder das System

$$Ad < 0$$

lösbar, oder das System

$$A^T \lambda = 0, \ \lambda \geq 0, \ \lambda \neq 0$$

hat eine Lösung.
(Hinweis: Farkas–Lemma.)

Aufgabe 2.14. Seien $A \in \mathbb{R}^{q \times n}$ und $B \in \mathbb{R}^{p \times n}$ zwei gegebene Matrizen
mit $\text{Rang}(B) = p$. Dann ist entweder das System

$$Ad < 0, \ \ Bd = 0$$

lösbar, oder das System

$$A^T \lambda + B^T \mu = 0$$

hat eine Lösung $(\lambda, \mu) \neq 0$ mit $\lambda \geq 0$.
(Hinweis: Farkas–Lemma oder Aufgabe 2.13.)

Aufgabe 2.15. Gegeben sei die Optimierungsaufgabe

$$\min \ -(x_1 + 1)^2 - (x_2 + 1)^2 \quad \text{u.d.N.} \quad x_1^2 + x_2^2 \leq 2, \ x_1 \leq \gamma, \qquad (2.43)$$

wobei $\gamma \geq -\sqrt{2}$ eine fest vorgegebene Zahl sei.

(a) Ermittle anhand einer Skizze die Lösung $x^* = x^*(\gamma)$ von (2.43) (Fallunterscheidung $\gamma = -\sqrt{2}, -\sqrt{2} < \gamma \leq 1, \gamma > 1$).
(b) Genügt x^* den Regularitätsbedingungen LICQ, MFCQ bzw. Abadie CQ?
(c) Gibt es zu x^* einen Vektor $\lambda^* \in \mathbb{R}^2$, so dass (x^*, λ^*) ein KKT–Punkt von (2.43) ist?

Aufgabe 2.16. Betrachte das Optimierungsproblem (vgl. Beispiel 1.3)

$$\min \quad f(x) := \sum_{j=1}^n f_j(x_j) + K \left(n s_0 + \sum_{i=1}^{n-1} (n - i)(x_i - b_i) \right)$$
$$\text{u.d.N.} \ s_0 + \sum_{i=1}^j (x_i - b_i) \leq L, \quad j = 1, \ldots, n - 1,$$
$$s_0 + \sum_{i=1}^j (x_i - b_i) \geq 0, \quad j = 1, \ldots, n - 1,$$
$$s_0 + \sum_{i=1}^n (x_i - b_i) = s_1,$$
$$x_j \geq 0, \quad j = 1, \ldots, n.$$

Die Daten des Problems seien

$$n = 4, \ L = 2000, \ s_0 = s_1 = 500, \ K = 500$$

und

$$f_j(x_j) := 3000 x_j + a_j x_j^2, \quad j = 1, 2, 3, 4,$$

mit a_j, b_j gemäß folgender Tabelle:

j	1	2	3	4
a_j	2	1.75	0.75	0
b_j	2000	4000	3000	1000

(a) Wie lauten die KKT–Bedingungen für dieses Optimierungsproblem?

(b) Man finde alle KKT–Punkte x mit $x_1 = 2500$.

(c) Man zeige, dass $x^* := (2500, 3000, 3000, 1500)^T$ das einzige (globale) Minimum des Problems ist.

Aufgabe 2.17. Sei $(x^*, \lambda^*, \mu^*) \in \mathbb{R}^n \times \mathbb{R}^m \times \mathbb{R}^p$ ein KKT–Punkt des Optimierungsproblems

$$\min f(x) \quad \text{u.d.N.} \quad g(x) \leq 0, \, h(x) = 0 \qquad (2.44)$$

mit stetig differenzierbaren Funktionen $f : \mathbb{R}^n \to \mathbb{R}, g : \mathbb{R}^n \to \mathbb{R}^m$ und $h : \mathbb{R}^n \to \mathbb{R}^p$.

Man zeige, dass x^* dann ein stationärer Punkt von (2.44) ist, d.h., es gilt

$$\nabla f(x^*)^T d \geq 0 \quad \forall d \in \mathcal{T}_X(x^*),$$

wobei X die zulässige Menge von (2.44) bezeichnet und $\mathcal{T}_X(x^*)$ der Tangentialkegel von X in x^* ist.

Wann existieren umgekehrt zu einem stationären Punkt x^* von (2.44) Lagrange–Multiplikatoren $\lambda^* \in \mathbb{R}^m$ und $\mu^* \in \mathbb{R}^p$, so dass (x^*, λ^*, μ^*) ein KKT–Punkt von (2.44) ist?

Aufgabe 2.18. Unter einem mathematischen Programm mit Gleichgewichtsrestriktionen (engl: *mathematical program with equilibrium constraints*, kurz: MPEC) versteht man ein restringiertes Optimierungsproblem der Gestalt

$$\begin{aligned} \min \quad & f(x) \\ \text{u.d.N.} \quad & g(x) \leq 0, \ h(x) = 0, \\ & G(x) \geq 0, \ H(x) \geq 0, \ G(x)^T H(x) = 0 \end{aligned}$$

mit stetig differenzierbaren Funktionen $f : \mathbb{R}^n \to \mathbb{R}, g : \mathbb{R}^n \to \mathbb{R}^m, h : \mathbb{R}^n \to \mathbb{R}^p$ und $G, H : \mathbb{R}^n \to \mathbb{R}^M$. Man zeige, dass die MFCQ–Bedingung in keinem zulässigen Punkt von MPEC erfüllt ist.

Aufgabe 2.19. (Charakterisierung der MFCQ–Bedingung)

Sei $x^* \in \mathbb{R}^n$ ein lokales Minimum des restringierten Optimierungsproblems

$$\min f(x) \quad \text{u.d.N.} \quad g(x) \leq 0, \, h(x) = 0$$

mit stetig differenzierbaren Funktionen $f : \mathbb{R}^n \to \mathbb{R}, g : \mathbb{R}^n \to \mathbb{R}^m$ und $h : \mathbb{R}^n \to \mathbb{R}^p$. Dann sind äquivalent:

(a) x^* genügt der MFCQ–Bedingung.

(b) Das System

$$\sum_{i \in I(x^*)} \lambda_i \nabla g_i(x^*) + \sum_{j=1}^{p} \mu_j \nabla h_j(x^*) = 0, \ \lambda_i \geq 0 \ \forall i \in I(x^*)$$

mit $I(x^*) := \{i \mid g_i(x^*) = 0\}$ hat nur die triviale Lösung $\lambda = 0$, $\mu = 0$.

(Bemerkung: Für $p = 0$ spricht man auch von *positiver linearer Unabhängigkeit*, da in diesem Fall die Implikation

$$\sum_{i \in I(x^*)} \lambda_i \nabla g_i(x^*) = 0, \ \lambda_i \geq 0 \ \forall i \in I(x^*) \Longrightarrow \lambda_i = 0 \ \forall i \in I(x^*)$$

gilt.)

(Hinweis: Aufgabe 2.14.)

Aufgabe 2.20. Sei x^* ein lokales Minimum des Optimierungsproblems

$$\min f(x) \quad \text{u.d.N.} \quad g(x) \leq 0, \ h(x) = 0$$

mit stetig differenzierbaren Funktionen $f : \mathbb{R}^n \to \mathbb{R}, g : \mathbb{R}^n \to \mathbb{R}^m$ und $h : \mathbb{R}^n \to \mathbb{R}^p$. Man zeige, dass die beiden folgenden Aussagen äquivalent sind:

(a) MFCQ gilt in x^*.
(b) Die Menge der zu x^* gehörenden Lagrange–Multiplikatoren $(\lambda^*, \mu^*) \in \mathbb{R}^m \times \mathbb{R}^p$ ist nichtleer und beschränkt.

Aufgabe 2.21. Gegeben seien die Funktionen

$$c(x) := \begin{cases} (x-1)^2, & \text{falls} \quad x > 1, \\ 0, & \text{falls} \ -1 \leq x \leq 1, \\ (x+1)^2, & \text{falls} \quad x < -1, \end{cases}$$

$g_1(x) := c(x_1) - x_2$, $g_2(x) := c(x_1) + x_2$, $(x_1, x_2) \in \mathbb{R}^2$. Weiter sei $f : \mathbb{R}^n \to \mathbb{R}$ eine beliebige konvexe und stetig differenzierbare Funktion. Dann ist das Optimierungsproblem

$$\min f(x) \quad \text{u.d.N.} \quad g_1(x) \leq 0, \ g_2(x) \leq 0$$

ein konvexes Problem, welches beispielsweise für den Punkt $x^* = (0,0)$ der Abadie CQ genügt, jedoch ist die Slater–Bedingung nicht erüllt.

Aufgabe 2.22. Seien $f, g_i : \mathbb{R}^n \to \mathbb{R}$ konvex und stetig differenzierbar für $i = 1, \ldots, m$ sowie $h : \mathbb{R}^n \to \mathbb{R}^p$ affin–linear. Setze

$$X := \{x \in \mathbb{R}^n \mid g_i(x) \leq 0 \ (i = 1, \ldots, m), \ h_j(x) = 0 \ (j = 1, \ldots, p)\}.$$

Sei x^* ein Minimum von

$$\min \; f(x) \quad \text{u.d.N.} \quad x \in X.$$

Betrachte den Tangentialkegel

$$\mathcal{T}_X(x^*) = \{d \in \mathbb{R}^n \mid \exists \{x^k\} \subseteq X \exists \{t_k\} \downarrow 0 : x^k \to x^* \text{ und } (x^k - x^*)/t_k \to d\}$$

sowie die Menge

$$\mathcal{T}_{strict}(x^*) := \{d \in \mathbb{R}^n \mid \nabla g_i(x^*)^T d < 0 \;\; (i : g_i(x^*) = 0),$$
$$\nabla h_j(x^*)^T d = 0 \;\; (j = 1, \dots, p)\}.$$

Dann gilt $\mathcal{T}_{strict}(x^*) \subseteq \mathcal{T}_X(x^*)$.

(Bemerkung: Diese Aufgabe vervollständigt den Beweis des Satzes 2.45.)

Aufgabe 2.23. Sei x^* ein lokales Minimum des Optimierungsproblems

$$\min \; f(x) \quad \text{u.d.N.} \quad g(x) \le 0, \; h(x) = 0 \qquad (2.45)$$

mit stetig differenzierbaren Funktionen $f : \mathbb{R}^n \to \mathbb{R}, g : \mathbb{R}^n \to \mathbb{R}^m$ und $h : \mathbb{R}^n \to \mathbb{R}^p$ derart, dass die MFCQ–Bedingung in x^* erfüllt ist. Man zeige: Ist $(r^*, x^*, \lambda^*, \mu^*)$ ein gemäß Satz 2.53 existierender FJ–Punkt von (2.45), so gilt $r^* > 0$, d.h., das Tripel (x^*, λ^*, μ^*) ist bereits ein KKT–Punkt von (2.45).

Aufgabe 2.24. Sei x^* ein lokales Minimum des dem Satz 2.42 zugrunde liegenden linear resringierten Optimierungsproblems (2.27). Man finde ein Gegenbeispiel für die folgende Behauptung:

Ist $(r^*, x^*, \lambda^*, \mu^*)$ ein gemäß Satz 2.53 existierender FJ–Punkt von (2.27), so gilt $r^* > 0$, d.h., das Tripel (x^*, λ^*, μ^*) ist bereits ein KKT–Punkt von (2.27).

Aufgabe 2.25. Betrachte das Optimierungsproblem

$$\begin{aligned}
\min \quad & x_3 - \tfrac{1}{2}x_1^2 \\
\text{u.d.N.} \quad & x_3 + x_2 + x_1^2 \ge 0, \\
& x_3 - x_2 + x_1^2 \ge 0, \\
& x_3 \qquad\qquad\; \ge 0.
\end{aligned}$$

Sei $x^* := (0, 0, 0)^T$. Gibt es zu x^* Lagrange–Multiplikatoren $\lambda^* \in \mathbb{R}^3$ derart, dass (x^*, λ^*) den KKT–Bedingungen genügt? Welche der Regularitätsbedingungen Abadie CQ, MFCQ, LICQ sind erfüllt? Kann mit Hilfe von Satz 2.55 gezeigt werden, dass x^* ein lokales Minimum ist? Von welcher Art ist der Punkt x^* tatsächlich?

Aufgabe 2.26. Man vervollständige den Beweis des Satzes 2.54, indem man im Detail verifiziert, dass es unter den genannten Voraussetzungen eine Kurve $x(\cdot)$ mit den um die Formel (2.39) genannten Eigenschaften gibt.

(Hinweis: Man orientiere sich am Beweis von Lemma 2.37, verwende jedoch bei der Definition von H anstelle von h die Abbildung

$$\tilde{h} : \mathbb{R}^n \to \mathbb{R}^{p+q}, \quad \tilde{h}(x) = \begin{pmatrix} h_j(x), \ j = 1, \dots, p \\ g_i(x), \ i \in I_>(x^*) \cup I_0^=(x^*) \end{pmatrix};$$

dabei bezeichne q die Anzahl der Indizes aus $I_>(x^*) \cup I_0^=(x^*)$.)

3. Lineare Programme

Lineare Programme sind die in der Praxis am häufigsten auftretenden Optimierungsprobleme und daher von besonderer Bedeutung (kann man etwa in den Beispielen 1.2, 1.3 aus Kapitel 1 voraussetzen, dass die Funktionen f_i affin–linear sind, so erhält man lineare Programme). Zu ihrer Lösung sind spezielle Verfahren entwickelt worden, wobei das von Dantzig um 1947 vorgestellte Simplex–Verfahren viele Jahrzehnte im Mittelpunkt des Interesses stand und allgemein als das beste Verfahren akzeptiert war. Mittlerweile hat das Simplex–Verfahren durch die Klasse der Inneren–Punkte–Methoden Konkurrenz bekommen. Auf diese werden wir jedoch erst im nächsten Kapitel eingehen, während dieses Kapitel weitgehend der Beschreibung des Simplex–Verfahrens dient. Dazu beschäftigen wir uns im Abschnitt 3.1 zunächst mit einigen theoretischen Grundlagen, bevor wir in den folgenden Abschnitten dann zum Simplex–Verfahren selbst kommen.

3.1 Theoretische Grundlagen

Lineare Programme besitzen eine Reihe von Eigenschaften, die auf der speziellen Struktur solcher Optimierungsprobleme basieren. Einige dieser Eigenschaften führen insbesondere zur Konstruktion des Simplex–Verfahrens im Abschnitt 3.2. Besonders wichtig ist hierbei der Unterabschnitt 3.1.1, in dem wir uns mit Polyedern, Ecken und Basisvektoren auseinandersetzen. Im Unterabschnitt 3.1.2 beschäftigen wir uns dann mit der sogenannten Dualitätstheorie bei linearen Programmen. Mittels dieser Dualitätstheorie sind wir auch in der Lage, eine sehr befriedigende Antwort auf die Frage zu finden, wann ein lineares Programm überhaupt eine Lösung besitzt. Als weitere Anwendung der Dualitätstheorie geben wir im Unterabschnitt 3.1.3 einen Beweis der sogenannten Fehlerschranke von Hoffman, die beim ersten Lesen allerdings übergangen werden kann.

3.1.1 Polyeder und Ecken

Lineare Programme sind uns bereits im Kapitel 1 begegnet als Optimierungsprobleme von der Gestalt

$$\min c^T x \quad \text{u.d.N.} \quad Ax = b, \, x \geq 0 \tag{3.1}$$

mit $A \in \mathbb{R}^{m \times n}, c \in \mathbb{R}^n$ und $b \in \mathbb{R}^m$. In diesem Unterabschnitt beschäftigen wir uns mit einigen geometrischen Eigenschaften der zulässigen Menge von (3.1). Zu diesem Zweck führen wir zunächst den Begriff eines Polyeders in Normalform ein.

Definition 3.1. *Eine Menge der Gestalt*

$$P := \{x \in \mathbb{R}^n \mid Ax = b, x \geq 0\}$$

mit $A \in \mathbb{R}^{m \times n}$ und $b \in \mathbb{R}^m$ heißt Polyeder in Normalform *oder auch* Polyeder in Standardform.

Die zulässige Menge des linearen Programmes (3.1) ist also gerade ein Polyeder in Normalform. Aus diesem Grunde bezeichnen wir (3.1) manchmal auch als ein *lineares Programm in Normalform* (oder *lineares Programm in Standardform*).

An dieser Stelle wollen wir den Leser gleich auf eine kleine Inkonsistenz in unserer Notation aufmerksam machen: Bei dem Problem (3.1) bezeichnen wir die Anzahl der Gleichheitsrestriktionen mit m, während im Kapitel 2 hierfür der Buchstabe p verwendet wurde. In der Literatur über lineare Programme ist es nun aber Standard, die in (3.1) auftretende Matrix A als Element des $\mathbb{R}^{m \times n}$ aufzufassen. Deshalb folgen auch wir diesem Standard, solange wir uns mit linearen Programmen beschäftigen, was in diesem und dem nächsten Kapitel der Fall sein wird. Ab dem Kapitel 5 steht dann wieder der Buchstabe p für die Anzahl der Gleichheitsrestriktionen (und der hier zweckentfremdete Buchstabe m für die Anzahl der Ungleichungen).

Die Definition 3.1 lässt vermuten, dass es auch Polyeder gibt, die nicht in Normalform vorliegen. Tatsächlich versteht man unter einem *Polyeder* eine Teilmenge des $\mathbb{R}^n$, die durch endlich viele affin–lineare Gleichheits– und Ungleichungsrestriktionen beschrieben wird. In diesem Sinne ist ein Polyeder in Normalform insbesondere ein Polyeder. Ein Polyeder kann aber durchaus in anderer Gestalt vorliegen. Beispielsweise ist auch eine Menge der Form

$$\{x \in \mathbb{R}^n \mid Ax \leq b\} \tag{3.2}$$

ein Polyeder. Diese Form eignet sich insbesondere zur graphischen Darstellung von Polyedern im $\mathbb{R}^2$. Die Abbildung 3.1 zeigt etwa die Menge

$$\{(x_1, x_2)^T \in \mathbb{R}^2 \mid -x_1 \leq 0, -x_2 \leq 0, -x_1 - x_2 \leq -1\},$$

die von der Gestalt (3.2) mit

$$A := \begin{pmatrix} -1 & 0 \\ 0 & -1 \\ -1 & -1 \end{pmatrix} \quad \text{und} \quad b := \begin{pmatrix} 0 \\ 0 \\ -1 \end{pmatrix}$$

ist. Von besonderer Bedeutung in der Abbildung 3.1 sind offenbar die beiden Punkte $(1,0)^T$ und $(0,1)^T$, die man anschaulich als Ecken des Polyeders bezeichnen wird. Tatsächlich werden wir den Begriff der Ecke eines Polyeders in Kürze auch formal einführen.

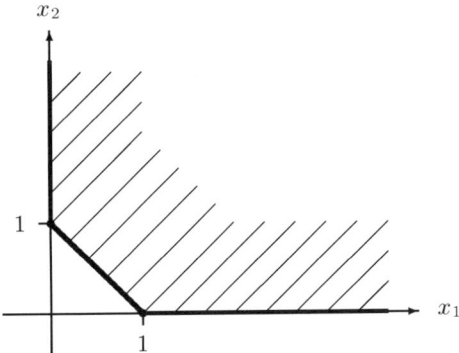

Abb. 3.1. Beispiel eines Polyeders

Vorher wollen wir uns jedoch überlegen, warum wir ohne Beschränkung der Allgemeinheit davon ausgehen können, dass ein Polyeder stets in Normalform gegeben ist. Liegt beispielsweise eine Restriktion der Gestalt

$$a_j^T x \leq b_j$$

für einen Vektor $a_j \in \mathbb{R}^n$ und ein $b_j \in \mathbb{R}$ vor, so kann man diese durch Einführung einer nichtnegativen *Schlupfvariablen* s_j umformulieren zu

$$a_j^T x + s_j = b_j, \ \ s_j \geq 0.$$

Ist dabei eine der Variablen x_i nicht vorzeichenbeschränkt (man spricht dann von *freien Variablen*), so lässt sich x_i aufsplitten in den sogenannten *positiven Anteil* x_i^+ und den sogenannten *negativen Anteil* x_i^- mit

$$x_i = x_i^+ - x_i^-, \ \ x_i^+ \geq 0, \ \ x_i^- \geq 0.$$

Entsprechend verfährt man mit Nebenbedingungen der Form

$$a_j^T x \geq b_j,$$

da diese offenbar äquivalent sind zu der Restriktion

$$-a_j^T x \leq -b_j,$$

auf welche sich die obige Konstruktion anwenden lässt. Auf diese Weise kann man jedes Polyeder auf Normalform transformieren.

Wir illustrieren dieses Vorgehen kurz an dem Beispiel

$$x_1 + 2x_2 \leq 0,$$
$$x_1 + x_2 + x_3 \geq 0,$$
$$2x_1 + x_3 = 1,$$
$$x_1 \geq 0, \ x_2 \geq 0$$

(weitere Beispiele findet der Leser in Aufgabe 3.1). Durch Einführung von Schlupfvariablen für die beiden ersten Ungleichungen und Aufsplitten der freien Variablen x_3 ergibt sich das folgende System in Normalform:

$$x_1 + 2x_2 + s_1 = 0,$$
$$-x_1 - x_2 - x_3^+ + x_3^- + s_2 = 0,$$
$$2x_1 + x_3^+ - x_3^- = 1$$

mit

$$x_1 \geq 0, \ x_2 \geq 0, \ x_3^+ \geq 0, \ x_3^- \geq 0, s_1 \geq 0, \ s_2 \geq 0.$$

Diese beiden Systeme sind äquivalent in dem Sinne, dass man aus einem zulässigen Punkt des einen Systems offenbar sofort einen zulässigen Punkt des anderen Systems konstruieren kann.

Aufgrund dieser Vorüberlegungen werden wir von nun an stets davon ausgehen, dass ein Polyeder in Normalform vorliegt. Wir führen zunächst den Begriff einer Ecke für ein solches Polyeder ein.

Definition 3.2. *Sei* $P := \{x \in \mathbb{R}^n \mid Ax = b, x \geq 0\}$ *ein Polyeder in Normalform mit* $A \in \mathbb{R}^{m \times n}$ *und* $b \in \mathbb{R}^m$. *Ein Vektor* $x \in P$ *heißt* Ecke *von* P, *wenn aus*

$$x = \lambda x^1 + (1 - \lambda)x^2$$

für $x^1, x^2 \in P$ *und* $\lambda \in (0,1)$ *bereits* $x^1 = x^2$ *folgt.*

Diese Definition besagt, dass ein Vektor genau dann eine Ecke eines Polyeders P ist, wenn er sich nicht als echte Konvexkombination zweier verschiedener Punkte von P darstellen lässt. Dies entspricht offenbar genau der anschaulichen Vorstellung einer Ecke.

Dabei spielt es eigentlich keine Rolle, dass wir die Menge P in der Definition 3.2 als ein Polyeder in Normalform vorausgesetzt haben. Der Begriff einer Ecke lässt sich wortwörtlich genauso definieren für ein beliebiges Polyeder und sogar für jede abgeschlossene konvexe Menge. In diesem Sinne hat beispielsweise der Einheitswürfel im $\mathbb{R}^3$, also die Menge

$$\{(x_1, x_2, x_3)^T \in \mathbb{R}^3 \mid 0 \leq x_i \leq 1 \text{ für } i = 1, 2, 3\},$$

die bekannten acht Ecken

$$(0,0,0)^T, (0,0,1)^T, (0,1,0)^T, (1,0,0)^T, (0,1,1)^T, (1,0,1)^T, (1,1,0)^T, (1,1,1)^T.$$

Ferner sieht man leicht ein, dass alle Randpunkte eines Kreises im $\mathbb{R}^2$ Ecken im obigen Sinne sind.

Wir geben in unserem nächsten Resultat eine Charakterisierung von Ecken an, die anschließend dann als Grundlage für die Definition eines sogenannten Basisvektors benutzt wird.

Satz 3.3. *Sei* $P := \{x \in \mathbb{R}^n \mid Ax = b, x \geq 0\}$ *ein Polyeder in Normalform mit* $A \in \mathbb{R}^{m \times n}$ *und* $b \in \mathbb{R}^m$. *Dann ist* $x \in P$ *genau dann eine Ecke von* P, *wenn die zu den positiven Komponenten von* x *zugehörigen Spalten von* A *linear unabhängig sind, wenn also die Spalten* a_i *von* A *mit* $i \in \bar{I}(x) := \{i \mid x_i > 0\}$ *linear unabhängig sind.*

Beweis. Sei x zunächst eine Ecke von P. Angenommen, die Spaltenvektoren a_i $(i \in \bar{I}(x))$ sind linear abhängig. Dann existieren Koeffizienten γ_i $(i \in \bar{I}(x))$ mit

$$\sum_{i \in \bar{I}(x)} \gamma_i a_i = 0$$

und $\gamma_i \neq 0$ für mindestens einen Index $i \in \bar{I}(x)$. Wegen $x_i > 0$ für alle $i \in \bar{I}(x)$ existiert ein hinreichend kleines $\delta > 0$ mit $x_i \pm \delta\gamma_i \geq 0$ für alle $i \in \bar{I}(x)$. Definiert man zwei Vektoren x^1 und x^2 komponentenweise durch

$$x_i^1 := \begin{cases} x_i + \delta\gamma_i, & \text{falls } i \in \bar{I}(x), \\ 0, & \text{sonst} \end{cases}$$

und

$$x_i^2 := \begin{cases} x_i - \delta\gamma_i, & \text{falls } i \in \bar{I}(x), \\ 0, & \text{sonst}, \end{cases}$$

so gehören wegen $x^1 \geq 0, x^2 \geq 0$ und

$$Ax^1 = \sum_{i=1}^{n} a_i x_i^1 = \sum_{i \in \bar{I}(x)} a_i(x_i + \delta\gamma_i) = b + \delta \sum_{i \in \bar{I}(x)} \gamma_i a_i = b$$

sowie

$$Ax^2 = \sum_{i=1}^{n} a_i x_i^2 = \sum_{i \in \bar{I}(x)} a_i(x_i - \delta\gamma_i) = b - \delta \sum_{i \in \bar{I}(x)} \gamma_i a_i = b$$

sowohl x^1 als auch x^2 zu dem Polyeder P. Ferner ist offenbar

$$x = \frac{1}{2}x^1 + \frac{1}{2}x^2.$$

Wegen $x^1 \neq x^2$ widerspricht dies jedoch der Definition einer Ecke.

Umgekehrt seien die Spaltenvektoren a_i $(i \in \bar{I}(x))$ als linear unabhängig vorausgesetzt. Sei ferner

$$x = \lambda x^1 + (1 - \lambda)x^2$$

für gewisse Vektoren $x^1, x^2 \in P$ und eine Zahl $\lambda \in (0,1)$. Aus $x^1 \geq 0, x^2 \geq 0$ und $x_j = 0$ für alle $j \notin \bar{I}(x)$ folgt wegen $\lambda \in (0,1)$ sofort

$$x_j^1 = 0 \quad \text{und} \quad x_j^2 = 0$$

für alle $j \notin \bar{I}(x)$. Also ist

$$0 = b - b = Ax^1 - Ax^2 = A(x^1 - x^2) = \sum_{i \in \bar{I}(x)} (x_i^1 - x_i^2)a_i$$

und daher auch $x_i^1 = x_i^2$ für alle $i \in \bar{I}(x)$ aufgrund der vorausgesetzten linearen Unabhängigkeit der Vektoren a_i $(i \in \bar{I}(x))$. Folglich ist $x^1 = x^2$ und x somit eine Ecke von P. $\qquad\square$

Wir definieren nun den Begriff eines Basisvektors, der im Wesentlichen auf der Ecken–Charakterisierung des Satzes 3.3 basiert und bei dem später zu beschreibenden Simplex–Verfahren von großer Bedeutung sein wird.

Definition 3.4. *Sei $P := \{x \in \mathbb{R}^n \mid Ax = b, x \geq 0\}$ ein Polyeder in Normalform mit $A \in \mathbb{R}^{m \times n}$ und $b \in \mathbb{R}^m$. Ein zulässiger Punkt $x \in P$ heißt* Basisvektor *von P, wenn eine aus genau m Elementen bestehende Indexmenge I existiert mit $x_j = 0$ für alle $j \notin I$, so dass die Spaltenvektoren a_i $(i \in I)$ linear unabhängig sind.*

Wir erwähnen an dieser Stelle ausdrücklich, dass unsere Definition eines Basisvektors die Zulässigkeit des infrage kommenden Punktes x verlangt. In der Literatur findet man deshalb manchmal den Begriff *zulässiger Basisvektor* für einen solchen Punkt. Nicht unüblich (aus mehr oder weniger historischen Gründen) ist auch die Bezeichnung *zulässige Basislösung*, die wir hier aber nicht verwenden wollen.

Die in der Definition 3.4 auftretende Indexmenge I spielt weitgehend die Rolle der Indexmenge $\bar{I}(x)$ aus dem Satz 3.3. Tatsächlich gilt $I = \bar{I}(x)$, sofern der Vektor x genau m positive Komponenten besitzt; da dies nicht notwendig der Fall ist, haben wir in der Definition 3.4 eine etwas andere Bezeichnungsweise als im Satz 3.3 gewählt. Man beachte aber, dass im Allgemeinen die Menge I im Gegensatz zu $\bar{I}(x)$ durch den Vektor x nicht eindeutig bestimmt ist (weshalb wir I statt $I(x)$ schreiben und beim Auftreten eines Basisvektors x die Indexmenge I zumeist miterwähnen).

In der Definition 3.4 taucht insbesondere die Forderung auf, dass es m linear unabhängige Spalten der Matrix $A \in \mathbb{R}^{m \times n}$ gibt. Das ist natürlich nur dann möglich, wenn die Matrix A den vollen Rang m besitzt. Deshalb werden wir in unseren nachfolgenden Resultaten über Basisvektoren stets die Voraussetzung $\text{Rang}(A) = m$ stellen. Der Leser kann sich aber leicht überlegen, dass man diese Voraussetzung ohne Beschränkung der Allgemeinheit

stellen darf (zumindest für unsere theoretischen Überlegungen, numerisch ist
der Rang der Matrix A durchaus ein heikles Problem), vergleiche Aufgabe
3.2.

Wegen der großen Bedeutung des Begriffs Basisvektor empfehlen wir dem
Leser, sich mit diesem Begriff auch anhand der Aufgaben 3.3, 3.4 auseinan-
derzusetzen.

Als relativ einfache Konsequenz des Satzes 3.3 zeigen wir nun, dass es
sich bei den Basisvektoren im Sinne von Definition 3.4 genau um die Ecken
eines Polyeders handelt.

Satz 3.5. *Sei $P := \{x \in \mathbb{R}^n \mid Ax = b, x \geq 0\}$ ein Polyeder in Normalform
mit $A \in \mathbb{R}^{m \times n}, b \in \mathbb{R}^m$ und $Rang(A) = m$. Dann ist x genau dann eine
Ecke von P, wenn x ein Basisvektor von P ist.*

Beweis. Sei x eine Ecke von P. Setze $\bar{I}(x) := \{i \mid x_i > 0\}$. Wegen Satz 3.3 sind
die Spaltenvektoren $a_i \, (i \in \bar{I}(x))$ von A dann linear unabhängig. Nun kann
es höchstens m linear unabhängige Spaltenvektoren geben, so dass notwendig
$|\bar{I}(x)| \leq m$ gilt. Ist bereits $|\bar{I}(x)| = m$, so setzen wir einfach $I := \bar{I}(x)$ und
sind offenbar fertig. Anderenfalls können wir wegen $Rang(A) = m$ die Menge
$a_i \, (i \in \bar{I}(x))$ zu einer m–elementigen Menge $a_i \, (i \in I)$ mit $\bar{I}(x) \subseteq I$ ergänzen,
so dass die Spalten $a_i \, (i \in I)$ linear unabhängig sind. Diese Konstruktion
zeigt, dass x ein Basisvektor von P ist.

Sei umgekehrt x ein Basisvektor von P. Aufgrund des Satzes 3.3 ist x
dann offenbar auch eine Ecke von P. $\square$

Die Bedeutung von Ecken oder, äquivalent, Basisvektoren wird durch das
folgende Resultat belegt, welches insbesondere als Grundlage für das in Kürze
zu beschreibende Simplex–Verfahren dient und manchmal als *Hauptsatz der
linearen Optimierung* bezeichnet wird.

Satz 3.6. *Sei $P := \{x \in \mathbb{R}^n \mid Ax = b, x \geq 0\}$ ein Polyeder in Normalform
mit $A \in \mathbb{R}^{m \times n}, b \in \mathbb{R}^m$ und $Rang(A) = m$. Dann gelten die folgenden
Aussagen:*

(a) Ist $P \neq \emptyset$, so besitzt P mindestens einen Basisvektor.
(b) Das Polyeder P hat höchstens endlich viele Basisvektoren.
(c) Besitzt das lineare Programm

$$\min c^T x \quad u.d.N. \quad x \in P \tag{3.3}$$

*eine Lösung, so ist auch einer der Basisvektoren von P eine Lösung von
(3.3).*

Beweis. (a) Gehört der Nullvektor zum Polyeder P, so ist dieser offenbar ein
Basisvektor von P. Anderenfalls sei $x^* \in P$ ein Vektor mit einer minimalen
Anzahl positiver Komponenten. Dann ist die Indexmenge $\bar{I}(x^*) := \{i \mid x_i^* >
0\}$ nichtleer. Wir behaupten, dass die Spaltenvektoren $a_i \, (i \in \bar{I}(x^*))$ linear
unabhängig sind.

Ist dies nicht der Fall, so existieren (ähnlich wie im Beweis des Satzes 3.3) Koeffizienten γ_i ($i \in \bar{I}(x^*)$) mit

$$\sum_{i \in \bar{I}(x^*)} \gamma_i a_i = 0 \tag{3.4}$$

und $\gamma_i \neq 0$ für mindestens einen Index $i \in \bar{I}(x^*)$. Dabei können wir ohne Beschränkung der Allgemeinheit davon ausgehen, dass $\gamma_i < 0$ für zumindest einen Index $i \in \bar{I}(x^*)$ gilt (notfalls multiplizieren wir die Gleichung (3.4) mit -1). Wegen $x_i^* > 0$ für alle $i \in \bar{I}(x^*)$ ist $x_i(\delta) := x_i^* + \delta\gamma_i \geq 0$ für alle $i \in \bar{I}(x^*)$ und alle $\delta > 0$ hinreichend klein. Da $\gamma_i < 0$ für mindestens einen Index $i \in \bar{I}(x^*)$, existiert ein kleinstes $\bar{\delta} > 0$ mit $x_i(\bar{\delta}) \geq 0$ für alle $i \in \bar{I}(x^*)$ und $x_i(\bar{\delta}) = 0$ für zumindest einen Index $i \in \bar{I}(x^*)$. Der durch

$$\bar{x}_i := \begin{cases} x_i(\bar{\delta}), \text{ falls } i \in \bar{I}(x^*), \\ 0, \quad\quad \text{sonst} \end{cases}$$

definierte Vektor $\bar{x}$ gehört dann zum Polyeder P (Beweis wie beim Satz 3.3), hat aber weniger positive Komponenten als x^*, was aufgrund der Wahl von x^* nicht sein kann.

Also sind die Spaltenvektoren a_i ($i \in \bar{I}(x)$) linear unabhängig. Gemäß Satz 3.3 ist x^* daher eine Ecke und wegen Satz 3.5 dann auch ein Basisvektor von P.

(b) Da es nur endlich viele Möglichkeiten gibt, aus den n Spalten von A jeweils m linear unabhängige auszuwählen, kann P auch nur endlich viele Basisvektoren haben. Man beachte dabei, dass die linear unabhängigen Spalten von A aufgrund der Gleichung $Ax = b$ diesen Basisvektor bereits eindeutig bestimmen.

(c) Nach Voraussetzung ist der optimale Funktionswert

$$f^* := \inf\{c^T x \mid x \in P\}$$

von (3.3) endlich. Betrachte nun das etwas modifizierte lineare Programm

$$\min c^T x \quad \text{u.d.N.} \quad x \in \bar{P} \tag{3.5}$$

mit der zulässigen Menge

$$\bar{P} := \{x \in \mathbb{R}^n \mid Ax = b, c^T x = f^*, x \geq 0\}.$$

Dann ist $\bar{P} \neq \emptyset$, denn der nach Voraussetzung existierende Lösungspunkt von (3.3) gehört zu $\bar{P}$. Da $\bar{P}$ offenbar ebenfalls ein Polyeder in Normalform ist, besitzt $\bar{P}$ aufgrund des schon bewiesenen Teils (a) mindestens einen Basisvektor x^*. Wegen Satz 3.5 ist x^* dann eine Ecke von $\bar{P}$. Wir zeigen, dass x^* bereits Ecke (und damit Basisvektor) von P ist.

Angenommen, x^* ist keine Ecke von P. Dann existieren $x^1, x^2 \in P$ mit $x^1 \neq x^2$ sowie $\lambda \in (0, 1)$ mit

$$x^* = \lambda x^1 + (1 - \lambda) x^2.$$

Wegen $x^1, x^2 \in P$ ist

$$f^* \leq c^T x^1 \quad \text{und} \quad f^* \leq c^T x^2.$$

Andererseits ist $x^* \in \bar{P}$, also $f^* = c^T x^*$. Hieraus folgt

$$f^* = c^T x^1 \quad \text{und} \quad f^* = c^T x^2,$$

also $x^1, x^2 \in \bar{P}$. Da x^* Ecke von $\bar{P}$, liefert dies $x^1 = x^2$, was im Widerspruch zur Wahl von x^1 und x^2 steht.

Also ist x^* ein Basisvektor von P. Wegen $x^* \in \bar{P}$ folgt

$$c^T x^* = f^* \leq c^T x$$

für alle $x \in P$, d.h., x^* ist eine Lösung von (3.3).   □

Anschließend an die Hinweise nach den Definitionen 3.1 und 3.2, dass die Begriffe Polyeder und Ecke nicht auf Polyeder in Normalform eingeschränkt sind, sei ausdrücklich angemerkt, dass sich der Begriff Basisvektor stets auf ein Polyeder in Normalform bezieht. Lässt man diese Einschränkung bei der im Satz 3.5 ausgesagten Äquivalenz der Begriffe Ecke und Basisvektor außer Acht und „übersetzt" beispielsweise die Aussage (a) von Satz 3.6 mit „Ein beliebiges nichtleeres Polyeder P besitzt mindestens eine Ecke", so macht man einen Fehler; beispielsweise besitzt das Polyeder $\{x \in \mathbb{R}^2 \,|\, -x_1 \leq 0\}$ keine Ecke!

Aufgrund des Satzes 3.6 lässt sich ein lineares Programm in Normalform theoretisch sehr einfach lösen: Man betrachte einfach alle Basisvektoren oder, äquivalent, Ecken des zulässigen Bereiches. Der Basisvektor mit dem kleinsten Funktionswert ist dann eine Lösung des linearen Programmes. Im Prinzip ist dies die Vorgehensweise beim Simplex–Verfahren. Dieses untersucht im Allgemeinen allerdings nicht alle Ecken, denn dies können unter Umständen zu viele sein. Beispielsweise besitzt der Einheitswürfel im $\mathbb{R}^n$, also die Menge

$$\{(x_1, \ldots, x_n)^T \in \mathbb{R}^n \,|\, 0 \leq x_i \leq 1 \text{ für alle } i = 1, \ldots, n\},$$

offenbar 2^n Ecken, was schon bei moderater Größe von n eine nicht mehr vorstellbar große Zahl ergibt.

Der ausschließlich am Simplex–Verfahren interessierte Leser kann nun mit Abschnitt 3.2 fortfahren (an einigen wenigen Stellen ist dann allerdings gegebenenfalls ein Zurückblättern zum Unterabschnitt 3.1.2 erforderlich).

3.1.2 Dualität und Optimalität

Wir beschäftigen uns in diesem Unterabschnitt mit der sogenannten Dualitätstheorie bei linearen Programmen. Ferner untersuchen wir die Fragestellung, wann ein lineares Programm überhaupt eine Lösung besitzt. Dabei werden wir in erheblichem Maße von einigen Resultaten aus dem Kapitel 2 Gebrauch machen.

Betrachte also das Problem

$$\min \ c^T x \quad \text{u.d.N.} \quad Ax = b, x \geq 0, \tag{3.6}$$

wobei $A \in \mathbb{R}^{m \times n}, c \in \mathbb{R}^n$ und $b \in \mathbb{R}^m$ gegeben seien. Eng verwandt mit dem Problem (3.6) ist, wie sich zeigen wird, das Maximierungsproblem

$$\max \ b^T \lambda \quad \text{u.d.N.} \quad A^T \lambda \leq c. \tag{3.7}$$

Führen wir eine nichtnegative Schlupfvariable ein, so erhalten wir die folgende Formulierung dieses Problems:

$$\max \ b^T \lambda \quad \text{u.d.N.} \quad A^T \lambda + s = c, s \geq 0. \tag{3.8}$$

Man beachte, dass es sich hierbei ebenfalls um ein lineares Programm handelt. Sowohl das Minimierungsproblem (3.6) als auch das Maximierungsproblem (3.8) werden mittels des Datensatzes (A, b, c) definiert. Im Falle von (3.6) spricht man von einem *primalen linearen Programm*, während das verwandte Problem (3.8) in diesem Zusammenhang als das zugehörige *duale lineare Programm* bezeichnet wird. (Häufig wird auch das Problem (3.7) als das zugehörige duale lineare Programm bezeichnet.)

Ziel dieses Unterabschnittes wird es sein, den genauen Zusammenhang zwischen dem primalen Problem (3.6) und dem dualen Problem (3.8) zu diskutieren und dabei den Leser zu überzeugen, dass es sehr sinnvoll ist, gerade (3.8) (bzw. (3.7)) als Dualproblem einzuführen. Ein erstes wichtiges Resultat dieser Art ist in dem folgenden Satz enthalten.

Satz 3.7. *(Optimalitätsbedingungen)*
Die folgenden Aussagen sind äquivalent:

(a) Das primale Problem (3.6) besitzt eine Lösung x^*.
(b) Das duale Problem (3.8) besitzt eine Lösung (λ^*, s^*).
(c) Die sogenannten Optimalitätsbedingungen

$$\begin{aligned}
A^T \lambda + s &= c, \\
Ax &= b, \\
x_i s_i &= 0, \quad i = 1, \dots, n, \\
x, s &\geq 0
\end{aligned} \tag{3.9}$$

besitzen eine Lösung (x^*, λ^*, s^*).

Beweis. Das primale lineare Programm (3.6) ist insbesondere ein konvexes Optimierungsproblem mit linearen Restriktionen. Wegen Korollar 2.47 ist ein Vektor $x^* \in \mathbb{R}^n$ daher genau dann eine Lösung von (3.6), wenn es zugehörige Lagrange–Multiplikatoren $\lambda^* \in \mathbb{R}^m$ (für die Gleichheitsrestriktionen in (3.6)) und $s^* \in \mathbb{R}^n$ (für die Ungleichungen in (3.6)) gibt, so dass das Tripel (x^*, λ^*, s^*) den KKT–Bedingungen des primalen Problems (3.6) genügt. Eine einfache Rechnung zeigt nun, dass die unter (c) angegebenen Optimalitätsbedingungen gerade die KKT–Bedingungen von (3.6) sind, vergleiche Aufgabe 3.5. Daher sind die Aussagen (a) und (c) zueinander äquivalent.

Analog beweist man die Äquivalenz von (b) und (c), denn die Bedingungen (3.9) sind auch die KKT–Bedingungen des dualen Problemes (3.8), so dass sich die Behauptung ebenfalls aus dem Korollar 2.47 ergibt. $\square$

Aufgrund des Satzes 3.7 sind das primale und das duale Programm sowie die Optimalitätsbedingungen (3.9) zueinander äquivalent in dem Sinne, dass eines dieser Probleme genau dann eine Lösung besitzt, wenn dies für eines der anderen Probleme gilt. Allerdings macht der Satz 3.7 keinerlei Aussagen über die Existenz von Lösungen. Es kann durchaus passieren, dass ein lineares Programm überhaupt keine Lösung besitzt. Beispielsweise hat das lineare Programm

$$\min x_1 + x_2 \quad \text{u.d.N.} \quad x_1 + x_2 = -1, \ x_1 \geq 0, \ x_2 \geq 0$$

noch nicht einmal einen zulässigen Punkt und damit insbesondere keine Lösung. Wir werden gegen Ende dieses Unterabschnittes jedoch eine sehr befriedigende Antwort auf die Frage geben können, wann ein lineares Programm eine Lösung besitzt.

Eine zentrale Rolle spielen dabei die sogenannten Dualitätssätze, denen wir uns daher jetzt zuwenden wollen. Wir beginnen unsere diesbezüglichen Untersuchungen mit dem schwachen Dualitätssatz, der auch von einigem praktischen Nutzen ist, wenn es darum geht, die „Güte" eines vorliegenden zulässigen Punktes von (3.6) abzuschätzen.

Satz 3.8. *(Schwache Dualität)*
Sei $x \in \mathbb{R}^n$ ein zulässiger Punkt des primalen Problems (3.6), und sei $(\lambda, s) \in \mathbb{R}^m \times \mathbb{R}^n$ ein zulässiger Punkt des dualen Problems (3.8). Dann gilt

$$b^T \lambda \leq c^T x.$$

Beweis. Aus der Zulässigkeit von x bzw. (λ, s) für das primale bzw. duale Problem ergibt sich unmittelbar

$$b^T \lambda = (Ax)^T \lambda = x^T (A^T \lambda) = x^T (c - s) \leq c^T x,$$

denn es ist $x^T s \geq 0$ wegen $x \geq 0$ und $s \geq 0$. $\square$

Aus dem Satz 3.8 folgt, dass jeder zulässige Punkt des dualen Programms (3.8) eine untere Schranke für den optimalen Zielfunktionswert des primalen Problems (3.6) liefert; umgekehrt erhält man aus jedem zulässigen Punkt des primalen Problems ebenso eine obere Schranke für den optimalen Wert der dualen Zielfunktion. Mit den Bezeichnungen

$$\inf(P) := \inf\{c^T x \mid Ax = b, x \geq 0\}$$

und

$$\sup(D) := \sup\{b^T \lambda \mid A^T \lambda + s = c, s \geq 0\}$$

für die optimalen Funktionswerte des primalen und dualen Problems gilt also

$$\sup(D) \leq \inf(P).$$

Dabei setzen wir

$$\inf(P) := +\infty \quad \text{bzw.} \quad \sup(D) := -\infty,$$

falls das primale bzw. duale lineare Programm keine zulässigen Punkte besitzt.

Als unmittelbare Konsequenz des Satzes 3.8 erhalten wir ein erstes Existenzresultat für lineare Programme.

Korollar 3.9. *Seien $x \in \mathbb{R}^n$ ein zulässiger Punkt des primalen Problemes (3.6) sowie $(\lambda, s) \in \mathbb{R}^m \times \mathbb{R}^n$ ein zulässiger Punkt des dualen Problems (3.8). Ferner möge*

$$c^T x = b^T \lambda$$

gelten. Dann ist x eine Lösung des primalen Problems (3.6) und (λ, s) eine Lösung des dualen Problems (3.8).

Beweis. Sei $\xi \in \mathbb{R}^n$ ein beliebiger zulässiger Vektor für das primale Problem (3.6). Aus der schwachen Dualität gemäß Satz 3.8 folgt dann

$$c^T x = b^T \lambda \leq c^T \xi,$$

wobei wir natürlich auch von der Voraussetzung unseres Korollars Gebrauch gemacht haben. Die obige Ungleichung besagt nun, dass x in der Tat eine Lösung des primalen linearen Programmes (3.6) ist.

Die Aussage über das duale Programm lässt sich auf analoge Weise verifizieren.   □

Aufgrund der schwachen Dualität gilt stets

$$c^T x - b^T \lambda \geq 0$$

für alle primal zulässigen Punkte $x \in \mathbb{R}^n$ und alle dual zulässigen Punkte $\lambda \in \mathbb{R}^m$ (hier bezeichnen wir λ als dual zulässig, falls ein Vektor s existiert derart, dass das Paar (λ, s) dual zulässig ist). Aufgrund des Korollars 3.9 wissen wir, dass wir primale und duale Lösungen vorliegen haben, sofern $c^T x - b^T \lambda = 0$ gilt. In diesem Fall ist also $\inf(P) = \sup(D)$, während wir im Allgemeinen lediglich $\inf(P) \geq \sup(D)$ haben. Gilt $\inf(P) > \sup(D)$, so spricht man von einer *Dualitätslücke*.

Wir zeigen als Nächstes, dass auch die Umkehrung des Korollars 3.9 gilt, d.h., wenn wir Lösungen des primalen Problemes (3.6) und des dualen Problemes (3.8) vorliegen haben, so existiert keine Dualitätslücke. Das ist die Aussage des sogenannten starken Dualitätssatzes.

Satz 3.10. *(Starke Dualität)*
Besitzt das primale Problem (3.6) eine Lösung x oder hat das duale Problem (3.8) eine Lösung (λ, s), so gilt $\inf(P) = \sup(D)$, d.h., es existiert keine Dualitätslücke.

Beweis. Sei x zunächst eine Lösung des primalen Problemes (3.6). Wegen Satz 3.7 existieren dann $\lambda \in \mathbb{R}^m$ und $s \in \mathbb{R}^n$ derart, dass das Tripel (x, λ, s) den Optimalitätsbedingungen (3.9) genügt. Aus diesen Optimalitätsbedingungen erhalten wir dann

$$0 = s^T x = (c - A^T \lambda)^T x = c^T x - \lambda^T (Ax) = c^T x - b^T \lambda. \qquad (3.10)$$

Dies impliziert $c^T x = b^T \lambda$ und somit nach Korollar 3.9 die Behauptung.

Entsprechend kann man argumentieren, wenn das duale Problem eine Lösung besitzt. Andererseits ist die Lösbarkeit des dualen Problemes (3.8) wegen Satz 3.7 äquivalent zu der Lösbarkeit des primalen Problemes (3.6), so dass sich dieser Fall auch auf den gerade bewiesenen Fall zurückführen lässt. $\square$

Im Hinblick auf den Satz 3.10 wissen wir zwar, dass das primale Problem (3.6) genau dann eine Lösung besitzt, wenn das duale Problem (3.8) lösbar ist, jedoch ist nachwievor nicht klar, unter welchen Bedingungen denn überhaupt für eines dieser Probleme eine Lösung existiert. Der nächste Satz gibt eine einfache hinreichende Bedingung an. Im Beweis des Satzes benötigen wir noch das Farkas–Lemma (Lemma 2.27). Um dem Leser das Blättern zu ersparen, erinnern wir an dieser Stelle noch einmal an die Aussage des Farkas–Lemmas: Für eine gegebene Matrix $B \in \mathbb{R}^{m \times n}$ und einen gegebenen Vektor $h \in \mathbb{R}^n$ besitzt das System

$$B^T x = h, x \geq 0$$

genau dann eine Lösung, wenn

$$h^T d \geq 0 \text{ für alle } d \in \mathbb{R}^n \text{ mit } Bd \geq 0$$

gilt.

In dem nachfolgenden Existenzsatz benutzen wir wieder die schon weiter oben eingeführten Bezeichnungen $\inf(P)$ und $\sup(D)$ für die optimalen

Funktionswerte des primalen und dualen linearen Programmes. Gemäß Konvention war dabei $\inf(P) = +\infty$ bzw. $\sup(D) = -\infty$, falls das primale bzw. duale Programm keine zulässigen Punkte besitzt. Ferner kann natürlich $\inf(P) = -\infty$ bzw. $\sup(D) = +\infty$ sein; beispielsweise ist das zweidimensionale lineare Programm

$$\min -x_1 - x_2 \quad \text{u.d.N.} \quad x_2 = 1,\ x_1 \geq 0,\ x_2 \geq 0$$

nach unten unbeschränkt. Insofern bleiben nur noch die beiden Fälle $\inf(P) \in \mathbb{R}$ und $\sup(D) \in \mathbb{R}$ zu diskutieren. Der nun folgende Existenzsatz besagt, dass es in diesem Fall tatsächlich optimale Lösungen gibt.

Satz 3.11. *(Existenzsatz)*
Es gelten die beiden folgenden Aussagen:

(a) Ist $\inf(P) \in \mathbb{R}$, so besitzt das primale lineare Programm (3.6) eine Lösung.
(b) Ist $\sup(D) \in \mathbb{R}$, so besitzt das duale lineare Programm (3.8) eine Lösung.

Beweis. Wir verifizieren lediglich die Aussage (a); Teil (b) sei dem Leser als Aufgabe 3.7 überlassen.

Nach Voraussetzung ist $f^* := \inf(P)$ endlich. Angenommen, es existiert kein primal zulässiger Vektor $x \in \mathbb{R}^n$ mit $f^* = c^T x$. Dann gilt

$$c^T x > f^* \quad \text{für alle } x \geq 0 \text{ mit } Ax = b. \tag{3.11}$$

Also besitzt das System

$$\begin{pmatrix} c^T \\ -A \end{pmatrix} x = \begin{pmatrix} f^* \\ -b \end{pmatrix}$$

keine Lösung $x \geq 0$. Das Lemma von Farkas, angewandt auf

$$B := \begin{pmatrix} c^T \\ -A \end{pmatrix}^T \quad \text{und} \quad h := \begin{pmatrix} f^* \\ -b \end{pmatrix}$$

in der weiter oben angegebenen Notation, liefert daher die Existenz eines $\alpha \in \mathbb{R}$ und eines $\lambda \in \mathbb{R}^m$ mit

$$\alpha f^* - b^T \lambda < 0 \tag{3.12}$$

sowie

$$\alpha c - A^T \lambda \geq 0. \tag{3.13}$$

Multiplizieren wir den Vektor $\alpha c - A^T \lambda$ mit x^T, wobei x ein primal zulässiger Vektor sei (wegen $\inf(P) \in \mathbb{R}$ existiert ein solcher!), so folgt

$$\alpha c^T x - b^T \lambda \geq 0. \tag{3.14}$$

Wegen (3.12) folgt daher

$$\alpha c^T x > \alpha f^*,$$

woraus sich $\alpha > 0$ ergibt, vergleiche (3.11). Dividiert man (3.12) und (3.13) durch α, so erhält man

$$f^* < b^T \bar{\lambda} \quad \text{und} \quad A^T \bar{\lambda} \leq c$$

für $\bar{\lambda} := \lambda/\alpha$. Daher ist der Vektor $(\bar{\lambda}, \bar{s})$ mit $\bar{s} := c - A^T \bar{\lambda}$ dual zulässig mit einem dualen Funktionswert, der größer ist als der optimale primale Funktionswert. Dies steht jedoch im Widerspruch zum Satz 3.8. □

Sind die zulässigen Mengen des primalen Problems (3.6) und des dualen Problems (3.8) beide nichtleer, so ergibt sich aus der schwachen Dualität gemäß Satz 3.8 sofort

$$-\infty < \sup(D) \leq \inf(P) < +\infty.$$

In diesem Fall sind $\inf(P)$ und $\sup(D)$ also beide endlich, so dass wir aus dem Existenzsatz 3.11 unmittelbar das nachstehende Resultat erhalten.

Korollar 3.12. *Sind das primale und das duale lineare Programm beide zulässig, so haben beide Programme eine optimale Lösung.*

Es sei abschließend noch erwähnt, dass der Existenzsatz 3.11 für nichtlineare Optimierungsprobleme natürlich nicht gilt; beispielsweise hat das eindimensionale Problem

$$\min \exp(x), \quad x \in \mathbb{R},$$

den optimalen Funktionswert Null, dieser wird jedoch für kein $x \in \mathbb{R}$ angenommen.

3.1.3 Eine Fehlerschranke von Hoffman

Sei $X \subseteq \mathbb{R}^n$ eine nichtleere Menge und

$$\text{dist}_X(x) := \inf_{y \in X} \|x - y\|$$

der Abstand eines Punktes $x \in \mathbb{R}^n$ zu der Menge X (bezüglich der Norm $\|\cdot\| = \|\cdot\|_2$). In der Theorie der *Fehlerschranken* (engl.: error bounds) ist man daran interessiert, den relativ schwer berechenbaren Ausdruck $\text{dist}_X(x)$ durch einen einfach auswertbaren Term $r(x)$ nach oben abzuschätzen. Ist beispielsweise X die zulässige Menge eines Optimierungsproblems und als solche von der Gestalt

$$X := \{x \in \mathbb{R}^n \mid g(x) \leq 0, \, h(x) = 0\}$$

für gewisse Funktionen $g : \mathbb{R}^n \to \mathbb{R}^m$ und $h : \mathbb{R}^n \to \mathbb{R}^p$, so misst die Funktion

$$r(x) := \|(\max\{0, g(x)\}, h(x))\|$$

offenbar, wie stark ein Vektor $x \in \mathbb{R}^n$ die Nebenbedingungen des Optimierungsproblems verletzt. Aus diesem Grunde könnte man fragen, ob es für diese Funktion vielleicht eine von x unabhängige Konstante $c > 0$ gibt mit

$$\text{dist}_X(x) \leq cr(x)$$

für alle $x \in \mathbb{R}^n$. Ohne weitere Voraussetzungen an die Menge X ist dies leider nicht der Fall, weshalb wir in diesem Unterabschnitt lediglich den Spezialfall einer durch affin–lineare Restriktionen beschriebenen Menge X betrachten wollen. Diese lässt sich nämlich als Anwendung der bisher bewiesenen Resultate über lineare Programme herleiten. Der Leser kann diesen Unterabschnitt beim ersten Lesen allerdings auch übergehen, da das Hauptresultat aus dem Satz 3.14 nur im Abschnitt 5.3 über exakte Penalty–Funktionen benötigt wird.

Lemma 3.13. *Seien e_i der i–te Einheitsvektor im $\mathbb{R}^n$, $e := (1, \ldots, 1)^T \in \mathbb{R}^{2^n}$ der aus lauter Einsen bestehende Vektor im $\mathbb{R}^{2^n}$ sowie*

$$F := \{e_i \mid i = 1, \ldots, n\} \cup \{-e_i \mid i = 1, \ldots, n\}.$$

Weiter sei B eine $2^n \times n$–Matrix, in deren Zeilen alle möglichen Kombinationen von $+1$ und -1 stehen. Dann gilt

$$\{u \in \mathbb{R}^n \mid Bu \leq e\} = \{u \in \mathbb{R}^n \mid \|u\|_1 \leq 1\} = conv(F).$$

Beweis. Wir verifizieren zunächst die erste Gleichheit. Dazu bezeichnen wir die Elemente der Matrix B mit b_{ij}. Sei $u \in \mathbb{R}^n$ mit $Bu \leq e$ gegeben. Gemäß Definition von B können wir dann einen Zeilenindex $i \in \{1, \ldots, 2^n\}$ so auswählen, dass

$$b_{ij} = \text{sign}(u_j) \quad \forall j = 1, \ldots, n$$

gilt, wobei wir

$$\text{sign}(r) := \begin{cases} +1, \text{ falls } r \geq 0, \\ -1, \text{ falls } r < 0 \end{cases}$$

für eine reelle Zahl r gesetzt haben. Dann folgt

$$\|u\|_1 = \sum_{j=1}^{n} |u_j| = \sum_{j=1}^{n} b_{ij} u_j = (Bu)_i \leq 1,$$

womit die erste Inklusion bewiesen ist.

Sei umgekehrt $u \in \mathbb{R}^n$ mit $\|u\|_1 \leq 1$ gegeben. Wegen $b_{ij} \in \{+1, -1\}$ gilt dann

$$(Bu)_i = \sum_{j=1}^{n} b_{ij} u_j \leq \sum_{j=1}^{n} |b_{ij}| |u_j| = \sum_{j=1}^{n} |u_j| = \|u\|_1 \leq 1,$$

für alle $i = 1, \ldots, 2^n$. Also ist $Bu \leq e$. Damit ist die erste Gleichheit bewiesen.

Den Nachweis der zweiten Gleichheit überlassen wir dem Leser als Aufgabe 3.10. $\qquad \square$

Mittels des Lemmas 3.13 und unter Verwendung des starken Dualitätssatzes 3.10 sind wir nun in der Lage, das Hauptresultat dieses Unterabschnittes zu beweisen. Dieses Resultat geht auf Hoffman [89] zurück, wobei der hier benutzte Beweis der Arbeit [74] von Güler, Hoffman und Rothblum entnommen wurde.

Satz 3.14. *(Fehlerschranke von Hoffman)*
Sei $A \in \mathbb{R}^{m \times n}$ eine gegebene Matrix. Dann existiert eine nur von A abhängige Konstante $c_A > 0$, so dass für alle Vektoren $b \in \mathbb{R}^m$, für welche das Polyeder $P_b := \{x \in \mathbb{R}^n \mid Ax \leq b\}$ nichtleer ist, und für alle $x' \in \mathbb{R}^n$ gilt:

$$\min_{x \in P_b} \|x - x'\|_\infty \leq c_A \|\max\{0, Ax' - b\}\|_\infty.$$

Beweis. Seien $b \in \mathbb{R}^m$ mit $P_b \neq \emptyset$ sowie $x' \in \mathbb{R}^n$ gegeben. Analog zum Beweis des Lemmas 2.17 folgt, dass das Optimierungsproblem

$$\min \|x - x'\|_\infty \quad \text{u.d.N.} \quad x \in P_b \tag{3.15}$$

eine Lösung besitzt, da P_b insbesondere eine nichtleere, abgeschlossene und konvexe Menge ist (man braucht im Beweis von Lemma 2.17 lediglich $\|\cdot\|$ durch $\|\cdot\|_\infty$ zu ersetzen, wodurch zwar die Eindeutigkeit der Lösung verloren gehen kann, nicht jedoch die Existenz). Mit der Substitution

$$a := Ax' - b \tag{3.16}$$

lässt sich das Optimierungsproblem (3.15) wie folgt umformulieren:

$$\begin{aligned}
\min_{Ax \leq b} \|x - x'\|_\infty &= \min_{A(x-x') \leq b - Ax'} \|x - x'\|_\infty \\
&= \min_{Az \geq Ax' - b} \|z\|_\infty \\
&= \min_{Az \geq a} \|z\|_\infty.
\end{aligned} \tag{3.17}$$

Hieraus ergibt sich insbesondere, dass das Problem

$$\min \|z\|_\infty \quad \text{u.d.N.} \quad Az \geq a \tag{3.18}$$

mit dem in (3.16) definierten Vektor a eine Lösung besitzt.

Wir wollen als Nächstes die Zielfunktion des Minimierungsproblems (3.18), also den Ausdruck $\|z\|_\infty$, etwas umformulieren. Zu diesem Zweck führen wir einige weitere Notationen ein, die bereits bei der Formulierung des Lemmas 3.13 auftraten: Sei

$$F := \{e_1, \ldots, e_n, -e_1, \ldots, -e_n\},$$

wobei e_i den i–ten Einheitsvektor im $\mathbb{R}^n$ bezeichne. Sei ferner

$$B \in \mathbb{R}^{2^n \times n}$$

eine Matrix, deren Zeilenvektoren gerade aus allen möglichen Kombinationen von $+1$ und -1 bestehen. Sei weiterhin $e := (1, \ldots, 1)^T \in \mathbb{R}^{2^n}$ wieder der aus lauter Einsen bestehende Vektor. Dann gilt

$$
\begin{aligned}
\|z\|_\infty &= \max\{z^T f \mid f \in F\} \\
&= \max\{z^T f \mid f \in \operatorname{conv}(F)\} \\
&= \max\{z^T f \mid Bf \le e\}
\end{aligned} \tag{3.19}
$$

für jedes $z \in \mathbb{R}^n$, wobei die erste Gleichheit aus der Definition von $\| \cdot \|_\infty$ folgt, die zweite Gleichheit elementar zu beweisen ist (siehe Aufgabe 3.11), und die dritte Gleichheit eine Konsequenz des Lemmas 3.13 ist.

Betrachte nun die beiden linearen Programme

$$
\min y^T e \quad \text{u.d.N.} \quad B^T y = z, \, y \ge 0
$$

(zu vorgegebenem $z \in \mathbb{R}^n$) sowie

$$
\min y^T e \quad \text{u.d.N.} \quad Az \ge a, \, B^T y - z = 0, \, y \ge 0
$$

(mit dem Variablenvektor $(y, z) \in \mathbb{R}^{2^n \times n}$). Man verifiziert sehr leicht, dass die zugehörigen dualen Programme gegeben sind durch

$$
\max z^T f \quad \text{u.d.N.} \quad Bf \le e
$$

sowie

$$
\max \lambda^T a \quad \text{u.d.N.} \quad BA^T \lambda \le e, \, \lambda \ge 0,
$$

vergleiche Aufgabe 3.11. Aufgrund des starken Dualitätssatzes 3.10 folgt unter Verwendung von (3.19) daher:

$$
\begin{aligned}
\min_{Az \ge a} \|z\|_\infty &= \min_{Az \ge a} \max_{Bf \le e} z^T f \\
&= \min_{Az \ge a} \min_{B^T y = z, y \ge 0} y^T e \\
&= \min_{Az \ge a, B^T y - z = 0, y \ge 0} y^T e \\
&= \max_{BA^T \lambda \le e, \lambda \ge 0} \lambda^T a.
\end{aligned} \tag{3.20}
$$

Um den starken Dualitätssatz 3.10 anwenden zu können, muss man natürlich sicherstellen, dass die jeweils auftretenden Paare an primalen und dualen Programmen auch endliche Funktionswerte besitzen. Dies folgt aber unmittelbar aus dem Lemma 3.13 bzw. der früheren Beobachtung, dass das in (3.20) zuerst auftretende lineare Programm (3.18) ein Minimum annimmt.

Wir betrachten nun noch das zuletzt in (3.20) auftretende Problem

$$
\max \lambda^T a \quad \text{u.d.N.} \quad BA^T \lambda \le e, \, \lambda \ge 0.
$$

Durch Anwendung des Satzes 3.6 ergibt sich relativ leicht, dass der zulässige Bereich endlich viele Ecken besitzt, und dass der maximale Funktionswert in einem dieser Eckpunkte angenommen wird, siehe nochmals Aufgabe 3.11. Bezeichnen wir diese Ecken mit $\lambda_1, \ldots, \lambda_r$, so gilt daher

$$\max_{BA^T\lambda\le e,\lambda\ge0}\lambda^T a = \max_{i=1,\dots,r}\lambda_i^T a.$$

Wegen $\lambda_i \ge 0$ ist ferner

$$\lambda_i^T a \le \lambda_i^T \max\{0,a\} \le \|\lambda_i\|_1 \cdot \|\max\{0,a\}\|_\infty.$$

Mit der nur von A abhängigen Konstanten

$$c_A := \max_{i=1,\dots,r}\|\lambda_i\|_1$$

folgt somit

$$\max_{BA^T\lambda\le e,\lambda\ge0}\lambda^T a \le c_A\|\max\{0,a\}\|_\infty.$$

Aus (3.17), (3.20) und (3.16) ergibt sich daher

$$\min_{Ax\le b}\|x-x'\|_\infty = \min_{Az\ge a}\|z\|_\infty$$
$$= \max_{BA^T\lambda\le e,\lambda\ge0}\lambda^T a$$
$$\le c_A\|\max\{0,a\}\|_\infty$$
$$= c_A\|\max\{0,Ax'-b\}\|_\infty.$$

Da $x' \in \mathbb{R}^n$ beliebig gewählt war, folgt die Behauptung.   □

Da alle Normen im $\mathbb{R}^n$ äquivalent sind, ergibt sich sofort das nachstehende Korollar aus dem Satz 3.14.

Korollar 3.15. *Sei $A \in \mathbb{R}^{m\times n}$ eine gegebene Matrix. Dann existiert eine nur von A abhängige Konstante $\kappa_A > 0$, so dass für alle Vektoren $b \in \mathbb{R}^m$, für welche das Polyeder $P_b := \{x \in \mathbb{R}^n \mid Ax \le b\}$ nichtleer ist, und für alle $x' \in \mathbb{R}^n$ gilt:*

$$dist_{P_b}(x') \le \kappa_A\|\max\{0,Ax'-b\}\|.$$

Als eine weitere Konsequenz der Fehlerschranke von Hoffman aus dem Satz 3.14 erhalten wir das

Korollar 3.16. *Seien $A \in \mathbb{R}^{m\times n}$ und $B \in \mathbb{R}^{p\times n}$ gegebene Matrizen. Dann existiert eine nur von A und B abhängige Konstante $\kappa_{A,B} > 0$, so dass für alle Vektoren $b \in \mathbb{R}^m$ und $d \in \mathbb{R}^p$, für welche das Polyeder $P_{b,d} := \{x \in \mathbb{R}^n \mid Ax \le b, Bx = d\}$ nichtleer ist, und für alle $x' \in \mathbb{R}^n$ gilt:*

$$dist_{P_{b,d}}(x') \le \kappa_{A,B}\|(\max\{0,Ax'-b\},Bx'-d)\|.$$

Beweis. Wegen

$$P_{b,d} = \{x \in \mathbb{R}^n \mid Ax \le b, Bx = d\}$$
$$= \{x \in \mathbb{R}^n \mid Ax \le b, Bx \le d, -Bx \le -d\}$$

folgt die Behauptung relativ leicht durch direkte Anwendung des Korollars 3.15 auf diese Umformulierung des Polyeders $P_{b,d}$.   □

Neben der hier bewiesenen Fehlerschranke von Hoffman für Polyeder gibt es mittlerweile eine umfangreiche Literatur, die sich mit Fehlerschranken für allgemeinere Mengen beschäftigt. Der interessierte Leser sei diesbezüglich insbesondere auf den Überblicksartikel [143] von Pang verwiesen, in dem auch zahlreiche Anwendungen von Fehlerschranken innerhalb der mathematischen Optimierung erwähnt sind.

3.2 Der Simplex–Schritt

In diesem Abschnitt motivieren und beschreiben wir den Simplex–Schritt als Übergang von einem Basisvektor zu einem geeigneten neuen Basisvektor und damit den zentralen Teil des Simplex–Verfahrens zur Lösung linearer Programme. (Das Simplex–Verfahren wird dann im nächsten Abschnitt als Algorithmus 3.24 zusammenfassend beschrieben werden.) Wir setzen voraus, dass das zu lösende lineare Programm in der Normalform

$$\min c^T x \quad \text{u.d.N.} \quad Ax = b, \, x \geq 0 \tag{3.21}$$

(mit $A \in \mathbb{R}^{m \times n}, c \in \mathbb{R}^n$ und $b \in \mathbb{R}^m$) vorliegt und die Voraussetzung Rang(A) $= m$ erfüllt ist. Von den theoretischen Grundlagen aus Abschnitt 3.1 benötigen wir in diesem Abschnitt im Wesentlichen (d.h., mit Ausnahme der Bemerkung 3.23) lediglich den Begriff Basisvektor (vgl. Definition 3.4) und die Aussagen des Satzes 3.6.

Nach der Aussage (c) des Satzes 3.6 kann man sich bei der Suche nach einer Lösung von (3.21) auf Basisvektoren des zulässigen Bereichs

$$P := \{x \in \mathbb{R}^n \mid Ax = b, x \geq 0\}$$

beschränken. Wir verfolgen deshalb das Ziel, *von einem bekannten Basisvektor zu einem neuen Basisvektor zu gelangen, und zwar so, dass der Wert der Zielfunktion bei diesem Übergang abnimmt.*

Sei also x ein Basisvektor von P und I eine zugehörige Indexmenge mit genau m Elementen. Hierzu definieren wir die komplementäre Indexmenge $J := \{1, \dots, n\} \setminus I$, die aus den Spalten a_i der Matrix A mit $i \in I$ bestehende *Basismatrix*

$$B := (a_i)_{i \in I} \in \mathbb{R}^{m \times m}$$

und die aus den Spalten a_j der Matrix A mit $j \in J$ bestehende *Nichtbasismatrix*

$$N := (a_j)_{j \in J} \in \mathbb{R}^{m \times (n-m)}.$$

Man stelle sich die Indexmengen I und J als geordnete Mengen vor, so dass auch die Reihenfolge der Spalten von B und N durch I und J festgelegt ist.

Weiter definieren wir für einen beliebigen Vektor $z \in \mathbb{R}^n$ die Teilvektoren

$$z_I := (z_i)_{i \in I} \in \mathbb{R}^m, \quad z_J := (z_j)_{j \in J} \in \mathbb{R}^{n-m}.$$

Es gilt dann

$$Az = \sum_{i=1}^{n} a_i z_i = \sum_{i \in I} a_i z_i + \sum_{j \in J} a_j z_j = B z_I + N z_J.$$

Speziell für den Basisvektor $x \in P$ ist daher

$$B x_I = b \quad \text{und} \quad x_J = 0. \tag{3.22}$$

Man beachte, dass beispielsweise die erste Komponente von z_I bzw. die erste Spalte von B nicht die Nummer 1 trägt, sondern die Nummer i_1, wobei i_1 der erste Index in der (geordneten) Menge I ist.

Um die Bezeichnungen zu illustrieren, betrachten wir das folgende Beispiel, auf das wir im Folgenden noch mehrmals zurückkommen werden.

Beispiel 3.17. Seien

$$A = \begin{pmatrix} 1\,1\,1\,1\,0\,0\,0 \\ 0\,3\,1\,0\,1\,0\,0 \\ 1\,0\,0\,0\,0\,1\,0 \\ 0\,0\,1\,0\,0\,0\,1 \end{pmatrix}, \quad b = \begin{pmatrix} 4 \\ 6 \\ 2 \\ 3 \end{pmatrix}, \quad c = (-2, -3, -4, 0, 0, 0, 0)^T.$$

Der Vektor $x = (2, 0, 0, 2, 6, 0, 3)^T$ ist, wie man leicht nachprüft, Basisvektor mit Indexmenge $I = \{1, 4, 5, 7\}$ (also $J = \{2, 3, 6\}$). Weiter ist

$$B = \begin{pmatrix} 1\,1\,0\,0 \\ 0\,0\,1\,0 \\ 1\,0\,0\,0 \\ 0\,0\,0\,1 \end{pmatrix}, \quad N = \begin{pmatrix} 1\,1\,0 \\ 3\,1\,0 \\ 0\,0\,1 \\ 0\,1\,0 \end{pmatrix},$$

$x_I = (2, 2, 6, 3)^T$, $x_J = (0, 0, 0)^T$. Für den Vektor c ist $c_I = (-2, 0, 0, 0)^T$, $c_J = (-3, -4, 0)^T$. $\qquad\square$

Wir betrachten nun neben dem gegebenen Basisvektor x einen beliebigen für das Problem (3.21) *zulässigen* Vektor z. Wir wollen die Zielfunktionswerte $c^T x$ und $c^T z$ miteinander vergleichen, und zwar mittels einer Darstellung, aus der man ablesen kann, wie man den Vektor z wählen sollte, um den Zielfunktionswert zu verkleinern. Zunächst folgt aus $Az = b$ mit den eingeführten Bezeichnungen

$$B z_I + N z_J = b. \tag{3.23}$$

Damit können die zu I gehörigen Komponenten von z durch die übrigen Komponenten ausgedrückt werden:

$$z_I = B^{-1} b - B^{-1} N z_J.$$

Einsetzen dieses Ausdrucks in die Zielfunktion ergibt unter Verwendung von (3.22) und $(B^{-1})^T = (B^T)^{-1}$ (man beachte, dass die Basismatrix B nach Definition invertierbar ist)

$$c^T z = c_I^T z_I + c_J^T z_J$$
$$= c_I^T \left(B^{-1} b - B^{-1} N z_J \right) + c_J^T z_J$$
$$= c_I^T x_I + \left(c_J^T - c_I^T B^{-1} N \right) z_J$$
$$= c^T x + \left(c_J - N^T (B^T)^{-1} c_I \right)^T z_J.$$

Sei hierin $y := (B^T)^{-1} c_I \in \mathbb{R}^m$; dieser Vektor y ist die (eindeutig bestimmte) Lösung des linearen Gleichungssystems

$$B^T y = c_I. \tag{3.24}$$

Damit sei weiter definiert

$$u_j := c_j - a_j^T y, \quad j \in J. \tag{3.25}$$

Mit diesen Bezeichnungen nimmt die obige Gleichung die übersichtliche und für das Folgende äußerst nützliche Form

$$c^T z = c^T x + \sum_{j \in J} u_j z_j \tag{3.26}$$

an.

Aus (3.26) folgt nun sofort eine hinreichende Bedingung für die Optimalität des Basisvektors x, die wir später als Abbruchkriterium verwenden werden. (Für eine teilweise Umkehrung dieser Aussage vergleiche man Aufgabe 3.13.)

Lemma 3.18. *Gilt für die durch (3.25), (3.24) definierten Zahlen u_j*

$$u_j \geq 0 \quad \textit{für alle } j \in J,$$

so ist der Basisvektor x eine Lösung des linearen Programms (3.21).

Beweis. Da (3.26) für jeden für (3.21) zulässigen Vektor z gilt, folgt wegen $z_j \geq 0$ für alle $j \in J$ die Behauptung.   □

Sei nun die Voraussetzung von Lemma 3.18 nicht erfüllt. Es sei also

$$u_j < 0 \quad \text{für mindestens ein } j \in J. \tag{3.27}$$

Wir wählen einen solchen Index $r \in J$ mit $u_r < 0$. Dann kann aus (3.26) eine Strategie zur Verkleinerung des Zielfunktionswertes abgelesen werden: Man versucht, einen zulässigen Vektor z zu finden, für den nur eine Komponente z_j mit $j \in J$ von 0 verschieden ist, nämlich z_r; ist $z_r =: t$ dann positiv, so ist $c^T z < c^T x$. Wir machen für diesen gesuchten Vektor $z = z(t)$ deshalb den Ansatz

$$z_r(t) := t, \quad z_j(t) := 0 \quad \text{für alle } j \in J \setminus \{r\}. \tag{3.28}$$

Dann ist wegen (3.26)
$$c^T z(t) = c^T x + t u_r.$$
(3.29)

Für den Ansatz (3.28) liefert die Zulässigkeitsbedingung $Az(t) = b$

$$B z_I(t) + t a_r = b$$

(vgl. (3.23)), so dass man die I–Komponenten von $z(t)$ aus

$$z_I(t) = B^{-1}(b - t a_r) = x_I - t B^{-1} a_r$$

berechnen kann (dabei wurde wieder (3.22) verwendet). Definiert man den Vektor $d = (d_i)_{i \in I} \in \mathbb{R}^m$ als Lösung von

$$Bd = a_r,$$
(3.30)

so vereinfacht sich dies zu

$$z_I(t) = x_I - t d.$$
(3.31)

Der durch (3.28) und (3.31) definierte Vektor $z(t)$ genügt somit der Bedingung $Az(t) = b$. Nun ist noch die zweite Zulässigkeitsbedingung $z(t) \geq 0$ zu realisieren. In einem Sonderfall erhält man die Unbeschränktheit der Zielfunktion von (3.21), was wieder zu einem Abbruchkriterium führen wird:

Lemma 3.19. *Gilt für den durch (3.30) definierten Vektor d*

$$d_i \leq 0 \quad \text{für alle } i \in I,$$

so ist das lineare Programm (3.21) nicht lösbar.

Beweis. Nach Voraussetzung sowie (3.28), (3.31) und $x_I \geq 0$ gilt für alle $t \geq 0$

$$z(t) \geq 0,$$

alle Vektoren $z(t)$ mit $t \geq 0$ sind somit zulässig. Für die Zielfunktion gilt nach (3.29)

$$c^T z(t) = c^T x + t u_r \quad \text{für alle } t \geq 0.$$

Wegen (3.27) ist folglich $\inf_{t \geq 0} c^T z(t) = -\infty$, das Problem (3.21) besitzt also keine Lösung. $\qquad\square$

Sei nun die Voraussetzung von Lemma 3.19 nicht erfüllt. Es sei also

$$d_i > 0 \quad \text{für mindestens ein } i \in I.$$
(3.32)

Die zweite Zulässigkeitsbedingung $z(t) \geq 0$ ist genau dann erfüllt, wenn

$$t \geq 0 \quad \text{und} \quad x_i - t d_i \geq 0 \quad \text{für alle } i \in I \text{ mit } d_i > 0.$$

Dies ist äquivalent mit

$$0 \leq t \leq \frac{x_i}{d_i} \quad \text{für alle } i \in I \text{ mit } d_i > 0. \tag{3.33}$$

Genau unter dieser Voraussetzung an t ist der Vektor $z(t)$ (der nach Konstruktion die gewünschte Eigenschaft $c^T z(t) \leq c^T x$ hat) also zulässig. Wir wollen jedoch wieder einen *Basisvektor* erhalten. Nun hat $z(t)$ verglichen mit x im Allgemeinen eine Nullkomponente weniger, denn wir haben ja $z_r(t) := t$ für ein $r \in J$ gesetzt. Wir müssen also das Auftreten einer neuen Nullkomponente erzwingen. Dies geschieht nun durch die folgende Festlegung:

$$\hat{t} := \min_{i \in I, d_i > 0} \frac{x_i}{d_i} = \frac{x_s}{d_s} \quad \text{mit } s \in I, d_s > 0. \tag{3.34}$$

Für ein solches s und dieses $\hat{t}$ ist somit in der Tat $z_s(\hat{t}) = 0$. Dass der Vektor $x^{neu} := z(\hat{t})$ mit dem so gewählten $\hat{t}$ die gewünschte Basiseigenschaft hat, ergibt sich aus dem folgenden Satz, in dem wir zugleich die gesamte Herleitung zusammenfassen.

Satz 3.20. *Sei x ein Basisvektor von P mit Indexmenge I und seien $J :=$ $\{1, \ldots, n\} \setminus I$ und $B := (a_i)_{i \in I}$. Für die aus (3.25), (3.24) berechneten Zahlen u_j sei (vergl. (3.27))*

$$u_j < 0 \quad \text{für mindestens ein } j \in J.$$

Für den zu einem $r \in J$ mit $u_r < 0$ aus (3.30) berechneten Vektor $d = (d_i)_{i \in I}$ sei (vgl. (3.32))

$$d_i > 0 \quad \text{für mindestens ein } i \in I.$$

Werden dann $\hat{t} \geq 0$ und ein $s \in I$ nach (3.34) bestimmt, so gelten für den Vektor x^{neu} mit

$$x_i^{neu} := \begin{cases} x_i - \hat{t} d_i, & i \in I, i \neq s, \\ \hat{t}, & i = r, \\ 0, & sonst, \end{cases}$$

die folgenden Aussagen:

(a) Der Vektor x^{neu} ist ein Basisvektor von P mit Indexmenge

$$I^{neu} := (I \cup \{r\}) \setminus \{s\}.$$

(b) Für die Zielfunktionswerte gilt

$$c^T x^{neu} \leq c^T x.$$

Beweis. Die Zulässigkeit von x^{neu} ist bereits bewiesen, ebenso die Aussage (b) (vgl. (3.29) und (3.27)). Es bleibt zu zeigen, dass x^{neu} ein Basisvektor ist. Die Eigenschaft

$$x_i^{neu} = 0 \quad \text{für alle } i \notin (I \cup \{r\}) \setminus \{s\}$$

ist nach Definition von $x^{neu} = z(\hat{t})$ und wegen (3.34) klar. Zum Nachweis der linearen Unabhängigkeit der Vektoren a_i, $i \in (I \cup \{r\}) \setminus \{s\}$, sei mit Zahlen γ_i

$$\sum_{i \in I, i \neq s} \gamma_i a_i + \gamma_r a_r = 0.$$

Wir müssen zeigen, dass $\gamma_i = 0$ für alle $i \in (I \cup \{r\}) \setminus \{s\}$ gilt. Nun ist wegen (3.30)

$$\begin{aligned}
0 &= \sum_{i \in I, i \neq s} \gamma_i a_i + \gamma_r a_r \\
&= \sum_{i \in I, i \neq s} \gamma_i a_i + \gamma_r B d \\
&= \sum_{i \in I, i \neq s} \gamma_i a_i + \gamma_r \left(\sum_{i \in I} d_i a_i \right) \\
&= \sum_{i \in I, i \neq s} (\gamma_i + \gamma_r d_i) a_i + \gamma_r d_s a_s.
\end{aligned}$$

Da x nach Voraussetzung ein Basisvektor mit Indexmenge I ist, sind alle Vektoren in der letzten Summe linear unabhängig. Somit folgt

$$\gamma_i + \gamma_r d_i = 0 \quad \text{für alle } i \in I \text{ mit } i \neq s \quad \text{und} \quad \gamma_r d_s = 0.$$

Wegen $d_s > 0$ (vgl. (3.34)) resultiert $\gamma_r = 0$ und damit $\gamma_i = 0$ für alle $i \in I, i \neq s$. Also ist $\gamma_i = 0$ für alle $i \in (I \cup \{r\}) \setminus \{s\}$ und die lineare Unabhängigkeit der zu diesen Indizes gehörigen a_i damit bewiesen.   □

Wir haben unser Ziel, durch Übergang von einem Basisvektor x zu einem neuen Basisvektor x^{neu} den Zielfunktionswert zu verkleinern, leider nur fast erreicht: In Satz 3.20 (b) ist der Fall $c^T x^{neu} = c^T x$ nicht ausgeschlossen. Tatsächlich kann in (3.34) $\hat{t} = 0$ vorkommen. Dies ist allerdings nur möglich, wenn für den Basisvektor x gilt

$$x_i = 0 \quad \text{für mindestens ein } i \in I.$$

Ein Basisvektor x mit dieser Eigenschaft heißt *entarteter Basisvektor*. (Da bei der Bestimmung von $\hat{t}$ nicht alle Basis-Indizes mitspielen, ist bei einem entarteten Basisvektor x jedoch durchaus auch $\hat{t} > 0$ möglich). Wir können also festhalten:

Korollar 3.21. *Ist x ein nicht entarteter Basisvektor, so gilt unter den Voraussetzungen von Satz 3.20 sogar*

$$c^T x^{neu} < c^T x.$$

Beispiel 3.22. Wir führen den im Satz 3.20 beschriebenen Simplex–Schritt für das Beispiel 3.17 mit dem dort angegebenen Basisvektor x durch und empfehlen dem Leser, die Zwischenschritte genau nachzuvollziehen (vergleiche Aufgabe 3.14).

Zunächst ist der Vektor y aus dem linearen Gleichungssystem (3.24) zu berechnen; man erhält $y = (0, 0, -2, 0)^T$. Damit liefert (3.25) $u_2 = -3$, $u_3 = -4$, $u_6 = 2$. Für r kommen somit $r = 3$ und $r = 2$ infrage.

Wählt man $r = 3$, so erhält man als Lösung des linearen Geichungssystems (3.30) den Vektor $d = (0, 1, 1, 1)^T$. Die Bestimmung von $\hat{t}$ und s aus (3.34) ergibt $\hat{t} = 2$, $s = 4$. Damit wird

$$I^{neu} = \{1, \underline{3}, 5, 7\}, \quad x^{neu} = (2, 0, 2, 0, 4, 0, 1)^T, \quad c^T x^{neu} = c^T x - 8 = -12.$$

Wählt man dagegen $r = 2$, so erhält man aus (3.30) $d = (0, 1, 3, 0)^T$ und dann aus (3.34) $\hat{t} = 2$ und $s = 4$ oder $s = 5$. Diese Mehrdeutigkeit von s hat zur Folge, dass der neue Basisvektor x^{neu} entartet ist! Für $s = 4$ wird

$$I^{neu} = \{1, \underline{2}, 5, 7\}, \quad x^{neu} = (2, 2, 0, 0, 0, 0, 3)^T, \quad c^T x^{neu} = c^T x - 6 = -10.$$

Bei der Wahl $s = 5$ erhält man natürlich denselben Basisvektor x^{neu}, jedoch eine andere Indexmenge, nämlich $I^{neu} = \{1, 4, \underline{2}, 7\}$.

Übrigens kann man sich die durchgeführten Schritte sehr schön anhand einer Darstellung des Beispielprogramms im $\mathbb{R}^3$ veranschaulichen; wir verweisen dazu auf die Aufgabe 3.15.

Wir beschließen die Besprechung des Simplex–Schrittes mit einer Bemerkung über einen Zusammenhang mit dem Dualproblem zu (3.21). Damit wird zugleich deutlich, dass man den Simplex–Schritt auch aus den Optimalitätsbedingungen (3.9) entwickeln kann.

Bemerkung 3.23. Seien x ein Basisvektor von P mit Indexmenge I, $J := \{1, \ldots, n\} \setminus I$ und $B := (a_i)_{i \in I}$. Seien weiter $y \in \mathbb{R}^m$ der durch (3.24) definierte Vektor und $u \in \mathbb{R}^n$ der Vektor mit den Komponenten (vgl. (3.25))

$$u_j := c_j - a_j^T y, \ j \in J, \quad u_i := 0, \ i \in I.$$

Unter der Voraussetzung von Lemma 3.18, also

$$u_j \geq 0 \quad \text{für alle } j \in J,$$

ist (y, u) eine Lösung des zu (3.21) dualen Problems (3.8).

Beweis. Nach (3.24) und der Definition von u gilt einerseits für $i \in I$

$$c_i = a_i^T y = (A^T y)_i = (A^T y)_i + u_i,$$

andererseits für $j \in J$

$$c_j = a_j^T y + u_j = (A^T y)_j + u_j.$$

Damit sieht man sofort ein, dass die Vektoren x, y, u die Eigenschaften

$$A^T y + u = c,$$
$$Ax = b,$$
$$x_i u_i = 0, \; i = 1, \ldots, n,$$
$$x, \, u \geq 0$$

besitzen. Somit genügt (x, y, u) den Optimalitätsbedingungen (3.9) und Satz 3.7 liefert die Behauptung. □

Man kann die Bemerkung 3.23 genauso einfach mit Hilfe des schwachen Dualitätssatzes (Korollar 3.9) an Stelle von Satz 3.7 beweisen (vgl. Aufgabe 3.16).

3.3 Das Simplex–Verfahren

In diesem Abschnitt legen wir weiterhin das lineare Programm (3.21) in der Normalform mit Rang(A) $= m$ zugrunde. Auch die Bezeichnungen $B :=$ $(a_i)_{i \in I}$, $c_I := (c_i)_{i \in I}$ werden beibehalten.

Das Simplex–Verfahren in seiner Grundform ist nichts Anderes als die iterative Ausführung von Simplex–Schritten, wie sie im letzten Abschnitt besprochen worden sind. Wir fassen es in dem folgenden Algorithmus zusammen.

Algorithmus 3.24. *(Simplex–Verfahren)*

(S.0) Wähle einen Basisvektor x^0 von $P := \{x \in \mathbb{R}^n \,|\, Ax = b, x \geq 0\}$ mit Indexmenge I_0 mit genau m Elementen, setze $J_0 := \{1, \ldots, n\} \setminus I_0$, definiere

$$B_0 := (a_i)_{i \in I_0},$$

und setze $k := 0$.

(S.1) Berechne die Lösung $y^k \in \mathbb{R}^m$ des linearen Gleichungssystems

$$B_k^T y = c_{I_k}.$$

(S.2) Berechne die Zahlen

$$u_j^k := c_j - a_j^T y^k, \quad j \in J_k.$$

(S.3) Ist $u_j^k \geq 0$ für alle $j \in J_k$: STOP.

(S.4) Wähle $r_k \in J_k$ mit $u_{r_k}^k < 0$.

(S.5) Berechne die Lösung $d^k = (d_i^k)_{i \in I_k} \in \mathbb{R}^m$ des linearen Gleichungssystems

$$B_k d = a_{r_k}.$$

(S.6) Ist $d_i^k \leq 0$ für alle $i \in I_k$: STOP.

(S.7) Bestimme $t_k \geq 0$ und $s_k \in I_k$ mit $d_{s_k}^k > 0$ aus

$$t_k := \min_{i \in I_k,\, d_i^k > 0} \frac{x_i^k}{d_i^k} = \frac{x_{s_k}^k}{d_{s_k}^k},$$

berechne

$$x_i^{k+1} := \begin{cases} x_i^k - t_k d_i^k, & i \in I_k,\, i \neq s_k, \\ t_k, & i = r_k, \\ 0, & \text{sonst,} \end{cases}$$

$$I_{k+1} := (I_k \cup \{r_k\}) \setminus \{s_k\},$$

$$J_{k+1} := \{1, \ldots, n\} \setminus I_{k+1},$$

$$B_{k+1} := (a_i)_{i \in I_{k+1}},$$

setze $k \leftarrow k + 1$, und gehe zu (S.1).

In dem folgenden Satz stellen wir die weitgehend bereits aus dem letzten Abschnitt bekannten Ergebnisse für den Algorithmus 3.24 zusammen.

Satz 3.25. *(a) Alle vom Simplex–Verfahren (Algorithmus 3.24) erzeugten Vektoren x^k sind Basisvektoren von $P := \{x \in \mathbb{R}^n \mid Ax = b, x \geq 0\}$, und es gilt*

$$c^T x^{k+1} \leq c^T x^k \quad \text{für alle } k = 0, 1, 2, \ldots.$$

(b) Bricht das Simplex–Verfahren in einem Schritt (S.3) ab, so ist der Basisvektor x^k eine Lösung des linearen Programms (3.21) (und das Vektorpaar (y^k, u^k) mit $u_i^k := 0$, $i \in I_k$, eine Lösung des zu (3.21) dualen Programms (3.8)).

(c) Bricht das Simplex–Verfahren in einem Schritt (S.6) ab, so ist das lineare Programm (3.21) nicht lösbar.

(d) Sind alle im Simplex–Verfahren auftretenden Basisvektoren x^k nicht entartet, so bricht das Verfahren nach endlich vielen Iterationen ab, und zwar entweder mit einer Lösung x^k des linearen Programms (3.21) oder mit der Feststellung, dass es keine Lösung gibt.

Beweis. Die Aussagen (a), (b) und (c) ergeben sich aus Satz 3.20, Lemma 3.18 und Lemma 3.19, der Klammerzusatz in (b) aus Bemerkung 3.23.

Zu (d): Nach Korollar 3.21 ist

$$c^T x^{k+1} < c^T x^k \quad \text{für alle } k = 0, 1, 2, \ldots.$$

Folglich kann ein vom Verfahren erzeugter Basisvektor x^k später nicht erneut auftreten. Da es nach Satz 3.6 (b) höchstens endlich viele Basisvektoren gibt, muss das Verfahren abbrechen. Die zweite Aussage ist dann mit (b) und (c) klar.   □

Satz 3.25 ist insofern noch unbefriedigend, als die Voraussetzung in (d) nicht a priori überprüfbar ist. Tatsächlich muss man im Allgemeinen auch mit dem Auftreten entarteter Basisvektoren rechnen. Wir werden im nächsten Abschnitt zeigen, dass das Simplex–Verfahren bei Beachtung einer geeigneten Zusatzregel stets nach endlich vielen Schritten mit einer Lösung oder der Unlösbarkeitsaussage abbricht. Bei solchen Zusatzregeln geht es darum, eine bei der Bestimmung der Austausch–Indizes r_k in Schritt (S.4) bzw. s_k in Schritt (S.7) eventuell auftretende Mehrdeutigkeit so einzuschränken, dass sogenannte Zyklen vermieden werden.

Wir beschließen diesen Abschnitt mit einigen wichtigen bis äußerst wichtigen Hinweisen zum Simplex–Verfahren. Einige weitere einfache Testbeispiele zur Erprobung der beschriebenen Grundform des Simplex–Verfahrens (per Handrechnung oder mittels eines Computerprogramms) sind in den Aufgaben 3.17 und 3.18 zu finden.

Bemerkung 3.26. zum Algorithmus 3.24:

(a) *Zu Schritt (S.0):* Die Wahl eines Start–Basisvektors ist manchmal sehr einfach, im Allgemeinen aber alles andere als trivial. Wir gehen darauf im nächsten Abschnitt (Unterabschnitt 3.4.2) ein.

(b) *Zum Abbruch in Schritt (S.3):* Aus dem Klammerzusatz in Satz 3.25 (b) folgt: Der bei einem „erfolgreichen Abbruch" des Verfahrens mitgelieferte Vektor y^k ist eine Lösung des zu (3.21) dualen Problems in der Form

$$\max b^T \lambda \quad \text{u.d.N.} \quad A^T \lambda \leq c. \tag{3.35}$$

Diese Aussage ist manchmal in folgender Hinsicht nützlich: Liegt ein lineares Programm in der Form (3.35) (also nur mit Ungleichungen als Restriktionen) mit $A^T \in \mathbb{R}^{n \times m}$ und $n \gg m$ vor, so könnte man dieses Problem durch Einführen von Schlupfvariablen und Aufsplitten der freien Variablen (vgl. Unterabschnitt 3.1.1) auf die Normalform bringen und darauf dann das Simplex–Verfahren anwenden. Bei diesem Vorgehen würde sich die Matrix jedoch stark vergrößern (nämlich vom Format $n \times m$ auf $n \times (2m + n)$). Es empfiehlt sich deshalb, auf diese Umformung zu verzichten und stattdessen das Simplex–Verfahren auf das zum Problem (3.35) zugehörige primale Problem (3.21) anzuwenden. Ein typisches Beispiel für die Nützlichkeit dieses Hinweises sind lineare Programme, die sich aus dem in Aufgabe 3.19 beschriebenen Problem der diskreten linearen Tschebyscheff–Approximation ergeben.

(c) *Zur Wahl von r_k in Schritt (S.4):* Für den Fall, dass es mehrere Indizes aus J_k mit $u_j^k < 0$ gibt, kann man sich Strategien für eine „geschickte" Wahl von r_k ausdenken. Häufig wird empfohlen, r_k mit der Eigenschaft

$$u_{r_k}^k = \min_{j \in J_k} u_j^k$$

zu wählen. Allerdings ist nicht gesagt, dass für diese Wahl die Abnahme der Zielfunktion größtmöglich ist; denn diese Abnahme hängt nach (3.29) auch von t_k ab, und t_k hängt von d^k und somit auch von der Wahl von r_k ab. Überdies muss man, wenn r_k auf diese Weise bestimmt wird, alle Zahlen u_j^k, $j \in J_k$, (und das sind möglicherweise sehr viele) berechnen. Auch über die *Wahl von s_k in Schritt (S.7)* kann man sich Gedanken machen. Wir kommen im Unterabschnitt 3.4.1 auf die Wahl von r_k bzw. s_k im Zusammenhang mit einer Strategie zur Vermeidung von Zyklen zurück.

(d) *Zur Berechnung der Vektoren y^k, d^k in (S.1) bzw. (S.5):* Die Berechnung dieser Vektoren als Lösungen linearer Gleichungssysteme erfordert den größten in den Simplexschritten anfallenden Rechenaufwand. Nun unterscheiden sich die Matrizen B_k von Simplex–Schritt zu Simplex–Schritt nur um eine Spalte. Deshalb wird man versuchen, bei der Lösung der Gleichungssysteme Informationen aus dem vorhergehenden Simplex–Schritt auszunutzen. Eine Möglichkeit besteht darin, die inverse Matrix B_{k+1}^{-1} mittels einer expliziten Formel aus B_k^{-1} zu berechnen (etwa mittels der *Sherman–Morrison–Formel,* vergleiche Aufgabe 3.20). Ein auf diese Weise ausgestaltetes Verfahren wird häufig als *revidiertes Simplex–Verfahren* bezeichnet. Der Algorithmus 3.24 ist jedoch so formuliert, dass die Art der „Aufdatierung" der im k–ten Schritt vorkommenden Vektoren y^k, d^k offenbleibt. In einem gewissen Gegensatz zu dieser offenen Formulierung steht die in vielen Büchern beschriebene sogenannte *Tableau–Form* des Simplex–Verfahrens. Dabei werden, ausgehend von der Matrix A (welche die m Einheitsvektoren als Spalten enthalte), eine $m \times n$–Matrix (die sogenannte *Tableau–Matrix*) mittels einfacher Rechenvorschriften fortgeschrieben und aus ihr die für den Index–Austausch jeweils erforderlichen Größen berechnet. Diese Form eignet sich gut für eine Handrechnung bei sehr kleinen Problemen und lässt sich auch leicht implementieren. Ist jedoch die Anzahl n der Variablen deutlich größer als die Anzahl m der Gleichungen, so sind Rechenaufwand und Speicherbedarf unnötig groß. Außerdem kann man bei der Ausgestaltung von Algorithmus 3.24 durch Aufdatierungsvorschriften – anders als bei der Tableau–Form – bestimmte Ziele berücksichtigen, zum Beispiel ein stabiles Verhalten gegenüber Rundungsfehlern oder eine bestimmte Struktur bei einer sehr großen dünnbesetzten Matrix A. Im Unterabschnitt 3.4.3 beschreiben wir eine Möglichkeit für eine derartige Aufdatierungstechnik.

(e) Auch wenn sich die Endlichkeitsaussage von Satz 3.25 (d) von der Voraussetzung, dass keine entarteten Basisvektoren durchlaufen werden, befreien lässt, so bleibt die Frage nach der *Komplexität* des Simplex–Verfahrens, also danach, wie die Anzahl der erforderlichen Simplex–Schritte von dem Format (m, n) des linearen Programms abhängt. Wir werden hierzu im Unterabschnitt 3.4.4 wenigstens einige Anmerkungen machen.

3.4 Mehr zum Simplex–Verfahren

In diesem Abschnitt gehen wir vor allem auf die am Ende des letzten Abschnitts genannten Fragenkomplexe ein. Das zu lösende Problem ist weiterhin das lineare Programm (3.21) in der Normalform, und es sei weiterhin Rang(A) = m.

3.4.1 Vermeidung von Zyklen

Wir diskutieren nun genauer den Fall, dass im Algorithmus 3.24 ein entarteter Basisvektor x^k auftritt. Wie bereits vor Korollar 3.21 bemerkt, gibt es dann zwei Möglichkeiten: Ist $t_k > 0$, so erhält man einen neuen, von x^k verschiedenen Basisvektor x^{k+1}, und es gilt $c^T x^{k+1} < c^T x^k$. Ist jedoch $t_k = 0$, so ist $x^{k+1} = x^k$ und man macht in diesem Simplex–Schritt keinen Fortschritt. Für den nächsten Schritt sind die Karten nun jedoch neu gemischt: Der Basisvektor hat sich zwar nicht verändert, wohl aber die zugehörige, nach der Vorschrift in (S.7) berechnete Indexmenge! Es ist also durchaus möglich, dass im nächsten Iterationsschritt ein neuer, von x^{k+1} verschiedener Basisvektor x^{k+2} erzeugt wird. Möglich ist aber auch der Fall $x^{k+2} = x^{k+1} = x^k$.

Es liege nun etwas allgemeiner der Fall

$$x^k = x^{k+1} = x^{k+2} = \ldots = x^{k+p}$$

mit einem $p \geq 2$ vor. Die Kette der zugehörigen Indexmengen ist

$$I_k \to I_{k+1} \to I_{k+2} \to \ldots \to I_{k+p}.$$

Ist nun

$$I_{k+p} = I_k,$$

so liegt im $(k + p)$–ten Iterationsschritt genau dieselbe Situation wie im k–ten Schritt vor, was zur Folge hat, dass bei allen (unendlich vielen) folgenden Schritten der Basisvektor x^k unverändert bleibt und sich die Indexmengen p–zyklisch wiederholen. Man spricht dann von einem *Zyklus*. Man kann somit anstelle der Aussage (d) von Satz 3.25 auch folgendermaßen formulieren: *Tritt bei der Durchführung des Simplex–Verfahrens kein Zyklus auf, so bricht das Verfahren nach endlich vielen Iterationen ab, und zwar ....* Auch diese Aussage ist natürlich unbefriedigend.

Es gibt unterschiedliche Meinungen über das Risiko, beim Simplex–Verfahren in einen Zyklus zu geraten. Jedenfalls gibt es (konstruierte) Beispiele für das Auftreten von Zyklen (vergleiche Aufgabe 3.21). Und bei dünn besetzten Matrizen, wie sie bei linearen Programmen, die mit kombinatorischen Problemen zusammenhängen, häufig auftreten, sind die vorkommenden Basisvektoren recht oft entartet, so dass zumindest eine notwendige Bedingung für das Auftreten von Zyklen oft erfüllt ist.

Glücklicherweise sind Zusatzregeln bekannt, welche als „Anti–Zyklus–Strategien" verwendet werden können. Wir geben im Folgenden eine auf Bland (vgl. [17, 144]) zurückgehende Zusatzregel für die Bestimmung der Indizes r_k und s_k an, bei deren Berücksichtigung man die Endlichkeit des Simplex–Algorithmus zeigen kann. Eine andere Möglichkeit ist das Einhalten einer *lexikografischen Ordnung* während des Verfahrens, vgl. etwa [15, 174].

Satz 3.27. *Im Simplex–Verfahren (vgl. Algorithmus 3.24) seien die Schritte (S.4), (S.7) ersetzt durch die Schritte*

(S.4') Wähle r_k als den kleinsten Index $j \in J_k$ mit $u_j^k < 0$.

(S.7') Bestimme $t_k \geq 0$ und s_k als den kleinsten Index $i \in I_k$ mit $d_i^k > 0$ aus

$$t_k := \min_{\iota \in I_k,\, d_\iota^k > 0} \frac{x_\iota^k}{d_\iota^k} = \frac{x_i^k}{d_i^k},$$

berechne

$$x_i^{k+1} := \begin{cases} x_i^k - t_k d_i^k, & i \in I_k,\ i \neq s_k, \\ t_k, & i = r_k, \\ 0, & \text{sonst,} \end{cases}$$

$$I_{k+1} := (I_k \cup \{r_k\}) \setminus \{s_k\},$$

$$J_{k+1} := \{1, \ldots, n\} \setminus I_{k+1},$$

$$B_{k+1} := (a_i)_{i \in I_{k+1}},$$

setze $k \leftarrow k+1$, und gehe zu (S.1).

Dann bricht das so modifizierte Verfahren nach endlich vielen Iterationen ab, und zwar entweder mit einer Lösung x^k des linearen Programms (3.21) oder mit der Feststellung, dass es keine Lösung gibt.

Beweis. Wir machen die Annahme, dass bei der Anwendung von Algorithmus 3.24 (mit (S.4'), (S.7') anstelle von (S.4), (S.7)) ein Zyklus auftritt: Für die Indexmengen I_k, $k = l, \ldots, l+p$, mit $p \geq 2$ und

$$I_{k+1} = (I_k \cup \{r_k\}) \setminus \{s_k\}, \quad k = l, \ldots, l+p-1$$

gelte

$$I_l \to I_{l+1} \to I_{l+2} \to \ldots \to I_{l+p} = I_l,$$

jedoch sei $I_{l+q} \neq I_l$ für $q = 1, \ldots, p-1$. Während dieses Zyklus bleibt der Basisvektor $x := x^l$ unverändert. Generell werden wir in diesem Beweis den Iterationsindex in der Regel weglassen.

Wir bezeichnen mit r den größten der im Zyklus „hereingenommenen Indizes" $r_l, r_{l+1}, \ldots, r_{l+p-1}$, mit I die in diesem Schritt der Hereinnahme von r aktuelle Indexmenge, mit J die komplementäre Menge $\{1, \ldots, n\} \setminus I$ und mit u_j, $j \in J$, die in diesem Schritt durch (3.25), (3.24) definierten Zahlen (in (3.24) ist $B := (a_i)_{i \in I}$). Für $r \in J$ gilt

$$u_r < 0 \qquad (3.36)$$

sowie

$$u_j \geq 0 \quad \text{für alle } j \in J \text{ mit } j < r \qquad (3.37)$$

aufgrund der Zusatzvorschrift in (S.4').

Der im betrachteten Schritt der Indexmenge I hinzugefügte Index r muss beim Durchlaufen des Zyklus irgendwann wieder aus der Menge der Basis–Indizes entfernt werden. Es tritt also im Zyklus eine Indexmenge $\hat{I}$ (mit komplementärer Menge $\hat{J}$) auf, aus der $\hat{s} := r$ entfernt wird. Der in diesem Schritt in $\hat{I}$ aufgenommene Index sei $\hat{r} \in \hat{J}$. Zu $\hat{I}$ seien definiert $\hat{B} := (a_i)_{i \in \hat{I}}$ und $\hat{u}_j := c_j - a_j^T \hat{y}$, $j \in \hat{J}$, mit $\hat{B}^T \hat{y} = c_{\hat{I}}$, vgl. (3.25), (3.24). Dann ist

$$\hat{u}_{\hat{r}} < 0. \qquad (3.38)$$

Sei weiter $\hat{d}$ der durch

$$\hat{B} \hat{d} = a_{\hat{r}} \qquad (3.39)$$

definierte Vektor (vgl. (3.30)). Für den aus $\hat{I}$ zu entfernenden Index $\hat{s} \in \hat{I}$ ist (vgl. (3.34))

$$\hat{d}_{\hat{s}} > 0. \qquad (3.40)$$

Wegen der Zusatzregel in (S.7') gilt überdies, dass $\hat{s}$ der kleinste Index $i \in \hat{I}$ ist mit den Eigenschaften $\hat{d}_i > 0$ und

$$\frac{x_i}{\hat{d}_i} = \min_{\iota \in \hat{I}, \hat{d}_\iota > 0} \frac{x_\iota}{\hat{d}_\iota} = 0 \, ;$$

wäre nämlich das Minimum positiv, so wäre in der Notation von (3.34) $\hat{t} > 0$ und man würde beim Übergang zum nächsten Schritt einen von x verschiedenen Basisvektor erhalten, was in einem Zyklus nicht vorkommen kann. Es gilt somit

$$\hat{d}_i \leq 0 \quad \text{oder} \quad x_i > 0 \quad \text{für alle } i \in \hat{I} \text{ mit } i < \hat{s}. \qquad (3.41)$$

Wir definieren nun einen Vektor $z \in \mathbb{R}^n$ durch

$$z_i := \begin{cases} t, & \text{falls } i = \hat{r}, \\ x_i - t\hat{d}_i, & \text{falls } i \in \hat{I}, \\ 0, & \text{sonst;} \end{cases}$$

hierin sei t folgendermaßen gewählt: Gibt es kein $i \in \hat{I}$ mit $i < \hat{s}$ und $\hat{d}_i > 0$, so sei $t := 1$; anderenfalls sei

$$t := \min \left\{ \frac{x_i}{\hat{d}_i} \,\bigg|\, i \in \hat{I}, \, i < \hat{s}, \, \hat{d}_i > 0 \right\}.$$

In jedem Fall ist $t > 0$; denn die Existenz eines $i \in \hat{I}$ mit $i < \hat{s}$, $\hat{d}_i > 0$ und $x_i = 0$ steht im Widerspruch zu (3.41). Somit ist

$$z_{\hat{r}} > 0 \tag{3.42}$$

sowie

$$z_i \geq 0 \quad \text{für alle } i \in \hat{I} \text{ mit } i < \hat{s} \tag{3.43}$$

(die letzte Eigenschaft ergibt sich im Fall $\hat{d}_i > 0$ aus der Definition von t, im Fall $\hat{d}_i \leq 0$ ist die Ungleichung klar).

Der Vektor z hat die weitere Eigenschaft

$$Az = b; \tag{3.44}$$

denn nach Definition von z ist (a_i bezeichne wieder die i–te Spalte der Matrix A)

$$
\begin{aligned}
Az &= \sum_{i=1}^{n} z_i a_i \\
&= \sum_{i \in \hat{I}} (x_i - t\hat{d}_i) a_i + t a_{\hat{r}} \\
&= \sum_{i \in \hat{I}} x_i a_i - t \Big(\sum_{i \in \hat{I}} \hat{d}_i a_i - a_{\hat{r}} \Big) \\
&= \sum_{i \in \hat{I}} x_i a_i - t(\hat{B}\hat{d} - a_{\hat{r}});
\end{aligned}
$$

da x Basisvektor mit Indexmenge $\hat{I}$ ist, gilt

$$\sum_{i \in \hat{I}} x_i a_i = \sum_{i=1}^{n} x_i a_i = Ax = b,$$

so dass aus (3.39) die Behauptung (3.44) folgt.

Sehen wir uns nun noch einmal die Herleitung von (3.26) an: Unter der Voraussetzung, dass x ein Basisvektor mit Indexmenge I und z ein Vektor mit $Az = b$ ist, folgt — wenn die u_j gemäß (3.25), (3.24) definiert werden — die Darstellung (3.26) (Die Eigenschaft $z \geq 0$ wird für diese Herleitung nicht benötigt!). Wenden wir diese Herleitung zum einen auf den Basisvektor x mit der oben definierten Indexmenge I und zum anderen auf x mit der Indexmenge $\hat{I}$ an, so erhalten wir mit den oben eingeführten Zahlen u_j, $\hat{u}_j$

$$c^T z - c^T x = \sum_{j \in J} u_j z_j = \sum_{j \in \hat{J}} \hat{u}_j z_j. \tag{3.45}$$

Wir betrachten zunächst die Summe $\sum_{j \in J} u_j z_j$ und unterscheiden für die Summanden die Fälle $j = r$, $j < r$, $j > r$.

Für $j = r$ ist nach (3.36) $u_r < 0$ und wegen $r = \hat{s} \in J \cap \hat{I}$ und (3.40)

$$z_r = x_r - t\hat{d}_r = 0 - t\hat{d}_{\hat{s}} < 0,$$

zusammen also $u_r z_r > 0$.

Für $j \in J$ mit $j < r$ ist wegen (3.37) $u_j \geq 0$. Weiter ist wegen $r = \hat{s}$ und (3.43) im Fall $j \in \hat{I}$ offenbar $z_j \geq 0$, während im Fall $j \notin \hat{I}$ nach Definition von z gilt $z_j \geq 0$. Zusammen ist also stets $u_j z_j \geq 0$.

Schließlich liegt $j \in J$ mit $j > r$ auch in $\hat{J}$ (da r als der größte während des Zyklus „hereingenommene Index" gewählt worden war), d.h., es ist $j \notin \hat{I}$, und da überdies $\hat{r} \leq r < j$ gilt, folgt $z_j = 0$, und wir haben $u_j z_j = 0$.

Als Zwischenergebnis halten wir fest:

$$\sum_{j \in J} u_j z_j > 0. \tag{3.46}$$

Nun betrachten wir die zweite Summe in (3.45). Es ist nach Definition von z und mit (3.38) sowie $t > 0$

$$\sum_{j \in \hat{J}} \hat{u}_j z_j = \hat{u}_{\hat{r}} t < 0.$$

Damit und mit (3.46) haben wir einen Widerspruch zu (3.45). Es kann also keinen Zyklus geben. □

Aus Satz 3.27 folgt mit Satz 3.6 (a) übrigens sofort die folgende Existenzaussage: Ist der zulässige Bereich P von (3.21) nichtleer und die Zielfunktion auf P nach unten beschränkt, so besitzt das lineare Programm (3.21) eine Lösung (und nach dem Klammerzusatz in Satz 3.25 (b) ist auch das zugehörige Dualproblem (3.8) lösbar). Eine ähnliche Aussage hatten wir im Abschnitt 3.1 mit anderen Mitteln bewiesen, vergleiche Satz 3.11.

3.4.2 Start des Verfahrens

Das Simplex–Verfahren (Algorithmus 3.24) kann nur gestartet werden, wenn ein Basisvektor von $P = \{x \in \mathbb{R}^n \mid Ax = b, x \geq 0\}$ bekannt ist.

Das Auffinden eines Start–Basisvektors macht beispielsweise dann keine Schwierigkeiten, wenn das lineare Programm ursprünglich in der Form

$$\min \tilde{c}^T v \quad \text{u.d.N.} \quad \tilde{A} v \leq b, \, v \geq 0$$

mit $b \geq 0$ (und mit $\tilde{A} \in \mathbb{R}^{m \times (n-m)}$, $\tilde{c} \in \mathbb{R}^{n-m}$) vorliegt. Denn dieses Programm geht durch die Einführung von Schlupfvariablen $w_1, \ldots, w_m$ über in

$$\min \tilde{c}^T v \quad \text{u.d.N.} \quad \tilde{A} v + w = b, \, v \geq 0, \, w \geq 0. \tag{3.47}$$

Dies ist mit

$$A := \begin{pmatrix} \tilde{A} & E_m \end{pmatrix}, \quad c := \begin{pmatrix} \tilde{c} \\ 0 \end{pmatrix}, \quad x := \begin{pmatrix} v \\ w \end{pmatrix}$$

(die $m \times m$–Einheitsmatrix wird hier mit E_m bezeichnet, da der üblicherweise verwendete Buchstabe I bereits für eine Indexmenge vergeben ist) ein lineares Programm in der Normalform

$$\min c^T x \quad \text{u.d.N.} \quad Ax = b, \, x \geq 0.$$

Wegen $b \geq 0$ ist

$$x := \begin{pmatrix} 0 \\ b \end{pmatrix}$$

offenbar ein Basisvektor mit Indexmenge $I = \{n - m + 1, \dots, n\}$.

Im Allgemeinen ist das Auffinden eines Basisvektors nicht so einfach. Eine Möglichkeit besteht darin, einen Basisvektor durch Anwenden des Simplex–Verfahrens auf ein geeignetes *Hilfsproblem* zu berechnen; natürlich muss dabei für das Hilfsproblem ein Start–Basisvektor bekannt sein. Häufig wird die Lösung des Hilfsproblems als „Phase I" des Simplex–Verfahrens bezeichnet (und das eigentliche Simplex–Verfahren dann als „Phase II"). Der folgende Satz beschreibt dieses Vorgehen. Man beachte, dass die in diesem Satz getroffene Voraussetzung $b \geq 0$ an das lineare Programm (3.21) keine Einschränkung der Allgemeinheit darstellt, da man ja die Gleichungen, für die ursprünglich $b_i < 0$ ist, mit -1 multiplizieren kann, ohne dass dies das Problem verändert. Das unten auftretende Hilfsproblem (3.48) ist ein lineares Programm in Normalform, dessen Matrix $(A \, E_m)$ stets den Rang m hat. (Die Komponenten des Vektors z, häufig als die *künstlichen Variablen* bezeichnet, sind — anders als die Komponenten von w in (3.47) — keine Schlupfvariablen für das ursprüngliche Problem!)

Satz 3.28. *In dem linearen Programm (3.21) sei $b \geq 0$; über den Rang von A wird zunächst nichts vorausgesetzt. Dann gelten für das lineare Programm*

$$\min e^T z \quad \text{u.d.N.} \quad Ax + z = b, \, x \geq 0, \, z \geq 0 \tag{3.48}$$

(mit $e := (1, 1, \dots, 1)^T \in \mathbb{R}^m$) die folgenden Aussagen:

(a) Der Vektor $\begin{pmatrix} x \\ z \end{pmatrix} = \begin{pmatrix} 0 \\ b \end{pmatrix}$ ist ein Basisvektor für (3.48) mit Indexmenge $I = \{n + 1, n + 2, \dots, n + m\}$.

(b) Das lineare Programm (3.48) ist lösbar.

(c) Sei $\begin{pmatrix} x^* \\ z^* \end{pmatrix}$ ein optimaler Basisvektor für (3.48). Ist $z^* \neq 0$, so besitzt das lineare Programm (3.21) keinen zulässigen Punkt. Ist dagegen $z^* = 0$ und gilt $\text{Rang}(A) = m$, so ist x^* ein Basisvektor für (3.21).

Beweis. Die Aussage (a) ist klar, da die zu den Indizes aus I gehörenden Spalten der Matrix $(A \, E_m)$ gerade die Einheitsvektoren des $\mathbb{R}^m$ sind. Die Zielfunktion von (3.48) ist wegen $z \geq 0$ durch Null nach unten beschränkt. Zusammen mit (a) liefert somit Satz 3.11 die Existenz einer Lösung, womit (b) bewiesen ist.

Nun zu (c): Nach Voraussetzung ist $\begin{pmatrix} x^* \\ z^* \end{pmatrix}$ ein Basisvektor für (3.48), der (3.48) löst. Sei zunächst $z^* \neq 0$. Gäbe es einen zulässigen Punkt $\bar{x}$ von (3.21), so wäre $\left(\begin{smallmatrix} \bar{x} \\ 0 \end{smallmatrix}\right)$ zulässig für (3.48) mit Funktionswert 0; dies steht jedoch in Widerspruch zu $e^T z^* > 0$ und der vorausgesetzten Optimalität von $\left(\begin{smallmatrix} x^* \\ z^* \end{smallmatrix}\right)$. Sei nun $z^* = 0$. Die zu positiven Komponenten von x^* gehörenden Spalten von A sind linear unabhängig. Wegen $\mathrm{Rang}(A) = m$ können diese Spalten, falls erforderlich, durch weitere Spalten von A zu m linear unabhängigen Spalten ergänzt werden. Mit $Ax^* = b$ folgt hieraus, dass x^* ein (möglicherweise entarteter) Basisvektor für (3.21) ist. □

Wendet man das Simplex–Verfahren auf das Hilfsproblem (3.48) an („Phase I"; ein Start–Basisvektor ist nach Satz 3.28 (a) bekannt), so erhält man im Fall $\mathrm{Rang}(A) = m$ (wenn nicht ein Zyklus auftritt) entweder einen Basisvektor für das eigentlich interessierende lineare Programm (3.21) oder die Information, dass dieses Programm keinen zulässigen Punkt und damit keine Lösung besitzt. Es ist möglich, dass die vom Simplex–Verfahren gelieferte Indexmenge noch Indizes $i > n$ enthält (dies kann nur auftreten, wenn der zugehörige Basisvektor entartet ist); die Indexmenge muss also vor der Übergabe an das auf (3.21) anzuwendende Simplex–Verfahren („Phase II") gegebenenfalls noch nachbearbeitet werden. Ein Hinweis, wie dies geschehen kann, wird in Aufgabe 3.22 gegeben.

Unsere bisherige Generalvoraussetzung $\mathrm{Rang}(A) = m$ wurde in Satz 3.28 nur für die letzte Teilaussage benötigt. Für die Anwendung des Simplex–Verfahrens auf das Hilfsproblem (3.48) spielt sie in der Tat keine Rolle, weil die Matrix $(A \; E_m)$ in jedem Fall vollen Rang hat. Liegt dann die Situation von Aussage (c) mit $z^* = 0$ vor und ist der Rang von A nicht maximal, so kann x^* kein Basisvektor für das Ausgangsproblem (3.21) (also mit einer Indexmenge $I \subseteq \{1, \ldots, n\}$) sein. Das auf das Hilfsproblem angewandte Simplex–Verfahrens liefert jedoch eine Information darüber, ob der Fall $\mathrm{Rang}(A) < m$ vorliegt und welche Zeile der Matrix A gegebenenfalls von den übrigen Zeilen linear abhängig ist (welche Zeile des Gleichungssystems $Ax = b$ somit als vermutlich redundant gestrichen werden kann). Wir verweisen dazu auf die Aufgabe 3.23.

Wir besprechen nun noch eine weitere Möglichkeit, bei nicht bekanntem Start–Basisvektor vorzugehen. Im Unterschied zu der zuvor behandelten Zwei–Phasen–Methode muss hierbei Algorithmus 3.24 nur einmal gestartet werden (womit das beschriebene „Übergabeproblem" entfällt). Das Vorgehen wird durch den folgenden Satz beschrieben. Das darin auftretende Hilfsproblem (3.49) ähnelt jenem in Satz 3.28; den Term $Me^T z$ in der Zielfunktion kann man sich als Penalty–Term mit einer großen Zahl M vorstellen. Die Methode wird deshalb häufig als *Big–M–Methode* bezeichnet. (Zum besseren Verständnis des Hilfsproblems sehe man sich das zugehörige Dualproblem im nachfolgenden Beweis an.)

Satz 3.29. *In dem linearen Programm (3.21) sei $b \geq 0$; über den Rang von A wird nichts vorausgesetzt. Als Hilfsproblem werde das von einer Zahl $M \geq 0$ abhängige lineare Programm*

$$\min c^T x + M e^T z \quad u.d.N. \quad Ax + z = b, \ x \geq 0, \ z \geq 0 \qquad (3.49)$$

(mit $e := (1, 1, \ldots, 1)^T \in \mathbb{R}^m$) betrachtet. Dann gelten die folgenden Aussagen:

(a) Der Vektor $\binom{x}{z} = \binom{0}{b}$ ist ein Basisvektor für (3.49) mit Indexmenge $I = \{n+1, n+2, \ldots, n+m\}$.

(b) Ist $\binom{x^*}{z^*}$ eine Lösung von (3.49) mit $z^* = 0$, so ist x^* eine Lösung des ursprünglichen linearen Programms (3.21).

Ist das lineare Programm (3.21) lösbar, so existiert eine Zahl M^*, so dass im Fall $M > M^*$ zusätzlich gilt:

(c) Das lineare Programm (3.49) ist lösbar, und für jede Lösung $\binom{x^*}{z^*}$ von (3.49) ist $z^* = 0$.

Beweis. Die Aussage (a) ist klar. Nach Voraussetzung von (b) ist x^* zulässig für (3.21). Ist $\bar{x}$ ein beliebiger zulässiger Punkt von (3.21), so ist $\binom{\bar{x}}{0}$ zulässig für (3.49) und wegen der vorausgesetzten Optimalität von $\binom{x^*}{z^*}$ für (3.49) ist

$$c^T x^* = c^T x^* + M e^T z^* \leq c^T \bar{x} + M e^T 0 = c^T \bar{x},$$

d.h., x^* ist Lösung von (3.21).

Nun zum zweiten Teil des Satzes. Vorweg sei bemerkt, dass das in der Form (3.7) angeschriebene Dualproblem zu (3.21) lautet

$$\max b^T \lambda \quad u.d.N. \quad A^T \lambda \leq c. \qquad (3.50)$$

Entsprechend ist das Dualproblem zu (3.49) gegeben durch

$$\max b^T \lambda \quad u.d.N. \quad \begin{pmatrix} A^T \\ E_m \end{pmatrix} \lambda \leq \begin{pmatrix} c \\ Me \end{pmatrix},$$

oder, äquivalent,

$$\max b^T \lambda \quad u.d.N. \quad A^T \lambda \leq c, \quad \lambda_i \leq M, \ i = 1, \ldots, m. \qquad (3.51)$$

Da (3.21) nach Voraussetzung lösbar ist, existiert nach Satz 3.7 auch eine Lösung λ^* von (3.50). Wir definieren nun

$$M^* := \max_{i=1,\ldots,m} \lambda_i^*.$$

Der zulässige Bereich von (3.51) ist eine Teilmenge des zulässigen Bereichs von (3.50). Andererseits ist im Fall $M > M^*$ die Lösung λ^* von (3.50) auch zulässig für (3.51). Folglich ist λ^* auch Lösung von (3.51), woraus man (wieder mit Satz 3.7) erhält, dass auch (3.49) lösbar ist. Ist $\binom{x^*}{z^*}$ eine Lösung von (3.49), so gelten nach Satz 3.7 die Komplementaritätsbedingungen

$$\left[\begin{pmatrix} c \\ Me \end{pmatrix} - \begin{pmatrix} A^T \\ E_m \end{pmatrix} \lambda^* \right]_i \cdot \begin{pmatrix} x^* \\ z^* \end{pmatrix}_i = 0, \quad i = 1, \ldots, n+m.$$

Wegen $M > M^*$ resultiert aus dem unteren Block $z^* = 0$. Damit ist (c) bewiesen. $\qquad \square$

Man sieht leicht die folgende Ergänzung zur Aussage (b) von Satz 3.29 ein: Ist (3.49) lösbar, so ist die Zielfunktion des ursprünglichen linearen Programms (3.21) nach unten beschränkt. Denn gäbe es eine Folge von Vektoren x^ℓ, welche für (3.21) zulässig sind und für die gilt $\lim_{\ell\to\infty} c^T x^\ell = -\infty$, so wären die Vektoren $\begin{pmatrix} x^\ell \\ z^\ell \end{pmatrix}$ mit $z^\ell := 0$, $\ell = 1, 2, \ldots$, für (3.49) zulässig und man erhielte aus $\lim_{\ell\to\infty}(c^T x^\ell + M e^T z^\ell) = -\infty$ einen Widerspruch zur Lösbarkeit von (3.49).

Die Bedeutung von Satz 3.29 für die Anwendung des Simplex–Verfahrens auf das Hilfsproblem (3.49) ist klar: Zunächst sorgt man, wie bereits im Absatz vor Satz 3.28 beschrieben, dafür, dass $b \geq 0$ gilt. Man kann dann das Verfahren starten und man weiß, dass es jedenfalls dann mit einer Lösung x^* des eigentlich interessierenden linearen Programms (3.21) abbricht, wenn dieses Programm lösbar ist und die Zahl M groß genug gewählt war. In der Praxis wird man beispielsweise mit $M = 100$ starten und immer dann, wenn Algorithmus 3.24 in einem Schritt (S.3) mit $z^* \neq 0$ oder in einem Schritt (S.6) abbricht, die Zahl M mit einem festen Faktor (etwa 10) multiplizieren und das Verfahren erneut starten. Erfahrungsgemäß ist dabei die Wahl von M nur in seltenen Fällen kritisch.

3.4.3 Aufdatierungstechniken

Wir erinnern daran, dass das Simplex–Verfahren in der Formulierung von Algorithmus 3.24 noch offen lässt, wie die jeweiligen Vektoren y, d aus

$$B^T y = c_I \tag{3.52}$$

bzw. aus

$$Bd = a_r \tag{3.53}$$

tatsächlich berechnet werden sollen (vgl. (S.1) bzw. (S.5); wir verwenden im Folgenden wieder die Notation von Abschnitt 3.2, d.h., wir lassen den Iterationsindex k weg). Natürlich könnte man in jedem Schritt y und d durch Anwenden eines Gleichungslösers (z.B. mittels Gauß–Elimination) berechnen. Da sich die neue Basismatrix B^{neu} von der Basismatrix B nur in einer Spalte unterscheidet, wäre dies jedoch unnötig aufwendig. Wir beschreiben nachfolgend einen Weg, wie man durch „Aufdatieren" mit deutlich weniger Rechenaufwand (nämlich mit $O(m^2)$ anstelle von $O(m^3)$ Operationen) auskommen kann.

Die Idee besteht darin, die linearen Gleichungssysteme (3.52), (3.53) mit Hilfe einer Dreieckszerlegung zu lösen und diese Dreieckszerlegung beim Übergang zum nächsten Simplex–Schritt geeignet zu modifizieren (man spricht deshalb auch von einer *Modifikationstechnik*).

Wir gehen davon aus, dass für die aktuelle Basismatrix B eine Dreieckszerlegung der Form

$$FB = R \tag{3.54}$$

vorliegt; dabei seien $R \in \mathbb{R}^{m \times m}$ eine obere Dreiecksmatrix und $F \in \mathbb{R}^{m \times m}$ eine reguläre Matrix. Eine solche Zerlegung kann man sich folgendermaßen erzeugt denken (die Rechnung durchführen wird man in der Regel aber gerade nicht): Da B regulär ist, kann man durch m Eliminationsschritte eine LR–Zerlegung $PB = LR$ mit einer Permutationsmatrix P, einer linken Dreicksmatrix L und einer rechten Dreiecksmatrix R gewinnen; mit $F := L^{-1}P$ erhält man (3.54).

Wir beschreiben zunächst, wie man bei Vorliegen einer Zerlegung (3.54) die Vektoren y, d aus (3.52), (3.53) bestimmen kann. Ersetzt man in (3.52) y durch $F^T w$ mit einem Vektor w, so erhält man wegen $B^T F^T w = (FB)^T w = R^T w$ die folgende Berechnungsvorschrift für die Lösung y des linearen Gleichungssystems (3.52):

1. Berechne w aus $R^T w = c_I$ durch Vorwärtseinsetzen,
2. berechne $y := F^T w$ durch Matrix–Vektor–Multiplikation.

Entsprechend erhält man die Lösung d des linearen Gleichungssystems (3.53) durch folgende Vorschrift:

3. Berechne d aus $Rd = F a_r$ durch Rückwärtseinsetzen.

Man beachte, dass bei dieser Rechnung zwar die Matrizen F und R verwendet werden, nicht jedoch die Matrix B selbst.

Wir kommen nun zur Modifikation der Dreieckszerlegung (3.54) beim Übergang zum nächsten Simplex–Schritt.

Die Matrix B besitze die Spalten $b_1, \ldots, b_m$:

$$B = (b_1, \ldots, b_m)$$

(diese Spalten sind die Spalten a_i, $i \in I$, der Matrix A des linearen Programms (3.21), jedoch lösen wir uns jetzt hinsichtlich der Bezeichnung von dieser Herkunft der Spalten und damit auch von der Nummerierung durch die Indizes aus der Indexmenge I). Beim Übergang zum nächsten Simplex–Schritt wird eine dieser Spalten, sagen wir b_p (mit $p \in \{1, \ldots, m\}$), gegen eine neue Spalte, sagen wir $\hat{b}$, ausgetauscht. Wir schieben nun diese neue Spalte an die letzte Position, betrachten also als neue Matrix

$$B^{neu} = (b_1, \ldots, b_{p-1}, b_{p+1}, \ldots, b_m, \hat{b})$$

(entsprechend steht der Index r in der neuen Indexmenge I^{neu} an letzter Stelle).

Unser Ziel ist es, eine (3.54) entsprechende Zerlegung der Matrix B^{neu} in der Gestalt

$$F^{neu} B^{neu} = R^{neu} \tag{3.55}$$

zu gewinnen, wobei natürlich R^{neu} wieder eine obere Dreiecksmatrix sein und die Rechnung möglichst wenig Aufwand erfordern soll.

Dazu sehen wir uns zunächst an, was herauskommt, wenn man die Matrix B^{neu} von links mit der „alten" Matrix F multipliziert. Werden die Spalten von R mit $r_1, \ldots, r_m$ bezeichnet, so erhält man unter Verwendung von (3.54) die Matrix

$$H := FB^{neu} = (Fb_1, \ldots, Fb_{p-1}, Fb_{p+1}, \ldots, Fb_m, F\hat{b})$$
$$= (r_1, \ldots, r_{p-1}, r_{p+1}, \ldots, r_m, F\hat{b}).$$

Da R eine obere Dreiecksmatrix ist, ist diese Matrix H somit eine Hessenberg–Matrix der Form

$$H = \begin{pmatrix} \times & \times & \ldots & \times & \times & \ldots & \ldots & \ldots & \times \\ & \times & \ldots & \times & \times & \ldots & \ldots & \ldots & \times \\ & & \ddots & \vdots & \vdots & & & & \vdots \\ & & & \times & \times & & & & \vdots \\ & & & & \times & & & & \vdots \\ & & & & \times & \times & & & \vdots \\ & & & & & \times & \ddots & & \vdots \\ & & & & & & \ddots & \times & \vdots \\ & & & & & & & \times & \times \end{pmatrix}$$
$$\uparrow$$
$$p\text{–te Spalte}$$

(d.h., in den ersten $p-1$ Spalten stehen unterhalb der Diagonaleinträge lauter Nullen, ab der p–ten Spalte stehen unterhalb der Subdiagonaleinträge lauter Nullen). Alle Einträge $h_{i,j}$ dieser Matrix mit Ausnahme jener in der letzten Spalte können der Matrix R entnommen werden; die letzte Spalte $F\hat{b} = Fa_r$ ist zum Zwecke der Berechnung von d aus (3.53), d.h., aus $Rd = Fa_r$, bereits ermittelt worden.

Nun kann man sehen, worin der Nutzen dieses Vorgehens liegt: Um die Matrix H auf obere Dreiecksform zu bringen, muss man lediglich die $m - p$ Matrixelemente unterhalb der Diagonalen zu Null machen. Dies kann durch Gauß–Eliminationsschritte mit Spaltenpivotsuche geschehen. Als Pivot–Element kommt nur der Diagonaleintrag $h_{i,i}$ oder der direkt darunter befindliche Eintrag $h_{i+1,i}$ infrage. Der Eliminationsschritt (einschließlich der gegebenenfalls vorzunehmenden Zeilenvertauschung) lässt sich durch eine Multiplikation von links mit einer geeigneten Matrix G_i beschreiben. Im Fall $|h_{i,i}| \geq |h_{i+1,i}|$ (wenn also kein Zeilentausch stattfindet) hat man also die Eliminationsmatrix

$$G_i = \begin{pmatrix} 1 & & & & & & 0 \\ & \ddots & & & & & \\ & & 1 & & & & \\ & & & 1 & 0 & & \\ & & & -\ell_{i+1} & 1 & & \\ & & & & & 1 & \\ & & & & & & \ddots \\ 0 & & & & & & 1 \end{pmatrix} \begin{array}{c} \\ \\ \\ \leftarrow i \\ \leftarrow i+1 \\ \\ \\ \\ \end{array}$$

mit $\ell_{i+1} := h_{i+1,i}/h_{i,i}$ zu nehmen, im Fall $|h_{i,i}| < |h_{i+1,i}|$ (wenn also ein Zeilentausch stattfindet) dagegen die Matrix

$$G_i = \begin{pmatrix} 1 & & & & & & 0 \\ & \ddots & & & & & \\ & & 1 & & & & \\ & & & 0 & 1 & & \\ & & & 1 & -\ell_{i+1} & & \\ & & & & & 1 & \\ & & & & & & \ddots \\ 0 & & & & & & 1 \end{pmatrix} \begin{array}{c} \\ \\ \\ \leftarrow i \\ \leftarrow i+1 \\ \\ \\ \\ \end{array}$$

mit $\ell_{i+1} := h_{i,i}/h_{i+1,i}$. Nach $m - p$ Eliminationsschritten hat man

$$G_{m-1} \dots G_p H =: R^{neu} \tag{3.56}$$

mit einer rechten Dreiecksmatrix R^{neu}. Wendet man genau dieselben Eliminationsschritte auf die Matrix F an, bildet also

$$G_{m-1} \dots G_p F =: F^{neu}, \tag{3.57}$$

so folgt aus $H = FB^{neu}$ offenbar $F^{neu}B^{neu} = R^{neu}$, also gerade die gewünschte Dreieckszerlegung (3.55).

Fazit: Wendet man die beschriebenen Eliminationsschritte auf die $m \times 2m$–Matrix $(H\ F)$ an, so erhält man mit (3.56), (3.57) eine Matrix $(R^{neu}\ F^{neu})$, die alle Informationen über die neue Dreieckszerlegung (3.55) enthält.

Die für den Start des Simplex–Verfahrens benötigte Ausgangs–Dreieckszerlegung (3.54) ist besonders einfach zu erhalten, wenn die Start–Basismatrix B die Einheitsmatrix ist; denn dann kann F ebenso wie R als Einheitsmatrix gewählt werden. Bei dem zu Beginn von Unterabschnitt 3.4.2 genannten Fall und bei den durch die Sätze 3.28, 3.29 beschriebenen Methoden liegt diese erfreuliche Situation vor. Somit ist zumeist nur dann eine volle LR–Zerlegung (oder QR–Zerlegung) zu berechnen, wenn man sich entschließt, aus Gründen der Rundungsfehlerkontrolle nach jeweils einer bestimmten Anzahl von Simplex–Schritten einen Neustart durchzuführen.

Die beschriebene bewährte Modifikationstechnik geht auf Bartels und Golub zurück (vergleiche [8, 7] sowie die Darstellungen in vielen Büchern wie z.B. [68, 139]). Hinweise auf weitere Ansätze, insbesondere im Hinblick auf Stabilität und Anwendbarkeit auf große, dünnbesetzte Probleme, findet man beispielsweise in [57, Chapter 8.5].

3.4.4 Zur Komplexität des Simplex–Verfahrens

Das Simplex–Verfahren liefert, sofern das zugrundeliegende lineare Programm (3.21) überhaupt eine Lösung besitzt und kein Zyklus auftritt, in endlich vielen Schritten eine Lösung (das Auftreten eines Zyklus kann etwa mittels der in Satz 3.27 beschriebenen Zusatzregel verhindert werden). Diese Endlichkeitsaussage ist für die Praxis aber wertlos, solange über die Anzahl der benötigten Simplex–Schritte keine Aussage gemacht werden kann. Eine obere Schranke für diese Anzahl ist offenbar die Anzahl der Basisvektoren des Problems, und eine obere Schranke hierfür ist die Anzahl aller m–elementigen Mengen $I \subseteq \{1, \ldots, n\}$, also die Zahl $\binom{n}{m}$. Diese Schranke ist im Fall $n \gg m \gg 1$ aber ebenfalls wertlos. Nun berechnet das Simplex–Verfahren ja nicht irgendwelche Basisvektoren, sondern es verfolgt eine bestimmte Strategie, nämlich die Zielfunktion von Schritt zu Schritt zu verkleinern. Man wird deshalb hoffen, dass das Verfahren nur verhältnismässig wenige Basisvektoren (gemessen an der Menge aller Basisvektoren) berechnet.

Nun gibt es jedoch ein berühmtes Beispiel von Klee und Minty [108], welches diese Hoffnung zunichte macht. Der zulässige Bereich dieses Beispiels (in der dualen Darstellung $\{\lambda \in \mathbb{R}^m \mid A^T \lambda \le c\}$ mit $A^T \in \mathbb{R}^{n \times m}$ und $n = 2m$) ist ein geringfügig verzerrter Würfel im $\mathbb{R}^m$, und die Verzerrung und die Zielfunktion sind so konstruiert, dass das Simplex–Verfahren (in einer bestimmten Ausgestaltung der Schritte (S.4), (S.7)) sämliche 2^m Ecken des verzerrten Würfels durchläuft! Das Verfahren ist also, wie man sagt, *nicht polynomial*; für große m ist es unbrauchbar.

Das deprimierende Beispiel von Klee und Minty steht nun in einem frappierenden Kontrast dazu, dass sich das Simplex–Verfahren auch bei sehr großen Problemen (insbesondere bei ökonomischen Planungsaufgaben) bestens bewährt hat. Die Anzahl der Simplex–Schritte scheint nach experimentellen Untersuchungen mit sehr vielen Beispielen eher polynomial als exponentiell (und zumeist sogar in etwa linear) mit m bzw. n zu wachsen. Dieser experimentelle Befund wird durch Arbeiten, welche auf der Grundlage stochastischer Modell–Annahmen die „Komplexität im Mittel" untersuchen, gestützt, vergleiche [19, 164]. Der beschriebene Kontrast kann also etwas salopp so beschrieben werden: Das Simplex–Verfahren ist im schlimmsten Fall ein schlechtes Verfahren, aber im Mittel ein gutes Verfahren.

Das Beispiel von Klee und Minty wirft natürlich die Frage auf, ob es zur Lösung linearer Programme auch Algorithmen gibt, welche auch im schlimmsten Fall gut sind. Eine Arbeit von Khachian [104], in der ein polynomialer

Algorithmus für lineare Programme vorgestellt wurde, erregte deshalb größte Aufmerksamkeit (über die Wirkung in Fachkreisen und die Darstellung in Tages– und Wochenzeitungen erfährt man Interessantes in dem Artikel [114]). Inzwischen ist geklärt, dass das Khachian–Verfahren zwar ein interessantes Ergebnis im Hinblick auf die (Worst–Case–) Komplexität linearer Programme liefert, für den praktischen Gebrauch aber mit dem Simplex–Verfahren bei Weitem nicht konkurrieren kann. Durch die Khachian–Arbeit und vielleicht noch mehr durch eine Arbeit von Karmarkar [100] ist aber eine intensive Entwicklung angestossen worden, die zu einer Vielzahl von Veröffentlichungen über sogenannte Innere–Punkte–Methoden geführt hat. Wir gehen im nächsten Kapitel auf Innere–Punkte–Methoden näher ein.

Zum Abschluss dieses Kapitels nennen wir noch einige weitere Bücher, welche ganz oder teilweise linearen Programmen gewidmet sind: [9, 15, 34, 42, 162].

Aufgaben

Aufgabe 3.1. Wie lauten die folgenden linearen Programme in der Normalform (3.1)? Welche von ihnen sind lösbar bzw. eindeutig lösbar? (Eine Veranschaulichung im $\mathbb{R}^2$ ist nützlich.)

(a) $\quad$ min $\quad x_1 + x_2$
$\quad$ u.d.N. $x_1 + x_2 \geq 3$, $x_1 \geq 0$, $x_2 \geq 0$

(b) $\quad$ max $\quad x_1 + x_2$
$\quad$ u.d.N. $x_1 + x_2 \geq 3$, $x_1 \geq 0$, $x_2 \geq 0$

(c) $\quad$ max $\quad x_1 + x_2$
$\quad$ u.d.N. $x_1 + x_2 \geq 3$, $x_1 - 2x_2 \geq -1$, $2x_1 - x_2 \leq 1$, $x_1 \geq 0$, $x_2 \geq 0$.

Aufgabe 3.2. Betrachte das Polyeder

$$P := \{x \in \mathbb{R}^n \mid Ax = b, x \geq 0\}$$

in Normalform mit $A \in \mathbb{R}^{m \times n}, b \in \mathbb{R}^m$ sowie $\text{Rang}(A) = p \leq m$. Ohne Beschränkung der Allgemeinheit seien etwa die ersten p Zeilenvektoren $a_1^T, \ldots, a_p^T$ von A linear unabhängig. Setze

$$\bar{A} := \begin{pmatrix} - a_1^T - \\ \vdots \\ - a_p^T - \end{pmatrix}, \quad \bar{b} := \begin{pmatrix} b_1 \\ \vdots \\ b_p \end{pmatrix}$$

und

$$\bar{P} := \{x \in \mathbb{R}^n \mid \bar{A}x = \bar{b}, x \geq 0\}.$$

Ist P nichtleer, so gilt $P = \bar{P}$.

Aufgabe 3.3. (a) Man löse die folgende lineare Optimierungsaufgabe anhand einer Skizze:

$$\min 3x_1 + x_2 \quad \text{u.d.N.} \quad x_1 - x_2 \le 3, \; x_1 - 3x_2 \le 1, \; x_1 \ge 0, \; x_2 \ge 0.$$

(b) Man forme die Aufgabe um in ein lineares Programm in Normalform (3.1).

(c) Man berechne alle Basisvektoren und identifiziere sie anhand der Skizze aus (a).

Aufgabe 3.4. Gegeben sei das Polyeder $P = \{x \in \mathbb{R}^7 \mid Ax = b, x \ge 0\}$ mit

$$A = \begin{pmatrix} 1\,1\,1\,1\,0\,0\,0 \\ 0\,3\,1\,0\,1\,0\,0 \\ 1\,0\,0\,0\,0\,1\,0 \\ 0\,0\,1\,0\,0\,0\,1 \end{pmatrix}, \quad b = \begin{pmatrix} 4 \\ 6 \\ 2 \\ 3 \end{pmatrix}.$$

Welche der folgenden Vektoren sind Basisvektoren von (P)?

(a) $x = (2, 1, 3, -2, 0, 0, 0)^T$

(b) $x = (1, 0, 3, 0, 1, 0, 0)^T$

(c) $x = (1, 0, 3, 0, 3, 1, 0)^T$

(d) $x = (2, 2, 0, 0, 0, 0, 3)^T$

(e) $x = (2, 1, 1, 0, 2, 0, 2)^T$

Weiter ermittle man alle Basisvektoren mit $x_1 = 2$, $x_2 = 0$.

(Hinweis: Dieses Beispiel wird im Abschnitt 3.2 noch mehrmals auftreten, vergleiche die Beispiele 3.17, 3.22.)

Aufgabe 3.5. Betrachte das primale lineare Programm

$$\min \; c^T x \quad \text{u.d.N.} \quad Ax = b, \; x \ge 0$$

sowie das zugehörige duale Problem

$$\max \; b^T \lambda \quad \text{u.d.N.} \quad A^T \lambda + s = c, \; s \ge 0.$$

Man verifiziere, dass die zugehörigen Optimalitätsbedingungen

$$A^T \lambda + s = c,$$
$$Ax = b,$$
$$x_i \ge 0, \; s_i \ge 0, \; x_i s_i = 0 \quad \forall i = 1, \ldots, n$$

äquivalent sind zu den KKT–Bedingungen von

(a) dem primalen linearen Programm,

(b) dem dualen linearen Programm.

Aufgabe 3.6. Betrachte das primale lineare Programm

$$\min \ c^T x \quad \text{u.d.N.} \quad Ax = b, \ x \geq 0$$

sowie das zugehörige duale Problem

$$\max \ b^T \lambda \quad \text{u.d.N.} \quad A^T \lambda \leq c.$$

Man zeige, dass das duale Problem zum dualen Programm wieder das primale Problem ergibt.

Aufgabe 3.7. Man beweise den Existenzsatz 3.11 (b): Ist $\sup(D) \in \mathbb{R}$, so besitzt das duale lineare Programm

$$\max \ b^T \lambda \quad \text{u.d.N.} \quad A^T \lambda + s = c, \ s \geq 0$$

eine Lösung.

Aufgabe 3.8. Betrachte das primale lineare Programm

$$\min \ c^T x \quad \text{u.d.N.} \quad Ax = b, \ x \geq 0$$

sowie das zugehörige duale Problem

$$\max \ b^T \lambda \quad \text{u.d.N.} \quad A^T \lambda + s = c, \ s \geq 0.$$

Wir bezeichnen mit $\inf(P)$ bzw. $\sup(D)$ die optimalen Funktionswerte des primalen bzw. dualen Problems. Man zeige:

(a) Ist $\inf(P) = -\infty$ (das primale Problem also unbeschränkt), so ist $\sup(D) = -\infty$ (das duale Problem also unzulässig).
(b) Ist $\sup(D) = +\infty$ (das duale Problem also unbeschränkt), so ist $\inf(P) = +\infty$ (das primale Problem also unzulässig).

Anschließend verifiziere man, dass für das Tupel $(\inf(P), \sup(D))$ nur die vier in der nachstehenden Tabelle mit einem ×–Symbol versehenen Fälle eintreten können.

	$\inf(P) = -\infty$	$\inf(P) \in \mathbb{R}$	$\inf(P) = +\infty$
$\sup(D) = -\infty$	×	nein	×
$\sup(D) \in \mathbb{R}$	nein	×	nein
$\sup(D) = +\infty$	nein	nein	×

Aufgabe 3.9. Betrachte das primale lineare Programm

$$\min \ c^T x \quad \text{u.d.N.} \quad Ax = b, \ x \geq 0$$

sowie das zugehörige duale Problem

$$\max \ b^T \lambda \quad \text{u.d.N.} \quad A^T \lambda + s = c, \ s \geq 0.$$

Man zeige, dass die folgenden Aussagen äquivalent sind:

(a) Das primale Problem besitzt eine Lösung x^*.

(b) Das duale Problem besitzt eine Lösung (λ^*, s^*).

(c) Das System

$$A^T \lambda + s = c,$$
$$Ax = b,$$
$$c^T x = b^T \lambda,$$
$$x, s \geq 0$$

besitzt eine Lösung (x^*, λ^*, s^*).

Aufgabe 3.10. Seien e_i der i–te Einheitsvektor im $\mathbb{R}^n$ sowie

$$F := \{e_i \,|\, i = 1, \ldots, n\} \cup \{-e_i \,|\, i = 1, \ldots, n\}.$$

Dann gilt

$$\{u \in \mathbb{R}^n \,|\, \|u\|_1 \leq 1\} = \operatorname{conv}(F).$$

Aufgabe 3.11. Man vervollständige den Beweis des Satzes 3.14, indem man die folgenden Aussagen verifiziere, wobei wir von der Notation des genannten Beweises Gebrauch machen:

(a) Es gilt

$$\max\{z^T f \,|\, f \in F\} = \max\{z^T f \,|\, f \in \operatorname{conv}(F)\}$$

für alle $z \in \mathbb{R}^n$.

(b) Das zu dem linearen Programm

$$\min y^T e \quad \text{u.d.N.} \quad Az \geq a, \; B^T y - z = 0, \; y \geq 0$$

zugehörige duale Problem ist gegeben durch

$$\max a^T \lambda \quad \text{u.d.N.} \quad BA^T \lambda \leq e, \; \lambda \geq 0. \tag{3.58}$$

(c) Der zulässige Bereich des linearen Programms (3.58) besitzt endlich viele Ecken, und die Menge der Ecken ist nichtleer.

Aufgabe 3.12. Seien $A \in \mathbb{R}^{m \times n}$ sowie $x' \in \mathbb{R}^n$ und $b' \in \mathbb{R}^m$ mit $Ax' \leq b'$ gegeben. Sei ferner $b \in \mathbb{R}^m$ derart, dass das Polyeder $P_b := \{x \in \mathbb{R}^n \,|\, Ax \leq b\}$ nichtleer ist. Dann existiert ein $x \in \mathbb{R}^n$ mit $Ax \leq b$ und

$$\|x' - x\|_\infty \leq c_A \|b' - b\|_\infty,$$

wobei $c_A > 0$ die Konstante aus der Fehlerschranke von Hoffman bezeichnet.

Aufgabe 3.13. Ist $x \in \mathbb{R}^n$ ein optimaler nichtentarteter Basisvektor für das lineare Programm (3.21), so gilt für die aus (3.24), (3.25) ermittelten Zahlen u_j

$$u_j \geq 0 \quad \text{für alle } j \in J,$$

d.h., die in Lemma 3.18 genannte Bedingung ist im Fall, dass x nicht entartet ist, auch notwendig.

Aufgabe 3.14. Man führe für das Beispiel 3.17 und den dort angegebenen Basisvektor $x = (2, 0, 0, 2, 6, 0, 3)^T$ einen Simplex–Schritt durch. Dabei gehe man jeder möglichen Wahl der Austausch–Indizes r, s nach. (Die Ergebnisse stehen im Beispiel 3.22).

Aufgabe 3.15. Gegeben ist das lineare Programm

$$\begin{array}{rrrrl} \min & -2v_1 & -3v_2 & -4v_3 & \\ \text{u.d.N.} & v_1 & +v_2 & +v_3 & \leq 4, \\ & & 3v_2 & +v_3 & \leq 6, \\ & v_1 & & & \leq 2, \\ & & & v_3 & \leq 3. \end{array}$$

(a) Man skizziere den zulässigen Bereich dieses Programms.
(b) Bringt man das lineare Programm auf Normalform, so erhält man gerade die in den Beispielen 3.17, 3.22 betrachtete Aufgabe. Man identifiziere die in Aufgabe 3.4 bzw. in Beispiel 3.22 auftretenden Basisvektoren in der Skizze aus (a) und mache sich klar, wodurch sich *entartete* Basisvektoren dabei auszeichnen.

Aufgabe 3.16. Man beweise Bemerkung 3.23 unter Verwendung von Korollar 3.9.

Aufgabe 3.17. Man wende Algorithmus 3.24 per Handrechnung an auf das lineare Programm

$$\min \quad -3x_1 - x_2 - 3x_3$$

$$\text{u.d.N.} \quad \begin{pmatrix} 2 & 1 & 1 \\ 1 & 2 & 3 \\ 2 & 2 & 1 \end{pmatrix} \begin{pmatrix} x_1 \\ x_2 \\ x_3 \end{pmatrix} \leq \begin{pmatrix} 2 \\ 5 \\ 6 \end{pmatrix}, \quad x_1 \geq 0, \quad x_2 \geq 0, \quad x_3 \geq 0.$$

(Hinweis: Nach Umschreiben in Normalform ist ein Start–Basisvektor leicht ablesbar (notfalls lese man den Anfang von Unterabschnitt 3.4.2). Die Rechnung ist recht kurz, als minimalen Zielfunktionswert erhält man $-27/5$.)

Aufgabe 3.18. Man implementiere Algorithmus 3.24 zur Lösung eines linearen Programms

$$\min c^T x \quad \text{u.d.N.} \quad Ax = b, \, x \geq 0.$$

Dabei kann davon ausgegangen werden, dass ein (Start–) Basisvektor bekannt ist. Zur Lösung der linearen Gleichungssysteme verwende man irgendeinen Gleichungslöser (etwa mittels LR–Zerlegung mit Spaltenpivotisierung).

Man teste das Programm anhand der Aufgaben

$$\min \quad -3x_1 - 4x_2$$

$$\text{u.d.N.} \quad \begin{pmatrix} 1 & 2 \\ 3 & 2 \\ 1 & 4 \end{pmatrix} \begin{pmatrix} x_1 \\ x_2 \end{pmatrix} \leq \begin{pmatrix} 12 \\ 24 \\ 24 \end{pmatrix}, \quad x_1 \geq 0, \quad x_2 \geq 0$$

und

$$\min \quad -2x_1 - 4x_2 - x_3 - x_4$$

$$\text{u.d.N.} \quad \begin{pmatrix} 1 & 3 & 0 & 1 \\ 2 & 1 & 0 & 0 \\ 0 & 1 & 4 & 1 \end{pmatrix} \begin{pmatrix} x_1 \\ x_2 \\ x_3 \\ x_4 \end{pmatrix} \leq \begin{pmatrix} 4 \\ 3 \\ 3 \end{pmatrix}, \quad x_i \geq 0, \quad i = 1, \dots, 4.$$

Hinsichtlich der Startsituation vergleiche man den Hinweis bei Aufgabe 3.17. Zur Kontrolle: Die minimalen Zielfunktionswerte sind -30 und -6.5.

Aufgabe 3.19. Eine auf einem Intervall $[a, b]$ definierte reellwertige Funktion f soll durch ein Polynom

$$p(y; t) = \sum_{j=1}^{k} y_j t^{j-1}$$

von vorgegebenem Höchstgrad $k - 1$ (mit $y = (y_1, \dots, y_k)^T$) approximiert werden, so dass für $t_i := a + i(b - a)/q$ (mit vorgegebener Rasterbreite $(b - a)/q$, $q \in \mathbb{N}$) der Ausdruck

$$\Delta(y) := \max_{i=0,\dots,q} |f(t_i) - p(y, t_i)|$$

möglichst klein wird. Man formuliere diese diskrete *Tschebyscheff–Approximationsaufgabe* als lineares Programm der Form

$$\max \quad b^T \tilde{y} \quad \text{u.d.N.} \quad A^T \tilde{y} \leq c$$

(mit expliziter Angabe von A, b, c).

(Hinweis: Führt man $y_{k+1} := \Delta(y)$ als zusätzliche Variable ein, so ist die Minimierung von $\Delta(y)$ äquivalent mit

$$\min \quad y_{k+1}$$
$$\text{u.d.N.} \quad |f(t_i) - p(y, t_i)| \leq y_{k+1}, \; i = 0, 1, \dots, q,$$

und jede dieser Betragsungleichungen lässt sich durch zwei lineare Ungleichungen ersetzen.)

Aufgabe 3.20. (a) Seien $B \in \mathbb{R}^{m \times m}$ regulär sowie $u, v \in \mathbb{R}^m$ gegeben. Dann ist die Matrix $B + uv^T$ genau dann regulär, wenn $1 + v^T B^{-1} u \neq 0$ ist. In diesem Fall gilt (E_m bezeichne die $m \times m$–Einheitsmatrix)

$$(B + uv^T)^{-1} = \left(E_m - \frac{B^{-1} uv^T}{1 + v^T B^{-1} u} \right) B^{-1}$$

(dies ist die sogenannte *Sherman–Morrison–Formel*).

(b) In den Bezeichnungen von Abschnitt 3.2 sei $B = (a_i)_{i \in I}$ die aktuelle Basismatrix, a_s die aus B zu entfernende Spalte (die in der Nummerierung mit den Indizes aus I die Nummer s trägt), a_r (mit $r \notin I$) die als neue Spalte an die Stelle von a_s tretende (und deshalb wieder mit der Nummer s versehene) Spalte von A und B^{neu} die so entstehende Basismatrix zur neuen Indexmenge I^{neu}. Somit ist

$$B^{neu} = B + (a_r - a_s)\hat{e}_s^T;$$

dabei bezeichnet $\hat{e}_s$ jenen Einheitsvektor des $\mathbb{R}^m$, dessen 1 in der Zeile mit der Nummer s steht (wieder in der Nummerierung mit den Indizes aus I). Man zeige mittels der Sherman–Morrison–Formel die Gültigkeit von

$$(B^{neu})^{-1} = B^{-1} - \frac{(d - \hat{e}_s)v_s^T}{d_s},$$

wobei d die Lösung des Gleichungssystems $Bd = a_r$ (vgl. (3.30)) und v_s die Zeile mit der Nummer s der Matrix B^{-1} bezeichnet.

Aufgabe 3.21. Das Beispiel von Beale [11] für das Auftreten eines Zyklus hat folgende Daten: $m = 3$, $n = 6$,

$$A = \begin{pmatrix} \frac{1}{4} & -8 & -1 & 9 & 1 & 0 & 0 \\ \frac{1}{2} & -12 & -\frac{1}{2} & 3 & 0 & 1 & 0 \\ 0 & 0 & 1 & 0 & 0 & 0 & 1 \end{pmatrix}, \quad b = \begin{pmatrix} 0 \\ 0 \\ 1 \end{pmatrix},$$

$$c = \left(-\frac{3}{4} \ 20 \ -\frac{1}{2} \ 6 \ 0 \ 0 \ 0\right)^T.$$

Wählt man in Schritt (S.4) von Algorithmus 3.24 den in die Indexmenge I_k aufzunehmenden Index r_k nach der Vorschrift

$$u_{r_k}^k = \min_{j \in J_k} u_j^k$$

und den in Schritt (S.7) aus I_k zu entfernenden Index s_k minimal, so erhält man den folgenden Zyklus:

$$\{5, 6, 7\}, \{1, 6, 7\}, \{1, 2, 7\}, \{3, 2, 7\}, \{3, 4, 7\}, \{5, 4, 7\}, \{5, 6, 7\}, \ldots.$$

Rechnet man dagegen nach den im Satz 3.27 angegebenen Vorschriften, so erhält man die folgenden Mengen I_k:

$$\{5, 6, 7\}, \{1, 6, 7\}, \{1, 2, 7\}, \{3, 2, 7\}, \{3, 4, 7\}, \{3, 4, 1\}, \{3, 5, 1\}$$

und im letzten Schritt bricht das Verfahren mit der Lösung

$$x^* = (1, 0, 1, 0, \frac{3}{4}, 0, 0)^T$$

ab.

Aufgabe 3.22. Betrachtet werde zu dem linearen Programm (3.21) das Hilfsproblem (3.48). Sei $\left(\begin{smallmatrix} x \\ z \end{smallmatrix}\right)$ ein entarteter Basisvektor mit Indexmenge I und mit der Eigenschaft $z = 0$. Unter der Voraussetzung Rang$(A) = m$ ist der Vektor x dann nach Satz 3.28 ein Basisvektor für (3.21), jedoch kann die Menge I Indizes $i > n$ enthalten. Die folgende Aussage zeigt, wie man einen solchen für Phase II unbrauchbaren Index gegen einen Index aus $\{1, \dots, n\}$ austauschen kann.

Es bezeichne $B = (a_i)_{i \in I}$ die Matrix mit den zu I gehörenden Spalten von $(A\ E_m)$ (es sei also insbesondere a_{n+j} der j–te Einheitsvektor, falls $n+j \in I$ und $j \geq 1$). Sei nun $s \in \{n+1, \dots, n+m\} \cap I$. Man zeige: Ist $r \in \{1, \dots, n\} \setminus I$ ein Index mit der Eigenschaft, dass für den gemäß

$$Bd = a_r$$

zugehörigen Vektor $d = (d_i)_{i \in I}$ gilt

$$d_s \neq 0,$$

so ist $\left(\begin{smallmatrix} x \\ z \end{smallmatrix}\right)$ auch Basisvektor mit Indexmenge $(I \cup \{r\}) \setminus \{s\}$.

(Hinweis: Man sehe sich den Beweis von Satz 3.20 an.)

Aufgabe 3.23. Es liege die in Aufgabe 3.22 beschriebene Situation vor; über den Rang von A werde nichts vorausgesetzt. Es sei wieder $s = n + q \in I$ mit $q \in \{1, \dots, m\}$. Man zeige: Gilt für alle Indizes $r \in \{1, \dots, n\} \setminus I$ für den gemäß

$$Bd = a_r$$

zugehörigen Vektor $d = (d_i)_{i \in I}$

$$d_s = 0,$$

so ist die q–te Zeile von A linear abhängig von den übrigen Zeilen (und man kann diese Zeile streichen und mit einer um 1 verkleinerten Zeilenzahl m fortfahren).

(Hinweis: Man zeige zunächst, dass jeder Vektor $B^{-1}a_r$, $r \in \{1, \dots, n\}$, als Eintrag in der Zeile Nummer s (in der Nummerierung mit den Indizes aus I) eine Null besitzt (im Fall $r \notin I$ ist dies vorausgesetzt, im Fall $r \in I$ ist die Lösung von $Bd = a_r$ ein Einheitsvektor, wobei die 1 die Nummer $r \neq s$ hat). Bezeichnet $\hat{e}_s$ jenen Einheitsvektor des $\mathbb{R}^m$, dessen 1 in der Zeile mit der Nummer s steht, so hat man also $\hat{e}_s^T(B^{-1}A) = 0$ oder

$$A^T(B^{-T}\hat{e}_s) = 0.$$

In dieser Linearkombination der Spalten von A^T ist der Koeffizient der q–ten Spalte (in der üblichen Nummerierung $1, 2, \dots, m$ und dem üblichen q–ten Einheitsvektor e_q)

$$\left(B^{-T}\hat{e}_s\right)_q = e_q^T\left(B^{-T}\hat{e}_s\right) = \left(B^{-1}e_q\right)^T\hat{e}_s.$$

Nach Definition von q ist dabei $a_s = a_{m+s} = e_q$, folglich gilt (analog zu oben im Fall $r \in I$) $B^{-1}e_q = B^{-1}a_s = \hat{e}_s$. Der genannte Koeffizient der q–ten Spalte von A^T ist somit gleich 1, d.h., diese Spalte kann als Linearkombination der übrigen Spalten geschrieben werden.)

Aufgabe 3.24. Man erstelle – in Erweiterung bzw. Abänderung des Programms aus Aufgabe 3.18 – ein Programm zur Lösung eines linearen Programms

$$\min c^T x \quad \text{u.d.N.} \quad Ax = b, \, x \geq 0$$

mit dem Simplex–Verfahren, und zwar unter Einbeziehung der „Big–M–Methode" (vergleiche Satz 3.49) und der im Unterabschnitt 3.4.3 besprochenen Modifikationstechnik.

Testproblem 1: $m = 8$, $n = 16$,

$$A = \begin{pmatrix} 1\,0\,0\,0\,1\,0\,0\,0\,1\,0\,0\,0\,1\,0\,0\,0 \\ 0\,1\,0\,0\,0\,1\,0\,0\,0\,1\,0\,0\,0\,1\,0\,0 \\ 0\,0\,1\,0\,0\,0\,1\,0\,0\,0\,1\,0\,0\,0\,1\,0 \\ 0\,0\,0\,1\,0\,0\,0\,1\,0\,0\,0\,1\,0\,0\,0\,1 \\ 1\,1\,1\,1\,0\,0\,0\,0\,0\,0\,0\,0\,0\,0\,0\,0 \\ 0\,0\,0\,0\,1\,1\,1\,1\,0\,0\,0\,0\,0\,0\,0\,0 \\ 0\,0\,0\,0\,0\,0\,0\,0\,1\,1\,1\,1\,0\,0\,0\,0 \\ 0\,0\,0\,0\,0\,0\,0\,0\,0\,0\,0\,0\,1\,1\,1\,1 \end{pmatrix} , \quad b = \begin{pmatrix} 1 \\ 1 \\ 1 \\ 1 \\ 1 \\ 1 \\ 1 \\ 1 \end{pmatrix} ,$$

$$c = -\begin{pmatrix} 3\,3\,4\,2\,2\,4\,1\,1\,2\,2\,4\,1\,1\,3\,4\,3 \end{pmatrix}^T .$$

(Anmerkungen: Schadet es etwas, dass der Rang von A nicht maximal ist? Es treten viele entartete Basisvektoren auf. Dieses Beispiel steht übrigens in einem Zusammenhang mit einer Zuordnungsaufgabe. Zur Kontrolle: Der minimale Wert der Zielfunktion ist -14.)

Testproblem 2a: Ein selbst konstruiertes kleines Problem, welches keine zulässigen Punkte besitzt.

Testproblem 2b: Ein selbst konstruiertes kleines Problem, bei dem die Zielfunktion nach unten unbeschränkt ist.

Testproblem 2c: Ein selbst konstruiertes kleines Problem, welches lösbar ist und bei dem der Algorithmus für $M \leq 1000$ versagt, für $M > 1000$ jedoch eine Lösung liefert.

4. Innere–Punkte–Methoden

Dieses Kapitel gibt eine Einführung in die Klasse der sogenannten Inneren–Punkte–Verfahren (engl.: interior-point methods), die insbesondere bei der Lösung von großen linearen Programmen als echte Alternative zum Simplex–Verfahren angesehen werden müssen. Deshalb wird sich unsere Darstellung auch weitgehend auf lineare Programme beschränken. Allerdings beschäftigen wir uns auch mit sogenannten semi–definiten Programmen, die eine Verallgemeinerung von linearen Programmen darstellen und beispielsweise bei der Lösung von gewissen kombinatorischen Optimierungsproblemen einige Bedeutung erlangt haben. Zusätzlich führen wir dann noch die Klasse der Glättungsverfahren ein, da diese in einem engen Zusammenhang mit den Inneren–Punkte–Methoden stehen.

4.1 Grundlagen

Dieser Abschnitt gibt einen Einblick in die Grundlagen und wesentlichen Ideen der Inneren–Punkte–Methoden. Der Unterabschnitt 4.1.1 ist daher zunächst dem sogenannten zentralen Pfad gewidmet, der zum Verständnis der Inneren–Punkte–Verfahren von großer Bedeutung ist. Schließlich beschreiben wir im Unterabschnitt 4.1.2 die Grundidee der Inneren–Punkte–Verfahren zur Lösung von linearen Programmen.

4.1.1 Der zentrale Pfad

Betrachte das primale lineare Programm

$$\min \ c^T x \quad \text{u.d.N.} \quad Ax = b, x \geq 0 \tag{4.1}$$

und das zugehörige duale lineare Programm

$$\max \ b^T \lambda \quad \text{u.d.N.} \quad A^T \lambda + s = c, s \geq 0 \tag{4.2}$$

mit $A \in \mathbb{R}^{m \times n}, b \in \mathbb{R}^m, c \in \mathbb{R}^n$ (vergleiche Abschnitt 3.1.2). Aufgrund des Satzes 3.7 sind das primale und das duale lineare Programm sowie die zugehörigen Optimalitätsbedingungen

$$\begin{aligned}
A^T\lambda + s &= c, \\
Ax &= b, \\
x_i s_i &= 0 \quad \forall i = 1, \ldots, n, \\
x, s &\geq 0
\end{aligned} \tag{4.3}$$

zueinander äquivalent in dem Sinne, dass eines dieser Probleme genau dann eine Lösung besitzt, wenn dies für eines der anderen Probleme gilt. Insbesondere rechtfertigt diese Beobachtung, sowohl das primale als auch das duale lineare Programm über die zugehörigen Optimalitätsbedingungen (4.3) zu lösen. Genau hierauf basieren letztlich die in diesem Kapitel zu beschreibenden Verfahren. Man spricht deshalb auch von *primal–dualen Verfahren*, da sie sowohl von den primalen Variablen x als auch von den dualen Variablen (λ, s) Gebrauch machen. Hingegen arbeiten die *primalen Verfahren* nur mit den x–Variablen und die *dualen Verfahren* ausschließlich mit den λ– bzw. (λ, s)–Variablen. Die rein primalen oder dualen Verfahren werden in diesem Kapitel jedoch nicht weiter besprochen und sind den primal–dualen Verfahren numerisch im Allgemeinen auch unterlegen.

In diesem Unterabschnitt sind wir an der nachstehenden Störung der Optimalitätsbedingungen (4.3) interessiert:

$$\begin{aligned}
A^T\lambda + s &= c, \\
Ax &= b, \\
x_i s_i &= \tau \quad \forall i = 1, \ldots, n, \\
x, s &> 0,
\end{aligned} \tag{4.4}$$

wobei $\tau > 0$ ein gegebener Parameter ist. Wir werden diese gestörten Optimalitätsbedingungen häufig als *zentrale Pfad–Bedingungen* bezeichnen. Ist $(x_\tau, \lambda_\tau, s_\tau)$ eine (möglichst eindeutige) Lösung von (4.4), so heißt die Abbildung

$$\tau \mapsto (x_\tau, \lambda_\tau, s_\tau)$$

in der Literatur über Innere–Punkte–Verfahren üblicherweise der *zentrale Pfad*. Dieser Pfad spielt bei praktisch allen Inneren–Punkte–Methoden eine große Rolle, denn die wesentliche Idee der meisten Inneren–Punkte–Methoden besteht darin, den zentralen Pfad numerisch mehr oder weniger exakt zu verfolgen.

Im Moment ist allerdings noch nicht einmal klar, ob die zentralen Pfad–Bedingungen für alle oder auch nur ein $\tau > 0$ überhaupt eine Lösung $(x_\tau, \lambda_\tau, s_\tau)$ besitzen, und ob diese ggf. eindeutig bestimmt ist. Das zweidimensionale Beispiel

$$\min x_1 + x_2 \quad \text{u.d.N.} \quad x_1 + x_2 = 0, \ x_1 \geq 0, \ x_2 \geq 0$$

zeigt etwa, dass die zentralen Pfad–Bedingungen nicht notwendig lösbar sein müssen, obwohl das zugehörige lineare Programm sehr wohl eine Lösung besitzt.

Das Ziel dieses Unterabschnittes wird es sein, unter gewissen Voraussetzungen die Existenz und Eindeutigkeit einer Lösung der Bedingungen (4.4) nachzuweisen. Zu diesem Zweck betrachten wir das folgende, zum primalen linearen Programm (4.1) zugehörige, (logarithmische) Barriere–Problem:

$$\min \ c^T x - \tau \sum_{i=1}^{n} \log(x_i) \quad \text{u.d.N.} \quad Ax = b, x > 0. \tag{4.5}$$

Entsprechend lautet das zum dualen Problem (4.2) zugehörige Barriere–Problem:

$$\max \ b^T \lambda + \tau \sum_{i=1}^{n} \log(s_i) \quad \text{u.d.N.} \quad A^T \lambda + s = c, s > 0. \tag{4.6}$$

(Etwas mehr über Barriere–Funktionen findet der Leser im Unterabschnitt 5.2.2.) Unser nächstes Resultat ähnelt im Prinzip dem Satz 3.7 und besagt, dass die zentralen Pfad–Bedingungen (4.4) genau dann eine Lösung besitzen, wenn eines der beiden Barriere–Probleme (4.5) oder (4.6) lösbar ist. Zum Beweis benutzen wir eine Variante des Korollars 2.47: Betrachte dazu das Optimierungsproblem

$$\min f(x) \quad \text{u.d.N.} \quad Ax = b, \ x \in X \tag{4.7}$$

mit einer stetig differenzierbaren und konvexen Zielfunktion $f : \mathbb{R}^n \to \mathbb{R}$, einer Matrix $A \in \mathbb{R}^{m \times n}$, einem Vektor $b \in \mathbb{R}^m$ sowie einer *offenen* Menge $X \subseteq \mathbb{R}^n$. Es handelt sich bei (4.7) also um ein konvexes Optimierungsproblem mit linearen Restriktionen, bei dem zusätzlich aber noch eine offene Menge auftritt. Da die durch X beschriebene zusätzliche Restriktion stets inaktiv ist, bleibt die Aussage des Korollars 2.47 sinngemäß auch für das Problem (4.7) gültig, d.h., ein Vektor $x^* \in X$ ist genau dann eine Lösung von (4.7), wenn es einen Lagrange–Multiplikator $\lambda^* \in \mathbb{R}^m$ gibt, so dass $(x^*, \lambda^*) \in X \times \mathbb{R}^m$ den KKT–Bedingungen

$$\nabla f(x) + A^T \lambda = 0,$$
$$Ax = b$$

genügt. Wir werden diese Variante des Korollars 2.47 im Beweis des nächsten Resultates verwenden.

Satz 4.1. *Sei $\tau > 0$ gegeben. Dann sind die folgenden Aussagen äquivalent:*

(a) Das primale Barriere–Problem (4.5) besitzt eine Lösung x_τ.
(b) Das duale Barriere–Problem (4.6) besitzt eine Lösung (λ_τ, s_τ).
(c) Die zentralen Pfad–Bedingungen (4.4) besitzen eine Lösung $(x_\tau, \lambda_\tau, s_\tau)$.

Beweis. Wir beweisen zunächst die Äquivalenz der Aussagen (a) und (c). Zu diesem Zweck bemerken wir zunächst, dass die Zielfunktion des primalen Barriere–Problems (4.5) offenbar konvex ist. Daher lässt sich die oben erwähnte Variante des Korollars 2.47 anwenden: Ein Vektor x_τ ist genau dann eine Lösung von (4.5), wenn ein Vektor $\lambda_\tau \in \mathbb{R}^m$ existiert, so dass die nachstehenden KKT–Bedingungen von (4.5) in $(x, \lambda) = (x_\tau, \lambda_\tau)$ erfüllt sind:

$$c - \tau X^{-1} e - A^T \lambda = 0,$$
$$Ax = b,$$
$$x > 0;$$

dabei ist $e := (1, \ldots, 1)^T$ und $X := \mathrm{diag}(x_1, \ldots, x_n)$. Setzt man nun noch $s_\tau := \tau X_\tau^{-1} e > 0$, so genügt das Tripel $(x_\tau, \lambda_\tau, s_\tau)$ offenbar den zentralen Pfad–Bedingungen (4.4). Also sind die Aussagen (a) und (c) äquivalent.

Auf ähnliche Weise kann man zeigen, dass auch die Aussagen (b) und (c) zueinander äquivalent sind. (Die zentralen Pfad–Bedingungen sind gerade die KKT–Bedingungen des dualen Barriere–Problems (4.6).)   □

Um die Existenz einer Lösung für die zentralen Pfad–Bedingungen beweisen zu können, genügt es wegen Satz 4.1, einen Existenznachweis für das primale Barriere–Problem (4.5) zu führen. (Alternativ könnte man auch das duale Barriere–Problem (4.6) verwenden.) Bevor wir dazu kommen, sei allerdings daran erinnert, dass die zentralen Pfad–Bedingungen nicht immer eine Lösung besitzen. Daher benötigt man an dieser Stelle eine weitere Voraussetzung. Zu diesem Zweck definieren wir die *primal–dual zulässige Menge*

$$\mathcal{F} := \{(x, \lambda, s) \mid Ax = b, A^T \lambda + s = c, x, s \geq 0\}$$

und die *primal–dual strikt zulässige Menge*

$$\mathcal{F}^o := \{(x, \lambda, s) \mid Ax = b, A^T \lambda + s = c, x > 0, s > 0\},$$

die wir im Folgenden auch einfach als *zulässige Menge* und *strikt zulässige Menge* bezeichnen werden. Die Menge $\mathcal{F}$ (bzw. $\mathcal{F}^o$) enthält also genau diejenigen Punkte $(x, \lambda, s) \in \mathbb{R}^n \times \mathbb{R}^m \times \mathbb{R}^n$, welche sowohl den Nebenbedingungen des primalen linearen Programmes (4.1) als auch den Nebenbedingungen des dualen linearen Programmes (4.2) genügen (bzw. strikt genügen).

Ist $(x_\tau, \lambda_\tau, s_\tau)$ Lösung der zentralen Pfad–Bedingungen (4.4) für ein $\tau > 0$, so gehört dieser Vektor insbesondere zu der strikt zulässigen Menge $\mathcal{F}^o$. Ist diese Menge daher leer, so können die zentralen Pfad–Bedingungen (4.4) keine Lösung besitzen. Wegen Satz 4.1 hat dann auch das primale Barriere–Problem (4.5) keine Lösung. Somit ist $\mathcal{F}^o \neq \emptyset$ also eine notwendige Bedingung dafür, dass das Problem (4.5) ein Minimum besitzt. Das nächste Resultat zeigt nun, dass diese Bedingung auch hinreichend ist.

Satz 4.2. *Die strikt zulässige Menge $\mathcal{F}^o$ sei nichtleer. Dann besitzt das primale Barriere–Problem (4.5) für jedes $\tau > 0$ eine Lösung x_τ.*

Beweis. Seien $\tau > 0$ fest gewählt sowie $(\hat{x}, \hat{\lambda}, \hat{s}) \in \mathcal{F}^o$ gegeben, d.h.,

$$A^T \hat{\lambda} + \hat{s} = c,$$
$$A\hat{x} = b, \qquad (4.8)$$
$$\hat{x}, \hat{s} > 0.$$

Im Folgenden bezeichnen wir mit

$$B_\tau(x) := c^T x - \tau \sum_{i=1}^{n} \log(x_i)$$

die Zielfunktion des primalen Barriere–Problems (4.5). Wir werden zeigen, dass die „zulässige Levelmenge"

$$\mathcal{L}_\tau := \{x \in \mathbb{R}^n \mid Ax = b, x \geq 0, B_\tau(x) \leq B_\tau(\hat{x})\}$$

kompakt ist (streng genommen müssten wir $x > 0$ voraussetzen, aber dies wird sich implizit sowieso aus der Bedingung $B_\tau(x) \leq B_\tau(\hat{x})$ ergeben). Da die Menge $\mathcal{L}_\tau$ offensichtlich abgeschlossen ist, haben wir lediglich ihre Beschränktheit zu verifizieren. Für $x \in \mathcal{L}_\tau$ folgt aus (4.8):

$$B_\tau(x) = c^T x - \tau \sum_{i=1}^{n} \log x_i$$

$$= c^T x - \hat{\lambda}^T(Ax - b) - \tau \sum_{i=1}^{n} \log x_i$$

$$= c^T x - x^T A^T \hat{\lambda} + b^T \hat{\lambda} - \tau \sum_{i=1}^{n} \log x_i$$

$$= c^T x - x^T(c - \hat{s}) + b^T \hat{\lambda} - \tau \sum_{i=1}^{n} \log x_i$$

$$= x^T \hat{s} + b^T \hat{\lambda} - \tau \sum_{i=1}^{n} \log x_i.$$

Daher ist die Bedingung
$$B_\tau(x) \leq B_\tau(\hat{x})$$

äquivalent zu

$$x^T \hat{s} + b^T \hat{\lambda} - \tau \sum_{i=1}^{n} \log x_i \leq B_\tau(\hat{x}).$$

Dies wiederum kann geschrieben werden in der Form

$$\sum_{i=1}^{n} (\hat{s}_i x_i - \tau \log x_i) \leq B_\tau(\hat{x}) - b^T \hat{\lambda} =: \kappa,$$

wobei κ eine Konstante ist. Da eine Funktion der Gestalt

$$x_i \mapsto (\hat{s}_i x_i - \tau \log x_i)$$

nach unten beschränkt ist und für $x_i \to +\infty$ gegen $+\infty$ geht, ergibt sich hieraus die Beschränktheit (und somit Kompaktheit) der Menge $\mathcal{L}_\tau$. (Dieselbe Funktion geht auch für $x_i \to 0$ gegen $+\infty$, so dass die Bedingung $B_\tau(x) \leq B_\tau(\hat{x})$ für ein $x \in \mathcal{L}_\tau$ automatisch $x > 0$ impliziert, was weiter oben schon angedeutet wurde.)

Da eine stetige Funktion auf einer kompakten Menge bekanntlich ein Minimum annimmt, besitzt das Optimierungsproblem

$$\min \; B_\tau(x) \quad \text{u.d.N.} \quad x \in \mathcal{L}_\tau$$

daher eine Lösung x_τ. Aus der Definition der Menge $\mathcal{L}_\tau$ ergibt sich dann sofort, dass dieser Vektor bereits eine Lösung des primalen Barriere–Problems (4.5) ist.   □

Wir sind nun in der Lage, das Hauptresultat dieses Unterabschnittes zu beweisen.

Satz 4.3. *(Existenz des zentralen Pfades)*
Die strikt zulässige Menge $\mathcal{F}^o$ sei nichtleer. Dann besitzen die zentralen Pfad–Bedingungen (4.4) für jedes $\tau > 0$ eine Lösung $(x_\tau, \lambda_\tau, s_\tau)$. Dabei sind die x– und s–Komponenten dieses Vektors eindeutig bestimmt; besitzt A vollen Rang, so ist auch die λ–Komponente eindeutig.

Beweis. Da die Menge $\mathcal{F}^o$ nach Voraussetzung nichtleer ist, besitzt das primale Barriere–Problem (4.5) wegen Satz 4.2 für jedes $\tau > 0$ eine Lösung x_τ. Aufgrund des Satzes 4.1 besitzen dann auch die zentralen Pfad–Bedingungen für jedes $\tau > 0$ eine Lösung $(x_\tau, \lambda_\tau, s_\tau)$, wobei der x–Teil gerade die Lösung von (4.5) ist. Da die Zielfunktion des Barriere–Problems (4.5) offenbar strikt konvex ist, ist x_τ aufgrund des Satzes 2.13 (b) eindeutig bestimmt. Dies wiederum impliziert auch die Eindeutigkeit der s–Komponente aufgrund der Bedingungen $x_i s_i = \tau$ für $i = 1, \ldots, n$. Hingegen ist die λ–Komponente im Allgemeinen nicht eindeutig, es sei denn, die Matrix A besitzt vollen Rang, denn dann ist λ eindeutig gegeben durch die Gleichung $A^T \lambda + s = c$ (nämlich $\lambda = (AA^T)^{-1} A(c - s)$), da das zugehörige s ja schon als eindeutig bestimmt identifiziert wurde.   □

4.1.2 Grundzüge der Inneren–Punkte–Verfahren

Die in diesem Kapitel zu beschreibenden Inneren–Punkte–Verfahren sind im Prinzip nichts anderes als ein Newton–Verfahren, welches auf die Gleichungen innerhalb der zentralen Pfad–Bedingungen angewandt wird; die bei den zentralen Pfad–Bedingungen zusätzlich auftretenden Ungleichungen werden dabei vorübergehend vernachlässigt. Das Newton–Verfahren spielt bei der Herleitung der Inneren–Punkte–Verfahren daher eine große Rolle, weshalb wir in diesem Unterabschnitt zunächst kurz an dieses Verfahren erinnern wollen. Für eine detailliertere Untersuchung verweisen wir den Leser auf den Unterabschnitt 5.5.1.

Sei dazu $F : \mathbb{R}^p \to \mathbb{R}^p$ eine zumindest stetig differenzierbare Funktion. Sei ferner $w^* \in \mathbb{R}^p$ eine Lösung des nichtlinearen Gleichungssystems

$$F(w) = 0. \tag{4.9}$$

Bezeichnet $w^k \in \mathbb{R}^p$ eine Näherung für w^*, so bestimmt das Newton–Verfahren für (4.9) die nächste Iterierte w^{k+1} als Lösung des Gleichungssystems

$$F_k(w) = 0, \tag{4.10}$$

wobei $F_k : \mathbb{R}^p \to \mathbb{R}^p$ die Linearisierung von F um w^k sei, d.h.,

$$F_k(w) := F(w^k) + F'(w^k)(w - w^k).$$

Mit diesem F_k lautet die Berechnungsvorschrift (4.10) für w^{k+1} explizit wie folgt:

$$w^{k+1} := w^k - F'(w^k)^{-1}F(w^k). \tag{4.11}$$

Numerisch wird man die Inverse $F'(w^k)^{-1}$ natürlich nicht berechnen; vielmehr bestimmt man einen Korrekturvektor $\Delta w^k \in \mathbb{R}^p$ als Lösung des linearen Gleichungssystems

$$F'(w^k)\Delta w = -F(w^k) \tag{4.12}$$

und setzt anschließend

$$w^{k+1} := w^k + \Delta w^k; \tag{4.13}$$

diese Vorgehensweise liefert offenbar denselben Vektor w^{k+1} wie in (4.11). Das hierbei zu lösende Gleichungssystem (4.12) wird häufig auch als *Newton–Gleichung* bezeichnet.

Unter gewissen Voraussetzungen (die bei den Inneren–Punkte–Verfahren allerdings häufig nicht erfüllt sind, was uns an dieser Stelle aber nicht weiter stören soll) ist dieses Newton–Verfahren lokal schnell konvergent, siehe Satz 5.26. Zwecks Globalisierung dieses Verfahrens bestimmt man üblicherweise eine geeignete Schrittweite $t_k > 0$ und ersetzt die Vorschrift (4.13) durch

$$w^{k+1} := w^k + t_k \Delta w^k. \tag{4.14}$$

Wir wollen dieses Newton–Verfahren nun auf die zentralen Pfad–Bedingungen

$$
\begin{aligned}
A^T\lambda + s &= c, \\
Ax &= b, \\
x_i s_i &= \tau \quad \forall i = 1, \ldots, n, \\
x, s &> 0
\end{aligned}
\tag{4.15}
$$

anwenden, wobei τ wieder einen positiven Parameter bezeichne. Zu diesem Zweck setzen wir

$$F_\tau(w) := F_\tau(x, \lambda, s) := \begin{pmatrix} A^T\lambda + s - c \\ Ax - b \\ XSe - \tau e \end{pmatrix}, \qquad (4.16)$$

wobei wir hier von den (Standard–) Notationen

$$X := \operatorname{diag}(x_1, \ldots, x_n),$$
$$S := \operatorname{diag}(s_1, \ldots, s_n),$$
$$e := (1, \ldots, 1)^T$$

Gebrauch gemacht haben. Mit dem so definierten F_τ lauten die zentralen Pfad–Bedingungen (4.15) wie folgt:

$$F_\tau(x, \lambda, s) = 0, \quad x > 0,\, s > 0. \qquad (4.17)$$

Die Inneren–Punkte–Methoden wenden nun ein Newton–Verfahren auf die *Gleichungen* innerhalb dieser zentralen Pfad–Bedingungen an, also auf das System $F_\tau(w) = 0$; die in (4.17) zusätzlich auftretenden strikten Ungleichungen werden dabei vorübergehend vernachlässigt. Damit dieses Newton– Verfahren durchführbar ist, müssen wir uns zunächst überlegen, dass die Jacobi–Matrix

$$F_\tau'(x, \lambda, s) = \begin{pmatrix} 0 & A^T & I \\ A & 0 & 0 \\ S & 0 & X \end{pmatrix} \qquad (4.18)$$

unter geeigneten Voraussetzungen regulär ist. Dies geschieht in dem folgenden Resultat.

Satz 4.4. *Sei $w = (x, \lambda, s) \in \mathbb{R}^n \times \mathbb{R}^m \times \mathbb{R}^n$ ein gegebener Vektor mit $x > 0$ und $s > 0$. Die Matrix $A \in \mathbb{R}^{m \times n}$ möge vollen Rang besitzen. Dann ist die Jacobi–Matrix $F_\tau'(w)$ für jedes $\tau > 0$ regulär.*

Beweis. Sei $p = (p^{(1)}, p^{(2)}, p^{(3)}) \in \mathbb{R}^n \times \mathbb{R}^m \times \mathbb{R}^n$ ein beliebiger Vektor mit

$$F_\tau'(x, \lambda, s)p = 0.$$

Wegen (4.18) kann dies wie folgt geschrieben werden:

$$A^T p^{(2)} + p^{(3)} = 0, \qquad (4.19)$$
$$A p^{(1)} = 0, \qquad (4.20)$$
$$S p^{(1)} + X p^{(3)} = 0. \qquad (4.21)$$

Multipliziert man (4.19) von links mit $(p^{(1)})^T$ und beachtet (4.20), so ergibt sich

$$0 = (p^{(1)})^T A^T p^{(2)} + (p^{(1)})^T p^{(3)} = (p^{(1)})^T p^{(3)}.$$

Wegen

$$p^{(3)} = -X^{-1} S p^{(1)} \qquad (4.22)$$

folgt
$$(p^{(1)})^T X^{-1} S p^{(1)} = 0.$$

Dies liefert zunächst $p^{(1)} = 0$, da die Matrix $X^{-1}S$ offensichtlich positiv definit ist. Hieraus ergibt sich wegen (4.22) sofort $p^{(3)} = 0$. Aus (4.19) und der Rangvoraussetzung an die Matrix A erhalten wir dann auch $p^{(2)} = 0$. Also ist $p = 0$ und die Jacobi–Matrix $F_\tau'(x, \lambda, s)$ damit regulär.   □

Man beachte, dass die im Satz 4.4 gestellte Voraussetzung $x, s > 0$ nicht besonders kritisch ist, da praktisch alle Inneren–Punkte–Methoden nur positive Iterierte x^k und s^k erzeugen. Tatsächlich ist die Regularität der obigen Jacobi–Matrix einer der Gründe dafür, dass Innere–Punkte–Verfahren positive Iterierte bestimmen.

Ebenso ist auch die Vollrang–Bedingung an A nicht übermäßig kritisch. Aus theoretischer Sicht kann man nämlich sowieso voraussetzen, dass A vollen Rang besitzt, siehe Aufgabe 3.2; aus numerischer Sicht ist dies etwas komplizierter, jedoch versuchen die meisten Verfahren auch hier durch Verwendung ausgeklügelter linearer Algebra, die redundanten Restriktionen zu eliminieren.

Der Satz 4.4 rechtfertigt somit die Anwendung des Newton–Verfahrens auf das durch (4.16) definierte Gleichungssystem $F_\tau(w) = 0$. Bezeichnet $w^k = (x^k, \lambda^k, s^k)$ einen gegebenen Iterationsvektor, so setzt man $w^{k+1} = w^k + t_k \Delta w^k$ für eine gewisse Schrittweite $t_k > 0$ und einen Korrekturvektor $\Delta w^k = (\Delta x^k, \Delta \lambda^k, \Delta s^k)$, der sich als Lösung der Newton–Gleichung

$$F_{\tau_k}'(w^k) \Delta w = -F_{\tau_k}(w^k)$$

ergibt. Aufgrund der Definition von F_τ in (4.16) ist dies äquivalent zu

$$\begin{pmatrix} 0 & A^T & I \\ A & 0 & 0 \\ S^k & 0 & X^k \end{pmatrix} \begin{pmatrix} \Delta x \\ \Delta \lambda \\ \Delta s \end{pmatrix} = \begin{pmatrix} -A^T \lambda^k - s^k + c \\ -Ax^k + b \\ -X^k S^k e + \tau_k e \end{pmatrix}, \qquad (4.23)$$

wobei wir die Abkürzungen

$$X^k := \mathrm{diag}(x_1^k, \ldots, x_n^k) \quad \text{und} \quad S^k := \mathrm{diag}(s_1^k, \ldots, s_n^k)$$

verwendet haben.

Wir wollen uns im Folgenden noch überlegen, was passiert, wenn die k–te Iterierte $w^k = (x^k, \lambda^k, s^k)$ den im Zusammenhang mit den zentralen Pfad–Bedingungen auftretenden linearen Gleichungen $A^T \lambda + s = c$ und $Ax = b$ genügt, also $A^T \lambda^k + s^k = c$ und $Ax^k = b$ gilt. Aus der ersten Blockzeile der Newton–Gleichung (4.23) folgt dann

$$A^T \Delta \lambda^k + \Delta s^k = 0.$$

Wegen $w^{k+1} = w^k + t_k \Delta w^k$ impliziert dies wiederum

$$A^T \lambda^{k+1} + s^{k+1} - c = A^T(\lambda^k + t_k \Delta \lambda^k) + (s^k + t_k \Delta s^k) - c$$
$$= A^T \lambda^k + s^k - c + t_k(A^T \Delta \lambda^k + \Delta s^k)$$
$$= 0.$$

Analog ergibt sich unter Verwendung der zweiten Blockzeile von (4.23):

$$Ax^{k+1} = Ax^k + t_k A \Delta x^k = b.$$

Also genügt mit $w^k = (x^k, \lambda^k, s^k)$ auch die nächste Iterierte $w^{k+1} = (x^{k+1}, \lambda^{k+1}, s^{k+1})$ den beiden linearen Gleichungen $A^T \lambda + s = c$ und $Ax = b$. Insbesondere genügen also alle Iterierten diesen beiden Gleichungen, sofern dies für den Startvektor $w^0 = (x^0, \lambda^0, s^0)$ der Fall ist. Damit können die ersten beiden Blöcke der rechten Seite der Newton–Gleichung (4.23) getrost durch Nullen ersetzt werden, was wir im Folgenden dann auch tun werden.

Nach diesen mehr einleitenden Bemerkungen geben wir jetzt ein relativ allgemeines Inneres–Punkte–Verfahren an, welches von der strikt zulässigen Menge

$$\mathcal{F}^o = \{(x, \lambda, s) \mid Ax = b, A^T \lambda + s = c, x, s > 0\}$$

Gebrauch macht, die bereits im Unterabschnitt 4.1.1 auftrat.

Algorithmus 4.5. *(Allgemeines Innere–Punkte–Verfahren)*

(S.0) *Wähle* $w^0 := (x^0, \lambda^0, s^0) \in \mathcal{F}^o, \varepsilon \in (0, 1)$, *und setze* $k := 0$.

(S.1) *Ist* $\mu_k := (x^k)^T s^k / n \leq \varepsilon$: *STOP.*

(S.2) *Wähle* $\sigma_k \in [0, 1]$, *und bestimme eine Lösung* $\Delta w^k := (\Delta x^k, \Delta \lambda^k, \Delta s^k)$ *des linearen Gleichungssystems*

$$\begin{pmatrix} 0 & A^T & I \\ A & 0 & 0 \\ S^k & 0 & X^k \end{pmatrix} \begin{pmatrix} \Delta x \\ \Delta \lambda \\ \Delta s \end{pmatrix} = \begin{pmatrix} 0 \\ 0 \\ -X^k S^k e + \sigma_k \mu_k e \end{pmatrix} \qquad (4.24)$$

(S.3) *Setze* $w^{k+1} := w^k + t_k \Delta w^k, k \leftarrow k + 1$, *und gehe zu (S.1); dabei bezeichnet* $t_k > 0$ *eine Schrittweite, mit der insbesondere* $x^{k+1} > 0$ *und* $s^{k+1} > 0$ *garantiert wird.*

Bevor wir mit der Konvergenzanalyse des Algorithmus 4.5 beginnen, sollen noch einige Kommentare eingefügt werden: Da der Startvektor (x^0, λ^0, s^0) aus der strikt zulässigen Menge $\mathcal{F}^o$ stammt und die Wahl der Schrittweite t_k im Schritt (S.3) die Positivität aller Iterierten x^k und s^k gewährleistet, ergibt sich aus unseren Vorbetrachtungen, dass die Vektoren (x^k, λ^k, s^k) für alle $k \in \mathbb{N}$ zu der Menge $\mathcal{F}^o$ gehören. Insbesondere ist x^k somit stets primal zulässig, und (λ^k, s^k) ist stets dual zulässig. Wegen (3.10) impliziert dies

$$(x^k)^T s^k = c^T x^k - b^T \lambda^k,$$

d.h., der in der Abbruchbedingung (S.1) von Algorithmus 4.5 auftretende Ausdruck $(x^k)^T s^k$ ist gleich der zu den Vektoren x^k, λ^k gehörenden *Dualitätslücke*; dies ist der einzig verbleibende Teil, den wir noch gegen Null bekommen müssen (man beachte, dass wir den Begriff Dualitätslücke im Kapitel 3 mit einer etwas anderen Bedeutung verwendet haben).

Da das lineare Gleichungssystem (4.24) wegen Satz 4.4 stets eindeutig lösbar ist (sofern A vollen Rang besitzt) und sich außerdem ein positives $t_k > 0$ finden lässt, so dass mit $x^k > 0$ und $s^k > 0$ auch $x^{k+1} > 0$ und $s^{k+1} > 0$ gelten, folgt die Wohldefiniertheit des Algorithmus 4.5.

Ferner sei betont, dass der relativ allgemein gehaltene Algorithmus 4.5 im Prinzip zwei wesentliche Freiheitsgrade besitzt, nämlich in der Wahl des sogenannten *Centering–Parameters* σ_k sowie in der Wahl der Schrittweite t_k. Je nach Wahl dieser Parameter erhält man verschiedene Innere–Punkte–Verfahren. Auf einen Spezialfall werden wir dabei in dem nachfolgenden Abschnitt noch eingehen. Weitere Realisierungen des Algorithmus 4.5 findet der interessierte Leser in dem sehr schönen Buch [178] von Wright.

Es seien noch einige weitere Bemerkungen zum Centering–Parameter σ_k hinzugefügt: Der auf der rechten Seite von (4.24) auftretende Term $\sigma_k \mu_k$ spielt im Prinzip die Rolle des Parameters τ bei den zentralen Pfad–Bedingungen. Während μ_k stets als Abkürzung für die *gewichtete Dualitätslücke*

$$\mu_k := (x^k)^T s^k / n$$

benutzt wird, sind wir weitgehend frei in der Wahl von σ_k. Der Wahl von $\sigma_k = 0$ entspricht einem Newton–Schritt für die Optimalitätsbedingungen (4.3) (und es sind diese Bedingungen, die wir eigentlich lösen wollen). Allerdings wird diese Wahl von σ_k häufiger für recht kleine Schrittweiten sorgen, da wir ja noch die Positivität der Iterierten x^k und s^k gewährleisten müssen. Das andere Extrem ist die Wahl von $\sigma_k = 1$, die uns zwar nicht unbedingt dichter an die Lösungsmenge von (4.3) bringt, allerdings wieder näher an den zentralen Pfad, was wiederum die Wahl einer größeren Schrittweite zulassen wird.

Wir zeigen als Nächstes, dass die (gewichtete) Dualitätslücke μ_k in jedem Schritt reduziert werden kann, und zwar in Abhängigkeit von t_k und σ_k. Das nachstehende Resultat wird dabei für eine beliebige Schrittweite $t > 0$ formuliert, wobei wir noch von den folgenden Notationen Gebrauch machen:

$$\left(x^k(t), \lambda^k(t), s^k(t)\right) := \left(x^k, \lambda^k, s^k\right) + t\left(\Delta x^k, \Delta \lambda^k, \Delta s^k\right),$$
$$\mu_k(t) := x^k(t)^T s^k(t) / n.$$

Diese Notation wird im Folgenden standardmäßig benutzt werden.

Lemma 4.6. *Die Lösung* $(\Delta x^k, \Delta \lambda^k, \Delta s^k)$ *des linearen Gleichungssystems (4.24) besitzt die folgenden beiden Eigenschaften:*

(a) $(\Delta x^k)^T \Delta s^k = 0$.
(b) $\mu_k(t) = (1 - t(1 - \sigma_k))\mu_k$.

Beweis. Die Behauptung (a) ergibt sich unmittelbar aus dem ersten Teil des Beweises von Satz 4.4. Betrachte daher die Behauptung (b): Die dritte Blockzeile des Gleichungssystems (4.24) lautet ausgeschrieben wie folgt:

$$S^k \Delta x^k + X^k \Delta s^k = -X^k S^k e + \sigma_k \mu_k e.$$

Summation der n Komponenten dieser Gleichung liefert

$$(s^k)^T \Delta x^k + (x^k)^T \Delta s^k = -(1 - \sigma_k)(x^k)^T s^k.$$

Zusammen mit der Behauptung (a) ergibt sich somit

$$(x^k(t))^T s^k(t) = (x^k)^T s^k + t\left((s^k)^T \Delta x^k + (x^k)^T \Delta s^k\right) + t^2 (\Delta x^k)^T \Delta s^k$$
$$= (x^k)^T s^k (1 - t(1 - \sigma_k)),$$

womit der Beweis auch schon erbracht ist.   □

Wir geben als Nächstes ein Konvergenzresultat für den Algorithmus 4.5 an.

Satz 4.7. *Seien $\varepsilon \in (0,1)$ beliebig gegeben sowie $\{(x^k, \lambda^k, s^k)\}$ eine durch den Algorithmus 4.5 erzeugte Folge. Die durch den Algorithmus 4.5 erzeugten Größen mögen der Bedingung*

$$\mu_{k+1} \leq \left(1 - \frac{\delta}{n^\omega}\right)\mu_k, \quad k = 0, 1, 2, \ldots \tag{4.25}$$

genügen für gewisse positive Konstanten δ und ω. Genügt der Startvektor (x^0, λ^0, s^0) der Voraussetzung

$$\mu_0 \leq \frac{1}{\varepsilon^\kappa} \tag{4.26}$$

für eine positive Konstante κ, so existiert ein Index $K \in \mathbb{N}$ mit

$$K = O(n^\omega |\log(\varepsilon)|)$$

und

$$\mu_k \leq \varepsilon$$

für alle $k \geq K$.

Beweis. Da der natürliche Logarithmus eine monoton steigende Funktion ist, folgt aus (4.25)

$$\log \mu_{k+1} \leq \log\left(1 - \frac{\delta}{n^\omega}\right) + \log \mu_k$$

für alle $k \in \mathbb{N}$. Durch mehrfache Anwendung dieser Formel ergibt sich zusammen mit (4.26) dann

$$\log \mu_k \leq k \log\left(1 - \frac{\delta}{n^\omega}\right) + \log \mu_0 \leq k \log\left(1 - \frac{\delta}{n^\omega}\right) + \kappa \log \frac{1}{\varepsilon}.$$

Wegen

$$\log(1 + \beta) \leq \beta \quad \text{für alle } \beta > -1,$$

erhalten wir deshalb

$$\log \mu_k \le k \left(-\frac{\delta}{n^\omega} \right) + \kappa \log \frac{1}{\varepsilon}.$$

Daher ist das Konvergenzkriterium $\mu_k \le \varepsilon$ sicherlich dann erfüllt, wenn

$$k \left(-\frac{\delta}{n^\omega} \right) + \kappa \log \frac{1}{\varepsilon} \le \log \varepsilon$$

gilt. Eine einfache Rechnung zeigt nun, dass diese Ungleichung für alle $k \in \mathbb{N}$ mit

$$k \ge (1 + \kappa) \frac{n^\omega}{\delta} \log \frac{1}{\varepsilon} = (1 + \kappa) \frac{n^\omega}{\delta} |\log(\varepsilon)|$$

gilt. Definieren wir K daher als die kleinste ganze Zahl, welche größer oder gleich der rechten Seite dieser Ungleichung ist, d.h.,

$$K = \left\lceil (1 + \kappa) \frac{n^\omega}{\delta} |\log(\varepsilon)| \right\rceil,$$

so folgt die Behauptung. $\square$

Die wesentliche Voraussetzung des Satzes 4.7 ist die Bedingung (4.25). Wir werden in dem nächsten Abschnitt ein Beispiel eines Inneren–Punkte–Verfahrens angeben, bei dem diese Voraussetzung erfüllt ist. Für einige weitere Verfahren, die ebenfalls der Bedingung (4.25) genügen, sei wieder auf das schon vorher erwähnte Buch von Wright [178] verwiesen. Die Bedingung (4.26) ist eine Einschränkung an die Wahl des Startvektors.

4.2 Pfad–Verfolgungs–Verfahren

In diesem Abschnitt beschreiben wir zwei konkrete Innere–Punkte–Verfahren zur Lösung von linearen Programmen. Die Idee dieser beiden Verfahren besteht darin, den zentralen Pfad numerisch zu verfolgen. Da dies nicht exakt geschehen kann, wird man sich dazu eine geeignete Umgebung konstruieren müssen, welche gewissermaßen als Maß für die Inexaktheit genommen wird. Man spricht daher auch von Pfad–Verfolgungs–Verfahren (engl.: path following methods).

Prinzipiell unterscheidet man zwischen zulässigen und unzulässigen Pfad–Verfolgungs–Verfahren: Bei den *zulässigen Verfahren* (engl.: feasible methods) genügt der Startvektor (und damit alle nachfolgenden Iterierten) den linearen Gleichungen $A^T \lambda + s = c$ und $Ax = b$ aus den zentralen Pfad–Bedingungen, bei den *unzulässigen Verfahren* (engl.: infeasible methods) ist dies nicht der Fall. Wir werden in diesem Abschnitt zunächst ein zulässiges Pfad–Verfolgungs–Verfahren betrachten. Anschließend wird dieses dann verallgemeinert zu einem unzulässigen Verfahren.

Die Darstellung in diesem Abschnitt folgt weitgehend dem Buch von Wright [178].

4.2.1 Ein zulässiges Verfahren

In diesem Unterabschnitt untersuchen wir ein spezielles Inneres–Punkte–Verfahren, welches sich dem Grundalgorithmus 4.5 unterordnet und dabei Iterierte aus einer geeigneten Umgebung des zentralen Pfades erzeugt. Zwecks Konstruktion einer solchen Umgebung erinnern wir noch einmal an die Definition der strikt zulässigen Menge:

$$\mathcal{F}^o := \{(x, \lambda, s) \mid A^T \lambda + s = c, Ax = b, x > 0, s > 0\}.$$

In der Literatur über Innere–Punkte–Verfahren existieren nun verschiedene Umgebungen des zentralen Pfades, die alle ihre Vor– und Nachteile haben. Relativ populär sind insbesondere die beiden Umgebungen

$$\mathcal{N}_2(\theta) := \{(x, \lambda, s) \in \mathcal{F}^o \mid \|XSe - \mu e\|_2 \leq \theta \mu\}$$

und

$$\mathcal{N}_{-\infty}(\gamma) := \{(x, \lambda, s) \in \mathcal{F}^o \mid x_i s_i \geq \gamma \mu \text{ für alle } i = 1, \dots, n\}$$

des zentralen Pfades, wobei $\theta, \gamma \in (0, 1)$ gegebene Parameter sind sowie

$$\mu := x^T s / n$$

die zum Vektor (x, λ, s) zugehörige (gewichtete) Dualitätslücke bezeichnet.

Im Grenzfall $\theta = 0$ stimmt die Menge $\mathcal{N}_2(\theta)$ offenbar mit dem zentralen Pfad überein, aber auch für $\theta > 0$ ist die Menge $\mathcal{N}_2(\theta)$ im Allgemeinen ziemlich restriktiv und erlaubt keine großen Abweichungen vom zentralen Pfad, was numerisch zumeist zu einem relativ langsam konvergenten Verfahren führt. Innere–Punkte–Verfahren, die eine Folge $\{(x^k, \lambda^k, s^k)\} \subseteq \mathcal{N}_2(\theta)$ erzeugen, sind aus praktischer Sicht daher weniger empfehlenswert, besitzen sehr häufig aber schöne theoretische Konvergenzeigenschaften, siehe etwa Wright [178] für einige Beispiele und entsprechende Literaturangaben.

In diesem Unterabschnitt hingegen werden wir ein Verfahren betrachten, welches die Umgebung $\mathcal{N}_{-\infty}(\gamma)$ verwendet. Die hierdurch definierte Umgebung des zentralen Pfades ist im Allgemeinen erheblich größer als eine durch $\mathcal{N}_2(\theta)$ bestimmte Umgebung. Im Grenzfall $\gamma = 0$ stimmt $\mathcal{N}_{-\infty}(\gamma)$ beispielsweise sogar mit der strikt zulässigen Menge $\mathcal{F}^o$ überein.

Da die Verwendung größerer Umgebungen des zentralen Pfades meist zu einer schnelleren Reduktion von μ_k und damit häufig zu einem besseren Konvergenzverhalten des gesamten Algorithmus führt, gelten Innere–Punkte–Verfahren, welche statt der $\mathcal{N}_2(\theta)$–Umgebung die Menge $\mathcal{N}_{-\infty}(\gamma)$ benutzen, numerisch als überlegen. Allerdings sind ihre theoretischen Konvergenzeigenschaften etwas schlechter.

Wir formulieren als Nächstes ein zulässiges Inneres–Punkte–Verfahren, dessen Eigenschaften in diesem Unterabschnitt untersucht werden sollen. Dabei verwenden wir wieder die Notationen

$$\left(x^k(t), \lambda^k(t), s^k(t)\right) := \left(x^k + t\Delta x^k, \lambda^k + t\Delta\lambda^k, s^k + t\Delta s^k\right)$$

und

$$\mu_k(t) := x^k(t)^T s^k(t)/n,$$

die wir bereits vor dem Lemma 4.6 eingeführt hatten.

Algorithmus 4.8. *(Zulässiges Pfad–Verfolgungs–Verfahren)*

(S.0) Wähle $\gamma \in (0,1), 0 < \sigma_{\min} < \sigma_{\max} < 1, \varepsilon \in (0,1), w^0 := (x^0, \lambda^0, s^0) \in \mathcal{N}_{-\infty}(\gamma)$, *und setze* $k := 0$.

(S.1) Ist $\mu_k := (x^k)^T s^k/n \le \varepsilon$: STOP.

(S.2) Wähle $\sigma_k \in [\sigma_{\min}, \sigma_{\max}]$, *und bestimme eine Lösung*

$$\Delta w^k = (\Delta x^k, \Delta\lambda^k, \Delta s^k)$$

des linearen Gleichungssystems

$$\begin{pmatrix} 0 & A^T & I \\ A & 0 & 0 \\ S^k & 0 & X^k \end{pmatrix} \begin{pmatrix} \Delta x \\ \Delta\lambda \\ \Delta s \end{pmatrix} = \begin{pmatrix} 0 \\ 0 \\ -X^k S^k e + \sigma_k \mu_k e \end{pmatrix}. \tag{4.27}$$

Sei t_k *die größte Schrittweite* $t \in [0,1]$ *mit*

$$\left(x^k(t), \lambda^k(t), s^k(t)\right) \in \mathcal{N}_{-\infty}(\gamma).$$

(S.3) Setze $w^{k+1} := w^k + t_k\Delta w^k, k \leftarrow k+1$, *und gehe zu (S.1).*

Der Algorithmus 4.8 ist offenbar tatsächlich ein Spezialfall des Grundalgorithmus 4.5. Bei der Wahl des Centering–Parameters σ_k im Schritt (S.2) bestehen noch gewisse Freiheitsgrade, allerdings werden die beiden Extrema $\sigma_k = 0$ und $\sigma_k = 1$ ausgeschlossen, und zwar sogar gleichmäßig durch die Vorgabe von unteren und oberen Schranken $\sigma_{\min}$ und $\sigma_{\max}$.

Die Wahl der Schrittweite $t_k > 0$ in (S.2) hingegen ist fest vorgeschrieben. Die Konvergenzeigenschaften des Algorithmus 4.8 ändern sich allerdings nicht, wenn man hier etwas andere Schrittweiten zulässt. Beispielsweise könnte man die Vorschrift in (S.2) durch eine geeignete Backtracking–Strategie ersetzen. Alternativ lässt sich aber auch die weiter unten im Lemma 4.11 angegebene Schrittweite $\bar{t}_k$ an Stelle von t_k verwenden.

Wir beginnen nun unsere theoretische Untersuchung des Algorithmus 4.8. Wir wollen zeigen, dass das Verfahren bei geeigneter Wahl des Startvektors nach endlich vielen Iterationen mit dem Kriterium im Schritt (S.1) abbricht, wobei die Anzahl der Iterationen sogar nur polynomial von der Anzahl der Variablen n abhängt. Man spricht deshalb auch gerne von einem *polynomialen Verfahren* oder von *polynomialer Komplexität*. Man beachte dabei, dass diese Aussage aufgrund eines Gegenbeispieles von Klee und Minty [108] nicht für das Simplex–Verfahren gilt, vergleiche hierzu auch die Ausführungen im Unterabschnitt 3.4.4.

Bevor wir das Hauptresultat dieses Unterabschnittes beweisen können, benötigen wir allerdings eine Reihe von Hilfsresultaten, die zum Teil leider etwas technisch sind. Wir beginnen zunächst mit dem folgenden Lemma.

Lemma 4.9. *Seien $u, v \in \mathbb{R}^n$ zwei gegebene Vektoren mit $u^T v \geq 0$. Dann gilt*

$$\|UVe\| \leq 2^{-3/2}\|u + v\|^2,$$

wobei wir $U = diag(u_1, \ldots, u_n)$ und $V = diag(v_1, \ldots, v_n)$ gesetzt haben.

Beweis. Wir bemerken zunächst, dass für zwei beliebige Skalare α, β gilt:

$$\frac{1}{4}(\alpha + \beta)^2 = \frac{1}{4}(\alpha - \beta)^2 + \alpha\beta \geq \alpha\beta. \tag{4.28}$$

Unter Verwendung der Voraussetzung $u^T v \geq 0$ ergibt sich weiterhin

$$0 \leq u^T v = \sum_{u_i v_i \geq 0} u_i v_i + \sum_{u_i v_i < 0} u_i v_i = \sum_{i \in \mathcal{P}} |u_i v_i| - \sum_{i \in \mathcal{M}} |u_i v_i|, \tag{4.29}$$

wobei wir die Indexmenge $\{1, \ldots, n\}$ in die beiden Mengen

$$\mathcal{P} := \{i \mid u_i v_i \geq 0\} \quad \text{und} \quad \mathcal{M} := \{i \mid u_i v_i < 0\}$$

zerlegt haben. Aus der für alle Vektoren z gültigen Ungleichung $\|z\| \leq \|z\|_1$ (mit $\|\cdot\| = \|\cdot\|_2$) folgt mit (4.28) und (4.29):

$$\begin{aligned}
\|UVe\| &= \left(\|[u_i v_i]_{i \in \mathcal{P}}\|^2 + \|[u_i v_i]_{i \in \mathcal{M}}\|^2\right)^{1/2} \\
&\leq \left(\|[u_i v_i]_{i \in \mathcal{P}}\|_1^2 + \|[u_i v_i]_{i \in \mathcal{M}}\|_1^2\right)^{1/2} \\
&\leq \left(2\|[u_i v_i]_{i \in \mathcal{P}}\|_1^2\right)^{1/2} \\
&= \sqrt{2}\|[u_i v_i]_{i \in \mathcal{P}}\|_1 \\
&\leq \sqrt{2}\left\|\left[\frac{1}{4}(u_i + v_i)^2\right]_{i \in \mathcal{P}}\right\|_1 \\
&= 2^{-3/2} \sum_{i \in \mathcal{P}} (u_i + v_i)^2 \\
&\leq 2^{-3/2} \sum_{i=1}^{n} (u_i + v_i)^2 \\
&= 2^{-3/2}\|u + v\|^2.
\end{aligned}$$

Damit ist der Beweis auch schon erbracht. $\qquad\qquad\qquad\qquad\qquad\square$

In den nachfolgenden Resultaten verwenden wir die Schreibweisen

$$\Delta X^k := diag(\Delta x_1^k, \ldots, \Delta x_n^k) \quad \text{und} \quad \Delta S^k := diag(\Delta s_1^k, \ldots, \Delta s_n^k),$$

wobei $(\Delta x^k, \Delta \lambda^k, \Delta s^k)$ natürlich eine Lösung des linearen Gleichungssystems (4.27) sein soll.

Lemma 4.10. *Sei $(x^k, \lambda^k, s^k) \in \mathcal{N}_{-\infty}(\gamma)$ gegeben. Dann ist*

$$\|\Delta X^k \Delta S^k e\| \leq 2^{-3/2}(1 + 1/\gamma)n\mu_k.$$

Beweis. Aus der dritten Blockzeile von (4.27) ergibt sich

$$S^k \Delta x^k + X^k \Delta s^k = -X^k S^k e + \sigma_k \mu_k e.$$

Multiplizieren wir diese Gleichung mit $(X^k S^k)^{-1/2}$ und verwenden die Abkürzung

$$D^k := (X^k)^{1/2}(S^k)^{-1/2},$$

so erhalten wir

$$(D^k)^{-1} \Delta x^k + D^k \Delta s^k = (X^k S^k)^{-1/2}(-X^k S^k e + \sigma_k \mu_k e). \qquad (4.30)$$

Anwendung des Lemmas 4.9 mit $u := (D^k)^{-1} \Delta x^k$ und $v := D^k \Delta s^k$ (wegen Lemma 4.6 (a) ist dann $u^T v = 0$) liefert mit (4.30) dann

$$\begin{aligned}
\|\Delta X^k \Delta S^k e\| &= \|((D^k)^{-1} \Delta X^k)(D^k \Delta S^k)e\| \\
&\leq 2^{-3/2}\|(D^k)^{-1} \Delta x^k + D^k \Delta s^k\|^2 \\
&= 2^{-3/2}\|(X^k S^k)^{-1/2}(-X^k S^k e + \sigma_k \mu_k e)\|^2.
\end{aligned} \qquad (4.31)$$

Aus $(x^k)^T s^k = n\mu_k, e^T e = n$ und $x_i^k s_i^k \geq \gamma \mu_k$ folgt daher

$$\begin{aligned}
\|\Delta X^k \Delta S^k e\| &\leq 2^{-3/2}\| - (X^k S^k)^{1/2}e + \sigma_k \mu_k (X^k S^k)^{-1/2}e\|^2 \\
&= 2^{-3/2}\left((x^k)^T s^k - 2\sigma_k \mu_k e^T e + \sigma_k^2 \mu_k^2 \sum_{i=1}^{n} \frac{1}{x_i^k s_i^k}\right) \\
&\leq 2^{-3/2}\left((x^k)^T s^k - 2\sigma_k \mu_k e^T e + \sigma_k^2 \mu_k^2 \frac{n}{\gamma \mu_k}\right) \\
&= 2^{-3/2}\left(1 - 2\sigma_k + \frac{\sigma_k^2}{\gamma}\right) n\mu_k \\
&\leq 2^{-3/2}(1 + 1/\gamma)n\mu_k,
\end{aligned}$$

wobei die letzte Ungleichung aus $\sigma_k \in (0,1)$ folgt. $\qquad \square$

Wir geben als Nächstes eine untere Schranke für die Schrittweite t_k an. Dieses Resultat kann als der wesentliche Schritt zum Nachweis der polynomialen Komplexität des Algorithmus 4.8 angesehen werden.

Lemma 4.11. *Sei $(x^k, \lambda^k, s^k) \in \mathcal{N}_{-\infty}(\gamma)$ gegeben. Dann gilt*

$$\big(x^k(t), \lambda^k(t), s^k(t)\big) \in \mathcal{N}_{-\infty}(\gamma)$$

für alle $t \in [0, \bar{t}_k]$ mit

$$\bar{t}_k := 2^{3/2}\gamma \frac{\sigma_k}{n} \frac{1-\gamma}{1+\gamma}.$$

Beweis. Aus der dritten Blockzeile von (4.27) ergibt sich

$$s_i^k \Delta x_i^k + x_i^k \Delta s_i^k = -x_i^k s_i^k + \sigma_k \mu_k \tag{4.32}$$

für $i = 1, \ldots, n$. Lemma 4.10 impliziert ferner

$$|\Delta x_i^k \Delta s_i^k| \le \|\Delta X^k \Delta S^k e\| \le 2^{-3/2}(1 + 1/\gamma)n\mu_k \tag{4.33}$$

für $i = 1, \ldots, n$. Aus $x_i^k s_i^k \ge \gamma \mu_k$, (4.32) und (4.33) folgt

$$
\begin{aligned}
x_i^k(t)s_i^k(t) &= (x_i^k + t\Delta x_i^k)(s_i^k + t\Delta s_i^k) \\
&= x_i^k s_i^k + t(x_i^k \Delta s_i^k + s_i^k \Delta x_i^k) + t^2 \Delta x_i^k \Delta s_i^k \\
&\ge x_i^k s_i^k(1 - t) + t\sigma_k \mu_k - t^2|\Delta x_i^k \Delta s_i^k| \\
&\ge \gamma(1 - t)\mu_k + t\sigma_k \mu_k - t^2 2^{-3/2}(1 + 1/\gamma)n\mu_k
\end{aligned}
$$

für alle $i = 1, \ldots, n$ und alle $t \in [0, 1]$. Also ist die Bedingung

$$x_i^k(t)s_i^k(t) \ge \gamma \mu_k(t) = \gamma(1 - t(1 - \sigma_k))\mu_k \tag{4.34}$$

(die Gleichung folgt dabei aus dem Lemma 4.6 (b)) für alle $i = 1, \ldots, n$ erfüllt, sofern

$$\gamma(1 - t)\mu_k + t\sigma_k \mu_k - t^2 2^{-3/2}(1 + 1/\gamma)n\mu_k \ge \gamma(1 - t + t\sigma_k)\mu_k$$

gilt. Eine einfache Umformung dieser Terme zeigt, dass dies äquivalent ist zu

$$t\sigma_k \mu_k(1 - \gamma) \ge t^2 2^{-3/2}n\mu_k(1 + 1/\gamma).$$

Letzteres ist wiederum gleichbedeutend mit

$$t \le 2^{3/2}\gamma \frac{\sigma_k}{n}\frac{1 - \gamma}{1 + \gamma}.$$

Daher ist nur noch zu zeigen, dass auch $(x^k(t), \lambda^k(t), s^k(t)) \in \mathcal{F}^o$ für alle $t \in [0, \bar{t}_k]$ gilt. Zu diesem Zweck bemerken wir zunächst, dass stets

$$Ax^k(t) = b \quad \text{und} \quad A^T\lambda^k(t) + s^k(t) = c$$

für alle $t > 0$ gilt, vergleiche die Diskussion im Vorfeld zum Algorithmus 4.5. Wegen $x^k = x^k(0) > 0$ und $s^k = s^k(0) > 0$ folgt aus (4.34) und dem gerade bewiesenen Teil für alle $t \in (0, \bar{t}_k]$ (beachte: die Eigenschaften $\gamma \in (0, 1)$ und $\gamma(1 - \gamma) \le \frac{1}{4}$ implizieren $\bar{t}_k \le 1$):

$$x_i^k(t)s_i^k(t) \ge \gamma(1 - t(1 - \sigma_k))\mu_k > 0. \tag{4.35}$$

Also kann kein Index i und kein $t \in [0, \bar{t}_k]$ existieren mit $x_i^k(t) = 0$ oder $s_i^k(t) = 0$. Dies impliziert $x_i^k(t) > 0$ und $s_i^k(t) > 0$ für alle $i = 1, \ldots, n$ und alle $t \in [0, \bar{t}_k]$, was den Beweis vervollständigt. $\qquad\square$

Mit dem obigen Resultat können wir nun die Reduktion von μ_k abschätzen.

Satz 4.12. *Sei* $\{(x^k, \lambda^k, s^k)\}$ *eine durch den Algorithmus 4.8 erzeugte Folge. Dann gilt*

$$\mu_{k+1} \leq \left(1 - \frac{\delta}{n}\right) \mu_k, \quad k = 0, 1, 2, \ldots$$

für eine von k unabhängige Konstante $\delta > 0$.

Beweis. Wegen Lemma 4.11 gilt

$$t_k \geq \bar{t}_k = 2^{3/2} \gamma \frac{\sigma_k}{n} \frac{1 - \gamma}{1 + \gamma}$$

für alle $k \in \mathbb{N}$. Aus Lemma 4.6 (b) folgt daher

$$\begin{aligned}
\mu_{k+1} &= \mu_k(t_k) \\
&= (1 - t_k(1 - \sigma_k))\mu_k \\
&\leq \left(1 - \frac{2^{3/2}}{n} \gamma \frac{1-\gamma}{1+\gamma} \sigma_k(1 - \sigma_k)\right) \mu_k.
\end{aligned} \tag{4.36}$$

Da die quadratische Funktion $\sigma \mapsto \sigma(1 - \sigma)$ konkav ist, nimmt sie ihr Minimum in dem kompakten Intervall $[\sigma_{\min}, \sigma_{\max}]$ an einem der Endpunkte an. Daher gilt

$$\sigma_k(1 - \sigma_k) \geq \min\{\sigma_{\min}(1 - \sigma_{\min}), \sigma_{\max}(1 - \sigma_{\max})\} > 0$$

für alle $\sigma_k \in [\sigma_{\min}, \sigma_{\max}]$. Setzen wir daher

$$\delta := 2^{3/2} \gamma \frac{1 - \gamma}{1 + \gamma} \min\{\sigma_{\min}(1 - \sigma_{\min}), \sigma_{\max}(1 - \sigma_{\max})\},$$

so folgt die Behauptung aus (4.36). $\qquad\square$

Damit sind wir nun in der Lage, das wesentliche Konvergenzresultat für den Algorithmus 4.8 zu beweisen. Dieses besagt, dass der Algorithmus 4.14 nach $O(n|\log(\varepsilon)|)$ Iterationen dem Abbruchkriterium aus dem Schritt (S.1) genügt, wobei die in der O–Aussage steckende Konstante von der Qualität des Startvektors abhängt.

Satz 4.13. *Sei* $\{(x^k, \lambda^k, s^k)\}$ *eine durch den Algorithmus 4.8 erzeugte Folge, wobei der Startvektor (x^0, λ^0, s^0) der Bedingung*

$$\mu_0 \leq \frac{1}{\varepsilon^\kappa}$$

für eine positive Konstante κ genügen möge. Dann existiert ein $K \in \mathbb{N}$ mit $K = O(n|\log(\varepsilon)|)$ und

$$\mu_k \leq \varepsilon$$

für alle $k \geq K$.

Beweis. Die Behauptung ergibt sich unmittelbar durch Kombination der Sätze 4.12 und 4.7.   □

Wir betonen abschließend noch einmal, dass die Resultate dieses Unterabschnittes auch dann noch gelten, wenn wir die Schrittweite t_k aus dem Algorithmus 4.8 beispielsweise durch den im Lemma 4.11 definierten Wert $\bar{t}_k$ ersetzen, der explizit zur Verfügung steht.

4.2.2 Ein unzulässiges Verfahren

Auch das in diesem Unterabschnitt zu beschreibende Verfahren basiert auf der Lösung der Optimalitätsbedingungen

$$\begin{aligned}
A^T\lambda + s &= c, \\
Ax &= b, \\
x_i s_i &= 0 \quad \forall i = 1, \ldots, n, \\
x, s &\geq 0,
\end{aligned} \tag{4.37}$$

um damit eine Lösung des zugrundeliegenden primalen oder dualen linearen Programmes zu bestimmen, wobei weiterhin $A \in \mathbb{R}^{m \times n}, c \in \mathbb{R}^n$ und $b \in \mathbb{R}^m$ gelte. Das hier zu beschreibende Verfahren ist eine Modifikation des Algorithmus 4.8. Definiere dazu die Residuenvektoren

$$\begin{aligned}
r_b^k &:= Ax^k - b, \\
r_c^k &:= A^T\lambda^k + s^k - c.
\end{aligned}$$

Beim Algorithmus 4.8 galt stets $r_b^k = 0$ und $r_c^k = 0$ für alle Iterationen $k \in \mathbb{N}$, weshalb wir auch von einem zulässigen Verfahren sprachen. Für solch ein zulässiges Verfahren lässt sich zwar ein schönes Konvergenz– bzw. Komplexitätsresultat mit relativ wenig Aufwand beweisen, jedoch kann schon das Auffinden eines Startvektors zu einigen Problemen führen.

Bei dem zu beschreibenden Verfahren müssen die Iterierten (x^k, λ^k, s^k) jetzt nicht mehr notwendig den Bedingungen $r_b^k = 0$ und $r_c^k = 0$ genügen, was insbesondere im Hinblick auf die Wahl eines geeigneten Startvektors mehr Freiheiten lässt. Um für solche „unzulässigen" Iterierten eine Umgebung des zentralen Pfades zu definieren, haben wir natürlich die im vorigen Unterabschnitt eingeführte Menge $\mathcal{N}_{-\infty}(\gamma)$ geeignet anzupassen. Wir setzen daher

$$\mathcal{N}_{-\infty}(\gamma, \beta) := \{(x, \lambda, s) \mid \|(r_b, r_c)\| \leq \frac{\|(r_b^0, r_c^0)\|}{\mu_0}\beta\mu, x, s > 0, x_i s_i \geq \gamma\mu \; \forall i\},$$

wobei $\gamma \in (0, 1), \beta \geq 1$ gegebene Konstanten sind sowie $\mu = x^T s / n$ und

$$\begin{aligned}
r_b &:= Ax - b, \\
r_c &:= A^T\lambda + s - c
\end{aligned}$$

seien (die Forderung $\beta \geq 1$ ist hierbei nötig, damit der Startvektor (x^0, λ^0, s^0) in der Menge $\mathcal{N}_{-\infty}(\gamma, \beta)$ liegt). Im Gegensatz zu der Umgebung $\mathcal{N}_{-\infty}(\gamma)$ taucht hier also noch die zusätzliche Forderung

$$\|(r_b, r_c)\| \leq \frac{\|(r_b^0, r_c^0)\|}{\mu_0} \beta\mu$$

auf, mit der wir die Verletztheit der linearen Gleichungen $A^T \lambda + s = c$ und $Ax = b$ messen.

Diese Definition einer Umgebung des zentralen Pfades garantiert auch bei einer unter Umständen unzulässigen Folge $\{(x^k, \lambda^k, s^k)\}$ aus der Menge $\mathcal{N}_{-\infty}(\gamma, \beta)$, dass mit $\mu_k \downarrow 0$ auch $r_b^k \to 0$ und $r_c^k \to 0$ gelten. Können wir daher irgendwie $\mu_k \downarrow 0$ garantieren, so erfüllt jeder Häufungspunkt der Folge $\{(x^k, \lambda^k, s^k)\}$ die Optimalitätsbedingungen (4.37) und liefert daher eine Lösung des zugrundeliegenden linearen Programmes (4.1) bzw. (4.2).

Nach diesen mehr einleitenden Bemerkungen geben wir nun unser Verfahren explizit an.

Algorithmus 4.14. *(Unzulässiges Pfad–Verfolgungs–Verfahren)*

(S.0) Wähle $\gamma \in (0,1), \beta \geq 1, 0 < \sigma_{\min} < \sigma_{\max} \leq 0.5, \varepsilon \in (0,1), w^0 := (x^0, \lambda^0, s^0)$ *mit* $x^0 > 0, s^0 > 0$ *und* $x_i^0 s_i^0 \geq \gamma\mu_0$ *für* $i = 1, \ldots, n$, *und setze* $k := 0$.

(S.1) Ist $\mu_k := (x^k)^T s^k / n \leq \varepsilon$: *STOP.*

(S.2) Wähle $\sigma_k \in [\sigma_{\min}, \sigma_{\max}]$, *und bestimme eine Lösung*

$$\Delta w^k := (\Delta x^k, \Delta \lambda^k, \Delta s^k)$$

des linearen Gleichungssystems

$$\begin{pmatrix} 0 & A^T & I \\ A & 0 & 0 \\ S^k & 0 & X^k \end{pmatrix} \begin{pmatrix} \Delta x \\ \Delta \lambda \\ \Delta s \end{pmatrix} = \begin{pmatrix} -r_c^k \\ -r_b^k \\ -X^k S^k e + \sigma_k \mu_k e \end{pmatrix}. \tag{4.38}$$

Sei t_k *die größte Schrittweite* $t \in [0,1]$ *mit*

$$\left(x^k(t), \lambda^k(t), s^k(t)\right) \in \mathcal{N}_{-\infty}(\gamma, \beta) \tag{4.39}$$

und

$$\mu_k(t) \leq (1 - 0.01t)\mu_k. \tag{4.40}$$

(S.3) Setze $w^{k+1} := w^k + t_k \Delta w^k, k \leftarrow k + 1$, *und gehe zu (S.1).*

Man beachte, dass der Algorithmus 4.14 tatsächlich dem Algorithmus 4.8 weitgehend ähnelt. Die gesamte durch den Algorithmus 4.14 erzeugte Folge $\{(x^k, \lambda^k, s^k)\}$ liegt in der Umgebung $\mathcal{N}_{-\infty}(\gamma, \beta)$ des zentralen Pfades aufgrund der Wahl der Schrittweite in (4.39) sowie der Tatsache, dass $(x^0, \lambda^0, s^0) \in \mathcal{N}_{-\infty}(\gamma, \beta)$ gilt (wegen $\beta \geq 1$). Die zweite Bedingung (4.40) an die Wahl der Schrittweite t_k garantiert eine hinreichende Abnahme der (gewichteten) Dualitätslücke μ_k. Wir werden in unserer Konvergenzanalyse sehen, dass man die schwer berechenbare Schrittweite t_k auch hier durch eine leicht angebbare Größe ersetzen kann, ohne dabei die theoretischen Eigenschaften des Algorithmus 4.14 zu zerstören.

Schließlich erwähnen wir noch, dass es sich bei dem linearen Gleichungssystem (4.38) gerade um die Newton–Gleichung aus (4.23) handelt, wobei jetzt, im Gegensatz zu den Algorithmen 4.5 und 4.8, die rechten Seiten r_c^k und r_b^k nicht mehr notwendig gleich Null sind.

Wir kommen nun zur Konvergenzuntersuchung des Algorithmus 4.14. Das Ziel wird es sein, die lineare Konvergenz der durch den Algorithmus 4.14 erzeugten Folge $\{\mu_k\}$ gegen Null zu beweisen. Der Beweis dieser globalen Konvergenzeigenschaft basiert auf einer Reihe recht technischer Lemmata, die wir zunächst verifizieren müssen. Zu diesem Zweck setzen wir

$$\nu_k := \Pi_{j=0}^{k-1}(1 - t_j).$$

Man beachte, dass $\nu_0 = 1$ gilt, da aufgrund einer Standard–Konvention ein leeres Produkt als Eins gesetzt wird.

Der an den technischen Dingen weniger interessierte Leser kann die nachfolgenden Resultate getrost übergehen, sollte aber einen Blick auf die Aussage des Lemmas 4.19 werfen und anschließend mit dem Lemma 4.20 fortfahren.

Das folgende Resultat wird später mehrfach benötigt werden.

Lemma 4.15. *Sei* $\{(x^k, \lambda^k, s^k)\}$ *eine durch den Algorithmus 4.14 erzeugte Folge. Dann gelten die folgenden Aussagen:*

(a) $(r_b^k, r_c^k) = \nu_k(r_b^0, r_c^0)$ *für alle* $k \in \mathbb{N}$.
(b) $\nu_k \leq \beta\mu_k/\mu_0$ *für alle* $k \in \mathbb{N}$, *falls* $(r_b^0, r_c^0) \neq (0, 0)$.
(c) *Der Vektor*

$$(\bar{x}, \bar{\lambda}, \bar{s}) := \nu_k(x^0, \lambda^0, s^0) + (1 - \nu_k)(x^*, \lambda^*, s^*) - (x^k, \lambda^k, s^k)$$

genügt den Gleichungen

$$A\bar{x} = 0, \quad A^T\bar{\lambda} + \bar{s} = 0, \tag{4.41}$$

wobei hier (x^*, λ^*, s^*) *eine beliebige Lösung der Optimalitätsbedingungen (4.37) bezeichne.*
(d) *Der Vektor*

$$(\bar{x}, \bar{\lambda}, \bar{s}) := (\Delta x^k, \Delta\lambda^k, \Delta s^k) + \nu_k(x^0, \lambda^0, s^0) - \nu_k(x^*, \lambda^*, s^*)$$

genügt ebenfalls den Gleichungen (4.41), wobei (x^*, λ^*, s^*) *auch hier eine beliebige Lösung der Optimalitätsbedingungen (4.37) bezeichne.*
(e) *Es gilt* $\bar{x}^T\bar{s} = 0$ *für jedes Tripel* $(\bar{x}, \bar{\lambda}, \bar{s})$, *welches den Gleichungen (4.41) genügt.*

Beweis. (a) Aus dem linearen Gleichungssystem (4.38) ergibt sich

$$
\begin{aligned}
r_b^k &= Ax^k - b \\
&= A(x^{k-1} + t_{k-1}\Delta x^{k-1}) - b \\
&= Ax^{k-1} - b + t_{k-1}A\Delta x^{k-1} \\
&= r_b^{k-1} + t_{k-1}(-r_b^{k-1}) \\
&= (1 - t_{k-1})r_b^{k-1}.
\end{aligned}
$$

Mehrfache Anwendung liefert daher

$$
r_b^k = \Pi_{j=0}^{k-1}(1 - t_j)r_b^0 = \nu_k r_b^0.
$$

Auf ähnliche Weise erhalten wir aus (4.38):

$$
\begin{aligned}
r_c^k &= A^T\lambda^k + s^k - c \\
&= A^T(\lambda^{k-1} + t_{k-1}\Delta\lambda^{k-1}) + s^{k-1} + t_{k-1}\Delta s^{k-1} - c \\
&= A^T\lambda^{k-1} + s^{k-1} - c + t_{k-1}(A^T\Delta\lambda^{k-1} + \Delta s^{k-1}) \\
&= r_c^{k-1} + t_{k-1}(-r_c^{k-1}) \\
&= (1 - t_{k-1})r_c^{k-1}.
\end{aligned}
$$

Per Induktion folgt somit

$$
r_c^k = \Pi_{j=0}^{k-1}(1 - t_j)r_c^0 = \nu_k r_c^0.
$$

(b) Da alle Iterierten in der Umgebung $\mathcal{N}_{-\infty}(\gamma, \beta)$ des zentralen Pfades liegen, ergibt sich aus Teil (a) unmittelbar

$$
\nu_k\|(r_b^0, r_c^0)\|/\mu_k = \|(r_b^k, r_c^k)\|/\mu_k \leq \beta\|(r_b^0, r_c^0)\|/\mu_0.
$$

Dies impliziert

$$
\nu_k \leq \beta\mu_k/\mu_0,
$$

sofern $(r_b^0, r_c^0) \neq (0, 0)$ gilt.

(c) Aus Teil (a) folgt

$$
\begin{aligned}
A\bar{x} &= \nu_k Ax^0 + (1 - \nu_k)Ax^* - Ax^k \\
&= \nu_k Ax^0 + (1 - \nu_k)b - Ax^k \\
&= \nu_k(Ax^0 - b) + b - Ax^k \\
&= \nu_k r_b^0 - r_b^k \\
&= 0
\end{aligned}
$$

sowie

$$A^T \bar{\lambda} + \bar{s} = \nu_k A^T \lambda^0 + (1 - \nu_k) A^T \lambda^* - A^T \lambda^k + \nu_k s^0 + (1 - \nu_k) s^* - s^k$$
$$= \nu_k (A^T \lambda^0 + s^0) + (1 - \nu_k)(A^T \lambda^* + s^*) - A^T \lambda^k - s^k$$
$$= \nu_k (r_c^0 + c) + (1 - \nu_k) c - r_c^k - c$$
$$= \nu_k r_c^0 - r_c^k$$
$$= 0.$$

(d) Aus (4.38) und Teil (a) erhält man

$$A \bar{x} = A(\Delta x^k + \nu_k x^0 - \nu_k x^*)$$
$$= A \Delta x^k + \nu_k A x^0 - \nu_k A x^*$$
$$= -r_b^k + \nu_k (A x^0 - b)$$
$$= -r_b^k + \nu_k r_b^0$$
$$= 0$$

und

$$A^T \bar{\lambda} + \bar{s} = A^T (\Delta \lambda^k + \nu_k \lambda^0 - \nu_k \lambda^*) + \Delta s^k + \nu_k s^0 - \nu_k s^*$$
$$= A^T \Delta \lambda^k + \nu_k A^T \lambda^0 - \nu_k A^T \lambda^* + \Delta s^k + \nu_k s^0 - \nu_k s^*$$
$$= -r_c^k + \nu_k (A^T \lambda^0 + s^0) - \nu_k (A^T \lambda^* + s^*)$$
$$= -r_c^k + \nu_k (r_c^0 + c) - \nu_k c$$
$$= -r_c^k + \nu_k r_c^0$$
$$= 0.$$

(e) Dies ist offensichtlich.   □

Für den Rest dieses Unterabschnittes nehmen wir an, dass stets die Bedingungen aus der folgenden Voraussetzung erfüllt sind.

Voraussetzung 4.16. *(a) Die Optimalitätsbedingungen (4.37) besitzen mindestens eine Lösung* (x^*, λ^*, s^*).
(b) Der vom Algorithmus 4.14 benutzte Startvektor (x^0, λ^0, s^0) *genügt der Bedingung* $(r_b^0, r_c^0) \neq (0, 0)$.

Teil (a) der Voraussetzung 4.16 ist recht natürlich, da anderenfalls weder das primale noch das duale lineare Programm eine Lösung besitzt. Ohne die Voraussetzung 4.16 (a) kann man daher nicht erwarten, dass der Algorithmus 4.14 gegen eine Lösung konvergiert. Ferner lässt sich Teil (b) der Voraussetzung 4.16 im Prinzip o.B.d.A. stellen, denn wäre $(r_b^0, r_c^0) = (0, 0)$, so wäre der Algorithmus 4.14 – abgesehen von der Schrittlängenbestimmung – nur ein Spezialfall des Algorithmus 4.8, für den wir bereits Konvergenzaussagen vorliegen haben. Aus theoretischer Sicht müssen wir die Voraussetzung 4.16 allerdings stellen, um das Lemma 4.15 anwenden zu können.

Lemma 4.17. *Sei $\{(x^k, \lambda^k, s^k)\}$ eine durch den Algorithmus 4.14 erzeugte Folge. Dann existiert eine positive Konstante C_1 derart, dass*

$$\nu_k \|(x^k, s^k)\|_1 \leq C_1 \mu_k$$

für alle $k \in \mathbb{N}$ gilt.

Beweis. Sei (x^*, λ^*, s^*) eine gemäß Voraussetzung 4.16 (a) existierende Lösung der Optimalitätsbedingungen (4.37). Definiere

$$(\bar{x}, \bar{\lambda}, \bar{s}) := \nu_k(x^0, \lambda^0, s^0) + (1 - \nu_k)(x^*, \lambda^*, s^*) - (x^k, \lambda^k, s^k).$$

Mit Lemma 4.15 (c) und (e) folgt dann

$$
\begin{aligned}
0 = \bar{x}^T \bar{s} \\
= \left(\nu_k x^0 + (1 - \nu_k)x^* - x^k \right)^T \left(\nu_k s^0 + (1 - \nu_k)s^* - s^k \right) \\
= \nu_k^2 (x^0)^T s^0 + (1 - \nu_k)^2 (x^*)^T s^* + \nu_k(1 - \nu_k)\left((x^0)^T s^* + (s^0)^T x^* \right) \\
+ (x^k)^T s^k - \nu_k \left((s^k)^T x^0 + (x^k)^T s^0 \right) - (1 - \nu_k)\left((s^k)^T x^* + (x^k)^T s^* \right).
\end{aligned}
$$

Wegen $(x^*)^T s^* = 0$ und $(s^k)^T x^* + (x^k)^T s^* \geq 0$ folgt hieraus

$$
\begin{aligned}
\nu_k \left((s^k)^T x^0 + (x^k)^T s^0 \right) \\
\leq \nu_k^2 (x^0)^T s^0 + (x^k)^T s^k + \nu_k(1 - \nu_k)\left((x^0)^T s^* + (s^0)^T x^* \right).
\end{aligned}
\tag{4.42}
$$

Definiere nun die Konstante

$$\xi := \min_{i=1,\dots,n} \min\{x_i^0, s_i^0\}.
\tag{4.43}$$

Wegen $x^0 > 0$ und $s^0 > 0$ gilt $\xi > 0$. Ferner folgt aus $x^k > 0$ und $s^k > 0$:

$$
\begin{aligned}
\xi \|(x^k, s^k)\|_1 = \xi \|x^k\|_1 + \xi \|s^k\|_1 \\
\leq \|x^k\|_1 \min_{i=1,\dots,n} s_i^0 + \|s^k\|_1 \min_{i=1,\dots,n} x_i^0 \\
\leq (x^k)^T s^0 + (s^k)^T x^0.
\end{aligned}
$$

Mit (4.42), $\nu_k \in [0, 1]$ und der Definition von $\mu_k = (x^k)^T s^k / n$ ergibt sich hieraus

$$
\begin{aligned}
\xi \nu_k \|(x^k, s^k)\|_1 &\leq \nu_k^2 n\mu_0 + n\mu_k + \nu_k(1 - \nu_k)\left(\|x^0\|_\infty \|s^*\|_1 + \|s^0\|_\infty \|x^*\|_1 \right) \\
&\leq \nu_k n\mu_0 + n\mu_k + \nu_k \|(x^0, s^0)\|_\infty \|(x^*, s^*)\|_1.
\end{aligned}
\tag{4.44}
$$

Lemma 4.15 (b) impliziert daher

$$\xi \nu_k \|(x^k, s^k)\|_1 \leq \beta n\mu_k + n\mu_k + \beta \mu_k \|(x^0, s^0)\|_\infty \|(x^*, s^*)\|_1 / \mu_0.
\tag{4.45}$$

Mit

$$C_1 := \left[\beta n + n + \beta \|(x^0, s^0)\|_\infty \|(x^*, s^*)\|_1 / \mu_0 \right] / \xi$$

ergibt sich dann die Behauptung. □

Man beachte übrigens, dass die Konstante C_1 aus dem Lemma 4.17 zwar vom Iterationsindex k unabhängig ist, sehr wohl aber von dem Startvektor (x^0, λ^0, s^0) beeinflusst wird.

Das nachstehende Resultat macht Gebrauch von der schon im Beweis des Lemmas 4.10 aufgetauchten Matrix

$$D^k := (X^k)^{1/2}(S^k)^{-1/2}$$

und besagt, dass die mit $(D^k)^{-1}$ bzw. mit D^k skalierten Richtungsvektoren Δx^k bzw. Δs^k von der Größenordnung $O(\sqrt{\mu_k})$ sind.

Lemma 4.18. *Sei $\{(x^k, \lambda^k, s^k)\}$ eine durch den Algorithmus 4.14 erzeugte Folge. Dann existiert eine positive Konstante C_2 derart, dass*

$$\|(D^k)^{-1}\Delta x^k\| \le C_2\sqrt{\mu_k} \quad und \quad \|D^k\Delta s^k\| \le C_2\sqrt{\mu_k}$$

für alle $k \in \mathbb{N}$.

Beweis. Sei (x^*, λ^*, s^*) wieder eine Lösung der Optimalitätsbedingungen (4.37). Definiere

$$(\bar{x}, \bar{\lambda}, \bar{s}) := (\Delta x^k, \Delta\lambda^k, \Delta s^k) + \nu_k(x^0, \lambda^0, s^0) - \nu_k(x^*, \lambda^*, s^*).$$

Mit Lemma 4.15 (d) und (e) folgt dann

$$\left(\Delta x^k + \nu_k(x^0 - x^*)\right)^T \left(\Delta s^k + \nu_k(s^0 - s^*)\right) = 0. \tag{4.46}$$

Addiert man $\nu_k S^k(x^0 - x^*) + \nu_k X^k(s^0 - s^*)$ zu beiden Seiten der dritten Blockzeile von (4.38), so folgt

$$S^k\left(\Delta x^k + \nu_k(x^0 - x^*)\right) + X^k\left(\Delta s^k + \nu_k(s^0 - s^*)\right)$$
$$= -X^k S^k e + \sigma_k\mu_k e + \nu_k S^k(x^0 - x^*) + \nu_k X^k(s^0 - s^*).$$

Multiplikation dieses Systems mit $(X^k S^k)^{-1/2}$ liefert unter Berücksichtigung von

$$(X^k S^k)^{-1/2}S^k = (D^k)^{-1} \quad und \quad (X^k S^k)^{-1/2}X^k = D^k$$

unmittelbar

$$(D^k)^{-1}\left(\Delta x^k + \nu_k(x^0 - x^*)\right) + D^k\left(\Delta s^k + \nu_k(s^0 - s^*)\right)$$
$$= -(X^k S^k)^{-1/2}(X^k S^k e - \sigma_k\mu_k e) + \nu_k(D^k)^{-1}(x^0 - x^*) + \nu_k D^k(s^0 - s^*). \tag{4.47}$$

Wegen (4.46) gilt

$$\left\|(D^k)^{-1}\left(\Delta x^k + \nu_k(x^0 - x^*)\right) + D^k\left(\Delta s^k + \nu_k(s^0 - s^*)\right)\right\|^2$$
$$= \left\|(D^k)^{-1}\left(\Delta x^k + \nu_k(x^0 - x^*)\right)\right\|^2 + \left\|D^k\left(\Delta s^k + \nu_k(s^0 - s^*)\right)\right\|^2. \tag{4.48}$$

Nimmt man auf beiden Seiten von (4.47) die Norm, quadriert diese und verwendet (4.48), so ergibt sich

$$\left\| (D^k)^{-1} \left(\Delta x^k + \nu_k(x^0 - x^*) \right) \right\|^2$$
$$\leq \left\| (D^k)^{-1} \left(\Delta x^k + \nu_k(x^0 - x^*) \right) \right\|^2 + \left\| D^k \left(\Delta s^k + \nu_k(s^0 - s^*) \right) \right\|^2$$
$$\leq \left\{ \|(X^k S^k)^{-1/2}\| \, \|X^k S^k e - \sigma_k \mu_k e\| + \nu_k \|(D^k)^{-1}(x^0 - x^*)\| \right.$$
$$\left. + \nu_k \|D^k(s^0 - s^*)\| \right\}^2 .$$

Dies impliziert

$$\|(D^k)^{-1} \left(\Delta x^k + \nu_k(x^0 - x^*) \right) \|$$
$$\leq \|(X^k S^k)^{-1/2}\| \, \|X^k S^k e - \sigma_k \mu_k e\|$$
$$+ \nu_k \|(D^k)^{-1}(x^0 - x^*)\| + \nu_k \|D^k(s^0 - s^*)\|.$$

Unter Verwendung der Dreiecksungleichung ergibt sich nach Addition des Extraterms $\nu_k \|D^k(s^0 - s^*)\|$ zur rechten Seite:

$$\|(D^k)^{-1} \Delta x^k\|$$
$$\leq \|(D^k)^{-1} \left(\Delta x^k + \nu_k(x^0 - x^*) \right) \| + \nu_k \|(D^k)^{-1}(x^0 - x^*)\|$$
$$\leq \|(X^k S^k)^{-1/2}\| \, \|X^k S^k e - \sigma_k \mu_k e\| + 2\nu_k \|(D^k)^{-1}(x^0 - x^*)\| \qquad (4.49)$$
$$+ 2\nu_k \|D^k(s^0 - s^*)\|.$$

Wir untersuchen jetzt das Verhalten eines jeden Terms auf der rechten Seite von (4.49). Für den ersten Ausdruck gilt wegen $x^k > 0$ und $s^k > 0$

$$\|X^k S^k e - \sigma_k \mu_k e\|^2 = \|X^k S^k e\|^2 - 2\sigma_k \mu_k (x^k)^T s^k + \sigma_k^2 \mu_k^2 n$$
$$\leq \|X^k S^k e\|_1^2 - 2\sigma_k n \mu_k^2 + \sigma_k^2 n \mu_k^2$$
$$= (n\mu_k)^2 - 2\sigma_k n \mu_k^2 + \sigma_k^2 n \mu_k^2$$
$$\leq n^2 \mu_k^2.$$

Ferner ist

$$\|(X^k S^k)^{-1/2}\| = \max_{i=1,\dots,n} \frac{1}{(x_i^k s_i^k)^{1/2}} \leq \frac{1}{\gamma^{1/2} \mu_k^{1/2}}. \qquad (4.50)$$

Daher folgt die Abschätzung

$$\|(X^k S^k)^{-1/2}\| \, \|X^k S^k e - \sigma_k \mu_k e\| \leq \frac{n}{\sqrt{\gamma}} \sqrt{\mu_k} \qquad (4.51)$$

für den ersten Term in (4.49).

Für die beiden anderen Terme in (4.49) gilt

$$\nu_k \|(D^k)^{-1}(x^0 - x^*)\| + \nu_k \|D^k(s^0 - s^*)\|$$
$$\leq \nu_k \left(\|(D^k)^{-1}\| + \|D^k\| \right) \max\{\|x^0 - x^*\|, \|s^0 - s^*\|\}. \qquad (4.52)$$

Bezeichnen wir die Diagonalelemente der Matrix D^k mit d_i^k, so folgt

$$\begin{aligned}
\|(D^k)^{-1}\| &= \max_{i=1,\ldots,n} \frac{1}{|d_i^k|} \\
&= \|(D^k)^{-1} e\|_\infty \\
&= \|(X^k S^k)^{-1/2} S^k e\|_\infty \\
&\leq \|(X^k S^k)^{-1/2} S^k e\| \\
&\leq \|(X^k S^k)^{-1/2}\| \, \|s^k\| \\
&\leq \|(X^k S^k)^{-1/2}\| \, \|s^k\|_1.
\end{aligned}$$

Analog ergibt sich

$$\|D^k\| \leq \|(X^k S^k)^{-1/2}\| \, \|x^k\|_1.$$

Mit (4.52), (4.50) und Lemma 4.17 erhalten wir daher

$$\begin{aligned}
&\nu_k \|(D^k)^{-1}(x^0 - x^*)\| + \nu_k \|D^k(s^0 - s^*)\| \\
&\leq \nu_k \|(x^k, s^k)\|_1 \|(X^k S^k)^{-1/2}\| \max\{\|x^0 - x^*\|, \|s^0 - s^*\|\} \\
&\leq \frac{C_1}{\sqrt{\gamma}} \sqrt{\mu_k} \max\{\|x^0 - x^*\|, \|s^0 - s^*\|\}.
\end{aligned}$$

Durch Kombination mit (4.49) und (4.51) ergibt sich mit der Konstanten

$$C_2 := 2\frac{C_1}{\sqrt{\gamma}} \max\{\|x^0 - x^*\|, \|s^0 - s^*\|\} + \frac{n}{\sqrt{\gamma}}$$

die gewünschte Abschätzung für den Term $\|(D^k)^{-1} \Delta x^k\|$. Da der Vektor $D^k \Delta s^k$ ebenfalls einer zu (4.49) analogen Abschätzung genügt, lässt sich das obige Argument auch auf $D^k \Delta s^k$ anwenden, womit der Beweis vollständig erbracht ist.   □

Unser nächstes Resultat gibt, wie dann im Lemma 4.20 gezeigt werden wird, eine gleichmäßige untere Schranke für die im Schritt (S.2) des Algorithmus 4.14 berechnete Schrittweite t_k an.

Lemma 4.19. *Sei $\{(x^k, \lambda^k, s^k)\}$ eine durch den Algorithmus 4.14 erzeugte Folge. Dann existiert eine Konstante $\bar{t} \in (0, 1]$ derart, dass die folgenden drei Bedingungen für alle $t \in [0, \bar{t}]$ und alle $k \in \mathbb{N}$ erfüllt sind:*

(a) $(x^k + t\Delta x^k)^T (s^k + t\Delta s^k) \geq (1 - t)(x^k)^T s^k$.
(b) $(x_i^k + t\Delta x_i^k)(s_i^k + t\Delta s_i^k) \geq \frac{\gamma}{n}(x^k + t\Delta x^k)^T (s^k + t\Delta s^k)$ für alle $i = 1, \ldots, n$.
(c) $(x^k + t\Delta x^k)^T (s^k + t\Delta s^k) \leq (1 - 0.01t)(x^k)^T s^k$.

Beweis. Bevor wir zum eigentlichen Beweis der Aussagen (a)–(c) kommen, wollen wir zunächst ein paar nützliche Gleichungen und Ungleichungen herleiten. Aus Lemma 4.18 folgt

$$(\Delta x^k)^T \Delta s^k = \left((D^k)^{-1} \Delta x^k\right)^T \left(D^k \Delta s^k\right) \leq \|(D^k)^{-1} \Delta x^k\| \, \|D^k \Delta s^k\| \leq C_2^2 \mu_k. \tag{4.53}$$

Analog ergibt sich

$$|\Delta x_i^k \Delta s_i^k| = |\frac{1}{d_i^k}\Delta x_i^k| \, |d_i^k \Delta s_i^k| \leq \|(D^k)^{-1}\Delta x^k\| \, \|D^k \Delta s^k\| \leq C_2^2 \mu_k, \quad (4.54)$$

wobei d_i^k das i–te Diagonalelement der Matrix D^k bezeichne. Wir betrachten als Nächstes die letzte Blockzeile von (4.38). Summation über alle n Komponenten dieser Blockzeile liefert

$$\begin{aligned}(s^k)^T \Delta x^k + (x^k)^T \Delta s^k &= e^T \left(S^k \Delta x^k + X^k \Delta s^k \right) \\ &= e^T \left(-X^k S^k e + \sigma_k \mu_k e \right) \\ &= (\sigma_k - 1)(x^k)^T s^k.\end{aligned} \quad (4.55)$$

Betrachtet man hingegen nur eine einzige Zeile, so folgt

$$s_i^k \Delta x_i^k + x_i^k \Delta s_i^k = -x_i^k s_i^k + \sigma_k \mu_k. \quad (4.56)$$

Für jede der in den Behauptungen (a), (b) und (c) auftretenden Ungleichungen leiten wir nun geeignete untere Schranken für die Schrittweite t her.

Wir untersuchen zunächst Teil (a). Aus (4.55) und (4.53) folgt

$$\begin{aligned}(x^k + t\Delta x^k)^T (s^k + t\Delta s^k) &= (x^k)^T s^k + t(\sigma_k - 1)(x^k)^T s^k + t^2 (\Delta x^k)^T \Delta s^k \\ &\geq (1-t)(x^k)^T s^k + t\sigma_k (x^k)^T s^k - t^2 C_2^2 \mu_k \\ &\geq (1-t)(x^k)^T s^k + \left(t\sigma_{\min} - t^2 C_2^2/n \right)(x^k)^T s^k.\end{aligned}$$
$$(4.57)$$

Daher gilt die Behauptung (a), falls

$$\left(t\sigma_{\min} - t^2 C_2^2/n \right)(x^k)^T s^k \geq 0$$

erfüllt ist. Letzteres ist genau dann der Fall, wenn

$$t \leq \frac{n\sigma_{\min}}{C_2^2} \quad (4.58)$$

gilt, was Teil (a) beweist.

Zum Nachweis der Behauptung (b) benutzen wir (4.54), (4.56) sowie $x_i^k s_i^k \geq \gamma \mu_k$, woraus sich

$$\begin{aligned}(x_i^k + t\Delta x_i^k)(s_i^k + t\Delta s_i^k) &\geq x_i^k s_i^k (1-t) + t\sigma_k \mu_k - t^2 C_2^2 \mu_k \\ &\geq \gamma(1-t)\mu_k + t\sigma_k \mu_k - t^2 C_2^2 \mu_k\end{aligned} \quad (4.59)$$

für $i = 1, \ldots, n$ ergibt. Auf der anderen Seite können wir wie in (4.57) zeigen, dass

$$\frac{1}{n}(x^k + t\Delta x^k)^T (s^k + t\Delta s^k) \leq (1-t)\mu_k + t\sigma_k \mu_k + t^2 C_2^2 \mu_k/n \quad (4.60)$$

gilt. Mit (4.59) und (4.60) folgt

$$(x_i^k + t\Delta x_i^k)(s_i^k + t\Delta s_i^k) - \frac{\gamma}{n}(x^k + t\Delta x^k)^T(s^k + t\Delta s^k)$$

$$\geq t\sigma_k(1-\gamma)\mu_k - (1+\gamma/n)t^2 C_2^2 \mu_k$$

$$\geq t\sigma_{\min}(1-\gamma)\mu_k - 2t^2 C_2^2 \mu_k$$

für $i = 1, \ldots, n$. Daher ist die Aussage (b) erfüllt, sofern der letzte Ausdruck nichtnegativ ist, d.h., falls

$$t \leq \frac{\sigma_{\min}(1-\gamma)}{2C_2^2} \tag{4.61}$$

gilt.

Schließlich kommen wir zum Nachweis von (c). Aus (4.60) und $\sigma_k \leq \sigma_{\max} \leq 0.5$ folgt

$$\frac{1}{n}(x^k + t\Delta x^k)^T(s^k + t\Delta s^k) - (1 - 0.01t)\mu_k$$

$$\leq (1-t)\mu_k + t\sigma_k\mu_k + t^2 C_2^2 \mu_k/n - (1 - 0.01t)\mu_k$$

$$\leq -0.99t\mu_k + 0.5t\mu_k + t^2 C_2^2 \mu_k$$

$$= -0.49t\mu_k + t^2 C_2^2 \mu_k,$$

und der letzte Ausdruck ist für

$$t \leq \frac{0.49}{C_2^2} \tag{4.62}$$

nichtpositiv.

Wegen (4.58), (4.61) und (4.62) gelten die Behauptungen (a), (b) und (c) somit für alle Schrittweiten $t \in [0, \bar{t}]$, wenn wir

$$\bar{t} := \min\left\{\frac{n\sigma_{\min}}{C_2^2}, \frac{\sigma_{\min}(1-\gamma)}{2C_2^2}, \frac{0.49}{C_2^2}, 0.99\right\} \tag{4.63}$$

setzen. $\square$

Als unmittelbare Konsequenz des Lemmas 4.19 erhalten wir das folgende Resultat.

Lemma 4.20. *Für die im Schritt (S.2) des Algorithmus 4.14 berechnete Schrittweite t_k gilt*

$$t_k \geq \bar{t}$$

für alle $k \in \mathbb{N}$, wobei $\bar{t}$ die im Lemma 4.19 definierte Konstante ist.

Beweis. Wir werden zeigen, dass die beiden Bedingungen (4.39) und (4.40) für alle $t \in [0, \bar{t}]$ und alle $k \in \mathbb{N}$ erfüllt sind.

Seien dazu $k \in \mathbb{N}$ und $t \in [0, \bar{t}]$ fest gewählt. Aus Lemma 4.19 (c) folgt sofort $\mu_k(t) \leq (1 - 0.01t)\mu_k$ und somit (4.40). Aus Lemma 4.19 (b) ergibt sich andererseits $x_i^k(t)s_i^k(t) \geq \gamma\mu_k(t)$. Wegen Lemma 4.19 (a) ist die rechte Seite dabei insbesondere positiv, woraus man relativ leicht auch $x_i^k(t) > 0$ und $s_i^k(t) > 0$ folgern kann, vergleiche dazu das Ende des Beweises von Lemma 4.11.

Schreiben wir

$$r_b^k(t) := Ax^k(t) - b \quad \text{und} \quad r_c^k(t) := A^T\lambda^k(t) + s^k(t) - c,$$

so ergibt sich aus der zweiten Blockzeile von (4.38):

$$r_b^k(t) = Ax^k - b + tA\Delta x^k = r_b^k - tr_b^k = (1 - t)r_b^k.$$

Entsprechend erhält man aus der ersten Blockzeile von (4.38):

$$r_c^k(t) = A^T\lambda^k + s^k - c + t(A^T\Delta\lambda^k + \Delta s^k) = r_c^k - tr_c^k = (1 - t)r_c^k.$$

Aus Lemma 4.19 (a) und Lemma 4.15 (a), (b) folgt daher

$$\frac{\|(r_b^k(t), r_c^k(t))\|}{\mu_k(t)} = \frac{(1 - t)\|(r_b^k, r_c^k)\|}{\mu_k(t)} \leq \frac{\|(r_b^k, r_c^k)\|}{\mu_k} \leq \beta\frac{\|(r_b^0, r_c^0)\|}{\mu_0},$$

womit auch (4.39) nachgewiesen ist. □

Lemma 4.20 kann nun dazu benutzt werden, um für den Algorithmus 4.14 ein globales Konvergenzresultat zu beweisen. Wir erinnern dazu daran, dass eine Folge positiver reeller Zahlen $\{\alpha_k\}$ *linear* (oder *Q–linear*) gegen Null konvergiert, falls eine Konstante $c \in (0, 1)$ existiert mit $\alpha_{k+1} \leq c\alpha_k$ für alle $k \in \mathbb{N}$ (genau genommen spricht man in diesem Fall sogar von globaler linearer Konvergenz; gilt die obige Ungleichung hingegen nur für alle hinreichend großen $k \in \mathbb{N}$, so spricht man von lokaler linearer Konvergenz). Ferner konvergiert eine Folge positiver reeller Zahlen $\{\beta_k\}$ *R–linear* gegen Null, wenn $\beta_k \leq \alpha_k$ für eine linear gegen Null konvergente Folge $\{\alpha_k\}$ gilt, d.h., eine Folge $\{\beta_k\}$ konvergiert genau dann R–linear gegen Null, wenn sie durch eine linear konvergente Folge $\{\alpha_k\}$ majorisiert werden kann.

Satz 4.21. *Sei $\{(x^k, \lambda^k, s^k)\}$ eine durch den Algorithmus 4.14 erzeugte Folge. Dann gelten die folgenden Aussagen:*

(a) Die Folge $\{\mu_k\}$ konvergiert linear gegen Null.
(b) Die Folge der Residuen $\{\|(r_b^k, r_c^k)\|\}$ konvergiert R–linear gegen Null.

Beweis. (a) Wegen Lemma 4.20 existiert eine Konstante $\bar{t} \in (0, 1]$ mit $t_k \geq \bar{t}$ für alle $k \in \mathbb{N}$. Aus (4.40) folgt daher

$$\mu_{k+1} \leq (1 - 0.01t_k)\mu_k \leq (1 - 0.01\bar{t})\mu_k, \qquad (4.64)$$

d.h., die Folge der (gewichteten) Dualitätslücken $\{\mu_k\}$ konvergiert linear gegen Null.

(b) Aus der Definition der Umgebung $\mathcal{N}_{-\infty}(\gamma, \beta)$ folgt

$$\|(r_b^k, r_c^k)\| \le \mu_k \beta \frac{\|(r_b^0, r_c^0)\|}{\mu_0}.$$

Nach dem gerade bewiesenen Teil (a) kann somit die Folge der Residuen durch eine linear konvergente Folge nach oben abgeschätzt werden, so dass $\{\|(r_b^k, r_c^k)\|\}$ selbst R–linear gegen Null konvergiert.   □

Bestimmt man in (S.2) des Algorithmus 4.14 die Schrittweite t_k als den maximalen Wert aus der Menge $\{1, \rho, \rho^2, \ldots\}$ (mit einem gegebenen $\rho \in (0, 1)$), so dass die beiden Bedingungen (4.39) und (4.40) erfüllt sind, so gilt analog zu Lemma 4.20 offenbar $t_k \ge \rho \bar{t}$ für alle $k \in \mathbb{N}$. Auch für diese leicht implementierbare Variante des Algorithmus 4.14 hat man somit eine gleichmäßige untere Schranke an die Schrittweiten t_k, und dies ist letztlich alles, was man zum Beweis des globalen Konvergenzsatzes 4.21 benötigt.

Es sei abschließend noch erwähnt, dass man für den Algorithmus 4.14 mit einer nur relativ geringen Modifikation der obigen Beweistechnik sogar polynomiale Komplexität beweisen kann, wobei man allerdings wieder die Wahl des Startvektors (x^0, λ^0, s^0) einzuschränken hat. Der interessierte Leser sei diesbezüglich wieder auf das Buch [178] von Wright verwiesen.

4.3 Semi–Definite Programme

Semi–definite Programme (engl.: semi-definite programs, kurz: SDPs) sind spezielle Optimierungsprobleme, welche die schon bekannten linearen Programme verallgemeinern und einige recht wichtige Anwendungen insbesondere in der kombinatorischen Optimierung sowie der Kontrolltheorie besitzen. Da die Forschung im Bereich der semi–definiten Programme zur Zeit noch recht aktiv ist, geben wir in diesem Abschnitt nur einige der grundlegenden Ideen an und verweisen ansonsten auf die Originalliteratur, wobei hier insbesondere die Bücher [134, 20] sowie die Überblicksartikel [173, 117] genannt seien. Der Unterabschnitt 4.3.1 gibt einen kurzen Einstieg in den hier zu besprechenden Problemkreis, während der Unterabschnitt 4.3.2 die wesentlichen Ideen zur Übertragung der Inneren–Punkte–Methoden auf semi–definite Programme beschreibt.

4.3.1 Einführung in Semi–Definite Programme

Semi–definite Programme weisen formal eine große Ähnlichkeit mit linearen Programmen auf, weshalb wir an dieser Stelle noch einmal an das primale lineare Programm

$$\min c^T x \quad \text{u.d.N.} \quad Ax = b, \, x \ge 0 \tag{4.65}$$

sowie das zugehörige duale lineare Programm

$$\max b^T \lambda \quad \text{u.d.N.} \quad A^T \lambda \le c \tag{4.66}$$

erinnern wollen, wobei Letzteres nach Einführung einer nichtnegativen Schlupf-variable äquivalent geschrieben werden kann in der Form

$$\max b^T \lambda \quad \text{u.d.N.} \quad A^T \lambda + s = c,\, s \ge 0,$$

vergleiche hierzu insbesondere den Unterabschnitt 3.1.2; dabei sind $A \in \mathbb{R}^{m \times n}, b \in \mathbb{R}^m$ und $c \in \mathbb{R}^n$ die gegebenen Größen.

Um die Analogie zwischen den linearen Programmen auf der einen Seite und den semi–definiten Problemen auf der anderen Seite besser zu verdeutlichen, führen wir noch einige Bezeichnungen ein. Seien

$$\mathcal{S}^{n \times n} := \{A \in \mathbb{R}^{n \times n} \mid A \text{ ist symmetrisch}\}$$

der Teilraum der symmetrischen Matrizen im $\mathbb{R}^{n \times n}$,

$$\mathcal{S}_+^{n \times n} := \{A \in \mathcal{S}^{n \times n} \mid A \text{ ist positiv semi–definit}\}$$

die Menge der symmetrischen und positiv semi–definiten Matrizen sowie

$$\mathcal{S}_{++}^{n \times n} := \{A \in \mathcal{S}^{n \times n} \mid A \text{ ist positiv definit}\}$$

die Menge der symmetrischen und positiv definiten Matrizen. Ferner schreiben wir

$$A \succeq 0 \quad \text{bzw.} \quad A \succ 0,$$

um anzudeuten, dass

$$A \in \mathcal{S}_+^{n \times n} \quad \text{bzw.} \quad A \in \mathcal{S}_{++}^{n \times n}$$

gilt; $A \succeq 0$ bzw. $A \succ 0$ bedeutet also, dass A eine symmetrische und positiv semi–definite bzw. positiv definite Matrix sein soll. Sei ferner

$$\langle A, B \rangle := A \bullet B := \mathrm{Spur}(AB^T) \tag{4.67}$$

für $A, B \in \mathbb{R}^{n \times n}$, wobei $\mathrm{Spur}(C) := \sum_{i=1}^n c_{ii}$ die Spur einer Matrix $C \in \mathbb{R}^{n \times n}, C = (c_{ij})$, bezeichnet. Es ist also

$$A \bullet B = \sum_{i,j=1}^n a_{ij} b_{ij}.$$

Man verifiziert sehr leicht, dass durch (4.67) ein Skalarprodukt auf dem Raum $\mathbb{R}^{n \times n}$ definiert ist, siehe Aufgabe 4.8. Bezeichnen wir mit

$$\|A\|_F := \left(\sum_{i,j=1}^n a_{ij}^2 \right)^{1/2}$$

die Frobenius–Norm einer Matrix $A \in \mathbb{R}^{n \times n}$, so gilt für das obige Skalarprodukt offenbar

$$A \bullet A = \|A\|_F^2 \qquad (4.68)$$

für alle $A \in \mathbb{R}^{n \times n}$.

Mit diesen Notationen lautet das sogenannte *primale semi–definite Programm* wie folgt:

$$
\begin{aligned}
\min \quad & C \bullet X \\
\text{u.d.N. } & A_i \bullet X = b_i \quad \forall i = 1, \ldots, m, \\
& X \succeq 0.
\end{aligned}
\qquad (4.69)
$$

Bei dem primalen SDP (4.69) ist die symmetrische Matrix $X \in \mathcal{S}^{n \times n}$ die Variable, während $A_i, C \in \mathcal{S}^{n \times n}$ für $i = 1, \ldots, m$ und $b = (b_1, \ldots, b_m)^T \in \mathbb{R}^m$ die gegebenen Daten sind.

Das semi–definite Problem (4.69) ist im Allgemeinen natürlich kein lineares Programm mehr. Man kann aber sehr schnell einsehen, dass es sich noch um ein konvexes Problem handelt. Allerdings ist die Restriktion $X \succeq 0$ recht unhandlich. Es gibt andere Formulierungen des semi–definiten Programmes (4.69), die aber auch nicht ganz ohne Probleme sind. Beispielsweise könnte man die Definition der positiven Semi–Definitheit einer Matrix ausnutzen, um das Problem (4.69) in der folgenden Gestalt zu schreiben:

$$
\begin{aligned}
\min \quad & C \bullet X \\
\text{u.d.N. } & A_i \bullet X = b_i \quad \forall i = 1, \ldots, m, \\
& d^T X d \geq 0 \quad \forall d \in \mathbb{R}^n.
\end{aligned}
$$

In dieser Formulierung handelt es sich um ein *semi–infinites Problem*, da unendlich viele Restriktionen auftauchen. Eine andere Realisierung von (4.69) lautet wie folgt:

$$
\begin{aligned}
\min \quad & C \bullet X \\
\text{u.d.N. } & A_i \bullet X = b_i \quad \forall i = 1, \ldots, m, \\
& \lambda_{\min}(X) \geq 0,
\end{aligned}
\qquad (4.70)
$$

wobei $\lambda_{\min}(X)$ den kleinsten Eigenwert der symmetrischen Matrix X bezeichnet. Hier liegen zwar wieder nur endlich viele Restriktionen vor (nämlich $m + 1$ Stück), aber die Nebenbedingung $\lambda_{\min}(X) \geq 0$ ist leider auch nicht ganz ohne. Zwar kann man zeigen, dass die Abbildung

$$X \mapsto \lambda_{\min}(X) \qquad (4.71)$$

konkav und das Problem (4.70) somit konvex ist, aber leider ist die Abbildung (4.71) im Allgemeinen nicht differenzierbar, siehe Aufgabe 4.11.

Wir werden es im Rahmen dieses Unterabschnittes zumeist bei der Formulierung (4.69) belassen. Das zu dem primalen Problem (4.69) zugehörige *duale semi–definite Programm* ist (in formaler Analogie zu (4.66)) gegeben durch

$$\max \quad b^T \lambda$$
$$\text{u.d.N. } C - \sum_{i=1}^{m} \lambda_i A_i \succeq 0 \qquad (4.72)$$

mit der Variablen $\lambda = (\lambda_1, \dots, \lambda_m)^T \in \mathbb{R}^m$. Das duale SDP wird häufig auch in der Form

$$\max \quad b^T \lambda$$
$$\text{u.d.N. } \sum_{i=1}^{m} \lambda_i A_i + S = C,$$
$$S \succeq 0$$

geschrieben; dabei sind die Variablen gegeben durch $\lambda \in \mathbb{R}^m$ und $S \in \mathcal{S}^{n \times n}$. Das duale SDP kann mittels der sogenannten Lagrange–Dualität tatsächlich als das duale Problem zu dem primalen SDP hergeleitet werden, vergleiche hierzu die entsprechenden Ausführungen im Kapitel 6, insbesondere das Beispiel 6.4. Aus den von der Lagrange–Dualität her bekannten Resultaten ergeben sich daher auch die folgenden Sätze, auf deren Beweise wir deshalb an dieser Stelle verzichten wollen. Wir formulieren zunächst den schwachen Dualitätssatz für semi–definite Probleme, der sich auch auf direktem Wege relativ leicht verifizieren lässt, vergleiche Aufgabe 4.9.

Satz 4.22. *(Schwache Dualität für SDPs)*
Seien

$$\inf(P) := \inf\{C \bullet X \mid A_i \bullet X = b_i \ \forall i = 1, \dots, m, \ X \succeq 0\}$$

und

$$\sup(D) := \sup\{b^T \lambda \mid \sum_{i=1}^{m} \lambda_i A_i + S = C, \ S \succeq 0\}$$

die optimalen Funktionswerte des primalen bzw. dualen SDPs. Dann gilt $\sup(D) \leq \inf(P)$.

Als Nächstes geben wir den starken Dualitätssatz für semi–definite Probleme an.

Satz 4.23. *(Starke Dualität für SDPs)*
Seien wieder

$$\inf(P) := \inf\{C \bullet X \mid A_i \bullet X = b_i \ \forall i = 1, \dots, m, \ X \succeq 0\}$$

und

$$\sup(D) := \sup\{b^T \lambda \mid \sum_{i=1}^{m} \lambda_i A_i + S = C, \ S \succeq 0\}$$

die optimalen Funktionswerte des primalen bzw. dualen SDPs. Es existiere ein strikt zulässiges Tripel $(\hat{X}, \hat{\lambda}, \hat{S})$ für das primale und duale SDP, d.h., es sei $\hat{X} \succ 0, \hat{S} \succ 0$ sowie $\sum_{i=1}^{m} \hat{\lambda}_i A_i + \hat{S} = C$ und $A_i \bullet \hat{X} = b_i$ für alle $i = 1, \dots, m$. Dann gelten die folgenden Aussagen:

(a) Sowohl das primale als auch das duale SDP besitzen eine Lösung.

(b) Es ist $\sup(D) = \inf(P)$.

Die Voraussetzung des Satzes 4.23 kann als eine Art Slater–Bedingung für semi–definite Programme aufgefasst werden. Man beachte dazu, dass die Menge der positiv definiten Matrizen im Raum $\mathcal{S}^{n \times n}$ der symmetrischen Matrizen gerade das Innere der Menge der positiv semi–definiten Matrizen darstellt. Im Hinblick auf den schon weiter oben erwähnten Zusammenhang mit der Lagrange–Dualität ist die Aussage des Satzes 4.23 insofern nicht weiter verwunderlich.

Wir geben als Nächstes zwei einfache Beispiele von semi–definiten Programmen an. In dem ersten dieser Beispiele zeigen wir, dass die semi–definiten Programme in der Tat eine Verallgemeinerung der linearen Programme darstellen.

Beispiel 4.24. Betrachte das primale lineare Programm aus (4.65):

$$\min c^T x \quad \text{u.d.N.} \quad Ax = b,\ x \geq 0.$$

Sei a_i die i–te Zeile der Matrix A, $i = 1, \dots, m$. Definiere

$$C := \operatorname{diag}(c), \quad X := \operatorname{diag}(x), \quad A_i := \operatorname{diag}(a_i) \quad (i = 1, \dots, m).$$

Aufgrund der simplen Beobachtung

$$X \succeq 0 \Longleftrightarrow x \geq 0$$

lässt sich das lineare Programm (4.65) dann in der folgenden Gestalt schreiben:

$$
\begin{aligned}
\min \quad & C \bullet X \\
\text{u.d.N.} \quad & A_i \bullet X = b_i \quad \forall i = 1, \dots, m, \\
& X \succeq 0.
\end{aligned}
$$

Dies ist aber ein semi–definites Programm in primaler Form, vergleiche (4.69). Auf ähnliche Weise kann man auch ein duales lineares Programm als ein duales semi–definites Problem schreiben.

Das zweite Beispiel eines semi–definiten Programmes stammt aus der *Eigenwert–Optimierung*. Für weitere Zusammenhänge zwischen Eigenwert–Problemen und semi–definiten Programmen sei der Leser insbesondere auf den Überblicksartikel [117] von Lewis und Overton verwiesen.

Beispiel 4.25. Seien $A_i \in \mathcal{S}^{p \times p}$ symmetrische Matrizen für $i = 0, 1, \dots, m$. Setze

$$A(\lambda) := A_0 + \lambda_1 A_1 + \dots + \lambda_m A_m$$

für einen Vektor $\lambda = (\lambda_1, \dots, \lambda_m)^T \in \mathbb{R}^m$. Dann können wir das Problem der Minimierung des maximalen Eigenwertes der Matrix $A(\lambda)$ offenbar wie folgt formulieren:

$$\min t \quad \text{u.d.N.} \quad tI - A(\lambda) \succeq 0.$$

Dies wiederum ist äquivalent zu

$$\max -t \quad \text{u.d.N.} \quad tI - A(\lambda) \succeq 0.$$

Offensichtlich handelt es sich bei dem letztgenannten Problem um ein semi–definites Programm in dualer Form mit den Variablen t und λ.

Abschließend wollen wir noch kurz andeuten, dass semi–definite Programme bei der Lösung von kombinatorischen Optimierungsproblemen eine gewisse Rolle spielen. Tatsächlich kann man mittels semi–definiter Relaxationen häufig sehr gute untere Schranken für den Optimalwert von kombinatorischen Optimierungsproblemen gewinnen. Zur genaueren Beschreibung der wesentlichen Idee betrachten wir einmal das quadratisch restringierte Optimierungsproblem

$$\min f_0(x) \quad \text{u.d.N.} \quad f_i(x) \le 0 \ (i = 1, \dots, m) \tag{4.73}$$

mit

$$f_i(x) := x^T A_i x + 2b_i^T x + c_i \quad (i = 0, 1, \dots, m)$$

und symmetrischen Matrizen $A_i \in \mathcal{S}^{n \times n}$. Da die Matrizen A_i hier indefinit sein dürfen, handelt es sich bei dem Programm (4.73) um ein nicht konvexes und sehr schwer zu lösendes Optimierungsproblem. Insbesondere können diverse kombinatorische Minimierungsaufgaben in dieser Form geschrieben werden.

Zu dem Problem (4.73) betrachten wir nun das folgende semi–definite Programm in den Variablen t und λ:

$$\max \quad t$$
$$\text{u.d.N.} \quad \begin{pmatrix} A_0 & b_0 \\ b_0^T & c_0 - t \end{pmatrix} + \lambda_1 \begin{pmatrix} A_1 & b_1 \\ b_1^T & c_1 \end{pmatrix} + \dots + \lambda_m \begin{pmatrix} A_m & b_m \\ b_m^T & c_m \end{pmatrix} \succeq 0, \tag{4.74}$$
$$\lambda_i \ge 0 \quad (i = 1, \dots, m).$$

Dieses semi–definite Programm kann als Relaxation des Problemes (4.73) aufgefasst werden, da es aufgrund des nachstehenden Resultates eine untere Schranke für den Optimalwert von (4.73) liefert.

Satz 4.26. *Seien x zulässig für (4.73) und $t, \lambda_1, \dots, \lambda_m$ zulässig für (4.74). Dann gilt $t \le f_0(x)$.*

Beweis. Aus der Zulässigkeit von x für das Problem (4.73) folgt

$$f_i(x) = \begin{pmatrix} x \\ 1 \end{pmatrix}^T \begin{pmatrix} A_i & b_i \\ b_i^T & c_i \end{pmatrix} \begin{pmatrix} x \\ 1 \end{pmatrix} \le 0$$

für $i = 1, \dots, m$. Da andererseits $t, \lambda_1, \dots, \lambda_m$ den Restriktionen der semi–definiten Relaxation (4.74) genügt, gilt

$$0 \leq \begin{pmatrix} x \\ 1 \end{pmatrix}^T \left[\begin{pmatrix} A_0 & b_0 \\ b_0^T & c_0 - t \end{pmatrix} + \lambda_1 \begin{pmatrix} A_1 & b_1 \\ b_1^T & c_1 \end{pmatrix} + \ldots + \lambda_m \begin{pmatrix} A_m & b_m \\ b_m^T & c_m \end{pmatrix} \right] \begin{pmatrix} x \\ 1 \end{pmatrix}$$
$$= f_0(x) - t + \lambda_1 f_1(x) + \ldots + \lambda_m f_m(x)$$
$$\leq f_0(x) - t.$$

Dies liefert die gewünschte Ungleichung. $\square$

Offenbar impliziert der Satz 4.26, dass der Optimalwert der semi–definiten Relaxation (4.74) eine untere Schranke für den Optimalwert des quadratisch restringierten Optimierungsproblems (4.73) darstellt.

Ferner gibt es eine ganze Reihe von kombinatorischen bzw. graphentheoretischen Problemen, die sich in der Form eines semi–definiten Programmes formulieren und lösen lassen. Für zahlreiche Beispiele dieser Art sei der Leser insbesondere auf die beiden Arbeiten [2, 80] verwiesen.

4.3.2 Innere–Punkte–Methoden für Semi–Definite Programme

Innere–Punkte–Methoden können auch zur Lösung von semi–definiten Programmen verwendet werden. Die hierbei benutzten Ideen stimmen im Prinzip mit denen zur Lösung von linearen Programmen überein. Wir werden uns bei der Beschreibung der Inneren–Punkte–Methoden für SDPs daher sehr kurz fassen und dabei vorwiegend auf eine hier zusätzlich auftretende Schwierigkeit aufmerksam machen. Der Leser dieses Unterabschnittes sei an dieser Stelle ausdrücklich darauf hingewiesen, dass der nachfolgende Text implizit eine ganze Reihe von Behauptungen enthält, die wir nicht explizit verifizieren.

Zur Beschreibung der Inneren–Punkte–Verfahren betrachten wir wieder das primale SDP

$$\begin{array}{ll} \min & C \bullet X \\ \text{u.d.N.} & A_i \bullet X = b_i \quad \forall i = 1, \ldots, m, \\ & X \succeq 0 \end{array}$$

sowie das zugehörige duale SDP

$$\begin{array}{ll} \max & b^T \lambda \\ \text{u.d.N.} & \sum_{i=1}^m \lambda_i A_i + S = C, \\ & S \succeq 0, \end{array}$$

wobei $C, A_i \in \mathcal{S}^{n \times n}$ und $b \in \mathbb{R}^m$ die gegebenen Daten seien. Unter gewissen Voraussetzungen lauten die Optimalitätsbedingungen dieser semi–definiten Probleme wie folgt:

$$\sum_{i=1}^m \lambda_i A_i + S = C,$$

$$A_i \bullet X = b_i \quad \forall i = 1, \ldots, m,$$
$$SX = 0, \quad S \succeq 0, \quad X \succeq 0.$$

Analog zur Vorgehensweise bei den linearen Programmen betrachten wir auch hier eine Störung dieser Optimalitätsbedingungen:

$$\begin{aligned}
\sum_{i=1}^{m} \lambda_i A_i + S &= C, \\
A_i \bullet X &= b_i \quad \forall i = 1, \ldots, m, \\
SX &= \tau I, \quad S \succ 0, \quad X \succ 0,
\end{aligned} \tag{4.75}$$

wobei $\tau > 0$ ein gegebener Parameter sei. Man nennt (4.75) die *zentralen Pfad–Bedingungen* für semi–definite Programme.. Unter gewissen Voraussetzungen haben diese zentralen Pfad–Bedingungen für jedes $\tau > 0$ eine (eindeutige) Lösung $(X_\tau, \lambda_\tau, S_\tau)$.

Die Inneren–Punkte–Methoden versuchen nun wieder, diesen zentralen Pfad numerisch zu verfolgen, indem sie ein Newton–Verfahren auf die *Gleichungen* von (4.75) anwenden. Man bestimmt daher eine Folge von Iterierten $\{(X^k, \lambda^k, S^k)\} \subseteq \mathcal{S}^{n \times n} \times \mathbb{R}^m \times \mathcal{S}^{n \times n}$ gemäß der Vorschrift

$$(X^{k+1}, \lambda^{k+1}, S^{k+1}) := (X^k, \lambda^k, S^k) + t_k(\Delta X^k, \Delta \lambda^k, \Delta S^k)$$

mit $X^k \succ 0, S^k \succ 0$ für alle $k \in \mathbb{N}$, wobei $t_k > 0$ eine geeignete Schrittweite ist und sich der Korrekturvektor $(\Delta X^k, \Delta \lambda^k, \Delta S^k)$ als Lösung der zu (4.75) gehörenden Newton–Gleichung ergibt.

Zur Aufstellung dieser Newton–Gleichung hat man das System (4.75) mit $\tau = \tau_k$ um die aktuelle Iterierte (X^k, λ^k, S^k) zu linearisieren. Nimmt man zur Vereinfachung einmal an, dass diese Iterierte zulässig ist in dem Sinne, dass sie den linearen Gleichungen $\sum_{i=1}^{m} \lambda_i A_i + S = C$ und $A_i \bullet X = b_i$ für $i = 1, \ldots, m$ genügt, so lautet die Linearisierung von (4.75) wie folgt:

$$\sum_{i=1}^{m} \Delta \lambda_i A_i + \Delta S = 0, \tag{4.76}$$

$$A_i \bullet \Delta X = 0 \quad \forall i = 1, \ldots, m, \tag{4.77}$$

$$S^k \Delta X + \Delta S X^k = \tau_k I - S^k X^k. \tag{4.78}$$

Aus (4.76) ergibt sich unmittelbar

$$\Delta S = -\sum_{i=1}^{m} \Delta \lambda_i A_i. \tag{4.79}$$

Einsetzen dieses Ausdruckes in (4.78) liefert dann

$$\Delta X = \tau_k (S^k)^{-1} - X^k + \sum_{i=1}^{m} \Delta \lambda_i (S^k)^{-1} A_i X^k. \tag{4.80}$$

Ersetzt man ΔX in (4.77) durch den Ausdruck (4.80), so folgt

$$A_i \bullet \left[\tau_k (S^k)^{-1} - X^k + (S^k)^{-1} \left(\sum_{j=1}^{m} \Delta\lambda_j A_j \right) X^k \right] = 0$$

$$\Longleftrightarrow A_i \bullet \left[(S^k)^{-1} \left(\sum_{j=1}^{m} \Delta\lambda_j A_j \right) X^k \right] = A_i \bullet X^k - \tau_k A_i \bullet (S^k)^{-1}$$

$$\Longleftrightarrow \left[(S^k)^{-1} \left(\sum_{j=1}^{m} \Delta\lambda_j A_j \right) X^k \right] \bullet A_i = A_i \bullet X^k - \tau_k A_i \bullet (S^k)^{-1}$$

für $i = 1, \ldots, m$, wobei wir die Linearität und Symmetrie von $\bullet$ ausgenutzt haben. Hierbei handelt es sich um m lineare Gleichungen zur Bestimmung der m Unbekannten $\Delta\lambda_1, \ldots, \Delta\lambda_m$. Um dies zu verdeutlichen, verwenden wir die Definition von $\bullet$ und bekannte Eigenschaften der Spur–Abbildung (insbesondere $\mathrm{Spur}(AB) = \mathrm{Spur}(BA)$ für beliebige $A, B \in \mathbb{R}^{n \times n}$, siehe Aufgabe 4.7), um obiges System wie folgt zu formulieren:

$$\mathrm{Spur}\left((S^k)^{-1} \left(\sum_{j=1}^{m} \Delta\lambda_j A_j \right) X^k A_i^T \right) = \mathrm{Spur}\left(A_i X^k - \tau_k A_i (S^k)^{-1} \right)$$

$$\Longleftrightarrow \mathrm{Spur}\left(A_i (S^k)^{-1} \left(\sum_{j=1}^{m} \Delta\lambda_j A_j \right) X^k \right) = \mathrm{Spur}\left(A_i X^k - \tau_k A_i (S^k)^{-1} \right)$$

$$\Longleftrightarrow \mathrm{Spur}\left(\sum_{j=1}^{m} \Delta\lambda_j A_i (S^k)^{-1} A_j X^k \right) = \mathrm{Spur}\left(A_i X^k - \tau_k A_i (S^k)^{-1} \right)$$

$$\Longleftrightarrow \sum_{j=1}^{m} \mathrm{Spur}\left(A_i (S^k)^{-1} A_j X^k \right) \Delta\lambda_j = \mathrm{Spur}\left(A_i X^k - \tau_k A_i (S^k)^{-1} \right)$$

für $i = 1, \ldots, m$. Der Vektor $\Delta\lambda^k$ ergibt sich somit als Lösung des linearen Gleichungssystems

$$M^k \Delta\lambda = c^k \tag{4.81}$$

mit $M^k = (m_{ij}^k) \in \mathbb{R}^{m \times m}$ und $c^k = (c_1^k, \ldots, c_m^k)^T \in \mathbb{R}^m$ definiert durch

$$m_{ij}^k := \mathrm{Spur}\left(A_i (S^k)^{-1} A_j X^k \right) \quad \text{und} \quad c_i^k := \mathrm{Spur}\left(A_i X^k - \tau_k A_i (S^k)^{-1} \right) \tag{4.82}$$

für $i, j = 1, \ldots, m$. Das folgende Resultat garantiert insbesondere, dass dieses lineare Gleichungssystem unter gewissen Voraussetzungen eine eindeutige Lösung besitzt.

Satz 4.27. *Seien $X \in \mathcal{S}_{++}^{n \times n}$ und $S \in \mathcal{S}_{++}^{n \times n}$ zwei symmetrische und positiv definite Matrizen sowie $A_1, \ldots, A_m \in \mathcal{S}^{n \times n}$ linear unabhängig, d.h., es gelte die Implikation*

$$\alpha_1 A_1 + \cdots + \alpha_m A_m = 0 \ \textit{für } \alpha_i \in \mathbb{R} \Longrightarrow \alpha_i = 0 \quad \forall i = 1, \ldots, m.$$

Dann ist die durch die Elemente

$$m_{ij} := Spur(A_i S^{-1} A_j X)$$

für $i, j \in \{1, \ldots, m\}$ definierte Matrix $M \in \mathbb{R}^{m \times m}$ symmetrisch und positiv definit.

Beweis. Wir verifizieren zunächst die Symmetrie von M: Wegen $\mathrm{Spur}(A) = \mathrm{Spur}(A^T)$ und $\mathrm{Spur}(AB) = \mathrm{Spur}(BA)$ für beliebige Matrizen $A, B \in \mathbb{R}^{n \times n}$ ergibt sich

$$\begin{aligned}
m_{ji} &= \mathrm{Spur}(A_j S^{-1} A_i X) \\
&= \mathrm{Spur}((A_j S^{-1} A_i X)^T) \\
&= \mathrm{Spur}(X A_i S^{-1} A_j) \\
&= \mathrm{Spur}(A_i S^{-1} A_j X) \\
&= m_{ij}
\end{aligned}$$

für alle $i, j \in \{1, \ldots, m\}$ aufgrund der Definition von m_{ij} sowie der Symmetrie von X, A_i, S und A_j.

Zum Nachweis der positiven Definitheit von M sei $d \in \mathbb{R}^m$ ein beliebiger Vektor. Dann ergibt sich aus der Definition von M und den Voraussetzungen $X \succ 0$ und $S \succ 0$:

$$\begin{aligned}
d^T M d &= \sum_{i=1}^m d_i \sum_{j=1}^m m_{ij} d_j \\
&= \sum_{i,j=1}^m d_i d_j \mathrm{Spur}(A_i S^{-1} A_j X) \\
&= \sum_{i,j=1}^m d_i d_j \mathrm{Spur}(S^{-1} A_j X A_i) \\
&= \sum_{i,j=1}^m d_i d_j \mathrm{Spur}(S^{-1/2} S^{-1/2} A_j X^{1/2} X^{1/2} A_i) \\
&= \sum_{i,j=1}^m d_i d_j \mathrm{Spur}(S^{-1/2} A_j X^{1/2} X^{1/2} A_i S^{-1/2}) \\
&= \sum_{i,j=1}^m d_i d_j \mathrm{Spur}((S^{-1/2} A_j X^{1/2})(S^{-1/2} A_i X^{1/2})^T) \\
&= \sum_{i,j=1}^m d_i d_j \left[(S^{-1/2} A_j X^{1/2}) \bullet (S^{-1/2} A_i X^{1/2}) \right] \\
&= \left(\sum_{j=1}^m S^{-1/2} d_j A_j X^{1/2} \right) \bullet \left(\sum_{i=1}^m S^{-1/2} d_i A_i X^{1/2} \right).
\end{aligned}$$

Wegen (4.68) folgt hieraus

$$d^T M d = \|S^{-1/2}(\sum_{i=1}^{m} d_i A_i) X^{1/2}\|_F^2 \geq 0.$$

Der Fall $d^T M d = 0$ kann dabei nur auftreten, wenn

$$\|S^{-1/2}(\sum_{i=1}^{m} d_i A_i) X^{1/2}\|_F = 0$$

ist, also

$$S^{-1/2}(\sum_{i=1}^{m} d_i A_i) X^{1/2} = 0$$

gilt. Die Regularität der Matrizen $S^{-1/2}$ und $X^{1/2}$ impliziert daher

$$\sum_{i=1}^{m} d_i A_i = 0.$$

Aus der vorausgesetzten linearen Unabhängigkeit der Matrizen A_i folgt dann $d_i = 0$ für alle $i = 1, \ldots, m$. Somit gilt

$$d^T M d > 0$$

für alle $d \in \mathbb{R}^m$ mit $d \neq 0$. $\square$

Die im Satz 4.27 gestellte Voraussetzung der linearen Unabhängigkeit der Matrizen A_i entspricht der vollen Rang–Bedingung an die Matrix A bei linearen Programmen, vergleiche Satz 4.4. Dazu beachte man, dass bei der Formulierung eines (primalen) linearen Programmes in der Gestalt eines (primalen) semi–definiten Problems die Matrizen A_i Diagonalgestalt haben, wobei die Zeilen von A gerade die Diagonalelemente der A_i sind (siehe Beispiel 4.24), die lineare Unabhängigkeit der A_i somit in der Tat äquivalent zu der linearen Unabhängigkeit der Zeilen von A ist.

Aufgrund des Satzes 4.27 lässt sich $\Delta\lambda^k$ eindeutig als Lösung des Gleichungssystems (4.81) bestimmen, sofern die Matrizen $A_1, \ldots, A_m$ linear unabhängig sind. Anschließend lassen sich dann auch die Korrekturvektoren ΔX^k und ΔS^k gemäß (4.80) und (4.79) berechnen.

Diese Vorgehensweise hat allerdings einen entscheidenden Nachteil: Da das Produkt zweier symmetrischer Matrizen im Allgemeinen nicht wieder symmetrisch ist, liefert die Vorschrift (4.80) leider einen nicht symmetrischen Korrekturvektor ΔX^k, weshalb dann auch die nächste Iterierte $X^{k+1} = X^k + t_k \Delta X^k$ nicht symmetrisch wäre, was aber nicht sein soll! Hingegen ist der Korrekturvektor ΔS^k aus (4.79) offenbar symmetrisch.

Das Problem der Nicht–Symmetrie trat bei der Lösung von linearen Programmen übrigens nicht auf, da die dort verwendeten Matrizen X^k und S^k

jeweils Diagonalmatrizen waren, die insbesondere miteinander vertauschbar sind.

Zur Vermeidung der obigen Problematik und Bestimmung einer Suchrichtung $(\Delta X^k, \Delta \lambda^k, \Delta S^k)$ mit symmetrischen Matrizen ΔX^k und ΔS^k existieren in der neueren Literatur zahlreiche Vorschläge. Recht populär sind hier insbesondere die Ansätze von

(a) Helmberg, Rendl, Vanderbei und Wolkowicz [80],

(b) Alizadeh, Haeberly und Overton [3] sowie

(c) Nesterov und Todd [135, 136].

Aufgrund der Anfangsbuchstaben der jeweiligen Autoren nennt man die sich aus (a), (b) bzw. (c) ergebende Suchrichtung $(\Delta X^k, \Delta \lambda^k, \Delta S^k)$ auch die HRVW–, AHO– bzw. NT–Richtung. Da diese Suchrichtungen von verschiedenen Autoren auf zum Teil anderem Wege ebenfalls hergeleitet worden sind, ist die Namensgebung in der Literatur allerdings nicht ganz einheitlich.

Wir werden uns im Rest dieses Unterabschnittes mit den beiden Ansätzen (a) und (b) etwas näher beschäftigen, während wir für (c) auf die angegebene Literatur verweisen, siehe auch [171].

Die recht naheliegende Idee von Helmberg et al. [80] lautet wie folgt: Man bestimme zunächst $\Delta \lambda^k$ aus (4.81) mit M^k und c^k aus (4.82). Danach setze man

$$\Delta \tilde{X}^k = \tau_k (S^k)^{-1} - X^k + \sum_{i=1}^{m} \Delta \lambda_i^k (S^k)^{-1} A_i X^k.$$

Dies ist gerade die Vorschrift zur Bestimmung von ΔX in (4.80). Wir nennen diesen Ausdruck jetzt aber $\Delta \tilde{X}^k$ und setzen

$$\Delta X^k := \frac{1}{2} (\Delta \tilde{X}^k + (\Delta \tilde{X}^k)^T),$$

d.h., ΔX^k ist gerade der symmetrische Anteil von $\Delta \tilde{X}^k$. Auf diese Weise wird garantiert, dass der Korrekturvektor ΔX^k symmetrisch ist. Abschließend bestimmt man ΔS^k gemäß der Formel (4.79) mit dem schon vorher berechneten $\Delta \lambda^k$ an Stelle von $\Delta \lambda$.

Andere Ansätze zur Lösung der obigen Problematik beruhen darauf, die in (4.75) auftretende Bedingung $SX = \tau I$ für $X \succ 0$, $S \succ 0$ äquivalent umzuformen. Dies gilt insbesondere auch für den Vorschlag (b) von Alizadeh, Haeberly und Overton [3]. Als Grundlage dient das folgende Resultat.

Lemma 4.28. *Für* $X \succeq 0$ *und* $S \succeq 0$ *sind äquivalent:*

(a) Es ist $SX = \tau I$.

(b) Es ist $XS = \tau I$.

(c) Es ist $SX + XS = 2\tau I$.

Beweis. (a) $\Longleftrightarrow$ (b): Aus $SX = \tau I$ folgt unmittelbar

$$XS = X^T S^T = (SX)^T = \tau I^T = \tau I,$$

also die Behauptung (b). Analog verifiziert man, dass (a) auch aus (b) folgt.

(a) $\Longleftrightarrow$ (c): Gilt (a), so folgt aufgrund der schon bewiesenen Äquivalenz von (a) mit (b) unmittelbar die Gleichung (c). Sei umgekehrt daher $SX + XS = 2\tau I$ für symmetrische und positiv semi–definite Matrizen X und S. Sei $X = Q^T D Q$ mit einer orthogonalen Matrix $Q \in \mathbb{R}^{n \times n}$ sowie einer Diagonalmatrix $D = \mathrm{diag}(\lambda_1, \ldots, \lambda_n)$. Aus $SX + XS = 2\tau I$ folgt dann

$$SQ^T D Q + Q^T D Q S = 2\tau I.$$

Multipliziert man diese Gleichung von links mit Q und von rechts mit Q^T, so ergibt sich

$$QSQ^T D + DQSQ^T = 2\tau I,$$

also

$$AD + DA = 2\tau I \qquad (4.83)$$

mit $A := QSQ^T$. Die Elemente m_{ij} der Matrix $M := AD + DA$ sind gegeben durch

$$m_{ij} = (\lambda_i + \lambda_j) a_{ij}.$$

Wegen $M = 2\tau I$ ist aber $m_{ij} = 0$ für alle $i, j \in \{1, \ldots, n\}$ mit $i \neq j$. Da X positiv semi–definit ist, folgt daher

$$\lambda_i = \lambda_j = 0 \quad \text{oder} \quad a_{ij} = 0$$

für alle $i, j \in \{1, \ldots, n\}$ mit $i \neq j$. Also ist DA eine Diagonalmatrix, woraus sich insbesondere

$$DA = (DA)^T = A^T D^T = AD$$

ergibt, da A offenbar symmetrisch ist. Zusammen mit (4.83) folgt dann

$$AD = \tau I.$$

Die Definition von A liefert somit

$$QSQ^T D = \tau I$$

und daher $SX = \tau I$ wegen $X = Q^T D Q$. $\qquad \square$

Verwendet man die Formulierung $XS = \tau I$ aus dem Lemma 4.28 (b), so ergibt die Linearisierung dieser Gleichung eine etwas andere Aufdatierungsvorschrift für das zugehörige ΔX^k, beinhaltet aber weiterhin das Problem, dass auch das so gewonnene ΔX^k nicht symmetrisch ist, vergleiche allerdings Aufgabe 4.17. Benutzt man hingegen die von Alizadeh, Haeberly und Overton [3] vorgeschlagene Formulierung aus dem Lemma 4.28 (c), so kann man diesen Nachteil vermeiden, was wir im Folgenden illustrieren wollen.

Wegen Lemma 4.28 sind die zentralen Pfad–Bedingungen (4.75) äquivalent zu dem System

$$\sum_{i=1}^{m} \lambda_i A_i + S = C,$$
$$A_i \bullet X = b_i \quad \forall i = 1, \ldots, m,$$
$$SX + XS = 2\tau I, \; S \succ 0, \; X \succ 0.$$

Linearisieren wir nun die Gleichungen innerhalb dieses Systems um eine aktuelle Iterierte (X^k, λ^k, S^k) und nehmen wir zur Vereinfachung wieder an, dass diese Iterierte den linearen Gleichungen $\sum_{i=1}^{m} \lambda_i A_i + S = C$ und $A_i \bullet X = b_i$ für $i = 1, \ldots, m$ genügt, so erhalten wir

$$\sum_{i=1}^{m} \Delta \lambda_i A_i + \Delta S = 0, \tag{4.84}$$

$$A_i \bullet \Delta X = 0 \quad \forall i = 1, \ldots, m, \tag{4.85}$$

$$S^k \Delta X + \Delta S X^k + X^k \Delta S + \Delta X S^k = 2\tau_k I - S^k X^k - X^k S^k \tag{4.86}$$

für $\tau = \tau_k$. Die Linearisierungen (4.84) und (4.85) stimmen natürlich mit den entsprechenden Linearisierungen (4.76) und (4.77) überein.

Die Lösung des Systems (4.84)–(4.86) geschieht im Prinzip analog zur Vorgehensweise bei (4.76)–(4.78): Aus (4.84) ergibt sich zunächst wieder (4.79). Einsetzen von ΔS aus (4.79) in (4.86) liefert das Gleichungssystem

$$S^k \Delta X + \Delta X S^k = 2\tau_k I - S^k X^k - X^k S^k + \sum_{i=1}^{m} \Delta \lambda_i A_i X^k + \sum_{i=1}^{m} \Delta \lambda_i X^k A_i. \tag{4.87}$$

Bezeichnen wir die rechte Seite mit B^k, so haben wir also ein System der Form

$$S^k \Delta X + \Delta X S^k = B^k \tag{4.88}$$

mit einer offenbar symmetrischen Matrix $B^k \in \mathcal{S}^{n \times n}$ zu lösen. Systeme dieser Gestalt heißen oft *Lyapunov–Gleichungen*, da sie im Zusammenhang mit Stabilitätsbetrachtungen bei gewöhnlichen Differentialgleichungen auftreten, siehe etwa [91].

Das nachstehende Resultat besagt nun, dass eine Lyapunov–Gleichung unter den in unserer Situation erfüllten Voraussetzungen genau eine *symmetrische* Matrix ΔX^k als Lösung besitzt. Zum Beweis dieses Resultates führen wir noch das sogenannte *Hadamard–Produkt* zweier Matrizen $A, B \in \mathbb{R}^{n \times n}$ ein. Dieses ist gegeben durch

$$A \circ B := (a_{ij} b_{ij})_{i,j=1,\ldots,n},$$

d.h., beim Hadamard–Produkt werden die Einträge von A und B elementweise miteinander multipliziert.

Satz 4.29. *Seien* $S \in \mathcal{S}_{++}^{n \times n}$ *eine symmetrische und positiv definite Matrix sowie* $B \in \mathcal{S}^{n \times n}$ *symmetrisch. Dann besitzt die Lyapunov–Gleichung*

$$S \Delta X + \Delta X S = B \qquad (4.89)$$

genau eine Lösung $\Delta X \in \mathcal{S}^{n \times n}$ *im Raum der symmetrischen Matrizen.*

Beweis. Wir geben hier lediglich einen (konstruktiven) Existenzbeweis, dessen Beginn stark an den Beweis des Lemmas 4.28 erinnert. Der Nachweis der Eindeutigkeit bleibt dem Leser als Aufgabe 4.16 überlassen.

Sei $S = Q^T D Q$ mit $Q \in \mathbb{R}^{n \times n}$ orthogonal und $D = \mathrm{diag}(\lambda_1, \ldots, \lambda_n)$. Nach Voraussetzung sind die Eigenwerte λ_i für alle $i = 1, \ldots, n$ positiv. Einsetzen dieser Zerlegung von S in (4.89) liefert

$$Q^T D Q \Delta X + \Delta X Q^T D Q = B.$$

Multipliziert man diese Gleichung von links mit Q und von rechts mit Q^T, so folgt

$$D Q \Delta X Q^T + Q \Delta X Q^T D = Q B Q^T$$

aufgrund der Orthogonalität von Q. Mit den Abkürzungen

$$A := Q \Delta X Q^T \quad \text{und} \quad H := Q B Q^T$$

ist dies äquivalent zu

$$D A + A D = H. \qquad (4.90)$$

Die Elemente m_{ij} der Matrix $M := DA + AD$ sind offenbar gegeben durch

$$m_{ij} = (\lambda_i + \lambda_j) a_{ij}.$$

Wegen $\lambda_i + \lambda_j > 0$ und (4.90) ergibt sich somit

$$a_{ij} = \frac{h_{ij}}{\lambda_i + \lambda_j},$$

wobei die h_{ij} natürlich die Einträge der Matrix H sind. Bezeichnen wir mit $\Lambda \in \mathbb{R}^{n \times n}$ die Matrix mit den Elementen

$$\lambda_{ij} := \frac{1}{\lambda_i + \lambda_j},$$

so folgt

$$A = \Lambda \circ H = \Lambda \circ Q B Q^T,$$

wobei $\circ$ das weiter oben definierte Hadamard–Produkt zweier Matrizen bezeichnet. Aus der Definition von A ergibt sich somit

$$\Delta X = Q^T A Q = Q^T (\Lambda \circ Q B Q^T) Q.$$

Offenbar ist dieses ΔX eine symmetrische Matrix (denn A ist symmetrisch), die aufgrund ihrer Herleitung der Gleichung (4.89) genügt. $\qquad \Box$

Satz 4.29 garantiert also die eindeutige Lösbarkeit der Gleichung (4.88) im Raum der symmetrischen Matrizen. Der Beweis des Satzes 4.29 ist dabei konstruktiv und liefert eine auch numerisch brauchbare Vorschrift für die explizite Berechnung von ΔX. Das so gewonnene ΔX kann im Prinzip wieder in (4.85) eingesetzt werden, um ein lineares Gleichungssystem zur Bestimmung des Vektors $\Delta\lambda^k$ zu erhalten. Die zugehörigen Korrekturvektoren ΔX^k und ΔS^k ergeben sich anschließend dann aus den Gleichungen (4.88) und (4.79).

Für einen theoretischen und numerischen Vergleich der unterschiedlichen Suchrichtungen bei den Inneren–Punkte–Methoden zur Lösung von semidefiniten Programmen sei abschließend noch auf die Arbeit [171] von Todd, Toh und Tütüncü verwiesen.

4.4 Glättungsverfahren

Wir betrachten in diesem Abschnitt sogenannte Glättungsverfahren zur Lösung von linearen Programmen. Dabei handelt es sich im Prinzip um keine Inneren–Punkte–Methoden. Dennoch beschreiben wir in diesem Kapitel ihre wesentlichen Ideen, da zumindest gewisse Glättungsverfahren einen engen Zusammenhang mit den Inneren–Punkte–Methoden aufweisen. Wir werden diesen Zusammenhang im Unterabschnitt 4.4.1 näher erläutern. Der Unterabschnitt 4.4.2 beschreibt dann ein spezielles Glättungsverfahren. Da die Forschung im Bereich der Glättungsverfahren zur Zeit ebenfalls noch nicht abgeschlossen ist, werden wir den Leser mehrfach auf die entsprechende Originalliteratur verweisen müssen.

4.4.1 Glättungsfunktionen

Ausgangspunkt unserer Überlegungen sind wieder die gemeinsamen Optimalitätsbedingungen

$$
\begin{aligned}
A^T\lambda + s &= c, \\
Ax &= b, \\
x_i \geq 0,\ s_i \geq 0,\ x_i s_i &= 0 \quad \forall i = 1,\dots,n
\end{aligned}
\tag{4.91}
$$

des primalen und dualen linearen Programmes (4.1), (4.2), wobei natürlich $A \in \mathbb{R}^{m\times n}, b \in \mathbb{R}^m$ und $c \in \mathbb{R}^n$ gelte. Man beachte, dass es sich hierbei um ein System von Gleichungen und Ungleichungen handelt.

Die Idee der Glättungsverfahren besteht nun darin, dieses System umzuformulieren in ein äquivalentes System, welches lediglich aus Gleichungen besteht. Anschließend wendet man dann das Newton–Verfahren auf dieses reine Gleichungssystem an — oder versucht dies zumindest. Leider stellt sich heraus, dass das so umformulierte System zwar ausschließlich Gleichungen enthält (was für das Newton–Verfahren eigentlich gut ist), dass einige dieser Gleichungen im Allgemeinen jedoch nicht differenzierbar sind (was für das

Newton–Verfahren wiederum schlecht ist). Deshalb approximiert man dieses nichtglatte Gleichungssystem durch ein stetig differenzierbares System und wendet dann auf dieses geglättete System das Newton–Verfahren an.

Nach dieser Kurzbeschreibung eines Glättungsverfahrens wollen wir im Folgenden zeigen, wie sich die einzelnen Schritte realisieren lassen. Dazu müssen zunächst einmal die Optimalitätsbedingungen (4.91) umformuliert werden in ein System von Gleichungen. Dies gelingt mittels sogenannter NCP–Funktionen.

Definition 4.30. *Eine Funktion* $\varphi : \mathbb{R}^2 \to \mathbb{R}$ *heißt* NCP–Funktion, *falls*

$$\varphi(a,b) = 0 \iff a \geq 0, b \geq 0, ab = 0$$

gilt.

Eine Abbildung $\varphi : \mathbb{R}^2 \to \mathbb{R}$ ist also genau dann eine NCP–Funktion, wenn ihr Nullstellengebilde gerade die beiden nichtnegativen Halbachsen im $\mathbb{R}^2$ sind, siehe Abbildung 4.1. (Der Leser wird sich hoffentlich nicht dadurch irritieren lassen, dass die hier auftretende reelle Variable b mit demselben Buchstaben bezeichnet wird wie der Vektor b in den linearen Programmen (4.1), (4.2).)

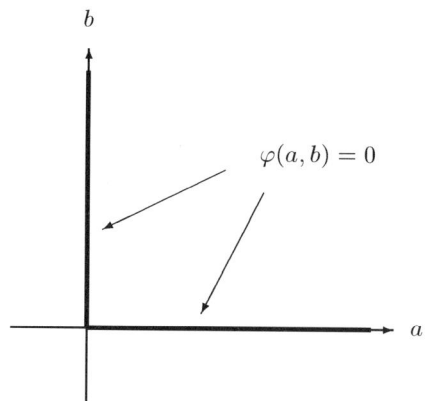

Abb. 4.1. Nullstellen einer NCP–Funktion

Sei nun φ eine beliebige NCP–Funktion. Definiere $\Phi : \mathbb{R}^n \times \mathbb{R}^m \times \mathbb{R}^n \to \mathbb{R}^n \times \mathbb{R}^m \times \mathbb{R}^n$ durch

$$\Phi(w) := \Phi(x, \lambda, s) := \begin{pmatrix} A^T \lambda + s - c \\ Ax - b \\ \phi(x,s) \end{pmatrix} \qquad (4.92)$$

mit

$$\phi(x, s) := (\varphi(x_1, s_1), \dots, \varphi(x_n, s_n))^T \in \mathbb{R}^n.$$

Dann ist das folgende Resultat eine unmittelbare Konsequenz von (4.91) und der Definition einer NCP–Funktion.

Satz 4.31. *Für die gemäß (4.92) mittels einer beliebigen NCP–Funktion definierte Abbildung Φ gilt: Ein Vektor $w^* := (x^*, \lambda^*, s^*) \in \mathbb{R}^n \times \mathbb{R}^m \times \mathbb{R}^n$ ist genau dann eine Lösung der Optimalitätsbedingungen (4.91), wenn w^* das nichtlineare Gleichungssystem $\Phi(w) = 0$ löst.*

Der Satz 4.31 liefert also die gewünschte Umformulierung der Optimalitätsbedingungen (4.91) als ein System von Gleichungen. Dieses System hängt dabei von der Wahl der NCP–Funktion ab. Das folgende Beispiel listet einige wenige NCP–Funktionen auf, die in der Literatur eine gewisse Bedeutung erlangt haben (vergleiche auch Aufgabe 4.18 (a)).

Beispiel 4.32. Die folgenden Abbildungen sind NCP–Funktionen:

(a) Minimum–Funktion:
$$\varphi(a, b) := 2 \min\{a, b\}.$$

(b) Fischer–Burmeister–Funktion:

$$\varphi(a, b) := a + b - \sqrt{a^2 + b^2}.$$

(c) Penalized Minimum–Funktion:

$$\varphi(a, b) := \lambda 2 \min\{a, b\} + (1 - \lambda)a_+ b_+$$

mit $a_+ := \max\{0, a\}, b_+ := \max\{0, b\}$ und $\lambda \in (0, 1)$ fest.

(d) Penalized Fischer–Burmeister–Funktion:

$$\varphi(a, b) := \lambda \left(a + b - \sqrt{a^2 + b^2} \right) + (1 - \lambda)a_+ b_+$$

mit $\lambda \in (0, 1)$ fest.

Die Minimum–Funktion (der Vorfaktor 2 taucht hier nur aus kosmetischen Gründen auf) wird beispielsweise von Pang [141, 142] gerne verwendet, die Fischer–Burmeister–Funktion geht auf die Arbeit [56] von Fischer zurück, die penalized Fischer–Burmeister–Funktion stammt aus [31], und die penalized Minimum–Funktion wurde der Arbeit [49] entnommen.

Alle NCP–Funktionen aus dem Beispiel 4.32 haben eine wichtige Gemeinsamkeit: Sie sind nicht differenzierbar! Deshalb ist auch die gemäß (4.92) zugehörige Abbildung Φ nicht differenzierbar. Zwar gibt es auch stetig differenzierbare NCP–Funktionen, diese sind aber aus anderen Gründen nur von einem geringen Interesse, wofür wir beispielsweise auf die Aufgabe 4.19 verweisen.

Aufgrund der Nichtdifferenzierbarkeit verbietet sich die Anwendung des Newton–Verfahrens auf das Gleichungssystem $\Phi(w) = 0$. Aus diesem Grunde wollen wir die Abbildung Φ jetzt approximieren durch ein Φ_τ, wobei $\tau > 0$ den sogenannten *Glättungsparameter* bezeichnet. Konkret ist $\Phi_\tau : \mathbb{R}^n \times \mathbb{R}^m \times \mathbb{R}^n \to \mathbb{R}^n \times \mathbb{R}^m \times \mathbb{R}^n$ durch

$$\Phi_\tau(w) := \Phi_\tau(x, \lambda, s) := \begin{pmatrix} A^T \lambda + s - c \\ Ax - b \\ \phi_\tau(x, s) \end{pmatrix} \tag{4.93}$$

definiert, wobei wir zur Abkürzung

$$\phi_\tau(x, s) := (\varphi_\tau(x_1, s_1), \ldots, \varphi_\tau(x_n, s_n))^T \in \mathbb{R}^n$$

gesetzt haben und φ_τ jetzt eine stetig differenzierbare Approximation an die NCP–Funktion φ bezeichnet. Wie eine solche Approximation an φ aussehen könnte, wird im Folgenden für die vier NCP–Funktionen aus dem Beispiel 4.32 gezeigt (vergleiche auch Aufgabe 4.18 (b)).

Beispiel 4.33. *(a) Geglättete Minimum–Funktion:*

$$\varphi_\tau(a, b) := a + b - \sqrt{(a - b)^2 + 4\tau^2}.$$

(b) Geglättete Fischer–Burmeister–Funktion:

$$\varphi_\tau(a, b) := a + b - \sqrt{a^2 + b^2 + 2\tau^2}.$$

(c) Geglättete Penalized Minimum–Funktion:

$$\varphi_\tau(a, b) := \lambda \left(a + b - \sqrt{(a - b)^2 + 4\tau^2} \right) + (1 - \lambda)\sqrt{a_+^2 b_+^2 + 4\tau^2}.$$

(d) Geglättete Penalized Fischer–Burmeister–Funktion:

$$\varphi_\tau(a, b) := \lambda \left(a + b - \sqrt{a^2 + b^2 + 2\tau^2} \right) + (1 - \lambda)\sqrt{a_+^2 b_+^2 + 2\tau^2}.$$

Die geglättete Minimum–Funktion heißt in der Literatur üblicherweise *Chen–Harker–Kanzow–Smale–Glättungsfunktion* [32, 96, 165]. Die geglättete Fischer–Burmeister–Funktion taucht zuerst ebenfalls in [96] auf, während die anderen beiden Glättungsfunktionen aus dem Beispiel 4.33 der Arbeit [49] entnommen wurden.

Im Folgenden bezeichne φ stets eine der NCP–Funktionen aus dem Beispiel 4.32, während φ_τ die zugehörige geglättete Funktion aus dem Beispiel 4.33 sei. Ferner sei Φ bzw. Φ_τ stets die zugehörige Abbildung aus (4.92) bzw. (4.93). Dann lässt sich das nachstehende Resultat beweisen, womit insbesondere die Güte der Approximation mathematisch beschrieben wird.

Lemma 4.34. *Es gelten die folgenden Aussagen:*

(a) Es existiert eine (von τ und (a,b) unabhängige) Konstante $c > 0$ mit

$$|\varphi(a,b) - \varphi_\tau(a,b)| \le c\tau$$

für alle $\tau > 0$ und alle $(a,b) \in \mathbb{R}^2$.
(b) Es existiert eine (von τ und $w = (x, \lambda, s)$ unabhängige) Konstante $\kappa > 0$ mit

$$\|\Phi(w) - \Phi_\tau(w)\| \le \kappa\tau$$

für alle $\tau > 0$ und alle $w = (x, \lambda, s) \in \mathbb{R}^n \times \mathbb{R}^m \times \mathbb{R}^n$.

Beweis. (a) Wir verifizieren die Aussage (a) nur am Beispiel der Minimum–Funktion. Die Beweise für die anderen drei NCP–Funktionen verlaufen analog.

Zunächst schreiben wir die Minimum–Funktion etwas um:

$$\varphi(a,b) = 2\min\{a,b\} = a + b - |a - b| = a + b - \sqrt{(a-b)^2}.$$

Hieraus ergibt sich

$$\begin{aligned}
|\varphi(a,b) - \varphi_\tau(a,b)| &= |\sqrt{(a-b)^2 + 4\tau^2} - \sqrt{(a-b)^2}| \\
&= \sqrt{(a-b)^2 + 4\tau^2} - \sqrt{(a-b)^2} \\
&= \frac{4\tau^2}{\sqrt{(a-b)^2 + 4\tau^2} + \sqrt{(a-b)^2}} \\
&\le \frac{4\tau^2}{\sqrt{4\tau^2}} \\
&= 2\tau,
\end{aligned}$$

für alle $\tau > 0$ und alle $(a,b) \in \mathbb{R}^2$.

(b) Aus Teil (a) folgt unmittelbar

$$\begin{aligned}
\|\Phi(w) - \Phi_\tau(w)\| &= \|\phi(x,s) - \phi_\tau(x,s)\| \\
&= \sqrt{\sum_{i=1}^n (\varphi(x_i, s_i) - \varphi_\tau(x_i, s_i))^2} \\
&\le \sqrt{\sum_{i=1}^n c^2\tau^2} \\
&= \sqrt{n}\, c\tau.
\end{aligned}$$

Hieraus ergibt sich die Behauptung mit $\kappa := \sqrt{n}c$. $\qquad\qquad\square$

Die Glättungsmethoden wenden nun ein Newton–Verfahren auf das geglättete Gleichungssystem $\Phi_\tau(w) = 0$ an (wobei natürlich der Glättungsparameter

$\tau > 0$ noch geeignet aufzudatieren ist). In jedem Iterationsschritt hat man daher ein lineares Gleichungssystem der Gestalt

$$\Phi'_\tau(w)\Delta w = -\Phi_\tau(w)$$

zu lösen. Dabei ist die Jacobi–Matrix gegeben durch

$$\Phi'_\tau(w) = \begin{pmatrix} 0 & A^T & I \\ A & 0 & 0 \\ D_a & 0 & D_b \end{pmatrix}$$

mit Diagonalmatrizen

$$D_a := \text{diag}\left(\frac{\partial \varphi_\tau}{\partial a}(x_1, s_1), \ldots, \frac{\partial \varphi_\tau}{\partial a}(x_n, s_n)\right) \in \mathbb{R}^{n \times n}$$

und

$$D_b := \text{diag}\left(\frac{\partial \varphi_\tau}{\partial b}(x_1, s_1), \ldots, \frac{\partial \varphi_\tau}{\partial b}(x_n, s_n)\right) \in \mathbb{R}^{n \times n}.$$

Nun lässt sich sehr leicht zeigen, dass diese Diagonalmatrizen für jede der geglätteten NCP–Funktionen aus dem Beispiel 4.33 positiv definit sind. Aus diesem Grunde ergibt sich das folgende Resultat völlig analog zum Satz 4.4.

Satz 4.35. *Sei $w = (x, \lambda, s) \in \mathbb{R}^n \times \mathbb{R}^m \times \mathbb{R}^n$ ein gegebener Vektor. Die Matrix $A \in \mathbb{R}^{m \times n}$ möge vollen Rang besitzen. Dann ist die Jacobi–Matrix $\Phi'_\tau(w)$ für jedes $\tau > 0$ regulär.*

Man beachte, dass im Satz 4.35 (im Gegensatz zum entsprechenden Satz 4.4 bei den Inneren–Punkte–Methoden) keine Vorzeichenrestriktionen an den Vektor $w = (x, \lambda, s)$ gestellt werden müssen.

Abschließend gehen wir noch auf einen interessanten Zusammenhang zwischen den Inneren–Punkte–Methoden und den hier eingeführten Glättungsverfahren ein, der wohl erstmals in der Arbeit [96] entdeckt wurde.

Satz 4.36. *Sei Φ_τ mittels der geglätteten Minimum–Funktion oder der geglätteten Fischer–Burmeister–Funktion definiert. Dann ist $w_\tau = (x_\tau, \lambda_\tau, s_\tau)$ genau dann eine Lösung des nichtlinearen Gleichungssystems $\Phi_\tau(w) = 0$, wenn er dem System*

$$\begin{aligned} A^T \lambda + s &= c, \\ Ax &= b, \\ x_i > 0,\ s_i > 0,\ x_i s_i &= \tau^2 \quad \forall i = 1, \ldots, n \end{aligned} \tag{4.94}$$

genügt.

Beweis. Man verifiziert sehr leicht, dass sowohl die geglättete Minimum–Funktion als auch die geglättete Fischer–Burmeister–Funktion φ_τ die folgende Eigenschaft besitzt:

$$\varphi_\tau(a,b) = 0 \iff a > 0, b > 0, ab = \tau^2,$$

siehe Aufgabe 4.18 (b). Die Behauptung folgt daher unmittelbar aus der Definition von Φ_τ. □

Da das System (4.94) nichts anderes als die (mit τ^2 statt τ parametrisierten) zentralen Pfad-Bedingungen sind, besagt der Satz 4.36 gerade, dass ein Vektor $w_\tau = (x_\tau, \lambda_\tau, s_\tau)$ genau dann auf dem zentralen Pfad liegt, wenn er dem Gleichungssystem $\Phi_\tau(w) = 0$ genügt. Diese Aussage gilt allerdings nur bei Verwendung der geglätteten Minimum-Funktion und der geglätteten Fischer-Burmeister-Funktion. Für die beiden anderen Glättungsfunktionen aus dem Beispiel 4.33 ist sie im Allgemeinen nicht richtig.

Aus den Sätzen 4.36 und 4.3 ergibt sich auch unmittelbar, dass das nichtlineare Gleichungssystem $\Phi_\tau(w) = 0$ unter den Voraussetzungen des Satzes 4.3 für jedes $\tau > 0$ (genau) eine Lösung w_τ besitzt, sofern Φ_τ mittels der geglätteten Minimum- oder Fischer-Burmeister-Funktion definiert ist. Aber auch für die anderen beiden Glättungsfunktionen lassen sich Existenzaussagen beweisen. Der interessierte Leser sei hierzu auf die Arbeit [49] verwiesen.

4.4.2 Globale Konvergenz eines Glättungsverfahrens

In diesem gesamten Unterabschnitt sei φ wieder eine der NCP-Funktionen aus dem Beispiel 4.32, und φ_τ sei die entsprechende Glättungsfunktion aus dem Beispiel 4.33. Ferner bezeichnen wir mit Φ bzw. Φ_τ erneut die durch (4.92) bzw. (4.93) definierten Abbildungen, die natürlich von der speziellen Wahl der NCP-Funktion abhängen.

Aufgrund der Erörterungen am Ende des vorigen Unterabschnittes besitzt das nichtlineare Gleichungssystem

$$\Phi_\tau(w) = 0 \tag{4.95}$$

unter geeigneten Voraussetzungen für jedes $\tau > 0$ eine (eindeutige) Lösung $w_\tau = (x_\tau, \lambda_\tau, s_\tau)$. Analog zur Definition des zentralen Pfades bezeichnen wir die Abbildung

$$\tau \mapsto w_\tau$$

als *Glättungspfad*. Wegen Satz 4.36 stimmt dieser Glättungspfad im Falle der geglätteten Minimum- oder Fischer-Burmeister-Funktion mit dem zentralen Pfad überein (wobei allerdings eine andere Parametrisierung vorliegt), was bei Verwendung der beiden anderen Glättungsfunktionen aus dem Beispiel 4.33 im Allgemeinen nicht mehr richtig ist.

Die Glättungsverfahren versuchen nun, diesen Glättungspfad numerisch zu verfolgen. Dazu definiert man sich wieder eine geeignete Umgebung des Glättungspfades, wobei in der Literatur verschiedene Umgebungen gebräuchlich sind, siehe etwa [26, 25, 27]. Hier wollen wir die Umgebung

$$\mathcal{N}(\beta) := \{w = (x, \lambda, s) \mid \|\Phi_\tau(w)\| \leq \beta\tau \text{ für ein } \tau > 0\}$$

mit einem $\beta > 0$ verwenden. Setzen wir noch

$$\Psi_\tau(w) := \frac{1}{2}\Phi_\tau(w)^T\Phi_\tau(w) = \frac{1}{2}\|\Phi_\tau(w)\|^2,$$

so können wir den folgenden Algorithmus formulieren, der eine Vereinfachung eines entsprechenden Verfahrens aus der Arbeit [49] darstellt, vergleiche auch Aufgabe 4.22.

Algorithmus 4.37. *(Glättungsverfahren)*

(S.0) Wähle $w^0 := (x^0, \lambda^0, s^0) \in \mathbb{R}^n \times \mathbb{R}^m \times \mathbb{R}^n, \tau_0 > 0, \beta \geq \|\Phi_{\tau_0}(w^0)\|/\tau_0, \rho,$
$\sigma \in (0,1), \varepsilon \geq 0,$ und setze $k := 0$.

(S.1) Ist $\|\Phi(w^k)\| \leq \varepsilon$: STOP.

(S.2) Bestimme eine Lösung $\Delta w^k = (\Delta x^k, \Delta\lambda^k, \Delta s^k) \in \mathbb{R}^n \times \mathbb{R}^m \times \mathbb{R}^n$ des linearen Gleichungssystems

$$\Phi'_{\tau_k}(w^k)\Delta w = -\Phi_{\tau_k}(w^k). \tag{4.96}$$

(S.3) Berechne eine Schrittweite $t_k = \max\{\rho^\ell \,|\, \ell = 0, 1, 2, \ldots\}$ derart, dass

$$\Psi_{\tau_k}(w^k + t_k\Delta w^k) \leq \Psi_{\tau_k}(w^k) + t_k\sigma\nabla\Psi_{\tau_k}(w^k)^T\Delta w^k, \tag{4.97}$$

und setze $w^{k+1} := w^k + t_k\Delta w^k$.

(S.4) Bestimme $\gamma_k = \max\{\rho^\ell \,|\, \ell = 0, 1, 2, \ldots\}$, so dass

$$\|\Phi_{(1-\gamma_k)\tau_k}(w^{k+1})\| \leq \beta(1 - \gamma_k)\tau_k, \tag{4.98}$$

und setze $\tau_{k+1} := (1 - \gamma_k)\tau_k$.

(S.5) Setze $k \leftarrow k + 1$, und gehe zu (S.1).

Die Vorgehensweise des Algorithmus 4.37 ist im Prinzip recht einfach: Im Schritt (S.2) benutzen wir einen Schritt des Newton–Verfahrens zur Lösung von (4.95) bei festem $\tau_k > 0$. Wegen Satz 4.35 ist das hierbei auftretende Gleichungssystem (4.96) stets eindeutig lösbar, sofern die Matrix A vollen Rang besitzt. Anschließend wird im Schritt (S.3) eine Schrittweite $t_k > 0$ unter Verwendung der üblichen Armijo–Regel für Ψ_τ bestimmt, womit wir dann insbesondere auch unsere neue Iterierte definieren können. Im Schritt (S.4) schließlich wird der Glättungsparameter τ_k verkleinert, und zwar unter Berücksichtigung der Tatsache, dass die nächste Iterierte wieder in der Umgebung $\mathcal{N}(\beta)$ liegen soll. Dies wird in dem nächsten Lemma präzisiert.

Lemma 4.38. *Ist $\text{Rang}(A) = m$, so ist der Algorithmus 4.37 wohldefiniert und erzeugt Folgen $\{w^k\}$ und $\{\tau_k\}$ mit*

$$\|\Phi_{\tau_k}(w^k)\| \leq \beta\tau_k \tag{4.99}$$

für alle $k \in \mathbb{N}$.

Beweis. Wir beweisen das Lemma zunächst unter der Zusatzvoraussetzung

$$\|\Phi_{\tau_k}(w^k)\| > 0, \tag{4.100}$$

die anschaulich besagt, dass keine Iterierte w^k exakt auf dem Glättungspfad liegen soll. Gegen Ende des Beweises werden wir dann zeigen, dass auf diese Zusatzvoraussetzung verzichtet werden kann.

Nun zum eigentlichen Beweis: Das lineare Gleichungssystem (4.96) besitzt aufgrund des Satzes 4.35 eine eindeutige Lösung

$$\Delta w^k = -\Phi'_{\tau_k}(w^k)^{-1}\Phi_{\tau_k}(w^k).$$

Wegen

$$\nabla\Psi_{\tau_k}(w^k) = \Phi'_{\tau_k}(w^k)^T\Phi_{\tau_k}(w^k)$$

folgt mit (4.100) daher

$$\begin{aligned} \nabla\Psi_{\tau_k}(w^k)^T\Delta w^k &= -\Phi_{\tau_k}(w^k)^T\Phi'_{\tau_k}(w^k)\Phi'_{\tau_k}(w^k)^{-1}\Phi_{\tau_k}(w^k) \\ &= -\|\Phi_{\tau_k}(w^k)\|^2 \\ &< 0. \end{aligned} \tag{4.101}$$

Somit ist die Armijo–Regel im Schritt (S.3) wohldefiniert, siehe etwa [66, Satz 5.1].

Wegen (4.101) lässt sich (4.97) umformulieren zu

$$\Psi_{\tau_k}(w^k + t_k\Delta w^k) \leq (1 - 2t_k\sigma)\Psi_{\tau_k}(w^k). \tag{4.102}$$

Mit $w^{k+1} = w^k + t_k\Delta w^k$ und $\Psi_{\tau_k}(w^k) > 0$ impliziert dies

$$\|\Phi_{\tau_k}(w^{k+1})\| = \|\Phi_{\tau_k}(w^k + t_k\Delta w^k)\| < \|\Phi_{\tau_k}(w^k)\|. \tag{4.103}$$

Wir zeigen nun durch Induktion nach k, dass (4.99) gilt und die Bestimmung von γ_k im Schritt (S.4) stets ein endlicher Prozess ist. Für $k = 0$ ist (4.99) aufgrund der Wahl von β im Schritt (S.0) erfüllt. Aus (4.103) folgt dann

$$\|\Phi_{\tau_0}(w^1)\| < \beta\tau_0,$$

so dass ein $\gamma_0 > 0$ mit (4.98) existiert, da die Funktion Φ_τ stetig in τ ist. Seien nun (4.99) für ein $k \geq 0$ erfüllt sowie γ_k eine positive Zahl mit (4.98). Aus der Gültigkeit von (4.98) sowie der Aufdatierungsvorschrift für τ_{k+1} im Schritt (S.4) des Algorithmus 4.37 folgt dann

$$\|\Phi_{\tau_{k+1}}(w^{k+1})\| \leq \beta\tau_{k+1}.$$

Wegen (4.103) (mit $k + 1$ an Stelle von k) liefert dies wiederum

$$\|\Phi_{\tau_{k+1}}(w^{k+2})\| < \|\Phi_{\tau_{k+1}}(w^{k+1})\| \leq \beta\tau_{k+1}.$$

Also existiert erneut aus Stetigkeitsgründen ein positives γ_{k+1}, so dass (4.98) erfüllt ist. Damit ist der Induktionsbeweis abgeschlossen.

Abschließend überlegen wir uns nun, was im Fall $\|\Phi_{\tau_k}(w^k)\| = 0$ für ein $k \in \mathbb{N}$ passiert. Aufgrund der Regularität der Jacobi–Matrix $\Phi'_{\tau_k}(w^k)$ ist dann $\Delta w^k = 0$ die eindeutige Lösung des linearen Gleichungssystems (4.96). Also liefert die Armijo–Regel im Schritt (S.3) des Algorithmus 4.37 unmittelbar $t_k = 1$. Somit ist $w^{k+1} = w^k + t_k \Delta w^k = w^k$. Hieraus ergibt sich

$$\|\Phi_{\tau_k}(w^{k+1})\| = \|\Phi_{\tau_k}(w^k)\| = 0 < \beta \tau_k,$$

so dass der Schritt (S.4) auch in diesem Fall aus Stetigkeitsgründen wohldefiniert ist. $\qquad\qquad\qquad\qquad\qquad\qquad\qquad\qquad\qquad\qquad\qquad\qquad\qquad\square$

Unser nächstes Resultat besagt, dass die Folge $\{\tau_k\}$ der Glättungsparameter unter relativ schwachen Voraussetzungen gegen Null konvergiert.

Satz 4.39. *Die durch den Algorithmus 4.37 definierte Folge $\{w^k\}$ habe mindestens einen Häufungspunkt. Dann konvergiert die Folge $\{\tau_k\}$ gegen Null.*

Beweis. Per Konstruktion ist die Folge $\{\tau_k\}$ monoton fallend. Ferner ist sie durch Null nach unten beschränkt. Da eine monoton fallende und nach unten beschränkte Folge bekanntlich konvergiert, existiert ein $\bar{\tau} \geq 0$ mit $\tau_k \to \bar{\tau}$.

Angenommen, es ist $\bar{\tau} > 0$. Aus der Aufdatierungsvorschrift im Schritt (S.4) des Algorithmus 4.37 folgt dann notwendig

$$\gamma_k \downarrow 0. \qquad\qquad\qquad\qquad\qquad\qquad\qquad\qquad (4.104)$$

Sei nun w^* ein nach Voraussetzung existierender Häufungspunkt der Folge $\{w^k\}$. Sei ferner $\{w^k\}_K$ eine gegen w^* konvergente Teilfolge. Da die Jacobi–Matrix $\Phi'_{\bar{\tau}}(w^*)$ wegen Satz 4.35 regulär ist, existiert eine Konstante $c > 0$ mit

$$\|\Phi'_{\tau_k}(w^k)^{-1}\| \leq c \qquad\qquad\qquad\qquad\qquad\qquad (4.105)$$

für alle $k \in K$ hinreichend groß. Wir betrachten nun die beiden Fälle $\liminf_{k \in K} t_k > 0$ und $\liminf_{k \in K} t_k = 0$ gesondert, wobei wir beide Fälle zum Widerspruch führen.

Fall 1: $\liminf_{k \in K} t_k > 0$.
Dann existiert eine positive Konstante $\bar{t} > 0$ mit $t_k \geq \bar{t}$ für alle $k \in K$. Wegen (4.102) impliziert dies

$$\Psi_{\tau_k}(w^{k+1}) \leq (1 - 2t_k\sigma)\Psi_{\tau_k}(w^k) \leq (1 - 2\bar{t}\sigma)\Psi_{\tau_k}(w^k).$$

Lemma 4.38 liefert daher

$$\begin{aligned}
\|\Phi_{\tau_k}(w^{k+1})\| &\leq \sqrt{1 - 2\bar{t}\sigma}\|\Phi_{\tau_k}(w^k)\| \\
&\leq (1 - \bar{c})\|\Phi_{\tau_k}(w^k)\| \qquad\qquad (4.106) \\
&\leq \beta(1 - \bar{c})\tau_k
\end{aligned}$$

für eine Konstante $\bar{c} \in (0, 1)$. Da offenbar die Ungleichung

$$\|\Phi_\tau(w) - \Phi_{\tau'}(w)\| \leq \kappa|\tau - \tau'|$$

für alle $\tau, \tau' > 0$ und alle w gilt, wobei $\kappa > 0$ die Konstante aus dem Lemma 4.34 (b) bezeichnet (dies folgt analog zum Beweis des Lemmas 4.34, siehe auch Aufgabe 4.20), erhalten wir aus (4.106)

$$\begin{aligned}
\|\Phi_{(1-\gamma)\tau_k}(w^{k+1})\| &\leq \|\Phi_{\tau_k}(w^{k+1})\| + \|\Phi_{(1-\gamma)\tau_k}(w^{k+1}) - \Phi_{\tau_k}(w^{k+1})\| \\
&\leq \beta(1 - \bar{c})\tau_k + \kappa\gamma\tau_k \\
&= (\beta - \bar{c}\beta + \kappa\gamma)\tau_k
\end{aligned}$$

für alle $\gamma \in (0, 1)$. Eine einfache Rechnung zeigt nun, dass die Ungleichung

$$(\beta - \bar{c}\beta + \kappa\gamma)\tau_k \leq \beta(1 - \gamma)\tau_k$$

für alle $\gamma > 0$ mit

$$\gamma \leq \bar{c}\beta/(\kappa + \beta)$$

gilt. Also folgt aus der Berechnungsvorschrift für γ_k in Schritt (S.4) des Algorithmus 4.37 unmittelbar

$$\gamma_k \geq \rho\bar{c}\beta/(\kappa + \beta) =: \bar{\gamma}$$

für alle $k \in K$ hinreichend groß. Dies widerspricht jedoch (4.104).

Fall 2: $\liminf_{k \in K} t_k = 0$.
Durch Übergang auf eine (weitere) Teilfolge kann o.B.d.A. $\lim_{k \in K} t_k = 0$ angenommen werden. Dann ist die Armijo–Regel (4.97) für $\alpha_k := t_k/\rho$ und alle hinreichend großen $k \in K$ nicht erfüllt. Es gilt also

$$\Psi_{\tau_k}(w^k + \alpha_k\Delta w^k) > \Psi_{\tau_k}(w^k) + \alpha_k\sigma\nabla\Psi_{\tau_k}(w^k)^T\Delta w^k$$

oder, äquivalent,

$$\frac{\Psi_{\tau_k}(w^k + \alpha_k\Delta w^k) - \Psi_{\tau_k}(w^k)}{\alpha_k} > \sigma\nabla\Psi_{\tau_k}(w^k)^T\Delta w^k.$$

Aus dem Mittelwertsatz der Differentialrechnung folgt daher

$$\nabla\Psi_{\tau_k}(\xi^k)^T\Delta w^k > \sigma\nabla\Psi_{\tau_k}(w^k)^T\Delta w^k \tag{4.107}$$

für einen Vektor ξ^k auf der Verbindungsgeraden von w^k zu $w^k + \alpha_k\Delta w^k$. Aus (4.105), (4.96), $\{\tau_k\}_K \to \bar{\tau}$ und $\{w^k\}_K \to w^*$ ergibt sich, dass die Folge $\{\Delta w^k\}_K$ gegen einen Vektor Δw^* konvergiert, der das lineare Gleichungssystem

$$\Phi'_{\bar{\tau}}(w^*)\Delta w = -\Phi_{\bar{\tau}}(w^*) \tag{4.108}$$

löst. Nimmt man den Grenzwert $k \to \infty$ auf der Menge K und verwendet $\{\alpha_k\}_K \to 0, \{\tau_k\}_K \to \bar{\tau}$, so folgt aus (4.107) und der Stetigkeit von $\nabla\Psi_\tau$ bezüglich w und τ:

$$\nabla \Psi_{\bar{\tau}}(w^*)^T \Delta w^* \geq \sigma \nabla \Psi_{\bar{\tau}}(w^*)^T \Delta w^*.$$

Somit gilt

$$\nabla \Psi_{\bar{\tau}}(w^*)^T \Delta w^* \geq 0.$$

Andererseits ergibt sich aus (4.101) unmittelbar

$$\nabla \Psi_{\bar{\tau}}(w^*)^T \Delta w^* \leq 0.$$

Daher ist

$$\nabla \Psi_{\bar{\tau}}(w^*)^T \Delta w^* = 0.$$

Wegen $\nabla \Psi_{\bar{\tau}}(w^*) = \Phi'_{\bar{\tau}}(w^*)^T \Phi_{\bar{\tau}}(w^*)$ ergibt sich

$$\Phi_{\bar{\tau}}(w^*) = 0 \tag{4.109}$$

aus (4.108). Auf der anderen Seite liefert (4.104), dass γ_k/ρ den Test (4.98) für hinreichend große $k \in K$ nicht erfüllt, so dass

$$\|\Phi_{(1-\gamma_k/\rho)\tau_k}(w^{k+1})\| > \beta \left(1 - \frac{\gamma_k}{\rho} \right) \tau_k$$

gilt. Wegen $t_k \to 0$ ist $w^{k+1} \to w^*$ für $k \in K$. Aus $\gamma_k/\rho \to 0$ folgt mit $k \to +\infty$ auf der Menge K dann

$$\|\Phi_{\bar{\tau}}(w^*)\| \geq \beta \bar{\tau} > 0.$$

Dies steht jedoch im Widerspruch zu (4.109). □

Man beachte, dass der Satz 4.39 lediglich voraussetzt, dass die durch den Algorithmus 4.37 erzeugte Folge $\{w^k\} = \{(x^k, \lambda^k, s^k)\}$ mindestens einen Häufungspunkt besitzt. Dies ist sicherlich dann gewährleistet, wenn die Folge $\{w^k\}$ beschränkt ist. Hierfür wiederum gibt es hinreichende Bedingungen, vergleiche insbesondere die Arbeit [49].

Unter Verwendung des Satzes 4.39 sind wir nun in der Lage, einen globalen Konvergenzsatz für den Algorithmus 4.37 zu beweisen.

Satz 4.40. *Jeder Häufungspunkt einer durch den Algorithmus 4.37 erzeugten Folge $\{w^k\} = \{(x^k, \lambda^k, s^k)\}$ ist eine Lösung der Optimalitätsbedingungen (4.91).*

Beweis. Sei w^* ein Häufungspunkt der Folge $\{w^k\}$ sowie $\{w^k\}_K$ eine gegen w^* konvergente Teilfolge. Wegen Lemma 4.39 gilt dann

$$\tau_k \to 0.$$

Andererseits ist

$$\|\Phi_{\tau_k}(w^k)\| \leq \beta \tau_k \tag{4.110}$$

für alle $k \in \mathbb{N}$ aufgrund des Lemmas 4.38. Mit $k \to \infty$ auf der Teilmenge K ergibt sich dann

$$\|\Phi(w^*)\| = \|\Phi_0(w^*)\| \leq 0,$$

denn die Funktion Φ ist stetig in w und τ. Also ist $\Phi(w^*) = 0$ und w^* somit eine Lösung der Optimalitätsbedingungen (4.91). □

In der Arbeit [49] wird noch gezeigt, wie man das hier vorgestellte Glättungsverfahren modifizieren kann, um lokal schnelle Konvergenz zu erreichen. Dies ist für das praktische Verhalten eines Glättungsverfahrens natürlich von erheblicher Bedeutung. Da die zugehörige Konvergenzanalyse aber sehr technisch ist, können wir an dieser Stelle nicht weiter darauf eingehen.

Abschließend illustrieren wir das numerische Verhalten des Glättungsverfahrens aus dem Algorithmus 4.37 an dem Beispiel

$$
\begin{aligned}
\min \quad & -45x_1 - 30x_2 \\
\text{u.d.N.} \quad & 2x_1 + 10x_2 + x_3 = 60, \\
& 6x_1 + 6x_2 + x_4 = 60, \\
& 10x_1 + 5x_2 + x_5 = 85, \\
& x_1, x_2, x_3, x_4, x_5 \geq 0.
\end{aligned}
\tag{4.111}
$$

Den Startvektor $w^0 = (x^0, \lambda^0, s^0)$ wählen wir dabei wie folgt:

(a) Bestimme y^0 als Lösung des linearen Gleichungssystems $AA^T y = b$.
(b) Setze $x^0 := A^T y^0$.
(c) Setze $\lambda^0 := 0$ und $s^0 := c$.

Auf diese Weise wird garantiert, dass der Startvektor (und damit auch alle nachfolgenden Iterierten) den beiden linearen Gleichungen $A^T\lambda + s = c$ und $Ax = b$ genügen. Als anfänglichen Glättungsparameter setzen wir

$$
\tau_0 := \min\{1, \|\Phi(w^0)\|\}.
$$

Für die übrigen Parameter im Schritt (S.0) schließlich erscheinen folgende Werte relativ vernünftig:

$$
\rho = 0.5, \; \sigma = 10^{-4}, \; \varepsilon = 10^{-6}, \; \beta := \|\Phi_{\tau_0}(w^0)\|/\tau_0.
$$

Verwendet man dann die geglättete Minimum–Funktion im Algorithmus 4.37, so ergibt sich der in der Tabelle 4.1 angegebene Iterationsverlauf.

Die hierbei erzeugte Folge $\{x^k\}$ konvergiert gegen den Lösungspunkt $x^* := (7, 3, 16, 0, 0)^T$ des linearen Programms (4.111).

Aufgaben

Aufgabe 4.1. Seien $A \in \mathbb{R}^{m \times n}, b \in \mathbb{R}^m$ und $c \in \mathbb{R}^n$ gegeben. Seien

$$
\mathcal{F} := \{(x, \lambda, s) \in \mathbb{R}^n \times \mathbb{R}^m \times \mathbb{R}^n \mid Ax = b, A^T\lambda + s = c, x \geq 0, s \geq 0\}
$$

die (primal–dual) zulässige Menge und

$$
\mathcal{F}^\circ := \{(x, \lambda, s) \in \mathbb{R}^n \times \mathbb{R}^m \times \mathbb{R}^n \mid Ax = b, A^T\lambda + s = c, x > 0, s > 0\}
$$

Tabelle 4.1. Iterationsverlauf für das Beispiel (4.111)

k	$\|\Phi(w^k)\|$	τ_k
0	108.4012161	1.00000
1	3.4798449	0.50000
2	3.3623039	0.25000
3	1.8140417	0.12500
4	0.0196094	0.06250
5	0.0049816	0.03125
6	0.0012453	0.01463
7	0.0003113	0.00781
8	0.0000778	0.00391
9	0.0000195	0.00195
10	0.0000049	0.00098
11	0.0000012	0.00049
12	0.0000003	0.00024

die (primal–dual) strikt zulässige Menge. Man zeige: Ist $\mathcal{F}^\circ \neq \emptyset$, so sind die Mengen

$$\mathcal{M}(\alpha) := \{(x, s) \in \mathbb{R}^n \times \mathbb{R}^n \mid x^T s \leq \alpha \text{ und es gibt } \lambda \in \mathbb{R}^m \text{ mit } (x, \lambda, s) \in \mathcal{F}\}$$

für alle $\alpha \geq 0$ beschränkt.

(Bemerkung: Es wird hier keine Aussage über die Beschränktheit der λ–Komponente gemacht.)

Aufgabe 4.2. Man betrachte das lineare Programm

$$\min \ x_1 + x_2 \quad \text{u.d.N.} \quad x_1 + x_2 \geq 1, \ x_1 \geq 0, \ x_2 \geq 0. \tag{4.112}$$

(a) Bestimmen Sie die Lösung(–en) von (4.112).
(b) Formulieren Sie (4.112) als ein lineares Programm in Normalform.
(c) Bestimmen Sie für jedes $\tau > 0$ die Lösung $(x_\tau, \lambda_\tau, s_\tau)$ der zu der Formulierung (b) gehörenden zentralen Pfad–Bedingungen.
(d) Was gilt für $\lim_{\tau \to 0}(x_\tau, \lambda_\tau, s_\tau)$?

Aufgabe 4.3. Seien $x \in \mathbb{R}^n$ zulässig für das primale Problem

$$\min \ c^T x \quad \text{u.d.N.} \quad Ax = b, \ x \geq 0$$

und $(\lambda, s) \in \mathbb{R}^m \times \mathbb{R}^n$ zulässig für das duale Problem

$$\max \ b^T \lambda \quad \text{u.d.N.} \quad A^T \lambda + s = c, \ s \geq 0.$$

Ist dann

$$x^T s \leq \varepsilon$$

für ein $\varepsilon > 0$, so gelten

$$c^T x^* \leq c^T x \leq c^T x^* + \varepsilon$$

und

$$b^T \lambda^* - \varepsilon \leq b^T \lambda \leq b^T \lambda^*$$

für alle primalen Lösungen $x^* \in \mathbb{R}^n$ und alle dualen Lösungen $(\lambda^*, s^*) \in \mathbb{R}^m \times \mathbb{R}^n$.

Aufgabe 4.4. Betrachte die Matrix

$$M := \begin{pmatrix} 0 & A^T & I \\ A & 0 & 0 \\ D_a & 0 & D_b \end{pmatrix} \tag{4.113}$$

mit $A \in \mathbb{R}^{m \times n}$ sowie zwei positiv definiten Diagonalmatrizen $D_a, D_b \in \mathbb{R}^{n \times n}$. Im Gegensatz zum Satz 4.35 (oder auch zum Satz 4.4) setzen wir hier nicht notwendig $\mathrm{Rang}(A) = m$ voraus.

Man zeige: Besitzt das Gleichungssystem

$$M \Delta w = b$$

eine Lösung $\Delta w = (\Delta x, \Delta \lambda, \Delta s) \in \mathbb{R}^n \times \mathbb{R}^m \times \mathbb{R}^n$, so sind die Komponenten Δx und Δs eindeutig bestimmt.

Aufgabe 4.5. Betrachte wieder die Matrix M aus (4.113) mit $A \in \mathbb{R}^{m \times n}$ und $\mathrm{Rang}(A) = m$ sowie zwei positiv definiten Diagonalmatrizen $D_a, D_b \in \mathbb{R}^{n \times n}$.

Man überlege sich, wie man ein Gleichungssystem der Gestalt

$$M \Delta w = b \tag{4.114}$$

möglichst günstig lösen kann.

(Hinweis: Es genügt, ein geeignetes lineares Gleichungssystem der Dimension m mit einer symmetrischen und positiv definiten Koeffizientenmatrix zu lösen; dagegen hat das System (4.114) die Dimension $2n + m \geq 3m$ und ist weder symmetrisch noch positiv definit!)

Aufgabe 4.6. Bei der Lösung von linearen Programmen mittels Innerer–Punkte–Methoden oder auch Glättungsverfahren treten häufig lineare Gleichungssysteme der Gestalt

$$ADA^T x = r \tag{4.115}$$

auf mit $A \in \mathbb{R}^{m \times n}$, $r \in \mathbb{R}^m$ sowie einer positiv definiten Diagonalmatrix $D = \mathrm{diag}(d_1, \ldots, d_n)$.

(a) Wann ist die Matrix ADA^T positiv definit?
(b) Bezeichnet A_i den i–ten Spaltenvektor von A, so gilt

$$ADA^T = \sum_{i=1}^{n} d_i A_i A_i^T.$$

(c) Warum ist die Matrix ADA^T weitgehend voll besetzt, sofern A zumindest eine voll besetzte Spalte A_i besitzt, ansonsten aber beliebig schwach besetzt sein darf?

(d) Die Matrix A möge genau eine voll besetzte Spalte A_j besitzen. Wegen Teil (b) ist dann

$$ADA^T = d_j A_j A_j^T + \sum_{i \neq j} d_i A_i A_i^T.$$

Dabei ist der zweite Anteil $\sum_{i \neq j} d_i A_i A_i^T$ relativ schwach besetzt und lässt sich daher relativ günstig mit Cholesky (ggf. etwas modifiziert, worauf wir hier nicht eingehen wollen) faktorisieren:

$$\sum_{i \neq j} d_i A_i A_i^T = LL^T$$

mit einer unteren Dreiecksmatrix $L \in \mathbb{R}^{m \times m}$. Man überlege sich, wie man mittels dieser Cholesky–Faktorisierung eine Lösung des ursprünglichen Gleichungssystems (4.115) relativ günstig erhalten kann.

(Hinweis zu (d): Verwende die *Sherman–Morrison–Formel*: Für reguläres $B \in \mathbb{R}^{m \times m}$ und $u, v \in \mathbb{R}^m$ mit $v^T B^{-1} u \neq -1$ ist die Matrix $\bar{B} := B + uv^T$ ebenfalls regulär mit

$$\bar{B}^{-1} = B^{-1} - \frac{B^{-1} uv^T B^{-1}}{1 + v^T B^{-1} u},$$

vergleiche Aufgabe 3.20.)

Aufgabe 4.7. Man zeige, dass

$$\mathrm{Spur}(AB) = \mathrm{Spur}(BA)$$

für alle $A, B \in \mathbb{R}^{n \times n}$ gilt.

Aufgabe 4.8. Für Matrizen $A, B \in \mathbb{R}^{n \times n}$ sei

$$\langle A, B \rangle := A \bullet B := \mathrm{Spur}(AB^T). \qquad (4.116)$$

Man zeige:

(a) Durch (4.116) wird ein Skalarprodukt in dem Raum $\mathbb{R}^{n \times n}$ definiert.

(b) Sind $A, B \in \mathcal{S}_+^{n \times n}$ symmetrisch und positiv semi–definit, so ist $A \bullet B \geq 0$.

Aufgabe 4.9. Man beweise den Satz 4.22 (schwache Dualität bei semi–definiten Programmen).

(Hinweis: Aufgabe 4.8 (b).)

Aufgabe 4.10. Seien $A, B \in \mathcal{S}^{n \times n}$ zwei symmetrische Matrizen mit den Eigenwerten

$$\lambda_1(A) \geq \lambda_2(A) \geq \cdots \geq \lambda_n(A)$$

und

$$\lambda_1(B) \geq \lambda_2(B) \geq \cdots \geq \lambda_n(B).$$

Dann gilt

$$\lambda_k(A) + \lambda_n(B) \leq \lambda_k(A + B) \leq \lambda_k(A) + \lambda_1(B)$$

für alle $k = 1, \ldots, n$.

(Hinweis: Zum Beweis kann man das folgende Minimum–Maximum–Prinzip von Courant verwenden, dessen Beweis man beispielsweise in [174, Satz 1.10] nachlesen kann:

Sei $M \in \mathcal{S}^{n \times n}$ eine symmetrische Matrix mit Eigenwerten

$$\lambda_1(M) \geq \lambda_2(M) \geq \cdots \geq \lambda_n(M).$$

Für $k = 1, \ldots, n$ sei

$$\mathcal{U}_k := \{U_k \subseteq \mathbb{R}^n \mid U_k \text{ Teilraum mit } \dim(U_k) = n - (k - 1)\}.$$

Dann ist

$$\lambda_k(M) = \min_{U_k \in \mathcal{U}_k} \max_{0 \neq x \in U_k} \frac{x^T M x}{x^T x}$$

für alle $k = 1, \ldots, n$.)

Aufgabe 4.11. Für eine symmetrische Matrix $X \in \mathcal{S}^{n \times n}$ bezeichne $\lambda_{\min}(X)$ den kleinsten Eigenwert von X. Man zeige, dass die durch

$$f(X) := \lambda_{\min}(X)$$

definierte Abbildung $f : \mathcal{S}^{n \times n} \to \mathbb{R}$ konkav ist. Ist diese Abbildung differenzierbar?

(Hinweis: Aufgabe 4.10.)

Aufgabe 4.12. Man beweise die folgenden Aussagen:

(a) Es gilt $\det(I + uv^T) = 1 + u^T v$ für alle $u, v \in \mathbb{R}^n$.

(b) Die durch $f(A) := \det(A)$ definierte Abbildung ist in jedem Punkt $A \in \mathbb{R}^{n \times n}$ mit regulärem A stetig differenzierbar, und es gilt

$$\frac{\partial f}{\partial a_{ij}}(A) = (A^{-1})_{ji} \det(A).$$

(c) Die durch $\psi(A) := \mathrm{Spur}(A) - \log(\det(A))$ definierte Abbildung $\psi : \mathcal{S}_{++}^{n \times n} \to \mathbb{R}$ ist stetig differenzierbar mit Ableitung

$$\nabla \psi(A) = I - A^{-1}.$$

Aufgabe 4.13. Seien $C \in \mathcal{S}^{n \times n}$ sowie $A_1, \ldots, A_m \in \mathcal{S}^{n \times n}$ symmetrische Matrizen und $b \in \mathbb{R}^m$. Betrachte die Probleme

$$\min C \bullet X - \tau \log(\det(X)) \quad \text{u.d.N.} \quad A_i \bullet X = b_i \; \forall i = 1, \ldots, m \quad (4.117)$$

mit $X \succ 0$ sowie

$$\max b^T \lambda + \tau \log(\det(S)) \quad \text{u.d.N.} \quad \sum_{i=1}^{m} \lambda_i A_i + S = C \quad (4.118)$$

mit $S \succ 0$ für ein gegebenes $\tau > 0$. (Offenbar können (4.117) und (4.118) als Barriere–Probleme des primalen und dualen SDPs aufgefasst werden.) Dann sind die KKT–Bedingungen von (4.117) und (4.118) äquivalent zu den zentralen Pfad–Bedingungen für SDPs.

(Hinweis: Aufgabe 4.12.)

Aufgabe 4.14. Man beweise die Äquivalenz der beiden folgenden Aussagen für zwei gegebene symmetrische und positiv semi–definite Matrizen $S, X \succeq 0$:

(a) Es ist $SX = 0$.
(b) Es ist $S \bullet X = 0$.

Aufgabe 4.15. Seien $S \in \mathcal{S}^{n \times n}$ und $B \in \mathcal{S}^{n \times n}$ gegeben. Man zeige: Ist $\Delta \tilde{X} \in \mathbb{R}^{n \times n}$ eine beliebige (nicht notwendig symmetrische) Lösung der Lyapunov–Gleichung

$$S \Delta X + \Delta X S = B, \quad (4.119)$$

so ist auch der symmetrische Anteil

$$\Delta X := \frac{1}{2} \left(\Delta \tilde{X} + \Delta \tilde{X}^T \right)$$

eine Lösung von (4.119).

Aufgabe 4.16. Für $S \in \mathcal{S}^{n \times n}_{++}$ und $B \in \mathcal{S}^{n \times n}$ besitzt die Lyapunov–Gleichung

$$S \Delta X + \Delta X S = B$$

genau eine symmetrische Lösung $\Delta S \in \mathcal{S}^{n \times n}_{++}$. (Die Existenz wurde schon im Satz 4.29 nachgewiesen, so dass lediglich die Eindeutigkeit zu verifizieren bleibt.)

Aufgabe 4.17. Seien $A_i \in \mathcal{S}^{n \times n}$ $(i = 1, \ldots, m)$ und $C \in \mathcal{S}^{n \times n}$ symmetrische Matrizen, $b = (b_1, \ldots, b_m)^T \in \mathbb{R}^m$ sowie $\tau > 0$ gegeben. Betrachte das System

$$\begin{aligned} \sum_{i=1}^{m} \lambda_i A_i + S &= C, \\ A_i \bullet X &= b_i \quad \forall i = 1, \ldots, m, \\ XS &= \tau I \end{aligned} \quad (4.120)$$

für $X \succ 0$ und $S \succ 0$, welches aufgrund des Lemmas 4.28 äquivalent ist zu den zentralen Pfad–Bedingungen von semi–definiten Programmen. Sei ferner (X^k, λ^k, S^k) ein zulässiger Punkt von (4.120), d.h., es gelte $\sum_{i=1}^{m} \lambda_i^k A_i + S^k = C, A_i \bullet X^k = b_i$ für alle $i = 1, \ldots, m$ und $X^k \succ 0, S^k \succ 0$.

(a) Man linearisiere das System (4.120) um den Punkt (X^k, λ^k, S^k).

(b) Man zeige, dass das gemäß (a) linearisierte System für linear unabhängige Matrizen $A_1, \ldots, A_m$ genau eine Lösung $(\Delta \tilde{X}^k, \Delta \lambda^k, \Delta S^k)$ besitzt.

(c) Sei $(\Delta \tilde{X}^k, \Delta \lambda^k, \Delta S^k)$ die Lösung aus (b). Setze

$$\Delta X^k := \frac{1}{2} \left(\Delta \tilde{X}^k + (\Delta \tilde{X}^k)^T \right).$$

Dann ist das Tripel $(\Delta X^k, \Delta \lambda^k, \Delta S^k)$ identisch mit der von Helmberg et al. [80] berechneten Suchrichtung bei den Inneren–Punkte–Methoden für semi–definite Programme.

Aufgabe 4.18. (a) Man zeige, dass es sich bei den im Beispiel 4.32 genannten Abbildungen tatsächlich um NCP–Funktionen handelt.

(b) Man zeige, dass sowohl die geglättete Minimum–Funktion aus dem Beispiel 4.33 (a) als auch die geglättete Fischer–Burmeister–Funktion aus dem Beispiel 4.33 (b) die Eigenschaft

$$\varphi_\tau(a, b) = 0 \iff a > 0, \, b > 0, \, ab = \tau^2$$

besitzen. Gilt dies auch für eine der beiden anderen Glättungsfunktionen aus dem Beispiel 4.33?

Aufgabe 4.19. Seien $A \in \mathbb{R}^{m \times n}$ mit $\mathrm{Rang}(A) = m$ sowie $c \in \mathbb{R}^n$ und $b \in \mathbb{R}^m$ gegeben. Sei ferner $\varphi : \mathbb{R}^2 \to \mathbb{R}$ eine differenzierbare NCP–Funktion (beispielsweise $\varphi(a, b) := -ab + \min^2\{0, a\} + \min^2\{0, b\}$ oder $\varphi(a, b) := -ab + \min^2\{0, a + b\}$) und definiere

$$\Phi(x, \lambda, s) := \begin{pmatrix} A^T \lambda + s - c \\ Ax - b \\ \phi(x, s) \end{pmatrix}$$

mit

$$\phi(x, s) := \left(\varphi(x_1, s_1), \ldots, \varphi(x_n, s_n) \right)^T \in \mathbb{R}^n,$$

vergleiche (4.92). Sei ferner (x^*, λ^*, s^*) eine Lösung der Optimalitätsbedingungen (4.91), die nicht der strikten Komplementarität

$$x_i^* + s_i^* > 0 \quad \forall i = 1, \ldots, n$$

genüge. Dann ist die Jacobi–Matrix $\Phi'(x^*, \lambda^*, s^*)$ singulär.
(Hinweis: Berechnen Sie zunächst $\nabla \varphi(0, 0)$.)

Aufgabe 4.20. (a) Man zeige, dass für jede der im Beispiel 4.33 angegebenen Glättungsfunktionen φ_τ die Ungleichung

$$|\varphi_\tau(a, b) - \varphi_{\tau'}(a, b)| \leq c|\tau - \tau'|$$

für alle $\tau, \tau' \geq 0$ und alle $(a, b) \in \mathbb{R}^2$ gilt, wobei $c > 0$ eine von (a, b) sowie τ und τ' unabhängige Konstante ist.

(b) Man zeige, dass die Ungleichung

$$\|\Phi_\tau(w) - \Phi_{\tau'}(w)\| \leq \kappa |\tau - \tau'|$$

für alle $\tau, \tau' \geq 0$ und alle $w = (x, \lambda, s) \in \mathbb{R}^n \times \mathbb{R}^m \times \mathbb{R}^n$ gilt, wobei Φ_τ die gemäß Formel (4.93) zugehörige Abbildung zu einer der Glättungs-funktionen aus dem Teil (a) bezeichne.

Aufgabe 4.21. Man implementiere das Glättungsverfahren aus dem Algorithmus 4.37. Der Startvektor und die verschiedenen Parameter können dabei so gewählt werden, wie dies am Ende des Unterabschnittes 4.4.2 beschrieben wurde. Als Testbeispiel wähle man neben dem linearen Programm aus (4.111) beispielsweise noch folgendes Programm:

$$\begin{aligned}
\min \quad & -16x_1 - 32x_2 \\
\text{u.d.N.} \quad & 20x_1 + 10x_2 + x_3 = 8000, \\
& 4x_1 + 5x_2 + x_4 \quad = 2000, \\
& 6x_1 + 15x_2 + x_5 \quad = 4500, \\
& x_1, x_2, x_3, x_4, x_5 \quad \geq 0.
\end{aligned}$$

Wieviele Iterationen benötigt das Glättungsverfahren, um diese Testbeispiele zu lösen? Wie schnell wird der Glättungsparameter τ_k reduziert? Wie sieht der Iterationsverlauf von $\|\Phi(w^k)\|$ aus? Und gegen welchen (Lösungs–) Vektor konvergiert das Glättungsverfahren bei diesen beiden Beispielen?

Aufgabe 4.22. Implementieren Sie die folgende Modifikation des Glättungs-verfahrens aus dem Algorithmus 4.37, wobei hier ein sogenannter Prädiktor–Schritt neu auftritt, während der Rest des Verfahrens dem Algorithmus 4.37 entspricht.

(S.0) (Initialisierung)
Wähle $w^0 := (x^0, \lambda^0, s^0) \in \mathbb{R}^n \times \mathbb{R}^m \times \mathbb{R}^n, \tau_0 > 0, \beta \geq \|\Phi_{\tau_0}(w^0)\|/\tau_0, \rho \in (0,1), \sigma \in (0,1), \varepsilon \geq 0$, und setze $k := 0$.
(S.1) (Abbruchkriterium)
Ist $\|\Phi(w^k)\| \leq \varepsilon$: STOP.
(S.2) (Prädiktor–Schritt)
Berechne eine Lösung $\Delta w^k = (\Delta x^k, \Delta \lambda^k, \Delta s^k) \in \mathbb{R}^n \times \mathbb{R}^m \times \mathbb{R}^n$ des linearen Gleichungssystems

$$\Phi_{\tau_k}'(w^k)\Delta w = -\Phi(w^k).$$

Ist $\|\Phi(w^k + \Delta w^k)\| = 0$: STOP. Gilt anderenfalls

$$\|\Phi_{\tau_k}(w^k + \Delta w^k)\| > \beta \tau_k,$$

so setze

$$\hat{w}^k := w^k, \quad \hat{\tau}_k := \tau_k,$$

sonst berechne $t_k = \rho^{\ell_k}$, wobei $\ell_k \in \mathbb{N}$ diejenige nichtnegative Zahl sei mit

$$\|\Phi_{\rho^j \tau_k}(w^k + \Delta w^k)\| \leq \beta \rho^j \tau_k \quad \forall j = 0, 1, 2, \ldots, \ell_k \text{ und}$$

$$\|\Phi_{\rho^{\ell_k+1} \tau_k}(w^k + \Delta w^k)\| > \beta \rho^{\ell_k+1} \tau_k,$$

und setze $\hat{\tau}_k := t_k \tau_k$ sowie

$$\hat{w}^k := \begin{cases} w^k & \text{falls } \ell_k = 0, \\ w^k + \Delta w^k & \text{sonst.} \end{cases}$$

(S.3) (Korrektor–Schritt)
Berechne eine Lösung $\Delta \hat{w}^k = (\Delta \hat{x}^k, \Delta \hat{\lambda}^k, \Delta \hat{s}^k) \in \mathbb{R}^n \times \mathbb{R}^m \times \mathbb{R}^n$ des linearen Gleichungssystems

$$\Phi'_{\hat{\tau}_k}(\hat{w}^k) \Delta \hat{w} = -\Phi_{\hat{\tau}_k}(\hat{w}^k).$$

Bestimme eine Schrittweite $\hat{t}_k = \max\{\rho^\ell \mid \ell = 0, 1, 2, \ldots\}$ mit

$$\Psi_{\hat{\tau}_k}(\hat{w}^k + \hat{t}_k \Delta \hat{w}^k) \leq \Psi_{\hat{\tau}_k}(\hat{w}^k) + \hat{t}_k \sigma \nabla \Psi_{\hat{\tau}_k}(\hat{w}^k)^T \Delta \hat{w}^k,$$

und setze

$$w^{k+1} := \hat{w}^k + \hat{t}_k \Delta \hat{w}^k.$$

Berechne $\gamma_k = \max\{\rho^\ell \mid \ell = 0, 1, 2, \ldots\}$ derart, dass

$$\|\Phi_{(1-\gamma_k)\hat{\tau}_k}(w^{k+1})\| \leq \beta(1-\gamma_k)\hat{\tau}_k,$$

und setze $\tau_{k+1} := (1 - \gamma_k)\hat{\tau}_k$.
(S.4) (Aufdatierung)
Setze $k \leftarrow k + 1$, und gehe zu (S.1).

Man teste dieses Verfahren wieder an den beiden Beispielen aus (4.111) und der Aufgabe 4.21, wobei der Startvektor und die verschiedenen Parameter wie in der Aufgabe 4.21 gewählt werden können. Beobachtung?

5. Nichtlineare Optimierung

Dieses Kapitel ist den numerischen Verfahren zur Lösung von restringierten Optimierungsaufgaben gewidmet, die durch stetig differenzierbare Funktionen beschrieben werden. Wir untersuchen eine ganze Reihe verschiedener Ansätze zur Lösung solcher Probleme, um dem Leser einen relativ umfassenden Überblick über die verschiedenen Ideen zu geben. Allerdings werden gewisse Verfahren (wie etwa das SQP–Verfahren) etwas ausführlicher diskutiert als andere, um ihrer Bedeutung gerecht zu werden. Dem Leser wird empfohlen, vor der Lektüre dieses Kapitels noch einmal einen Blick auf die KKT–Bedingungen in dem Abschnitt 2.2 zu werfen, da diese eine zentrale Rolle in diesem Kapitel spielen werden.

5.1 Quadratische Programme

Quadratische Programme bilden eine wichtige Klasse von Optimierungsproblemen, die sowohl von unabhängigem Interesse sind als auch als Teilprobleme (wie etwa beim SQP-Verfahren im Abschnitt 5.5) bei Lösungsverfahren für allgemeine nichtlineare Probleme auftreten. Im Unterabschnitt 5.1.1 beschäftigen wir uns zunächst mit gleichheitsrestringierten quadratischen Programmen. Im Unterabschnitt 5.1.2 behandeln wir zusätzlich auftretende Ungleichungsrestriktionen dann mit der sogenannten Strategie der aktiven Menge.

5.1.1 Probleme mit Gleichheitsrestriktionen

Wir betrachten zunächst ein quadratisches Programm mit Gleichheitsrestriktionen

$$\begin{array}{ll} \min & f(x) := \frac{1}{2}x^T Q x + c^T x + \gamma \\ \text{u.d.N.} & b_j^T x = \beta_j \quad (j = 1, \ldots, p), \end{array} \qquad (5.1)$$

wobei $Q \in \mathbb{R}^{n \times n}$ symmetrisch, $c \in \mathbb{R}^n, \gamma \in \mathbb{R}, b_j \in \mathbb{R}^n$ und $\beta_j \in \mathbb{R}\,(j = 1, \ldots, p)$ gegeben sind. Sei x^* ein lokales Minimum von (5.1). Aufgrund des Satzes 2.42 existieren dann Lagrange–Multiplikatoren $\mu_j^* \in \mathbb{R}\,(j = 1, \ldots, p)$, so dass das Paar (x^*, μ^*) den KKT–Bedingungen

$$Qx + c + \sum_{j=1}^{p} \mu_j b_j = 0,$$
$$b_j^T x = \beta_j \quad (j = 1, \ldots, p) \tag{5.2}$$

von (5.1) genügt. Bezeichnen wir mit $B \in \mathbb{R}^{p \times n}$ die Matrix mit den Vektoren b_j^T als Zeilenvektoren und setzen $\beta := (\beta_1, \ldots, \beta_p)^T$, so lässt sich (5.2) formulieren als

$$Qx + B^T \mu = -c,$$
$$Bx = \beta.$$

Dies ist ein lineares Gleichungssystem zur Berechnung eines KKT–Punktes von (5.1). Damit ist das folgende Resultat bewiesen.

Satz 5.1. *Ein Paar $(x^*, \mu^*) \in \mathbb{R}^n \times \mathbb{R}^p$ ist genau dann ein KKT–Punkt des Optimierungsproblems (5.1), wenn (x^*, μ^*) Lösung des linearen Gleichungssystems*

$$\begin{pmatrix} Q & B^T \\ B & 0 \end{pmatrix} \begin{pmatrix} x \\ \mu \end{pmatrix} = \begin{pmatrix} -c \\ \beta \end{pmatrix} \tag{5.3}$$

ist.

Es sei daran erinnert, dass die KKT–Bedingungen von (5.1) im Falle einer positiv semi–definiten Matrix Q (so dass die Zielfunktion von (5.1) konvex ist) vollständig äquivalent sind zu dem eigentlichen Optimierungsproblem (5.1). In diesem Fall lässt sich die Lösung eines gleichheitsrestringierten quadratischen Optimierungsproblems also auf die Lösung des zugehörigen linearen Gleichungssystems (5.3) reduzieren.

Für unsere nachfolgenden Untersuchungen wollen wir den Inhalt des Satzes 5.1 noch etwas umformulieren: Schreiben wir $x = x^k + \Delta x$ in dem Gleichungssystem (5.3) mit einem für das quadratische Programm (5.1) *zulässigen* Vektor x^k sowie einem Korrekturterm $\Delta x \in \mathbb{R}^n$, so ergeben sich aus (5.3) die folgenden Äquivalenzen:

$$\begin{pmatrix} Q & B^T \\ B & 0 \end{pmatrix} \begin{pmatrix} x \\ \mu \end{pmatrix} = \begin{pmatrix} -c \\ \beta \end{pmatrix}$$

$$\Longleftrightarrow \begin{pmatrix} Q & B^T \\ B & 0 \end{pmatrix} \begin{pmatrix} x^k + \Delta x \\ \mu \end{pmatrix} = \begin{pmatrix} -c \\ \beta \end{pmatrix}$$

$$\Longleftrightarrow \begin{pmatrix} Q & B^T \\ B & 0 \end{pmatrix} \begin{pmatrix} \Delta x \\ \mu \end{pmatrix} = \begin{pmatrix} -c \\ \beta \end{pmatrix} - \begin{pmatrix} Q & B^T \\ B & 0 \end{pmatrix} \begin{pmatrix} x^k \\ 0 \end{pmatrix}$$

$$\Longleftrightarrow \begin{pmatrix} Q & B^T \\ B & 0 \end{pmatrix} \begin{pmatrix} \Delta x \\ \mu \end{pmatrix} = \begin{pmatrix} -c - Qx^k \\ \beta - Bx^k \end{pmatrix}$$

$$\Longleftrightarrow \begin{pmatrix} Q & B^T \\ B & 0 \end{pmatrix} \begin{pmatrix} \Delta x \\ \mu \end{pmatrix} = \begin{pmatrix} -\nabla f(x^k) \\ 0 \end{pmatrix},$$

denn x^k ist zulässig für (5.1) und es ist $\nabla f(x) = Qx + c$. Somit haben wir die nachstehende Formulierung des Satzes 5.1 eingesehen, die sich bei der Übertragung unserer Überlegungen auf quadratische Programme mit Gleichheits–

und Ungleichungsrestriktionen im folgenden Unterabschnitt als hilfreich erweisen wird.

Satz 5.2. *Sei $x^k \in \mathbb{R}^n$ ein zulässiger Vektor für das quadratische Optimierungsproblem (5.1). Dann ist $(x^*, \mu^*) \in \mathbb{R}^n \times \mathbb{R}^p$ genau dann ein KKT–Punkt von (5.1), wenn $x^* = x^k + \Delta x^*$ gilt und $(\Delta x^*, \mu^*)$ eine Lösung des linearen Gleichungssystems*

$$\begin{pmatrix} Q & B^T \\ B & 0 \end{pmatrix} \begin{pmatrix} \Delta x \\ \mu \end{pmatrix} = \begin{pmatrix} -\nabla f(x^k) \\ 0 \end{pmatrix}$$

ist.

5.1.2 Strategie der aktiven Menge für Ungleichungen

Im Folgenden untersuchen wir das Problem

$$\begin{aligned} \min \quad & f(x) := \tfrac{1}{2} x^T Q x + c^T x + \gamma \\ \text{u.d.N.} \quad & b_j^T x = \beta_j \quad (j = 1, \ldots, p), \\ & a_i^T x \leq \alpha_i \quad (i = 1, \ldots, m) \end{aligned} \tag{5.4}$$

mit $Q \in \mathbb{R}^{n \times n}$ symmetrisch, $c \in \mathbb{R}^n, \gamma \in \mathbb{R}, a_i, b_j \in \mathbb{R}^n$ und $\alpha_i, \beta_j \in \mathbb{R}$ ($j = 1, \ldots, p, i = 1, \ldots, m$). Die wesentliche Idee zur Lösung von (5.4) besteht darin, dass man eine Folge von gleichheitsrestringierten Problemen (unter Benutzung von Satz 5.2) löst, welche sich dadurch ergeben, dass man in (5.4) im Wesentlichen nur die im aktuellen Iterationspunkt aktiven Restriktionen berücksichtigt. Dazu definiert man eine geeignete Approximation $\mathcal{A}_k$ an die Indexmenge

$$I(x^k) := \{ i \mid a_i^T x^k = \alpha_i \}$$

der in x^k aktiven Ungleichungsnebenbedingungen von (5.4). Unter Verwendung der Bezeichnungsweisen

$$A_k := \begin{pmatrix} \vdots \\ a_i^T \ (i \in \mathcal{A}_k) \\ \vdots \end{pmatrix} \in \mathbb{R}^{|\mathcal{A}_k| \times n},$$

$$B := \begin{pmatrix} \vdots \\ b_j^T \ (j = 1, \ldots, p) \\ \vdots \end{pmatrix} \in \mathbb{R}^{p \times n}$$

geben wir zunächst eine detaillierte Beschreibung unseres Verfahrens und erläutern anschließend die einzelnen Schritte etwas genauer.

Algorithmus 5.3. *(Strategie der aktiven Menge für quadratische Programme)*

(S.0) Bestimme ein für (5.4) zulässiges $x^0 \in \mathbb{R}^n$ sowie zugehörige Lagrange–Multiplikatoren $\lambda^0 \in \mathbb{R}^m$ und $\mu^0 \in \mathbb{R}^p$, setze $\mathcal{A}_0 := \{i \mid a_i^T x^0 = \alpha_i\}$ und $k := 0$.

(S.1) Ist (x^k, λ^k, μ^k) ein KKT–Punkt von (5.4): STOP.

(S.2) Setze $\lambda_i^{k+1} := 0$ für $i \notin \mathcal{A}_k$ und bestimme $(\Delta x^k, \lambda_{\mathcal{A}_k}^{k+1}, \mu^{k+1})$ als Lösung des linearen Gleichungssystems

$$\begin{pmatrix} Q & A_k^T & B^T \\ A_k & 0 & 0 \\ B & 0 & 0 \end{pmatrix} \begin{pmatrix} \Delta x \\ \lambda_{\mathcal{A}_k} \\ \mu \end{pmatrix} = \begin{pmatrix} -\nabla f(x^k) \\ 0 \\ 0 \end{pmatrix}. \tag{5.5}$$

(S.3) Unterscheide die folgenden Fälle:
  (a) Ist $\Delta x^k = 0$ und $\lambda_i^{k+1} \geq 0$ für alle $i \in \mathcal{A}_k$: STOP.
  (b) Ist $\Delta x^k = 0$ und $\min\{\lambda_i^{k+1} \mid i \in \mathcal{A}_k\} < 0$, so bestimme einen Index q mit $\lambda_q^{k+1} = \min\{\lambda_i^{k+1} \mid i \in \mathcal{A}_k\}$, setze $x^{k+1} := x^k, \mathcal{A}_{k+1} := \mathcal{A}_k \setminus \{q\}$, und gehe zu (S.4).
  (c) Ist $\Delta x^k \neq 0$ und $x^k + \Delta x^k$ zulässig für (5.4), so setze

$$x^{k+1} := x^k + \Delta x^k,$$
$$\mathcal{A}_{k+1} := \mathcal{A}_k,$$

  und gehe zu (S.4).
  (d) Ist $\Delta x^k \neq 0$ und $x^k + \Delta x^k$ nicht zulässig für (5.4), so bestimme einen Index r mit

$$\frac{\alpha_r - a_r^T x^k}{a_r^T \Delta x^k} = \min\left\{ \frac{\alpha_i - a_i^T x^k}{a_i^T \Delta x^k} \,\middle|\, i \notin \mathcal{A}_k \text{ mit } a_i^T \Delta x^k > 0 \right\},$$

  setze

$$t_k := \frac{\alpha_r - a_r^T x^k}{a_r^T \Delta x^k},$$
$$x^{k+1} := x^k + t_k \Delta x^k,$$
$$\mathcal{A}_{k+1} := \mathcal{A}_k \cup \{r\},$$

  und gehe zu (S.4).

(S.4) Setze $k \leftarrow k + 1$, und gehe zu (S.1).

Einige Erläuterungen zum Algorithmus 5.3: Da die aktuelle Iterierte x^k für das quadratische Programm (5.4) zulässig ist (der Startvektor x^0 ist zulässig wegen Schritt (S.0), und die Zulässigkeit von x^k ergibt sich induktiv aus unseren nachfolgenden Betrachtungen), folgt aus dem Satz 5.2, dass der Vektor $(x^k + \Delta x^k, \lambda_{\mathcal{A}_k}^{k+1}, \mu^{k+1})$ mit $(\Delta x^k, \lambda_{\mathcal{A}_k}^{k+1}, \mu^{k+1})$ aus Schritt (S.2) des Algorithmus 5.3 ein KKT–Punkt des gleichheitsrestringierten Optimierungsproblems

$$\min \quad \tfrac{1}{2}x^T Q x + c^T x + \gamma$$
$$\text{u.d.N. } b_j^T x = \beta_j \quad \forall j = 1, \dots, p,$$
$$a_i^T x = \alpha_i \quad \forall i \in \mathcal{A}_k$$

ist. Im Fall $\Delta x^k = 0$ und $\lambda_i^{k+1} \geq 0$ für alle $i \in \mathcal{A}_k$ erkennt man dann sofort, dass das Tripel $(x^k, \lambda^{k+1}, \mu^{k+1})$ mit $\lambda_i^{k+1} = 0$ für $i \notin \mathcal{A}_k$ auch ein KKT–Punkt des eigentlichen Problems (5.4) ist. Dies erklärt insbesondere das Abbruchkriterium im Schritt (S.3) (a) des Algorithmus 5.3.

Ist dagegen $\Delta x^k = 0$ und $\lambda_i^{k+1} < 0$ für ein $i \in \mathcal{A}_k$ (dies bedeutet, dass wir einerseits noch nicht in einem KKT–Punkt von (5.4) sein können, dass andererseits auf der aktuellen Restriktionsmenge die Zielfunktion aber nicht weiter verringert werden kann, klar?), so lockern wir die Restriktionen und entfernen einen Index aus der Menge $\mathcal{A}_k$ (sogenannter *Inaktivierungsschritt*). Im Schritt (S.3) (b) des Algorithmus 5.3 entnehmen wir dabei einen solchen Index $q \in \mathcal{A}_k$, für den der zugehörige Lagrange–Multiplikator am stärksten negativ ist.

Ist nun $\Delta x^k \neq 0$ und $x^k + \Delta x^k$ zulässig für (5.4), so akzeptieren wir den Punkt $(x^k + \Delta x^k, \lambda^{k+1}, \mu^{k+1})$ natürlich als neue Iterierte, ohne dabei die Indexmenge $\mathcal{A}_k$ zu verändern, vergleiche Schritt (S.3) (c) im Algorithmus 5.3.

Ist $x^k + \Delta x^k$ hingegen nicht zulässig für (5.4), so ist eine der bislang strikt erfüllten Ungleichungen verletzt. Statt eines vollen Schrittes $x^k + \Delta x^k$ setzen wir daher

$$x^{k+1} := x^k + t_k \Delta x^k$$

mit einer Schrittweite $t_k > 0$, welche gerade garantiert, dass auch die Ungleichungen $i \notin \mathcal{A}_k$ im neuen Punkt x^{k+1} erfüllt sind. Dies liefert die Forderung

$$a_i^T x^{k+1} = a_i^T x^k + t_k a_i^T \Delta x^k \leq \alpha_i \quad \forall i \notin \mathcal{A}_k.$$

Da $a_i^T x^k \leq \alpha_i$ gilt, ist diese Forderung automatisch für solche Indizes $i \notin \mathcal{A}_k$ mit $a_i^T \Delta x^k \leq 0$ erfüllt. Anderenfalls liefert die obige Forderung gerade

$$t_k \leq \frac{\alpha_i - a_i^T x^k}{a_i^T \Delta x^k},$$

also

$$t_k = \min \left\{ \frac{\alpha_i - a_i^T x^k}{a_i^T \Delta x^k} \;\middle|\; i \notin \mathcal{A}_k \text{ mit } a_i^T \Delta x^k > 0 \right\}.$$

Wir nehmen dann eine neue aktive Restriktion zur Indexmenge $\mathcal{A}_k$ hinzu (sogenannter *Aktivierungsschritt*), womit auch die Anweisungen im Schritt (S.3) (d) des Algorithmus 5.3 erläutert sind.

Wir erwähnen an dieser Stelle noch, dass es im Schritt (S.3) (d) auch stets einen Index $i \notin \mathcal{A}_k$ gibt mit $a_i^T \Delta x^k > 0$, denn anderenfalls wäre

$$a_i^T \left(x^k + \Delta x^k \right) \leq \alpha_i \quad \forall i \notin \mathcal{A}_k;$$

da überdies wegen (5.5) auch $a_i^T \Delta x^k = 0$ und somit

$$a_i^T \left(x^k + \Delta x^k \right) \leq \alpha_i \quad \forall i \in \mathcal{A}_k$$

gilt, wäre $x^k + \Delta x^k$ zulässig für (5.4).

Wir zeigen nun, dass der Algorithmus 5.3 im Falle eines quadratischen Programmes der Gestalt (5.4) mit positiv definiter Matrix Q sowie linear unabhängigen Vektoren $a_i \, (i \in \mathcal{A}_0)$ und $b_j \, (j = 1, \ldots, p)$ wohldefiniert ist (d.h., die linearen Gleichungssysteme im Schritt (S.2) sind stets eindeutig lösbar). Dies folgt aus den Aussagen (a) und (b) des nachstehenden Satzes.

Satz 5.4. *Gegeben sei die quadratische Optimierungsaufgabe (5.4) mit einer symmetrischen Matrix $Q \in \mathbb{R}^{n \times n}$ und $c \in \mathbb{R}^n$, $\gamma \in \mathbb{R}$, $a_i, b_j \in \mathbb{R}^n$ $(i = 1, \ldots, m, j = 1, \ldots, p)$.*

(a) *Ist die Matrix Q positiv definit und sind die Vektoren $a_i \, (i \in \mathcal{A}_k)$, $b_j \, (j = 1 \ldots, p)$ linear unabhängig, so ist das lineare Gleichungssystem (5.5) in Schritt (S.2) von Algorithmus 5.3 eindeutig lösbar.*

(b) *Sind im k–ten Schritt von Algorithmus 5.3 die Vektoren $a_i \, (i \in \mathcal{A}_k)$, b_j $(j = 1, \ldots, p)$ linear unabhängig und tritt in (S.3) kein Abbruch ein, so sind auch die Vektoren $a_i \, (i \in \mathcal{A}_{k+1})$, $b_j \, (j = 1, \ldots, p)$ linear unabhängig.*

(c) *Ist die Matrix Q positiv definit, so gilt für den in (S.3) berechneten Vektor Δx^k im Fall $\Delta x^k \neq 0$*

$$\nabla f(x^k)^T \Delta x^k < 0$$

(Δx^k ist dann also eine Abstiegsrichtung).

Beweis. (a) Wir zeigen, dass das homogene Gleichungssystem

$$\begin{pmatrix} Q & A_k^T & B^T \\ A_k & 0 & 0 \\ B & 0 & 0 \end{pmatrix} \begin{pmatrix} \Delta x \\ \lambda \\ \mu \end{pmatrix} = \begin{pmatrix} 0 \\ 0 \\ 0 \end{pmatrix}$$

nur die triviale Lösung $(\Delta x, \lambda, \mu) = 0$ besitzt. Der zweite und dritte Zeilenblock dieses Gleichungssystems liefert

$$A_k \Delta x = 0, \quad B \Delta x = 0. \tag{5.6}$$

Der erste Zeilenblock lautet

$$Q \Delta x + A_k^T \lambda + B^T \mu = 0; \tag{5.7}$$

Multiplikation von links mit Δx^T ergibt unter Verwendung von (5.6)

$$0 = \Delta x^T Q \Delta x + (A_k \Delta x)^T \lambda + (B \Delta x)^T \mu = \Delta x^T Q \Delta x.$$

Wegen der positiven Definitheit von Q folgt

$$\Delta x = 0, \tag{5.8}$$

womit sich (5.7) reduziert auf

$$\left(A_k^T \ B^T\right) \begin{pmatrix} \lambda \\ \mu \end{pmatrix} = 0.$$

Wegen der vorausgesetzten linearen Unabhängigkeit der Vektoren a_i ($i \in \mathcal{A}_k$), b_j ($j = 1, \ldots, p$) sind die Spalten der Matrix $\left(A_k^T \ B^T\right)$ linear unabhängig, und es folgt

$$\lambda = 0, \quad \mu = 0.$$

Zusammen mit (5.8) ist somit $(\Delta x, \lambda, \mu) = 0$.

(b) Die Vektoren a_i ($i \in \mathcal{A}_k$), b_j ($j = 1, \ldots, p$) seien linear unabhängig. Wir zeigen: Die Vektoren a_i ($i \in \mathcal{A}_{k+1}$), b_j ($j = 1, \ldots, p$) sind dann ebenfalls linear unabhängig.

Tritt in (S.3) der Fall (b) oder (c) ein, so ist $\mathcal{A}_{k+1} \subseteq \mathcal{A}_k$, und die Behauptung ist klar.

Tritt dagegen (d) ein, so existiert $r \notin \mathcal{A}_k$ mit $a_r^T \Delta x^k > 0$ und

$$t_k = \frac{\alpha_r - a_r^T x^k}{a_r^T \Delta x^k},$$

(man beachte die letzte Erläuterung im Anschluss an Algorithmus 5.3); weiter ist

$$\mathcal{A}_{k+1} \backslash \mathcal{A}_k = \{r\}.$$

Annahme: a_r ist linear abhängig von a_i ($i \in \mathcal{A}_k$), b_j ($j = 1, \ldots, p$):

$$a_r = \sum_{i \in \mathcal{A}_k} \gamma_i a_i + \sum_{j=1}^{p} \delta_j b_j$$

für gewisse Koeffizienten γ_i ($i \in \mathcal{A}_k$) und δ_j ($j = 1, \ldots, p$). Multiplikation mit Δx^k liefert

$$a_r^T \Delta x^k = \sum_{i \in \mathcal{A}_k} \gamma_i a_i^T \Delta x^k + \sum_{j=1}^{p} \delta_j b_j^T \Delta x^k,$$

woraus man wegen (5.5), zweiter und dritter Zeilenblock,

$$a_r^T \Delta x^k = 0$$

und damit einen Widerspruch zu $a_r^T \Delta x^k > 0$ erhält. Die Vektoren a_i ($i \in \mathcal{A}_{k+1}$), b_j ($j = 1, \ldots, p$) sind also linear unabhängig.

(c) Für Δx^k gilt wegen (5.5), erster Zeilenblock:

$$Q \Delta x^k + A_k^T \lambda_{\mathcal{A}_k}^{k+1} + B^T \mu^{k+1} = -\nabla f(x^k).$$

Multiplikation von links mit $(\Delta x^k)^T$ ergibt

$$(\Delta x^k)^T Q \Delta x^k + (A_k \Delta x^k)^T \lambda_{\mathcal{A}_k}^{k+1} + (B \Delta x^k)^T \mu^{k+1} = -\nabla f(x^k)^T \Delta x^k,$$

woraus mit (5.5), zweiter und dritter Zeilenblock, folgt

$$(\Delta x^k)^T Q \Delta x^k = -\nabla f(x^k)^T \Delta x^k.$$

Da Q positiv definit und $\Delta x^k \neq 0$ ist, erhält man

$$\nabla f(x^k)^T \Delta x^k < 0.$$

Dies war zu zeigen.   □

Wegen Satz 5.4 (c) gilt bei positiv definiter Matrix Q

$$f(x^{k+1}) < f(x^k), \quad \text{falls } \Delta x^k \neq 0 \text{ und } t_k \neq 0. \tag{5.9}$$

Dies und die Tatsache, dass es nur endlich viele verschiedene Indexmengen $\mathcal{A}_k$ gibt, wirft die Frage auf, ob Algorithmus 5.3 stets in endlich vielen Iterationsschritten eine Lösung von (5.4) findet. Angenommen, es gäbe unendlich viele Iterationsschritte mit der Eigenschaft $x^{k+1} = x^k + \Delta x^k$ (für die also (S.3) (c) greift); beachtet man die Herleitung von Satz 5.2 und die Endlichkeit der Anzahl verschiedener Indexmengen $\mathcal{A}_k$, so sieht man, dass die Punkte x^{k+1} nicht alle verschieden sein können, was in Widerspruch zu (5.9) steht. Weiter kann in (S.3) der Fall (d) nur endlich oft hintereinander auftreten, da jedesmal die Menge $\mathcal{A}_k$ um einen Index vergrößert wird. Entsprechendes gilt für den Fall (b). Leider ist damit die Endlichkeit des Verfahrens noch nicht bewiesen; so können theoretisch „Zyklen" zwischen (b) und (d) mit $t_k = 0$ auftreten. Auf eine genauere Analyse der Endlichkeit der Strategie der aktiven Menge gehen wir nicht ein, bemerken aber, dass für die Praxis von der Endlichkeit des Algorithmus ausgegangen werden kann.

Ein zulässiger Startvektor $x^0 \in \mathbb{R}^n$ im Schritt (S.0) des Algorithmus 5.3 lässt sich analog zur Phase I des Simplex–Verfahrens bestimmen (vergleiche Unterabschnitt 3.4.2). Schließlich wollen wir noch erwähnen, dass sich die Struktur der linearen Gleichungssysteme (5.5) natürlich ausnutzen lässt, um ein geeignetes Lösungsverfahren für (5.5) zu konstruieren, etwa unter Verwendung einer QR–Zerlegung der Matrix $(A_k \ B)$. Diese QR–Zerlegung kann in jeder Iteration sogar sehr günstig aufdatiert werden, da sich die beiden aufeinanderfolgenden Matrizen $(A_k \ B)$ und $(A_{k+1} \ B)$ im Allgemeinen nur in einer Spalte voneinander unterscheiden.

Wir illustrieren das numerische Verhalten des Algorithmus 5.3 anhand des Beispieles

$$\begin{aligned}
\min \quad & \tfrac{1}{2}x_1^2 + \tfrac{1}{2}x_2^2 + 2x_1 + x_2 \\
\text{u.d.N.} \quad & -x_1 - x_2 \leq 0, \\
& x_2 \leq 2, \\
& x_1 + x_2 \leq 5, \\
& -x_1 + x_2 \leq 2, \\
& x_1 \leq 5, \\
& -x_2 \leq 1
\end{aligned}$$

aus [168] (hier leicht modifiziert). Als zulässiger Startvektor wird $x^0 :=$ $(5,0)^T$ gewählt. Als anfänglichen Lagrange–Multiplikator setzen wir $\lambda^0 :=$ $(0,0,0,0,0,0)^T$ (was auf den weiteren Verlauf der Iteration aber keinen Einfluss hat). Die Tabelle 5.1 enthält einige Daten zum Iterationsverlauf des Algorithmus 5.3 für dieses Beispiel. Der Leser kann den Iterationsverlauf anhand der Abbildung 5.1 nachvollziehen, in der wir den zulässigen Bereich des quadratischen Programmes skizziert haben.

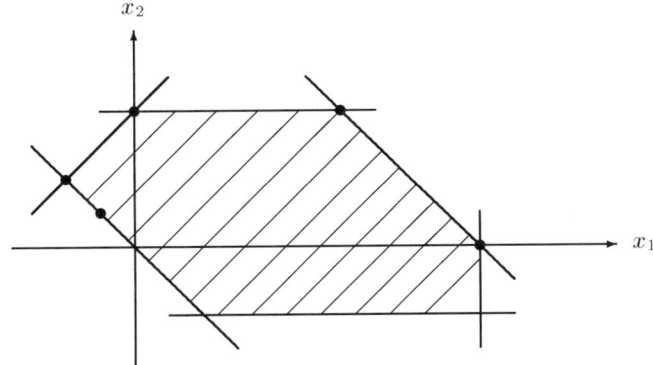

Abb. 5.1. Zulässiger Bereich des quadratischen Programmes

Tabelle 5.1. Strategie der aktiven Menge für quadratische Programme

k	x^k	$\mathcal{A}_k$	$f(x^k)$	λ^k
0	(5,0)	$\{3,5\}$	22.50	(0,0,0,0,0,0)
1	(5,0)	$\{3\}$	22.50	(0,0,-1,0,-6,0)
2	(3,2)	$\{2,3\}$	14.50	(0,0,-4,0,0,0)
3	(3,2)	$\{2\}$	14.50	(0,2,-5,0,0,0)
4	(0,2)	$\{2,4\}$	4.00	(0,-3,0,0,0,0)
5	(0,2)	$\{4\}$	4.00	(0,-5,0,2,0,0)
6	(-1,1)	$\{1,4\}$	0.00	(0,0,0,-0.5,0,0)
7	(-1,1)	$\{1\}$	0.00	(1.5,0,0,-0.5,0,0)
8	(-0.5,0.5)	$\{1\}$	-0.25	(1.5,0,0,0,0,0)

Neben der Strategie der aktiven Menge gibt es eine ganze Reihe weiterer Verfahren zur Lösung von quadratischen Optimierungsproblemen; der Leser konsultiere diesbezüglich beispielsweise das Buch [168] von Spellucci.

Abschließend sei erwähnt, dass sich die hier beschriebene Idee der aktiven Menge natürlich sofort überträgt auf Probleme der Gestalt

$$\min \quad f(x)$$
$$\text{u.d.N. } b_j^T x = \beta_j \quad \forall j = 1, \ldots, p,$$
$$a_i^T x \leq \alpha_i \quad \forall i = 1, \ldots, m$$

mit einer nichtlinearen und im Allgemeinen nichtquadratischen Zielfunktion f. Als Teilprobleme erhält man dann Optimierungsaufgaben der Gestalt

$$\min \quad f(x)$$
$$\text{u.d.N. } b_j^T x = \beta_j \quad \forall j = 1, \ldots, p,$$
$$a_i^T x = \alpha_i \quad \forall i \in \mathcal{A}_k,$$

wobei $\mathcal{A}_k$ wiederum eine Schätzung für $I(x^k) := \{i \mid a_i^T x^k = \alpha_i\}$ darstellt. Man hat also in jeder Iteration ein gleichheitsrestringiertes Optimierungsproblem mit nichtlinearer Zielfunktion zu lösen. Da uns hierfür bislang noch keine Verfahren zur Verfügung stehen, soll auf diesen Zugang auch nicht weiter eingegangen werden, siehe aber [57, 65, 72] für einige weitere Hinweise.

5.2 Penalty– und Barriere–Methoden

Die Penalty– und Barriere–Methoden gehören zu den klassischen Verfahren zur Lösung von restringierten Optimierungsproblemen. Der Unterabschnitt 5.2.1 ist zunächst den Penalty–Verfahren gewidmet. Wir beginnen mit einem globalen Konvergenzsatz und gehen anschließend auf die Problematik der Penalty–Verfahren ein. Der Unterabschnitt 5.2.2 beschäftigt sich dann mit den Barriere–Methoden, die allerdings ähnliche Nachteile wie die Penalty–Verfahren haben.

5.2.1 Penalty–Methoden

Wir besprechen in diesem Unterabschnitt einen Ansatz zur Lösung restringierter nichtlinearer Optimierungsprobleme, der historisch gesehen zu den ersten Verfahrensansätzen zählt: Man behandelt das vorgelegte restringierte Problem durch Bearbeitung einer Folge *unrestringierter* Probleme; deren Zielfunktionen „bestrafen" mit zunehmender Härte das Verlassen des zulässigen Bereichs.

Wir betrachten zunächst das gleichungsrestringierte Optimierungsproblem

$$\min f(x) \quad \text{u.d.N.} \quad h_j(x) = 0 \quad (j = 1, \ldots, p) \tag{5.10}$$

mit zumindest stetigen Funktionen $f : \mathbb{R}^n \to \mathbb{R}$ und $h : \mathbb{R}^n \to \mathbb{R}^p$. Eine auf Courant [41] zurückgehende *Penalty–Funktion* lautet

$$P(x; \alpha) := f(x) + \frac{\alpha}{2} \|h(x)\|^2,$$

wobei $\alpha > 0$ den sogenannten *Penalty–Parameter* bezeichnet. Der Graph dieser Penalty–Funktion stimmt auf dem zulässigen Bereich offenbar mit jenem der eigentlich zu minimierenden Zielfunktion f überein. Das Verlassen des zulässigen Bereiches wird dagegen durch den *Penalty–Term* $\frac{\alpha}{2}\|h(x)\|^2$ bestraft. Wir illustrieren dies in der Abbildung 5.2 für das eindimensionale Problem

$$\min x^2 \quad \text{u.d.N.} \quad x - 1 = 0 \tag{5.11}$$

aus [67]; der zulässige Bereich besteht hier nur aus dem einen Punkt $x^* = 1$, der damit gleichzeitig die Lösung der obigen Minimierungsaufgabe ist.

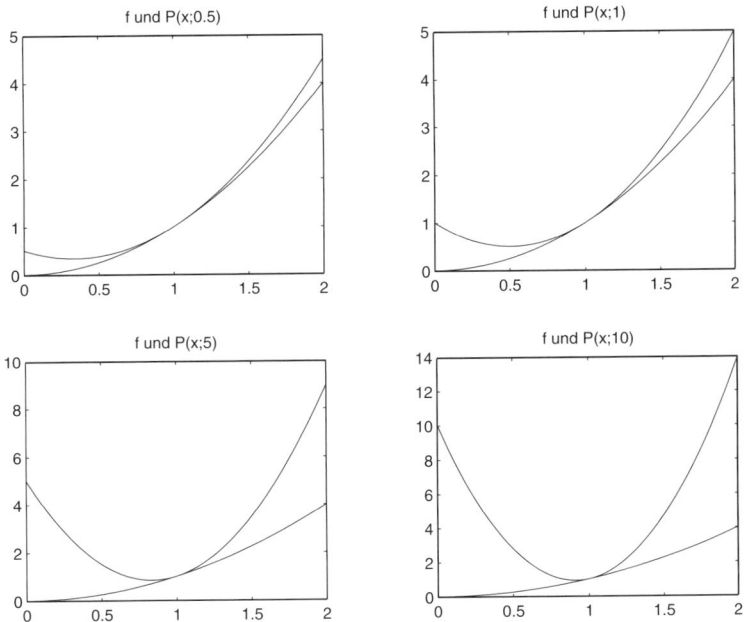

Abb. 5.2. Zielfunktion f und Penalty–Funktion $P(\cdot\,;\alpha)$ für verschiedene α

Die Abbildung 5.2 zeigt deutlich, dass das Minimum der Penalty–Funktion für kleine Werte von α relativ weit links von $x^* = 1$ liegt, insbesondere also außerhalb des zulässigen Bereiches. Andererseits geht aus der Abbildung 5.2 ebenso hervor, dass sich das unrestringierte Minimum der Penalty–Funktionen $P(\cdot\,;\alpha)$ mit größer werdendem α mehr und mehr dem eigentlich gesuchten Wert $x^* = 1$ annähert.

Die naheliegende Idee des Penalty–Verfahrens (auch: *SUMT–Algorithmus*, für <u>S</u>equential <u>U</u>nconstrained <u>M</u>inimization <u>T</u>echnique) besteht daher darin, zu einer streng monoton wachsenden Folge von Penalty–Parametern α_k die zugehörigen Minima x^k der jeweiligen Penalty–Funktionen zu berechnen, in der Hoffnung, dass sich diese Folge von Minima dann einer Lösung der ursprünglichen Minimierungsaufgabe annähert. Wir geben den Algorithmus zunächst formal an.

Algorithmus 5.5. *(Penalty–Verfahren)*

(S.0) Wähle $\alpha_0 > 0$, und setze $k := 0$.
(S.1) Bestimme $x^k \in \mathbb{R}^n$ als Lösung des unrestringierten Optimierungsproblems

$$\min P(x; \alpha_k), \quad x \in \mathbb{R}^n. \tag{5.12}$$

(S.2) Ist $h(x^k) = 0$: STOP.
(S.3) Bestimme $\alpha_{k+1} > \alpha_k$, setze $k \leftarrow k+1$, und gehe zu (S.1).

Der nachstehende Satz enthält das wesentliche Konvergenzresultat für das Penalty–Verfahren aus dem Algorithmus 5.5. Aus ihm wird sich insbesondere auch eine Rechtfertigung für das Abbruchkriterium im Schritt (S.2) des Algorithmus 5.5 ergeben.

Satz 5.6. *Seien f, h stetig, $\{\alpha_k\}$ streng monoton wachsend mit $\alpha_k \to \infty$, die zulässige Menge $X := \{x \in \mathbb{R}^n \mid h(x) = 0\}$ nichtleer sowie $\{x^k\}$ eine durch den Algorithmus 5.5 erzeugte Folge (insbesondere möge diese Folge also existieren). Dann gelten die folgenden Aussagen:*

(a) Die Folge $\{P(x^k; \alpha_k)\}$ ist monoton wachsend.
(b) Die Folge $\{\|h(x^k)\|\}$ ist monoton fallend.
(c) Die Folge $\{f(x^k)\}$ ist monoton wachsend.
(d) Es ist $\lim_{k\to\infty} h(x^k) = 0$.
(e) Jeder Häufungspunkt der Folge $\{x^k\}$ ist eine Lösung von (5.10).

Beweis. (a) Wegen $\alpha_k < \alpha_{k+1}$ gilt

$$P(x^k; \alpha_k) \le P(x^{k+1}; \alpha_k) \le P(x^{k+1}; \alpha_{k+1}),$$

womit die Aussage (a) bereits bewiesen ist.

(b) Aus $P(x^k; \alpha_k) \le P(x^{k+1}; \alpha_k)$ und $P(x^{k+1}; \alpha_{k+1}) \le P(x^k; \alpha_{k+1})$ ergibt sich durch Addition

$$P(x^k; \alpha_k) + P(x^{k+1}; \alpha_{k+1}) \le P(x^{k+1}; \alpha_k) + P(x^k; \alpha_{k+1}).$$

Dies impliziert

$$\alpha_k \|h(x^k)\|^2 + \alpha_{k+1} \|h(x^{k+1})\|^2 \le \alpha_k \|h(x^{k+1})\|^2 + \alpha_{k+1} \|h(x^k)\|^2,$$

also

$$(\alpha_k - \alpha_{k+1}) \left(\|h(x^k)\|^2 - \|h(x^{k+1})\|^2 \right) \le 0.$$

Wegen $\alpha_k < \alpha_{k+1}$ ergibt sich somit $\|h(x^k)\| \ge \|h(x^{k+1})\|$ für alle $k \in \mathbb{N}$.

(c) Aus $P(x^k; \alpha_k) \leq P(x^{k+1}; \alpha_k)$ sowie Teil (b) folgt

$$f(x^k) \leq f(x^{k+1}),$$

also gerade die Behauptung (c).

(d) Aus $X \neq \emptyset$ folgt

$$P(x^k; \alpha_k) \leq \inf_{x \in X} P(x; \alpha_k) = \inf_{x \in X} f(x) =: f_* < +\infty. \qquad (5.13)$$

Wegen $\alpha_k \to \infty$ und $f(x^k) \geq f(x^0)$ nach Aussage (c) folgt hieraus bereits $\lim_{k \to \infty} \|h(x^k)\| = 0$.

(e) Sei x^* ein Häufungspunkt der Folge $\{x^k\}$ und $\{x^k\}_K$ eine gegen x^* konvergente Teilfolge. Wegen (d) gilt dann $h(x^*) = 0$, so dass x^* zumindest ein zulässiger Punkt von (5.10) ist. Aus (5.13) ergibt sich nun

$$f(x^*) = \lim_{k \in K} f(x^k) \leq \lim_{k \in K} P(x^k; \alpha_k) \leq \inf_{x \in X} f(x) =: f_*.$$

Damit ist auch die Aussage (e) bewiesen. $\square$

Man beachte, dass sich aus (5.13) insbesondere

$$f(x^k) \leq P(x^k; \alpha_k) \leq \inf_{x \in X} f(x) =: f_*$$

ergibt. Ist x^k andererseits zulässig für (5.10), so ist natürlich

$$f(x^k) \geq \inf_{x \in X} f(x) = f_*,$$

also $f(x^k) = f_*$, d.h., ist $h(x^k) = 0$ für eine durch den Algorithmus 5.5 erzeugte Iterierte x^k, so ist x^k bereits eine Lösung des Optimierungsproblems (5.10). Diese Beobachtung liefert uns die schon angekündigte Rechtfertigung für das Abbruchkriterium im Schritt (S.2) des Algorithmus 5.5. In einer praktischen Realisierung muss dieses natürlich leicht modifiziert werden; man könnte es beispielsweise durch einen Test der Gestalt $\|h(x^k)\| \leq \varepsilon$ mit einem hinreichend kleinen $\varepsilon > 0$ ersetzen.

Wir erwähnen ferner, dass der Satz 5.6 keinerlei Differenzierbarkeitsvoraussetzungen an die Funktionen f und h stellt und auch die zulässige Menge X keiner Regularitätsbedingung genügen muss. Lediglich die Stetigkeit von f und h werden benötigt. Deshalb bleibt der Satz 5.6 auch für das allgemeinere Optimierungsproblem

$$\min f(x) \quad \text{u.d.N.} \quad h(x) = 0, \, g(x) \leq 0$$

gültig, da sich dieses offenbar umformulieren lässt in der Gestalt

$$\min f(x) \quad \text{u.d.N.} \quad h(x) = 0, \ \max\{0, g(x)\} = 0$$

mit

$$\max\{0, g(x)\} := (\max\{0, g_1(x)\}, \dots, \max\{0, g_m(x)\})^T \in \mathbb{R}^m.$$

Die zugehörige Penalty–Funktion lautet dann

$$P(x; \alpha) := f(x) + \frac{\alpha}{2} \|h(x)\|^2 + \frac{\alpha}{2} \sum_{i=1}^{m} \max^2\{0, g_i(x)\}.$$

Man beachte, dass diese, auch wenn die Funktionen g, h zweimal stetig differenzierbar sind, im Allgemeinen nur noch einmal stetig differenzierbar ist.

Wir kehren im Folgenden wieder zum gleichheitsrestringierten Problem (5.10) zurück und wollen untersuchen, wie man zu der Folge $\{x^k\}$ aus dem Penalty–Verfahren eine zugehörige Folge von Lagrange–Multiplikatoren $\{\mu^k\}$ konstruieren kann, so dass das Paar $\{(x^k, \mu^k)\}$ möglichst gegen einen KKT–Punkt (x^*, μ^*) von (5.10) konvergiert. Zu diesem Zweck setzen wir f und h als stetig differenzierbar voraus. Da x^k per Konstruktion ein globales Minimum von $P(\cdot; \alpha_k)$ ist, gilt insbesondere

$$0 = \nabla P(x^k; \alpha_k) = \nabla f(x^k) + \alpha_k \sum_{j=1}^{p} h_j(x^k) \nabla h_j(x^k). \tag{5.14}$$

Andererseits gilt in einem KKT–Punkt

$$0 = \nabla f(x^*) + \sum_{j=1}^{p} \mu_j^* \nabla h_j(x^*).$$

Dies legt nahe, die Werte

$$\mu_j^k := \alpha_k h_j(x^k) \quad (j = 1, \dots, p) \tag{5.15}$$

als Näherung für die Lagrange–Multiplikatoren μ_j^* $(j = 1, \dots, p)$ aufzufassen. Tatsächlich lässt sich das folgende Resultat beweisen.

Satz 5.7. *Seien $f : \mathbb{R}^n \to \mathbb{R}$ und $h : \mathbb{R}^n \to \mathbb{R}^p$ stetig differenzierbar, $\{x^k\}$ eine durch das Penalty–Verfahren 5.5 erzeugte Folge mit $\lim_{k \to \infty} x^k = x^*$, die Gradienten $\nabla h_1(x^*), \dots, \nabla h_p(x^*)$ linear unabhängig und $\{\mu^k\}$ die gemäß (5.15) definierte Folge. Dann gelten:*

(a) Die Folge $\{\mu^k\}$ konvergiert gegen einen Vektor $\mu^* \in \mathbb{R}^p$.

(b) Das Paar (x^*, μ^*) mit μ^* aus (a) ist ein KKT–Punkt von (5.10), d.h., μ^* ist der wegen Satz 2.41 eindeutig bestimmte Lagrange–Multiplikator zur Lösung x^* von (5.10).

Beweis. (a) Seien $A_k := h'(x^k) \in \mathbb{R}^{p \times n}$ bzw. $A_* := h'(x^*) \in \mathbb{R}^{p \times n}$ die Jacobi–Matrizen von h in x^k bzw. x^*. Aus Stetigkeitsgründen gilt $A_k \to A_*$. Nach Voraussetzung ist die Matrix $A_* A_*^T \in \mathbb{R}^{p \times p}$ regulär. Für hinreichend große k ist somit auch $A_k A_k^T$ regulär, und es gilt

$$(A_k A_k^T)^{-1} \to (A_* A_*^T)^{-1}$$

(klar?). Wegen (5.14) und (5.15) haben wir

$$\nabla f(x^k) + \sum_{j=1}^{p} \mu_j^k \nabla h_j(x^k) = 0,$$

also

$$A_k^T \mu^k = -\nabla f(x^k).$$

Multiplikation von links mit A_k und Auflösen nach μ^k liefert dann

$$\mu^k = -(A_k A_k^T)^{-1} A_k \nabla f(x^k).$$

Aufgrund unserer Vorbetrachtungen konvergiert die rechte Seite aber, d.h., die Folge $\{\mu^k\}$ konvergiert gegen ein μ^* mit

$$\mu^* = -(A_* A_*^T)^{-1} A_* \nabla f(x^*).$$

(b) Diese Behauptung ergibt sich sofort aus (5.14) und (5.15) durch Grenzübergang $k \to \infty$, da wir wegen Teil (a) bereits wissen, dass auch die Folge $\{\mu^k\}$ konvergiert.   □

Die Lösungen x^k der Hilfsprobleme (5.12) im Penalty–Verfahren lassen sich im Allgemeinen nicht exakt bestimmen (wenn sie denn überhaupt existieren). Wir werden auf implementierbare Varianten dieses Verfahrens auch nicht weiter eingehen (siehe etwa [55, 12]), sondern wollen im Folgenden noch kurz andeuten, warum die Klasse der Penalty–Verfahren heute nicht mehr besonders beliebt ist.

Seien dazu f und h als zweimal stetig differenzierbar vorausgesetzt. Die Hesse–Matrix der Penalty–Funktion ist dann gegeben durch

$$\nabla_{xx}^2 P(x^k; \alpha_k) = \nabla^2 f(x^k) + \alpha_k \left(\sum_{j=1}^{p} h_j(x^k) \nabla^2 h_j(x^k) + A_k^T A_k \right)$$

mit der schon weiter oben eingeführten Jacobi–Matrix $A_k := h'(x^k) \in \mathbb{R}^{p \times n}$. Mit Hilfe von (5.15) lässt sich dies schreiben als

$$\begin{aligned}
\nabla_{xx}^2 P(x^k; \alpha_k) &= \nabla^2 f(x^k) + \sum_{j=1}^{p} \mu_j^k \nabla^2 h_j(x^k) + \alpha_k A_k^T A_k \\
&= \nabla_{xx}^2 L(x^k, \mu^k) + \alpha_k A_k^T A_k.
\end{aligned} \tag{5.16}$$

Unter den Voraussetzungen des Satzes 5.7 gilt nun

$$\mathrm{Rang}(A_k^T A_k) = p < n$$

für alle $k \in \mathbb{N}$ hinreichend groß (klar?); für die Eigenwerte δ_j^k von $A_k^T A_k$ gilt (bei geeigneter Nummerierung) folglich mit positiven Zahlen δ_j^*:

$$\delta_j^k \geq \delta_j^* > 0 \quad \text{für} \quad j = 1, \ldots, p,$$

$$\delta_j^k = 0 \quad \text{für} \quad j = p+1, \ldots, n.$$

Daraus erhält man unter Verwendung eines bekannten Resultates über Eigenwertabschätzungen (siehe Aufgabe 4.10 oder [175, Seite 101 ff.]) für die Eigenwerte κ_j^k der Matrix (5.16) (in entsprechender Anordnung)

$$\alpha_k \delta_j^k - \|\nabla_{xx}^2 L(x^k, \mu^k)\| \leq \kappa_j^k \leq \alpha_k \delta_j^k + \|\nabla_{xx}^2 L(x^k, \mu^k)\| \quad \text{für } j = 1, \ldots, n.$$

Für wachsendes k bleiben somit die Eigenwerte κ_j^k ($j = p+1, \ldots, n$) beschränkt, während die Eigenwerte κ_j^k ($j = 1, \ldots, p$) mit α_k gegen unendlich gehen. Somit wird mit α_k auch die Spektral–Konditionszahl von $\nabla_{xx}^2 P(x^k; \alpha_k)$ beliebig groß. Dies wiederum sorgt dafür, dass das Teilproblem

$$\min P(x; \alpha_k), \quad x \in \mathbb{R}^n, \tag{5.17}$$

für die üblichen unrestringierten Optimierungsverfahren ohne Verwendung ausgefeilter Zusatztechniken nur schwer zu lösen sein wird. Wir illustrieren die schlechte Kondition des Teilproblems (5.17) kurz an dem Beispiel

$$\min -x_1 - x_2 \quad \text{u.d.N.} \quad 1 - x_1^2 - x_2^2 = 0 \tag{5.18}$$

aus [57]. Die Abbildung 5.3 zeigt die Höhenlinien der Funktionen $P(\cdot; \alpha)$ für verschiedene Werte des Penalty–Parameters α zusammen mit der Menge der zulässigen Punkte (gestrichelte Linie), der optimalen Lösung von (5.18) (großer Punkt) und der optimalen Lösung des Penalty–Problems (kleiner Punkt). Man erkennt deutlich, dass das Tal um die optimale Lösung mit wachsendem α immer schmaler und länglicher und so die Kondition der Probleme immer schlechter wird.

Zum Abschluss dieses Unterabschnittes wollen wir noch ein numerisches Beispiel angeben. Betrachte dazu das gleichheitsrestringierte Problem

$$\begin{aligned}
\min \quad & 1000 - x_1^2 - 2x_2^2 - x_3^2 - x_1 x_2 - x_1 x_3 \\
\text{u.d.N.} \quad & x_1^2 + x_2^2 + x_3^2 - 25 = 0, \\
& 8x_1 + 14x_2 + 7x_3 - 56 = 0.
\end{aligned} \tag{5.19}$$

Als Startvektor wird $x^0 := (3, 0.2, 3)^T$ gewählt, was bereits recht nahe an der (gefundenen) Lösung $x^* \approx (3.512, 0.127, 3.552)^T$ liegt. Das Penalty–Verfahren aus dem Algorithmus 5.5 wurde abgebrochen, sobald $\|h(x^k)\| < 10^{-4}$ galt. Zur Lösung der inneren Iterationen im Schritt (S.1) haben wir ein globalisiertes BFGS–Verfahren benutzt, siehe zum Beispiel [66, Algorithmus 11.34];

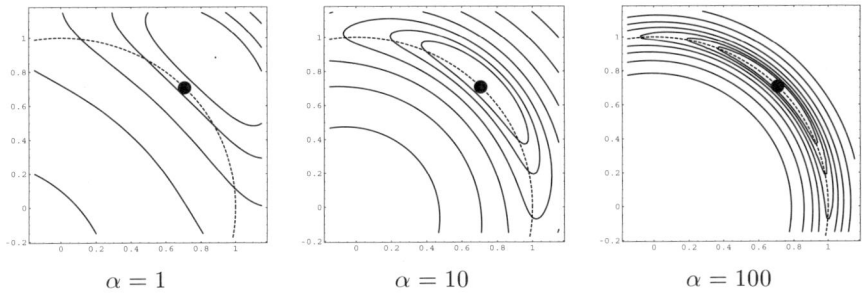

$$\alpha = 1 \qquad\qquad \alpha = 10 \qquad\qquad \alpha = 100$$

Abb. 5.3. Höhenlinien von $P(\cdot; \alpha)$ für das Beispiel (5.18)

dabei wurde $\|\nabla P(x; \alpha_k)\| \leq 10^{-4}$ als Abbruchtest für die innere Iteration gewählt, wobei $\alpha_0 = 1$ und $\alpha_{k+1} := 10\alpha_k$ gesetzt wurden. Die Tabelle 5.2 enthält einige Angaben zum Iterationsverlauf, wobei die letzte Spalte (mit i_k überschrieben) die in jeder äußeren Iteration benötigte Anzahl an inneren Iterationen angibt. Insgesamt benötigt das Penalty–Verfahren eine ganze Weile zur Lösung des Testbeispieles (5.19) (immerhin wurde ein recht guter Startvektor gewählt); ferner sei erwähnt, dass bei den inneren Iterationen zum Teil relativ kleine Schrittweiten auftraten, was zumindest ein Hinweis für eine schlechte Kondition des Problemes ist.

Tabelle 5.2. Numerisches Verhalten des Penalty–Verfahrens

k	x^k	$\|h(x^k)\|$	α_k	i_k
0	(3.00000, 0.20000, 3.00000)	10.755538	—	—
1	(3.57610, 0.14426, 3.66327)	1.268465	1	8
2	(3.51858, 0.20963, 3.56343)	0.125145	10	8
3	(3.51276, 0.21625, 3.55330)	0.012540	100	7
4	(3.51219, 0.21691, 3.55228)	0.001254	1000	6
5	(3.51213, 0.21698, 3.55218)	0.000125	10000	5
6	(3.51212, 0.21699, 3.55217)	0.000013	100000	4

5.2.2 Barriere–Methoden

Die soeben beschriebenen Penalty–Verfahren erzeugen Iterierte x^k, die außerhalb des zulässigen Bereiches liegen; man spricht daher auch gerne von einem *äußeren Penalty–Verfahren*. Bei den sogenannten *Barriere–Methoden* hingegen sind alle Iterierten x^k strikt zulässig, weshalb man auch von *inneren Penalty–Verfahren* spricht.

Während man bei den äußeren Penalty–Verfahren das Verlassen des zulässigen Bereiches durch Addition eines Penalty–Terms zu der eigentlichen

Zielfunktion bestraft, verwendet man bei den inneren Penalty–Methoden sogenannte *Barriere–Funktionen*, die verhindern sollen, dass man sich zu sehr bzw. zu schnell dem Rande des zulässigen Bereiches (von innen her) annähert. Auf diese Weise wird die strikte Zulässigkeit der Iterierten garantiert.

Zwecks Konkretisierung dieser Idee betrachten wir das ungleichungsrestringierte Optimierungsproblem

$$\min f(x) \quad \text{u.d.N.} \quad g(x) \leq 0$$

mit $f : \mathbb{R}^n \to \mathbb{R}$ und $g : \mathbb{R}^n \to \mathbb{R}^m$. Als Barriere–Funktion lassen sich dann beispielsweise die *logarithmische Barriere–Funktion*

$$B(x; \alpha) := f(x) - \alpha \sum_{i=1}^m \ln(-g_i(x))$$

oder die *inverse Barriere–Funktion*

$$B(x; \alpha) := f(x) - \alpha \sum_{i=1}^m \frac{1}{g_i(x)}$$

wählen. Die Barriere–Verfahren konstruieren dann zu einer Folge $\{\alpha_k\}$ mit $\alpha_k \to 0$ eine Folge $\{x^k\}$, wobei x^k eine Lösung des im Prinzip unrestringierten Problems

$$\min B(x; \alpha_k)$$

ist. Wegen $\alpha_k \to 0$ haben die Barriere–Methoden aber ähnliche Probleme wie die Penalty–Verfahren aus dem vorherigen Unterabschnitt. Wir gehen auf die Klasse der Barriere–Methoden an dieser Stelle daher nicht weiter ein, sondern verweisen den interessierten Leser auf das klassische Buch [55] von Fiacco und McCormick sowie den Überblicksartikel [177] von Wright.

Allerdings erinnern wir an dieser Stelle auch noch daran, dass die (logarithmischen) Barriere–Probleme bei der Behandlung des zentralen Pfades im Zusammenhang mit den Inneren–Punkte–Verfahren im Unterabschnitt 4.1.1 bereits sehr nützlich waren. Dort wurde beispielsweise dem linearen Programm

$$\min c^T x \quad \text{u.d.N.} \quad Ax = b, \, x \geq 0$$

das Barriere–Problem

$$\min c^T x - \tau \sum_{i=1}^n \log(x_i) \quad \text{u.d.N.} \quad Ax = b$$

für ein $\tau > 0$ zugeordnet, d.h., die Ungleichungsrestriktionen wurden als Barriere–Term mit in die Zielfunktion aufgenommen, während die Gleichheitsrestriktionen weiterhin als Nebenbedingungen stehen geblieben sind. Man beachte dabei, dass die Behandlung von Gleichheitsrestriktionen mittels des Barriere–Ansatzes relativ schwierig ist (die Gleichheitsrestriktionen können ja nicht strikt erfüllt sein), so dass diese üblicherweise entweder unverändert als Nebenbedingungen stehen bleiben oder aber als Penalty–Term der Barriere–Funktion angehängt wird. Den letztgenannten Fall bezeichnet man auch als einen *Penalty–Barriere–Ansatz*, da es sich dann um eine Mischung aus einer Penalty– und einer Barriere–Funktion handelt, siehe [55] für weitere Einzelheiten.

5.3 Exakte Penalty–Funktionen

Wir haben bereits im Unterabschnitt 5.2.1 Penalty–Funktionen kennengelernt, mit deren Hilfe eine Umformulierung einer restringierten Optimierungsaufgabe als ein unrestringiertes Problem (bzw. als eine Folge unrestringierter Probleme) gelang. Allerdings musste hierbei der Penalty–Parameter unbeschränkt anwachsen, um tatsächlich zu einer Lösung des ursprünglichen Optimierungsproblems zu gelangen. Bei den hier vorzustellenden exakten Penalty–Funktionen genügt hingegen ein endlicher Penalty–Parameter, um zu ähnlichen Aussagen zu kommen.

Im Unterabschnitt 5.3.1 definieren wir zunächst, was wir unter einer exakten Penalty–Funktion verstehen wollen. Ferner führen wir dort eine ganze Klasse von Funktionen ein, von denen wir in den Unterabschnitten 5.3.2–5.3.4 unter verschiedenen Regularitätsbedingungen an die Restriktionsfunktionen des Optimierungsproblems zeigen werden, dass es sich hierbei um exakte Penalty–Funktionen handelt.

5.3.1 Eine Klasse nichtdifferenzierbarer Penalty–Funktionen

Betrachte das Optimierungsproblem

$$\min f(x) \quad \text{u.d.N.} \quad x \in X \tag{5.20}$$

mit einer stetig differenzierbaren Zielfunktion $f : \mathbb{R}^n \to \mathbb{R}$ sowie einem zulässigen Bereich

$$X := \{x \in \mathbb{R}^n \mid g(x) \leq 0, \, h(x) = 0\},$$

der durch ebenfalls stetig differenzierbare Ungleichungs– und Gleichheitsrestriktionen $g : \mathbb{R}^n \to \mathbb{R}^m$ und $h : \mathbb{R}^n \to \mathbb{R}^p$ beschrieben werde. Eine sehr allgemeine Klasse von Penalty–Funktionen für das Optimierungsproblem (5.20) erhält man aus dem Ansatz

$$P_r(x; \alpha) := f(x) + \alpha r(x) \tag{5.21}$$

mit einer zumindest stetigen Funktion $r : \mathbb{R}^n \to \mathbb{R}$, welche den beiden Eigenschaften

$$r(x) \geq 0 \quad \forall x \in \mathbb{R}^n \tag{5.22}$$

und

$$r(x) = 0 \Longleftrightarrow x \in X \qquad (5.23)$$

genügen soll. Die Funktion r bestraft also gerade das Verlassen des zulässigen Bereiches. Speziell für

$$r(x) := \frac{1}{2}\|(g(x)_+, h(x))\|^2 \qquad (5.24)$$

(mit $g(x)_+ := \max\{0, g(x)\}$) ergibt sich aus dem Ansatz (5.21) die bereits im Unterabschnitt 5.2.1 behandelte klassische Penalty–Funktion

$$P(x; \alpha) = f(x) + \frac{\alpha}{2} \sum_{j=1}^{p} h_j(x)^2 + \frac{\alpha}{2} \sum_{i=1}^{m} \max^2\{0, g_i(x)\}. \qquad (5.25)$$

Das Ziel dieses Abschnittes liegt in der Behandlung sogenannter exakter Penalty–Funktionen. Die folgende Definition legt dabei fest, was wir im Rahmen dieses Buches unter einer exakten Penalty–Funktion verstehen wollen.

Definition 5.8. *Eine Penalty–Funktion der Gestalt (5.21) heißt exakt in einem lokalen Minimum x^* des restringierten Optimierungsproblems (5.20), wenn es einen endlichen Parameter $\bar{\alpha} > 0$ gibt, so dass x^* für alle $\alpha \geq \bar{\alpha}$ auch ein lokales Minimum von $P_r(\cdot; \alpha)$ ist.*

Ist eine Penalty–Funktion exakt in einem lokalen Minimum von (5.20), so werden wir häufig auch einfach von einer *exakten Penalty–Funktion* sprechen. Mit der Definition 5.8 drängt sich natürlich die Frage auf, unter welchen Voraussetzungen eine Penalty–Funktion denn überhaupt exakt ist. Das folgende Resultat besagt zunächst, dass eine Penalty–Funktion im Prinzip nur dann exakt sein kann, wenn die Funktion r (also der Penalty–Term in dem Ansatz (5.21)) nicht differenzierbar ist.

Satz 5.9. *Sei x^* ein lokales Minimum des Optimierungsproblems (5.20) mit $\nabla f(x^*) \neq 0$. Die Penalty–Funktion P_r aus (5.21) sei exakt in x^*. Dann ist die Funktion r in x^* nicht differenzierbar.*

Beweis. Angenommen, die Funktion r ist differenzierbar in x^*. Da die Penalty–Funktion P_r nach Voraussetzung exakt ist in x^*, existiert ein endlicher Penalty–Parameter $\bar{\alpha} > 0$, so dass x^* auch ein lokales Minimum von P_r ist für alle $\alpha \geq \bar{\alpha}$. Insbesondere ist x^* somit ein stationärer Punkt dieser Penalty–Funktionen, so dass sich

$$0 = \nabla P_r(x^*; \alpha) = \nabla f(x^*) + \alpha \nabla r(x^*) \qquad (5.26)$$

ergibt, da alle beteiligten Funktionen differenzierbar sind. Da (5.26) für verschiedene Werte von $\alpha \geq \bar{\alpha}$ gilt, etwa für $\alpha = \alpha_1$ und $\alpha = \alpha_2$, folgt

$$\nabla f(x^*) + \alpha_1 \nabla r(x^*) = 0 = \nabla f(x^*) + \alpha_2 \nabla r(x^*).$$

Hieraus folgt zunächst

$$\alpha_1 \nabla r(x^*) = \alpha_2 \nabla r(x^*)$$

und daher $\nabla r(x^*) = 0$ wegen $\alpha_1 \neq \alpha_2$. Mit (5.26) liefert dies $\nabla f(x^*) = 0$ im Widerspruch zu unserer Voraussetzung. $\qquad\square$

Die im Satz 5.9 gemachte Voraussetzung, dass $\nabla f(x^*) \neq 0$ gelten soll, muss gestellt werden. Beispielsweise könnte x^* ja ein unrestringiertes Minimum von f sein, welches im Inneren des zulässigen Bereiches von (5.20) liegt. Dann gilt natürlich $\nabla f(x^*) = 0$, und x^* ist auch ein lokales Minimum einer jeden Penalty–Funktion P_r der Gestalt (5.21), da die Funktion r in einer Umgebung von x^* identisch Null ist, vergleiche (5.23); insbesondere könnte r also eine stetig differenzierbare Funktion sein.

In den meisten Fällen wird in einem lokalen Minimum des restringierten Optimierungsproblems (5.20) jedoch $\nabla f(x^*) \neq 0$ gelten. In diesem Fall besagt der Satz 5.9 daher, dass eine exakte Penalty–Funktion notwendigerweise nicht differenzierbar sein muss. Insbesondere ist die klassische Penalty–Funktion (5.25) somit keine exakte Penalty–Funktion.

An dieser Stelle sollten wir allerdings erwähnen, dass es sehr wohl exakte Penalty–Funktionen gibt, die auch stetig differenzierbar sind. Aufgrund des Satzes 5.9 können diese Funktionen aber nicht von der eigentlich sehr natürlichen Gestalt (5.21) sein. Da wir im Rahmen dieses Buches nicht weiter auf diese etwas anderen Penalty–Funktionen eingehen wollen, verweisen wir den interessierten Leser lediglich auf die entsprechende Literatur; man konsultiere hierfür insbesondere den Überblicksartikel [46] von Di Pillo bzw. das Buch [12] von Bertsekas.

Motiviert durch den Satz 5.9 sind wir im Folgenden also an der Konstruktion von nicht differenzierbaren Penalty–Funktionen der Gestalt (5.21) interessiert. Eine ganze Klasse solcher Funktionen erhält man durch den Ansatz

$$r_q(x) := \|(g(x)_+, h(x))\|_q$$

mit der ℓ_q–Norm

$$\|z\|_q := \begin{cases} \left(\sum_i |z_i|^q\right)^{1/q} & \text{für } 1 \leq q < \infty, \\ \max_i |z_i| & \text{für } q = \infty. \end{cases}$$

Die zugehörige Klasse an Penalty–Funktionen ist dann gerade gegeben durch

$$P_q(x; \alpha) = f(x) + \alpha \|(h(x), g(x)_+)\|_q. \tag{5.27}$$

Speziell für $q = 1$ ergibt sich die sogenannte *exakte ℓ_1–Penalty–Funktion*

$$P_1(x; \alpha) := f(x) + \alpha \sum_{j=1}^{p} |h_j(x)| + \alpha \sum_{i=1}^{m} \max\{0, g_i(x)\}, \tag{5.28}$$

die gewissermaßen das Analogon zu der klassischen Penalty–Funktion (5.25) darstellt (man lasse einfach die Quadrate in (5.25) weg und vergesse den kosmetischen Vorfaktor 1/2) und wohl die populärste Straffunktion aus der Klasse (5.27) ist. In der Literatur treten manchmal aber auch die *exakte* ℓ_∞*-Penalty-Funktion*

$$P_\infty(x;\alpha) := f(x) + \alpha \max\{0, |h_1(x)|, \ldots, |h_p(x)|, g_1(x), \ldots, g_m(x)\}$$

oder die *exakte* ℓ_2*-Penalty-Funktion*

$$P_2(x;\alpha) := f(x) + \alpha \left(\sum_{j=1}^p h_j(x)^2 + \sum_{i=1}^m \max{}^2\{0, g_i(x)\} \right)^{1/2}$$

auf. Dabei werden wir in den folgenden Unterabschnitten noch klären, warum wir hier von exakten Penalty-Funktionen sprechen.

Zunächst veranschaulichen wir uns das Verhalten der exakten ℓ_1-Penalty-Funktion anhand des Beispieles aus (5.11). Die Abbildung 5.4 enthält die Graphen von f sowie $P_1(\cdot;\alpha)$ für verschiedene Werte von α ($\alpha = 0.5, \alpha = 1, \alpha = 5$ und $\alpha = 10$). Man erkennt deutlich, dass sich das unrestringierte Minimum von $P_1(\cdot;\alpha)$ für $\alpha = 0.5$ und auch für $\alpha = 1$ noch von der eigentlichen Lösung $x^* = 1$ unterscheidet. Bereits für $\alpha = 5$ (und auch für $\alpha = 10$, vergleiche Aufgabe 5.5) wird die exakte Penalty-Funktion $P_1(\cdot;\alpha)$ aber in $x^* = 1$ minimiert. Aus der Abbildung 5.4 wird übrigens auch deutlich, dass es sich bei $P_1(\cdot;\alpha)$ um eine nichtdifferenzierbare Funktion handelt. Die Funktion ist zwar nur in einem Punkt nicht differenzierbar, bei diesem Punkt handelt es sich aber gerade um das gesuchte Minimum $x^* = 1$, so dass man die Nichtdifferenzierbarkeit der exakten Penalty-Funktion $P_1(\cdot;\alpha)$ auch nicht so einfach umgehen kann.

Das folgende Resultat besagt, dass bereits alle Penalty-Funktionen aus der Klasse (5.27) exakt sind, sobald nur ein $q \in [1,\infty]$ existiert, für welches $P_q(\cdot;\alpha)$ exakt ist.

Satz 5.10. *Wenn ein $q \in [1,\infty]$ existiert, so dass die Penalty-Funktion P_q aus (5.27) exakt ist in einem lokalen Minimum x^* von (5.20), so sind die Penalty-Funktionen $P_{q'}$ für alle $q' \in [1,\infty]$ ebenfalls exakt in x^*.*

Beweis. Nach Voraussetzung ist P_q eine exakte Penalty-Funktion in x^*. Also existiert ein endliches $\bar{\alpha} > 0$, so dass x^* auch ein lokales Minimum von $P_q(\cdot;\alpha)$ für alle $\alpha \geq \bar{\alpha}$ ist, d.h., es gilt

$$P_q(x^*;\alpha) \leq P_q(x;\alpha) \tag{5.29}$$

für alle $\alpha \geq \bar{\alpha}$ und jeweils alle x aus einer hinreichend kleinen Umgebung von x^*. Sei nun $q' \in [1,\infty]$ beliebig gewählt. Da alle Normen im $\mathbb{R}^m \times \mathbb{R}^p$ äquivalent sind, existieren Konstanten $0 < c_1 \leq 1 \leq c_2$ mit

$$c_1 \|(g(x)_+, h(x))\|_{q'} \leq \|(g(x)_+, h(x))\|_q \leq c_2 \|(g(x)_+, h(x))\|_{q'} \tag{5.30}$$

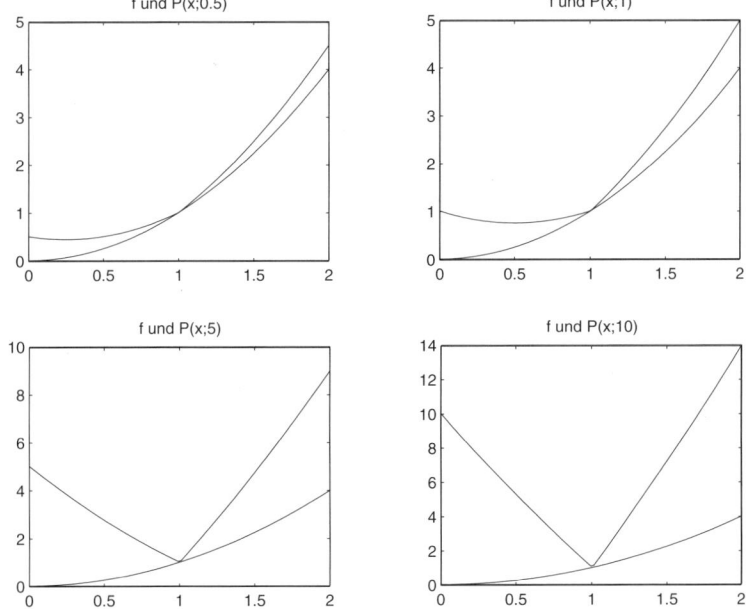

Abb. 5.4. Zielfunktion f und exakte Penalty–Funktion $P_1(\cdot;\alpha)$ für verschiedene α

für alle $x \in \mathbb{R}^n$ (wobei wir im Folgenden lediglich von der rechten Ungleichung Gebrauch machen werden). Aus (5.29), (5.30) und der Zulässigkeit von x^* für das Optimierungsproblem (5.20) folgt für alle $\alpha \geq \bar{\alpha}$ und jeweils für alle $x \in \mathbb{R}^n$ aus einer Umgebung von x^*:

$$
\begin{aligned}
P_{q'}(x^*;\alpha) &= f(x^*) + \alpha\|(g(x^*)_+, h(x^*))\|_{q'} \\
&= f(x^*) \\
&= f(x^*) + \alpha\|(g(x^*)_+, h(x^*))\|_q \\
&= P_q(x^*;\alpha) \\
&\leq P_q(x;\alpha) \\
&= f(x) + \alpha\|(g(x)_+, h(x))\|_q \\
&\leq f(x) + c_2\alpha\|(g(x)_+, h(x))\|_{q'} \\
&= P_{q'}(x;c_2\alpha).
\end{aligned}
$$

Also ist x^* auch ein lokales Minimum von $P_{q'}$ für alle $\alpha \geq \bar{\alpha}'$ mit $\bar{\alpha}' := c_2\bar{\alpha}$, d.h., $P_{q'}$ ist ebenfalls eine exakte Penalty–Funktion. $\square$

Ein zum Satz 5.10 analoges Resultat gilt natürlich auch für globale Minima, vergleiche Aufgabe 5.6. Aufgrund des Satzes 5.10 können wir uns beim Nachweis der Exaktheit einer Penalty–Funktion P_q auf spezielle q beschränken, was wir in den folgenden Unterabschnitten auch tun werden. Wir beginnen zunächst mit der Behandlung von konvexen Problemen.

5.3.2 Exaktheit bei konvexen Problemen

Der Nachweis der Exaktheit einer Penalty–Funktion P_q aus der Klasse (5.27) gelingt am einfachsten bei konvexen Optimierungsproblemen. Wir behandeln in diesem Unterabschnitt daher ein Programm der Gestalt (5.20), wobei der zulässige Bereich durch lineare Gleichheitsrestriktionen und konvexe Ungleichungen beschrieben werde. Wir beginnen mit einem Exaktheitsresultat für die ℓ_1–Penalty–Funktion.

Satz 5.11. *Sei $(x^*, \lambda^*, \mu^*) \in \mathbb{R}^n \times \mathbb{R}^m \times \mathbb{R}^p$ ein KKT–Punkt des Optimierungsproblemes (5.20) mit $f, g_i : \mathbb{R}^n \to \mathbb{R}$ stetig differenzierbar und konvex $(i = 1, \dots, m)$ sowie $h_j(x) = b_j^\tau x - \beta_j$ mit $b_j \in \mathbb{R}^n$, $\beta_j \in \mathbb{R}$ $(j = 1, \dots, p)$. Dann existiert ein endlicher Penalty–Parameter $\bar{\alpha} > 0$, so dass x^* für jedes $\alpha \geq \bar{\alpha}$ auch ein Minimum der ℓ_1–Penalty–Funktion $P_1(x; \alpha)$ ist, d.h., $P_1(\cdot; \alpha)$ ist exakt in x^*.*

Beweis. Nach Voraussetzung ist (x^*, λ^*, μ^*) ein KKT–Punkt von (5.20). Also gilt

$$\nabla_x L(x^*, \lambda^*, \mu^*) = 0, \tag{5.31}$$

$$h(x^*) = 0, \tag{5.32}$$

$$\lambda_i^* \geq 0, \; g_i(x^*) \leq 0, \; \lambda_i^* g_i(x^*) = 0 \quad \forall i = 1, \dots, m \tag{5.33}$$

mit der Lagrange–Funktion

$$L(x, \lambda, \mu) := f(x) + \sum_{i=1}^{m} \lambda_i g_i(x) + \sum_{j=1}^{p} \mu_j h_j(x).$$

Aufgrund des Sattelpunkt–Theorems 2.49 gilt ferner

$$L(x^*, \lambda^*, \mu^*) \leq L(x, \lambda^*, \mu^*) \quad \forall x \in \mathbb{R}^n. \tag{5.34}$$

Setze nun (duale Norm!)

$$\bar{\alpha} := \|(\lambda^*, \mu^*)\|_\infty = \max\{|\mu_1^*|, \dots, |\mu_p^*|, \lambda_1^*, \dots, \lambda_m^*\} \tag{5.35}$$

und wähle

$$\alpha \geq \bar{\alpha} \tag{5.36}$$

beliebig. Wegen

$$P_1(x^*; \alpha) = f(x^*) + \alpha \sum_{i=1}^{m} \max\{0, g_i(x^*)\} + \alpha \sum_{j=1}^{p} |h_j(x^*)| = f(x^*)$$

folgt dann unter Verwendung von (5.32)–(5.36) für alle $x \in \mathbb{R}^n$:

$$P_1(x^*; \alpha) = f(x^*) + \sum_{i=1}^{m} \lambda_i^* g_i(x^*) + \sum_{j=1}^{p} \mu_j^* h_j(x^*)$$

$$\leq f(x) + \sum_{i=1}^{m} \lambda_i^* g_i(x) + \sum_{j=1}^{p} \mu_j^* h_j(x)$$

$$\leq f(x) + \sum_{i=1}^{m} \lambda_i^* \max\{0, g_i(x)\} + \sum_{j=1}^{p} |\mu_j^*| \, |h_j(x)|$$

$$\leq f(x) + \bar{\alpha} \sum_{i=1}^{m} \max\{0, g_i(x)\} + \bar{\alpha} \sum_{j=1}^{p} |h_j(x)|$$

$$\leq f(x) + \alpha \sum_{i=1}^{m} \max\{0, g_i(x)\} + \alpha \sum_{j=1}^{p} |h_j(x)|$$

$$= P_1(x; \alpha),$$

d.h., x^* ist in der Tat ein globales Minimum von $P_1(\cdot; \alpha)$.   □

Satz 5.11 wurde lediglich für die ℓ_1–Penalty–Funktion formuliert und bewiesen. Wegen Satz 5.10 überträgt sich die Aussage aber unmittelbar auf die gesamte Klasse (5.27) der ℓ_q–Penalty–Funktionen, so dass wir als direkte Folgerung das nachstehende Resultat erhalten.

Korollar 5.12. *Sei $(x^*, \lambda^*, \mu^*) \in \mathbb{R}^n \times \mathbb{R}^m \times \mathbb{R}^p$ ein KKT–Punkt des Optimierungsproblemes (5.20) mit $f, g_i : \mathbb{R}^n \to \mathbb{R}$ stetig differenzierbar und konvex ($i = 1, \ldots, m$) sowie $h_j(x) = b_j^T x - \beta_j$ mit $b_j \in \mathbb{R}^n$, $\beta_j \in \mathbb{R}$ ($j = 1, \ldots, p$). Dann existiert zu jedem $q \in [1, \infty]$ ein endlicher Penalty–Parameter $\bar{\alpha}_q > 0$, so dass x^* für jedes $\alpha \geq \bar{\alpha}_q$ auch ein Minimum der ℓ_q–Penalty–Funktion $P_q(x; \alpha)$ ist, d.h., $P_q(\cdot; \alpha)$ ist exakt in x^*.*

Alternativ kann man auch einen direkten Beweis für das Korollar 5.12 führen, indem man den Beweis des Satzes 5.11 entsprechend anpasst, vergleiche Aufgabe 5.7.

Die im Satz 5.11 sowie dem Korollar 5.12 gestellte Voraussetzung der Existenz eines KKT–Punktes (x^*, λ^*, μ^*) ist bei konvexen Optimierungsproblemen aufgrund des Satzes 2.45 bzw. des Korollars 2.47 jedenfalls dann erfüllt, wenn die Slater–Bedingung gilt oder alle Restriktionen linear sind. Anders formuliert: Genügt das hier als konvex vorausgesetzte Optimierungsproblem (5.20) gewissen Regularitätsbedingungen, so handelt es sich bei den Funktionen P_q aus (5.27) um exakte Penalty–Funktionen.

Im nächsten Unterabschnitt wollen wir die Exaktheit der Penalty–Funktionen P_q für ein allgemeines (nicht notwendig konvexes) Optimierungsproblem nachweisen, und zwar ebenfalls unter Verwendung einer geeigneten Regularitätsbedingung, nämlich der Mangasarian–Fromovitz–Bedingung.

5.3.3 Exaktheit bei nichtlinearen Restriktionen

Wir betrachten in diesem Unterabschnitt das allgemeine nichtlineare Optimierungsproblem

$$\min f(x) \quad \text{u.d.N.} \quad x \in X := \{x \in \mathbb{R}^n \,|\, g(x) \leq 0,\, h(x) = 0\} \qquad (5.37)$$

mit stetig differenzierbaren Funktionen $f : \mathbb{R}^n \to \mathbb{R}$, $g : \mathbb{R}^n \to \mathbb{R}^m$ und $h : \mathbb{R}^n \to \mathbb{R}^p$. Zum Nachweis eines Exaktheitsresultates verwenden wir die ℓ_2–Penalty–Funktion

$$P_2(x; \alpha) = f(x) + \alpha r_2(x)$$

mit

$$r_2(x) := \|(g(x)_+, h(x))\| = \sqrt{\sum_{i=1}^m \max{}^2\{0, g_i(x)\} + \sum_{j=1}^p h_j(x)^2}.$$

Die ℓ_2–Penalty–Funktion hat nämlich die schöne und für unsere Beweisführung in diesem Unterabschnitt sehr wichtige Eigenschaft, dass der Penalty–Term r_2 außerhalb des zulässigen Bereiches X stetig differenzierbar ist. Diese Beobachtung benutzen wir bereits bei der Formulierung und dem Beweis des nachfolgenden Hilfsresultates.

Lemma 5.13. *Sei $x^* \in X$ ein lokales Minimum von (5.37), welches der MFCQ–Bedingung genügen möge. Dann existiert eine Konstante $c > 0$ mit*

$$\|\nabla r_2(x^k)\| \geq c$$

für alle $k \in \mathbb{N}$ und alle gegen x^* konvergenten Folgen $\{x^k\}$ mit $x^k \notin X$.

Beweis. Wir erinnern zunächst noch einmal daran, dass der Gradient $\nabla r_2(x^k)$ existiert, da x^k nicht zum zulässigen Bereich von (5.37) gehört und somit r_2 differenzierbar in x^k ist.

Angenommen, es existiert eine gegen x^* konvergente Folge $\{x^k\} \subseteq \mathbb{R}^n$ mit $x^k \notin X$ für alle $k \in \mathbb{N}$ sowie

$$\|\nabla r_2(x^k)\| \to 0. \qquad (5.38)$$

Nun gilt

$$\nabla r_2(x^k) = \frac{\sum_{i=1}^m \max\{0, g_i(x^k)\} \nabla g_i(x^k) + \sum_{j=1}^p h_j(x^k) \nabla h_j(x^k)}{\|r_2(x^k)\|}$$

für alle $k \in \mathbb{N}$. Setzen wir

$$\rho_i^k := \frac{\max\{0, g_i(x^k)\}}{\|r_2(x^k)\|} \quad (i = 1, \ldots, m, \ \ k \in \mathbb{N})$$

und
$$\eta_j^k := \frac{h_j(x^k)}{\|r_2(x^k)\|} \quad (j = 1, \ldots, p, \ k \in \mathbb{N}),$$

so lässt sich obiger Gradient auch schreiben als

$$\nabla r_2(x^k) = \sum_{i=1}^m \rho_i^k \nabla g_i(x^k) + \sum_{j=1}^p \eta_j^k \nabla h_j(x^k). \tag{5.39}$$

Definitionsgemäß ist
$$\|(\rho^k, \eta^k)\| = 1 \quad \forall k \in \mathbb{N}.$$

Also besitzt die Folge $\{(\rho^k, \eta^k)\}$ eine gegen ein $(\rho, \eta) \in \mathbb{R}^m \times \mathbb{R}^p$ konvergente Teilfolge $\{(\rho^k, \eta^k)\}_K$. Offenbar besitzt der Häufungspunkt (ρ, η) dann die folgenden Eigenschaften:

$$\|(\rho, \eta)\| = 1, \quad \rho \geq 0 \quad \text{und} \quad \rho_i = 0 \ \forall i \notin I(x^*), \tag{5.40}$$

wobei $I(x^*) := \{i \mid g_i(x^*) = 0\}$ wieder die in x^* aktiven Ungleichungs-restriktionen bezeichnet. Aus (5.38), (5.39) und (5.40) erhalten wir durch Grenzübergang $k \to \infty$ für $k \in K$ dann

$$\sum_{i \in I(x^*)} \rho_i \nabla g_i(x^*) + \sum_{j=1}^p \eta_j \nabla h_j(x^*) = 0. \tag{5.41}$$

Multiplikation dieser Gleichung mit dem Vektor $d \in \mathbb{R}^n$ aus der MFCQ–Bedingung liefert sofort, dass

$$\rho_i = 0 \quad \forall i \in I(x^*)$$

gelten muss. Damit reduziert sich (5.41) auf

$$\sum_{j=1}^p \eta_j \nabla h_j(x^*) = 0,$$

so dass die in MFCQ geforderte lineare Unabhängigkeit der Gradienten $\nabla h_j(x^*) \, (j = 1, \ldots, p)$ auch

$$\eta_j = 0 \quad \forall j = 1, \ldots, p$$

impliziert. Mit (5.40) ergibt sich daher $(\rho, \eta) = 0$ im Widerspruch zu $\|(\rho, \eta)\| = 1$ gemäß (5.40). □

Unter Verwendung des vorstehenden Lemmas sind wir nun in der Lage, ein weiteres Exaktheitsresultat für die ℓ_2–Penalty–Funktion zu beweisen.

Satz 5.14. *Sei $x^* \in X$ ein isoliertes lokales Minimum von (5.37), welches der MFCQ-Bedingung genügen möge. Dann existiert ein $\bar{\alpha} > 0$, so dass x^* für alle $\alpha \geq \bar{\alpha}$ auch ein lokales Minimum von $P_2(\cdot; \alpha)$ ist, d.h., $P_2(\cdot; \alpha)$ ist exakt in x^*.*

Beweis. Nach Voraussetzung ist x^* ein isoliertes lokales Minimum von (5.37). Also existiert ein $\varepsilon > 0$ mit

$$f(x^*) < f(x) \quad \forall x \in X \cap \bar{\mathcal{U}}_\varepsilon(x^*) \text{ mit } x \neq x^*,$$

wobei $\bar{\mathcal{U}}_\varepsilon(x^*) := \{x \in \mathbb{R}^n \mid \|x - x^*\| \leq \varepsilon\}$ die abgeschlossene Kugelumgebung um x^* mit Radius ε bezeichnet.

Angenommen, die Aussage des Satzes ist nicht wahr. Dann gibt es eine Folge $\{\alpha_k\}$ positiver reeller Zahlen mit $\alpha_k \to \infty$ für $k \to \infty$, so dass für jedes $k \in \mathbb{N}$ der Punkt x^* kein lokales Minimum von $P_2(\cdot; \alpha_k)$ ist. Für jedes k sei ferner $x^k \in \mathbb{R}^n$ ein globales Minimum von

$$\min P_2(x; \alpha_k) \quad \text{u.d.N.} \quad x \in \bar{\mathcal{U}}_\varepsilon(x^*);$$

Letzteres existiert, da $P_2(\cdot; \alpha_k)$ eine stetige Funktion ist, die auf der kompakten Menge $\bar{\mathcal{U}}_\varepsilon(x^*)$ ein Minimum annimmt. Zusammen gilt

$$P_2(x^k; \alpha_k) < P_2(x^*; \alpha_k)$$

für alle $k \in \mathbb{N}$. Wegen $x^* \in X$ folgt hieraus

$$f(x^k) + \alpha_k \|(g(x^k)_+, h(x^k))\| = P_2(x^k; \alpha_k) < P_2(x^*; \alpha_k) = f(x^*) \quad (5.42)$$

für alle $k \in \mathbb{N}$. Da die Folge $\{x^k\}$ in der kompakten Menge $\bar{\mathcal{U}}_\varepsilon(x^*)$ liegt, besitzt sie eine konvergente Teilfolge, etwa $\{x^k\}_K \to \bar{x}$ für ein $\bar{x} \in \bar{\mathcal{U}}_\varepsilon(x^*)$. Wegen $\alpha_k \to \infty$ folgt aus (5.42), dass notwendig $\bar{x} \in X$ gelten muss. Ferner liefert (5.42) dann

$$f(\bar{x}) \leq f(x^*).$$

Da x^* aber ein isoliertes lokales Minimum von (5.37) ist, folgt $\bar{x} = x^*$. Also liegen fast alle Punkte x^k der gegen $\bar{x} = x^*$ konvergenten Teilfolge $\{x^k\}_K$ im Inneren von $\bar{\mathcal{U}}_\varepsilon(x^*)$. Diese x^k sind somit unrestringierte lokale Minima von $P_2(\cdot; \alpha_k)$. Wegen $x^k \notin X$ gilt daher

$$0 = \nabla P_2(x^k; \alpha_k) = \nabla f(x^k) + \alpha_k \nabla r_2(x^k) \quad (5.43)$$

für fast alle $k \in K$. Aus dem Lemma 5.13 folgt die Existenz einer Konstanten $c > 0$ mit

$$\|\nabla r_2(x^k)\| \geq c$$

für alle $k \in K$ hinreichend groß. Also ist

$$\alpha_k \|\nabla r_2(x^k)\| \to \infty$$

für $k \to \infty$. Da andererseits die Folge $\{\nabla f(x^k)\}_K$ beschränkt ist (denn $\{x^k\}_K$ ist beschränkt und ∇f ist noch stetig), erhalten wir einen Widerspruch zu (5.43).   □

Wegen Satz 5.10 lässt sich der Satz 5.14 sofort auf die gesamte Klasse (5.27) übertragen, so dass wir folgendes Resultat als unmittelbare Konsequenz notieren können.

Korollar 5.15. *Sei $x^* \in X$ ein isoliertes lokales Minimum von (5.37), welches der MFCQ–Bedingung genügen möge. Dann existiert zu jedem $q \in [1, \infty]$ ein $\bar{\alpha}_q > 0$, so dass x^* für alle $\alpha \geq \bar{\alpha}_q$ auch ein lokales Minimum von $P_q(\cdot; \alpha)$ ist, d.h., $P_q(\cdot; \alpha)$ ist exakt in x^*.*

Die im Satz 5.14 bzw. Korollar 5.15 neben der MFCQ–Bedingung gestellte Forderung der Isoliertheit des lokalen Minimums x^* ist insbesondere unter der Voraussetzung des Satzes 2.55 (hinreichendes Optimalitätskriterium zweiter Ordnung) erfüllt. Unter diesen Voraussetzungen geht die Aussage des Satzes 5.14 bzw. des Korollars 5.15 auf Han und Mangasarian [76] zurück, wobei der hier angegebene Beweis etwas einfacher sein dürfte.

5.3.4 Exaktheit bei linearen Restriktionen

In diesem Unterabschnitt betrachten wir ein linear restringiertes Optimierungsproblem, das etwa in der Form

$$\min f(x) \quad \text{u.d.N.} \quad Bx = \beta, \, Ax \leq \alpha \tag{5.44}$$

gegeben sei mit einer stetig differenzierbaren Zielfunktion $f : \mathbb{R}^n \to \mathbb{R}$ sowie Matrizen $B \in \mathbb{R}^{p \times n}, A \in \mathbb{R}^{m \times n}$ und Vektoren $\beta \in \mathbb{R}^p, \alpha \in \mathbb{R}^m$. Die Zielfunktion darf dabei beliebig nichtlinear sein, insbesondere wird keine Konvexitätsvoraussetzung an f gestellt.

Wir wollen zeigen, dass die Klasse der nichtdifferenzierbaren Penalty–Funktionen aus (5.27) für das linear restringierte Programm (5.44) ebenfalls exakt ist. Der Beweis dieses Exaktheitsresultates basiert auf zwei Sätzen, die auch von großem eigenständigen Interesse sind. Da ist zunächst einmal die schon im Unterabschnitt 3.1.3 bewiesene Fehlerschranke von Hoffman, die wir an dieser Stelle (mit etwas angepasster Notation) in Form des Korollars 3.16 wiedergeben wollen, um dem Leser das Blättern zu ersparen.

Satz 5.16. *Es existiert eine nur von den Matrizen A und B abhängige Konstante $\kappa_{A,B} > 0$, so dass für alle Vektoren α und β, für welche die Menge*

$$X := \{x \in \mathbb{R}^n \mid Bx = \beta, Ax \leq \alpha\}$$

nichtleer ist, und für alle $x \in \mathbb{R}^n$ gilt:

$$dist_X(x) \leq \kappa_{A,B} \|(Bx - \beta, [Ax - \alpha]_+)\|.$$

Im Satz 5.16 taucht die Distanzfunktion auf. Wir erinnern daran, dass der Abstand eines Vektors $y \in \mathbb{R}^n$ auf eine nichtleere Menge $X \subseteq \mathbb{R}^n$ definiert war durch

$$\text{dist}_X(y) := \inf_{x \in X} \|y - x\|.$$

Genau diese Distanzfunktion spielt auch in dem folgenden Resultat von Clarke [35] eine Rolle.

Satz 5.17. *Sei x^* ein lokales Minimum des Optimierungsproblems*

$$\min f(x) \quad u.d.N. \quad x \in X \tag{5.45}$$

mit $f : \mathbb{R}^n \to \mathbb{R}$ lokal Lipschitz–stetig und $X \subseteq \mathbb{R}^n$ nichtleer. Sei $L > 0$ die lokale Lipschitz–Konstante von f in x^*. Dann ist x^* auch ein lokales Minimum von

$$P_{Cl}(x; \alpha) := f(x) + \alpha \, dist_X(x)$$

für alle $\alpha \geq L$, d.h., P_{Cl} ist exakt in x^*.

Beweis. Sei $\alpha \geq L$. Angenommen, x^* ist kein lokales Minimum von P_α. Dann existiert eine Folge $\{x^k\} \to x^*$ mit

$$P_\alpha(x^k) < P_\alpha(x^*) \quad \forall k \in \mathbb{N}.$$

Gemäß Definition von P_α ist dies äquivalent zu

$$f(x^k) + \alpha \text{dist}_X(x^k) < f(x^*) + \alpha \text{dist}_X(x^*) = f(x^*),$$

denn x^* ist natürlich ein Element der zulässigen Menge X. Also ist

$$\delta_k := f(x^*) - f(x^k) - \alpha \text{dist}_X(x^k) > 0,$$

und die obige Ungleichung lautet

$$f(x^k) + \alpha \text{dist}_X(x^k) = f(x^*) - \delta_k < f(x^*) - \frac{\delta_k}{2} = f(x^*) - \alpha \varepsilon_k \tag{5.46}$$

mit

$$\varepsilon_k := \frac{\delta_k}{2\alpha} > 0.$$

Wähle nun ein $y^k \in X$ mit

$$\|x^k - y^k\| \leq \text{dist}_X(x^k) + \varepsilon_k \tag{5.47}$$

für alle $k \in \mathbb{N}$ (beachte, dass ein solches y^k aufgrund der Definition der Distanzfunktion stets existiert). Dann ergibt sich aus der lokalen Lipschitz–Stetigkeit von f unter Verwendung von $\alpha \geq L$ sowie (5.46) und (5.47):

$$
\begin{aligned}
f(y^k) &= f(x^k) + f(y^k) - f(x^k) \\
&\leq f(x^k) + |f(y^k) - f(x^k)| \\
&\leq f(x^k) + L\|y^k - x^k\| \\
&\leq f(x^k) + \alpha\|y^k - x^k\| \\
&\leq f(x^k) + \alpha \text{dist}_X(x^k) + \alpha \varepsilon_k \\
&< f(x^*) - \alpha_k \varepsilon_k + \alpha_k \varepsilon_k \\
&= f(x^*).
\end{aligned}
$$

Dies steht jedoch im Widerspruch zur vorausgesetzten Minimalität von x^*.

□

Der Satz 5.17 besagt, dass die Funktion

$$P_{Cl}(x; \alpha) := f(x) + \alpha \mathrm{dist}_X(x)$$

eine exakte Penalty–Funktion für das Optimierungsproblem (5.45) ist. Da außer der lokalen Lipschitz–Stetigkeit von f keine weiteren Voraussetzungen (etwa Regularitätsbedingungen) an das Problem (5.45) gestellt werden mussten (sowohl f also auch X dürfen beliebig nichtlinear und nichtkonvex sein), kann man P_{Cl} gewissermaßen als eine ideale exakte Penalty–Funktion ansehen. Allerdings besitzt die Funktion P_{Cl} den wesentlichen Nachteil, dass man sie im Prinzip nicht berechnen kann, denn zur Auswertung müsste man $\mathrm{dist}_X(x)$ kennen, was im Allgemeinen leider nicht der Fall ist.

Genau hier kommt nun die Fehlerschranke von Hoffman ins Spiel: Zumindest bei linearen Restriktionen kann man die Distanzfunktion geeignet nach oben abschätzen, so dass wir als beinahe offensichtliche Konsequenz zu den Sätzen 5.16 und 5.17 das folgende Exaktheitsresultat für unsere Klasse (5.27) an nichtdifferenzierbaren Penalty–Funktionen erhält.

Satz 5.18. *Sei x^* ein lokales Minimum von (5.44). Dann existiert zu jedem $q \in [1, \infty]$ ein $\bar{\alpha}_q > 0$, so dass x^* für alle $\alpha \geq \bar{\alpha}_q$ auch ein lokales Minimum von $P_q(\cdot; \alpha)$ ist, d.h., $P_q(\cdot; \alpha)$ ist exakt in x^*.*

Beweis. Es bezeichne

$$X := \{x \in \mathbb{R}^n \mid Bx = \beta, \, Ax \leq \alpha\}$$

die zulässige Menge des Optimierungsproblems (5.44), die wegen $x^* \in X$ natürlich nichtleer ist. Wegen Satz 5.16 existiert dann eine (nur von A und B abhängige) Konstante $\kappa_{A,B} > 0$ mit

$$\mathrm{dist}_X(x) \leq \kappa_{A,B} \|(Bx - \beta, [Ax - \beta]_+)\| \qquad (5.48)$$

für alle $x \in \mathbb{R}^n$.

Nach Voraussetzung ist die Zielfunktion f stetig differenzierbar und somit lokal Lipschitz–stetig. Wegen Satz 5.17 existiert daher ein $\bar{\alpha} > 0$, so dass x^* für alle $\alpha \geq \bar{\alpha}$ auch ein lokales Minimum der Funktion

$$P_{Cl}(x; \alpha) := f(x) + \alpha \mathrm{dist}_X(x)$$

ist. Wegen

$$P_2(x^*; \alpha \kappa_{A,B}) = f(x^*) = P_{Cl}(x^*; \alpha)$$

und wegen (5.48) gilt dann für alle $\alpha \geq \bar{\alpha}$ und alle $x \in \mathbb{R}^n$ hinreichend nahe bei x^*:

$$P_2(x^*; \alpha \kappa_{A,B}) = P_{Cl}(x^*; \alpha)$$
$$\leq P_{Cl}(x; \alpha)$$
$$= f(x) + \alpha \mathrm{dist}_X(x)$$
$$\leq f(x) + \alpha \kappa_{A,B} \|(Bx - \beta, [Ax - \alpha]_+)\|$$
$$= P_2(x; \alpha \kappa_{A,B}).$$

Also ist x^* für alle $\alpha \geq \bar{\alpha}_2 := \bar{\alpha} \kappa_{A,B}$ auch ein lokales Minimum der ℓ_2–Penalty–Funktion $P_2(\cdot; \alpha)$. Wegen Satz 5.10 überträgt sich diese Exaktheitseigenschaft unmittelbar auf die gesamte Klasse (5.27) von Penalty–Funktionen $P_q(\cdot; \alpha)$, $q \in [1, \infty]$.   □

5.4 Multiplier–Penalty–Methoden

Die in diesem Abschnitt zu besprechenden Multiplier–Penalty–Funktionen sind eng verwandt mit den zuvor untersuchten Straffunktionen. Im Gegensatz zu den Straffunktionen hängen die Multiplier–Penalty–Funktionen allerdings nicht nur von den primalen x–Variablen, sondern auch von den dualen λ– und μ–Variablen ab. Fasst man diese als Parameter auf und nimmt man an, dass die optimalen Werte dieser Parameter bekannt sind, so werden wir sehen, dass es sich bei den Multiplier–Penalty–Funktionen um exakte Straffunktionen handelt, die obendrein auch noch stetig differenzierbar sind. Kombiniert mit einer geeigneten Aufdatierungsstrategie für die Lagrange–Multiplikatoren ergibt sich so das Multiplier–Penalty–Verfahren, das wir im Unterabschnitt 5.4.1 zunächst nur für gleichheitsrestringierte Probleme besprechen und danach im Unterabschnitt 5.4.2 auf Ungleichungsrestriktionen erweitern.

5.4.1 Gleichheitsrestringierte Probleme

Wir betrachten zunächst das Optimierungsproblem

$$\min f(x) \quad \text{u.d.N.} \quad h(x) = 0 \tag{5.49}$$

mit zweimal stetig differenzierbaren Funktionen $f : \mathbb{R}^n \to \mathbb{R}$ und $h : \mathbb{R}^n \to \mathbb{R}^p$. Sei $x^* \in \mathbb{R}^n$ ein lokales Minimum von (5.49). Dann ist x^* offenbar auch ein lokales Minimum von

$$\min f(x) + \frac{\alpha}{2} \|h(x)\|^2 \quad \text{u.d.N.} \quad h(x) = 0, \tag{5.50}$$

wobei $\alpha > 0$ ein beliebiger Parameter ist. Die Lagrange–Funktion

$$L_a(x, \mu; \alpha) := f(x) + \frac{\alpha}{2} \|h(x)\|^2 + \mu^T h(x) \tag{5.51}$$

des Problems (5.50) heißt *erweiterte Lagrange–Funktion* (engl.: *augmented Lagrangean*, häufig auch *augmented Lagrangian*) oder *Multiplier–Penalty–Funktion* des ursprünglichen Minimierungsproblems (5.49). Zwecks näherer Untersuchung dieser Funktion beweisen wir zunächst folgendes Hilfsresultat.

Lemma 5.19. *Seien $Q \in \mathbb{R}^{n \times n}$ symmetrisch und positiv semi–definit sowie $P \in \mathbb{R}^{n \times n}$ symmetrisch und positiv definit auf $Kern(Q)$, d.h., $x^T P x > 0$ für alle $x \in \mathbb{R}^n$ mit $x \neq 0$ und $Qx = 0$. Dann existiert ein endliches $\bar{\alpha} > 0$, so dass die Matrix $P + \alpha Q$ für alle $\alpha \geq \bar{\alpha}$ positiv definit ist.*

Beweis. Der Beweis erfolgt durch Widerspruch. Angenommen, zu jedem $k \in \mathbb{N}$ existiert ein $x^k \in \mathbb{R}^n$ mit $x^k \neq 0$ und

$$(x^k)^T P x^k + k(x^k)^T Q x^k \leq 0. \tag{5.52}$$

Offenbar kann x^k dabei so gewählt werden, dass $\|x^k\| = 1$ gilt. Dann existiert aber eine Teilfolge $\{x^k\}_K$, die gegen ein Element $x^* \in \mathbb{R}^n$ mit $\|x^*\| = 1$ konvergiert. Aus der Ungleichung (5.52) folgt somit

$$(x^*)^T P x^* + \limsup_{k \in K} k(x^k)^T Q x^k = \limsup_{k \in K} \left[(x^k)^T P x^k + k(x^k)^T Q x^k \right] \leq 0. \tag{5.53}$$

Nach Voraussetzung ist Q aber positiv semi–definit, also $(x^k)^T Q x^k \geq 0$ für alle $k \in \mathbb{N}$. Dies impliziert $(x^*)^T Q x^* = \lim_{k \in K} (x^k)^T Q x^k = 0$, da anderenfalls die linke Seite von (5.53) beliebig groß werden würde. Somit ist $x^* \in \mathbb{R}^n$ ein globales Minimum der quadratischen Funktion $q(x) := 1/2 x^T Q x$. Folglich ist x^* ein stationärer Punkt von q. Aus $\nabla q(x^*) = 0$ ergibt sich damit $Q x^* = 0$. Daher ist $x^* \in \text{Kern}(Q)$. Also folgt $(x^*)^T P x^* > 0$, so dass die linke Seite von (5.53) strikt positiv ist, Widerspruch. $\square$

Als wichtige Konsequenz des Lemmas 5.19 erhalten wir jetzt die folgende Eigenschaft der erweiterten Lagrange–Funktion (ein Beispiel zur Veranschaulichung steht in Aufgabe 5.8).

Satz 5.20. *Sei (x^*, μ^*) ein KKT–Punkt des gleichheitsrestringierten Optimierungsproblems (5.49) derart, dass die hinreichende Optimalitätsbedingung aus dem Satz 2.55 erfüllt ist. Dann existiert ein endliches $\bar{\alpha} > 0$, so dass x^* für jedes $\alpha \geq \bar{\alpha}$ ein striktes lokales Minimum der Funktion $L_a(\cdot, \mu^*; \alpha)$ ist.*

Beweis. Es ist

$$\nabla_{xx}^2 L_a(x, \mu; \alpha) = \nabla_{xx}^2 L(x, \mu) + \alpha \left(\sum_{j=1}^{p} h_j(x) \nabla^2 h_j(x) + \nabla h_j(x) \nabla h_j(x)^T \right),$$

wobei L wie stets die übliche Lagrange–Funktion

$$L(x, \mu) := f(x) + \sum_{j=1}^{p} \mu_j h_j(x)$$

bezeichnet. Mit $B_* := h'(x^*)$ ergibt sich speziell

$$\nabla_{xx}^2 L_a(x^*, \mu^*; \alpha) = \nabla_{xx}^2 L(x^*, \mu^*) + \alpha B_*^T B_*.$$

Nach Voraussetzung ist

$$d^T \nabla_{xx}^2 L(x^*, \mu^*)d > 0 \quad \forall d \neq 0 \text{ mit } \nabla h_j(x^*)^T d = 0 \ (j = 1, \ldots, p).$$

Dies bedeutet, dass $\nabla_{xx}^2 L(x^*, \mu^*)$ positiv definit auf $\text{Kern}(B_*)$ ist. Wegen $\text{Kern}(B_*) = \text{Kern}(B_*^T B_*)$ (klar?) und Lemma 5.19 existiert dann ein endliches $\bar{\alpha} > 0$, so dass die Hesse–Matrix $\nabla_{xx}^2 L_a(x^*, \mu^*; \alpha)$ für jedes $\alpha \geq \bar{\alpha}$ positiv definit ist. Da auch

$$\nabla_x L_a(x^*, \mu^*; \alpha) = \nabla_x L(x^*, \mu^*) + \alpha \sum_{j=1}^{p} h_j(x^*) \nabla h_j(x^*) = 0$$

gilt (denn (x^*, μ^*) ist ein KKT–Punkt von (5.49)), folgt die Behauptung unmittelbar aus dem hinreichenden Optimalitätskriterium zweiter Ordnung für unrestringierte Probleme, siehe etwa [66, Satz 2.3]. $\quad\square$

Wegen Satz 5.20 liegt es nahe, eine Lösung des Ausgangsproblems (5.49) zu bestimmen, indem man ein Minimum des (stetig differenzierbaren!) unrestringierten Problems

$$\min L_a(x, \mu^*; \alpha), \quad x \in \mathbb{R}^n$$

zu berechnen versucht. Im Gegensatz zu den vorher besprochenen Penalty– und Barriere–Methoden muss der Penalty–Parameter α jetzt nicht mehr gegen ∞ gehen, so dass man bei der Minimierung der Multiplier–Penalty– Funktion $L_a(\cdot, \mu^*; \alpha)$ nicht mehr das Problem der beliebig schlechten Kondition hat. Allerdings kennt man im Allgemeinen weder den optimalen Lagrange– Multiplikator μ^* noch den richtigen Wert von α. In der nachfolgenden Diskussion gehen wir vorübergehend davon aus, dass der Penalty–Parameter α hinreichend groß ist, so dass der Satz 5.20 mit diesem α anwendbar ist. Unter dieser Annahme wollen wir uns überlegen, wie man eine geeignete Approximation μ^k an den optimalen Wert μ^* finden kann.

Sei dazu x^{k+1} eine Lösung (oder auch nur stationärer Punkt) des unrestringierten Problems

$$\min L_a(x, \mu^k; \alpha), \quad x \in \mathbb{R}^n.$$

Dann gilt

$$0 = \nabla_x L_a(x^{k+1}, \mu^k; \alpha) = \nabla f(x^{k+1}) + \sum_{j=1}^{p} \left(\mu_j^k + \alpha h_j(x^{k+1}) \right) \nabla h_j(x^{k+1}).$$

Andererseits gilt in einem KKT–Punkt (x^*, μ^*) von (5.49) die Beziehung

$$0 = \nabla_x L(x^*, \mu^*) = \nabla f(x^*) + \sum_{j=1}^{p} \mu_j^* \nabla h_j(x^*).$$

Ein Vergleich dieser beiden Ausdrücke legt es nahe, die folgende sogenannte *Hestenes–Powell–Vorschrift* [82, 147] zur Aufdatierung von μ^k zu verwenden:

$$\mu^{k+1} := \mu^k + \alpha h(x^{k+1}).$$

Zusammenfassend erhalten wir damit den folgenden Modell–Algorithmus für ein Multiplier–Penalty–Verfahren.

Algorithmus 5.21. *(Multiplier–Penalty–Verfahren)*

(S.0) Wähle $x^0 \in \mathbb{R}^n, \mu^0 \in \mathbb{R}^p, \alpha_0 > 0, c \in (0,1)$, und setze $k := 0$.

(S.1) Ist (x^k, μ^k) ein KKT–Punkt von (5.49): STOP.

(S.2) Bestimme ein Minimum x^{k+1} des unrestringierten Optimierungsproblems

$$\min L_a(x, \mu^k; \alpha_k), \quad x \in \mathbb{R}^n.$$

(S.3) Setze $\mu^{k+1} := \mu^k + \alpha_k h(x^{k+1})$.

(S.4) Ist $\|h(x^{k+1})\| \geq c\|h(x^k)\|$, so setze $\alpha_{k+1} := 10\alpha_k$, anderenfalls setze $\alpha_{k+1} := \alpha_k$.

(S.5) Setze $k \leftarrow k + 1$, und gehe zu (S.1).

Die Aufdatierung des Penalty–Parameters α_k im Schritt (S.4) des Algorithmus 5.21 erscheint dadurch gerechtfertigt, dass der Penalty–Term in der erweiterten Lagrange–Funktion ja gerade dafür sorgen soll (ähnlich wie beim klassischen Penalty–Verfahren), dass die Iterierten x^k sich dem zulässigen Bereich annähern. Geschieht dies innerhalb einer (äußeren) Iteration nicht hinreichend gut, so wird im Schritt (S.4) der Penalty–Parameter einfach erhöht.

Die Vorgehensweise des Algorithmus 5.21 wird in der Tabelle 5.3 anhand des Testbeispieles aus (5.19) illustriert. Als Startvektor dient wieder $x^0 = (3, 0.2, 3)^T$ mit $\mu^0 = (0,0)^T$ als zugehörigem Multiplikator. Die innere Iteration im Schritt (S.2) wird mittels eines globalisierten BFGS–Verfahrens realisiert, siehe etwa [66, Algorithmus 11.34]. Als Abbruchkriterium dient wieder

$$\|\Phi(x^k, \mu^k)\| < 10^{-5}$$

mit $\Phi(x, \mu) := (\nabla_x L(x, \mu), h(x))$. Ferner wurde $c = 0.5$ gesetzt. Die Tabelle 5.3 enthält einige wichtige Daten zum Iterationsverlauf, wobei i_k die in jeder äußeren Iteration k benötigte Anzahl an inneren BFGS–Schritten angibt. Man beachte, dass eine Erhöhung von α_k in diesem Beispiel gar nicht nötig war!

5.4.2 Behandlung von Ungleichungen

In diesem Abschnitt beschreiben wir eine auf Rockafellar [157] zurückgehende Verallgemeinerung des Multiplier–Penalty–Verfahrens auf das Optimierungsproblem

$$\min f(x) \quad \text{u.d.N.} \quad h(x) = 0, \, g(x) \leq 0 \tag{5.54}$$

Tabelle 5.3. Numerisches Verhalten des Multiplier–Penalty–Verfahrens

k	x^k	$\|\Phi(x^k,\mu^k)\|$	α_k	i_k
0	(3.000000, 0.200000, 3.000000)	17.19772	1	—
1	(3.576102, 0.144259, 3.663270)	1.25847	1	8
2	(3.511928, 0.217670, 3.551552)	0.00658	1	6
3	(3.512123, 0.216979, 3.552178)	0.00009	1	5
4	(3.512123, 0.216988, 3.552170)	0.00001	1	3
5	(3.512123, 0.216988, 3.552170)	0.00000	1	1

mit Gleichheits– und Ungleichungsrestriktionen. Dieses ist offenbar äquivalent zu dem Problem

$$\min f(x) \quad \text{u.d.N.} \quad h(x) = 0,\ g_i(x) + s_i^2 = 0 \quad (i = 1, \ldots, m). \tag{5.55}$$

Da hier nur Gleichheitsnebenbedingungen auftreten, können wir den Zugang aus dem vorigen Unterabschnitt anwenden: Die Multiplier–Penalty–Funktion von (5.55) lautet

$$\bar{L}_a(x, s, \lambda, \mu; \alpha) = f(x) + \mu^T h(x) + \frac{\alpha}{2}\|h(x)\|^2$$

$$+ \sum_{i=1}^m \left\{ \lambda_i \left(g_i(x) + s_i^2 \right) + \frac{\alpha}{2} \left(g_i(x) + s_i^2 \right)^2 \right\}.$$

Sind die Lagrange–Multiplikatoren λ und μ bereits optimal sowie $\alpha > 0$ hinreichend groß, so liefert die Minimierung von $\bar{L}_a(x, s, \lambda, \mu; \alpha)$ bzgl. der x– und s–Variablen unter gewissen Voraussetzungen ein striktes lokales Minimum von (5.55), vgl. den Satz 5.20. Die Minimierung nach den s–Variablen lässt sich (bei festem x) aber exakt durchführen: Es gilt nämlich

$$\min_s \bar{L}_a(x, s, \lambda, \mu; \alpha) = f(x) + \mu^T h(x) + \frac{\alpha}{2}\|h(x)\|^2$$

$$+ \sum_{i=1}^m \min_{s_i} \left\{ \lambda_i \left(g_i(x) + s_i^2 \right) + \frac{\alpha}{2} \left(g_i(x) + s_i^2 \right)^2 \right\}. \tag{5.56}$$

Das Problem

$$\min_{s_i} \lambda_i \left(g_i(x) + s_i^2 \right) + \frac{\alpha}{2} \left(g_i(x) + s_i^2 \right)^2 \tag{5.57}$$

ist offenbar äquivalent zu

$$\min_{z_i \geq 0} \lambda_i \left(g_i(x) + z_i \right) + \frac{\alpha}{2} \left(g_i(x) + z_i \right)^2.$$

Dies ist eine strikt konvexe quadratische Funktion in z_i. Das unrestringierte Minimum $\bar{z}_i$ dieser Funktion ist gegeben durch

$$\bar{z}_i = - \left(\frac{\lambda_i}{\alpha} + g_i(x) \right).$$

Als restringiertes Minimum erhält man somit

$$z_i^* = \max\{0, \bar{z}_i\} = \max\left\{0, -\left(\frac{\lambda_i}{\alpha} + g_i(x)\right)\right\}.$$

Damit ist das unrestringierte Minimum von (5.57) gerade

$$s_i^* = \left(\max\left\{0, -\left(\frac{\lambda_i}{\alpha} + g_i(x)\right)\right\}\right)^{1/2}.$$

Einsetzen in den Ausdruck (5.56) ergibt somit

$$L_a(x, \lambda, \mu; \alpha) := \min_s \bar{L}_a(x, s, \lambda, \mu; \alpha)$$

$$= f(x) + \mu^T h(x) + \frac{\alpha}{2}\|h(x)\|^2$$

$$+ \sum_{i=1}^m \left\{\lambda_i\left(g_i(x) + \max\left\{0, -\left(\frac{\lambda_i}{\alpha} + g_i(x)\right)\right\}\right)\right\}$$

$$+ \frac{\alpha}{2}\sum_{i=1}^m \left\{\left(g_i(x) + \max\left\{0, -\left(\frac{\lambda_i}{\alpha} + g_i(x)\right)\right\}\right)^2\right\}.$$

Mit etwas elementarer Rechnung sieht man leicht ein, dass sich L_a auch in der Gestalt

$$L_a(x, \lambda, \mu; \alpha) = f(x) + \mu^T h(x) + \frac{\alpha}{2}\|h(x)\|^2$$

$$+ \frac{1}{2\alpha}\sum_{i=1}^m \left\{\max^2\{0, \lambda_i + \alpha g_i(x)\} - \lambda_i^2\right\}$$

schreiben lässt. Dieses L_a wird in der Literatur üblicherweise als Multiplier–Penalty–Funktion von (5.54) betrachtet. Man beachte, dass die obige Umformulierung insbesondere zeigt, dass $L_a(\cdot, \lambda, \mu; \alpha)$ eine stetig differenzierbare Funktion ist, was a priori nicht unbedingt klar war. Entsprechend der Herleitung im vorigen Unterabschnitt ergeben sich die beiden Aufdatierungsformeln

$$\mu^{k+1} = \mu^k + \alpha h(x^{k+1})$$

und

$$\lambda_i^{k+1} := \max\{0, \lambda_i^k + \alpha g_i(x^{k+1})\}, \quad i = 1, \ldots, m$$

für die Lagrange–Multiplikatoren. Damit lässt sich der Algorithmus 5.21 nun direkt auf Probleme mit Gleichungen und Ungleichungen übertragen. Man beachte allerdings, dass die Multiplier–Penalty–Funktion $L_a(\cdot, \lambda, \mu)$ jetzt nur noch einmal stetig differenzierbar ist, was man bei der Auswahl eines unrestringierten Optimierungsverfahrens für diese Funktion zu berücksichtigen hat.

5.5 SQP–Verfahren

Die SQP–Verfahren sind die vielleicht wichtigste Klasse von Verfahren zur Lösung von allgemeinen nichtlinearen Optimierungsproblemen. Wir werden in diesem Abschnitt daher relativ ausführlich auf die SQP–Verfahren eingehen. Zunächst werden in den Unterabschnitten 5.5.1–5.5.4 die wesentlichen Ideen der SQP–Verfahren hergeleitet. Dazu beginnen wir im Unterabschnitt 5.5.1 mit der Beschreibung des Newton–Verfahrens zur Lösung von nichtlinearen Gleichungssystemen. Dieses wird im Unterabschnitt 5.5.2 dann auf die KKT–Bedingungen eines gleichheitsrestringierten Optimierungsproblems angewandt; das hieraus entstehende Verfahren ist die sogenannte Lagrange–Newton–Methode. Anschließend wird die Lagrange–Newton–Methode im Unterabschnitt 5.5.3 dann erweitert zur Lösung von Minimierungsaufgaben mit Gleichheits– und Ungleichungsrestriktionen, was uns die lokale Version des SQP–Verfahrens liefert. Im Unterabschnitt 5.5.4 wird dann gezeigt, wie dieses mittels der exakten ℓ_1–Penalty–Funktion globalisiert werden kann. Damit endet die Beschreibung der Grundprinzipien der SQP–Verfahren.

Die verbleibenden vier Unterabschnitte 5.5.5–5.5.8 können beim ersten Lesen durchaus übergangen werden. Hier gehen wir auf verschiedene praktische Probleme ein, die sich im Zusammenhang mit dem SQP–Verfahren als relativ wichtig herauskristallisiert haben. In jedem dieser Unterabschnitte diskutieren wir eines dieser Probleme und beschreiben jeweils eine Möglichkeit, diese Probleme zu umgehen. Dabei handelt es sich aber keineswegs um die jeweils einzige Möglichkeit. Tatsächlich gibt es heute auch nicht mehr *das* SQP–Verfahren, sondern es existieren in der Literatur eine beinahe unüberschaubar große Anzahl von SQP–Varianten, die alle den einen oder anderen Vorteil besitzen.

5.5.1 Newton–Verfahren für nichtlineare Gleichungen

Sei $F : \mathbb{R}^n \to \mathbb{R}^n$ eine stetig differenzierbare Abbildung. Gesucht sei eine Lösung $x^* \in \mathbb{R}^n$ des nichtlinearen Gleichungssystems

$$F(x) = 0. \tag{5.58}$$

Das vielleicht wichtigste Verfahren zur Lösung eines solchen Gleichungssystems ist das sogenannte Newton–Verfahren, welches auch schon im Kapitel 4 im Zusammenhang mit den Inneren–Punkte–Methoden und den Glättungsverfahren auftrat. Wir wollen es in diesem Unterabschnitt etwas detaillierter untersuchen.

Sei dazu x^k eine Näherung an eine Lösung x^* des nichtlinearen Gleichungssystems (5.58). Zur Bestimmung einer hoffentlich besseren Näherung x^{k+1} linearisiert man die Funktion F zunächst um den aktuellen Iterationspunkt; wir bezeichnen die linearisierte Funktion mit F_k, d.h.,

$$F_k(x) := F(x^k) + F'(x^k)(x - x^k).$$

Da wir das nichtlineare Problem $F(x) = 0$ nur schwer lösen können, approximieren wir es in der k–ten Iteration durch das linearisierte Gleichungssystem

$$F_k(x) = 0.$$

Die Lösung dieses Gleichungssystems ergibt dann die neue Iterierte x^{k+1}. Im Hinblick auf die Definition von F_k erhalten wir auf diese Weise

$$x^{k+1} = x^k - F'(x^k)^{-1} F(x^k), \tag{5.59}$$

sofern die Inverse $F'(x^k)^{-1}$ existiert. Natürlich berechnet man in (5.59) im Allgemeinen nicht explizit die inverse Matrix $F'(x^k)^{-1}$; vielmehr bestimmt man einen Korrekturvektor $d^k \in \mathbb{R}^n$ als Lösung des manchmal als *Newton–Gleichung* bezeichneten linearen Gleichungssystems

$$F'(x^k)d = -F(x^k)$$

und setzt anschließend

$$x^{k+1} = x^k + d^k.$$

Dies liefert uns offenbar denselben Vektor x^{k+1} wie in (5.59). Das Verfahren wird dann iterativ fortgesetzt und ergibt auf diese Weise das im folgenden Algorithmus formal beschriebene Newton–Verfahren zur Lösung eines nichtlinearen Gleichungssystems der Gestalt (5.58).

Algorithmus 5.22. *(Newton–Verfahren)*

(S.0) Wähle $x^0 \in \mathbb{R}^n$, und setze $k := 0$.
(S.1) Ist $F(x^k) = 0$: STOP.
(S.2) Bestimme $d^k \in \mathbb{R}^n$ als Lösung des linearen Gleichungssystems

$$F'(x^k)d = -F(x^k). \tag{5.60}$$

(S.3) Setze $x^{k+1} := x^k + d^k, k \leftarrow k + 1$, und gehe zu (S.1).

Im Folgenden gehen wir davon aus, dass der Algorithmus 5.22 nicht nach endlich vielen Iterationen mit einer Lösung im Schritt (S.1) abbricht. Zum Nachweis der lokalen Konvergenzeigenschaften des Newton–Verfahrens benötigen wir noch einige Hilfsresultate. Dazu beginnen wir mit dem sogenannten *Störungslemma*, manchmal auch *Banach–Lemma* genannt. Einen Beweis dieses elementaren Resultates findet der Leser in [66, Lemma B.8].

Lemma 5.23. *Seien $A, B \in \mathbb{R}^{n \times n}$ mit $\|I - BA\| < 1$. Dann sind A und B regulär, und es gilt die Abschätzung*

$$\|B^{-1}\| \leq \frac{\|A\|}{1 - \|I - BA\|}$$

(eine entsprechende Ungleichung gilt natürlich auch für A^{-1}).

Ist $F : \mathbb{R}^n \to \mathbb{R}^n$ stetig differenzierbar, so besagt das folgende Lemma, dass aus der Regularität der Jacobi–Matrix $F'(x^*)$ in einem Punkt $x^* \in \mathbb{R}^n$ bereits die Regularität der Jacobi–Matrix $F'(x)$ für alle Punkte in einer hinreichend kleinen Umgebung von x^* folgt, und dass die entsprechenden Inversen gleichmäßig beschränkt sind. Der Beweis dieses Resultates gelingt mit Hilfe des Störungslemmas 5.23.

Lemma 5.24. *Seien $F : \mathbb{R}^n \to \mathbb{R}^n$ stetig differenzierbar, $x^* \in \mathbb{R}^n$ und $F'(x^*)$ regulär. Dann existiert ein $\varepsilon > 0$, so dass auch $F'(x)$ für alle $x \in \mathcal{U}_\varepsilon(x^*)$ regulär ist. Weiter existiert eine Konstante $c > 0$, so dass die Abschätzung*

$$\|F'(x)^{-1}\| \le c$$

für alle $x \in \mathcal{U}_\varepsilon(x^*)$ gilt.

Beweis. Da F' nach Voraussetzung noch stetig in x^* ist, existiert ein $\varepsilon > 0$ mit

$$\|F'(x^*) - F'(x)\| \le \frac{1}{2\|F'(x^*)^{-1}\|}$$

für alle $x \in \mathcal{U}_\varepsilon(x^*)$. Also ist

$$\|I - F'(x^*)^{-1} F'(x)\| \le \|F'(x^*)^{-1}\| \, \|F'(x^*) - F'(x)\|$$
$$\le \frac{1}{2}$$

für alle $x \in \mathcal{U}_\varepsilon(x^*)$. Wegen Lemma 5.23 folgt somit, dass für alle $x \in \mathcal{U}_\varepsilon(x^*)$ auch $F'(x)$ regulär ist mit

$$\|F'(x)^{-1}\| \le \frac{\|F'(x^*)^{-1}\|}{1 - \|I - F'(x^*)^{-1} F'(x)\|} \le 2\|F'(x^*)^{-1}\| =: c.$$

Damit ist das Lemma bewiesen. $\qquad\qquad\qquad\qquad\qquad\qquad\qquad\qquad\quad\square$

Schließlich benötigen wir noch das folgende Resultat, mit dem uns dann der Nachweis der lokal schnellen Konvergenz des Newton–Verfahrens gelingen wird.

Lemma 5.25. *Seien $F : \mathbb{R}^n \to \mathbb{R}^n$ und $\{x^k\} \subseteq \mathbb{R}^n$ eine gegen ein $x^* \in \mathbb{R}^n$ konvergente Folge. Dann gelten:*

(a) Ist F stetig differenzierbar, so ist

$$\|F(x^k) - F(x^*) - F'(x^k)(x^k - x^*)\| = o(\|x^k - x^*\|).$$

(b) Ist F stetig differenzierbar und F' noch lokal Lipschitz–stetig, so ist

$$\|F(x^k) - F(x^*) - F'(x^k)(x^k - x^*)\| = O(\|x^k - x^*\|^2).$$

Beweis. (a) Mittels der Dreiecksungleichung ergibt sich

$$\|F(x^k) - F(x^*) - F'(x^k)(x^k - x^*)\|$$
$$\leq \|F(x^k) - F(x^*) - F'(x^*)(x^k - x^*)\| + \|F'(x^*) - F'(x^k)\| \|x^k - x^*\|.$$

Da F nach Voraussetzung im Punkte x^* differenzierbar ist, gilt

$$\|F(x^k) - F(x^*) - F'(x^*)(x^k - x^*)\| = o(\|x^k - x^*\|).$$

Auf der anderen Seite ist F' im Punkte x^* noch stetig, so dass

$$\|F'(x^*) - F'(x^k)\| \to 0$$

folgt. Die letzten drei Feststellungen zusammen ergeben gerade

$$\|F(x^k) - F(x^*) - F'(x^k)(x^k - x^*)\| = o(\|x^k - x^*\|),$$

also die Behauptung (a).

(b) Zunächst gilt aufgrund des Mittelwertsatzes in der Integralform:

$$F(x^k) - F(x^*) - F'(x^k)(x^k - x^*)$$
$$= \int_0^1 F'(x^* + \tau(x^k - x^*))(x^k - x^*)d\tau - F'(x^k)(x^k - x^*)$$
$$= \int_0^1 \left[F'(x^* + \tau(x^k - x^*)) - F'(x^k) \right] (x^k - x^*)d\tau.$$

Bezeichnet $L > 0$ die lokale Lipschitz–Konstante von F' in einer Umgebung von x^*, so folgt hieraus für alle $k \in \mathbb{N}$ hinreichend groß:

$$\|F(x^k) - F(x^*) - F'(x^k)(x^k - x^*)\|$$
$$\leq \int_0^1 \|F'(x^* + \tau(x^k - x^*)) - F'(x^k)\| d\tau \|x^k - x^*\|$$
$$\leq L\|x^k - x^*\| \int_0^1 \|(\tau - 1)(x^k - x^*)\| d\tau$$
$$= \frac{L}{2}\|x^k - x^*\|^2$$
$$= O(\|x^k - x^*\|^2).$$

Dies ist gerade die Behauptung (b). $\qquad \square$

Wir kommen nun zu dem schon angekündigten Konvergenzsatz für das Newton–Verfahren aus dem Algorithmus 5.22. Dazu erinnern wir daran, dass eine Folge $\{x^k\} \subseteq \mathbb{R}^n$ *superlinear* (oder mit superlinearer Konvergenzrate) gegen x^* konvergiert, falls eine Nullfolge $\{\varepsilon_k\} \subseteq \mathbb{R}_+$ existiert mit

$\|x^{k+1} - x^*\| \le \varepsilon_k \|x^k - x^*\|$ für alle $k \in \mathbb{N}$. Entsprechend heißt eine gegen x^* konvergente Folge $\{x^k\} \subseteq \mathbb{R}^n$ *quadratisch* (oder mit quadratischer Konvergenzrate) konvergent, falls eine positive Konstante C existiert mit $\|x^{k+1} - x^*\| \le C\|x^k - x^*\|^2$ für alle $k \in \mathbb{N}$. Näheres zu diesen Begriffen findet man beispielsweise in [66, Kapitel 7]

Satz 5.26. *Seien $F : \mathbb{R}^n \to \mathbb{R}^n$ stetig differenzierbar, $x^* \in \mathbb{R}^n$ eine Nullstelle von F und die Jacobi–Matrix $F'(x^*)$ regulär. Dann existiert ein $\varepsilon > 0$, so dass für jedes $x^0 \in \mathcal{U}_\varepsilon(x^*)$ gelten:*

(a) Das Newton–Verfahren 5.22 ist wohldefiniert und erzeugt eine gegen x^* konvergente Folge $\{x^k\}$.

(b) Die Konvergenzrate ist superlinear.

(c) Ist F' noch lokal Lipschitz–stetig, so ist die Konvergenzrate sogar quadratisch.

Beweis. Wegen Lemma 5.24 existiert ein $\varepsilon_1 > 0$, so dass $F'(x)$ für alle $x \in \mathcal{U}_{\varepsilon_1}(x^*)$ regulär ist mit

$$\|F'(x)^{-1}\| \le c$$

für eine Konstante $c > 0$. Ferner existiert wegen Lemma 5.25 (a) ein $\varepsilon_2 > 0$ mit

$$\|F(x) - F(x^*) - F'(x)(x - x^*)\| \le \frac{1}{2c}\|x - x^*\|$$

für alle $x \in \mathcal{U}_{\varepsilon_2}(x^*)$. Setze nun $\varepsilon := \min\{\varepsilon_1, \varepsilon_2\}$, und wähle $x^0 \in \mathcal{U}_\varepsilon(x^*)$. Dann ist x^1 wohldefiniert, und es gilt

$$\begin{aligned}
\|x^1 - x^*\| &= \|x^0 - x^* - F'(x^0)^{-1}F(x^0)\| \\
&\le \|F'(x^0)^{-1}\|\,\|F(x^0) - F(x^*) - F'(x^0)(x^0 - x^*)\| \\
&\le c\,\frac{1}{2c}\|x^0 - x^*\| \\
&= \frac{1}{2}\|x^0 - x^*\|.
\end{aligned} \tag{5.61}$$

Also ist auch $x^1 \in \mathcal{U}_\varepsilon(x^*)$, und per Induktion folgt

$$\|x^k - x^*\| \le \left(\frac{1}{2}\right)^k \|x^0 - x^*\|$$

für alle $k \in \mathbb{N}$. Somit ist die Folge $\{x^k\}$ wohldefiniert und konvergiert gegen x^*, was Teil (a) beweist

Zum Nachweis der Aussagen (b) und (c) verfährt man zunächst ähnlich wie bei (5.61) und erhält die Abschätzung

$$\begin{aligned}
\|x^{k+1} - x^*\| &= \|x^k - x^* - F'(x^k)^{-1}F(x^k)\| \\
&\le \|F'(x^k)^{-1}\|\,\|F(x^k) - F(x^*) - F'(x^k)(x^k - x^*)\| \\
&\le c\,\|F(x^k) - F(x^*) - F'(x^k)(x^k - x^*)\|.
\end{aligned}$$

Mit Lemma 5.25 folgen dann die Behauptungen (b) und (c). $\square$

Der Leser wird vermutlich bereits das Newton–Verfahren zur Lösung von unrestringierten Optimierungsproblemen

$$\min f(x), \quad x \in \mathbb{R}^n,$$

mit einer zweimal stetig differenzierbaren Funktion $f : \mathbb{R}^n \to \mathbb{R}$ kennen, vergleiche [66]. Dieses erzeugt eine Folge $\{x^k\}$ gemäß der Vorschrift

$$x^{k+1} := x^k - \nabla^2 f(x^k)^{-1} \nabla f(x^k), \quad k = 1, 2, \ldots.$$

Man erhält dieses Newton–Verfahren für unrestringierte Minimierungsaufgaben als Spezialfall des Newton–Verfahrens für nichtlineare Gleichungssysteme, indem man den Algorithmus 5.22 auf das Gleichungssystem

$$\nabla f(x) = 0$$

anwendet, also auf die notwendigen Optimalitätsbedingungen erster Ordnung. Genau dies wollen wir im folgenden Unterabschnitt auch bei gleichheitsrestringierten Optimierungsproblemen tun.

5.5.2 Lagrange–Newton–Iteration

Betrachte das gleichheitsrestringierte Optimierungsproblem

$$\min f(x) \quad \text{u.d.N.} \quad h(x) = 0 \tag{5.62}$$

mit zweimal stetig differenzierbaren Funktionen $f : \mathbb{R}^n \to \mathbb{R}$ und $h : \mathbb{R}^n \to \mathbb{R}^p$. Die zugehörigen KKT–Bedingungen sind gegeben durch

$$\Phi(x, \mu) = 0 \tag{5.63}$$

mit $\Phi : \mathbb{R}^n \times \mathbb{R}^p \to \mathbb{R}^n \times \mathbb{R}^p$ definiert durch

$$\Phi(x, \mu) := \begin{pmatrix} \nabla_x L(x, \mu) \\ h(x) \end{pmatrix},$$

wobei

$$\nabla_x L(x, \mu) = \nabla f(x) + \sum_{j=1}^{p} \mu_j \nabla h_j(x)$$

den Gradienten (bzgl. der x–Variablen) der Lagrange–Funktion

$$L(x, \mu) = f(x) + \sum_{j=1}^{p} \mu_j h_j(x)$$

bezeichnet. Das Problem (5.63) ist ein nichtlineares Gleichungssystem in den $n + p$ Variablen (x, μ). Zur Lösung dieses nichtlinearen Gleichungssystems kann insbesondere das Newton–Verfahren aus dem vorigen Unterabschnitt verwendet werden. Dies führt zu der Iterationsvorschrift

$$(x^{k+1}, \mu^{k+1}) = (x^k, \mu^k) - \Phi'(x^k, \mu^k)^{-1} \Phi(x^k, \mu^k), \quad k = 0, 1, 2, \ldots,$$

die häufig als *Lagrange–Newton–Iteration* bezeichnet wird und im nachstehenden Algorithmus noch einmal formal wiedergegeben ist.

Algorithmus 5.27. *(Lagrange–Newton–Verfahren)*

(S.0) Wähle $(x^0, \mu^0) \in \mathbb{R}^n \times \mathbb{R}^p$, und setze $k := 0$.
(S.1) Ist $\Phi(x^k, \mu^k) = 0$: STOP.
(S.2) Berechne $(\Delta x^k, \Delta \mu^k) \in \mathbb{R}^n \times \mathbb{R}^p$ als Lösung des linearen Gleichungssystems

$$\Phi'(x^k, \mu^k) \begin{pmatrix} \Delta x \\ \Delta \mu \end{pmatrix} = -\Phi(x^k, \mu^k).$$

(S.3) Setze $(x^{k+1}, \mu^{k+1}) := (x^k, \mu^k) + (\Delta x^k, \Delta \mu^k), k \leftarrow k + 1$, und gehe zu (S.1).

Wegen Satz 5.26 kann man lokal superlineare/quadratische Konvergenz des Lagrange–Newton–Verfahrens gegen einen KKT–Punkt (x^*, μ^*) von (5.62) erwarten, wenn die Jacobi–Matrix $\Phi'(x^*, \mu^*)$ regulär ist. Das folgende Resultat enthält daher eine hinreichende Bedingung für die Regularität dieser Jacobi–Matrix.

Satz 5.28. *Sei $(x^*, \mu^*) \in \mathbb{R}^n \times \mathbb{R}^p$ ein KKT–Punkt des gleichheitsrestringierten Optimierungsproblems (5.62) derart, dass die beiden folgenden Bedingungen erfüllt sind:*

(a) Die Gradienten $\nabla h_1(x^*), \ldots, \nabla h_p(x^*)$ sind linear unabhängig (LICQ–Bedingung);
(b) Es gilt $d^T \nabla_{xx}^2 L(x^*, \mu^*) d > 0$ für alle $d \neq 0$ mit $\nabla h_j(x^*)^T d = 0 (j = 1, \ldots, p)$ (hinreichende Bedingung zweiter Ordnung).

Dann ist die Jacobi–Matrix $\Phi'(x^*, \mu^*)$ regulär.

Beweis. Sei $\Phi'(x^*, \mu^*)q = 0$ für einen Vektor $q = (q^{(1)}, q^{(2)}) \in \mathbb{R}^n \times \mathbb{R}^p$. Wegen

$$\Phi'(x^*, \mu^*) = \begin{pmatrix} \nabla_{xx}^2 L(x^*, \mu^*) & h'(x^*)^T \\ h'(x^*) & 0 \end{pmatrix}$$

($h'(x^*) \in \mathbb{R}^{p \times n}$ die übliche Jacobi–Matrix von h in x^*) lässt sich dies schreiben in der Gestalt

$$\nabla_{xx}^2 L(x^*, \mu^*) q^{(1)} + \sum_{j=1}^p q_j^{(2)} \nabla h_j(x^*) = 0, \tag{5.64}$$

$$\nabla h_j(x^*)^T q^{(1)} = 0 \quad \forall j = 1, \ldots, p. \tag{5.65}$$

Multiplikation von (5.64) mit $(q^{(1)})^T$ ergibt wegen (5.65)

$$(q^{(1)})^T \nabla_{xx}^2 L(x^*, \mu^*) q^{(1)} = 0. \tag{5.66}$$

Aus (5.65), (5.66) und der Voraussetzung (b) folgt daher

$$q^{(1)} = 0.$$

Daher impliziert (5.64)

$$\sum_{j=1}^{p} q_j^{(2)} \nabla h_j(x^*) = 0,$$

so dass die Voraussetzung (a) auch

$$q_j^{(2)} = 0 \quad \forall j = 1, \dots, p$$

liefert. Also ist $q = 0$ und $\Phi'(x^*, \mu^*)$ somit regulär. (Dieselbe Beweisidee ist uns bereits beim Beweis von Satz 5.4 (a) begegnet.) $\square$

Unter den Voraussetzungen des Satzes 5.28 ist die Lagrange–Newton–Iteration damit lokal superlinear/quadratisch konvergent gegen einen KKT–Punkt (x^*, μ^*) des gleichheitsrestringierten Optimierungsproblemes (5.62).

Das numerische Verhalten der Lagrange–Newton–Iteration wird in der Tabelle 5.4 illustriert, und zwar wieder anhand des Beispieles aus (5.19) mit Startvektor $x^0 := (3, 0.2, 3)^T$ sowie anfänglichem Lagrange–Multiplikator $\mu^0 := (0, 0)^T$. Während der Startvektor x^0 bereits ziemlich nahe an der Lösung $x^* \approx (3.512, 0.127, 3.552)^T$ liegt, ist der Wert von μ^0 nur mäßig dicht an dem optimalen Multiplikator $\mu^* \approx (1.223, 0.275)$. Dennoch konvergiert die Lagrange–Newton–Iteration sehr schnell und bricht nach nur vier Iterationen wegen $\|\Phi(x^k, \mu^k)\| < 10^{-5}$ ab.

Tabelle 5.4. Numerisches Verhalten der Lagrange–Newton–Iteration

k	x^k	μ^k	$\|\Phi(x^k, \mu^k)\|$
0	(3.00000, 0.20000, 3.00000)	(0.00000, 0.00000)	17.19772
1	(3.63321, 0.15912, 3.52951)	(1.47541, 0.26282)	2.53254
2	(3.53117, 0.21454, 3.53529)	(1.22781, 0.27393)	0.05914
3	(3.51226, 0.21693, 3.55213)	(1.22346, 0.27494)	0.00068
4	(3.51212, 0.21699, 3.55217)	(1.22346, 0.27494)	0.00000

Wir wollen uns im Folgenden noch überlegen, wie sich dieser Ansatz übertragen lässt auf Optimierungsprobleme mit Gleichheits– und Ungleichungsrestriktionen. Betrachte also das Problem

$$\min f(x) \quad \text{u.d.N.} \quad h(x) = 0, \; g(x) \leq 0$$

mit zweimal stetig differenzierbaren Funktionen $f : \mathbb{R}^n \to \mathbb{R}, h : \mathbb{R}^n \to \mathbb{R}^p$ und $g : \mathbb{R}^n \to \mathbb{R}^m$. Die zugehörigen KKT–Bedingungen lauten

$$
\begin{aligned}
\nabla_x L(x, \lambda, \mu) &= 0, \\
h(x) &= 0, \\
g_i(x) \leq 0, \ \lambda_i \geq 0, \ \lambda_i g_i(x) &= 0 \quad (i = 1, \ldots, m),
\end{aligned}
\tag{5.67}
$$

wobei $\nabla_x L(x, \lambda, \mu)$ wieder den Gradienten (bzgl. der x–Variablen) der Lagrange–Funktion

$$
L(x, \lambda, \mu) = f(x) + \sum_{i=1}^{m} \lambda_i g_i(x) + \sum_{j=1}^{p} \mu_j h_j(x)
$$

bezeichnet. Ist $\varphi : \mathbb{R}^2 \to \mathbb{R}$ nun eine NCP–Funktion, d.h., gilt

$$
\varphi(a, b) = 0 \iff a \geq 0, b \geq 0, ab = 0
$$

(siehe Definition 4.30), so lassen sich die KKT–Bedingungen (5.67) offenbar äquivalent formulieren als

$$
\begin{aligned}
\nabla_x L(x, \lambda, \mu) &= 0, \\
h(x) &= 0, \\
\varphi(-g_i(x), \lambda_i) &= 0 \quad (i = 1, \ldots, m).
\end{aligned}
$$

Dies lässt sich wiederum als ein nichtlineares Gleichungssystem

$$
\Phi(x, \lambda, \mu) = 0
\tag{5.68}
$$

schreiben mit

$$
\Phi(x, \lambda, \mu) := \begin{pmatrix} \nabla_x L(x, \lambda, \mu) \\ h(x) \\ \phi(-g(x), \lambda) \end{pmatrix}
$$

und

$$
\phi(-g(x), \lambda) := (\varphi(-g_1(x), \lambda_1), \ldots, \varphi(-g_m(x), \lambda_m))^T \in \mathbb{R}^m.
$$

Prinzipiell lässt sich auf das Gleichungssystem (5.68) wieder ein Newton–Verfahren anwenden. Da die meisten NCP–Funktionen wie z.B. die Minimum–Funktion

$$
\varphi(a, b) := \min\{a, b\}
$$

oder die Fischer–Burmeister–Funktion

$$
\varphi(a, b) := \sqrt{a^2 + b^2} - a - b
$$

jedoch nicht überall differenzierbar sind, ist auch die Abbildung Φ im Allgemeinen nicht differenzierbar (vergleiche jedoch Aufgabe 5.9 und die dort gestellten starken Voraussetzungen); bei der Anwendung des üblichen Newton–Verfahrens sind deshalb noch gewisse Probleme zu überwinden. Wir werden im Abschnitt 7.5 etwas mehr auf diesen Zugang eingehen.

Der wesentliche Nachteil des Lagrange–Newton–Verfahrens bzw. der gerade beschriebenen Verallgemeinerung auf Ungleichungsrestriktionen besteht darin, dass es von vornherein nur darauf abzielt, einen KKT–Punkt eines restringierten Optimierungsproblemes zu finden. Die Zielfunktion f selbst taucht in den KKT–Bedingungen nämlich gar nicht explizit auf (lediglich ihr Gradient). Im Hinblick auf die Resultate des Abschnitts 2.2 sind die hier beschriebenen Verfahren sinnvollerweise daher nur auf konvexe Optimierungsprobleme anwendbar; man vergleiche diesbezüglich insbesondere die Sätze 2.45, 2.46 sowie das Korollar 2.47. Wir werden in den folgenden Unterabschnitten jedoch sehen, wie man diese Problematik zum Teil umgehen kann.

5.5.3 Das lokale SQP–Verfahren

Betrachte zunächst wieder das gleichheitsrestringierte Problem (5.62). Beim Lagrange–Newton–Verfahren setzen wir

$$x^{k+1} := x^k + \Delta x^k, \quad \mu^{k+1} := \mu^k + \Delta \mu^k,$$

wobei $(\Delta x^k, \Delta \mu^k)$ eine Lösung des Gleichungssystems

$$\Phi'(x^k, \mu^k) \begin{pmatrix} \Delta x \\ \Delta \mu \end{pmatrix} = -\Phi(x^k, \mu^k)$$

bezeichnet. Im Hinblick auf die spezielle Struktur von $\Phi'(x^k, \mu^k)$ lässt sich dies auch formulieren als

$$\begin{aligned} H_k \Delta x + h'(x^k)^T \Delta \mu &= -\nabla_x L(x^k, \mu^k), \\ \nabla h_j(x^k)^T \Delta x &= -h_j(x^k) \quad \forall j = 1, \dots, p \end{aligned} \tag{5.69}$$

mit $H_k = \nabla^2_{xx} L(x^k, \mu^k)$, wobei im Folgenden auch $H_k \approx \nabla^2_{xx} L(x^k, \mu^k)$ zugelassen werde. Mit $\mu^+ := \mu^k + \Delta \mu$ ist das System (5.69) wiederum äquivalent zu

$$\begin{aligned} H_k \Delta x + h'(x^k)^T \mu^+ &= -\nabla f(x^k), \\ \nabla h_j(x^k)^T \Delta x &= -h_j(x^k) \quad \forall j = 1, \dots, p. \end{aligned} \tag{5.70}$$

Das System (5.70) erlaubt auch eine andere Interpretation: Es handelt sich hierbei nämlich gerade um die KKT–Bedingungen des quadratischen Optimierungsproblems

$$\begin{aligned} \min \ &\nabla f(x^k)^T \Delta x + \tfrac{1}{2} \Delta x^T H_k \Delta x \\ \text{u.d.N. } &h_j(x^k) + \nabla h_j(x^k)^T \Delta x = 0 \quad (j = 1, \dots, p). \end{aligned} \tag{5.71}$$

Diese Beobachtung motiviert insbesondere die Verwendung des quadratischen Teilproblems

$$\begin{aligned} \min \ &\nabla f(x^k)^T \Delta x + \tfrac{1}{2} \Delta x^T H_k \Delta x \\ \text{u.d.N. } &g_i(x^k) + \nabla g_i(x^k)^T \Delta x \leq 0 \quad (i = 1, \dots, m), \\ &h_j(x^k) + \nabla h_j(x^k)^T \Delta x = 0 \quad (j = 1, \dots, p) \end{aligned} \tag{5.72}$$

zur Bestimmung von $x^{k+1} := x^k + \Delta x^k$ für das Optimierungsproblem

$$
\begin{aligned}
\min \quad & f(x) \\
\text{u.d.N.} \quad & g(x) \leq 0, \\
& h(x) = 0
\end{aligned}
\tag{5.73}
$$

mit Gleichheits– und Ungleichungsrestriktionen (wobei alle beteiligten Funktionen zumindest zweimal stetig differenzierbar seien). Man beachte, dass in (5.72) die Restriktionen linearisiert sind, und dass man für die Zielfunktion eine quadratische Approximation wählt, wobei statt $\nabla^2 f(x^k)$ jedoch eine Approximation H_k für $\nabla^2_{xx} L(x^k, \lambda^k, \mu^k)$ im quadratischen Term auftritt, was durch die Herleitung mittels der Lagrange–Newton–Iteration motiviert ist.

Da man bei dem oben skizzierten Verfahren in jedem Iterationsschritt ein quadratisches Programm zu lösen hat, spricht man von *Sequential Quadratic Programming* (kurz: SQP–Verfahren), manchmal auch von *Recursive Quadratic Programming* (kurz: RQP–Verfahren). Wir fassen das SQP–Verfahren formal in dem folgenden Algorithmus zusammen.

Algorithmus 5.29. *(SQP–Verfahren)*

(S.0) Wähle $(x^0, \lambda^0, \mu^0) \in \mathbb{R}^n \times \mathbb{R}^m \times \mathbb{R}^p, H_0 \in \mathbb{R}^{n \times n}$ symmetrisch, und setze $k := 0$.

(S.1) Ist (x^k, λ^k, μ^k) ein KKT–Punkt von (5.73): STOP.

(S.2) Berechne eine Lösung $\Delta x^k \in \mathbb{R}^n$ des quadratischen Teilproblems

$$
\begin{aligned}
\min \quad & \nabla f(x^k)^T \Delta x + \tfrac{1}{2} \Delta x^T H_k \Delta x \\
\text{u.d.N.} \quad & g_i(x^k) + \nabla g_i(x^k)^T \Delta x \leq 0 \quad (i = 1, \ldots, m), \\
& h_j(x^k) + \nabla h_j(x^k)^T \Delta x = 0 \quad (j = 1, \ldots, p)
\end{aligned}
$$

mit zugehörigen Lagrange–Multiplikatoren λ^{k+1} und μ^{k+1}.

(S.3) Setze $x^{k+1} := x^k + \Delta x^k$, wähle $H_{k+1} \in \mathbb{R}^{n \times n}$ symmetrisch, setze $k \leftarrow k + 1$, und gehe zu (S.1).

Man beachte, dass im Algorithmus 5.29 die Matrix H_k nicht notwendig gleich der Hesse–Matrix $\nabla^2_{xx} L(x^k, \lambda^k, \mu^k)$ sein muss. Beispielsweise kann H_k auch eine geeignete (ggf. modifizierte) Quasi–Newton–Aufdatierungsmatrix sein.

Wählt man allerdings $H_k = \nabla^2_{xx} L(x^k, \lambda^k, \mu^k)$ für alle $k \in \mathbb{N}$, so wird man im Hinblick auf die Herleitung des SQP–Verfahrens (Äquivalenz zur Lagrange–Newton–Iteration bei gleichheitsrestringierten Problemen) erwarten, dass der Algorithmus 5.29 unter entsprechenden Voraussetzungen lokal superlinear/quadratisch gegen einen KKT–Punkt (x^*, λ^*, μ^*) von (5.73) konvergiert. Da die Hesse–Matrix $H_k = \nabla^2_{xx} L(x^k, \lambda^k, \mu^k)$ im Allgemeinen jedoch nicht auf dem gesamten $\mathbb{R}^n$ positiv definit ist, wird man nicht unbedingt eine Lösung $\Delta x^k \in \mathbb{R}^n$ des quadratischen Teilproblems im Schritt (S.3) berechnen können. Stattdessen wird man sich häufig mit dem Auffinden eines KKT–Punktes begnügen müssen. Wir fassen diese Variante des SQP–Verfahrens in dem folgenden Algorithmus zusammen.

Algorithmus 5.30. *(SQP–Verfahren mit $H_k = \nabla^2_{xx} L(x^k, \lambda^k, \mu^k)$)*

(S.0) Wähle $(x^0, \lambda^0, \mu^0) \in \mathbb{R}^n \times \mathbb{R}^m \times \mathbb{R}^p$, und setze $k := 0$.

(S.1) Ist (x^k, λ^k, μ^k) ein KKT–Punkt von (5.73): STOP.

(S.2) Berechne einen KKT–Punkt $(x^{k+1}, \lambda^{k+1}, \mu^{k+1}) \in \mathbb{R}^n \times \mathbb{R}^m \times \mathbb{R}^p$ des quadratischen Teilproblems

$$\min \; \nabla f(x^k)^T(x - x^k) + \tfrac{1}{2}(x - x^k)^T \nabla^2_{xx} L(x^k, \lambda^k, \mu^k)(x - x^k)$$
$$u.d.N. \; g_i(x^k) + \nabla g_i(x^k)^T(x - x^k) \leq 0 \quad (i = 1, \ldots, m),$$
$$h_j(x^k) + \nabla h_j(x^k)^T(x - x^k) = 0 \quad (j = 1, \ldots, p).$$

Besitzt dieses quadratische Teilproblem mehrere KKT–Punkte, so wähle den KKT–Punkt $(x^{k+1}, \lambda^{k+1}, \mu^{k+1})$ derart, dass der Abstand

$$\|(x^{k+1}, \lambda^{k+1}, \mu^{k+1}) - (x^k, \lambda^k, \mu^k)\|$$

zu (x^k, λ^k, μ^k) minimal wird.

(S.3) Setze $k \leftarrow k + 1$, und gehe zu (S.1).

Das im Schritt (S.2) des Algorithmus 5.30 auftretende Teilproblem kann durchaus mehrere KKT–Punkte besitzen. Die aus diesem Grunde im Schritt (S.2) genannte Einschränkung an die Wahl des Tripels $(x^{k+1}, \lambda^{k+1}, \mu^{k+1})$ ist praktisch zwar kaum realisierbar, erlaubt uns jedoch, den folgenden lokalen Konvergenzsatz für den Algorithmus 5.30 zu beweisen.

Satz 5.31. *Sei $(x^*, \lambda^*, \mu^*) \in \mathbb{R}^n \times \mathbb{R}^m \times \mathbb{R}^p$ ein KKT–Punkt von (5.73), der den folgenden Voraussetzungen genügen möge:*

(i) Es ist $g_i(x^*) + \lambda_i^* \neq 0$ für alle $i = 1, \ldots, m$ (strikte Komplementarität).

(ii) Die Gradienten $\nabla h_j(x^*)\,(j = 1, \ldots, p)$ und $\nabla g_i(x^*)\,(i \in I(x^*) := \{i \mid g_i(x^*) = 0\}$ sind linear unabhängig (LICQ–Bedingung).

(iii) Es ist $d^T \nabla^2_{xx} L(x^*, \lambda^*, \mu^*)d > 0$ für alle $d \neq 0$ mit $\nabla h_j(x^*)^T d = 0\,(j = 1, \ldots, p)$ und $\nabla g_i(x^*)^T d = 0\,(i \in I(x^*))$ (hinreichende Bedingung zweiter Ordnung).

Dann existiert ein $\varepsilon > 0$, so dass die folgenden Aussagen für jeden Startvektor $(x^0, \lambda^0, \mu^0) \in \mathcal{U}_\varepsilon(x^*, \lambda^*, \mu^*)$ und jede durch den Algorithmus 5.30 erzeugte Folge $\{(x^k, \lambda^k, \mu^k)\}$ gelten:

(a) Das SQP–Verfahren 5.30 ist wohldefiniert, und die Folge $\{(x^k, \lambda^k, \mu^k)\}$ konvergiert gegen (x^*, λ^*, μ^*).

(b) Die Konvergenzrate ist superlinear.

(c) Sind $\nabla^2 f, \nabla^2 g_i\,(i = 1, \ldots, m)$ und $\nabla^2 h_j\,(j = 1, \ldots, p)$ lokal Lipschitzstetig, so ist die Konvergenzrate sogar quadratisch.

Bevor wir zum formalen Beweis des Satzes 5.31 kommen, wollen wir uns die Aussage zunächst plausibel machen: Unter der Voraussetzung (i) kann man die in x^* inaktiven Restriktionen im Prinzip vernachlässigen. Im Hinblick auf die Herleitung des SQP–Verfahrens ist dieses lokal daher mehr oder weniger äquivalent zur Lagrange–Newton–Iteration, angewandt auf das gleichheitsre-stringierte Problem

$$\begin{aligned}\min \quad & f(x) \\ \text{u.d.N. } \quad & h(x) = 0, \\ & g_i(x) = 0 \quad (i \in I(x^*)).\end{aligned}$$

Die Voraussetzungen (ii) und (iii) garantieren dann, dass die Lagrange–Newton–Iteration für dieses Problem wohldefiniert und lokal superlinear bzw. quadratisch konvergent ist, vgl. den Satz 5.28. Somit sollte auch das SQP–Verfahren lokal schnell konvergent sein. Wir kommen nun zum formalen Beweis des Satzes 5.31.

Beweis. Wir definieren die Abbildung

$$\Phi(x, \lambda, \mu) := \begin{pmatrix} \nabla_x L(x, \lambda, \mu) \\ h(x) \\ \min\{-g(x), \lambda\} \end{pmatrix}$$

mit

$$\min\{-g(x), \lambda\} := (\min\{-g_1(x), \lambda_1\}, \dots, \min\{-g_m(x), \lambda_m\})^T \in \mathbb{R}^m,$$

die bereits am Ende des Unterabschnittes 5.5.2 auftrat (allerdings unter Verwendung einer beliebigen NCP–Funktion statt der hier benutzten Minimum–Funktion). Offenbar ist (x^*, λ^*, μ^*) genau dann ein KKT–Punkt von (5.73), wenn (x^*, λ^*, μ^*) dem nichtlinearen Gleichungssystem

$$\Phi(x, \lambda, \mu) = 0 \tag{5.74}$$

genügt.

Wir untersuchen zunächst die Eigenschaften des Newton–Verfahrens für das nichtlineare Gleichungssystem (5.74). Aufgrund der vorausgesetzten strikten Komplementarität des KKT–Punktes (x^*, λ^*, μ^*) existiert ein $\varepsilon_1 > 0$, so dass die Funktion Φ in der offenen Kugelumgebung $\mathcal{U}_{\varepsilon_1}(x^*, \lambda^*, \mu^*)$ stetig differenzierbar ist (und damit das Newton–Verfahren in dieser Umgebung überhaupt anwendbar ist). Wegen Aufgabe 5.9 ist ferner die Jacobi–Matrix $\Phi'(x^*, \lambda^*, \mu^*)$ unter den Voraussetzungen (i)–(iii) regulär. Analog zum Beweis des Satzes 5.26 ergibt sich daher die Existenz eines $\varepsilon_2 > 0$ (wobei o.B.d.A. $\varepsilon_2 \leq \varepsilon_1$ gelte), so dass das auf das Gleichungssystem (5.74) angewandte Newton–Verfahren für jeden Startvektor $(x^0, \lambda^0, \mu^0) \in \mathcal{U}_{\varepsilon_2}(x^*, \lambda^*, \mu^*)$ durchführbar ist und eine Folge $\{(x^k, \lambda^k, \mu^k)\}$ erzeugt, welche die folgenden Eigenschaften besitzt:

1. Es gilt

$$\|(x^{k+1}, \lambda^{k+1}, \mu^{k+1}) - (x^*, \lambda^*, \mu^*)\| \leq \frac{1}{2}\|(x^k, \lambda^k, \mu^k) - (x^*, \lambda^*, \mu^*)\| \tag{5.75}$$

für alle $k \in \mathbb{N}$.

2. Die Folge $\{(x^k, \lambda^k, \mu^k)\}$ konvergiert superlinear gegen (x^*, λ^*, μ^*).

3. Die Folge $\{(x^k, \lambda^k, \mu^k)\}$ konvergiert quadratisch gegen (x^*, λ^*, μ^*), sofern Φ' noch lokal Lipschitz–stetig ist.

Die Bedingung der lokalen Lipschitz–Stetigkeit von Φ' ist dabei offenbar dann erfüllt, wenn alle zweiten Ableitungen $\nabla^2 f, \nabla^2 g_i$ $(i = 1, \ldots, m)$ und $\nabla^2 h_j$ $(j = 1, \ldots, p)$ noch lokal Lipschitz–stetig sind. Insgesamt ist damit nachgewiesen, dass das Newton–Verfahren für das nichtlineare Gleichungssystem (5.74) alle Eigenschaften besitzt, die wir für das SQP–Verfahren aus dem Algorithmus 5.30 beweisen möchten.

Wir werden nun zeigen, dass die durch das Newton–Verfahren für (5.74) erzeugte Folge $\{(x^k, \lambda^k, \mu^k)\}$ mit der durch das SQP–Verfahren erzeugten Folge übereinstimmt, sofern der Startvektor (x^0, λ^0, μ^0) hinreichend nahe bei (x^*, λ^*, μ^*) gewählt wird (wobei die bisher verwendete ε_2–Umgebung eventuell noch weiter verkleinert werden muss). Zu diesem Zweck werden wir zeigen, dass der durch das Newton–Verfahren für (5.74) berechnete Vektor $(x^{k+1}, \lambda^{k+1}, \mu^{k+1})$ der eindeutig bestimmte KKT–Punkt des im Schritt (S.2) des Algorithmus 5.30 auftretenden quadratischen Teilproblems ist, der den kleinsten Abstand zum Vektor (x^k, λ^k, μ^k) besitzt.

Um dies einzusehen, formulieren wie zunächst die KKT–Bedingungen des quadratischen Programmes aus dem Schritt (S.2), und zwar unter Verwendung der Minimum–Funktion. Ein Punkt $(\tilde{x}, \tilde{\lambda}, \tilde{\mu})$ genügt genau dann diesen Bedingungen, wenn die Gleichungen

$$
\begin{aligned}
&\nabla f(x^k) + \nabla_{xx}^2 L(x^k, \lambda^k, \mu^k)(\tilde{x} - x^k) + \\
&\sum_{i=1}^m \tilde{\lambda}_i \nabla g_i(x^k) + \sum_{j=1}^p \tilde{\mu}_j \nabla h_j(x^k) = 0, \\
&\min\{-g_i(x^k) - \nabla g_i(x^k)^T(\tilde{x} - x^k), \tilde{\lambda}_i\} = 0 \quad (i = 1, \ldots, m), \\
&\qquad h_j(x^k) + \nabla h_j(x^k)^T(\tilde{x} - x^k) = 0 \quad (j = 1, \ldots, p).
\end{aligned}
\tag{5.76}
$$

erfüllt sind.

Da der KKT–Punkt (x^*, λ^*, μ^*) der strikten Komplementarität genügt, existiert aus Stetigkeitsgründen ein $\varepsilon_3 > 0$ mit

$$
-g_i(x^k) < \lambda_i^k \quad \forall i \in I(x^*)
\tag{5.77}
$$

und

$$
-g_i(x^k) > \lambda_i^k \quad \forall i \notin I(x^*)
\tag{5.78}
$$

für alle $(x^k, \lambda^k, \mu^k) \in \mathcal{U}_{\varepsilon_3}(x^*, \lambda^*, \mu^*)$ sowie

$$
-g_i(x^k) - \nabla g_i(x^k)^T(x - x^k) < \lambda_i \quad \forall i \in I(x^*)
\tag{5.79}
$$

und

$$
-g_i(x^k) - \nabla g_i(x^k)^T(x - x^k) > \lambda_i \quad \forall i \notin I(x^*)
\tag{5.80}
$$

für alle $(x^k, \lambda^k, \mu^k) \in \mathcal{U}_{3\varepsilon_3}(x^*, \lambda^*, \mu^*)$ und $(x, \lambda, \mu) \in \mathcal{U}_{3\varepsilon_3}(x^*, \lambda^*, \mu^*)$ (man beachte, dass wir hier nicht ε_3, sondern $3\varepsilon_3$ als Radius wählen, was uns weiter unten noch von Nutzen sein wird).

Sei nun $\varepsilon := \min\{\varepsilon_2, \varepsilon_3\}$ sowie (x^k, λ^k, μ^k) eine gegebene Iterierte aus der Umgebung $\mathcal{U}_\varepsilon(x^*, \lambda^*, \mu^*)$ von (x^*, λ^*, μ^*). Sei ferner $(x^{k+1}, \lambda^{k+1}, \mu^{k+1})$ die durch das Newton–Verfahren für (5.74) erzeugte nächste Iterierte. Wegen $\varepsilon \leq \varepsilon_2$ und (5.75) gilt dann insbesondere $(x^{k+1}, \lambda^{k+1}, \mu^{k+1}) \in \mathcal{U}_\varepsilon(x^*, \lambda^*, \mu^*)$. Wegen $\varepsilon \leq \varepsilon_3$ und (5.79), (5.80) haben wir somit

$$-g_i(x^k) - \nabla g_i(x^k)^T(x^{k+1} - x^k) < \lambda_i^{k+1} \quad \forall i \in I(x^*) \qquad (5.81)$$

und

$$-g_i(x^k) - \nabla g_i(x^k)^T(x^{k+1} - x^k) > \lambda_i^{k+1} \quad \forall i \notin I(x^*). \qquad (5.82)$$

Außerdem ergibt sich aus der Newton–Gleichung

$$\Phi'(x^k, \lambda^k, \mu^k) \begin{pmatrix} x^{k+1} - x^k \\ \lambda^{k+1} - \lambda^k \\ \mu^{k+1} - \mu^k \end{pmatrix} = -\Phi(x^k, \lambda^k, \mu^k)$$

noch

$$\nabla_{xx}^2 L(x^k, \lambda^k, \mu^k)(x^{k+1} - x^k) +$$
$$\sum_{i=1}^m (\lambda_i^{k+1} - \lambda_i^k)\nabla g_i(x^k) +$$
$$\sum_{j=1}^p (\mu_j^{k+1} - \mu_j^k)\nabla h_j(x^k) = -\nabla_x L(x^k, \lambda^k, \mu^k), \qquad (5.83)$$

$$\nabla g_i(x^k)^T(x^{k+1} - x^k) = -g_i(x^k) \ \forall i \in I(x^*), \qquad (5.84)$$

$$\lambda_i^{k+1} - \lambda_i^k = -\lambda_i^k \ \forall i \notin I(x^*), \qquad (5.85)$$

$$\nabla h_j(x^k)^T(x^{k+1} - x^k) = -h_j(x^k) \ \forall j, \qquad (5.86)$$

wobei hierbei — unter Verwendung von (5.77), (5.78) — die Struktur der Jacobi–Matrix $\Phi'(x^k, \lambda^k, \mu^k)$ beachtet wurde. Aus (5.83) und (5.85) folgt

$$\nabla_{xx}^2 L(x^k, \lambda^k, \mu^k)(x^{k+1} - x^k) +$$
$$\sum_{i=1}^m \lambda_i^{k+1}\nabla g_i(x^k) + \sum_{j=1}^p \mu_j^{k+1}\nabla h_j(x^k) = -\nabla f(x^k) \qquad (5.87)$$

und

$$\lambda_i^{k+1} = 0 \quad \forall i \notin I(x^*). \qquad (5.88)$$

Aus (5.87), (5.81) und (5.84) bzw. (5.82) und (5.88) sowie (5.86) ergibt sich unmittelbar, dass das Tripel $(x^{k+1}, \lambda^{k+1}, \mu^{k+1})$ tatsächlich den KKT–Bedingungen (5.76) genügt (insbesondere besitzt das quadratische Programm aus dem Schritt (S.2) des Algorithmus 5.30 für genügend nahe bei (x^*, λ^*, μ^*) gelegene Vektoren (x^k, λ^k, μ^k) somit einen KKT–Punkt).

Um den Beweis zu vervollständigen, zeigen wir jetzt noch, dass das Tripel $(x^{k+1}, \lambda^{k+1}, \mu^{k+1})$ der einzige KKT–Punkt des quadratischen Teilproblems aus dem Schritt (S.2) ist, der in der Umgebung $\mathcal{U}_{3\varepsilon_3}(x^*, \lambda^*, \mu^*)$ liegt und somit insbesondere der am dichtesten an (x^k, λ^k, μ^k) gelegene KKT–Punkt des quadratischen Hilfsproblems ist. Wir führen hierzu einen Widerspruchsbeweis: Angenommen, das quadratische Teilproblem im Schritt (S.2) des Algorithmus 5.30 besitzt einen weiteren KKT–Punkt $(\tilde{x}^{k+1}, \tilde{\lambda}^{k+1}, \tilde{\mu}^{k+1})$ in der Umgebung $\mathcal{U}_{3\varepsilon_3}(x^*, \lambda^*, \mu^*)$. Wegen (5.79) und (5.80) ist dann insbesondere

$$-g_i(x^k) - \nabla g_i(x^k)^T(\tilde{x}^{k+1} - x^k) < \tilde{\lambda}_i^{k+1} \quad \forall i \in I(x^*)$$

und

$$-g_i(x^k) - \nabla g_i(x^k)^T(\tilde{x}^{k+1} - x^k) > \tilde{\lambda}_i^{k+1} \quad \forall i \notin I(x^*).$$

Aus (5.76) folgt deshalb, dass der KKT–Punkt $(\tilde{x}^{k+1}, \tilde{\lambda}^{k+1}, \tilde{\mu}^{k+1})$ auch der Newton–Gleichung

$$\Phi'(x^k, \lambda^k, \mu^k) \begin{pmatrix} \tilde{x}^{k+1} - x^k \\ \tilde{\lambda}^{k+1} - \lambda^k \\ \tilde{\mu}^{k+1} - \mu^k \end{pmatrix} = -\Phi(x^k, \lambda^k, \mu^k)$$

genügt. Da $\Phi'(x^k, \lambda^k, \mu^k)$ jedoch regulär ist und $(x^{k+1}, \lambda^{k+1}, \mu^{k+1})$ per Definition die eindeutige Lösung dieses linearen Gleichungssystems ist, folgt nun unmittelbar $(x^{k+1}, \lambda^{k+1}, \mu^{k+1}) = (\tilde{x}^{k+1}, \tilde{\lambda}^{k+1}, \tilde{\mu}^{k+1})$. Also ist $(x^{k+1}, \lambda^{k+1}, \mu^{k+1})$ tatsächlich der einzige KKT–Punkt des quadratischen Teilproblems aus dem Schritt (S.2), der in der Kugelumgebung $\mathcal{U}_{3\varepsilon_3}(x^*, \lambda^*, \mu^*)$ liegt. Wegen $(x^k, \lambda^k, \mu^k) \in \mathcal{U}_\varepsilon(x^*, \lambda^*, \mu^*) \subseteq \mathcal{U}_{\varepsilon_3}(x^*, \lambda^*, \mu^*)$ und $(x^{k+1}, \lambda^{k+1}, \mu^{k+1}) \in \mathcal{U}_\varepsilon(x^*, \lambda^*, \mu^*) \subseteq \mathcal{U}_{\varepsilon_3}(x^*, \lambda^*, \mu^*)$ ist $(x^{k+1}, \lambda^{k+1}, \mu^{k+1})$ insbesondere der am dichtesten an (x^k, λ^k, μ^k) gelegene KKT–Punkt.

Induktiv ergibt sich aus diesen Ausführungen, dass das SQP–Verfahren aus dem Algorithmus 5.30 für jeden Startvektor $(x^0, \lambda^0, \mu^0) \in \mathcal{U}_\varepsilon(x^*, \lambda^*, \mu^*)$ die im Satz 5.31 genannten Eigenschaften besitzt. $\qquad \square$

5.5.4 Globalisierung von SQP–Verfahren

Das im vorigen Unterabschnitt eingeführte SQP–Verfahren ist lediglich ein lokal konvergentes Verfahren. Hier beschäftigen wir uns daher mit der Frage, wie sich dieses SQP–Verfahren globalisieren lässt. Es wird sich herausstellen, dass eine Lösung Δx^k des quadratischen Teilproblems (5.72) mit positiv definiter Matrix H_k unter gewissen Voraussetzungen eine Abstiegsrichtung der exakten ℓ_1–Penalty–Funktion

$$P_1(x; \alpha) = f(x) + \alpha \sum_{i=1}^m \max\{0, g_i(x)\} + \alpha \sum_{j=1}^p |h_j(x)| \qquad (5.89)$$

(mit $\alpha > 0$) ist, so dass sich das SQP–Verfahren mittels einer Armijo–artigen Schrittweitenstrategie für $P_1(\cdot; \alpha)$ globalisieren lässt.

Allerdings ist $P_1(\cdot; \alpha)$ nicht überall differenzierbar. Stattdessen wollen wir zunächst einmal die *Richtungsableitung* von $P_1(\cdot; \alpha)$ berechnen, wobei daran erinnert sei, dass die Richtungsableitung einer Funktion $\theta : \mathbb{R}^n \to \mathbb{R}$ in einem Punkt $x \in \mathbb{R}^n$ in Richtung $d \in \mathbb{R}^n$ gegeben ist durch

$$\theta'(x; d) := \lim_{t \downarrow 0} \frac{\theta(x + td) - \theta(x)}{t}.$$

Ist θ differenzierbar in x, so gilt bekanntlich

$$\theta'(x; d) = \nabla\theta(x)^T d. \tag{5.90}$$

Zur Berechnung von $P_1'(x; \alpha)$ benötigen wir zwei Hilfsresultate, wobei insbesondere das zweite dieser Hilfsresultate durchaus von eigenem Interesse ist.

Lemma 5.32. *(a) Die Richtungsableitung von $\theta(x) := |x|$ ist gegeben durch*

$$\theta'(x; d) = \begin{cases} d & \text{für } x > 0, \\ |d| & \text{für } x = 0, \\ -d & \text{für } x < 0 \end{cases}$$

für alle $x \in \mathbb{R}$ und alle $d \in \mathbb{R}$.
(b) Die Richtungsableitung von $\theta(x) := \max\{0, x\}$ ist gegeben durch

$$\theta'(x; d) = \begin{cases} d & \text{für } x > 0, \\ \max\{0, d\} & \text{für } x = 0, \\ 0 & \text{für } x < 0 \end{cases}$$

für alle $x \in \mathbb{R}$ und alle $d \in \mathbb{R}$.

Beweis. Seien $x \in \mathbb{R}$ und $d \in \mathbb{R}$ fest gegeben.

(a) Ist $x \neq 0$, so ist θ differenzierbar in x und daher

$$\theta'(x; d) = \theta'(x)d = \begin{cases} d & \text{für } x > 0, \\ -d & \text{für } x < 0. \end{cases}$$

Für $x = 0$ gilt dagegen

$$\theta'(0; d) = \lim_{t \downarrow 0} \frac{\theta(0 + td) - \theta(0)}{t} = \lim_{t \downarrow 0} \frac{t|d|}{t} = |d|$$

per Definition der Richtungsableitung.

(b) Ist $x \neq 0$, so ist θ differenzierbar in x und daher

$$\theta'(x; d) = \theta'(x)d = \begin{cases} d & \text{für } x > 0, \\ 0 & \text{für } x < 0. \end{cases}$$

Für $x = 0$ erhält man wiederum

$$\theta'(0; d) = \lim_{t \downarrow 0} \frac{\theta(0 + td) - \theta(0)}{t} = \lim_{t \downarrow 0} \frac{\max\{0, td\}}{t} = \max\{0, d\}$$

aus der Definition der Richtungsableitung. $\square$

Wir formulieren als Nächstes eine Kettenregel für richtungsdifferenzierbare Funktionen.

Satz 5.33. *(Kettenregel für richtungsdifferenzierbare Funktionen)*
Seien $h : \mathbb{R}^n \to \mathbb{R}^m, g : \mathbb{R}^m \to \mathbb{R}^p$ *und* $x \in \mathbb{R}^n$ *gegeben sowie* $f : \mathbb{R}^n \to \mathbb{R}^p$ *durch* $f := g \circ h$ *definiert. Es mögen gelten:*

(a) h ist richtungsdifferenzierbar in x,
(b) g ist richtungsdifferenzierbar in $h(x)$, und
(c) g ist lokal Lipschitz–stetig um $h(x)$.

Dann ist auch f richtungsdifferenzierbar in x mit Richtungsableitung

$$f'(x; d) = g'(h(x); h'(x; d))$$

für jedes $d \in \mathbb{R}^n$.

Beweis. Sei $d \in \mathbb{R}^n$ fest gegeben. Sei ferner $\{t_k\} \downarrow 0$. Definiere

$$r^k := h(x + t_k d) - h(x) - t_k h'(x; d).$$

Da h nach Voraussetzung richtungsdifferenzierbar in x ist, gilt

$$\lim_{k \to \infty} \frac{r^k}{t_k} = \lim_{k \to \infty} \frac{h(x + t_k d) - h(x)}{t_k} - h'(x; d) = 0.$$

Dies und die vorausgesetzte lokale Lipschitz–Stetigkeit von g um den Punkt $h(x)$ impliziert

$$\frac{\|g(h(x) + t_k h'(x; d) + r^k) - g(h(x) + t_k h'(x; d))\|}{t_k} \leq L \frac{\|r^k\|}{t_k} \to 0, \quad (5.91)$$

wobei $L > 0$ die lokale Lipschitz–Konstante von g um $h(x)$ bezeichnet. Da g auch richtungsdifferenzierbar in $h(x)$ ist, gilt ferner

$$\frac{g(h(x) + t_k h'(x; d)) - g(h(x))}{t_k} \to g'(h(x); h'(x; d)). \quad (5.92)$$

Unter Verwendung von (5.91) und (5.92) ergibt sich

$$
\begin{aligned}
\frac{f(x + t_k d) - f(x)}{t_k} &= \frac{g(h(x + t_k d)) - g(h(x))}{t_k} \\
&= \frac{g(h(x) + t_k h'(x; d) + r^k) - g(h(x))}{t_k} \\
&= \frac{g(h(x) + t_k h'(x; d)) - g(h(x))}{t_k} + \\
&\quad \frac{g(h(x) + t_k h'(x; d) + r^k) - g(h(x) + t_k h'(x; d))}{t_k} \\
&\to g'(h(x); h'(x; d))
\end{aligned}
$$

für $k \to \infty$. Damit ist der Satz vollständig bewiesen. □

Unter Verwendung von Lemma 5.32 und Satz 5.33 erhalten wir unmittelbar das folgende Resultat über die Richtungsableitung der exakten ℓ_1–Penalty–Funktion.

Korollar 5.34. *Die Richtungsableitung der exakten ℓ_1–Penalty–Funktion in einem Punkt $x \in \mathbb{R}^n$ in Richtung $d \in \mathbb{R}^n$ ist gegeben durch*

$$P_1'(x; d; \alpha) = \nabla f(x)^T d + \alpha \sum_{i:g_i(x)>0} \nabla g_i(x)^T d + \alpha \sum_{i:g_i(x)=0} \max\{0, \nabla g_i(x)^T d\}$$

$$+\alpha \sum_{j:h_j(x)>0} \nabla h_j(x)^T d - \alpha \sum_{j:h_j(x)<0} \nabla h_j(x)^T d$$

$$+\alpha \sum_{j:h_j(x)=0} |\nabla h_j(x)^T d|$$

An dieser Stelle kehren wir wieder zurück zu dem SQP–Verfahren und betrachten zu einem gegebenen Punkt $x^k \in \mathbb{R}^n$ und einer ebenfalls gegebenen symmetrischen und positiv definiten Matrix H_k das zugehörige quadratische Teilproblem (5.72):

$$\begin{aligned} \min \ & \nabla f(x^k)^T \Delta x + \tfrac{1}{2} \Delta x^T H_k \Delta x \\ \text{u.d.N. } & g_i(x^k) + \nabla g_i(x^k)^T \Delta x \leq 0 \quad (i = 1, \ldots, m), \\ & h_j(x^k) + \nabla h_j(x^k)^T \Delta x = 0 \quad (j = 1, \ldots, p). \end{aligned} \qquad (5.93)$$

Ist $\Delta x^k \in \mathbb{R}^n$ eine Lösung dieses quadratischen Programmes, so existieren Lagrange–Multiplikatoren $\lambda^{k+1} \in \mathbb{R}^m$ und $\mu^{k+1} \in \mathbb{R}^p$, so dass die folgenden KKT–Bedingungen erfüllt sind:

$$\begin{aligned} \nabla f(x^k) + H_k \Delta x^k + \sum_{i=1}^m \lambda_i^{k+1} \nabla g_i(x^k) & \\ + \sum_{j=1}^p \mu_j^{k+1} \nabla h_j(x^k) &= 0, \\ h_j(x^k) + \nabla h_j(x^k)^T \Delta x^k &= 0 \quad (j = 1, \ldots, p), \\ \lambda_i^{k+1} &\geq 0 \quad (i = 1, \ldots, m), \\ g_i(x^k) + \nabla g_i(x^k)^T \Delta x^k &\leq 0 \quad (i = 1, \ldots, m), \\ \lambda_i^{k+1}\left(g_i(x^k) + \nabla g_i(x^k)^T \Delta x^k\right) &= 0 \quad (i = 1, \ldots, m). \end{aligned} \qquad (5.94)$$

Für $\Delta x^k = 0$ ergibt sich aus (5.94) daher unmittelbar das folgende Resultat.

Lemma 5.35. *Ist $\Delta x^k = 0$ Lösung des quadratischen Teilproblems (5.93) mit zugehörigen Lagrange–Multiplikatoren $\lambda^{k+1} \in \mathbb{R}^m$, $\mu^{k+1} \in \mathbb{R}^p$, so ist das Tripel $(x^k, \lambda^{k+1}, \mu^{k+1})$ bereits ein KKT–Punkt des nichtlinearen Programmes (5.73).*

Wegen Lemma 5.35 können wir im Folgenden o.B.d.A. davon ausgehen, dass die Lösung Δx^k des quadratischen Teilproblems (5.93) ungleich dem Nullvektor ist. Unter dieser Voraussetzung lässt sich das folgende Hauptresultat dieses Unterabschnittes beweisen.

Satz 5.36. *Sei $\Delta x^k \neq 0$ Lösung des quadratischen Teilproblems (5.93) mit symmetrischer und positiv definiter Matrix $H_k \in \mathbb{R}^{n \times n}$ sowie zugehörigen Lagrange–Multiplikatoren $\lambda^{k+1} \in \mathbb{R}^m$ und $\mu^{k+1} \in \mathbb{R}^p$. Sei ferner*

$$\alpha \geq \max \left\{ \lambda_1^{k+1}, \ldots, \lambda_m^{k+1}, |\mu_1^{k+1}|, \ldots, |\mu_p^{k+1}| \right\}.$$

Dann gilt

$$P_1'(x^k; \Delta x^k; \alpha) \leq -(\Delta x^k)^T H_k \Delta x^k < 0,$$

d.h., Δx^k ist Abstiegsrichtung von der exakten ℓ_1–Penalty–Funktion im Punkte x^k.

Beweis. Sei $\Delta x^k \neq 0$ Lösung von (5.93) mit zugehörigen Lagrange–Multiplikatoren $\lambda^{k+1} \in \mathbb{R}^m$ und $\mu^{k+1} \in \mathbb{R}^p$. Dann genügt $(\Delta x^k, \lambda^{k+1}, \mu^{k+1})$ den KKT–Bedingungen (5.94). Insbesondere gilt also

$$\lambda_i^{k+1} \left(g_i(x^k) + \nabla g_i(x^k)^T \Delta x^k \right) = 0 \quad \forall i = 1, \ldots, m.$$

Addiert man diese Nullen zu der Richtungsableitung der exakten ℓ_1–Penalty–Funktion aus dem Korollar 5.34 und verwendet

$$\nabla h_j(x^k)^T \Delta x^k = -h_j(x^k) \quad \forall j = 1, \ldots, p,$$

so erhält man

$$P_1'(x^k; \Delta x^k; \alpha) = \nabla f(x^k)^T \Delta x^k + \sum_{i=1}^m \lambda_i^{k+1} \nabla g_i(x^k)^T \Delta x^k$$

$$+ \sum_{i=1}^m \lambda_i^{k+1} g_i(x^k) + \alpha \sum_{i: g_i(x^k) > 0} \nabla g_i(x^k)^T \Delta x^k$$

$$+ \alpha \sum_{i: g_i(x^k) = 0} \max\{0, \nabla g_i(x^k)^T \Delta x^k\}$$

$$- \alpha \sum_{j: h_j(x^k) > 0} h_j(x^k) + \alpha \sum_{j: h_j(x^k) < 0} h_j(x^k).$$

Der drittletzte Summand verschwindet dabei, denn wegen

$$\nabla g_i(x^k)^T \Delta x^k \leq -g_i(x^k)$$

gemäß (5.94) ist

$$\max\{0, \nabla g_i(x^k)^T \Delta x^k\} = 0.$$

Also ist

$$P_1'(x^k; \Delta x^k; \alpha) \leq \nabla f(x^k)^T \Delta x^k + \sum_{i=1}^m \lambda_i^{k+1} \nabla g_i(x^k)^T \Delta x^k$$

$$+ \sum_{i=1}^m \lambda_i^{k+1} g_i(x^k) - \sum_{i: g_i(x^k) > 0} \alpha g_i(x^k)$$

$$- \sum_{j: h_j(x^k) > 0} \alpha h_j(x^k) + \sum_{j: h_j(x^k) < 0} \alpha h_j(x^k).$$

Ebenfalls aus den KKT–Bedingungen (5.94) ergibt sich

$$\nabla f(x^k)^T \Delta x^k$$
$$= -(\Delta x^k)^T H_k \Delta x^k - \sum_{i=1}^{m} \lambda_i^{k+1} \nabla g_i(x^k)^T \Delta x^k + \sum_{j=1}^{p} \mu_j^{k+1} h_j(x^k).$$

Einsetzen in den obigen Ausdruck für die Richtungsableitung liefert

$$P_1'(x^k; \Delta x^k; \alpha)$$
$$\leq -(\Delta x^k)^T H_k \Delta x^k - \sum_{i=1}^{m} \lambda_i^{k+1} \nabla g_i(x^k)^T \Delta x^k + \sum_{j=1}^{p} \mu_j^{k+1} h_j(x^k)$$
$$+ \sum_{i=1}^{m} \lambda_i^{k+1} \nabla g_i(x^k)^T \Delta x^k + \sum_{i=1}^{m} \lambda_i^{k+1} g_i(x^k)$$
$$- \sum_{i:g_i(x^k)>0} \alpha g_i(x^k) - \sum_{j:h_j(x^k)>0} \alpha h_j(x^k) + \sum_{j:h_j(x^k)<0} \alpha h_j(x^k)$$
$$= -(\Delta x^k)^T H_k \Delta x^k + \sum_{i:g_i(x^k)>0} (\lambda_i^{k+1} - \alpha) g_i(x^k) + \sum_{i:g_i(x^k)\leq 0} \lambda_i^{k+1} g_i(x^k)$$
$$+ \sum_{j:h_j(x^k)>0} (\mu_j^{k+1} - \alpha) h_j(x^k) + \sum_{j:h_j(x^k)<0} (\mu_j^{k+1} + \alpha) h_j(x^k).$$

Wegen $\lambda_i^{k+1} \geq 0$ ist

$$\sum_{i:g_i(x^k)\leq 0} \lambda_i^{k+1} g_i(x^k) \leq 0.$$

Die Wahl des Penalty–Parameters α garantiert ferner

$$\sum_{i:g_i(x^k)>0} (\lambda_i^{k+1} - \alpha) g_i(x^k) \leq 0$$

und

$$\sum_{j:h_j(x^k)>0} (\mu_j^{k+1} - \alpha) h_j(x^k) \leq 0,$$
$$\sum_{j:h_j(x^k)<0} (\mu_j^{k+1} + \alpha) h_j(x^k) \leq 0.$$

Zusammen ergibt sich daher

$$P_1'(x^k; \Delta x^k; \alpha) \leq -(\Delta x^k)^T H_k \Delta x^k,$$

woraus alle Behauptungen folgen.   □

Aus dem Satz 5.36 folgt unmittelbar (etwa analog zum Beweis von [66, Satz 5.1]), dass es stets einen endlichen Index $\ell = \ell_k \in \mathbb{N}$ gibt, so dass die Schrittweite $t_k = \beta^{\ell_k}$ (mit $\beta \in (0,1)$) der Armijo–artigen Abstiegsbedingung

$$P_1(x^k + t_k \Delta x^k; \alpha) \leq P_1(x^k; \alpha) + \sigma t_k P_1'(x^k; \Delta x^k; \alpha)$$

genügt (wobei ebenfalls wieder $\sigma \in (0,1)$ gelte). Damit erhalten wir das folgende globalisierte SQP–Verfahren.

Algorithmus 5.37. *(Globalisiertes SQP–Verfahren)*

(S.0) Wähle $(x^0, \lambda^0, \mu^0) \in \mathbb{R}^n \times \mathbb{R}^m \times \mathbb{R}^p, H_0 \in \mathbb{R}^{n \times n}$ symmetrisch, $\alpha > 0, \beta \in (0,1), \sigma \in (0,1)$, und setze $k := 0$.

(S.1) Ist (x^k, λ^k, μ^k) ein KKT–Punkt von (5.73): STOP.

(S.2) Berechne eine Lösung $\Delta x^k \in \mathbb{R}^n$ des quadratischen Teilproblems

$$\min \nabla f(x^k)^T \Delta x + \tfrac{1}{2} \Delta x^T H_k \Delta x$$
$$u.d.N. \ g_i(x^k) + \nabla g_i(x^k)^T \Delta x \leq 0 \quad (i = 1, \ldots, m),$$
$$h_j(x^k) + \nabla h_j(x^k)^T \Delta x = 0 \quad (j = 1, \ldots, p)$$

mit zugehörigen Lagrange–Multiplikatoren λ^{k+1} und μ^{k+1}. Ist $\Delta x^k = 0$: STOP.

(S.3) Bestimme eine Schrittweite $t_k = \max\{\beta^\ell \mid \ell = 0, 1, 2, \ldots\}$ mit

$$P_1(x^k + t_k \Delta x^k; \alpha) \leq P_1(x^k; \alpha) + \sigma t_k P_1'(x^k; \Delta x^k; \alpha).$$

(S.4) Setze $x^{k+1} := x^k + t_k \Delta x^k$, wähle $H_{k+1} \in \mathbb{R}^{n \times n}$ symmetrisch, setze $k \leftarrow k + 1$, und gehe zu (S.1).

Für den Algorithmus 5.37 lassen sich relativ zufriedenstellende globale Konvergenzaussagen beweisen; der interessierte Leser schaue sich diesbezüglich die Arbeit von Han [75] etwas näher an, die unter anderem ein Ergebnis für den Fall konvexer Probleme enthält. Trotzdem ist der Algorithmus 5.37 in der hier beschriebenen Form noch relativ weit von einer praktisch relevanten Implementation eines SQP–Verfahrens entfernt. Wir weisen im Folgenden auf einige für eine Realisierung des Algorithmus 5.37 wichtige Punkte hin.

Im Algorithmus 5.37 wurde ein fester (hinreichend großer) Penalty–Parameter α gewählt. In der Praxis wird man dagegen nicht wissen, was ein hinreichend großer Wert von α ist und daher $\alpha = \alpha_k$ in jedem Schritt geeignet aufdatieren. Einen Hinweis darauf, wie man α_k aufzudatieren hat, wird bereits durch Satz 5.36 gegeben. Eine naheliegende Aufdatierungsvorschrift ist demnach

$$\alpha_{k+1} := \max\left\{\alpha_k, \max\{\lambda_1^{k+1}, \ldots, \lambda_m^{k+1}, |\mu_1^{k+1}|, \ldots, |\mu_p^{k+1}|\} + \gamma\right\}$$

mit einer festen Zahl $\gamma > 0$. Man hat aber natürlich darauf zu achten, dass der Wert von α_k für $k \to \infty$ tunlichst endlich bleibt, denn schließlich handelt es sich bei der Funktion $P_1(\,\cdot\,; \alpha)$ ja um eine exakte Penalty–Funktion.

Weiter ist natürlich die Wahl der Folge $\{H_k\}$ für das Konvergenzverhalten des Algorithmus 5.37 ziemlich wichtig. Wir werden darauf im nächsten Unterabschnitt eingehen.

Auch von dem globalisierten SQP–Verfahren 5.37 wird man natürlich erwarten, dass es bei geeigneter Wahl der Matrizen H_k lokal wieder superlinear oder quadratisch konvergent ist, vergleiche den Satz 5.31. Leider ist dies aufgrund des sogenannten *Maratos–Effektes* manchmal nicht der Fall. Auf diese Schwierigkeit werden wir im Unterabschnitt 5.5.6 zurückkommen.

Schließlich zum vielleicht heikelsten Punkt: Bislang sind wir implizit immer davon ausgegangen, dass die quadratischen Teilprobleme (5.93) stets eine Lösung haben. In der Tat existiert, wenn man die Matrizen H_k als positiv definit wählt, immer eine eindeutige Lösung, sofern der zulässige Bereich von (5.93) nichtleer ist. Leider kann es vorkommen, dass dieser zulässige Bereich leer ist! Mit dieser Problematik werden wir uns im Unterabschnitt 5.5.7 näher auseinandersetzen und ein modifiziertes SQP–Verfahren mit stets zulässigen quadratischen Teilproblemen angeben. Die globale Konvergenz dieses modifizierten SQP–Verfahrens wird dann Bestandteil des abschließenden Unterabschnittes 5.5.8 werden.

Globalisierte SQP–Verfahren in der Gestalt des Algorithmus 5.37, welche die genannten Punkte berücksichtigen, gehören zu den erfolgreichsten Verfahren zur Lösung von Optimierungsproblemen mit nichtlinearen Nebenbedingungen, sofern keine zusätzliche Struktur ausgenutzt werden kann.

5.5.5 Zur Wahl der Matrizen H_k

Trifft man in Algorithmus 5.37 die naheliegende Wahl

$$H_k := \nabla^2_{xx} L(x^k, \lambda^k, \mu^k),$$

so benötigt man natürlich zum einen die zweiten Ableitungen der Funktionen f, g_i, h_j, zum anderen ist H_k selbst lokal im Allgemeinen nicht mehr positiv definit, was für die Globalisierung aber wichtig wäre. Stattdessen könnte man auf die Idee kommen, eine *Quasi–Newton–Approximation* für H_k zu wählen. Nimmt man hier beispielsweise die BFGS–Formel, so kann die positive Definitheit der Folge $\{H_k\}$ selbst für unrestringierte Minimierungsprobleme nur in Verbindung mit der Wolfe–Powell–Schrittweitenregel garantiert werden (siehe etwa [66, Abschnitt 11.4]), während wir hier lediglich eine Art Armijo–Regel benutzen. Aus diesem Grunde schlägt Powell [148] beispielsweise die Verwendung der folgenden modifizierten BFGS–Formel vor, bei der, wie sich zeigen wird, alle H_k positiv definit bleiben: Setze

$$s^k := x^{k+1} - x^k,$$
$$y^k := \nabla_x L(x^{k+1}, \lambda^k, \mu^k) - \nabla_x L(x^k, \lambda^k, \mu^k)$$

sowie

$$\eta^k := \theta_k y^k + (1 - \theta_k) H_k s^k$$

mit

$$\theta_k := \begin{cases} 1, & \text{falls } (s^k)^T y^k \geq 0.2(s^k)^T H_k s^k, \\ \frac{0.8(s^k)^T H_k s^k}{(s^k)^T H_k s^k - (s^k)^T y^k}, & \text{falls } (s^k)^T y^k < 0.2(s^k)^T H_k s^k. \end{cases}$$

Dann setze

$$H_{k+1} := H_k + \frac{\eta^k (\eta^k)^T}{(s^k)^T \eta^k} - \frac{H_k s^k (s^k)^T H_k}{(s^k)^T H_k s^k},$$

d.h., der Vektor η^k übernimmt in der BFGS–Aufdatierungsformel die Rolle des Vektors y^k (und stimmt im „günstigen" Fall mit y^k überein).

Man beachte, dass H_{k+1} gewissermaßen die aktuelle Matrix H_k und die unmodifizierte BFGS–Aufdatierung $\tilde{H}_{k+1}$ „interpoliert"; im Fall $\theta_k \approx 0$ ist nämlich $H_{k+1} \approx H_k$, im Fall $\theta_k = 1$ dagegen $H_{k+1} = \tilde{H}_{k+1}$.

Das folgende Lemma zeigt, dass diese Aufdatierung tatsächlich das Gewünschte leistet.

Lemma 5.38. *Seien $H_k \in \mathbb{R}^{n \times n}$ symmetrisch und positiv definit und Vektoren $s^k, y^k \in \mathbb{R}^n$ mit $s^k \neq 0$ gegeben. Sei weiter*

$$\eta^k := \theta_k y^k + (1 - \theta_k) H_k s^k,$$

wobei

$$\theta_k := \begin{cases} 1, & \text{falls } (s^k)^T y^k \geq 0.2(s^k)^T H_k s^k, \\ \frac{0.8(s^k)^T H_k s^k}{(s^k)^T H_k s^k - (s^k)^T y^k}, & \text{falls } (s^k)^T y^k < 0.2(s^k)^T H_k s^k. \end{cases}$$

(a) Es gilt

$$(s^k)^T \eta^k > 0.$$

(b) Die Matrix

$$H_{k+1} := H_k + \frac{\eta^k (\eta^k)^T}{(s^k)^T \eta^k} - \frac{H_k s^k (s^k)^T H_k}{(s^k)^T H_k s^k}$$

ist symmetrisch und positiv definit.

Beweis. (a) Ist $(s^k)^T y^k \geq 0.2(s^k)^T H_k s^k$, so ist $\eta^k = y^k$ und die Behauptung ergibt sich aus der positiven Definitheit von H_k und $s^k \neq 0$:

$$(s^k)^T \eta^k = (s^k)^T y^k \geq 0.2(s^k)^T H_k s^k > 0.$$

Anderenfalls gilt

$$(s^k)^T \eta^k$$
$$= \frac{0.8(s^k)^T H_k s^k}{(s^k)^T H_k s^k - (s^k)^T y^k}(s^k)^T y^k + \frac{0.2(s^k)^T H_k s^k - (s^k)^T y^k}{(s^k)^T H_k s^k - (s^k)^T y^k}(s^k)^T H_k s^k$$
$$= (s^k)^T H_k s^k \frac{0.8(s^k)^T y^k + 0.2(s^k)^T H_k s^k - (s^k)^T y^k}{(s^k)^T H_k s^k - (s^k)^T y^k}$$
$$= 0.2(s^k)^T H_k s^k$$
$$> 0.$$

(b) Die Behauptung folgt aus (a) und beispielsweise [66, Lemma 11.35]. Der Vollständigkeit halber geben wir einen (weiteren) Beweis an.

Die Symmetrie von H_{k+1} ist klar. Sei nun $u \in \mathbb{R}^n$ mit $u \neq 0$. Dann ist

$$
\begin{aligned}
u^T H_{k+1} u &= u^T H_k u + \frac{\left((\eta^k)^T u\right)^2}{(s^k)^T \eta^k} - \frac{\left((s^k)^T H_k u\right)^2}{(s^k)^T H_k s^k} \\
&= \frac{(u^T H_k u)\left((s^k)^T H_k s^k\right) - \left((s^k)^T H_k u\right)^2}{(s^k)^T H_k s^k} + \frac{\left((\eta^k)^T u\right)^2}{(s^k)^T \eta^k}.
\end{aligned}
$$

Da H_k symmetrisch und positiv definit ist, wird durch

$$
\langle v, w \rangle := v^T H_k w
$$

ein Skalarprodukt im $\mathbb{R}^n$ definiert. Die Cauchy–Schwarzsche Ungleichung für dieses Skalarprodukt ergibt

$$
\left((s^k)^T H_k u\right)^2 = (\langle s^k, u \rangle)^2 \leq \langle s^k, s^k \rangle \cdot \langle u, u \rangle = \left((s^k)^T H_k s^k\right)(u^T H_k u),
$$

d.h., der Zähler des ersten Summanden in dem obigen Ausdruck für $u^T H_{k+1} u$ ist nicht negativ und nur dann gleich Null, wenn die Vektoren s^k und u linear abhängig sind. Somit folgt

$$
u^T H_{k+1} u \geq \frac{\left((\eta^k)^T u\right)^2}{(s^k)^T \eta^k} \geq 0.
$$

Dabei ist $u^T H_{k+1} u = 0$ nur möglich, wenn sowohl $(\eta^k)^T u = 0$ ist als auch die Vektoren s^k und u linear abhängig sind, wenn also

$$
(\eta^k)^T s^k = 0
$$

gilt, was jedoch nach (a) nicht möglich ist. Damit ist die positive Definitheit von H_{k+1} bewiesen.   □

Die hier beschriebene „gedämpfte BFGS–Aufdatierung" ist in einer Reihe von SQP–Implementationen verwendet worden. Eine Konvergenzanalyse findet man in Powell [149]; es wird R–superlineare Konvergenz (d.h. $\lim_{k\to\infty} \|x^k - x^*\|^{\frac{1}{k}} = 0$) auch für den Fall gezeigt, dass die Hesse–Matrix der Lagrange–Funktion im Lösungspunkt indefinit ist.

5.5.6 Der Maratos–Effekt

Das lokale SQP–Verfahren aus dem Algorithmus 5.29 ist unter geeigneten Voraussetzungen superlinear bzw. quadratisch konvergent, vergleiche Satz 5.31. Dies wird man auch von dem globalisierten Verfahren aus dem Algorithmus 5.37 erwarten. Leider erhält man manchmal keine superlineare Konvergenz, weil die volle Schrittweite $t_k = 1$ auch lokal nicht akzeptiert wird. Wir betrachten dazu ein einfaches Beispiel aus [150] mit nur einer Gleichungsrestriktion.

Beispiel 5.39. Gegeben sei das Optimierungsproblem

$$\min \quad f(x) := 2(x_1^2 + x_2^2 - 1) - x_1$$
$$\text{u.d.N. } h(x) := x_1^2 + x_2^2 - 1 = 0.$$

Der zulässige Bereich ist also gerade der Rand des Einheitskreises im $\mathbb{R}^2$. Da der erste Term der Zielfunktion auf dem zulässigen Bereich verschwindet, lautet die Lösung offenbar

$$x^* = \begin{pmatrix} 1 \\ 0 \end{pmatrix}.$$

Der zugehörige Lagrange–Parameter ist

$$\mu^* = -\frac{3}{2}.$$

Als Matrizen H_k wählen wir die Hesse–Matrix der Lagrange–Funktion im Lösungspunkt:

$$H_k := \nabla_{xx}^2 L(x^*, \mu^*) = 4I + \mu^* \cdot 2I = I.$$

(Man beachte, dass in diesem Fall alle H_k positiv definit auf dem gesamten $\mathbb{R}^2$ sind.) Damit lautet das quadratische Teilproblem (5.93) (der obere Index k wird hier weggelassen)

$$\min \quad \nabla f(x)^T \Delta x + \tfrac{1}{2} \Delta x^T \Delta x$$
$$\text{u.d.N. } h(x) + \nabla h(x)^T \Delta x = 0.$$

Die Lösung Δx und den zugehörigen Lagrange–Parameter μ erhält man, wenn $\nabla h(x) \neq 0$ gilt, auf eindeutige Weise aus den zugehörigen KKT–Bedingungen, die in diesem Fall durch das lineare Gleichungssystem

$$\nabla f(x) + \Delta x + \mu \nabla h(x) = 0,$$
$$h(x) + \nabla h(x)^T \Delta x = 0 \tag{5.95}$$

gegeben sind. (Ist x ein zulässiger Punkt, so ist folglich der in x abgetragene Vektor Δx ein Tangentenvektor an die Einheitskreislinie.) Da f und h quadratische Funktionen sind, gilt

$$f(x + \Delta x) = f(x) + \nabla f(x)^T \Delta x + 2 \Delta x^T \Delta x,$$
$$h(x + \Delta x) = h(x) + \nabla h(x)^T \Delta x + \Delta x^T \Delta x$$

wegen $\nabla^2 f(x) = 4I$ und $\nabla^2 h(x) = 2I$. Hieraus erhält man unter Verwendung von (5.95) unmittelbar

$$f(x + \Delta x) = f(x) + \mu h(x) + \Delta x^T \Delta x,$$
$$h(x + \Delta x) = \Delta x^T \Delta x.$$

Aus diesen Gleichungen ergibt sich nun die folgende Beobachtung: Ist x ein beliebiger zulässiger Punkt, der nur von x^* und $-x^*$ verschieden ist, so gilt wegen $\Delta x \neq 0$ sowohl

$$f(x + \Delta x) > f(x)$$

als auch

$$h(x + \Delta x) > h(x) = 0;$$

insbesondere gilt für die exakte ℓ_1–Penalty–Funktion $P_1(x; \alpha) = f(x) + \alpha|h(x)|$

$$P_1(x + \Delta x; \alpha) > P_1(x; \alpha),$$

d.h., die Schrittweite $t = 1$ wird im Algorithmus 5.37 nicht akzeptiert. Es gibt also beliebig nahe bei x^* gelegene Punkte $x \neq x^*$ (übrigens auch solche, die nicht zulässig sind), so dass für die zugehörige Schrittweite

$$t \leq \beta$$

gilt, wobei β natürlich den Parameter aus dem Algorithmus 5.37 bezeichnet. □

Das im Beispiel 5.39 auftretende Phänomen ist als *Maratos–Effekt* bekannt geworden, vergleiche [125, 150]. Eine Abhilfemöglichkeit besteht darin, dass man Informationen zweiter Ordnung über die Nebenbedingungen direkt in den Restriktionen berücksichtigt. Man könnte z.B. das Teilproblem (5.93) durch die folgende Aufgabe ersetzen:

$$\min \nabla f(x^k)^T d + \tfrac{1}{2} d^T \nabla^2 f(x^k) d$$
$$\text{u.d.N. } g_i(x^k) + \nabla g_i(x^k)^T d + \tfrac{1}{2} d^T \nabla^2 g_i(x^k) d \leq 0 \quad (i = 1, \ldots, m) \qquad (5.96)$$
$$h_j(x^k) + \nabla h_j(x^k)^T d + \tfrac{1}{2} d^T \nabla^2 h_j(x^k) d = 0 \quad (j = 1, \ldots, p).$$

Allerdings ist dies kein quadratisches Optimierungsproblem mehr, da jetzt auch quadratische Terme in den Nebenbedingungen auftreten. Derartige Probleme sind aber weitaus schwerer zu lösen als die üblichen quadratischen Teilprobleme (mit linearen Restriktionen). Wir versuchen deshalb, die in den Restriktionen vorkommenden quadratischen Terme $d^T \nabla^2 g_i(x^k) d$ und $d^T \nabla^2 h_j(x^k) d$ durch Ausdrücke zu ersetzen, in welchen nur erste Ableitungen benutzt werden. Dazu schreiben wir zunächst die KKT–Bedingungen für (5.96) auf:

$$\nabla f(x^k) + \nabla^2 f(x^k)d + \sum_{i=1}^{m} \lambda_i \left(\nabla g_i(x^k) + \nabla^2 g_i(x^k)d \right)$$
$$+ \sum_{j=1}^{p} \mu_j \left(\nabla h_j(x^k) + \nabla^2 h_j(x^k)d \right) = 0,$$
$$h_j(x^k) + \nabla h_j(x^k)^T d + \tfrac{1}{2} d^T \nabla^2 h_j(x^k) d = 0 \, (j = 1, \ldots, p),$$
$$\lambda_i \geq 0 \, (i = 1, \ldots, m),$$
$$g_i(x^k) + \nabla g_i(x^k)^T d + \tfrac{1}{2} d^T \nabla^2 g_i(x^k) d \leq 0 \, (i = 1, \ldots, m),$$
$$\lambda_i \left(g_i(x^k) + \nabla g_i(x^k)^T d + \tfrac{1}{2} d^T \nabla^2 g_i(x^k) d \right) = 0 \, (i = 1, \ldots, m).$$

Etwas umgeschrieben lauten diese Bedingungen wie folgt:

$$\nabla f(x^k) - \tfrac{1}{2}\sum_{i=1}^{m}\lambda_i\nabla^2 g_i(x^k)d - \tfrac{1}{2}\sum_{j=1}^{p}\mu_j\nabla^2 h_j(x^k)d$$
$$+\left(\nabla^2 f(x^k) + \sum_{i=1}^{m}\lambda_i\nabla^2 g_i(x^k) + \sum_{j=1}^{p}\mu_j\nabla^2 h_j(x^k)\right)d$$
$$+\sum_{i=1}^{m}\lambda_i\left(\nabla g_i(x^k) + \tfrac{1}{2}\nabla^2 g_i(x^k)d\right)$$
$$+\sum_{j=1}^{p}\mu_j\left(\nabla h_j(x^k) + \tfrac{1}{2}\nabla^2 h_j(x^k)d\right) = 0,$$
$$h_j(x^k) + \nabla h_j(x^k)^T d + \tfrac{1}{2}d^T\nabla^2 h_j(x^k)d = 0\,(j=1,\dots,p),$$
$$\lambda_i \geq 0\,(i=1,\dots,m),$$
$$g_i(x^k) + \nabla g_i(x^k)^T d + \tfrac{1}{2}d^T\nabla^2 g_i(x^k)d \leq 0\,(i=1,\dots,m),$$
$$\lambda_i\left(g_i(x^k) + \nabla g_i(x^k)^T d + \tfrac{1}{2}d^T\nabla^2 g_i(x^k)d\right) = 0\,(i=1,\dots,m).$$
$$(5.97)$$

Es bezeichne Δx^k die Lösung des ursprünglichen quadratischen Problems (5.93) und λ_i^{k+1}, μ_j^{k+1} $(i=1,\dots,m;\,j=1,\dots,p)$ die zugehörigen Lagrange–Multiplikatoren. Dann setzen wir

$$p^k := \nabla f(x^k) - \tfrac{1}{2}\sum_{i=1}^{m}\lambda_i^{k+1}\left(\nabla g_i(x^k + \Delta x^k) - \nabla g_i(x^k)\right)$$
$$- \tfrac{1}{2}\sum_{j=1}^{p}\mu_j^{k+1}\left(\nabla h_j(x^k + \Delta x^k) - \nabla h_j(x^k)\right)$$

und

$$a_i^k := \tfrac{1}{2}\left(\nabla g_i(x^k + \Delta x^k) + \nabla g_i(x^k)\right) \qquad (i=1,\dots,m),$$
$$b_j^k := \tfrac{1}{2}\left(\nabla h_j(x^k + \Delta x^k) + \nabla h_j(x^k)\right) \qquad (j=1,\dots,p).$$

Aufgrund des Mittelwertsatzes gilt für hinreichend kleines $\|\Delta x^k\|$ offenbar

$$p^k \approx \nabla f(x^k) - \frac{1}{2}\sum_{i=1}^{m}\lambda_i^{k+1}\nabla^2 g_i(x^k)\Delta x^k - \frac{1}{2}\sum_{j=1}^{p}\mu_j^{k+1}\nabla^2 h_j(x^k)\Delta x^k.$$

Entsprechend ergibt sich für hinreichend kleines $\|\Delta x^k\|$ auch

$$a_i^k \approx \nabla g_i(x^k) + \frac{1}{2}\nabla^2 g_i(x^k)\Delta x^k \qquad (i=1,\dots,m),$$
$$b_j^k \approx \nabla h_j(x^k) + \frac{1}{2}\nabla^2 h_j(x^k)\Delta x^k \qquad (j=1,\dots,p).$$

Es ist deshalb naheliegend, die folgenden Ersetzungen für die „unerwünschten" Terme in (5.97) vorzunehmen (dabei wird unterstellt, dass für hinreichend kleine $\|\Delta x^k\|$ die Lösung d von (5.96) nahe bei Δx^k liegt):

$$\nabla f(x^k) - \tfrac{1}{2}\sum_{i=1}^{m}\lambda_i\nabla^2 g_i(x^k)d - \tfrac{1}{2}\sum_{j=1}^{p}\mu_j\nabla^2 h_j(x^k)d \longrightarrow p^k\,,$$
$$\nabla g_i(x^k) + \tfrac{1}{2}\nabla^2 g_i(x^k)d \longrightarrow a_i^k\,(i=1,\dots m),$$
$$\nabla h_j(x^k) + \tfrac{1}{2}\nabla^2 h_j(x^k)d \longrightarrow b_j^k\,(j=1,\dots p)$$

sowie als Approximation an die Hesse–Matrix der Lagrange–Funktion natürlich

$$\nabla^2 f(x^k) + \sum_{i=1}^{m}\lambda_i\nabla^2 g_i(x^k) + \sum_{j=1}^{p}\mu_j\nabla^2 h_j(x^k) \longrightarrow H_k.$$

Damit wird aus (5.97) das folgende Problem, das jetzt ausschließlich Informationen erster Ableitungen beinhaltet:

$$p^k + H_k d + \sum_{i=1}^{m} \lambda_i a_i^k + \sum_{j=1}^{p} \mu_j b_j^k = 0$$

$$h_j(x^k) + (b_j^k)^T d = 0 \quad (j = 1, \ldots, p),$$
$$\lambda_i \geq 0 \quad (i = 1, \ldots, m),$$
$$g_i(x^k) + (a_i^k)^T d \leq 0 \quad (i = 1, \ldots, m),$$
$$\lambda_i \left(g_i(x^k) + (a_i^k)^T d \right) = 0 \quad (i = 1, \ldots, m).$$

Dies sind gerade die KKT–Bedingungen für das quadratische Optimierungsproblem

$$\min \ (p^k)^T d + \tfrac{1}{2} d^T H_k d$$
$$\text{u.d.N.} \ g_i(x^k) + (a_i^k)^T d \leq 0 \quad (i = 1, \ldots, m) \qquad (5.98)$$
$$h_j(x^k) + (b_j^k)^T d = 0 \quad (j = 1, \ldots, p).$$

Wir haben damit das folgende Vorgehen motiviert: Man ermittelt — wie im Schritt (S.2) des Algorithmus 5.37 — die Lösung Δx^k von (5.93); wird zu dieser Suchrichtung die Schrittweite $t_k = 1$ durch (S.3) nicht akzeptiert, so bestimmt man die Lösung d^k des zu diesem Δx^k gehörenden Problems (5.98) und hofft, dass zu dieser Suchrichtung d^k die Schrittweite $t = 1$ akzeptiert wird; in diesem Fall setzt man

$$x^{k+1} := x^k + d^k. \qquad (5.99)$$

Leider ist d^k nicht notwendig eine Abstiegsrichtung für die ℓ_1–Penalty–Funktion $P_1(\,\cdot\,; \alpha)$. Man muss deshalb die Globalisierung mittels der Schrittweitenbestimmung (S.3) ebenfalls abändern. Ein oft verwendeter Weg ist der Folgende: Man führt eine zu (S.3) analoge Schrittweitenbestimmung *entlang der Kurve*

$$x(t) = x^k + t \Delta x^k + t^2 (d^k - \Delta x^k).$$

durch. Wird $t_k = 1$ akzeptiert, so ist $x(1) = x^k + d^k$, d.h., man erhält wieder (5.99). Für t nahe bei 0 unterscheidet sich $x(t)$ nur wenig von $x^k + t \Delta x^k$. Daher kann man hoffen, dass sich eine globale Konvergenzaussage für Algorithmus 5.37 auf das beschriebene Vorgehen übertragen lässt. Eine genauere Diskussion der gerade beschriebenen Strategie zur Vermeidung des Maratos–Effektes und eine zugehörige Konvergenztheorie findet der interessierte Leser in [60].

Für das obige Beispiel 5.39 erhält man für den (zulässigen) Punkt $x^k = (0,1)^T$

$$\Delta x^k = \begin{pmatrix} 1 \\ 0 \end{pmatrix},$$

also $x^k + \Delta x^k = (1,1)^T$, wobei aber, wie oben ausgeführt, die Schrittweite 1 nicht akzeptiert wird: Es gilt

$$P_1(x^k + \Delta x^k; \alpha) = 1 + \alpha > 0 = P_1(x^k; \alpha).$$

Das zugehörige Problem (5.98) lautet

$$\min (1,4)d + \tfrac{1}{2}d^T d$$
$$\text{u.d.N. } 0 + (1,2)d = 0.$$

Die Lösung ist

$$d^k = \begin{pmatrix} \tfrac{4}{5} \\ -\tfrac{2}{5} \end{pmatrix}.$$

Der Punkt $x^k + d^k = (\tfrac{4}{5}, \tfrac{3}{5})^T$ hat tatsächlich sehr gute Eigenschaften: Es ist

$$f(x^k + d^k) = -\frac{4}{5} < 0 = f(x^k), \quad h(x^k + d^k) = 0$$

und für die Penalty–Funktion $P_1(\,\cdot\,;\alpha)$ gilt

$$P_1(x^k + d^k;\alpha) = -\frac{4}{5} < 0 = P_1(x^k;\alpha).$$

Man kann übrigens zeigen, dass $x^k + d^k$ für jeden zulässigen Punkt x^k wieder zulässig ist, siehe Aufgabe 5.13.

Eine andere Strategie zur Vermeidung des Maratos–Effektes ist die sogenannte *Watchdog–Technik*. Sie besteht im Prinzip darin, dass unter bestimmten Umständen auch dann $t_k := 1$ gesetzt wird, wenn die Schrittweite 1 in (S.3) nicht akzeptiert wird; die Folge $\{f(x^k)\}$ ist also nicht mehr notwendig monoton fallend, weshalb man von einer „nichtmonotonen Schrittweitenregel" spricht. Für nähere Informationen verweisen wir auf [30].

5.5.7 Ein modifiziertes SQP–Verfahren

Wir haben uns bisher noch nicht mit der Frage auseinandergesetzt, ob die in den Algorithmen 5.29 und 5.37 zu lösenden quadratischen Teilprobleme (vgl. jeweils Schritt (S.2)) überhaupt zulässige Punkte besitzen.

Das folgende Lemma ist nützlich, um wenigstens im konvexen Fall die Wohldefiniertheit der Algorithmen 5.29 und 5.37 einzusehen. Es besagt nämlich, dass (zumindest bei positiv definiten Matrizen H_k) die in (S.2) zu berechnenden Lösungen Δx^k der quadratischen Teilprobleme stets existieren. Verwendet man zu ihrer Berechnung die Strategie der aktiven Menge aus dem Unterabschnitt 5.1.2, so gibt der Beweis dieses Lemmas überdies einen Hinweis für die Wahl der Startpunkte.

Lemma 5.40. *Die nichtlineare Optimierungsaufgabe (5.73) besitze zulässige Punkte, die Funktionen g_i seien konvex ($i = 1,\ldots,m$) und die Funktionen h_j seien affin–linear ($j = 1,\ldots,p$). Dann besitzen auch die quadratischen Teilprobleme (5.93) zulässige Punkte.*

Beweis. Sei $\tilde{x} \in \mathbb{R}^n$ ein nach Voraussetzung existierender zulässiger Punkt von (5.73). Definiere $\Delta x^k := \tilde{x} - x^k$. Dann gilt wegen Satz 2.16

$$g_i(x^k) + \nabla g_i(x^k)^T \Delta x^k = g_i(x^k) + \nabla g_i(x^k)^T(\tilde{x} - x^k) \le g_i(\tilde{x}) \le 0$$

für $i = 1, \ldots, m$ aufgrund der vorausgesetzten Konvexität der Funktionen g_i. Analog folgt

$$h_j(x^k) + \nabla h_j(x^k)^T \Delta x^k = h_j(x^k) + \nabla h_j(x^k)^T(\tilde{x} - x^k) = h_j(\tilde{x}) = 0$$

für $j = 1, \ldots, p$. Also ist Δx^k zulässig für das quadratische Teilproblem (5.93). □

Leider können im nichtkonvexen Fall die quadratischen Teilprobleme (5.93) durchaus keine zulässigen Punkte haben, und zwar auch dann, wenn das nichtlineare Ausgangsproblem (5.73) zulässige Punkte besitzt. Wir betrachten dazu das folgende kleine Beispiel:

$$\min f(x) := x^2 \quad \text{u.d.N.} \quad g(x) := 1 - x^2 \le 0;$$

offenbar gibt es für $x^k = 0$ kein Δx mit

$$g(x^k) + \nabla g(x^k)^T \Delta x \le 0,$$

denn es ist stets $g(x^k) + \nabla g(x^k)^T \Delta x = 1$.

Neben diesem gravierenden Nachteil zeigt eine Analyse des globalen Konvergenzverhaltens, dass ein unbeschränktes Anwachsen der Lagrange–Multiplikatoren der Probleme (5.93) verhindert werden muss, was starke Voraussetzungen erfordert (vgl. etwa [75, 168]). In der vorliegenden Form ist der Algorithmus 5.37 deshalb nur eingeschränkt brauchbar.

Um Abhilfe zu schaffen, lockern wir nun die Restriktionen in (5.93) und erzwingen durch einen zusätzlichen Term in der Zielfunktion, dass diese Lockerung „nur so stark wie nötig" ist.

Das im Folgenden betrachtete quadratische Teilproblem mit dem Variablenvektor $(\Delta x, \xi, \eta^+, \eta^-) \in \mathbb{R}^{n+m+2p}$ lautet:

$$\min \nabla f(x^k)^T \Delta x + \tfrac{1}{2}\Delta x^T H_k \Delta x + \alpha\left(\sum_{i=1}^m \xi_i + \sum_{j=1}^p \eta_j^+ + \sum_{j=1}^p \eta_j^-\right)$$

u.d.N. $g_i(x^k) + \nabla g_i(x^k)^T \Delta x \le \xi_i, \quad \xi_i \ge 0 \quad (i = 1, \ldots, m),$

$$h_j(x^k) + \nabla h_j(x^k)^T \Delta x = \eta_j^+ - \eta_j^-, \quad \eta_j^+ \ge 0, \quad \eta_j^- \ge 0 \quad (j = 1, \ldots, p).$$

$$(5.100)$$

Man beachte, dass hier dieselbe Zahl α auftaucht, die bereits in der Schrittlängenbestimmung (S.3) von Algorithmus 5.37 als Penalty–Parameter vorgekommen war.

Wir untersuchen nun genauer, welche Konsequenzen diese Lockerung der Restriktionen hat. Unser Ziel ist es, ein modifiziertes globalisiertes SQP–Verfahren anzugeben und hierfür im nächsten Unterabschnitt dann einen globalen Konvergenzsatz zu beweisen.

Zunächst führen wir die zu dem quadratischen Problem (5.100) gehörige Lagrange–Funktion (mit Lagrange–Multiplikatoren $(\lambda, \lambda^+, \mu, \mu^+, \mu^-) \in \mathbb{R}^{2m+3p}$) ein:

$$L(\Delta x, \xi, \eta^+, \eta^-, \lambda, \lambda^+, \mu, \mu^+, \mu^-)$$

$$= \nabla f(x^k)^T \Delta x + \frac{1}{2} \Delta x^T H_k \Delta x + \alpha \Big(\sum_{i=1}^m \xi_i + \sum_{j=1}^p \eta_j^+ + \sum_{j=1}^p \eta_j^- \Big)$$

$$+ \sum_{i=1}^m \lambda_i \Big(g_i(x^k) + \nabla g_i(x^k)^T \Delta x - \xi_i \Big) - \sum_{i=1}^m \lambda_i^+ \xi_i$$

$$+ \sum_{j=1}^p \mu_j \Big(h_j(x^k) + \nabla h_j(x^k)^T \Delta x - \eta_j^+ + \eta_j^- \Big) - \sum_{j=1}^p \mu_j^+ \eta_j^+ - \sum_{j=1}^p \mu_j^- \eta_j^-.$$

Ein Vektor $\big(\Delta x^k, \xi^k, (\eta^+)^k, (\eta^-)^k, \lambda^{k+1}, (\lambda^+)^{k+1}, \mu^{k+1}, (\mu^+)^{k+1}, (\mu^-)^{k+1} \big)$ genügt somit genau dann den KKT–Bedingungen für das quadratische Problem (5.100), wenn gilt:

$$\nabla f(x^k) + H_k \Delta x^k +$$
$$\sum_{i=1}^m \lambda_i^{k+1} \nabla g_i(x^k) + \sum_{j=1}^p \mu_j^{k+1} \nabla h_j(x^k) = 0,$$

$$\alpha - \lambda_i^{k+1} - (\lambda_i^+)^{k+1} = 0 \quad (i = 1, \ldots, m),$$
$$\alpha - \mu_j^{k+1} - (\mu_j^+)^{k+1} = 0 \quad (j = 1, \ldots, p),$$
$$\alpha + \mu_j^{k+1} - (\mu_j^-)^{k+1} = 0 \quad (j = 1, \ldots, p),$$

$$\lambda_i^{k+1} \geq 0, \quad g_i(x^k) + \nabla g_i(x^k)^T \Delta x^k - \xi_i^k \leq 0 \quad (i = 1, \ldots, m), \quad (5.101)$$
$$\lambda_i^{k+1} \big(g_i(x^k) + \nabla g_i(x^k)^T \Delta x^k - \xi_i^k \big) = 0 \quad (i = 1, \ldots, m),$$

$$(\lambda_i^+)^{k+1} \geq 0, \quad \xi_i^k \geq 0, \quad (\lambda_i^+)^{k+1} \xi_i^k = 0 \quad (i = 1, \ldots, m),$$

$$h_j(x^k) + \nabla h_j(x^k)^T \Delta x^k - (\eta_j^+)^k + (\eta_j^-)^k = 0 \quad (j = 1, \ldots, p),$$

$$(\mu_j^+)^{k+1} \geq 0, \quad (\eta_j^+)^k \geq 0, \quad (\mu_j^+)^{k+1} (\eta_j^+)^k = 0 \quad (j = 1, \ldots, p),$$
$$(\mu_j^-)^{k+1} \geq 0, \quad (\eta_j^-)^k \geq 0, \quad (\mu_j^-)^{k+1} (\eta_j^-)^k = 0 \quad (j = 1, \ldots, p).$$

Übrigens kann für jedes j höchstens eine der Zahlen $(\eta_j^+)^k, (\eta_j^-)^k$ von Null verschieden sein.

Wir untersuchen jetzt, inwieweit das quadratische Teilproblem (5.100) als Ersatz für (5.93) geeignet erscheint. Einige Eigenschaften sind in dem folgenden Lemma zusammengestellt.

Lemma 5.41. *(a) Das quadratische Problem (5.100) besitzt zulässige Punkte. Ist die Matrix H_k symmetrisch und positiv definit, so ist dieses Problem sogar lösbar.*

(b) Ein Vektor $\Delta x \in \mathbb{R}^n$ ist genau dann zulässig für das Programm (5.93), wenn $(\Delta x, 0, 0, 0) \in \mathbb{R}^{n+m+2p}$ zulässig für (5.100) ist.

(c) Die Matrix H_k sei symmetrisch und positiv definit. Ist $\Delta x^k \in \mathbb{R}^n$ Lösung von (5.93) mit Lagrange–Multiplikatoren $(\lambda^{k+1}, \mu^{k+1}) \in \mathbb{R}^{m+p}$ und gilt

$$\alpha \geq \max\{\lambda_1^{k+1}, \dots, \lambda_m^{k+1}, |\mu_1^{k+1}|, \dots, |\mu_p^{k+1}|\}, \qquad (5.102)$$

so ist $(\Delta x^k, 0, 0, 0) \in \mathbb{R}^{n+m+2p}$ Lösung von (5.100). Umgekehrt: Ist $(\Delta x^k, 0, 0, 0) \in \mathbb{R}^{n+m+2p}$ Lösung von (5.100), so ist Δx^k Lösung von (5.93), und für die zugehörigen Lagrange–Multiplikatoren $(\lambda^{k+1}, \mu^{k+1})$ gilt die Abschätzung (5.102).

Beweis. (a) Sei $\Delta x \in \mathbb{R}^n$ beliebig gewählt. Setzt man

$$\xi_i := \max\{0, g_i(x^k) + \nabla g_i(x^k)^T \Delta x\} \qquad (i = 1, \dots, m),$$
$$\eta_j^+ := \max\{0, h_j(x^k) + \nabla h_j(x^k)^T \Delta x\} \qquad (j = 1, \dots, p),$$
$$\eta_j^- := \max\{0, -(h_j(x^k) + \nabla h_j(x^k)^T \Delta x)\} \qquad (j = 1, \dots, p),$$

so ist $(\Delta x, \xi, \eta^+, \eta^-)$ zulässig für (5.100).

Zum Nachweis der Existenz einer Lösung von (5.100) betrachten wir zu einer Zahl c die Menge $\mathcal{L}_c$ der für (5.100) zulässigen Punkte $(\Delta x, \xi, \eta^+, \eta^-) \in \mathbb{R}^{n+m+2p}$ mit der Eigenschaft

$$\nabla f(x^k)^T \Delta x + \frac{1}{2} \Delta x^T H_k \Delta x + \alpha \Big(\sum_{i=1}^m \xi_i + \sum_{j=1}^p \eta_j^+ + \sum_{j=1}^p \eta_j^- \Big) \leq c.$$

Nach der bereits bewiesenen Teilaussage von (a) kann c so gewählt werden, dass $\mathcal{L}_c$ nichtleer ist. Weiter gilt für alle Punkte von $\mathcal{L}_c$ wegen $\xi_i \geq 0, \eta_j^+ \geq 0, \eta_j^- \geq 0$ für alle i, j:

$$\nabla f(x^k)^T \Delta x + \frac{1}{2} \Delta x^T H_k \Delta x \leq c.$$

Bezeichnet $\lambda_{\min}(H_k) > 0$ den kleinsten Eigenwert von H_k, so folgt aus dieser Ungleichung

$$-\|\nabla f(x^k)\| \, \|\Delta x\| + \frac{1}{2} \lambda_{\min}(H_k) \|\Delta x\|^2 \leq c$$

und hieraus die Existenz einer Zahl K mit

$$\|\Delta x\| \leq K \quad \text{für alle } (\Delta x, \xi, \eta^+, \eta^-) \in \mathcal{L}_c.$$

Somit gilt mit einer weiteren Konstanten $\tilde{K}$

$$\alpha \Big(\sum_{i=1}^m \xi_i + \sum_{j=1}^p \eta_j^+ + \sum_{j=1}^p \eta_j^- \Big) \leq \tilde{K} \quad \text{für alle } (\Delta x, \xi, \eta^+, \eta^-) \in \mathcal{L}_c.$$

Wegen $\xi_i \geq 0, \eta_j^+ \geq 0, \eta_j^- \geq 0$ für alle i, j folgt damit auch die Beschränktheit der Komponenten $\xi_i, \eta_j^+, \eta_j^-$ für $(\Delta x, \xi, \eta^+, \eta^-) \in \mathcal{L}_c$ und damit die Beschränktheit der Menge $\mathcal{L}_c$. Da $\mathcal{L}_c$ überdies abgeschlossen ist, nimmt die Zielfunktion von (5.100) ihr Minimum auf dieser Menge an. Damit ist auch die zweite Behauptung von (a) bewiesen.

(b) ist klar.

(c) Ist $\Delta x^k \in \mathbb{R}^n$ Lösung von (5.93), so existieren Lagrange–Multiplikatoren $(\lambda^{k+1},\ \mu^{k+1}) \in \mathbb{R}^{m+p}$, so dass die KKT–Bedingungen (5.94) erfüllt sind. Setzt man

$$(\lambda_i^+)^{k+1} := \alpha - \lambda_i^{k+1} \qquad (i = 1,\ldots,m),$$
$$(\mu_j^+)^{k+1} := \alpha - \mu_j^{k+1} \qquad (j = 1,\ldots,p),$$
$$(\mu_j^-)^{k+1} := \alpha + \mu_j^{k+1} \qquad (j = 1,\ldots,p),$$

so sieht man sofort, dass der Vektor

$$(\Delta x^k, 0, 0, 0, \lambda^{k+1}, (\lambda^+)^{k+1}, \mu^{k+1}, (\mu^+)^{k+1}, (\mu^-)^{k+1})$$

den KKT–Bedingungen (5.101) genügt. Da das quadratische Problem (5.100) wegen der vorausgesetzten positiven Definitheit von H_k konvex ist, folgt die Behauptung aus dem Satz 2.46. Der Beweis der Umkehrung verläuft entsprechend. $\square$

Aus den oben notierten KKT–Bedingungen (5.101) ergibt sich sofort das folgende Analogon zum Lemma 5.35:

Lemma 5.42. *Ist $(\Delta x^k, \xi^k, (\eta^+)^k, (\eta^-)^k) = (0,0,0,0)$ Lösung des quadratischen Teilproblems (5.100) mit zugehörigen Lagrange–Multiplikatoren λ^{k+1}, $(\lambda^+)^{k+1}$, μ^{k+1}, $(\mu^+)^{k+1}$, $(\mu^-)^{k+1}$, so ist $(x^k, \lambda^{k+1}, \mu^{k+1})$ bereits ein KKT–Punkt des nichtlinearen Programmes (5.73).*

Wir wollen nun in Analogie zum Satz 5.36 zeigen, dass auch die Lösung des „gelockerten" quadratischen Teilproblems (5.100) eine Abstiegsrichtung der exakten ℓ_1–Penalty–Funktion P_1 liefert.

Zur Vorbereitung — auch für einen späteren globalen Konvergenzsatz — betrachten wir die Funktion

$$\begin{aligned}
\Phi(x; \Delta x; \alpha) := f(x) &+ \nabla f(x)^T \Delta x \\
&+ \alpha \sum_{i=1}^m \max\{0, g_i(x) + \nabla g_i(x)^T \Delta x\} \\
&+ \alpha \sum_{j=1}^p |h_j(x) + \nabla h_j(x)^T \Delta x|.
\end{aligned} \qquad (5.103)$$

Diese Funktion tritt beispielsweise in dem folgenden Zusammenhang auf: Notwendig dafür, dass $(\Delta x, \xi, \eta^+, \eta^-)$ das quadratische Problem (5.100) löst, ist offenbar das Bestehen der Gleichungen

$$\begin{aligned}
\xi_i &= \max\{0, g_i(x^k) + \nabla g_i(x^k)^T \Delta x\} & (i = 1,\ldots,m), \\
\eta_j^+ &= \max\{0, h_j(x^k) + \nabla h_j(x^k)^T \Delta x\} & (j = 1,\ldots,m), \\
\eta_j^- &= \max\{0, -(h_j(x^k) + \nabla h_j(x^k)^T \Delta x)\} & (j = 1,\ldots,m).
\end{aligned}$$

Deshalb ist das Problem (5.100) äquivalent zu der unrestringierten Aufgabe

$$\min \quad \Phi(x^k; \Delta x; \alpha) + \frac{1}{2}\Delta x^T H_k \Delta x, \quad \Delta x \in \mathbb{R}^n. \tag{5.104}$$

Allerdings ist die Zielfunktion von (5.104) nicht überall differenzierbar (aber immerhin noch stetig).

Das folgende Lemma gibt Auskunft darüber, in welcher Beziehung die Funktion Φ zur Richtungsableitung P_1' der ℓ_1–Penalty–Funktion steht.

Lemma 5.43. *Seien Φ und P_1 die in (5.103) und (5.89) definierten Funktionen.*

(a) Für alle $x, \Delta x \in \mathbb{R}^n$ gilt

$$\Phi(x; \Delta x; \alpha) \geq P_1(x; \alpha) + P_1'(x; \Delta x; \alpha).$$

(b) Zu jedem $x \in \mathbb{R}^n$ existiert eine Zahl $\delta(x) > 0$, so dass für alle $\Delta x \in \mathbb{R}^n$ mit $\|\Delta x\| \leq \delta(x)$ gilt

$$\Phi(x; \Delta x; \alpha) = P_1(x; \alpha) + P_1'(x; \Delta x; \alpha).$$

Beweis. (a) Für alle $x, \Delta x$ ist

$$
\begin{aligned}
\Phi(x; \Delta x; \alpha) = {}& f(x) + \nabla f(x)^T \Delta x \\
&+ \alpha \sum_{i:g_i(x)>0} \underbrace{\max\{0, g_i(x) + \nabla g_i(x)^T \Delta x\}}_{\geq g_i(x) + \nabla g_i(x)^T \Delta x} \\
&+ \alpha \sum_{i:g_i(x)<0} \underbrace{\max\{0, g_i(x) + \nabla g_i(x)^T \Delta x\}}_{\geq 0} \\
&+ \alpha \sum_{i:g_i(x)=0} \max\{0, g_i(x) + \nabla g_i(x)^T \Delta x\} \\
&+ \alpha \sum_{j:h_j(x)>0} \underbrace{|h_j(x) + \nabla h_j(x)^T \Delta x|}_{\geq h_j(x) + \nabla h_j(x)^T \Delta x} \\
&+ \alpha \sum_{j:h_j(x)<0} \underbrace{|h_j(x) + \nabla h_j(x)^T \Delta x|}_{\geq -(h_j(x) + \nabla h_j(x)^T \Delta x)} \\
&+ \alpha \sum_{j:h_j(x)=0} |h_j(x) + \nabla h_j(x)^T \Delta x|.
\end{aligned}
$$

Aus den bei den einzelnen Teilsummen angegebenen Abschätzungen erhält man mittels einiger Umgruppierungen und unter Verwendung von Korollar 5.34 für die letzte Gleichheit

$$\Phi(x; \Delta x; \alpha) \geq f(x) + \nabla f(x)^T \Delta x$$

$$+\alpha \sum_{i:g_i(x)>0} g_i(x) + \alpha \sum_{j:h_j(x)>0} h_j(x) - \alpha \sum_{j:h_j(x)<0} h_j(x)$$

$$+\alpha \sum_{i:g_i(x)>0} \nabla g_i(x)^T \Delta x$$

$$+\alpha \sum_{i:g_i(x)=0} \max\{0, \nabla g_i(x)^T \Delta x\}$$

$$+\alpha \sum_{j:h_j(x)>0} \nabla h_j(x)^T \Delta x - \alpha \sum_{j:h_j(x)<0} \nabla h_j(x)^T \Delta x$$

$$+\alpha \sum_{j:h_j(x)=0} |\nabla h_j(x)^T \Delta x|$$

$$= P_1(x; \alpha) + P_1'(x; \Delta x; \alpha).$$

(b) Sei $x \in \mathbb{R}^n$ fest gewählt. Setze

$$\delta_1(x) := \min\{\frac{|g_i(x)|}{\|\nabla g_i(x)\|} \mid i : g_i(x) \neq 0 \text{ und } \nabla g_i(x) \neq 0\},$$

$$\delta_2(x) := \min\{\frac{|h_j(x)|}{\|\nabla h_j(x)\|} \mid j : h_j(x) \neq 0 \text{ und } \nabla h_j(x) \neq 0\},$$

und sei

$$\|\Delta x\| \leq \delta(x) := \min\{\delta_1(x), \delta_2(x)\}.$$

Dann gilt

$$|\nabla g_i(x)^T \Delta x| \leq \|\nabla g_i(x)\| \, \|\Delta x\| \leq \|\nabla g_i(x)\| \, \delta_1(x) \leq |g_i(x)| \quad \forall i \text{ mit } g_i(x) \neq 0$$

und folglich

$$\max\{0, g_i(x) + \nabla g_i(x)^T \Delta x\} = \begin{cases} g_i(x) + \nabla g_i(x)^T \Delta x & \forall i \text{ mit } g_i(x) > 0, \\ 0 & \forall i \text{ mit } g_i(x) < 0. \end{cases}$$

Entsprechend zeigt man

$$|h_j(x) + \nabla h_j(x)^T \Delta x| = \begin{cases} h_j(x) + \nabla h_j(x)^T \Delta x & \forall j \text{ mit } h_j(x) > 0, \\ -(h_j(x) + \nabla h_j(x)^T \Delta x) & \forall j \text{ mit } h_j(x) < 0. \end{cases}$$

Das „$\geq$" in der im Beweis von Teil (a) auftretenden Ungleichungs–Gleichungs-kette kann somit für alle $\Delta x \in \mathbb{R}^n$ mit $\|\Delta x\| \leq \delta(x)$ durch „=" ersetzt werden. Wegen $\delta(x) > 0$ ist damit auch (b) bewiesen. □

Für eine Diskussion der Aussage (b) von Lemma 5.43 anhand eines Beispiels verweisen wir auf die Aufgabe 5.14.

Als Vorbereitung für den „Abstiegssatz" 5.45 stellen wir das folgende Lemma bereit.

Lemma 5.44. *Sei* $(\Delta x^k, \xi^k, (\eta^+)^k, (\eta^-)^k)$ *eine Lösung des quadratischen Teilproblems (5.100). Dann gilt*

$$\Phi(x^k; \Delta x^k; \alpha) \leq P_1(x^k; \alpha) - (\Delta x^k)^T H_k \Delta x^k.$$

Beweis. Bei diesem Beweis lassen wir der Übersichtlichkeit halber jeweils den oberen Index k bzw. $k+1$ weg.

Nach Voraussetzung gibt es Lagrange–Multiplikatoren λ, λ^+, μ, μ^+, μ^-, so dass für $(\Delta x, \xi, \eta^+, \eta^-, \lambda, \lambda^+, \mu, \mu^+, \mu^-)$ die KKT–Bedingungen (5.101) erfüllt sind. Aus der ersten Bedingung von (5.101) ergibt sich

$$\nabla f(x)^T \Delta x = -(\Delta x)^T H_k \Delta x - \sum_{i=1}^m \lambda_i \nabla g_i(x)^T \Delta x - \sum_{j=1}^p \mu_j \nabla h_j(x)^T \Delta x.$$

Somit gilt wegen (5.103):

$$\Phi(x; \Delta x; \alpha)$$

$$= f(x) - (\Delta x)^T H_k \Delta x - \sum_{i=1}^m \lambda_i \nabla g_i(x)^T \Delta x - \sum_{j=1}^p \mu_j \nabla h_j(x)^T \Delta x$$

$$+ \alpha \sum_{i=1}^m \max\{0, g_i(x) + \nabla g_i(x)^T \Delta x\} + \alpha \sum_{j=1}^p |h_j(x) + \nabla h_j(x)^T \Delta x|$$

$$\leq P_1(x; \alpha) - \alpha \sum_{i=1}^m \max\{0, g_i(x)\} - \alpha \sum_{j=1}^p |h_j(x)|$$

$$- (\Delta x)^T H_k \Delta x - \sum_{i=1}^m \lambda_i(\xi_i - g_i(x)) - \sum_{j=1}^p \mu_j(\eta_j^+ - \eta_j^- - h_j(x))$$

$$+ \alpha \sum_{i=1}^m \xi_i + \alpha \sum_{j=1}^p (\eta_j^+ + \eta_j^-);$$

dabei wurden insbesondere die sechste, achte und fünfte Bedingung sowie $\eta_j^+ \eta_j^- = 0$ aus (5.101) verwendet.

Splittet man die Summen nach den verschiedenen Indexmengen auf, schätzt entsprechend dem Vorzeichen von $g_i(x)$ bzw. von $h_j(x)$ ab, berücksichtigt das Vorzeichen der λ_i und ξ_i und verwendet die aus (5.101) resultierenden Abschätzungen

$$\begin{aligned} \alpha - \lambda_i &\geq 0 \quad (i = 1, \ldots, m), \\ \alpha - |\mu_j| &\geq 0 \quad (j = 1, \ldots, p), \end{aligned} \tag{5.105}$$

so erhält man die Ungleichungskette

$$\Phi(x; \Delta x; \alpha) \leq P_1(x; \alpha) - (\Delta x)^T H_k \Delta x$$

$$+ \sum_{i: g_i(x) \geq 0} \left[\alpha(\xi_i - \max\{0, g_i(x)\}) - \lambda_i(\xi_i - g_i(x)) \right]$$

$$+ \sum_{i: g_i(x) < 0} \left[\alpha(\xi_i - \max\{0, g_i(x)\}) - \lambda_i(\xi_i - g_i(x)) \right]$$

$$+ \sum_{j: h_j(x) \geq 0} \left[\alpha(\eta_j^+ + \eta_j^- - h_j(x)) - \mu_j(\eta_j^+ - \eta_j^- - h_j(x)) \right]$$

$$+ \sum_{j: h_j(x) < 0} \left[\alpha(\eta_j^+ + \eta_j^- + h_j(x)) - \mu_j(\eta_j^+ - \eta_j^- - h_j(x)) \right]$$

$$\leq P_1(x; \alpha) - (\Delta x)^T H_k \Delta x$$

$$+ \sum_{i: g_i(x) \geq 0} (\alpha - \lambda_i)(\xi_i - g_i(x)) + \sum_{i: g_i(x) < 0} (\alpha - \lambda_i)\xi_i$$

$$+ \sum_{j: h_j(x) \geq 0} \left[(\alpha - \mu_j)\eta_j^+ + (\alpha + \mu_j)\eta_j^- + (\alpha - \mu_j)(-h_j(x)) \right]$$

$$+ \sum_{j: h_j(x) < 0} \left[(\alpha - \mu_j)\eta_j^+ + (\alpha + \mu_j)\eta_j^- + (\alpha + \mu_j)h_j(x) \right]$$

und damit als vorläufiges Ergebnis

$$\Phi(x; \Delta x; \alpha) \leq P_1(x; \alpha) - (\Delta x)^T H_k \Delta x$$

$$+ \sum_{i=1}^m (\alpha - \lambda_i)\xi_i + \sum_{j=1}^p \left[(\alpha - \mu_j)\eta_j^+ + (\alpha + \mu_j)\eta_j^- \right].$$

Die zweite und siebente Gleichung in (5.101) liefern

$$(\alpha - \lambda_i)\xi_i = 0 \qquad (i = 1, \ldots, m),$$

entsprechend erhält man aus der dritten und neunten bzw. der vierten und
zehnten Gleichung

$$(\alpha - \mu_j)\eta_j^+ = (\alpha + \mu_j)\eta_j^- = 0 \qquad (j = 1, \ldots, p).$$

Damit ist die Behauptung bewiesen. $\square$

Aus Lemma 5.44 und Lemma 5.43 folgt nun sofort das bereits angekündigte
Ergebnis, welches den Satz 5.36 verallgemeinert.

Satz 5.45. *Sei $(\Delta x^k, \xi^k, (\eta^+)^k, (\eta^-)^k)$ mit $\Delta x^k \neq 0$ Lösung des quadratischen Teilproblems (5.100) mit symmetrischer und positiv definiter Matrix $H_k \in \mathbb{R}^{n \times n}$. Dann gilt*

$$P_1'(x^k; \Delta x^k; \alpha) \leq -(\Delta x^k)^T H_k \Delta x^k < 0,$$

d.h., Δx^k ist Abstiegsrichtung von der exakten ℓ_1–Penalty–Funktion im Punkte x^k.

Lemma 5.42 und Satz 5.45 lassen noch die folgende Frage unbeantwortet: Was kann man über den Punkt x^k aussagen, wenn $(0, \xi^k, (\eta^+)^k, (\eta^-)^k) \neq (0, 0, 0, 0)$ Lösung des quadratischen Teilproblems (5.100) ist? Leider kann in diesem Fall nicht geschlossen werden, dass x^k zusammen mit geeigneten Lagrange–Multiplikatoren ein KKT–Punkt des nichtlinearen Programmes (5.73) ist. Für das bereits im Anschluss an Lemma 5.40 betrachtete Beispiel

$$\min f(x) := x^2 \quad \text{u.d.N.} \quad g(x) := 1 - x^2 \leq 0$$

lautet (5.100) für $x^k = 0$ und beliebiges $H_k > 0$

$$\min \quad \tfrac{1}{2} \Delta x H_k \Delta x + \alpha \xi$$
$$\text{u.d.N.} \ 1 \leq \xi, \ \xi \geq 0;$$

die Lösung ist $(\Delta x^k, \xi^k) = (0, 1)$, jedoch ist $x^k = 0$ nicht einmal ein zulässiger Punkt des Ausgangsproblems. Aufgrund des folgenden Resultates ist der Punkt $x^k = 0$ immerhin noch ein „stationärer Punkt" der exakten ℓ_1–Penalty–Funktion

$$P_1(x; \alpha) = x^2 + \alpha \max\{0, 1 - x^2\}.$$

Satz 5.46. *Ist $(\Delta x^k, \xi^k, (\eta^+)^k, (\eta^-)^k)$ mit $\Delta x^k = 0$ Lösung des quadratischen Teilproblems (5.100), so gilt für die exakte ℓ_1–Penalty–Funktion $P_1(\cdot; \alpha)$:*

$$P_1'(x^k; \Delta x; \alpha) \geq 0 \ \text{für alle } \Delta x \in \mathbb{R}^n,$$

d.h., x^k ist ein stationärer Punkt von der Penalty–Funktion $P_1(\cdot; \alpha)$. Umgekehrt: Ist die Matrix H_k positiv definit, x^k ein stationärer Punkt von $P_1(\cdot; \alpha)$ und $(\Delta x^k, \xi^k, (\eta^+)^k, (\eta^-)^k)$ Lösung von (5.100), so ist $\Delta x^k = 0$.

Beweis. Da $(0, \xi^k, (\eta^+)^k, (\eta^-)^k)$ Lösung von (5.100) ist und das Problem (5.100) äquivalent zu dem unrestringierten Problem (5.104) ist, gilt für alle $\Delta x \in \mathbb{R}^n$ die Ungleichung

$$\Phi(x^k; 0; \alpha) \leq \Phi(x^k; \Delta x; \alpha) + \frac{1}{2} \Delta x^T H_k \Delta x.$$

Angenommen, es gäbe ein $\Delta x \neq 0$ mit

$$P_1'(x^k; \Delta x; \alpha) < 0.$$

Dann würde mit Lemma 5.43 (b) für alle $\tau \in (0, \frac{\delta(x^k)}{||\Delta x||})$ folgen (wobei $\delta(x^k)$ natürlich die im Lemma 5.43 (b) angegebene Größe sei):

$$P_1(x^k; \alpha) = \Phi(x^k; 0; \alpha)$$
$$\leq \Phi(x^k; \tau \Delta x; \alpha) + \frac{1}{2} \tau^2 \Delta x^T H_k \Delta x$$
$$= P_1(x^k; \alpha) + P_1'(x^k; \tau \Delta x; \alpha) + \frac{1}{2} \tau^2 \Delta x^T H_k \Delta x.$$

Wegen $P_1'(x^k; \tau \Delta x; \alpha) = \tau P_1(x^k; \Delta x; \alpha)$ erhielte man für hinreichend kleine $\tau > 0$ daher

$$0 \leq \tau \left(P_1'(x^k; \Delta x; \alpha) + \frac{1}{2} \tau \Delta x^T H_k \Delta x \right) < 0,$$

was aber nicht sein kann.

Sei umgekehrt x^k ein stationärer Punkt von der Penalty–Funktion $P_1(\cdot; \alpha)$ und $(\Delta x^k, \xi^k, (\eta^+)^k, (\eta^-)^k)$ Lösung von (5.100). Wäre dann $\Delta x^k \neq 0$, so würde mit Satz 5.45 der Widerspruch

$$0 \leq P_1'(x^k; \Delta x^k; \alpha) \leq -(\Delta x^k)^T H_k \Delta x^k < 0,$$

folgen.   □

Nach diesen Vorbereitungen geben wir nun einen SQP–Algorithmus an, bei welchem die Richtungen Δx^k aus quadratischen Teilproblemen vom Typ (5.100) berechnet werden.

Algorithmus 5.47. *(Modifiziertes globalisiertes SQP–Verfahren)*

(S.0) Wähle $(x^0, \lambda^0, \mu^0) \in \mathbb{R}^n \times \mathbb{R}^m \times \mathbb{R}^p, H_0 \in \mathbb{R}^{n \times n}$ symmetrisch, $\alpha > 0, \beta \in (0,1), \sigma \in (0,1)$, und setze $k := 0$.

(S.1) Ist (x^k, λ^k, μ^k) ein KKT–Punkt von (5.73): STOP.

(S.2) Berechne eine Lösung $(\Delta x^k, \xi^k, (\eta^+)^k, (\eta^-)^k)$ des quadratischen Teilproblems

$$\min \nabla f(x^k)^T \Delta x + \tfrac{1}{2} \Delta x^T H_k \Delta x + \alpha \left(\sum_{i=1}^m \xi_i + \sum_{j=1}^p \eta_j^+ + \sum_{j=1}^p \eta_j^- \right)$$
$$u.d.N. \ g_i(x^k) + \nabla g_i(x^k)^T \Delta x \leq \xi_i, \ \xi_i \geq 0 \ (i = 1, \ldots, m)$$
$$h_j(x^k) + \nabla h_j(x^k)^T \Delta x = \eta_j^+ - \eta_j^-, \eta_j^+ \geq 0, \eta_j^- \geq 0 \ (j = 1, \ldots, p)$$

mit zugehörigen Lagrange–Multiplikatoren $\lambda^{k+1}, (\lambda^+)^{k+1}, \mu^{k+1}, (\mu^+)^{k+1}$ und $(\mu^-)^{k+1}$. Ist $\Delta x^k = 0$: STOP.

(S.3) Bestimme eine Schrittweite $t_k = \max\{\beta^\ell \mid \ell = 0, 1, 2, \ldots\}$ mit

$$P_1(x^k + t_k \Delta x^k; \alpha) \leq P_1(x^k; \alpha) - \sigma t_k (\Delta x^k)^T H_k \Delta x^k.$$

(S.4) Setze $x^{k+1} := x^k + t_k \Delta x^k$, wähle $H_{k+1} \in \mathbb{R}^{n \times n}$ symmetrisch, setze $k \leftarrow k + 1$, und gehe zu (S.1).

Im Unterschied zum Algorithmus 5.37 ist jetzt der Schritt (S.2) wohldefiniert, da das hier auftretende quadratische Teilproblem bei positiv definiter Matrix H_k stets eine Lösung besitzt (vgl. Lemma 5.41 (a)).

Weiter folgt aus Lemma 5.41 (c), sofern H_k positiv definit und $\alpha > 0$ hinreichend groß ist: Besitzt das im Schritt (S.2) des früheren Algorithmus 5.37 auftretende quadratische Teilproblem zulässige Punkte, so stimmt die hieraus berechnete Suchrichtung Δx^k mit jener aus dem Algorithmus 5.47 überein!

Man beachte, dass sich die Armijo–artige Schrittlängenbestimmung in (S.3) von jener im Algorithmus 5.37 unterscheidet; dies hat unter anderem den Vorteil, dass die Berechnung von $(\Delta x^k)^T H_k \Delta x^k$ etwas einfacher erscheint als jene von $P_1'(x^k; \Delta x^k; \alpha)$. Analog zum Beweis des Satzes 5.1 aus [66] folgt auch hier (jetzt aus dem Satz 5.45), dass es stets einen endlichen Index $\ell = \ell_k \in \mathbb{N}$ gibt, so dass die Schrittweite $t_k = \beta^{\ell_k}$ der Bedingung

$$P_1(x^k + t_k \Delta x^k; \alpha) \leq P_1(x^k; \alpha) - \sigma t_k (\Delta x^k)^T H_k \Delta x^k.$$

genügt.

Nach Satz 5.46 ist im Fall des Abbrechens im Schritt (S.2) der aktuelle Punkt x^k zumindest ein stationärer Punkt der exakten ℓ_1–Penalty–Funktion $P_1(\,\cdot\,; \alpha)$. Ist sogar

$$\left(\Delta x^k, \xi^k, (\eta^+)^k, (\eta^-)^k\right) = (0, 0, 0, 0),$$

so ist $(x^k, \lambda^{k+1}, \mu^{k+1})$ nach Lemma 5.42 sogar ein KKT–Punkt des nichtlinearen Programmes (5.73). Dieser Fall liegt insbesondere dann vor, wenn x^k überdies ein zulässiger Punkt des nichtlinearen Programmes (5.73) ist, vgl. Aufgabe 5.16.

5.5.8 Globale Konvergenz des modifizierten SQP–Verfahrens

Wir beweisen in diesem Unterabschnitt den nachfolgenden globalen Konvergenzsatz für das modifizierte SQP-Verfahren aus dem Algorithmus 5.47.

Satz 5.48. *Sei $\{x^k\}$ eine durch den Algorithmus 5.47 erzeugte Folge. Für die symmetrischen Matrizen H_k gelte mit Konstanten $c_1 > 0, c_2 > 0$*

$$c_1 ||d||^2 \leq d^T H_k d \leq c_2 ||d||^2 \quad \text{für alle } d \in \mathbb{R}^n, k \in \mathbb{N}. \tag{5.106}$$

Dann ist jeder Häufungspunkt der Folge $\{x^k\}$ ein stationärer Punkt der ℓ_1–Penalty–Funktion $P_1(\,\cdot\,; \alpha)$.

Beweis. Sei x^* ein Häufungspunkt der Folge $\{x^k\}$ und $\{x^k\}_K$ eine gegen x^* konvergente Teilfolge. Da die Folge $\{P_1(x^k; \alpha)\}$ monoton fallend und die Teilfolge $\{P_1(x^k; \alpha)\}_K$ konvergent gegen $P_1(x^*; \alpha)$ ist, konvergiert die gesamte Folge $\{P_1(x^k; \alpha)\}$ gegen $P_1(x^*; \alpha)$, und es folgt

$$\lim_{k \to \infty} \left(P_1(x^k; \alpha) - P_1(x^{k+1}; \alpha)\right) = 0.$$

Wegen der aus (S.3), (S.4) und Satz 5.45 resultierenden Einschließung

$$P_1(x^{k+1}; \alpha) - P_1(x^k; \alpha) \leq -\sigma t_k (\Delta x^k)^T H_k \Delta x^k < 0$$

erhält man hieraus

$$\lim_{k \to \infty} t_k (\Delta x^k)^T H_k \Delta x^k = 0. \tag{5.107}$$

Nun nutzen wir aus, dass $\left(\Delta x^k, \xi^k, (\eta^+)^k, (\eta^-)^k\right)$ Lösung des quadratischen Problems (5.100) ist: Es gibt Lagrange–Multiplikatoren

$$\lambda^{k+1}, (\lambda^+)^{k+1}, \mu^{k+1}, (\mu^+)^{k+1}, (\mu^-)^{k+1},$$

so dass die KKT–Bedingungen (5.101) erfüllt sind; außerdem gelten

$$
\begin{aligned}
\xi_i^k &= \max\{0, g_i(x^k) + \nabla g_i(x^k)^T \Delta x^k\} && (i = 1, \ldots, m),\\
(\eta_j^+)^k &= \max\{0, h_j(x^k) + \nabla h_j(x^k)^T \Delta x^k\} && (j = 1, \ldots, p),\\
(\eta_j^-)^k &= \max\{0, -(h_j(x^k) + \nabla h_j(x^k)^T \Delta x^k)\} && (j = 1, \ldots, p)
\end{aligned}
\tag{5.108}
$$

(man beachte, dass $(\eta_j^+)^k \cdot (\eta_j^-)^k = 0$ für alle j ist). Aus den KKT–Bedingungen folgt insbesondere

$$
\begin{aligned}
0 &\le \lambda_i^{k+1} \le \alpha, \quad 0 \le (\lambda_i^+)^{k+1} \le \alpha,\\
|\mu_j^{k+1}| &\le \alpha, \qquad 0 \le (\mu_j^+)^{k+1} \le 2\alpha, \quad 0 \le (\mu_j^-)^{k+1} \le 2\alpha
\end{aligned}
$$

$(i = 1, \ldots, m; j = 1, \ldots, p)$. Wir können deshalb ohne Beschränkung der Allgemeinheit annehmen, dass die Teilfolgen $\{\lambda^{k+1}\}_K$ usw. konvergieren:

$$
\begin{aligned}
\lim_{k \in K} \lambda^{k+1} &= \lambda^*, \quad \lim_{k \in K} (\lambda^+)^{k+1} = (\lambda^+)^*,\\
\lim_{k \in K} \mu^{k+1} &= \mu^*, \quad \lim_{k \in K} (\mu^+)^{k+1} = (\mu^+)^*, \quad \lim_{k \in K} (\mu^-)^{k+1} = (\mu^-)^*.
\end{aligned}
\tag{5.109}
$$

Weiter folgt aus der Voraussetzung (5.106), dass die Matrizen–Folgen $\{H_k\}$ und $\{H_k^{-1}\}$ beschränkt sind, siehe Aufgabe 5.18. Insbesondere können wir deshalb ohne Einschränkung davon ausgehen, dass die Folge $\{H_k\}_K$ gegen eine ebenfalls symmetrische und positiv definite Matrix $H_* \in \mathbb{R}^{n \times n}$ konvergiert.

Offen ist bisher das Verhalten der Folge $\{\Delta x^k\}_K$. Wir unterscheiden im Hinblick auf den kleinsten Häufungspunkt der Folge $\{\|\Delta x^k\|\}_K$ zwei Fälle:

Fall 1: $\displaystyle\liminf_{k \in K} \|\Delta x^k\| = 0$,

Fall 2: $\displaystyle\liminf_{k \in K} \|\Delta x^k\| > 0$.

Im *Fall 1* können wir (wieder o.B.d.A.) annehmen, dass $\{\|\Delta x^k\|\}_K$ gegen 0 konvergiert. Die KKT–Bedingungen (5.101) gehen durch Grenzübergang auf der Teilfolge K mit (5.109) sowie

$$\xi^* := \lim_{k \in K} \xi^k, \quad (\eta^+)^* := \lim_{k \in K} (\eta^+)^k, \quad (\eta^-)^* := \lim_{k \in K} (\eta^-)^k$$

(vgl. (5.108)) dann in ein System von Gleichungen und Ungleichungen über, welches gerade besagt, dass

$$\left(0, \xi^*, (\eta^+)^*, (\eta^-)^*, \lambda^*, \mu^*, (\mu^+)^*, (\mu^-)^*\right)$$

ein KKT–Punkt des zu (x^*, H_*) anstelle von (x^k, H_k) gehörigen quadratischen Problems (5.100) ist. Aufgrund der Konvexität ist $(0, \xi^*, (\eta^+)^*, (\eta^-)^*)$ dann Lösung dieses Problems. Nach Satz 5.46 ist folglich x^* ein stationärer Punkt der exakten ℓ_1–Penalty–Funktion $P_1(\,\cdot\,; \alpha)$.

Es liege nun *Fall 2* vor. Wegen der Beschränktheit der Folge $\{H_k^{-1}\}$ folgt aus der ersten Gleichung von (5.101) sowie aus (5.109) die Beschränktheit der Folge $\{\Delta x^k\}_K$; wir können also o.B.d.A. annehmen, dass

$$\lim_{k \in K} \Delta x^k = \Delta x^* \neq 0$$

gilt. Damit und mit (5.106) erhält man aus (5.107)

$$\lim_{k \in K} t_k = 0.$$

Somit gibt es einen Index $k_0 \in \mathbb{N}$, so dass

$$t_k < 1 \quad \text{für alle } k \in K \text{ mit } k \geq k_0$$

gilt. Folglich kann für diese k die Schrittweite $\frac{t_k}{\beta}$ die Bedingung in (S.3) noch nicht erfüllen; für $\tau_k := \frac{t_k}{\beta}$ gilt also

$$P_1(x^k + \tau_k \Delta x^k; \alpha) > P_1(x^k; \alpha) - \sigma \tau_k (\Delta x^k)^T H_k \Delta x^k, \quad k \in K, k \geq k_0.$$
$$(5.110)$$

Wir bringen nun $P_1(x^k + \tau_k \Delta x^k; \alpha)$ in Verbindung mit der in (5.103) eingeführten Funktion Φ. Zunächst folgt aus dem Mittelwertsatz der Differentialrechnung

$$\begin{aligned}
f(x^k + \tau_k \Delta x^k) &= f(x^k) + \tau_k \nabla f(x^k)^T \Delta x^k \\
&\quad + \tau_k \left(\nabla f(x^k + \theta_k \tau_k \Delta x^k) - \nabla f(x^k) \right)^T \Delta x^k \\
&=: f(x^k) + \tau_k \nabla f(x^k)^T \Delta x^k + \gamma_{0,k}
\end{aligned}$$

mit $0 < \theta_k < 1$; aus Stetigkeitsgründen ist dabei

$$\lim_{k \to \infty} \frac{\gamma_{0,k}}{\tau_k} = 0.$$

Entsprechend gilt

$$g_i(x^k + \tau_k \Delta x^k) =: g_i(x^k) + \tau_k \nabla g_i(x^k)^T \Delta x^k + \gamma_{i,k}$$

mit

$$\lim_{k \to \infty} \frac{\gamma_{i,k}}{\tau_k} = 0$$

$(i = 1, \ldots, m)$ sowie

$$h_j(x^k + \tau_k \Delta x^k) =: h_j(x^k) + \tau_k \nabla h_j(x^k)^T \Delta x^k + \delta_{j,k}$$

mit

$$\lim_{k \to \infty} \frac{\delta_{j,k}}{\tau_k} = 0$$

$(j = 1, \ldots, p)$. Damit gilt für die exakte ℓ_1–Penalty–Funktion

$$
\begin{aligned}
P_1(x^k + \tau_k \Delta x^k; \alpha) &= f(x^k + \tau_k \Delta x^k) \\
&\quad + \alpha \sum_{i=1}^{m} \max\{0, g_i(x^k + \tau_k \Delta x^k)\} \\
&\quad + \alpha \sum_{j=1}^{p} |h_j(x^k + \tau_k \Delta x^k)| \\
&= f(x^k) + \tau_k \nabla f(x^k)^T \Delta x^k + \gamma_{0,k} \\
&\quad + \alpha \sum_{i=1}^{m} \max\{0, g_i(x^k) + \tau_k \nabla g_i(x^k)^T \Delta x^k + \gamma_{i,k}\} \\
&\quad + \alpha \sum_{j=1}^{p} |h_j(x^k) + \tau_k \nabla h_j(x^k)^T \Delta x^k + \delta_{j,k}|.
\end{aligned}
$$

Mit der in (5.103) definierten Funktion $\Phi(\,\cdot\,;\,\cdot\,;\alpha)$ erhält man

$$P_1(x^k + \tau_k \Delta x^k; \alpha) = \Phi(x^k; \tau_k \Delta x^k; \alpha) + \varepsilon_k \qquad (5.111)$$

für eine gewisse Folge $\{\varepsilon_k\}$, welche ebenfalls die Eigenschaft

$$\lim_{k \to \infty} \frac{\varepsilon_k}{\tau_k} = 0 \qquad (5.112)$$

besitzt.

Die Funktion $\varphi(\tau) := \Phi(x^k; \tau \Delta x^k; \alpha)$ ist offenbar konvex; folglich ist

$$
\begin{aligned}
\Phi(x^k; \tau_k \Delta x^k; \alpha) &\leq (1 - \tau_k)\Phi(x^k; 0; \alpha) + \tau_k \Phi(x^k; \Delta x^k; \alpha) \\
&= P_1(x^k; \alpha) + \tau_k \Big(\Phi(x^k; \Delta x^k; \alpha) - P_1(x^k; \alpha) \Big).
\end{aligned}
$$

Aus (5.111) und (5.110) resultiert damit

$$
\begin{aligned}
P_1(x^k; \alpha) &+ \tau_k \Big(\Phi(x^k; \Delta x^k; \alpha) - P_1(x^k; \alpha) \Big) + \varepsilon_k \\
&\geq \Phi(x^k; \tau_k \Delta x^k; \alpha) + \varepsilon_k \\
&= P_1(x^k + \tau_k \Delta x^k; \alpha) \\
&> P_1(x^k; \alpha) - \sigma \tau_k (\Delta x^k)^T H_k \Delta x^k,
\end{aligned}
$$

also gilt

$$\Phi(x^k; \Delta x^k; \alpha) - P_1(x^k; \alpha) + \frac{\varepsilon_k}{\tau_k} > -\sigma (\Delta x^k)^T H_k \Delta x^k, \quad k \in K, \, k \geq k_0.$$

Andererseits gilt nach Lemma 5.44

$$\Phi(x^k; \Delta x^k; \alpha) - P_1(x^k; \alpha) \leq -(\Delta x^k)^T H_k \Delta x^k.$$

Zusammen folgt

$$(1 - \sigma)(\Delta x^k)^T H_k \Delta x^k \leq \frac{\varepsilon_k}{\tau_k}, \quad k \in K, \ k \geq k_0.$$

Beachtet man (5.106) und $\sigma \in (0,1)$, so liefert der Grenzübergang auf K

$$(1 - \sigma)c_1 \|\Delta x^*\|^2 \leq 0,$$

was wegen $c_1 > 0$ einen Widerspruch zu $\Delta x^* \neq 0$ (vgl. Voraussetzung von Fall 2) darstellt. Folglich muss Fall 1 vorliegen, x^* also, wie oben gezeigt, ein stationärer Punkt von $P_1(\,\cdot\,; \alpha)$ sein. □

Wir schließen unsere Darlegungen über SQP–Verfahren ab mit einigen Anmerkungen:

Die quadratischen Teilprobleme (5.100) sind wegen der linear auftretenden Variablen $\xi_i, \eta_j^+, \eta_j^-$ auch bei positiv definiter Matrix H_k nicht *strikt* konvex. Bei manchen Verfahren zur Lösung quadratischer Probleme kann dies von Nachteil sein. Es kann deshalb manchmal sinnvoll sein, die Zielfunktion durch einen Term $\tilde{\alpha}(\|\xi\|^2 + \|\eta^+\|^2 + \|\eta^-\|^2)$ zu ergänzen. Modifikationen, bei welchen in der Zielfunktion keine „Lockerungsvariablen" auftauchen, werden in [24] und [180] beschrieben.

Zur Globalisierung bietet sich als Alternative zu der hier verwendeten (nicht differenzierbaren) exakten ℓ_1–Penalty–Funktion an, eine differenzierbare exakte Penalty–Funktion oder eine erweiterte Lagrange–Funktion (Multiplier–Penalty–Funktion) einzusetzen, vergleiche [160, 151, 119, 48, 50].

Man kann aber auch auf die Schrittweitenbestimmung längs einer Suchrichtung verzichten und dafür auf das Trust–Region–Konzept zurückgreifen. Eine erfolgreich arbeitende Realisierung dieser Idee ist der $S\ell_1QP$–Algorithmus von Fletcher, vergleiche [57]. Für weitere Trust–Region–Varianten verweisen wir auch auf das Buch von Nocedal und Wright [138].

5.6 Reduktionsmethoden

In diesem Abschnitt betrachten wir Optimierungsprobleme in n Variablen mit $p < n$ Gleichheitsrestriktionen. Es erscheint naheliegend, dass man aufgrund dieser p Gleichheitsrestriktionen nur noch $n - p$ Freiheitsgrade hat. Die Idee der Reduktionsmethoden besteht nun darin, auf geschickte Weise p Variablen mittels der Nebenbedingungen zu eliminieren, um ein unrestringiertes Optimierungsproblem in nur noch $n - p$ Variablen zu erhalten. Dieser Ansatz wird im Unterabschnitt 5.6.1 etwas eingehender studiert. Anschließend wird im Unterabschnitt 5.6.2 ein reduziertes Quasi–Newton–Verfahren vorgestellt, welches auf einer ähnlichen Idee beruht.

5.6.1 Reduktion bei linearen Gleichheitsrestriktionen

Wir beschreiben die Idee zunächst anhand des einfachen Beispiels

$$\min x_1^2 + x_2^2 \quad \text{u.d.N.} \quad x_1 + 2x_2 = 1.$$

Offensichtlich lässt sich die Gleichheitsrestriktion nach x_1 auflösen:

$$x_1 = 1 - 2x_2.$$

Setzt man diesen Wert in die ursprüngliche Zielfunktion ein, so erhält man das folgende äquivalente Problem:

$$\min (1 - 2x_2)^2 + x_2^2, \quad x_2 \in \mathbb{R}.$$

Man beachte, dass es sich hierbei um ein unrestringiertes Problem in nur noch einer Veränderlichen handelt.

Wir wollen dieses Beispiel nun etwas verallgemeinern und betrachten dazu die Minimierungsaufgabe

$$\min f(x) \quad \text{u.d.N.} \quad b_j^T x = \beta_j \quad \forall j = 1, \ldots, p$$

mit stetig differenzierbarem $f : \mathbb{R}^n \to \mathbb{R}$ sowie Vektoren $b_j \in \mathbb{R}^n$ und Skalaren $\beta_j \in \mathbb{R}$ $(j = 1, \ldots, p)$. Setzen wir $\beta := (\beta_1, \ldots, \beta_p)^T$ und bezeichnen mit $B \in \mathbb{R}^{p \times n}$ diejenige Matrix mit den b_j^T als Zeilenvektoren, so lässt sich die obige Optimierungsaufgabe auch in der Gestalt

$$\min f(x) \quad \text{u.d.N.} \quad Bx = \beta \qquad (5.113)$$

schreiben. Die Struktur des zulässigen Bereiches

$$X := \{x \in \mathbb{R}^n \mid Bx = \beta\}$$

ist aus den Grundvorlesungen in linearer Algebra bekannt: Mit einer speziellen Lösung $\hat{x}$ von $Bx = \beta$ gilt

$$X = \hat{x} + \text{Kern}(B)$$

mit

$$\text{Kern}(B) = \{x \in \mathbb{R}^n \mid b_j^T x = 0 \ \forall j = 1, \ldots, p\}.$$

Hiermit lässt sich das Optimierungsproblem (5.113) umformulieren zu

$$\min f(x) \quad \text{u.d.N.} \quad x \in \hat{x} + \text{Kern}(B).$$

Setzen wir nun voraus, dass $\text{Rang}(B) = p$ gilt (diese Voraussetzung kann zumindest für theoretische Untersuchungen o.B.d.A. gestellt werden, vergleiche Aufgabe 3.2), so ist die Dimension von $\text{Kern}(B)$ gleich $n - p$ aufgrund bekannter Resultate aus der linearen Algebra. Sei daher $\{z^1, \ldots, z^{n-p}\}$ eine Basis von Kern(B) und $Z \in \mathbb{R}^{n \times (n-p)}$ die aus den Spaltenvektoren $z^1, \ldots, z^{n-p}$ gebildete Matrix. Dann gilt für den zulässigen Bereich X:

$$X = \{x \in \mathbb{R}^n \mid x = \hat{x} + Zu,\ u \in \mathbb{R}^{n-p}\}.$$

Somit kann (5.113) als *unrestringierte* Optimierungsaufgabe in den $n - p$ Unbekannten u geschrieben werden:

$$\min \tilde{f}(u) := f(\hat{x} + Zu), \quad u \in \mathbb{R}^{n-p}. \tag{5.114}$$

Auf dieses *reduzierte Problem* lassen sich dann die üblichen Verfahren aus der unrestringierten Optimierung anwenden, siehe insbesondere [66]. Diese benötigen noch den Gradienten

$$\nabla \tilde{f}(u) = Z^T \nabla f(\hat{x} + Zu) \tag{5.115}$$

sowie gegebenenfalls die Hesse–Matrix

$$\nabla^2 \tilde{f}(u) = Z^T \nabla^2 f(\hat{x} + Zu)Z \tag{5.116}$$

von $\tilde{f}$. Man bezeichnet (5.115) und (5.116) häufig auch als *reduzierten Gradienten* bzw. als *reduzierte Hesse–Matrix* von f.

Bevor wir allerdings ein unrestringiertes Optimierungsverfahren auf das Problem (5.114) anwenden, müssen wir noch klären, wie sich der Vektor $\hat{x}$ und die Matrix Z bestimmen lassen. Wir geben hierfür zwei Möglichkeiten an.

Bei der sogenannten *Eliminationsmethode* schreibt man die Matrix B in der Form

$$B = (B_1\ B_2) \text{ mit } B_1 \in \mathbb{R}^{p \times p}, B_2 \in \mathbb{R}^{p \times (n-p)} \text{ und } B_1 \text{ regulär.}$$

Dann lautet die Nebenbedingung $Bx = \beta$ mit einem entsprechend partitionierten Vektor $x = (x_1, x_2) \in \mathbb{R}^p \times \mathbb{R}^{n-p}$:

$$B_1 x_1 + B_2 x_2 = \beta.$$

Hieraus folgt

$$x_1 = -B_1^{-1} B_2 x_2 + B_1^{-1} \beta;$$

man kann also

$$\hat{x} := \begin{pmatrix} B_1^{-1} \\ 0 \end{pmatrix} \beta \quad \text{und} \quad Z := \begin{pmatrix} -B_1^{-1} B_2 \\ I \end{pmatrix}$$

setzen.

Bei der *Orthogonalzerlegungsmethode* hingegen ermittelt man zunächst eine QR–Zerlegung (etwa mit Hilfe des Householder–Verfahrens) von der Matrix B^T:

$$B^T = Q \begin{pmatrix} R \\ 0 \end{pmatrix} = (Y \ Z) \begin{pmatrix} R \\ 0 \end{pmatrix} = YR$$

mit einer orthogonalen Matrix $Q = (Y \ Z) \in \mathbb{R}^{n \times n}$ (wobei $Y \in \mathbb{R}^{n \times p}$ und $Z \in \mathbb{R}^{n \times (n-p)}$ sind) sowie einer oberen Dreiecksmatrix $R \in \mathbb{R}^{p \times p}$. Man sieht leicht ein, dass man mit dieser Faktorisierung

$$\hat{x} := YR^{-T}\beta \quad \text{und} \quad Z := Z$$

wählen kann, wobei zur Abkürzung $R^{-T} := (R^{-1})^T$ gesetzt wurde; diese Bezeichnungsweise ist gerechtfertigt, da $(R^{-1})^T = (R^T)^{-1}$ gilt (klar?).

Aus Gründen der numerischen Stabilität wird die Orthogonalzerlegungsmethode gegenüber dem Eliminationsverfahren zumeist bevorzugt. Außerdem hat man beim Eliminationsverfahren eine reguläre Teilmatrix B_1 von B zu finden, die theoretisch zwar existiert, aber numerisch nicht unbedingt sofort angegeben werden kann.

Die bei der Orthogonalzerlegungsmethode benutzte QR–Zerlegung spielt auch im folgenden Unterabschnitt eine wichtige Rolle.

5.6.2 Ein reduziertes Quasi–Newton–Verfahren

Wir betrachten in diesem Unterabschnitt das gleichheitsrestringierte Optimierungsproblem

$$\min f(x) \quad \text{u.d.N.} \quad h(x) = 0$$

mit zweimal stetig differenzierbaren Funktionen $f : \mathbb{R}^n \to \mathbb{R}$ und $h : \mathbb{R}^n \to \mathbb{R}^p$ (im Gegensatz zum vorigen Unterabschnitt ist h jetzt nicht notwendig linear). Es handelt sich also um die gleiche Problemstellung wie bei der Lagrange–Newton–Iteration im Unterabschnitt 5.5.2. Letztere definierte den Gleichungsoperator $\Phi : \mathbb{R}^n \times \mathbb{R}^p \to \mathbb{R}^n \times \mathbb{R}^p$ gemäß

$$\Phi(x, \mu) := \begin{pmatrix} \nabla_x L(x, \mu) \\ h(x) \end{pmatrix}$$

und war dann gerade das bekannte Newton–Verfahren zur Lösung des nichtlinearen Gleichungssystems

$$\Phi(x, \mu) = 0.$$

Das im k–ten Iterationsschritt zu lösende Teilproblem lautete daher

$$\Phi'(x^k, \mu^k) \begin{pmatrix} \Delta x \\ \Delta \mu \end{pmatrix} = -\Phi(x^k, \mu^k).$$

Mit den Notationen

$$B_k := h'(x^k)^T \in \mathbb{R}^{n \times p} \quad \text{und} \quad W_k := \nabla_{xx}^2 L(x^k, \mu^k)$$

lautet dieses Gleichungssystem wie folgt:

$$\begin{pmatrix} W_k & B_k \\ B_k^T & 0 \end{pmatrix} \begin{pmatrix} \Delta x \\ \Delta \mu \end{pmatrix} = - \begin{pmatrix} \nabla_x L(x^k, \mu^k) \\ h(x^k) \end{pmatrix}. \tag{5.117}$$

Sei nun

$$B_k = Q_k \begin{pmatrix} R_k \\ 0 \end{pmatrix} = (Y_k \ Z_k) \begin{pmatrix} R_k \\ 0 \end{pmatrix} \tag{5.118}$$

eine QR–Zerlegung der Matrix B_k, also $Q_k = (Y_k \ Z_k) \in \mathbb{R}^{n \times n}$ orthogonal, $Y_k \in \mathbb{R}^{n \times p}, Z_k \in \mathbb{R}^{n \times (n-p)}$ und $R_k \in \mathbb{R}^{p \times p}$ eine obere Dreiecksmatrix. Dann ist auch die künstlich etwas aufgeblasene Matrix

$$\bar{Q}_k := \begin{pmatrix} Q_k & 0 \\ 0 & I \end{pmatrix} = \begin{pmatrix} (Y_k \ Z_k) & 0 \\ 0 & I \end{pmatrix} \in \mathbb{R}^{(n+p) \times (n+p)}$$

orthogonal und somit insbesondere regulär. Also ist das lineare Gleichungssystem (5.117) äquivalent zu

$$\bar{Q}_k^T \begin{pmatrix} W_k & B_k \\ B_k^T & 0 \end{pmatrix} \bar{Q}_k \bar{Q}_k^T \begin{pmatrix} \Delta x \\ \Delta \mu \end{pmatrix} = -\bar{Q}_k^T \begin{pmatrix} \nabla_x L(x^k, \mu^k) \\ h(x^k) \end{pmatrix}. \tag{5.119}$$

Setze zur Abkürzung

$$\Delta x_Y := Y_k^T \Delta x \quad \text{und} \quad \Delta x_Z := Z_k^T \Delta x.$$

Aus der Orthogonalität von Q_k folgt dann

$$\begin{aligned} \Delta x &= Q_k Q_k^T \Delta x \\ &= (Y_k Y_k^T + Z_k Z_k^T) \Delta x \\ &= Y_k Y_k^T \Delta x + Z_k Z_k^T \Delta x \\ &= Y_k \Delta x_Y + Z_k \Delta x_Z. \end{aligned} \tag{5.120}$$

Ferner lässt sich das Gleichungssystem (5.119) wie folgt schreiben:

$$\begin{pmatrix} Y_k^T W_k Y_k & Y_k^T W_k Z_k & R_k \\ Z_k^T W_k Y_k & Z_k^T W_k Z_k & 0 \\ R_k^T & 0 & 0 \end{pmatrix} \begin{pmatrix} \Delta x_Y \\ \Delta x_Z \\ \Delta \mu \end{pmatrix} = - \begin{pmatrix} Y_k^T \nabla_x L(x^k, \mu^k) \\ Z_k^T \nabla_x L(x^k, \mu^k) \\ h(x^k) \end{pmatrix}. \tag{5.121}$$

Die Koeffizientenmatrix dieses Systems hat nun Block–Dreiecksgestalt, woraus sich unter Verwendung von (5.120) sofort die folgende Prozedur zur Lösung von (5.121) (und somit von (5.117)) ergibt:

1. Bestimme eine QR–Zerlegung von B_k gemäß (5.118).
2. Berechne Δx_Y^k aus $R_k^T \Delta x_Y = -h(x^k)$.
3. Berechne Δx_Z^k aus $(Z_k^T W_k Z_k) \Delta x_Z = -Z_k^T \nabla_x L(x^k, \mu^k) - Z_k^T W_k Y_k \Delta x_Y^k$.
4. Setze $\Delta x^k := Y_k \Delta x_Y^k + Z_k \Delta x_Z^k$.
5. Berechne $\Delta \mu^k$ aus $R_k \Delta \mu = -Y_k^T \nabla_x L(x^k, \mu^k) - Y_k^T W_k \Delta x^k$.

Da wir in diesem Unterabschnitt eine Art Quasi–Newton–Verfahren zur Lösung von gleichheitsrestringierten Optimierungsproblemen entwickeln wollen, müssen wir uns nun überlegen, wie man möglichst geschickt auf die Matrix W_k verzichten kann, die als einzige Informationen zweiter Ableitungen der Problemfunktionen enthält. Zu diesem Zweck ist die obige Prozedur gut geeignet.

Zunächst ersetzt man die reduzierte Hesse–Matrix

$$Z_k^T W_k Z_k$$

der Lagrange–Funktion durch eine geeignete Quasi–Newton–Matrix H_k, die bei Verwendung der BFGS–Formel etwa gemäß

$$H_{k+1} := H_k + \frac{y^k (y^k)^T}{(y^k)^T s^k} - \frac{(H_k s^k)(H_k s^k)^T}{(s^k)^T H_k s^k}$$

aufdatiert werden kann; hierbei bezeichnet

$$s^k := Z_k^T \left(x^{k+1} - x^k \right)$$

die „reduzierte" Differenz zweier aufeinanderfolgender Iterierter, während

$$y^k := Z_k^T \left(\nabla_x L(x^{k+1}, \mu^k) - \nabla_x L(x^k, \mu^k) \right)$$

die entsprechende Differenz von Gradienten der Lagrange–Funktion ist (zur BFGS–Aufdatierung vergleiche beispielsweise [66], Kapitel 11; andere Formeln wären hier ebenfalls denkbar, siehe [137]).

Auf diese Weise ist der Schritt 3 in der obigen Prozedur noch nicht ganz frei von der W_k–Matrix, da diese auch noch im zweiten Term $Z_k^T W_k Y_k \Delta x_Y^k$ auf der rechten Seite auftaucht. Wir werden diesen Term im Folgenden einfach weglassen, denn ist x^k ein zulässiger Punkt für unser gleichheitsrestringiertes Optimierungsproblem, so gilt $h(x^k) = 0$, also auch $\Delta x_Y^k = 0$ wegen Schritt 2 in obiger Prozedur (Regularität von R_k vorausgesetzt) und somit $Z_k^T W_k Y_k \Delta x_Y^k = 0$. Dies rechtfertigt die Vernachlässigung dieses Terms auch bei nur annähernd zulässigen Vektoren x^k.

Schließlich taucht im Schritt 5 der obigen Prozedur noch die Matrix W_k auf, um eine Korrektur $\Delta \mu^k$ für den Lagrange–Multiplikator μ^k zu erhalten, mit welcher dann $\mu^{k+1} = \mu^k + \Delta \mu^k$ gesetzt wird. Glücklicherweise lässt sich eine geeignete Schätzung für μ^{k+1} aber auch anders berechnen, und zwar ohne Verwendung von W_k. Sei dazu $x^{k+1} = x^k + \Delta x^k$ die neue Iterierte und

$$B_{k+1} = Q_{k+1} \begin{pmatrix} R_{k+1} \\ 0 \end{pmatrix} = (Y_{k+1} \ Z_{k+1}) \begin{pmatrix} R_{k+1} \\ 0 \end{pmatrix} \tag{5.122}$$

eine QR–Faktorisierung von $B_{k+1} = h'(x^{k+1})^T$ (die im $(k+1)$–ten Iterationsschritt sowieso benötigt wird). Aus der Forderung

$$\nabla_x L(x^{k+1}, \mu) = 0 \iff \nabla f(x^{k+1}) + \sum_{j=1}^{p} \mu_j \nabla h_j(x^{k+1}) = 0$$

folgt dann

$$B_{k+1}\mu = -\nabla f(x^{k+1}),$$

und diese Gleichung lässt sich mittels obiger QR–Zerlegung durch

$$R_{k+1}\mu = -Y_{k+1}^T \nabla f(x^{k+1})$$

„lösen", was uns die gewünschte Approximation μ^{k+1} für einen optimalen Lagrange–Multiplikator liefert. Insgesamt ist damit das folgende Verfahren motiviert.

Algorithmus 5.49. *(Reduziertes Quasi–Newton–Verfahren)*

(S.0) Wähle $(x^0, \mu^0) \in \mathbb{R}^n \times \mathbb{R}^p$, $H_0 \in \mathbb{R}^{(n-p)\times(n-p)}$ symmetrisch und positiv definit, und setze $k := 0$.

(S.1) Bestimme eine QR–Zerlegung von $B_0 := h'(x^0)^T$ gemäß (5.118).

(S.2) Genügt (x^k, μ^k) einem geeigneten Abbruchkriterium: STOP.

(S.3) Führe die folgenden Schritte aus:

(a) Berechne Δx_Y^k aus $R_k^T \Delta x_Y = -h(x^k)$.

(b) Berechne Δx_Z^k aus $H_k \Delta x_Z = -Z_k^T \nabla_x L(x^k, \mu^k)$.

(c) Setze $\Delta x^k := Y_k \Delta x_Y^k + Z_k \Delta x_Z^k$.

(d) Setze $x^{k+1} := x^k + \Delta x^k$.

(e) Bestimme eine QR–Zerlegung von $B_{k+1} := h'(x^{k+1})^T$ gemäß (5.122).

(f) Berechne μ^{k+1} aus $R_{k+1}\mu = -Y_{k+1}^T \nabla f(x^{k+1})$.

(S.4) Setze

$$s^k := Z_k^T \left(x^{k+1} - x^k \right),$$
$$y^k := Z_k^T \left(\nabla_x L(x^{k+1}, \mu^k) - \nabla_x L(x^k, \mu^k) \right)$$

und

$$H_{k+1} := H_k + \frac{y^k(y^k)^T}{(y^k)^T s^k} - \frac{(H_k s^k)(H_k s^k)^T}{(s^k)^T H_k s^k}.$$

(S.5) Setze $k \leftarrow k + 1$, und gehe zu (S.2).

Natürlich hat man im Algorithmus 5.49 die QR–Zerlegung von $B_k = h'(x^k)^T$ nur einmal zu berechnen, sofern lineare Gleichheitsrestriktionen vorliegen!

Ferner sollte man den Algorithmus 5.49 noch mit etwas Vorsicht genießen: Zum einen handelt es sich nur um ein lokales Verfahren, zum anderen ist er nicht notwendig wohldefiniert, da der Vektor s^k unter Umständen gleich Null und somit die BFGS–Formel nicht benutzt werden kann. Sollte tatsächlich $s^k = 0$ auftreten, unterdrückt man einfach die Aufdatierung von H_k (siehe [28]), womit man diese Problematik zumindest zum Teil beseitigen kann. Außerdem kann man zeigen, dass der im Schritt (S.3) berechnete Korrekturvektor Δx^k unter gewissen Bedingungen eine Abstiegsrichtung für die exakte

ℓ_1–Penalty–Funktion ist, so dass sich der Algorithmus 5.49 ähnlich wie das SQP–Verfahren globalisieren lässt (siehe [28] für weitere Details).

Abschließend illustrieren wir das numerische Verhalten des Algorithmus 5.49 an dem Beispiel aus (5.19) mit Startvektor $x^0 = (3, 0.2, 3)^T$ sowie dem sich aus $R_0\mu = Y_0^T \nabla f(x^0)$ ergebenden Lagrange–Multiplikator μ^0 (hier stammen R_0 und Y_0 natürlich aus der QR–Zerlegung von $B_0 = h'(x^0)^T$; da diese QR–Zerlegung sowieso berechnet werden muss, erhält man die oben angegebene Schätzung für den optimalen Multiplikator μ^* praktisch geschenkt). Die Tabelle 5.5 enthält einige Angaben zum Iterationsverlauf. Das Verfahren bricht nach sechs Schritten ab, da dann das hier benutzte Abbruchkriterium

$$\|\Phi(x^k, \mu^k)\| < 10^{-5}$$

mit $\Phi(x, \mu)$ wie im Abschnitt 5.5.2 erfüllt war.

Tabelle 5.5. Numerisches Verhalten des reduzierten Quasi–Newton–Verfahrens

k	x^k	μ^k	$\|\Phi(x^k, \mu^k)\|$
0	(3.000000, 0.200000, 3.000000)	(1.221120, 0.236443)	10.755569
1	(3.560162, 0.164520, 3.602203)	(1.226324, 0.272348)	0.678498
2	(3.594328, 0.209951, 3.472295)	(1.217707, 0.279723)	0.174512
3	(3.497222, 0.216836, 3.569502)	(1.224533, 0.273968)	0.038675
4	(3.512082, 0.216954, 3.552285)	(1.223471, 0.274931)	0.000535
5	(3.512112, 0.216989, 3.552181)	(1.223464, 0.274937)	0.000020
6	(3.512123, 0.216988, 3.552169)	(1.223463, 0.274937)	0.000004

5.7 Verfahren der zulässigen Richtungen

Verfahren der zulässigen Richtungen sind Abstiegsverfahren zur Lösung von im Wesentlichen ungleichungsrestringierten Optimierungsproblemen (lineare Gleichheitsnebenbedingungen sind ebenfalls erlaubt). Bei diesen Verfahren wird neben der Reduktion der Zielfunktion insbesondere auch darauf geachtet, dass alle Iterierten im zulässigen Bereich verlaufen. Der Unterabschnitt 5.7.1 beschreibt nach einer kurzen Einführung in die Thematik die sogenannten P1– und P2–Verfahren von Zoutendijk, bei denen in jeder Iteration lineare Programme als Hilfsprobleme auftreten. Dagegen enthält der Unterabschnitt 5.7.2 ein auf der Lösung von quadratischen Programmen basierendes Verfahren der zulässigen Richtungen, für welches beispielhaft eine vollständige Konvergenzanalyse angegeben wird.

5.7.1 Die Verfahren von Zoutendijk

In diesem Abschnitt betrachten wir das folgende Optimierungsproblem, bei dem lediglich Ungleichungen vorkommen:

$$\min f(x) \quad \text{u.d.N.} \quad g_i(x) \leq 0 \quad (i = 1, \dots, m). \tag{5.123}$$

Zwar lassen sich die hier zu beschreibenden Ideen bzw. Verfahren auch anwenden auf Optimierungsprobleme mit beliebigen Ungleichungsnebenbedingungen sowie linearen Gleichheitsrestriktionen, doch würde das die Beschreibung im Folgenden nur unnötig verkomplizieren. Der Leser möge sich selbst klar machen, wie man die nachfolgenden Ausführungen anzupassen hat, wenn zusätzlich noch lineare Gleichheitsrestriktionen vorliegen.

Dagegen lassen sich die hier vorzustellenden Verfahren im Prinzip nicht auf den Fall übertragen, wo auch nichtlineare Gleichungen unter den Restriktionen auftreten. Die in diesem Abschnitt zu beschreibende Verfahrensklasse ist auf derartige Probleme daher nicht ohne vorherige Modifikation anwendbar.

Verfahren der zulässigen Richtungen zur Lösung des Optimierungsproblems (5.123) erzeugen üblicherweise eine Folge $\{x^k\}$ mittels der Aufdatierungsvorschrift

$$x^{k+1} := x^k + t_k d^k, \quad k = 0, 1, 2, \dots,$$

wobei $x^0 \in \mathbb{R}^n$ ein zulässiger Vektor für das Optimierungsproblem (5.123) darstellt, $t_k > 0$ wieder eine geeignete Schrittweite bezeichnet und $d^k \in \mathbb{R}^n$ natürlich eine Suchrichtung ist. Die einzelnen Verfahren der zulässigen Richtungen unterscheiden sich in der Wahl der Schrittweite t_k und insbesondere in der Wahl der Suchrichtung d^k. Im Gegensatz zur unrestringierten Optimierung sollte Letztere nicht nur die Abstiegseigenschaft

$$\nabla f(x^k)^T d^k < 0$$

besitzen, sondern auch noch der Forderung der Zulässigkeit

$$g_i(x^k + td^k) \leq 0 \quad \forall i = 1, \dots, m$$

für $t > 0$ hinreichend klein genügen.

Zwecks Realisierung dieser Forderungen bestimmt das sogenannte P1–Verfahren von Zoutendijk [181] im k–ten Iterationsschritt eine Suchrichtung $d^k \in \mathbb{R}^n$ durch Lösen des Hilfsproblems

$$\begin{aligned}
\min \quad & \delta \\
\text{u.d.N.} \quad & \nabla f(x^k)^T d \leq \delta, \\
& \nabla g_i(x^k)^T d \leq \delta \quad \forall i \in I_\varepsilon(x^k), \\
& \|d\| \leq 1
\end{aligned} \tag{5.124}$$

in den Variablen $d \in \mathbb{R}^n$ und $\delta \in \mathbb{R}$; dabei bezeichnet

$$I_\varepsilon(x^k) := \{i \mid g_i(x^k) \geq -\varepsilon\}$$

die Menge der ε–aktiven Restriktionen im Punkte x^k. Ist (d^k, δ_k) eine Lösung von (5.124), so gilt $\delta_k \leq 0$ (denn $(d, \delta) = (0, 0)$ ist zulässig für (5.124)), bei geeigneter Steuerung von $\varepsilon > 0$ kann sogar $\delta_k < 0$ nachgewiesen werden, solange man sich noch nicht in einem Fritz John–Punkt befindet (vergleiche hierzu die Anweisungen im Schritt (S.3) des nachstehenden Algorithmus). Also ist

$$\nabla f(x^k)^T d^k < 0 \quad \text{und} \quad \nabla g_i(x^k)^T d^k < 0 \ \forall i \in I_\varepsilon(x^k).$$

Dies garantiert für hinreichend kleine Schrittweiten $t_k > 0$, dass sowohl die Abstiegseigenschaft $f(x^k + t_k d^k) < f(x^k)$ als auch die Forderung der Zulässigkeit $g_i(x^k + t_k d^k) \leq 0$ für alle $i = 1, \ldots, m$ erfüllt ist (für $i \notin I_\varepsilon(x^k)$ ist Letzteres aus Stetigkeitsgründen sowieso klar). Damit liefert das Hilfsproblem (5.124) also eine für ein Verfahren der zulässigen Richtungen sinnvolle Suchrichtung. Die Normierung $\|d\| \leq 1$ mit einer beliebigen Norm $\|\cdot\|$ sorgt lediglich dafür, dass die Zielfunktion in (5.124) nicht gegen $-\infty$ geht und kann problemlos durch andere Normierungen ersetzt werden (was manchmal auch sinnvoll ist, siehe weiter unten). Speziell für $\|\cdot\| = \|\cdot\|_\infty$ ist das Teilproblem (5.124) allerdings ein lineares Programm und kann daher verhältnismäßig leicht gelöst werden. Die präzise Formulierung des P1–Verfahrens von Zoutendijk lautet wie folgt.

Algorithmus 5.50. *(P1-Verfahren von Zoutendijk)*

(S.0) Wähle $\beta \in (0,1), \sigma \in (0,1), x^0 \in \mathbb{R}^n$ zulässig für (5.123), $\varepsilon_0 > 0$, und setze $k := 0$.

(S.1) Genügt x^k einem geeigneten Abbruchkriterium: STOP.

(S.2) Bestimme eine Lösung $(d^k, \delta_k) \in \mathbb{R}^n \times \mathbb{R}$ von

$$\begin{aligned} \min \quad & \delta \\ u.d.N. \quad & \nabla f(x^k)^T d \leq \delta, \\ & \nabla g_i(x^k)^T d \leq \delta \quad \forall i \in I_{\varepsilon_k}(x^k), \\ & \|d\|_\infty \leq 1. \end{aligned}$$

(S.3) Falls $\delta_k \geq -\varepsilon_k$, so setze $\varepsilon_{k+1} := \varepsilon_k/2, x^{k+1} := x^k$, und gehe zu (S.5); anderenfalls gehe zu (S.4).

(S.4) Bestimme eine Schrittweite $t_k = \max\{\beta^\ell \,|\, \ell = 0, 1, 2, \ldots\}$ mit

$$f(x^k + t_k d^k) \leq f(x^k) + \sigma t_k \nabla f(x^k)^T d^k$$

und

$$g_i(x^k + t_k d^k) \leq 0 \quad (i = 1, \ldots, m).$$

Setze $x^{k+1} := x^k + t_k d^k$, und gehe zu (S.5).

(S.5) Setze $k \leftarrow k + 1$, und gehe zu (S.1).

Die im Schritt (S.4) berechnete Schrittweite $t_k > 0$ benutzt für die Zielfunktion die bereits aus der unrestringierten Optimierung bekannte Armijo–Regel, während für die Nebenbedingungen lediglich die Zulässigkeit überprüft wird.

Von Zoutendijk [181] wurde auch noch ein sogenanntes P2–Verfahren zur Lösung des ungleichungsrestringierten Optimierungsproblems (5.123) vorgeschlagen, welches auf einer sukzessiven Lösung des folgenden Teilproblems basiert:

$$\min \quad \delta$$
$$\text{u.d.N.} \ \nabla f(x^k)^T d \leq \delta,$$
$$g_i(x^k) + \nabla g_i(x^k)^T d \leq \delta \quad \forall i \in I_\varepsilon(x^k), \tag{5.125}$$
$$\|d\| \leq 1.$$

Ist (d^k, δ_k) eine Lösung von (5.125), so lässt sich ebenfalls zeigen (und zwar analog zu den Betrachtungen im nächsten Unterabschnitt), dass d^k wieder eine zulässige Abstiegsrichtung von f ist. Der folgende Algorithmus enthält eine genaue Beschreibung des P2–Verfahrens von Zoutendijk mit $\|\cdot\| = \|\cdot\|_\infty$ in (5.125).

Algorithmus 5.51. *(P2–Verfahren von Zoutendijk)*

(S.0) Wähle $\beta \in (0,1), \sigma \in (0,1), x^0 \in \mathbb{R}^n$ zulässig für (5.123), $\varepsilon > 0$, und setze $k := 0$.

(S.1) Genügt x^k einem geeigneten Abbruchkriterium: STOP.

(S.2) Bestimme eine Lösung $(d^k, \delta_k) \in \mathbb{R}^n \times \mathbb{R}$ von

$$\min \quad \delta$$
$$\text{u.d.N.} \ \nabla f(x^k)^T d \leq \delta,$$
$$g_i(x^k) + \nabla g_i(x^k)^T d \leq \delta \quad \forall i \in I_\varepsilon(x^k),$$
$$\|d\|_\infty \leq 1.$$

(S.3) Bestimme eine Schrittweite $t_k = \max\{\beta^\ell \,|\, \ell = 0, 1, 2, \ldots\}$ mit

$$f(x^k + t_k d^k) \leq f(x^k) + \sigma t_k \nabla f(x^k)^T d^k$$

und

$$g_i(x^k + t_k d^k) \leq 0 \quad (i = 1, \ldots, m).$$

(S.4) Setze $x^{k+1} := x^k + t_k d^k, k \leftarrow k + 1$, und gehe zu (S.1).

Im Unterschied zum P1–Verfahren braucht der Parameter $\varepsilon > 0$ beim P2–Verfahren nicht gegen Null zu gehen. Die Konvergenzeigenschaften beider Verfahren ähneln denen des Algorithmus 5.52 aus dem nächsten Unterabschnitt (sie sind beim P1–Verfahren allerdings geringfügig schlechter). Der interessierte Leser findet eine genaue Analyse dieser beiden Verfahren in den Büchern von Großmann und Kleinmichel [71] sowie Großmann und Terno [72].

Bei einer etwas anderen Wahl der Normierung $\|d\| \leq 1$ bei den Zoutendijk–Verfahren ist es möglich, die Hilfsprobleme (5.124) und (5.125) explizit aufzulösen, so dass man in jedem Iterationsschritt nur noch ein lineares Gleichungssystem zu lösen hat, siehe dazu insbesondere das Buch [71] von Großmann und Kleinmichel sowie die Arbeit [93] von Ishutkin und Kleinmichel. Wir gehen hierauf auch in Aufgabe 5.23 ein.

Ein relativ allgemeiner globaler Konvergenzsatz für Verfahren der zulässigen Richtungen ist in dem Buch [13] von Bertsekas enthalten, allerdings nur für konvexe Restriktionen.

5.7.2 Ein modifiziertes Verfahren von Topkins und Veinott

In diesem Unterabschnitt betrachten wir ein Verfahren der zulässigen Richtungen zur Lösung des Optimierungsproblems (5.123), welches in seiner Ursprungsform auf Topkins und Veinott [172] zurückgeht (motiviert durch die Arbeiten von Zoutendijk) und hier in einer Modifikation von Birge, Qi und Wei [16] angegeben wird. Im Detail sieht dieses Verfahren wie folgt aus.

Algorithmus 5.52. *(Verfahren der zulässigen Richtungen)*

(S.0) Wähle $\beta \in (0,1), \sigma \in (0,1), c_i^0 > 0 \, (i = 1, \ldots, m), c_f^0 > 0, H_0 \in \mathbb{R}^{n \times n}$
symmetrisch und positiv definit, $x^0 \in \mathbb{R}^n$ *zulässig für (5.123), und setze*
$k := 0$.

(S.1) Genügt x^k *einem geeigneten Abbruchkriterium: STOP.*

(S.2) Bestimme eine Lösung $(d^k, \delta_k) \in \mathbb{R}^n \times \mathbb{R}$ *von*

$$\begin{aligned} \min \ &\delta + \tfrac{1}{2} d^T H_k d \\ u.d.N. \ &\nabla f(x^k)^T d \leq c_f^k \delta, \\ &g_i(x^k) + \nabla g_i(x^k)^T d \leq c_i^k \delta \quad (i = 1, \ldots, m). \end{aligned} \tag{5.126}$$

Ist $(d^k, \delta_k) = (0,0)$*: STOP. Anderenfalls gehe zu (S.3).*

(S.3) Bestimme eine Schrittweite $t_k = \max\{\beta^\ell \,|\, \ell = 0, 1, 2, \ldots\}$ *derart, dass die folgenden Bedingungen erfüllt sind:*

$$f(x^k + t_k d^k) \leq f(x^k) + \sigma t_k \nabla f(x^k)^T d^k$$

und

$$g_i(x^k + t_k d^k) \leq 0 \quad (i = 1, \ldots, m).$$

(S.4) Wähle $c_i^{k+1} > 0 \, (i = 1, \ldots, m), c_f^{k+1} > 0, H_{k+1} \in \mathbb{R}^{n \times n}$ *symmetrisch und positiv definit, setze* $x^{k+1} := x^k + t_k d^k, k \leftarrow k + 1,$ *und gehe zu (S.1).*

Das Richtungssuchproblem (5.126) ist jetzt ein quadratisches Programm, während bei den Verfahren von Zoutendijk lineare Programme als Hilfsprobleme auftraten. Ansonsten ähnelt das quadratische Teilproblem (5.126) weitgehend dem beim P2–Verfahren benutzten linearen Teilproblem. Allerdings tauchen hier alle Restriktionen in den Nebenbedingungen auf, nicht nur die ε–aktiven Nebenbedingungen, weshalb hier auch auf eine Indexmengenstrategie verzichtet werden kann. Die bislang benutzte Normierung kann bei Verwendung des quadratischen Teilproblems (5.126) entfallen, da die positive Definitheit der Matrix H_k die Lösbarkeit der Probleme (5.126) garantiert.

Wir fassen im Folgenden zunächst einige einfache Eigenschaften des Algorithmus 5.52 zusammen.

Bemerkung 5.53. (a) Aus der Konstruktion des Algorithmus 5.52 ergibt sich sofort, dass sämtliche Iterierten x^k zum zulässigen Bereich gehören.

(b) Das im Schritt (S.2) des Algorithmus 5.52 zu lösende Optimierungsproblem ist ein konvexes quadratisches Programm, welches stets eine eindeutige Lösung besitzt (klar?).

(c) Zur Lösung des konvexen quadratischen Programmes im Schritt (S.2) des Algorithmus 5.52 kann prinzipiell das im Abschnitt 5.1 beschriebene Verfahren benutzt werden. Man beachte dabei, dass unser quadratisches Programm bzgl. der Variablen d sogar strikt konvex ist (nicht jedoch bzgl. der Variablen δ).

(d) Die Liniensuche im Schritt (S.3) des Algorithmus 5.52 besteht aus zwei Komponenten: Der Abstiegstest für die Zielfunktion f ist die gewöhnliche Armijo–Regel, während der zweite Test die Zulässigkeit der neuen Iterierten garantiert.

Wir wollen zunächst das Abbruchkriterium im Schritt (S.2) des Algorithmus 5.52 rechtfertigen.

Lemma 5.54. *Ist $(d^k, \delta_k) = (0,0)$ für einen Iterationsindex $k \in \mathbb{N}$ im Algorithmus 5.52, so ist x^k ein Fritz John–Punkt von (5.123).*

Beweis. Sei (d^k, δ_k) Lösung des konvexen quadratischen Programmes im Schritt (S.2) des Algorithmus 5.52. Nach Satz 2.42 existieren dann Lagrange–Multiplikatoren λ_i^k $(i = 1, \ldots, m)$ und λ_f^k, so dass die folgenden KKT–Bedingungen erfüllt sind:

$$H_k d^k + \lambda_f^k \nabla f(x^k) + \sum_{i=1}^m \lambda_i^k \nabla g_i(x^k) = 0,$$

$$c_f^k \lambda_f^k + \sum_{i=1}^m c_i^k \lambda_i^k = 1,$$

$$\nabla f(x^k)^T d^k - c_f^k \delta_k \leq 0,$$

$$\lambda_f^k \geq 0,$$

$$\lambda_f^k \left(\nabla f(x^k)^T d^k - c_f^k \delta_k \right) = 0,$$

$$g_i(x^k) + \nabla g_i(x^k)^T d^k - c_i^k \delta_k \leq 0,$$

$$\lambda_i^k \geq 0,$$

$$\lambda_i^k \left(g_i(x^k) + \nabla g_i(x^k)^T d^k - c_i^k \delta_k \right) = 0.$$

Nach Voraussetzung ist aber $(d^k, \delta_k) = (0,0)$. Also gilt

$$\lambda_f^k \nabla f(x^k) + \sum_{i=1}^m \lambda_i^k \nabla g_i(x^k) = 0,$$

$$\lambda_i^k \geq 0 \quad (i = 1, \ldots, m),$$
$$\lambda_i^k g_i(x^k) = 0 \quad (i = 1, \ldots, m),$$
$$g_i(x^k) \leq 0 \quad (i = 1, \ldots, m),$$
$$\lambda_f^k \geq 0.$$

Somit ist x^k ein FJ–Punkt von (5.123). $\qquad\qquad\qquad\qquad\qquad\square$

Wir zeigen als Nächstes, dass die Schrittweitenstrategie im Schritt (S.3) des Algorithmus 5.52 wohldefiniert ist. Im Hinblick auf die Bemerkung 5.53 (b) ist damit das gesamte Verfahren wohldefiniert.

Lemma 5.55. *Seien $x^k \in \mathbb{R}^n$ ein zulässiger Punkt von (5.123) und (d^k, δ_k) $\neq (0, 0)$ eine Lösung des quadratischen Programmes im Schritt (S.2) des Algorithmus 5.52. Dann existiert ein $\bar{t}_k > 0$, so dass die Bedingungen*

$$f(x^k + td^k) \leq f(x^k) + \sigma t \nabla f(x^k)^T d^k$$

und

$$g_i(x^k + td^k) \leq 0 \quad (i = 1, \ldots, m)$$

für alle $t \in (0, \bar{t}_k)$ erfüllt sind.

Beweis. Da der Punkt $(d, \delta) = (0, 0)$ zulässig ist für das quadratische Programm (5.126), gilt für die Lösung (d^k, δ_k) dieses Programmes:

$$\delta_k + \frac{1}{2}(d^k)^T H_k d^k \leq 0. \qquad\qquad (5.127)$$

Hieraus ergibt sich

$$\nabla f(x^k)^T d^k \leq c_f^k \delta_k \leq -\frac{1}{2} c_f^k (d^k)^T H_k d^k. \qquad\qquad (5.128)$$

Dies impliziert, dass mit $d^k = 0$ auch $\delta_k = 0$ sein muss. Nach Voraussetzung ist aber $(d^k, \delta_k) \neq (0, 0)$. Folglich ist $d^k \neq 0$. Somit ist

$$\delta_k \leq -\frac{1}{2}(d^k)^T H_k d^k < 0 \qquad\qquad (5.129)$$

wegen (5.127) und der positiven Definitheit von H_k. Daraus erhalten wir

$$g_i(x^k) + \nabla g_i(x^k)^T d^k \leq c_i^k \delta_k \leq -\frac{1}{2} c_i^k (d^k)^T H_k d^k < 0 \quad (i = 1, \ldots, m).$$
$$(5.130)$$

Im Hinblick auf (5.128) ist $\nabla f(x^k)^T d^k < 0$. Hieraus erhält man (analog zum Beweis von [66, Satz 5.1]), dass die Armijo–Bedingung

$$f(x^k + td^k) \leq f(x^k) + t\sigma \nabla f(x^k)^T d^k$$

für alle hinreichend kleinen $t > 0$ erfüllt ist. Aus Stetigkeitsgründen ist auch

$$g_i(x^k + td^k) \le 0$$

für alle $t > 0$ hinreichend klein und alle $i \in \{1, \dots, m\}$ mit $g_i(x^k) < 0$. Betrachte nun einen Index $i \in \{1, \dots, m\}$ mit $g_i(x^k) = 0$. Aus (5.130) folgt dann

$$\nabla g_i(x^k)^T d^k < 0. \tag{5.131}$$

Der Mittelwertsatz der Differentialrechnung liefert andererseits, dass es zu jedem $t > 0$ einen Zwischenpunkt ξ_t^k auf der Verbindungsgeraden von x^k zu $x^k + td^k$ gibt mit

$$g_i(x^k + td^k) = g_i(x^k) + t\nabla g_i(\xi_t^k)^T d^k. \tag{5.132}$$

Offenbar gilt $\xi_t^k \to x^k$ für $t \downarrow 0$. Somit folgt aus Stetigkeitsgründen und (5.131), dass

$$\nabla g_i(\xi_t^k)^T d^k < 0$$

für alle $t > 0$ hinreichend klein ist. Also liefert (5.132) unmittelbar

$$g_i(x^k + td^k) \le 0$$

für alle $t > 0$ klein genug wegen $g_i(x^k) = 0$.   □

Wir beweisen als Nächstes einen globalen Konvergenzsatz für den Algorithmus 5.52. Im Hinblick auf das Abbruchkriterium im Schritt (S.1) sowie Lemma 5.54 gehen wir bei der Formulierung dieses Satzes o.B.d.A. davon aus, dass der Algorithmus 5.52 nicht nach endlich vielen Schritten abbricht, da wir sonst bereits in einem FJ–Punkt wären.

Satz 5.56. *Die Folgen $\{c_i^k\}$ $(i = 1, \dots, m)$, $\{c_f^k\}$ und $\{H_k\}$ mögen den folgenden Bedingungen genügen:*

(a) Es existieren Konstanten $c_2 \ge c_1 > 0$ mit $c_i^k, c_f^k \in [c_1, c_2]$ für alle $k \in \mathbb{N}$ und alle $i = 1, \dots, m$.
(b) Es existieren Konstanten $C_2 \ge C_1 > 0$ mit $C_1 \|s\|^2 \le s^T H_k s \le C_2 \|s\|^2$ für alle $k \in \mathbb{N}$ und alle $s \in \mathbb{R}^n$.

Dann ist jeder Häufungspunkt einer durch den Algorithmus 5.52 erzeugten Folge $\{x^k\}$ ein FJ–Punkt des Optimierungsproblems (5.123).

Beweis. Sei x^* ein Häufungspunkt einer durch den Algorithmus 5.52 erzeugten Folge $\{x^k\}$ sowie $\{x^k\}_K$ eine gegen x^* konvergente Teilfolge. Analog zur Herleitung von (5.128) ergibt sich unter Anwendung der Cauchy–Schwarzschen Ungleichung

$$-\|\nabla f(x^k)\| \, \|d^k\| \le c_f^k \delta_k \le -\frac{1}{2} c_f^k (d^k)^T H_k d^k \le -\frac{1}{2} c_f^k C_1 \|d^k\|^2. \tag{5.133}$$

Hieraus folgt

$$\|d^k\| \le \frac{2}{C_1 c_1} \|\nabla f(x^k)\| \qquad \forall k \in \mathbb{N}. \tag{5.134}$$

Dies wiederum impliziert wegen (5.133)

$$|\delta_k| \le \frac{2}{C_1 c_1^2} \|\nabla f(x^k)\|^2 \qquad \forall k \in \mathbb{N}. \tag{5.135}$$

Da (d^k, δ_k) als Lösung des quadratischen Programmes (5.126) insbesondere den zugehörigen KKT–Bedingungen genügt, gilt noch

$$c_f^k \lambda_f^k + \sum_{i=1}^m c_i^k \lambda_i^k = 1 \tag{5.136}$$

für gewisse Lagrange–Multiplikatoren $\lambda_i^k \ge 0$ $(i = 1, \ldots, m)$ und $\lambda_f^k \ge 0$, vergleiche den Beweis des Lemmas 5.54. Wegen (5.134), (5.135) und (5.136) sowie nach Voraussetzung können wir o.B.d.A. annehmen, dass

$$\{d^k\}_K \to d^*, \quad \{\delta_k\}_K \to \delta_*,$$

$$\{\lambda_i^k\}_K \to \lambda_i^* \; (i = 1, \ldots, m), \quad \{\lambda_f^k\}_K \to \lambda_f^*$$

und

$$\{c_i^k\}_K \to c_i^* \; (i = 1, \ldots, m), \quad \{c_f^k\}_K \to c_f^*$$

für gewisse $d^* \in \mathbb{R}^n, \delta_*, \lambda_i^*, \lambda_f^*, c_i^*, c_f^* \in \mathbb{R}$ gelten. Aus (5.133) ergibt sich nach Grenzübergang $k \to \infty$ für $k \in K$ dann unmittelbar

$$\frac{1}{2} C_1 c_f^* \|d^*\|^2 \le -c_f^* \delta_* \le \|\nabla f(x^*)\| \, \|d^*\|,$$

so dass d^* genau dann gleich dem Nullvektor ist, wenn $\delta_* = 0$ gilt. Im Falle $(d^*, \delta_*) = (0, 0)$ ergibt sich analog zum Beweis des Lemmas 5.54, dass der Häufungspunkt x^* den FJ–Bedingungen des Optimierungsproblems (5.123) genügt.

Wir führen nun den zweiten Fall $(d^*, \delta_*) \ne (0, 0)$ zum Widerspruch. In diesem Fall ist dann notwendig $d^* \ne 0$. Aus (5.128) und (5.130) ergibt sich durch Grenzübergang $k \to \infty$ auf der Teilmenge K:

$$\nabla f(x^*)^T d^* \le -\frac{C_1 c_f^*}{2} \|d^*\|^2 < 0$$

und

$$g_i(x^*) + \nabla g_i(x^*)^T d^* \le -\frac{C_1 c_i^*}{2} \|d^*\|^2 < 0 \quad (i = 1, \ldots, m).$$

Daher existiert aus Stetigkeitsgründen ein $\delta > 0$, so dass für alle $k \in K$ hinreichend groß gilt:

$$\nabla f(x^k)^T d^k \le -\delta, \qquad\qquad\qquad (5.137)$$
$$\nabla g_i(x^k)^T d^k \le -\delta \qquad \forall i \in \{1,\dots,m\} \text{ mit } g_i(x^*) = 0,$$
$$g_i(x^k) \le -\delta \qquad \forall i \in \{1,\dots,m\} \text{ mit } g_i(x^*) < 0.$$

Ähnlich wie beim Beweis des Lemmas 5.55 lässt sich hieraus die Existenz eines $t_* > 0$ ableiten, so dass

$$t_k \ge t_* > 0 \qquad\qquad\qquad (5.138)$$

für alle $k \in K$ hinreichend groß gilt. Aus (5.137), (5.138) und der Armijo–Regel im Schritt (S.3) des Algorithmus 5.52 folgt nun

$$f(x^{k+1}) - f(x^k) \le -\sigma\delta t_* \qquad\qquad\qquad (5.139)$$

für alle $k \in K$ hinreichend groß. Andererseits ist die Folge $\{f(x^k)\}$ per Konstruktion im Algorithmus 5.52 monoton fallend und besitzt den Häufungspunkt $f(x^*)$. Somit konvergiert die gesamte Folge $\{f(x^k)\}$ gegen $f(x^*)$. Dies impliziert aber

$$f(x^{k+1}) - f(x^k) \to 0$$

für $k \to \infty$ im Widerspruch zu (5.139). $\qquad\qquad\qquad\qquad\qquad\qquad$ □

Bei geeigneter Wahl der Parameter $c_f^k > 0$ und $c_i^k > 0$ im Teilproblem (5.126) lässt sich unter gewissen Voraussetzungen zeigen, dass lokal die volle Schrittweite $t_k = 1$ durch den Algorithmus 5.52 akzeptiert wird, siehe [16] für weitere Details. Damit kann eine unter Umständen sehr hohe Zahl an Funktionsauswertungen vermieden werden.

5.8 Projektionsverfahren

In diesem Abschnitt untersuchen wir restringierte Optimierungsprobleme, deren zulässiger Bereich konvex ist. Für diese Klasse von Optimierungsproblemen geben wir im Unterabschnitt 5.8.1 zunächst einige nur von den primalen x–Variablen abhängige Optimalitätskriterien an. Hierauf basierend stellen wir im Unterabschnitt 5.8.2 dann ein projiziertes Gradientenverfahren vor, das im Prinzip nichts anderes als eine geeignete Fixpunktiteration ist. Ähnlich wie die Verfahren der zulässigen Richtungen aus dem vorigen Abschnitt erzeugt auch das projizierte Gradientenverfahren nur zulässige Iterierte, allerdings unter Verwendung einer etwas anderen Idee.

5.8.1 Primale Optimalitätsbedingungen

Seien $X \subseteq \mathbb{R}^n$ eine nichtleere, abgeschlossene und konvexe Menge sowie $f : \mathbb{R}^n \to \mathbb{R}$ stetig differenzierbar. Betrachte das konvex restringierte Optimierungsproblem

$$\min f(x) \quad \text{u.d.N.} \quad x \in X. \tag{5.140}$$

Das folgende Resultat enthält ein nur von x abhängiges Optimalitätskriterium für (5.140), während die KKT–Bedingungen aus dem Abschnitt 2.2 auch von den Lagrange–Multiplikatoren (oder dualen Variablen) abhängen und deshalb manchmal als primal–duale Optimalitätsbedingungen bezeichnet werden.

Satz 5.57. *Seien* $f : \mathbb{R}^n \to \mathbb{R}$ *stetig differenzierbar und* $X \subseteq \mathbb{R}^n$ *nichtleer, abgeschlossen und konvex.*

(a) Ist x^* *ein lokales Minimum von (5.140), so gilt*

$$\nabla f(x^*)^T (x - x^*) \geq 0 \quad \forall x \in X.$$

(b) Ist f *konvex und gilt*

$$\nabla f(x^*)^T (x - x^*) \geq 0 \quad \forall x \in X, \tag{5.141}$$

so ist x^* *ein (lokales=globales) Minimum von (5.140).*

Beweis. (a) Angenommen, es existiert ein $x \in X$ mit $\nabla f(x^*)^T (x - x^*) < 0$. Dann ist $\nabla f(x^*)^T d < 0$ für $d := x - x^*$, also d Abstiegsrichtung von f im Punkte x^*. Folglich ist $f(x^* + td) < f(x^*)$ für alle $t > 0$ hinreichend klein. Wegen $x^* + td = x^* + t(x - x^*) \in X$ aufgrund der vorausgesetzten Konvexität von X widerspricht dies jedoch der lokalen Minimalität von x^*.

(b) Da f konvex ist, gilt

$$f(x) \geq f(x^*) + \nabla f(x^*)^T (x - x^*) \quad \forall x \in X$$

nach Satz 2.16. Zusammen mit (5.141) folgt daher

$$f(x) \geq f(x^*) \quad \forall x \in X,$$

d.h., x^* ist ein globales Minimum von (5.140). □

Das nachstehende Resultat enthält eine einfache Charakterisierung der notwendigen (und im konvexen Fall auch hinreichenden) Optimalitätsbedingung aus dem Satz 5.57. Wir werden auf diese Charakterisierung im Kapitel 7 noch einmal zurückkommen.

Satz 5.58. *Seien* $f : \mathbb{R}^n \to \mathbb{R}$ *stetig differenzierbar,* $X \subseteq \mathbb{R}^n$ *nichtleer, abgeschlossen und konvex sowie* $\gamma > 0$. *Dann gilt*

$$\nabla f(x^*)^T (x - x^*) \geq 0 \quad \forall x \in X$$

genau dann, wenn $x = x^*$ *der Fixpunktgleichung*

$$x = \text{Proj}_X \left(x - \gamma \nabla f(x) \right)$$

genügt.

Beweis. Unter Verwendung des Projektionssatzes 2.18 ergeben sich die folgenden Äquivalenzen:

$$x^* = \operatorname{Proj}_X\left(x^* - \gamma\nabla f(x^*)\right)$$
$$\Longleftrightarrow \left(x^* - \left(x^* - \gamma\nabla f(x^*)\right)\right)^T\left(x - x^*\right) \geq 0 \quad \forall x \in X$$
$$\Longleftrightarrow \gamma\nabla f(x^*)^T\left(x - x^*\right) \geq 0 \quad \forall x \in X$$
$$\Longleftrightarrow \nabla f(x^*)^T(x - x^*) \geq 0 \quad \forall x \in X.$$

Damit ist der Beweis auch schon erbracht.   □

Wir betonen an dieser Stelle, dass der Parameter $\gamma > 0$ im Satz 5.58 beliebig sein konnte. Insbesondere ergibt sich aus dem Satz 5.58, dass die Fixpunktgleichung

$$x = \operatorname{Proj}_X(x - \gamma_1\nabla f(x))$$

genau dann mit einem $\gamma_1 > 0$ erfüllt ist, wenn

$$x = \operatorname{Proj}_X(x - \gamma_2\nabla f(x))$$

mit einem eventuell von γ_1 verschiedenen $\gamma_2 > 0$ gilt. Wir werden diese Beobachtung im nächsten Unterabschnitt mehrfach ausnutzen.

5.8.2 Projektionsverfahren als Fixpunktiteration

Wir betrachten weiterhin das Optimierungsproblem

$$\min f(x) \quad \text{u.d.N.} \quad x \in X$$

mit $f : \mathbb{R}^n \to \mathbb{R}$ stetig differenzierbar und $X \subseteq \mathbb{R}^n$ nichtleer, abgeschlossen und konvex. Aufgrund des Satzes 5.58 ist es naheliegend, zur Bestimmung einer Lösung dieses Problems eine Fixpunktiteration der Gestalt

$$x^{k+1} := \operatorname{Proj}_X[x^k - t_k\nabla f(x^k)], \quad k = 0, 1, 2, \ldots \tag{5.142}$$

anzusetzen, wobei $t_k > 0$ eine noch näher zu spezifizierende Schrittweite bezeichnet. Da diese Vorschrift sich im unrestringierten Fall $X = \mathbb{R}^n$ gerade auf das Gradientenverfahren reduziert, spricht man im restringierten Fall aus naheliegenden Gründen von einem *projizierten Gradientenverfahren*. Wir geben zunächst eine detaillierte Beschreibung eines solchen projizierten Gradientenverfahrens an, wie es ursprünglich von Gafni und Bertsekas [63] bzw. Calamai und Moré [29] untersucht wurde. Zwecks Vereinfachung der Notation benutzen wir dabei für den Rest dieses Unterabschnittes die Schreibweise

$$x^k(t) := \operatorname{Proj}_X[x^k - t\nabla f(x^k)],$$

mit welcher sich die Vorschrift (5.142) einfach als $x^{k+1} := x^k(t_k)$ formulieren lässt.

Algorithmus 5.59. *(Projiziertes Gradientenverfahren)*

(S.0) Wähle $x^0 \in X, \beta \in (0,1), \sigma \in (0,1)$*, und setze* $k := 0$*.*
(S.1) Ist $\|x^k - x^k(1)\| = 0$*: STOP.*
(S.2) Bestimme eine Schrittweite $t_k = \max\{\beta^\ell \mid \ell = 0, 1, 2, \ldots\}$ *mit*

$$f(x^k(t_k)) \le f(x^k) - \sigma \nabla f(x^k)^T (x^k - x^k(t_k)). \qquad (5.143)$$

(S.3) Setze $x^{k+1} := x^k(t_k), k \leftarrow k + 1$*, und gehe zu (S.1).*

Das Abbruchkriterium im Schritt (S.1) ist motiviert durch den Satz 5.58, demzufolge $\|x^k - x^k(1)\| = 0$ genau dann gilt, wenn x^k der notwendigen Optimalitätsbedingung aus dem Satz 5.57 genügt. In der Praxis wird man die Abfrage im Schritt (S.1) des Algorithmus 5.59 natürlich etwas modifizieren, etwa durch einen Test der Gestalt $\|x^k - x^k(1)\| \le \varepsilon$ für ein hinreichend kleines $\varepsilon > 0$ ersetzen.

Die Vorgehensweise des Algorithmus 5.59 wird durch die Abbildung 5.5 anschaulich illustriert: Man projiziert den Vektor von x^k zu $x^k - \nabla f(x^k)$ auf den zulässigen Bereich X und führt dann entlang dieses projizierten Vektors eine Schrittweitenstrategie durch.

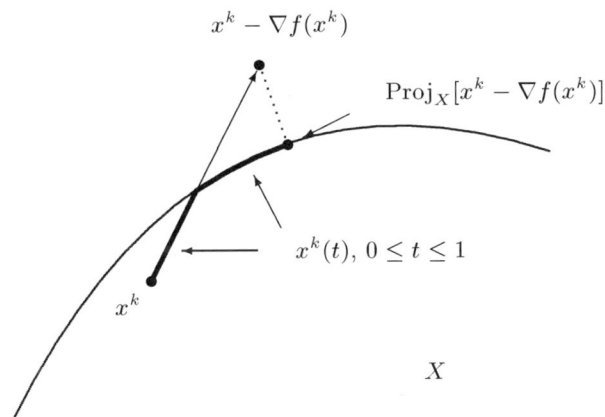

Abb. 5.5. Zur Vorgehensweise des projizierten Gradientenverfahrens

Die dabei im Schritt (S.2) benutzte Schrittweitenstrategie reduziert sich im unrestringierten Fall $X = \mathbb{R}^n$ gerade auf die bekannte Armijo–Regel (vergleiche [66], Kapitel 5). Wir wollen im Folgenden zeigen, dass diese stets wohldefiniert ist, d.h., dass es in jeder Iteration k einen endlichen Exponenten $\ell = \ell_k$ gibt, so dass die Schrittweite $t_k = \beta^{\ell_k}$ der Bedingung (5.143) genügt. Zu diesem Zweck formulieren wir zunächst zwei Hilfsresultate.

Lemma 5.60. *Sind $u, v \in \mathbb{R}^n$ Vektoren mit $v^T(u - v) > 0$, so gilt*

$$\frac{\|u\|}{\|v\|} \leq \frac{u^T(u - v)}{v^T(u - v)}.$$

Beweis. Wegen $v^T(u - v) > 0$ lässt sich die Behauptung äquivalent schreiben als:

$$v^T(u - v)\frac{\|u\|}{\|v\|} \leq u^T(u - v) \iff (u - v)^T(u\|v\| - v\|u\|) \geq 0.$$

Es genügt daher, die letzte Ungleichung nachzuweisen. Mittels elementarer Umformungen sowie unter Anwendung der Ungleichung von Cauchy–Schwarz ergibt sich:

$$\begin{aligned}
(u - v)^T(u\|v\| - v\|u\|) &= \|u\|^2\|v\| - v^T u\|v\| - u^T v\|u\| + \|v\|^2\|u\| \\
&\geq \|u\|^2\|v\| - \|u\|\|v\|^2 - \|u\|^2\|v\| + \|v\|^2\|u\| \\
&= 0,
\end{aligned}$$

womit auch schon alles bewiesen ist.   □

Das technische Lemma 5.60 wird zum Beweis des folgenden Resultates benötigt, siehe auch [63, 29].

Lemma 5.61. *Sei $X \subseteq \mathbb{R}^n$ nichtleer, abgeschlossen und konvex. Seien $x \in \mathbb{R}^n$ und $d \in \mathbb{R}^n$ gegeben. Dann ist die Funktion*

$$\theta(\alpha) := \frac{\|Proj_X(x + \alpha d) - x\|}{\alpha}$$

für $\alpha > 0$ monoton fallend.

Beweis. Seien α, β gegeben mit $\alpha > \beta > 0$. Ist $\text{Proj}_X(x + \alpha d) = \text{Proj}_X(x + \beta d)$, so gilt offenbar $\theta(\alpha) \leq \theta(\beta)$. Wir betrachten daher nur noch den Fall $\text{Proj}_X(x + \alpha d) \neq \text{Proj}_X(x + \beta d)$. Setze

$$u := \text{Proj}_X(x + \alpha d) - x, \quad v := \text{Proj}_X(x + \beta d) - x.$$

Aus dem Projektionssatz 2.18, angewandt auf die Vektoren $x + \alpha d$ und $\text{Proj}_X(x + \beta d)$, ergibt sich daher

$$u^T(u - v) \leq \alpha d^T(\text{Proj}_X(x + \alpha d) - \text{Proj}_X(x + \beta d)). \qquad (5.144)$$

Andererseits folgt aus dem Projektionssatz 2.18 durch Anwendung auf die Vektoren $x + \beta d$ und $\text{Proj}_X(x + \alpha d)$:

$$v^T(u - v) \geq \beta d^T(\text{Proj}_X(x + \alpha d) - \text{Proj}_X(x + \beta d)). \qquad (5.145)$$

Wegen $\alpha > \beta$ und $\text{Proj}_X(x + \alpha d) \neq \text{Proj}_X(x + \beta d)$ ergibt sich aus dem Lemma 2.20 außerdem die Ungleichung

$$d^T \left(\text{Proj}_X (x + \alpha d) - \text{Proj}_X (x + \beta d) \right) > 0. \tag{5.146}$$

Aus (5.145) und (5.146) erhält man daher $v^T(u - v) > 0$. Daher ergibt sich aus dem Lemma 5.60 unter Verwendung von (5.144) und (5.145):

$$\frac{\|u\|}{\|v\|} \leq \frac{u^T(u - v)}{v^T(u - v)} \leq \frac{\alpha}{\beta}.$$

Aus der Definition von u und v folgt somit

$$\theta(\alpha) = \frac{\|u\|}{\alpha} \leq \frac{\|v\|}{\beta} = \theta(\beta),$$

was zu zeigen war.   □

Nach diesen Vorbereitungen sind wir nun in der Lage, die Wohldefiniertheit der Schrittweitenstrategie im Algorithmus 5.59 (und damit die Wohldefiniertheit des gesamten Verfahrens) nachzuweisen.

Lemma 5.62. *Die Schrittweitenstrategie im Algorithmus 5.59 ist wohldefiniert, d.h., in jeder Iteration k existiert ein Exponent $\ell_k \in \mathbb{N}$, so dass die Schrittweite $t_k = \beta^{\ell_k}$ der Bedingung (5.143) genügt.*

Beweis. Sei $x^k \in X$ eine gegebene Iterierte. Im Hinblick auf das Abbruchkriterium im Schritt (S.1) und Satz 5.58 können wir annehmen, dass

$$\|x^k - x^k(t)\| > 0 \quad \forall t > 0 \tag{5.147}$$

gilt. Aufgrund des Projektionssatzes 2.18 ist

$$\left(x^k(t) - x^k \right)^T \left(x^k - t \nabla f(x^k) - x^k(t) \right) \geq 0 \quad \forall t > 0.$$

Daher folgt

$$\nabla f(x^k)^T \left(x^k - x^k(t) \right) \geq \frac{\|x^k - x^k(t)\|^2}{t}, \tag{5.148}$$

und Lemma 5.61 impliziert somit

$$\nabla f(x^k)^T \left(x^k - x^k(t) \right) \geq \frac{\|x^k - x^k(t)\|^2}{t} \geq \|x^k - x^k(1)\| \, \|x^k - x^k(t)\| \quad \forall t > 0. \tag{5.149}$$

Wir wollen nun nachweisen, dass die Bedingung

$$f(x^k) - f(x^k(t)) \geq \sigma \nabla f(x^k)^T \left(x^k - x^k(t) \right) \tag{5.150}$$

für alle hinreichend kleinen $t > 0$ erfüllt ist. Dazu bemerken wir zunächst, dass es aufgrund des Mittelwertsatzes der Differentialrechnung zu jedem $t \in (0, 1]$ einen Zwischenpunkt ξ_t^k auf der Verbindungsstrecke von x^k zu $x^k(t)$ gibt mit

$$f(x^k) - f(x^k(t))$$
$$= \nabla f(\xi_t^k)^T \left(x^k - x^k(t)\right)$$
$$= \nabla f(x^k)^T \left(x^k - x^k(t)\right) + \left(\nabla f(\xi_t^k) - \nabla f(x^k)\right)^T \left(x^k - x^k(t)\right).$$

Die Ungleichung (5.150) ist somit äquivalent zu

$$(1 - \sigma)\nabla f(x^k)^T \left(x^k - x^k(t)\right) \geq \left(\nabla f(x^k) - \nabla f(\xi_t^k)\right)^T \left(x^k - x^k(t)\right).$$

Wegen (5.149) ist dies sicherlich dann erfüllt, wenn

$$(1 - \sigma)\|x^k - x^k(1)\| \geq \left(\nabla f(x^k) - \nabla f(\xi_t^k)\right)^T \frac{x^k - x^k(t)}{\|x^k - x^k(t)\|}$$

gilt. Die Gültigkeit dieser Ungleichung für alle hinreichend kleinen $t > 0$ folgt aber unmittelbar aus der Tatsache, dass die linke Seite wegen (5.147) strikt positiv ist und die rechte Seite für $t \downarrow 0$ offenbar gegen Null konvergiert. $\square$

Wir beweisen als Nächstes einen globalen Konvergenzsatz für den Algorithmus 5.59. Dabei gehen wir implizit wieder davon aus, dass der Algorithmus 5.59 nicht nach endlich vielen Iterationen im Schritt (S.1) abbricht.

Satz 5.63. *Jeder Häufungspunkt einer durch den Algorithmus 5.59 erzeugten Folge $\{x^k\}$ genügt der notwendigen Optimalitätsbedingung*

$$\nabla f(x^*)^T(x - x^*) \geq 0 \quad \forall x \in X$$

aus dem Satz 5.57. Ist f konvex, so ist jeder Häufungspunkt bereits eine Lösung des Optimierungsproblems (5.140).

Beweis. Sei x^* ein Häufungspunkt der Folge $\{x^k\}$ und $\{x^k\}_K$ eine gegen x^* konvergente Teilfolge. Da $\{f(x^k)\}$ monoton fällt und aus Stetigkeitsgründen $\{f(x^k)\}_K \to f(x^*)$ gilt, konvergiert bereits die gesamte Folge $\{f(x^k)\}$ gegen $f(x^*)$. Wir unterscheiden zwei Fälle.

Fall 1: Es ist $\liminf_{k \in K} t_k > 0$.
Dann existiert ein $\bar{t} > 0$ mit $t_k \geq \bar{t}$ für alle $k \in K$. Aus (5.148) und Lemma 5.61 folgt dann

$$f(x^k) - f(x^{k+1}) \geq \sigma \nabla f(x^k)^T(x^k - x^{k+1})$$
$$\geq \sigma \frac{\|x^k - x^{k+1}\|^2}{t_k}$$
$$= \frac{\sigma t_k \|x^k - x^k(t_k)\|^2}{t_k^2}$$
$$\geq \sigma \bar{t} \|x^k - x^k(1)\|^2.$$

Für $k \to \infty, k \in K$, ergibt sich daher

$$0 \geq \sigma \bar{t} \|x^* - \mathrm{Proj}_X[x^* - \nabla f(x^*)]\|.$$

aufgrund der Definition von $x^k(t)$ und der Stetigkeit des Projektionsoperators (siehe Lemma 2.19). Also ist $x^* = \mathrm{Proj}_X[x^* - \nabla f(x^*)]$, so dass sich die Behauptung im Fall 1 aus den Sätzen 5.57 und 5.58 ergibt.

Fall 2: Es ist $\liminf_{k \in K} t_k = 0$.

Dann können wir o.B.d.A. annehmen, dass $\{t_k\}_K \downarrow 0$ gilt. Für alle $k \in K$ hinreichend groß gilt daher $t_k = \beta^{\ell_k}$ mit $\ell_k \geq 1$ (d.h., die volle Schrittweite $t_k = 1$ wird nicht akzeptiert). Also ist

$$f(x^k) - f(x^k(t_k/\beta)) < \sigma \nabla f(x^k)^T \left(x^k - x^k(t_k/\beta)\right) \tag{5.151}$$

für alle $k \in K$ groß genug. Aufgrund des Mittelwertsatzes der Differentialrechnung gilt

$$\begin{aligned} f(x^k) - f(x^k(t_k/\beta)) = {} & \nabla f(x^k)^T \left(x^k - x^k(t_k/\beta)\right) \\ & + \left(\nabla f(\xi^k) - \nabla f(x^k)\right)^T \left(x^k - x^k(t_k/\beta)\right) \end{aligned} \tag{5.152}$$

für einen Zwischenpunkt ξ^k auf der Verbindungsstrecke von x^k zu $x^k(t_k/\beta)$. Aus (5.151) und (5.152) folgt daher

$$(1-\sigma)\nabla f(x^k)^T \left(x^k - x^k(t_k/\beta)\right) < \left(\nabla f(x^k) - \nabla f(\xi^k)\right)^T \left(x^k - x^k(t_k/\beta)\right) \tag{5.153}$$

für alle $k \in K$ hinreichend groß. Wegen (5.148) und Lemma 5.61 gilt

$$\begin{aligned} \nabla f(x^k)^T \left(x^k - x^k(t_k/\beta)\right) &\geq \frac{\|x^k - x^k(t_k/\beta)\|^2}{t_k/\beta} \\ &\geq \|x^k - x^k(1)\| \, \|x^k - x^k(t_k/\beta)\|. \end{aligned} \tag{5.154}$$

Durch Kombination von (5.153) und (5.154) ergibt sich unter Benutzung der Cauchy–Schwarzschen Ungleichung

$$\begin{aligned} (1-\sigma)\|x^k - x^k(1)\| \, \|x^k - x^k(t_k/\beta)\| & \\ < \left(\nabla f(x^k) - \nabla f(\xi^k)\right)^T & \left(x^k - x^k(t_k/\beta)\right) \\ \leq \|\nabla f(x^k) - \nabla f(\xi^k)\| \, & \|x^k - x^k(t_k/\beta)\|. \end{aligned} \tag{5.155}$$

Da der Abbruchtest im Schritt (S.1) für x^k nicht erfüllt war, gilt

$$\|x^k - x^k(t_k/\beta)\| > 0$$

wegen Satz 5.58. Mit (5.155) folgt daher

$$(1-\sigma)\|x^k - x^k(1)\| < \|\nabla f(x^k) - \nabla f(\xi^k)\|. \tag{5.156}$$

Nun gilt aber $\xi^k \to x^*$ wegen $x^k \to x^*$ und $t_k \downarrow 0$ für $k \to \infty, k \in K$. Grenzübergang in (5.156) liefert deshalb

$$\lim_{k \in K} \|x^k - x^k(1)\| = 0.$$

Also ist $x^* = \text{Proj}_X[x^* - \nabla f(x^*)]$, und zwar erneut aufgrund der Stetigkeit des Projektionsoperators, siehe Lemma 2.19. Die Behauptung ergibt sich somit auch im Fall 2 aus den Sätzen 5.57 und 5.58. $\qquad \square$

Das projizierte Gradientenverfahren besitzt somit eine sehr zufriedenstellende globale Konvergenztheorie. Die Konvergenzgeschwindigkeit ist allerdings recht langsam; da es sich im unrestringierten Fall $X = \mathbb{R}^n$ um das Verfahren des steilsten Abstiegs handelt, war dies auch nicht anders zu erwarten, siehe [66], Kapitel 8. Ähnlich wie beim Gradientenverfahren liegt die Bedeutung des projizierten Gradientenverfahrens in der Möglichkeit, lokal gut konvergente Verfahren mit dem projizierten Gradientenverfahren zu kombinieren, um auf diese Weise global and lokal schnell konvergente Verfahren zu erhalten. Für ein Beispiel dieser Art vergleiche man etwa die Arbeit [118].

Als Nächstes soll noch etwas zu dem Aufwand des projizierten Gradientenverfahrens gesagt werden. Dieser hängt offenbar in starkem Maße davon ab, wie einfach sich die Berechnung der Projektion eines Vektors $x \in \mathbb{R}^n$ auf die zulässige Menge X gestaltet. Wird X durch Box–Restriktionen beschrieben, etwa

$$X = [l_1, u_1] \times \ldots \times [l_n, u_n]$$

mit unteren Schranken $l_i \in \mathbb{R} \cup \{-\infty\}$, oberen Schranken $u_i \in \mathbb{R} \cup \{+\infty\}$ und $l_i < u_i$ für alle $i = 1, \ldots, n$, so lässt sich die Projektion sofort komponentenweise angeben:

$$[\text{Proj}_X(x)]_i = \begin{cases} l_i & \text{falls } x_i < l_i, \\ x_i & \text{falls } x_i \in [l_i, u_i], \\ u_i & \text{falls } x_i > u_i. \end{cases}$$

In diesem Fall ist die Berechnung der Projektion also ein Kinderspiel. Wird X dagegen durch lineare Restriktionen beschrieben, so hat man für $\text{Proj}_X(x)$ bereits ein quadratisches Programm zu lösen, im Falle einer beliebigen konvexen Menge X sogar ein konvexes Optimierungsproblem, was im Allgemeinen als zu aufwendig angesehen wird.

Mehr zum Thema Fixpunktverfahren (in einem etwas allgemeineren Zusammenhang) werden wir im Kapitel 7 sagen.

Aufgaben

Aufgabe 5.1. Man implementiere die Strategie der aktiven Menge für quadratische Optimierungsprobleme (Algorithmus 5.3). Dabei setze man voraus, dass ein zulässiger Punkt x^0 bekannt ist.

Testbeispiele: Beispiel aus Unterabschnitt 5.1.2 und das folgende Beispiel (vgl. Aufgabe 2.16):

$$\min \quad 2x_1^2 + 1.75x_2^2 + 0.75x_3^2 + 4500x_1 + 4000x_2 + 3500x_3 + 3000x_4$$

u.d.N. $x_1 - 3500 \leq 0, \quad x_1 + x_2 - 7500 \leq 0, \quad x_1 + x_2 + x_3 - 10500 \leq 0,$
$$-x_1 + 1500 \leq 0, \quad -x_1 - x_2 + 5500 \leq 0, \, -x_1 - x_2 - x_3 + 8500 \leq 0,$$
$$-x_i \leq 0 \ (i = 1, 2, 3, 4), \quad x_1 + x_2 + x_3 + x_4 - 10000 = 0.$$

Startpunkt: $x^0 = (3000, 4000, 2000, 1000)^T$.
Zur Kontrolle: $x^* = (2500, 3000, 3000, 1500)^T$.

Aufgabe 5.2. Gegeben sei das quadratische Optimierungsproblem

$$\min f(x) := \frac{1}{2} x^T Q x + c^T x + \gamma \quad \text{u.d.N.} \quad h(x) := b^T x = 0 \qquad (5.157)$$

mit einer symmetrischen und positiv definiten Matrix $Q \in \mathbb{R}^{n \times n}$ und $b, c \in \mathbb{R}^n, b \neq 0, \gamma \in \mathbb{R}$. Man ermittle zu festem $\alpha > 0$ das Minimum $x(\alpha)$ der zugehörigen Penalty-Funktion

$$P(x; \alpha) := f(x) + \frac{\alpha}{2}(h(x))^2$$

auf dem $\mathbb{R}^n$, berechne

$$x^* := \lim_{\alpha \to \infty} x(\alpha)$$

und zeige, dass x^* die Lösung des Problems (5.157) ist.

(Hinweis: Je nach Vorgehen kann die Sherman–Morrison–Formel aus Aufgabe 3.20 (a) nützlich sein.)

Aufgabe 5.3. (Herleitung der logarithmischen Barriere–Funktion)
Betrachte das Optimierungsproblem

$$\min f(x) \quad \text{u.d.N.} \quad g_i(x) \leq 0$$

mit stetig differenzierbaren Funktionen $f : \mathbb{R}^n \to \mathbb{R}$ und $g_i : \mathbb{R}^n \to \mathbb{R}$ ($i = 1, \ldots, m$). Die zugehörigen KKT–Bedingungen lauten

$$\nabla f(x) + \sum_{i=1}^m \lambda_i \nabla g_i(x) = 0,$$
$$-g_i(x) \geq 0, \quad \lambda_i \geq 0, \quad -g_i(x)\lambda_i = 0 \quad \forall i = 1, \ldots, m.$$

Analog zu der Herleitung der Inneren–Punkte–Methoden im Kapitel 4 mögen diese KKT–Bedingungen durch einen Parameter $\tau > 0$ gestört werden zu

$$\nabla f(x) + \sum_{i=1}^m \lambda_i \nabla g_i(x) = 0,$$
$$-g_i(x) > 0, \quad \lambda_i > 0, \quad -g_i(x)\lambda_i = \tau \quad \forall i = 1, \ldots, m.$$

Hieraus ergibt sich $\lambda_i = -\tau/g_i(x)$ und somit

$$\nabla f(x) - \tau \sum_{i=1}^m \frac{1}{g_i(x)} \nabla g_i(x) = 0.$$

Was hat dies mit der logarithmischen Barriere–Funktion zu tun?

Aufgabe 5.4. (Herleitung der inversen Barriere–Funktion)
Betrachte das Optimierungsproblem

$$\min f(x) \quad \text{u.d.N.} \quad g_i(x) \leq 0$$

mit stetig differenzierbaren Funktionen $f : \mathbb{R}^n \to \mathbb{R}$ und $g_i : \mathbb{R}^n \to \mathbb{R}$ ($i = 1, \ldots, m$). Die zugehörigen KKT–Bedingungen lauten

$$\nabla f(x) + \sum_{i=1}^m \lambda_i \nabla g_i(x) = 0,$$

$$-g_i(x) \geq 0, \quad \lambda_i \geq 0, \quad -g_i(x)\lambda_i = 0 \quad \forall i = 1, \ldots, m.$$

Schreibt man $\lambda_i = \nu_i^2$ für ein $\nu_i \in \mathbb{R}$, so sind diese KKT–Bedingungen offenbar äquivalent zu

$$\nabla f(x) + \sum_{i=1}^m \nu_i^2 \nabla g_i(x) = 0,$$

$$-g_i(x) \geq 0, \quad -g_i(x)\nu_i = 0 \quad \forall i = 1, \ldots, m.$$

Diese Bedingungen mögen durch Einführung eines Parameters τ gestört werden zu

$$\nabla f(x) + \sum_{i=1}^m \nu_i^2 \nabla g_i(x) = 0,$$

$$-g_i(x) > 0, \quad -g_i(x)\nu_i = \tau \quad \forall i = 1, \ldots, m.$$

Hieraus ergibt sich $\nu_i = -\tau/g_i(x)$ und somit

$$\nabla f(x) + \tau^2 \sum_{i=1}^m \frac{1}{g_i(x)^2} \nabla g_i(x) = 0.$$

Was hat dies mit der inversen Barriere–Funktion zu tun?

Aufgabe 5.5. Betrachte das Optimierungsproblem

$$\min x^2 \quad \text{u.d.N.} \quad x - 1 = 0$$

mit der Lösung $x^* = 1$. Man überlege sich, ab welchem Wert $\bar{\alpha} > 0$ die zugehörige ℓ_1–Penalty–Funktion $P_1(x; \alpha)$ für alle $\alpha \geq \bar{\alpha}$ exakt in x^* ist.

Aufgabe 5.6. Wenn ein $q \in [1, \infty]$ existiert, so dass die Penalty–Funktion $P_q(\cdot; \alpha)$ aus (5.27) für alle $\alpha \geq \bar{\alpha}$ in einem für das Optimierungsproblem

$$\min f(x) \quad \text{u.d.N.} \quad g(x) \leq 0, h(x) = 0$$

zulässigen Punkt $x^* \in \mathbb{R}^n$ ein globales Minimum besitzt, so existiert für jedes $q' \in [1, \infty]$ eine Konstante $\bar{\alpha}' > 0$ derart, dass x^* auch ein globales Minimum von $P_{q'}(\cdot; \alpha)$ für alle $\alpha \geq \bar{\alpha}'$ ist.

Aufgabe 5.7. Man gebe einen expliziten Beweis für das Korollar 5.12, indem man den Beweis des Satzes 5.11 geeignet verallgemeinert (es soll hier also nicht auf den Satz 5.10 zurückgegriffen werden).

Aufgabe 5.8. Gegeben sei das Optimierungsproblem

$$\min f(x) := -x_1 x_2^2 \quad \text{u.d.N.} \quad h(x) := 1 - x_1^2 - x_2^2 = 0.$$

Man zeige, dass $x^* = \left(\sqrt{\tfrac{1}{3}}, \pm\sqrt{\tfrac{2}{3}} \right)^T$ die Lösungen des Problems sind und $\mu^* = -\sqrt{\tfrac{1}{3}}$ der zugehörige Lagrange–Multiplikator ist. Für welche $\alpha \geq 0$ ist die Hesse–Matrix $\nabla_{xx}^2 L_a(x^*, \mu^*; \alpha)$ der erweiterten Lagrange–Funktion

$$L_a(x, \mu; \alpha) := f(x) + \mu h(x) + \frac{\alpha}{2}(h(x))^2$$

positiv definit? Zur Veranschaulichung zeichne man einige Höhenlinien von $L_a(\,\cdot\,, \mu^*; \alpha)$, etwa für $\alpha = 0$ und $\alpha = 0.6$.

Aufgabe 5.9. Sei $(x^*, \lambda^*, \mu^*) \in \mathbb{R}^n \times \mathbb{R}^m \times \mathbb{R}^p$ ein KKT–Punkt von (5.73), der den folgenden Voraussetzungen genügen möge:

(i) Es ist $g_i(x^*) + \lambda_i^* \neq 0$ für alle $i = 1, \ldots, m$ (strikte Komplementarität).
(ii) Die Gradienten $\nabla h_j(x^*)\,(j = 1, \ldots, p)$ und $\nabla g_i(x^*)\,(i \in I(x^*) := \{i \mid g_i(x^*) = 0\}$ sind linear unabhängig (LICQ–Bedingung).
(iii) Es ist $d^T \nabla_{xx}^2 L(x^*, \lambda^*, \mu^*)d > 0$ für alle $d \neq 0$ mit $\nabla h_j(x^*)^T d = 0\,(j = 1, \ldots, p)$ und $\nabla g_i(x^*)^T d = 0\,(i \in I(x^*))$ (hinreichende Bedingung zweiter Ordnung).

Sei ferner $\Phi : \mathbb{R}^n \times \mathbb{R}^m \times \mathbb{R}^p \to \mathbb{R}^n \times \mathbb{R}^m \times \mathbb{R}^p$ definiert durch

$$\Phi(x, \lambda, \mu) := \begin{pmatrix} \nabla_x L(x, \lambda, \mu) \\ h(x) \\ \phi(-g(x), \lambda) \end{pmatrix}$$

und

$$\phi(-g(x), \lambda) := (\varphi(-g_1(x), \lambda_1), \ldots, \varphi(-g_m(x), \lambda_m))^T \in \mathbb{R}^m$$

wobei $\varphi : \mathbb{R}^2 \to \mathbb{R}$ entweder die Minimum–Funktion

$$\varphi(a, b) := \min\{a, b\}$$

oder die Fischer–Burmeister–Funktion

$$\varphi(a, b) := \sqrt{a^2 + b^2} - a - b$$

bezeichnet. Dann existiert die Jacobi–Matrix $\Phi'(x^*, \lambda^*, \mu^*)$ und ist regulär.

Aufgabe 5.10. Man implementiere den Algorithmus 5.29 (SQP–Verfahren) für das Problem

$$\min f(x) \quad \text{u.d.N.} \quad g(x) \le 0, \, h(x) = 0.$$

Als Matrix H_k wähle man jeweils die Hesse–Matrix $\nabla^2_{xx} L(x^k, \lambda^k, \mu^k)$ der Lagrange-Funktion. Im Schritt (S.2) verwende man den Algorithmus 5.3 (Strategie der aktiven Menge, vergleiche auch Aufgabe 5.1). Um diesen Algorithmus stets mit einem zulässigen Punkt starten zu können, setze man voraus, dass g konvex und h affin-linear ist und dass überdies ein Punkt $\tilde{x}$ mit $g(\tilde{x}) \le 0, \, h(\tilde{x}) = 0$ bekannt ist; dann ist nämlich nach dem Beweis von Lemma 5.40 der Vektor $\Delta x := \tilde{x} - x^k$ zulässig für das in (S.2) genannte quadratische Hilfsproblem.

Testproblem: $n = 2, m = 2, p = 0$,

$$f(x) = 3(x_1 - 2)^2 + 2(x_2 - 3)^2, \quad g_1(x) = x_1^2 - x_2, \quad g_2(x) = x_1^2 + x_2^2 - 1$$

(wähle $\tilde{x} = (0, \frac{1}{2})^T$ und starte mit $x^0 = (\frac{1}{2}, 1)^T, \lambda = (0, 0)^T$).

Aufgabe 5.11. Sei $\{(x^k, \lambda^k, \mu^k)\}$ eine durch das SQP–Verfahren aus dem Algorithmus 5.30 erzeugte Folge, die unter den Voraussetzungen des Satzes 5.31 gegen einen KKT–Punkt (x^*, λ^*, μ^*) des Optimierungsproblems

$$\min f(x) \quad \text{u.d.N.} \quad g(x) \le 0, \, h(x) = 0$$

konvergiert. Sei $I(x^*) := \{i \mid g_i(x^*) = 0\}$ die Menge der in x^* aktiven Ungleichungsrestriktionen dieses Optimierungsproblems. Sei ferner $Q(x^k) := \{i \mid g_i(x^k) + \nabla g_i(x^k)^T (x^{k+1} - x^k) = 0\}$ die Menge der aktiven Ungleichungen des im k–ten Iterationsschritt auftretenden quadratischen Teilproblems. Dann gilt $Q(x^k) = I(x^*)$ für alle $k \in \mathbb{N}$ hinreichend groß.

Aufgabe 5.12. Man implementiere das globalisierte SQP-Verfahren (Algorithmus 5.37) (vergleiche Aufgabe 5.1 und Aufgabe 5.10).

Testprobleme:

(a) Testproblem aus Aufgabe 5.10: $n = 2, m = 2, p = 0$,

$$f(x) = 3(x_1 - 2)^2 + 2(x_2 - 3)^2, \quad g_1(x) = x_1^2 - x_2, \quad g_2(x) = x_1^2 + x_2^2 - 1$$

(wähle $\tilde{x} = (0, \frac{1}{2})^T$ und starte mit $x^0 = (\frac{1}{2}, 1)^T, \lambda = (0, 0)^T$).

(b) Wie in a), jedoch mit

$$f(x) = -x_1(x_2 + 1)$$

(Start mit $x^0 = (\frac{3}{4}, \frac{1}{2})^T, \lambda = (0, 0)^T$).

Aufgabe 5.13. Gegeben sei das Optimierungsproblem (vgl. Beispiel 5.39)

$$\begin{aligned} \min \quad & f(x) := 2(x_1^2 + x_2^2 - 1) - x_1 \\ \text{u.d.N.} \quad & h(x) := x_1^2 + x_2^2 - 1 = 0. \end{aligned}$$

(a) Man ermittle zum Punkt $x^0 := (0,1)^T$ die Lösung Δx^0 des quadratischen Teilproblems (5.72) (mit $H_k := I$) und gebe die Funktionswerte $P_1(x^0; \alpha)$ und $P_1(x^0 + \Delta x^0; \alpha)$ an.

(b) Entsprechend ermittle man zu x^0 und Δx^0 die Lösung d^0 des modifizierten quadratischen Teilproblems (5.98) und gebe den Funktionswert $P_1(x^0 + d^0; \alpha)$ an.

(c) Es fällt auf, dass für den gewählten Punkt x^0 der in (b) berechnete neue Punkt $x^1 := x^0 + d^0$ wieder zulässig ist. Man zeige, dass dies bei diesem Beispiel für alle zulässigen Punkte x^0 gilt.

Aufgabe 5.14. Man untersuche für das Beispiel $n = m = 1$, $p = 0$, $f(x) = 0$, $g(x) = x$, $\alpha = 1$, in welchen Bereichen der x–Δx–Ebene die in Lemma 5.43 (b) auftretende Gleichung

$$\Phi(x; \Delta x; \alpha) = P_1(x; \alpha) + P_1'(x; \Delta x; \alpha) \qquad (5.158)$$

richtig ist.

Weiter gebe man zu jedem $x \in \mathbb{R}^n$ eine Zahl $\delta(x) > 0$ an, so dass für alle $\Delta x \in \mathbb{R}^n$ mit $\|\Delta x\| \leq \delta(x)$ die Gleichung (5.158) gilt.

Aufgabe 5.15. Gegeben sei das folgende Optimierungsproblem:

$$\begin{aligned} \min \quad & f(x) := -x_1 - x_2 \\ \text{u.d.N.} \quad & g(x) := -x \qquad\qquad \leq 0, \\ & h(x) := x_1^2 + x_2^2 - 1 = 0. \end{aligned}$$

(a) Man finde zu

$$x^k = \begin{pmatrix} -\frac{1}{2} \\ -\frac{1}{2} \end{pmatrix}$$

die Lösung Δx des quadratischen Teilproblems (5.72) sowie jene des Problems (5.100) mit $\alpha = 1$, jeweils mit $H_k := I$. (Für (5.100) kann die bei (5.104) angemerkte Äquivalenz verwendet werden).

(b) Der Punkt

$$x^* = \begin{pmatrix} \frac{\sqrt{2}}{2} \\ \frac{\sqrt{2}}{2} \end{pmatrix}$$

ist für jedes $\alpha \geq \frac{\sqrt{2}}{2}$ ein stationärer Punkt der ℓ_1–Penalty–Funktion $P_1(\,\cdot\,; \alpha)$.

Aufgabe 5.16. Sei x^k ein zulässiger Punkt des nichtlinearen Programmes (5.73). Ist $(\Delta x^k, \xi^k, (\eta^+)^k, (\eta^-)^k)$ mit $\Delta x^k = 0$ Lösung des quadratischen Teilproblems (5.100) (mit zugehörigen Lagrange–Multiplikatoren λ^{k+1}, $(\lambda^+)^{k+1}$, μ^{k+1}, $(\mu^+)^{k+1}$, $(\mu^-)^{k+1}$), so gilt

$$(\Delta x^k, \xi^k, (\eta^+)^k, (\eta^-)^k) = (0, 0, 0, 0)$$

(somit ist nach Lemma 5.42 $(x^k, \lambda^{k+1}, \mu^{k+1})$ ein KKT–Punkt des nichtlinearen Programmes (5.73)).

(Hinweis: Die KKT–Bedingungen (5.101), angeschrieben mit $\Delta x^k = 0$, liefern mit $g(x^k) \leq 0$, $h(x^k) = 0$ die Behauptung.)

Aufgabe 5.17. Schreiben Sie ein Programm für Algorithmus 5.47 (Modifiziertes globalisiertes SQP–Verfahren).

Testbeispiele: Beispiele aus den Aufgaben 5.15 und 5.12.

Aufgabe 5.18. Sei $\{H_k\} \subseteq \mathbb{R}^{n \times n}$ eine Folge symmetrischer und positiv definiter Matrizen. Dann sind die folgenden Aussagen äquivalent:

(a) Die Folgen $\{H_k\}$ und $\{H_k^{-1}\}$ sind beschränkt.
(b) Es existieren Konstanten $c_1 > 0$ und $c_2 > 0$ mit

$$c_1 \|d\|^2 \leq d^T H_k d \leq c_2 \|d\|^2$$

für alle $d \in \mathbb{R}^n$ und alle $k \in \mathbb{N}$.

(c) Es existieren Konstanten $c_3 > 0$ und $c_4 > 0$ mit

$$c_3 \|d\|^2 \leq d^T H_k^{-1} d \leq c_4 \|d\|^2$$

für alle $d \in \mathbb{R}^n$ und alle $k \in \mathbb{N}$.

(Hinweis: Einen Beweis findet man beispielsweise in [66], Lemma 12.8.)

Aufgabe 5.19. Bei der Untersuchung des Konvergenzverhaltens von SQP–Verfahren wird in der Literatur häufig die folgende Voraussetzung (V) an das Optimierungsproblem (5.73) gestellt:

(V) Es gibt eine positive Zahl τ, so dass für alle „näherungsweise zulässigen" Punkte x, genauer: für alle $x \in M(\tau)$ mit

$$M(\tau) := \{x \in \mathbb{R}^n \,|\, g_i(x) \leq \tau,\, i = 1, \dots, m,\, |h_j(x)| \leq \tau,\, j = 1, \dots, p\}$$

die folgenden Bedingungen erfüllt sind:
(a) Die Gradienten

$$\nabla h_j(x) \quad (j = 1, \dots, p)$$

sind linear unabhängig.
(b) Es existiert ein Vektor $d \in \mathbb{R}^n$ mit

$$\nabla g_i(x)^T d < 0 \quad (i \in I(x) \cup J(x)), \quad \nabla h_j(x)^T d = 0 \quad (j = 1, \dots, p);$$

dabei ist $I(x) := \{i \,|\, g_i(x) = 0\}$, $J(x) := \{i \,|\, g_i(x) > 0\}$.

Man diskutiere den Zusammenhang zwischen (V) und der Mangasarian–Fromovitz Constraint Qualification MFCQ. Weiter erläutere man die Voraussetzung (V) anhand des Beispiels aus Aufgabe 5.15 und überprüfe, ob der in Aufgabe 5.15 verwendete Punkt $x = (-\frac{1}{2}, -\frac{1}{2})^T$ den Bedingungen (a), (b) genügt.

Aufgabe 5.20. Man überlege sich, wie sich der Beweis des globalen Konvergenzsatzes 5.48 durch Verwendung des nachfolgenden Lemmas wesentlich abkürzen lässt:

Lemma 2000: Seien x^*, $\Delta x^* \in \mathbb{R}^n$, $\{x^k\}$, $\{\Delta x^k\} \subseteq \mathbb{R}^n$ mit $\{x^k\} \to x^*$ und $\{\Delta x^k\} \to \Delta x^*$ sowie $\{\tau_k\} \subseteq \mathbb{R}_{++}$ mit $\{\tau_k\} \to 0$. Weiter bezeichne $P_1(\,\cdot\,;\alpha)$ die in (5.89) definierte ℓ_1–Penalty–Funktion. Dann gibt es eine Folge $\{\varepsilon_k\} \subseteq \mathbb{R}$ mit

$$\lim_{k\to\infty} \frac{\varepsilon_k}{\tau_k} = 0,$$

so dass gilt

$$P_1(x^k + \tau_k \Delta x^k;\alpha) = P_1(x^k;\alpha) + \tau_k P_1'(x^k;\Delta x^k;\alpha) + \varepsilon_k.$$

Leider ist das Lemma 2000 aber falsch. Gegenbeispiel?

Aufgabe 5.21. Verwendet man die ℓ_1–Penalty–Funktion $P_1(\,\cdot\,;\alpha)$ nicht zur Schrittweitenbestimmung, sondern verbindet sie mit dem Trust–Region–Konzept, so gelangt man zu einem Verfahren (Sℓ_1QP–Verfahren von Fletcher), bei welchem im k–ten Schritt das folgende Hilfsproblem auftritt:

$$
\begin{aligned}
\min \quad & f(x^k) + \nabla f(x^k)^T \Delta x + \tfrac{1}{2}\Delta x^T H_k \Delta x \\
& +\alpha \sum_{i=1}^{m} \max\{0, g_i(x^k) + \nabla g_i(x^k)^T \Delta x\} \\
& +\alpha \sum_{j=1}^{p} |h_j(x^k) + \nabla h_j(x^k)^T \Delta x| \\
\text{u.d.N. } & \|\Delta x\|_\infty \le R_k.
\end{aligned}
\tag{5.159}
$$

Ist Δx^k Lösung dieses (stets zulässigen) Problems, so setzt man je nach Situation $x^{k+1} := x^k + \Delta x^k$ oder $x^{k+1} := x^k$ und verändert gegebenenfalls R_k auf eine bestimmte Weise.

Zeigen Sie, dass man (5.159) als quadratisches Optimierungsproblem schreiben kann!

Aufgabe 5.22. Man betrachte das Optimierungsproblem

$$\min f(x) \quad \text{u.d.N.} \quad h(x) = 0 \tag{5.160}$$

mit stetig differenzierbaren Funktionen $f : \mathbb{R}^n \to \mathbb{R}$ und $h : \mathbb{R}^n \to \mathbb{R}^p$ und mit $p < n$. Für $x \in \mathbb{R}^n$ sei

$$h'(x)^T = Q(x)\begin{pmatrix} R(x) \\ 0 \end{pmatrix} = (Y(x)\ Z(x))\begin{pmatrix} R(x) \\ 0 \end{pmatrix} = Y(x)R(x)$$

eine QR-Zerlegung der transponierten Jacobi-Matrix $h'(x)^T$. Dann ist x genau dann eine Lösung des nichtlinearen Gleichungssystems

$$\begin{pmatrix} Z(x)^T \nabla f(x) \\ h(x) \end{pmatrix} = 0,$$

wenn es ein $\lambda \in \mathbb{R}^p$ gibt, so daß (x, λ) den KKT-Bedingungen

$$\begin{pmatrix} \nabla f(x) + h'(x)^T \lambda \\ h(x) \end{pmatrix} = 0$$

des Problems (5.160) genügt.

Aufgabe 5.23. Beim P1–Verfahren von Zoutendijk für *lineare* Restriktionen treten im k–ten Iterationsschritt Teilprobleme der Gestalt

$$\min \nabla f(x^k)^T d \quad \text{u.d.N.} \quad A_k^T d \le 0, \; \|d\|_k \le 1 \qquad (5.161)$$

auf mit $A_k^T \in \mathbb{R}^{m_k \times n}, \mathrm{Rang}(A_k^T) = m_k$ und einer unter Umständen vom Iterationsindex k abhängigen Norm $\| \cdot \|_k$. Es soll hier gezeigt werden, dass sich dieses Teilproblem bei geeigneter Wahl der Normierung explizit auflösen lässt (in dem Sinne, dass man lediglich ein lineares Gleichungssystem zu lösen hat). Sei dazu $B_k^T \in \mathbb{R}^{(n-m_k) \times n}$ eine Matrix, so dass

$$T_k := \begin{pmatrix} A_k^T \\ B_k^T \end{pmatrix} \in \mathbb{R}^{n \times n}$$

regulär ist. Betrachte (5.161) mit $\|d\|_k := \|T_k d\|$ ($\| \cdot \|$ euklidische Norm). Setze

$$\begin{pmatrix} y^k \\ z^k \end{pmatrix} := (T_k^{-1})^T \nabla f(x^k)$$

und

$$r^k := \begin{pmatrix} y_+^k \\ z^k \end{pmatrix}$$

mit $y_+^k := \max\{0, y^k\}$. Dann ist

$$d^k := \begin{cases} -T_k^{-1} \dfrac{r^k}{\|r^k\|}, & \text{falls } r^k \ne 0, \\ 0, & \text{falls } r^k = 0 \end{cases}$$

eine Lösung von (5.161).

(Hinweis: Man verifiziere, dass $(d^k, \lambda^k, \lambda_0^k)$ mit $\lambda^k := y_+^k - y^k$ und $\lambda_0^k := \|r^k\|$ den KKT–Bedingungen von (5.161) genügt.)

6. Nichtglatte Optimierung

Unter nichtglatten Optimierungsproblemen verstehen wir Aufgaben, welche nicht den üblichen Differenzierbarkeitsvoraussetzungen (einmalige oder zweimalige stetige Differenzierbarkeit aller beteiligten Funktionen) genügen. Wir wollen aber auch nicht „gar nichts" voraussetzen, sondern haben in diesem Kapitel eine (recht große) Klasse von Problemen im Auge, welche noch so starke Eigenschaften hat, dass man eine brauchbare Theorie entwickeln und zur Konstruktion und Analyse von numerischen Algorithmen verwenden kann. Beispiele für solche Aufgaben besprechen wir im nächsten Abschnitt. Danach gehen wir auf die Lagrange–Dualität bei nichtlinearen Optimierungsproblemen ein; die dualen Probleme sind ebenfalls Beispiele für nichtglatte Optimierungsaufgaben. Im Folgenden konzentrieren wir uns dann aus Platzgründen auf (nichtglatte) konvexe Minimierungsaufgaben, obwohl sich die besprochenen Konzepte teilweise auch auf nichtkonvexe Probleme übertragen lassen. Nach der Bereitstellung von Hilfsmitteln wie beispielsweise des zentralen Begriffs des konvexen Subdifferentials besprechen wir verschiedene Regularisierungsmethoden sowie die klassischen Subgradienten– und Schnittebenen–Verfahren. Eine Analyse dieser Verfahren motiviert das Konzept des ε–Subdifferentials und einen darauf beruhenden Modell–Algorithmus. Eine implementierbare Ausgestaltung dieses Modell–Algorithmus führt auf die aktuellen Bundle–Verfahren; für einen konkreten Bundle–Algorithmus geben wir eine globale Konvergenzanalyse.

6.1 Motivation

In diesem Abschnitt geben wir einige Beispiele für nichtglatte Optimierungsprobleme an. Wir beginnen mit zwei Beispielen, welche ganz einfache und konkrete Modellprobleme für Aufgaben aus betriebswirtschaftlichen Anwendungen sind.

Beispiel 6.1. (Ein Angebotsproblem, siehe auch Beispiel 1.2)
Ein Unternehmen möchte eine bestimmte Stückzahl M eines Artikels beschaffen und holt dazu Angebote von mehreren Lieferanten $A^{(i)}$, $i = 1, \ldots, n$, ein. In der Regel werden Stückpreise verlangt, welche von der Auftragshöhe

abhängen: Vom i–ten Anbieter werden für die ersten $n_1^{(i)}$ Stück $P_1^{(i)}$ DM pro Stück verlangt, für die nächsten $n_2^{(i)}$ Stück dagegen der geringere Betrag von $P_2^{(i)}$ DM pro Stück usw. Häufig werden außerdem Grundkosten berechnet, die nicht von der Liefermenge abhängen.

Man überlegt sich leicht, dass die Aufgabe, das günstigste Angebot zu finden, als nichtlineares Optimierungsproblem der Form

$$\begin{array}{ll} \min & f(x) := \sum_{i=1}^{n} f_i(x_i) \\ \text{u.d.N.} & \sum_{i=1}^{n} x_i = M \end{array}$$

(evtl. mit weiteren Restriktionen) geschrieben werden kann; dabei bedeutet x_i die vom Anbieter A_i zu kaufende Stückzahl. Die Kostenfunktionen f_i sind offenbar stückweise lineare Funktionen der Variablen x_i und damit an den Übergangsstellen nicht differenzierbar!

Beispiel 6.2. (Ein Standortproblem)
Eine Warenhauskette mit Filialen in den Orten $a_1, \ldots, a_k$ und Zulieferern in den Orten $a_{k+1}, \ldots, a_m$ will eine Entscheidung über den Standort eines zusätzlichen Lagers treffen. Der Standort x soll so gewählt werden, dass die jährlichen Gesamttransportkosten vom Lager zu den Filialen und von den Zulieferern zum Lager möglichst klein sind.

Die jährlichen Transportkosten zwischen den Orten x und a_j mögen $f_j(x)$ betragen, wobei f_j eine Funktion von $\mathbb{R}^2$ nach $\mathbb{R}$ ist ($j = 1, \ldots, m$). Es ist naheliegend anzunehmen, dass $f_j(x)$ proportional zur (euklidischen?) Entfernung der beiden Orte ist:

$$f_j(x) = w_j \, \|x - a_j\|, \quad j = 1, \ldots, m \, .$$

In die Faktoren w_j gehen die geschätzten Transportmengen und ggf. weitere Daten ein.

Unter diesen Annahmen lautet das mathematische Modell

$$\min \quad f(x) := \sum_{j=1}^{m} w_j \, \|x - a_j\| \, , \quad x \in \mathbb{R}^2 \, . \tag{6.1}$$

Möglicherweise gibt es noch Einschränkungen an den Standort x, die zu der zusätzlichen Restriktion $x \in X$ führen. Die Zielfunktion f dieses Optimierungsproblems ist offenbar an den Stellen a_j nicht differenzierbar!

Das Modell–Problem (6.1) ist übrigens als *Weber–Problem* (im Spezialfall $m = 3$, $w_1 = w_2 = w_3 = 1$ auch als *Fermat–Problem*) viel untersucht worden.

Beispiel 6.3. (Tschebyscheff–Approximation)
Bei manchen Computerprogrammen sind bestimmte Funktionen sehr oft auszuwerten. Erfordert in einer solchen Situation bereits die einmalige Auswertung einer Funktion $v : B \to \mathbb{R}$ (mit $B \subseteq \mathbb{R}^d$) einen sehr großen Rechenaufwand (etwa weil sie nur implizit definiert ist, beispielsweise als Lösung

einer Differentialgleichung), so bietet es sich an, sie möglichst gut durch eine „einfache", leicht berechenbare Funktion w zu approximieren, um dann in dem Computerprogramm anstelle von v die approximierende Funktion w zu verwenden. Üblicherweise betrachtet man bei diesem Vorgehen eine Familie $\{w(x, \cdot) \mid x \in X\}$ von Funktionen, welche durch einen Parametervektor $x \in X \subseteq \mathbb{R}^n$ beschrieben wird. Im Fall $d = 1$ kann es sinnvoll sein, Polynome $w(x, t) = \sum_{i=1}^{n} x_i t^{i-1}$ und $X = \mathbb{R}^n$ zu verwenden. Mit einer Norm $\| \cdot \|$ in dem betrachteten Funktionenraum lautet die Approximationsaufgabe dann

$$\min \quad f(x) := \|v(\cdot) - w(x, \cdot)\|, \quad x \in X.$$

Bei der genannten Fragestellung legt man sinnvollerweise den Raum der auf B stetigen Funktionen und als Norm die Maximum–Norm $\|u\|_\infty := \max_{t \in B} |u(t)|$ zu Grunde. Damit lautet die Aufgabe

$$\min \quad f(x) := \max_{t \in B} |v(t) - w(x, t)|, \quad x \in X. \tag{6.2}$$

Durch die Maximumbildung wird eine bestehende Glattheit von w durch die Maximumbildung zerstört! (Eine Optimierungsaufgabe dieses Typs ist uns bereits im Kapitel 1 im Beispiel 1.6 begegnet, man vergleiche (1.7) und die anschließende Beschreibung des zulässigen Bereichs X durch die Ungleichungen (i) – (iv).)

Beispiel 6.4. (Semi–definite Programme)
Seien $A_i, C \in \mathcal{S}^{n \times n}$ für $i = 1, \ldots, m$ symmetrische Matrizen sowie $b = (b_1, \ldots, b_m)^T \in \mathbb{R}^m$ gegeben. Im Abschnitt 4.3 haben wir das zugehörige semi–definite Programm

$$\begin{aligned} \min \quad & C \bullet X \\ \text{u.d.N.} \quad & A_i \bullet X = b_i \quad \forall i = 1, \ldots, m, \\ & X \succeq 0 \end{aligned}$$

betrachtet, wobei wir hier wieder die Notation aus dem Abschnitt 4.3 verwenden. Wie im Unterabschnitt 4.3.1 angedeutet, lässt sich dies auch in der Form

$$\begin{aligned} \min \quad & C \bullet X \\ \text{u.d.N.} \quad & A_i \bullet X = b_i \quad \forall i = 1, \ldots, m, \\ & -\lambda_{\min}(X) \leq 0 \end{aligned}$$

formulieren, wobei $\lambda_{\min}(X)$ wieder den kleinsten Eigenwert der symmetrischen Matrix $X \in \mathcal{S}^{n \times n}$ bezeichnet. Gemäß Aufgabe 4.11 handelt es sich bei dieser Umformulierung des semi–definiten Programms um eine konvexe Minimierungsaufgabe, die im Allgemeinen jedoch nicht differenzierbar ist. Tatsächlich gibt es neben den im Unterabschnitt 4.3.2 angedeuteten Inneren–Punkte–Methoden auch nichtglatte Optimierungsansätze zur Lösung von semi–definiten Programmen, siehe etwa [79].

Beispiel 6.5. (Penalty–Funktionen)
Gegeben sei das Optimierungsproblem

$$\min f(x) \quad \text{u.d.N.} \quad g(x) \leq 0,\, h(x) = 0 \tag{6.3}$$

mit zweimal stetig differenzierbaren Funktionen $f : \mathbb{R}^n \to \mathbb{R}$, $g : \mathbb{R}^n \to \mathbb{R}^m$ und $h : \mathbb{R}^n \to \mathbb{R}^p$.

Eine Standardmethode zur Behandlung von (6.3) besteht darin, das restringierte Problem mittels einer Penalty–Funktion mit einem unrestringierten Problem in Verbindung zu bringen. Bekannte Penalty–Funktionen sind die klassische Penalty–Funktion

$$P(x; \alpha) := f(x) + \frac{\alpha}{2} \sum_{i=1}^{m} \max^2\{0, g_i(x)\} + \frac{\alpha}{2} \sum_{j=1}^{p} h_j(x)^2$$

aus dem Unterabschnitt 5.2.1 und die zuletzt in Abschnitt 5.5 zur Schrittweitenbestimmung beim SQP–Verfahren verwendete exakte ℓ_1–Penalty–Funktion

$$P_1(x; \alpha) := f(x) + \alpha \sum_{i=1}^{m} \max\{0, g_i(x)\} + \alpha \sum_{j=1}^{p} |h_j(x)|.$$

Die Funktion $P(\,\cdot\,; \alpha)$ ist nur einmal stetig differenzierbar, obwohl die in (6.3) auftretenden Funktionen als zweimal stetig differenzierbar vorausgesetzt worden sind. Die Funktion $P_1(\,\cdot\,; \alpha)$ ist sogar überhaupt nicht (überall) differenzierbar!

Zusammenfassend kann man sagen, dass sich sowohl aus den Anwendungen als auch durch nützliche Umformulierungen von glatten Optimierungsaufgaben (vergleiche dazu auch den nächsten Abschnitt) die Notwendigkeit ergibt, sich mit nichtglatten Problemen zu beschäftigen.

6.2 Lagrange–Dualität

In diesem Abschnitt beschäftigen wir uns mit einem Dualitätskonzept, welches sich in verschiedener Hinsicht als nützlich erweist. Wir werden sehen, dass sich die Dualitätstheorie für lineare Optimierungsprobleme, wie sie im Unterabschnitt 3.1.2 besprochen worden ist, diesem Konzept unterordnet. Unterabschnitt 6.2.1 ist der Formulierung des Dualproblems und einigen Eigenschaften gewidmet. Es zeigt sich, dass die Zielfunktion des dualen Problems im Allgemeinen nicht differenzierbar ist und Dualprobleme somit zur Zielgruppe der in diesem Kapitel zu behandelnden nichtglatten Optimierung gehört. In Unterabschnitt 6.2.2 beweisen wir sodann einen starken Dualitätssatz.

6.2.1 Das duale Problem, schwache Dualität

Wir betrachten das folgende allgemeine Optimierungsproblem

$$\min f(x) \quad \text{u.d.N.} \quad x \in X,\ g(x) \le 0,\ h(x) = 0; \tag{6.4}$$

dabei seien $f : \mathbb{R}^n \to \mathbb{R}$, $g : \mathbb{R}^n \to \mathbb{R}^m$ und $h : \mathbb{R}^n \to \mathbb{R}^p$ vorgegebene (nicht notwendig konvexe, nicht notwendig differenzierbare) Funktionen und $X \subseteq \mathbb{R}^n$ eine gegebene nichtleere Menge. Der Leser stelle sich unter X eine Menge vor, durch die alle Punkte erfasst werden, welche bestimmten „schwierigen" Restriktionen genügen (man stelle sich beispielsweise vor, dass als Komponenten x_i von x nur ganze Zahlen zugelassen sind). Bei Problemen ohne solche Ganzzahligkeitsforderungen wird man häufig $X = \mathbb{R}^n$ wählen, jedoch kann es je nach Aufgabenstellung Gründe geben, einen Teil der Nebenbedingungen in die Menge X zu stecken.

Wir bezeichnen mit

$$L(x, \lambda, \mu) := f(x) + \sum_{i=1}^{m} \lambda_i g_i(x) + \sum_{j=1}^{p} \mu_j h_j(x)$$

die zu (6.4) gehörige Lagrange–Funktion. Man beachte, dass wir die „abstrakte Restriktion" $x \in X$ nicht in die Lagrange–Funktion aufnehmen!

Um die nachfolgenden Begriffsbildungen zu motivieren, erinnern wir kurz an die folgende Teilaussage des Sattelpunktsatzes 2.49: Genügt ein Tripel $(x^*, \lambda^*, \mu^*) \in \mathbb{R}^n \times \mathbb{R}^m \times \mathbb{R}^p$ mit $\lambda^* \ge 0$ den Ungleichungen

$$L(x^*, \lambda, \mu) \le L(x^*, \lambda^*, \mu^*) \le L(x, \lambda^*, \mu^*) \tag{6.5}$$

für alle $(x, \lambda, \mu) \in \mathbb{R}^n \times \mathbb{R}^m \times \mathbb{R}^p$ mit $\lambda \ge 0$, d.h., ist (x^*, λ^*, μ^*) ein Sattelpunkt der Lagrange–Funktion L, so handelte es sich bei x^* unter gewissen Voraussetzungen um eine Lösung des Problems (6.4) (mit $X = \mathbb{R}^n$), vergleiche insbesondere das Korollar 2.50.

Der Leser veranschauliche sich die Sattelpunkt–Bedingung (6.5) anhand des folgenden Beispiels: Seien $X = \mathbb{R}^1$, $m = 1$, $p = 0$, $f(x) = x^2$ und $g(x) = 1 - x$. Offenbar ist $(x^*, \lambda^*) = (1, 2)$ ein Sattelpunkt der Lagrange–Funktion L. Um diesen Punkt aufzuspüren, kann man folgendermaßen vorgehen: Man minimiert für festes λ die Funktion $L(\cdot, \lambda)$ auf $\mathbb{R}$ (mit dem Ergebnis $x(\lambda) = \lambda/2$), sodann maximiert man die Funktion $L(x(\cdot), \cdot)$ auf $\mathbb{R}_+$ (mit dem Ergebnis $\lambda = 2$). Dieses durch Satz 2.49 motivierte Vorgehen nehmen wir zum Anlass für die folgende Begriffsbildung.

Definition 6.6. *Die Funktion*

$$q(\lambda, \mu) := \inf_{x \in X} L(x, \lambda, \mu)$$

heißt die duale Funktion *von (6.4), das Optimierungsproblem*

$$\max q(\lambda, \mu) \quad \text{u.d.N.} \quad \lambda \ge 0,\ \mu \in \mathbb{R}^p \tag{6.6}$$

das duale Problem *oder* Dualproblem (D) *zu (6.4).*

In diesem Zusammenhang wird dann das Minimierungsproblem (6.4) als das *primale Problem* oder *Primalproblem (P)* bezeichnet. In Abgrenzung zu anderen Dualitätsbegriffen spricht man hierbei genauer von der *Lagrange–Dualität*. (In Aufgabe 6.1 wird auf die sogenannte *Wolfe–Dualität* eingegangen).

Man sieht, dass das Dualproblem sehr einfache Restriktionen besitzt. Dafür ist die Zielfunktion q möglicherweise aufwendig zu berechnen. Außerdem ist die duale Funktion q, wie etwa das nachfolgende Beispiel 6.7 (b) zeigt, im Allgemeinen nicht differenzierbar. Andererseits ist q, wie wir in Lemma 6.11 sehen werden, konkav.

Zunächst merken wir an, dass die Funktion q nicht notwendig reellwertig ist: Offenbar kann es vorkommen, dass

$$q(\lambda, \mu) = \inf_{x \in X} L(x, \lambda, \mu) = -\infty$$

gilt, vergleiche das Beispiel 6.7 (a) weiter unten. Wir bezeichnen den im Hinblick auf das Dualproblem (6.6) „wesentlichen Definitionsbereich" (engl.: domain, siehe auch Definition 6.24) von q mit

$$\mathrm{dom}(q) := \{(\lambda, \mu) \in \mathbb{R}^m \times \mathbb{R}^p \mid \lambda \geq 0, q(\lambda, \mu) > -\infty\}.$$

Man könnte also die Nebenbedingungen in (6.6) durch $(\lambda, \mu) \in \mathrm{dom}(\lambda, \mu)$ ersetzen.

Dem Leser sei empfohlen, sich mit den Begriffen aus der Definition 6.6 anhand der folgenden Beispiele vertraut zu machen:

Beispiel 6.7. (a) Für das Beispiel

$$\min \ f(x) := x_1^2 - x_2^2 \quad \text{u.d.N.} \quad g(x) := x_1^2 + x_2^2 - 1 \leq 0$$

erhält man mit $X = \mathbb{R}^2$ sofort

$$q(\lambda) = \inf_{x \in \mathbb{R}^2} \left((1 + \lambda)x_1^2 + (-1 + \lambda)x_2^2 - \lambda\right) = \begin{cases} -\infty, & \text{falls } 0 \leq \lambda < 1, \\ -\lambda, & \text{falls } \lambda \geq 1. \end{cases}$$

Der Maximalwert des dualen Problems ist $q(1) = -1$ (der Minimalwert des primalen Problems ist $f(0, \pm 1) = -1$).

(b) Für die ganzzahlige Optimierungsaufgabe

$$\min \ f(x) := -x_1 \quad \text{u.d.N.} \quad x \in X, h(x) := x_1 + x_2 - 3 = 0$$

mit $X := \{(0,0),(2,1),(1,2),(4,0),(0,4)\}$ erhält man

$$q(\mu) = \min\{-3\mu, -2, -1, -4 + \mu, \mu\} = \begin{cases} -4 + \mu, & \text{falls } \mu \leq 1, \\ -3\mu, & \text{falls } \mu > 1. \end{cases}$$

Die duale Funktion q ist im Punkt $\mu = 1$ nicht differenzierbar. Der Maximalwert des dualen Problems ist $q(1) = -3$ (der Minimalwert des primalen Problems ist $f(2, 1) = -2$).

Eine sehr nützliche Möglichkeit, sich das Dualproblem zu veranschaulichen, wird in Aufgabe 6.2 beschrieben.

Nun klären wir, ob der hier eingeführte Begriff des Dualproblems mit dem für lineare Programme definierten gleichnamigen Begriff konsistent ist (vgl. Abschnitt 3.1.2).

Beispiel 6.8. Für das lineare Programm

$$\min c^T x \quad \text{u.d.N.} \quad Ax = b, \, x \geq 0 \tag{6.7}$$

lautet die Lagrange–Funktion

$$L(x, \lambda, \mu) = c^T x + \lambda^T(-x) + \mu^T(b - Ax) = (c - \lambda - A^T\mu)^T x + \mu^T b.$$

Folglich ist (mit $X = \mathbb{R}^n$)

$$q(\lambda, \mu) = \begin{cases} -\infty, & \text{falls } \lambda \neq c - A^T\mu, \\ \mu^T b, & \text{falls } \lambda = c - A^T\mu. \end{cases}$$

Bei der Maximierung von q kann man sich somit auf (λ, μ) mit $\lambda = c - A^T\mu$ beschränken. Wegen $\lambda \geq 0$ erhält man so

$$\max b^T \mu \quad \text{u.d.N.} \quad A^T\mu \leq c \tag{6.8}$$

als Dualproblem im Sinne der Definition 6.6. Das ist gerade das bereits aus dem Abschnitt 3.1.2 bekannte duale lineare Programm.

Die Dualitätstheorie, die wir nachfolgend entwickeln werden, kann also als eine Verallgemeinerung der bekannten Ergebnisse für lineare Programme angesehen werden.

Das Beispiel 6.8 zeigt ferner, dass das Lagrange–Dual eines linearen Programmes erneut ein lineares Programm ist. In der Aufgabe 6.3 wird gezeigt, dass auch das Dualproblem eines quadratischen Optimierungsproblems wieder ein quadratisches Programm ist. — Nützlich kann der Übergang zum Dualproblem bei Optimierungsaufgaben sein, bei welchen die beteiligten Funktionen „separabel" sind. Näheres findet man in Aufgabe 6.4.

Für das nächste Beispiel kommen wir auf die im Abschnitt 4.3 besprochenen semi–definiten Programme zurück. Wir wollen zeigen, dass das dort eingeführte Dualproblem eines primalen semi–definiten Programmes ebenfalls mit dem Lagrange–Dual dieses Problemes übereinstimmt, so dass die Theorie der Lagrange–Dualität auch auf semi–definite Probleme anwendbar ist.

Beispiel 6.9. Betrachte das primale semi–definite Programm

$$\min C \bullet X \quad \text{u.d.N.} \quad A_i \bullet X = b_i \text{ für alle } i = 1, \ldots, m, \, X \succeq 0$$

mit $C, A_i \in \mathcal{S}^{n \times n}$ und $b_i \in \mathbb{R}$ für alle $i = 1, \ldots, m$. Zur Konstruktion des dualen Problems nehmen wir

$$L(X, \lambda) := C \bullet X + \sum_{i=1}^{m} \lambda_i (b_i - A_i \bullet X)$$

als Lagrange–Funktion des primalen Problems, d.h., die Forderung $X \succeq 0$ wird als abstrakte Nebenbedingung stehengelassen und findet Eingang in die Definition der dualen Zielfunktion

$$q(\lambda) := \min_{X \succeq 0} L(X, \lambda).$$

Damit lautet das duale Problem wie folgt:

$$\max q(\lambda), \quad \lambda \in \mathbb{R}^m.$$

Wir schauen uns die Definition von q jetzt etwas genauer an: Mit der Abkürzung

$$S := C - \sum_{i=1}^{m} \lambda_i A_i$$

sowie der Linearität von $\bullet$ ergibt sich

$$
\begin{aligned}
q(\lambda) &= \min_{X \succeq 0} L(X, \lambda) \\
&= \min_{X \succeq 0} \left\{ C \bullet X + \sum_{i=1}^{m} \lambda_i (b_i - A_i \bullet X) \right\} \\
&= \min_{X \succeq 0} \left\{ (C - \sum_{i=1}^{m} \lambda_i A_i) \bullet X + \lambda^T b \right\} \\
&= b^T \lambda + \min_{X \succeq 0} (C - \sum_{i=1}^{m} \lambda_i A_i) \bullet X \\
&= b^T \lambda + \min_{X \succeq 0} S \bullet X.
\end{aligned}
$$

Wir werden gleich zeigen, dass

$$\min_{X \succeq 0} S \bullet X = \begin{cases} 0, & \text{falls } S \succeq 0, \\ -\infty, & \text{sonst} \end{cases} \tag{6.9}$$

gilt, woraus sich dann sofort

$$\max b^T \lambda \quad \text{u.d.N.} \quad \sum_{i=1}^{m} \lambda_i A_i + S = C, \, S \succeq 0.$$

als das Lagrange–Dual des primalen semi–definiten Problems ergäbe, und dieses Lagrange–Dual ist in der Tat gerade das duale semi–definite Problem aus dem Unterabschnitt 4.3.1.

Zum Nachweis von (6.9): Sei zunächst $S \succeq 0$. Da auch X symmetrisch und positiv semi–definit ist, existiert eine ebenfalls symmetrische und positiv semi–definite Matrix $X^{1/2} \in \mathbb{R}^{n \times n}$ mit $X = X^{1/2} X^{1/2}$, siehe z.B. [66, Satz B.6]. Aus den Eigenschaften der Spur–Abbildung folgt daher

$$S \bullet X = \mathrm{Spur}(SX) = \mathrm{Spur}(SX^{1/2}X^{1/2}) = \mathrm{Spur}(X^{1/2}SX^{1/2}) \geq 0$$

für alle $X \succeq 0$, da die Matrix $X^{1/2}SX^{1/2}$ wiederum symmetrisch und positiv semi–definit ist und somit nichtnegative Diagonalelemente besitzt. Andererseits ist

$$S \bullet X = 0$$

für die Nullmatrix $X \equiv 0$, so dass wir tatsächlich

$$\min_{X \succeq 0} S \bullet X = 0$$

im Fall $S \succeq 0$ erhalten.

Sei die symmetrische Matrix S jetzt nicht positiv semi–definit. Sei ferner $S = Q^T D Q$ mit orthogonalem $Q \in \mathbb{R}^{n \times n}$ und $D = \mathrm{diag}(d_1, \dots, d_n)$ die Spektralzerlegung von S (die aufgrund der Symmetrie von S existiert). Da S nicht positiv semi–definit ist, existiert mindestens ein negativer Eigenwert d_i. Ohne Einschränkung können wir daher $d_1 < 0$ annehmen. Setze dann

$$\Lambda_k := \mathrm{diag}(k, 0, \dots, 0) \quad \text{und} \quad X_k := Q^T \Lambda_k Q$$

für $k \in \mathbb{N}$. Dann ist X_k offenbar eine symmetrische und positiv semi–definite Matrix mit $Q X_k = \Lambda_k Q$. Aus den bekannten Eigenschaften der Spur–Abbildung folgt daher

$$
\begin{aligned}
S \bullet X_k &= \mathrm{Spur}(SX_k) \\
&= \mathrm{Spur}(Q^T D Q X_k) \\
&= \mathrm{Spur}(Q^T D \Lambda_k Q) \\
&= \mathrm{Spur}(D \Lambda_k) \\
&\to -\infty
\end{aligned}
$$

für $k \to +\infty$, also

$$\min_{X \succeq 0} S \bullet X = -\infty$$

im Fall $S \not\succeq 0$, womit schließlich auch die Zwischenbehauptung (6.9) bewiesen ist.

Wir geben nun als ersten Schritt zu einer Dualitätstheorie ein recht einfaches Ergebnis an, welches aber bereits auf die Bedeutung des dualen Problems zur Gewinnung unterer Schranken für die Zielfunktion eines möglicherweise komplizierten Optimierungsproblems hinweist.

Satz 6.10. *(Schwache Dualität)*
Ist $x \in \mathbb{R}^n$ zulässig für das primale Problem (6.4) und $(\lambda, \mu) \in \mathbb{R}^m \times \mathbb{R}^p$ zulässig für das duale Problem (6.6), so ist

$$q(\lambda, \mu) \leq f(x).$$

Bezeichnen

$$\inf(P) := \inf\{f(x) \mid x \in X, g(x) \leq 0, h(x) = 0\},$$
$$\sup(D) := \sup\{q(\lambda, \mu) \mid \lambda \geq 0, \mu \in \mathbb{R}^p\}$$

die Optimalwerte des primalen und des dualen Problems, so besteht die Ungleichung

$$\sup(D) \leq \inf(P).$$

Beweis. Für alle primal zulässigen x und alle dual zulässigen (λ, μ) ist

$$
\begin{aligned}
q(\lambda, \mu) &= \inf_{z \in X} L(z, \lambda, \mu) \\
&\leq L(x, \lambda, \mu) \\
&= f(x) + \sum_{i=1}^m \lambda_i g_i(x) + \sum_{j=1}^p \mu_j h_j(x) \\
&\leq f(x).
\end{aligned}
$$

Die zweite Behauptung folgt hiermit sofort aus der Definition von $\sup(D)$ und $\inf(P)$. $\qquad\square$

Es sei bereits hier angemerkt, dass — anders als bei linearen Programmen — nicht notwendig $\sup(D) = \inf(P)$ ist, sondern durchaus Dualitätslücken auftreten können, wie das etwa im Beispiel 6.7 (b) der Fall war.

Wir kommen nun zu einer (oben bereits angekündigten) interessanten Eigenschaft des dualen Problems.

Lemma 6.11. *Die duale Funktion q und der zugehörige Bereich $dom(q)$ besitzen folgende Eigenschaften:*

(a) Die Menge $dom(q)$ ist konvex.
(b) Die Funktion $q : dom(q) \to \mathbb{R}$ ist konkav.

Beweis. Für alle $x \in X, (\lambda^1, \mu^1) \in dom(q), (\lambda^2, \mu^2) \in dom(q)$ und jedes $\alpha \in (0, 1)$ gilt

$$L(x, \alpha\lambda^1 + (1-\alpha)\lambda^2, \alpha\mu^1 + (1-\alpha)\mu^2)$$
$$= f(x) + \sum_{i=1}^m \left[\alpha\lambda_i^1 + (1-\alpha)\lambda_i^2\right] g_i(x) + \sum_{j=1}^p \left[\alpha\mu_j^1 + (1-\alpha)\mu_j^2\right] h_j(x)$$

$$= \alpha \left[f(x) + \sum_{i=1}^{m} \lambda_i^1 g_i(x) + \sum_{j=1}^{p} \mu_j^1 h_j(x) \right]$$

$$+ (1 - \alpha) \left[f(x) + \sum_{i=1}^{m} \lambda_i^2 g_i(x) + \sum_{j=1}^{p} \mu_j^2 h_j(x) \right]$$

$$= \alpha L(x, \lambda^1, \mu^1) + (1 - \alpha) L(x, \lambda^2, \mu^2).$$

Nimmt man das Infimum über alle $x \in X$, so erhält man

$$\inf_{x \in X} L(x, \alpha \lambda^1 + (1 - \alpha)\lambda^2, \alpha\mu^1 + (1 - \alpha)\mu^2)$$

$$\geq \alpha \inf_{x \in X} L(x, \lambda^1, \mu^1) + (1 - \alpha) \inf_{x \in X} L(x, \lambda^2, \mu^2).$$

Folglich besteht die Ungleichung

$$q(\alpha\lambda^1 + (1 - \alpha)\lambda^2, \alpha\mu^1 + (1 - \alpha)\mu^2) \geq \alpha q(\lambda^1, \mu^1) + (1 - \alpha)q(\lambda^2, \mu^2).$$

Wegen $(\lambda^1, \mu^1), (\lambda^2, \mu^2) \in \text{dom}(q)$ impliziert dies, dass der Vektor $(\alpha\lambda^1 + (1 - \alpha)\lambda^2, \alpha\mu^1 + (1 - \alpha)\mu^2)$ ebenfalls zu dem Bereich $\text{dom}(q)$ gehört. Folglich ist $\text{dom}(q)$ eine konvexe Menge. Weiter besagt die obige Ungleichung, dass q eine konkave Funktion auf $\text{dom}(q)$ ist.   □

Aus Lemma 6.11 folgt, dass das duale Problem

$$\max q(\lambda, \mu) \quad \text{u.d.N.} \quad \lambda \geq 0$$

ein konkaves Maximierungsproblem, das äquivalente Minimierungsproblem

$$\min -q(\lambda, \mu) \quad \text{u.d.N.} \quad \lambda \geq 0$$

somit eine konvexe Aufgabe ist! Jede lokale Lösung des dualen Problems ist also bereits eine globale Lösung. Man beachte, dass dies auch dann gilt, wenn das ursprüngliche Problem (6.4) nicht konvex ist!

6.2.2 Starke Dualität

Bei nichtlinearen Problemen können, wie wir bereits im Beispiel 6.7 (b) gesehen haben, *Dualitätslücken* auftreten. Dass dies auch bei Problemen mit Konvexitätseigenschaften geschehen kann, zeigt das folgende Beispiel.

Beispiel 6.12. Für die Aufgabe

$$\min \ f(x) := \begin{cases} x^2 - 2x, & \text{falls } x \geq 0 \\ x, & \text{falls } x < 0 \end{cases} \quad \text{u.d.N.} \quad g(x) := -x \leq 0$$

(mit $X = \mathbb{R}$) erhält man

$$L(x, \lambda) := \begin{cases} x^2 - (2 + \lambda)x, & \text{falls } x \geq 0, \\ (1 - \lambda)x, & \text{falls } x < 0 \end{cases}$$

und hieraus

$$q(\lambda) = \inf_{x \in \mathbb{R}} L(x, \lambda) = \begin{cases} -(2 + \lambda)^2/4, & \text{falls } \lambda \geq 1, \\ -\infty, & \text{falls } \lambda < 1. \end{cases}$$

Der Maximalwert des dualen Problems ist $\sup(D) = q(1) = -9/4$, dagegen ist der Minimalwert des primalen Problems $\inf(P) = f(1) = -1$. Man beachte, dass bei diesem Beispiel sowohl der zulässige Bereich $\{x \in \mathbb{R} \mid x \geq 0\}$ konvex als auch die Zielfunktion auf diesem Bereich konvex ist. (Warum ist das Beispiel dennoch kein Gegenbeispiel zu dem nachfolgenden Satz 6.13?)

Das Auftreten einer Dualitätslücke bedeutet, dass die durch Satz 6.10 gelieferten unteren Schranken für den Minimalwert des primalen Problems allesamt schlecht sein können. Trotz des auf den ersten Blick zu Pessimismus Anlass gebenden Beispiels 6.12 kann unter bestimmten Konvexitäts– und Regularitätsvoraussetzungen gezeigt werden, dass im Satz 6.10 die Gleichung $\sup(D) = \inf(P)$ gilt.

Für die Formulierung des nachfolgenden Satzes benötigen wir noch den Begriff des *relativen Inneren* einer Menge $X \subseteq \mathbb{R}^n$. Es bezeichne $\mathrm{aff}(X)$ die *affine Hülle* der Menge X, also den Durchschnitt aller affinen Unterräume des $\mathbb{R}^n$, welche X als Teilmenge enthalten (vergleiche auch das Lemma 2.7 für eine entsprechende Charakterisierung der konvexen Hülle einer Menge). Ein Punkt $x \in X$ gehört dann zum relativen Inneren von X, wenn es eine Kugelumgebung von x im $\mathbb{R}^n$ gibt, deren Durchschnitt mit $\mathrm{aff}(X)$ eine Teilmenge von X ist. Ist beispielsweise $X = [0, 1]$ das abgeschlossene Einheitsintervall im $\mathbb{R}^1$, so gilt $\mathrm{aff}(X) = \mathbb{R}^1$, und das relativ Innere dieser Menge ist gerade das offene Einheitsintervall $(0, 1)$; insbesondere stimmt das relativ Innere in diesem Fall mit dem Inneren von X überein. Fasst man $X = [0, 1]$ dagegen als Teilmenge des $\mathbb{R}^2$ auf, so ist das Innere offenbar leer, hingegen ist $\mathrm{aff}(X)$ weiterhin die reelle Achse und das relativ Innere damit wiederum das offene Intervall $(0, 1)$ (genauer: $(0, 1) \times \{0\}$).

Satz 6.13. *(Starke Dualität)*
Die Menge $X \subseteq \mathbb{R}^n$ sei nichtleer und konvex, die Zielfunktion $f : \mathbb{R}^n \to \mathbb{R}$ und die Restriktionsfunktionen $g_i : \mathbb{R}^n \to \mathbb{R}$, $i = 1, \ldots, m$, des Optimierungsproblems (6.4) seien konvex und die Funktion $h : \mathbb{R}^n \to \mathbb{R}^p$ sei affin–linear, d.h., es gelte $h_j(x) = b_j^T x - \beta_j$ mit $b_j \in \mathbb{R}^n$, $\beta_j \in \mathbb{R}$, $j = 1, \ldots, p$. Wie im Satz 6.10 bezeichnen $\inf(P)$ und $\sup(D)$ die Optimalwerte des primalen Problems (6.4) und des dualen Problems (6.6).
Ist dann $\inf(P)$ endlich und gibt es einen Vektor $\hat{x}$, der zum relativen Inneren von X gehört und die Eigenschaften

$$g_i(\hat{x}) < 0 \text{ für } i = 1, \ldots m \quad \text{und} \quad h(\hat{x}) = 0$$

besitzt (d.h., ist die Slater–Bedingung erfüllt), so ist das duale Problem lösbar, und es gilt die Gleichung

$$\sup(D) = \inf(P).$$

Beweis. Wir setzen zunächst *zusätzlich* voraus, dass die Vektoren b_j, $j = 1, \ldots, p$, linear unabhängig sind und X ein nichtleeres Inneres besitzt.

Die entscheidende Rolle in dem folgenden Beweis spielt die Menge

$$Q := \{(y, z, w) \in \mathbb{R}^m \times \mathbb{R}^p \times \mathbb{R} \mid \exists x \in X \text{ mit } g(x) \le y, h(x) = z, f(x) \le w\}.$$

Wir zeigen zunächst, dass diese Menge konvex ist. Seien dazu (y, z, w) und $(\tilde{y}, \tilde{z}, \tilde{w})$ zwei Punkte aus Q und $\rho \in (0, 1)$. Dann existieren x, $\tilde{x} \in X$, so dass die folgenden Relationen gelten

$$g(x) \le y, \; h(x) = z, \; f(x) \le w,$$
$$g(\tilde{x}) \le \tilde{y}, \; h(\tilde{x}) = \tilde{z}, \; f(\tilde{x}) \le \tilde{w}.$$

Nutzt man die Konvexität von f und g_i, $i = 1, \ldots, m$, bzw. die Affin–Linearität von h aus, so erhält man aus diesen Ungleichungen für $\rho x + (1 - \rho)\tilde{x} \in X$

$$g(\rho x + (1 - \rho)\tilde{x}) \le \rho g(x) + (1 - \rho)g(\tilde{x}) \le \rho y + (1 - \rho)\tilde{y},$$
$$h(\rho x + (1 - \rho)\tilde{x}) = \rho h(x) + (1 - \rho)h(\tilde{x}) = \rho z + (1 - \rho)\tilde{z},$$
$$f(\rho x + (1 - \rho)\tilde{x}) \le \rho f(x) + (1 - \rho)f(\tilde{x}) \le \rho w + (1 - \rho)\tilde{w}.$$

Dies bedeutet, dass auch der Punkt $\rho(y, z, w) + (1 - \rho)(\tilde{y}, \tilde{z}, \tilde{w})$ zu Q gehört. Damit ist die Konvexität von Q gezeigt. Weiter ist Q offenbar nichtleer (denn X ist nach Voraussetzung nichtleer).

Als Nächstes betrachten wir den Punkt $(0, 0, \inf(P)) \in \mathbb{R}^m \times \mathbb{R}^p \times \mathbb{R}$. Er ist kein innerer Punkt von Q. Denn andernfalls würde für ein hinreichend kleines $\delta > 0$ auch $(0, 0, \inf(P) - \delta)$ in Q liegen und dies wäre ein Widerspruch dazu, dass $\inf(P)$ der Minimalwert des primalen Problems (6.4) ist.

Eine nichtleere und konvexe Menge und ein nicht zum Inneren dieser Menge gehörender Punkt lassen sich mittels einer Hyperebene trennen, vgl. Lemma 2.21. Es gibt also einen vom Nullvektor verschiedenen Vektor $(\lambda^*, \mu^*, \gamma^*) \in \mathbb{R}^m \times \mathbb{R}^p \times \mathbb{R}$ mit der Eigenschaft

$$\gamma^* \inf(P) \le (\lambda^*)^T y + (\mu^*)^T z + \gamma^* w \quad \text{für alle } (y, z, w) \in Q. \qquad (6.10)$$

Ist $(y, z, w) \in Q$, so ist für jede positive Zahl τ auch $(y, z, w + \tau) \in Q$; aus der vorausgesetzten Endlichkeit von $\inf(P)$ folgt deshalb aus (6.10) sofort $\gamma^* \ge 0$. Dasselbe Argument, angewandt auf die Komponenten y_i von (y, z, w), liefert

$$\lambda_i^* \ge 0, \quad i = 1, \ldots, m. \qquad (6.11)$$

Wir zeigen nun, dass sogar

$$\gamma^* > 0$$

gilt. Angenommen, es ist $\gamma^* = 0$. Dann reduziert sich die Ungleichung (6.10) mit $(y, z, w) = (g(x), h(x), f(x))$ für $x \in X$ auf

$$0 \leq \lambda^{*T} g(x) + \mu^{*T} h(x) \quad \text{für alle } x \in X. \tag{6.12}$$

Speziell für das in der vorausgesetzten Slater–Bedingung auftretende $\hat{x}$ folgt hieraus wegen (6.11) und $g_i(\hat{x}) < 0$ für $i = 1, \ldots, m$ und $h(\hat{x}) = 0$ sofort $\lambda^* = 0$. Somit lautet (6.12), wenn man nochmal $h(\hat{x}) = 0$ verwendet

$$0 \leq \mu^{*T}(h(x) - h(\hat{x})) = \left(\sum_{j=1}^{p} \mu_j^* b_j \right)^T (x - \hat{x}) \quad \text{für alle } x \in X. \tag{6.13}$$

Da wir zusätzlich vorausgesetzt haben, dass das Innere von X nichtleer ist (die affine Hülle von X also mit dem gesamten $\mathbb{R}^n$ übereinstimmt), ist $\hat{x}$ ein innerer Punkt von X (wegen $\text{aff}(X) = \mathbb{R}^n$ stimmt das relativ Innere von X nämlich mit dem Inneren von X überein). Folglich gilt für jedes $k \in \{1, \ldots, n\}$ für ein hinreichend kleines $\delta_k > 0$ und mit dem k–ten Einheitsvektor $e_k := (0, \ldots, 0, 1, 0, \ldots, 0)^T$

$$\hat{x} \pm \delta_k e_k \in X.$$

Zusammen mit (6.13) erhält man hieraus

$$0 \leq \pm \delta_k \left(\sum_{j=1}^{p} \mu_j^* b_j \right)_k \quad \text{für } k = 1, \ldots, n;$$

somit ist

$$\sum_{j=1}^{p} \mu_j^* b_j = 0.$$

Wegen der vorausgesetzten linearen Unabhängigkeit der Vektoren b_j folgt dann $\mu^* = 0$. Also gilt für den vom Trennungssatz gelieferten Vektor $(\lambda^*, \mu^*, \gamma^*) = (0, 0, 0)$, was einen Widerspruch darstellt. Es gilt also tatsächlich $\gamma^* > 0$.

Wir können somit in (6.10) ohne Einschränkung der Allgemeinheit $\gamma^* = 1$ annehmen. Setzt man wieder $(y, z, w) = (g(x), h(x), f(x))$ mit $x \in X$ ein, so erhält man

$$\inf(P) \leq f(x) + \lambda^{*T} g(x) + \mu^{*T} h(x) \quad \text{für alle } x \in X.$$

Hieraus folgt wegen $\lambda^* \geq 0$

$$\inf(P) \leq \inf_{x \in X} L(x, \lambda^*, \mu^*) = q(\lambda^*, \mu^*) \leq \sup_{\lambda \geq 0, \mu} q(\lambda, \mu) = \sup(D) \tag{6.14}$$

Nach dem schwachen Dualitätssatz (Satz 6.10) müssen in dieser Ungleichungs-/Gleichungskette überall Gleichheitszeichen stehen. Dies impliziert, dass (λ^*, μ^*) Lösung des dualen Problems (6.6) ist. Weiter gilt

$$\inf(P) = \sup(D).$$

Damit ist unter den zu Beginn notierten Zusatzvoraussetzungen, dass die Vektoren b_j, $j = 1, \ldots, p$, linear unabhängig sind und X ein nichtleeres Inneres besitzt, alles gezeigt.

Seien nun die Vektoren b_j, $j = 1, \ldots, p$, linear abhängig (X besitze jedoch weiterhin ein nichtleeres Inneres). Da das lineare Gleichungssystem

$$b_j^T x - \beta_j = 0, \quad j = 1, \ldots, p,$$

zumindest $\hat{x}$ als Lösung besitzt, lassen sich einige der Gleichungen aus den übrigen Gleichungen linear kombinieren. Lässt man diese redundanten Gleichungen, sagen wir mit den Nummern $j \in J$, einfach weg, so erhält man ein zum Ausgangsproblem äquivalentes primales Problem (vergleiche auch Aufgabe 3.2), auf das sich der obige Beweis anwenden lässt. Ergänzt man die in der resultierenden Ungleichungs-/Gleichungskette (6.14) steckende Lagrange-Funktion um die Summanden $\mu_j h_j(x)$, $j \in J$, und wählt $\mu_j^* := 0$ für $j \in J$, so gilt offenbar (6.14) auch für das ursprüngliche Problempaar, und der Beweis kann wie oben zu Ende geführt werden.

Schließlich bleibt noch der Fall zu untersuchen, dass das Innere von X leer ist. In diesem Fall ist die affine Hülle $\text{aff}(X)$ ein affiner Unterraum des $\mathbb{R}^n$, dessen Dimension k kleiner als n ist. Folglich existiert eine Matrix $C \in \mathbb{R}^{n \times k}$ vom Rang $k < n$ und ein Vektor $d \in \mathbb{R}^n$ mit

$$\text{aff}(X) = \{x \in \mathbb{R}^n \mid x = Cu + d, u \in \mathbb{R}^k\}.$$

Wir betrachten nun das folgende transformierte Optimierungsproblem $(\tilde{P})$:

$$\min \tilde{f}(u) \quad \text{u.d.N.} \quad u \in U, \tilde{g}(u) \leq 0, \tilde{h}(u) = 0;$$

dabei seien

$$\tilde{f}(u) := f(Cu + d), \tilde{g}(u) := g(Cu + d), \tilde{h}(u) := h(Cu + d),$$
$$U := \{u \in \mathbb{R}^k \mid Cu + d \in X\}.$$

Man prüft leicht nach, dass für dieses transformierte Problem die oben verwendeten Voraussetzungen erfüllt sind; die Rolle von $\hat{x}$ übernimmt nun der durch $\hat{x} = C\hat{u} + d$ gegebene Vektor $\hat{u}$ des $\mathbb{R}^k$; da $\hat{x}$ nach Voraussetzung zum relativen Inneren von X gehört, liegt $\hat{u}$ im Inneren von U. Das zu $(\tilde{P})$ duale Problem $(\tilde{D})$ ist also lösbar und es gilt $\inf(\tilde{P}) = \sup(\tilde{D})$. Man sieht nun, dass sich der Minimalwert von (P) durch die Transformation nicht verändert hat, d.h., es ist $\inf(P) = \inf(\tilde{P})$. Für die duale Funktion zu $(\tilde{P})$ gilt nun

$$\tilde{q}(\lambda, \mu) = \inf_{u \in U} \left(\tilde{f}(u) + \lambda^T \tilde{g}(u) + \mu^T \tilde{h}(u) \right)$$
$$= \inf_{Cu+d \in X} \left(f(Cu + d) + \lambda^T g(Cu + d) + \mu^T h(Cu + d) \right)$$
$$= \inf_{x \in X} \left(f(x) + \lambda^T g(x) + \mu^T h(x) \right)$$
$$= q(\lambda, \mu),$$

d.h., das Dualproblem $(\tilde{D})$ von $(\tilde{P})$ stimmt mit dem Dualproblem (D) von (P) überein. Damit ist alles gezeigt. □

Anzumerken bleibt, dass man im Satz 6.13 auf die Slater–Bedingung verzichten kann, sofern die Funktionen g_i ebenfalls affin–linear sind und X durch endlich viele lineare Ungleichungen beschrieben wird. Dies erscheint plausibel, da ja für die Dualitätstheorie linearer Programme ebenfalls keine Slater–Bedingung benötigt wird. Für einen Beweis verweisen wir den Leser auf das Buch [13] von Bertsekas.

Für einen einfachen Beweis einer starken Dualitätsaussage (unter einer schärferen Voraussetzung) verweisen wir auf Aufgabe 6.5. Ein relativ wichtiges Beispiel eines *nichtkonvexen* Problems, in dem ebenfalls die starke Dualität $\inf(P) = \sup(D)$ gilt, besprechen wir in der Aufgabe 6.7. Als eine kleine Anwendung von Satz 6.13 gehen wir in Aufgabe 6.8 auf die sogenannte *Lagrange–Relaxation* bei Optimierungsproblemen mit Ganzzahligkeitsbedingungen ein.

6.3 Das konvexe Subdifferential

Wir beschäftigen uns in diesem Abschnitt erneut mit der Klasse der konvexen Funktionen. Im Zentrum der Untersuchungen steht der Begriff des sogenannten konvexen Subdifferentials. Dabei handelt es sich um einen verallgemeinerten Ableitungsbegriff für nicht notwendig differenzierbare konvexe Funktionen. Im Unterabschnitt 6.3.1 betrachten wir zunächst das konvexe Subdifferential für reellwertige Funktionen, welches im Unterabschnitt 6.3.2 dann auf möglicherweise ∞–wertige Funktionen verallgemeinert wird.

6.3.1 Das Subdifferential für reellwertige Funktionen

Seien $X \subseteq \mathbb{R}^n$ eine konvexe Menge (die im Folgenden stillschweigend stets als nichtleer und später zumeist als offen vorausgesetzt wird) und $f : X \to \mathbb{R}$ eine konvexe, nicht notwendig differenzierbare Funktion (X hat ab jetzt nicht mehr die spezielle Bedeutung, welche die Menge dieses Namens im letzten Abschnitt hatte).

Bevor wir auf das konvexe Subdifferential eingehen, behandeln wir zwei Eigenschaften konvexer Funktionen: (Lipschitz–) Stetigkeit und (einseitige) Richtungsdifferenzierbarkeit.

Unser erstes Ergebnis besagt, dass eine konvexe Funktion f im Inneren ihres Definitionsbereichs X *lokal Lipschitz–stetig* ist, d.h., dass es zu jedem $x \in \text{int}(X)$ eine Zahl $\delta > 0$ und eine Lipschitz–Konstante $L = L(x) > 0$ gibt, so dass

$$|f(y^1) - f(y^2)| \leq L\|y^1 - y^2\|$$

für alle $y^1, y^2 \in X$ mit $\|y^i - x\| < \delta$, $i = 1, 2$, gilt. Natürlich folgt aus der lokalen Lipschitz–Stetigkeit von f auf $\text{int}(X)$ die Stetigkeit von f auf $\text{int}(X)$. Ist X nicht offen, so kann die lokale Lipschitz–Stetigkeit nicht auf ganz X ausgesagt werden, wie man bereits an dem einfachen Beispiel

$$f : [0, 1] \to \mathbb{R}, \quad f(x) := \begin{cases} 0, & \text{falls } 0 \leq x < 1, \\ 1, & \text{falls } x = 1 \end{cases}$$

sieht, bei dem die Funktion f im Punkte $x = 1$ noch nicht einmal stetig ist.

Satz 6.14. *Seien $X \subseteq \mathbb{R}^n$ eine konvexe Menge und $f : X \to \mathbb{R}$ eine konvexe Funktion. Dann ist f lokal Lipschitz–stetig auf dem Inneren von X.*

Beweis. Sei $x \in \text{int}(X)$ vorgegeben. Dann gibt es eine Zahl $\delta > 0$, so dass der Quader

$$S := \{y \in \mathbb{R}^n \mid \|y - x\|_\infty \leq 2\delta\}$$

eine Teilmenge von X ist. Wir zeigen zunächst, dass es Zahlen $m, M \in \mathbb{R}$ gibt mit

$$m \leq f(y) \leq M \quad \text{für alle } y \in S. \tag{6.15}$$

Es seien $v_1, \ldots, v_p$ mit $p := 2^n$ die Ecken von der Menge S. Somit ist $S = \text{conv}\{v_1, \ldots, v_p\}$, d.h., jedes $y \in S$ kann als Konvexkombination $y = \sum_{i=1}^p \lambda_i v_i$ der Ecken v_i mit $\lambda_i \geq 0$ und $\sum_{i=1}^p \lambda_i = 1$ dargestellt werden. Die Konvexität von f impliziert dann

$$f(y) = f(\sum_{i=1}^p \lambda_i v_i) \leq \sum_{i=1}^p \lambda_i f(v_i) \leq \max_{i=1,\ldots,p} f(v_i) \sum_{i=1}^p \lambda_i = \max_{i=1,\ldots,p} f(v_i) =: M$$

aufgrund der Ungleichung von Jensen, siehe (2.3). Um eine untere Schranke zu gewinnen, definieren wir zu beliebigem $y \in S$

$$z := 2x - y.$$

Dann ist $z \in S$, und es gilt

$$x = \frac{1}{2}y + \frac{1}{2}z,$$

so dass aus der Konvexität von f folgt

$$f(x) \leq \frac{1}{2}f(y) + \frac{1}{2}f(z).$$

Es ist also

$$f(y) \geq 2f(x) - f(z) \geq 2f(x) - M =: m$$

für alle $y \in S$. Damit haben wir (6.15) bewiesen.

Wegen $\|u\|_\infty \leq \|u\|$ für alle $u \in \mathbb{R}^n$ folgt aus (6.15) insbesondere

$$m \leq f(y) \leq M \quad \text{für alle } y \in \mathbb{R}^n \text{ mit } \|y - x\| \leq 2\delta. \tag{6.16}$$

Wir zeigen nun das Bestehen der Ungleichung

$$|f(y_1) - f(y_2)| \leq \frac{M - m}{\delta} \|y_1 - y_2\| \tag{6.17}$$

für alle $y_1, y_2 \in \mathbb{R}^n$ mit $\|y_i - x\| \leq \delta$ für $i = 1, 2$.

Seien dazu $y_1, y_2 \in \mathbb{R}^n$ mit $\|y_i - x\| \leq \delta$, $i = 1, 2$, und $y_1 \neq y_2$ beliebig gewählt. Wir definieren

$$y := y_2 + \delta \frac{y_2 - y_1}{\|y_2 - y_1\|}.$$

Dann gilt

$$\|y - x\| \leq 2\delta$$

und

$$y_2 = \frac{\|y_2 - y_1\|}{\delta + \|y_2 - y_1\|} y + \frac{\delta}{\delta + \|y_2 - y_1\|} y_1,$$

d.h., y_2 ist eine Konvexkombination der Vektoren y und y_1. Verwendet man die Konvexität von f sowie (6.16), so erhält man

$$f(y_2) - f(y_1) \leq \frac{\|y_2 - y_1\|}{\delta + \|y_2 - y_1\|} [f(y) - f(y_1)] \leq \frac{1}{\delta} \|y_2 - y_1\| (M - m).$$

Vertauscht man die Rollen von y_1 und y_2, so hat man entprechend

$$f(y_1) - f(y_2) \leq \frac{\|y_2 - y_1\|}{\delta + \|y_2 - y_1\|} [f(y) - f(y_2)] \leq \frac{1}{\delta} \|y_2 - y_1\| (M - m).$$

Zusammen ergibt dies die gewünschte Ungleichung (6.17). Da $x \in \text{int}(X)$ beliebig vorgegeben war, ist damit die lokale Lipschitz–Stetigkeit von f nachgewiesen. □

Als Nächstes zeigen wir, dass für jede konvexe Funktion f die Richtungsableitung existiert. Wir setzen dazu voraus, dass X offen ist. Zur Erinnerung: Die Richtungsableitung von f im Punkt $x \in X$ in Richtung $d \in \mathbb{R}^n$ ist definiert durch

$$f'(x; d) := \lim_{t \downarrow 0} \frac{f(x + td) - f(x)}{t},$$

sofern der rechts stehende Grenzwert existiert.

Lemma 6.15. *Seien $X \subseteq \mathbb{R}^n$ eine offene und konvexe Menge, $f : X \to \mathbb{R}$ eine konvexe Funktion, $x \in X$ und $d \in \mathbb{R}^n$. Dann gilt:*

(a) Der Differenzenquotient

$$q(t) := \frac{f(x + td) - f(x)}{t}$$

ist monoton fallend für $t \downarrow 0$, d.h., es ist $q(t_1) \leq q(t_2)$ für alle $0 < t_1 < t_2$ mit $x + t_2 d \in X$.

(b) Die Richtungsableitung von f im Punkt x in Richtung d existiert, und es ist

$$f'(x; d) = \inf_{t > 0} \frac{f(x + td) - f(x)}{t}.$$

Beweis. (a) Seien $0 < t_1 < t_2$ mit $x + t_2 d \in X$ (und damit auch $x + t_1 d \in X$). Da f konvex ist, gilt

$$f(x + t_1 d) = f\left(\frac{t_1}{t_2}(x + t_2 d) + (1 - \frac{t_1}{t_2})x \right)$$

$$\leq \frac{t_1}{t_2} f(x + t_2 d) + (1 - \frac{t_1}{t_2}) f(x).$$

Diese Ungleichung impliziert

$$q(t_1) = \frac{f(x + t_1 d) - f(x)}{t_1} \leq \frac{f(x + t_2 d) - f(x)}{t_2} = q(t_2).$$

Dies ist die Behauptung.

(b) Seien $t, \tau > 0$ mit $x - \tau d \in X$ und $x + td \in X$ gegeben. Die Konvexität von f impliziert

$$f(x) = f\left(\frac{t}{t + \tau}(x - \tau d) + \frac{\tau}{t + \tau}(x + td) \right)$$

$$\leq \frac{t}{t + \tau} f(x - \tau d) + \frac{\tau}{t + \tau} f(x + td),$$

also

$$q(t) = \frac{f(x + td) - f(x)}{t} \geq \frac{f(x) - f(x - \tau d)}{\tau}.$$

Somit ist der Differenzenquotient $q(t)$ für $t \downarrow 0$ durch die konstante Größe $\frac{f(x) - f(x - \tau d)}{\tau}$ nach unten beschränkt. Andererseits ist $q(t)$ nach (a) monoton fallend für $t \downarrow 0$. Hieraus folgt die Existenz der Richtungsableitung $f'(x; d)$ mit der Eigenschaft

$$f'(x; d) = \lim_{t \downarrow 0} \frac{f(x + td) - f(x)}{t} = \inf_{t > 0} \frac{f(x + td) - f(x)}{t}.$$

Damit ist auch (b) bewiesen. $\square$

Nach diesen Vorbereitungen entwickeln wir nun das Konzept des konvexen Subdifferentials. Motiviert wird dieses Konzept durch die bekannte Charakterisierung stetig differenzierbarer konvexer Funktionen (vgl. Satz 2.16): Ist f konvex und stetig differenzierbar auf X, so gilt für $x \in X$ mit $s := \nabla f(x)$

$$f(y) \geq f(x) + s^T(y - x) \quad \text{für alle } y \in X.$$

Anschaulich bedeutet dies, dass die Tangentialhyperebene von f im Punkt $(x, f(x))$ überall unterhalb des Graphen von f verläuft. Ist f in x nicht differenzierbar, so kann es mehrere den Punkt $(x, f(x))$ enthaltende Hyperebenen geben, welche unterhalb des Graphen von f verlaufen.

Definition 6.16. *Seien $X \subseteq \mathbb{R}^n$ eine offene und konvexe Menge, $f : X \to \mathbb{R}$ eine konvexe Funktion und $x \in X$. Ein Vektor $s \in \mathbb{R}^n$ heißt* Subgradient *von f in x, wenn gilt*

$$f(y) \geq f(x) + s^T(y - x) \quad \text{für alle } y \in X.$$

Die Menge der Subgradienten von f in x heißt das (konvexe) Subdifferential *von f in x und wird mit $\partial f(x)$ bezeichnet.*

Anschaulich ist ein $s \in \mathbb{R}^n$ im Fall $n = 1$ genau dann ein Element des Subdifferentials $\partial f(x)$, wenn die zugehörige Gerade $f(x) + s^T(y - x)$ durch den Punkt $(x, f(x))$ mit der Steigung s unterhalb (bzw. nicht oberhalb) des Graphen von f liegt. In den nichtdifferenzierbaren Stellen von f kann es offenbar eine ganze Reihe von solchen Geraden geben, vergleiche Abbildung 6.1.

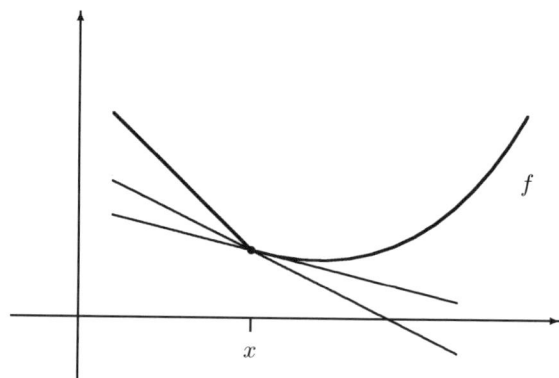

Abb. 6.1. Zum Begriff des konvexen Subdifferentials

Als ein einfaches Beispiel sehen wir uns die Funktion $f(x) = |x|$ auf $X = \mathbb{R}^1$ an: Hierfür ist offenbar

$$\partial f(x) = \begin{cases} \{1\}, & \text{falls } x > 0, \\ [-1, 1], & \text{falls } x = 0, \\ \{-1\}, & \text{falls } x < 0. \end{cases}$$

Ist die Funktion f in x differenzierbar und ist s ein Subgradient von f in $x \in X$, so folgt aus

$$f(x + td) - f(x) \geq ts^T d \quad \text{für alle } d \in \mathbb{R}^n \text{ und alle } t > 0 \text{ mit } x + td \in X$$

nach Division durch t und Grenzübergang $t \to 0$

$$\nabla f(x)^T d \geq s^T d \quad \text{für alle } d \in \mathbb{R}^n.$$

Speziell für $d = s - \nabla f(x)$ ergibt dies

$$s = \nabla f(x).$$

Zusammen mit der im späteren Satz 6.17 (a) bewiesenen Eigenschaft $\partial f(x) \neq \emptyset$ haben wir also gezeigt: Das Subdifferential $\partial f(x)$ enthält im differenzierbaren Fall genau einen Vektor, nämlich den Gradienten $\nabla f(x)$. Daher kann das Subdifferential $\partial f(x)$ als Verallgemeinerung des üblichen Gradienten angesehen werden.

Wir beweisen nun einige wichtige Eigenschaften des Subdifferentials. Insbesondere stellen wir einen Zusammenhang mit der Richtungsableitung $f'(x; d)$ her.

Satz 6.17. *Seien $X \subseteq \mathbb{R}^n$ eine offene und konvexe Menge, $f : X \to \mathbb{R}$ eine konvexe Funktion und $x \in X$. Dann besitzt das Subdifferential von f in x folgende Eigenschaften:*

(a) Das Subdifferential $\partial f(x)$ ist eine nichtleere, konvexe und kompakte Menge.

(b) Es gilt

$$\partial f(x) = \{s \in \mathbb{R}^n \mid s^T d \leq f'(x; d) \text{ für alle } d \in \mathbb{R}^n\}.$$

(c) Für die Richtungsableitung von f in x gilt

$$f'(x; d) = \max_{s \in \partial f(x)} s^T d \quad \text{für alle } d \in \mathbb{R}^n.$$

Beweis. Wir beweisen zunächst (b): Die Richtungsableitung $f'(x; d)$ existiert nach Lemma 6.15 (b). Ein Vektor $s \in \mathbb{R}^n$ gehört genau dann zum Subdifferential $\partial f(x)$, wenn gilt

$$f(y) \geq f(x) + s^T(y - x) \quad \text{für alle } y \in X,$$

oder, was gleichbedeutend ist,

$$\frac{f(x + td) - f(x)}{t} \geq s^T d \quad \text{für alle } d \in \mathbb{R}^n \text{ und } t > 0 \text{ mit } x + td \in X.$$

Dies ist nach Lemma 6.15 (b) wiederum gleichbedeutend mit

$$f'(x; d) \geq s^T d \quad \text{für alle } d \in \mathbb{R}^n.$$

Nun zu (a): Nach der eben bewiesenen Teilaussage (b) ist $\partial f(x)$ der Durchschnitt der abgeschlossenen Halbräume $\{s \in \mathbb{R}^n \mid s^T d \leq f'(x; d)\}$, $d \in \mathbb{R}^n$, und somit selbst abgeschlossen und konvex, vergleiche Lemma 2.2. Die Beschränktheit von $\partial f(x)$ kann man ebenfalls aus (b) ableiten: Bezeichnet e_i den i–ten Einheitsvektor $(0, \ldots, 0, 1, 0, \ldots, 0)^T$, so gilt für jeden Vektor $s \in \partial f(x)$

$$\|s\|_\infty \leq \max_{i=1,\ldots,n} f'(x; \pm e_i).$$

Die Menge $\partial f(x)$ ist folglich kompakt.

Für (a) bleibt noch zu zeigen, dass die Menge $\partial f(x)$ nichtleer ist. Dies beweisen wir nun zusammmen mit (c). Wir betrachten dazu die Mengen

$$K_1 := \{(y, z) \in X \times \mathbb{R} \mid z > f(y)\},$$
$$K_2 := \{(y, z) \in X \times \mathbb{R} \mid y = x + td, z = f(x) + tf'(x; d), t > 0\}.$$

Dabei ist $x \in X$ der vorgegebene Punkt und $d \in \mathbb{R}^n$ ein beliebiger Vektor. Man kann sich K_1 als die Säule oberhalb des Graphen von f vorstellen; K_2 ist der vom Punkt $(x, f(x))$ ausgehende Strahl in Richtung $(d, f'(x; d))$. Man prüft leicht nach, dass die Mengen K_1, K_2 nichtleer und konvex sind; um etwa die Konvexität von K_1 nachzuweisen, folgert man aus $(y, z), (\tilde{y}, \tilde{z}) \in K_1$ mit $\lambda \in (0, 1)$

$$\lambda z + (1 - \lambda)\tilde{z} > \lambda f(y) + (1 - \lambda)f(\tilde{y}) \geq f(\lambda y + (1 - \lambda)\tilde{y}),$$

also $\lambda(y, z) + (1 - \lambda)(\tilde{y}, \tilde{z}) \in K_1$. Weiter ist

$$K_1 \cap K_2 = \emptyset.$$

Denn $(y, z) \in K_1 \cap K_2$ bedeutet: Es gibt ein $t > 0$, so dass gilt

$$f(y) < z = f(x) + tf'(x; d) \quad \text{mit } y = x + td,$$

woraus man

$$\frac{f(x + td) - f(x)}{t} < f'(x; d)$$

erhält, was jedoch Lemma 6.15 (b) widerspricht.

Zwei disjunkte nichtleere und konvexe Mengen lassen sich nach dem Trennungssatz 2.22 mittels einer Hyperebene trennen, d.h., es gibt einen von $(0,0)$ verschiedenen Vektor $(s, \gamma) \in \mathbb{R}^n \times \mathbb{R}$ mit

$$s^T y + \gamma z \le s^T (x + td) + \gamma \Big(f(x) + t f'(x; d) \Big) \tag{6.18}$$

für alle $y \in X, z \in \mathbb{R}$ mit $z > f(y)$ und für alle $t > 0$.

Wir zeigen jetzt, dass $\gamma < 0$ gilt, indem wir die Fälle $\gamma > 0$ und $\gamma = 0$ zum Widerspruch führen.

Fall $\gamma > 0$: Setzt man in (6.18) $y := x$ und führt den Grenzübergang $t \to 0$ aus, so erhält man $\gamma z \le \gamma f(x)$ für alle $z \in \mathbb{R}$ mit $z > f(y)$, was ersichtlich nicht möglich ist.

Fall $\gamma = 0$: Die Bedingung (6.18) reduziert sich in diesem Fall nach Grenzübergang $t \to 0$ auf

$$s^T y \le s^T x \quad \text{für alle } y \in X.$$

Da x ein innerer Punkt von X ist, gehört für ein hinreichend kleines $\delta > 0$ auch $y := x + \delta s$ zu X. Für dieses spezielle y ergibt die obige Ungleichung aber $\delta s^T s \le 0$, also $s = 0$. Dies ist jedoch ein Widerspruch zu der vom Trennungssatz gelieferten Eigenschaft $(s, \gamma) \ne (0, 0)$. Auch dieser Fall kann somit nicht eintreten.

Fall $\gamma < 0$: In diesem Fall können wir ohne Einschränkung der Allgemeinheit $\gamma = -1$ setzen. Aus (6.18) erhält man nach den Grenzübergängen $z \to f(y)$, $t \to 0$

$$s^T y - f(y) \le s^T x - f(x) \quad \text{für alle } y \in X,$$

d.h., es ist $s \in \partial f(x)$. Damit ist gezeigt, dass das Subdifferential $\partial f(x)$ nichtleer ist. Setzt man dagegen in (6.18) $y := x$, so resultiert

$$s^T x - z \le s^T (x + td) - \Big(f(x) + t f'(x; d) \Big) \quad \text{für alle } z > f(x) \text{ und alle } t > 0. \tag{6.19}$$

Der Grenzübergang $z \to f(x)$ und $t := 1$ liefert

$$f'(x; d) \le s^T d.$$

Andererseits gilt nach dem bereits bewiesenen Teil (b) des Satzes $s^T d \le f'(x; d)$. Damit ist auch (c) bewiesen. $\qquad \square$

Der nächste Satz gibt Optimalitätsbedingungen für (unrestringierte) konvexe Optimierungsaufgaben.

Satz 6.18. *Seien $X \subseteq \mathbb{R}^n$ eine offene und konvexe Menge, $f : X \to \mathbb{R}$ eine konvexe Funktion und $x^* \in X$. Dann sind die folgenden Bedingungen äquivalent:*

(a) f nimmt in x^* sein Minimum auf X an, d.h., es gilt $f(x) \ge f(x^*)$ für alle $x \in X$.

(b) $0 \in \partial f(x^*)$.

(c) $f'(x^*; d) \ge 0$ für alle $d \in \mathbb{R}^n$.

Beweis. (a) $\Longrightarrow$ (c): Ist x^* ein globales Minimum von f auf X, so gilt für die Richtungsableitung

$$f'(x^*; d) = \lim_{t \downarrow 0} \frac{f(x^* + td) - f(x^*)}{t} \geq 0$$

für alle $d \in \mathbb{R}^n$.

(c) $\Longrightarrow$ (b): Dies folgt sofort aus Satz 6.17 (b).

(b) $\Longrightarrow$ (a): Dies ergibt sich unmittelbar aus der Definition des Subdifferentials. $\qquad \square$

Man beachte, dass die Menge X im Satz 6.18 als offen vorausgesetzt wird. — Für spätere Zwecke benötigen wir eine Eigenschaft des Subdifferentials, die man als „lokale Beschränktheit" der mengenwertigen Abbildung $x \mapsto \partial f(x)$ auffassen kann.

Lemma 6.19. *Seien $f : \mathbb{R}^n \to \mathbb{R}$ eine konvexe Funktion und $B \subseteq \mathbb{R}^n$ eine beschränkte Menge. Dann ist die Bildmenge*

$$\partial f(B) := \{s \in \mathbb{R}^n \mid \text{es gibt ein } x \in B \text{ mit } s \in \partial f(x)\}$$

ebenfalls beschränkt.

Beweis. Wir bemerken vorweg, dass die konvexe Funktion f auf jedem Quader $Q_r := \{u \in \mathbb{R}^n \mid \|u\|_\infty \leq r\}$ nach Satz 6.14 stetig und damit beschränkt ist. (Man braucht dazu nur den ersten Teil des Beweises von Satz 6.14 (vgl. (6.15))).

Sei nun B beschränkt und s ein beliebiger Vektor der Menge $\partial f(B)$. Dann gibt es zu diesem s ein $x_s \in B$ mit

$$f(y) \geq f(x_s) + s^T(y - x_s) \quad \text{für alle } y \in \mathbb{R}^n.$$

Speziell für $y := x_s + \frac{1}{\|s\|} s$ gilt somit

$$\|s\| \leq f(x_s + \frac{1}{\|s\|} s) - f(x_s).$$

Wegen der Beschränktheit von f auf einem geeigneten Quader Q_r, welcher die Menge $\{x \in \mathbb{R}^n \mid \operatorname{dist}_B(x) \leq 1\}$ enthält, folgt hieraus die behauptete Beschränktheit von $\partial f(B)$. $\qquad \square$

Wir beschreiben als Nächstes eine nützliche Regel für das Rechnen mit konvexen Subdifferentialen.

Satz 6.20. *Seien $X \subseteq \mathbb{R}^n$ eine offene und konvexe Menge, $f_1, \ldots, f_r : X \to \mathbb{R}$ konvexe Funktionen und $\alpha_1, \ldots, \alpha_r > 0$ positive Konstanten. Dann gilt*

$$\partial \left(\sum_{i=1}^r \alpha_i f_i \right)(x) = \sum_{i=1}^r \alpha_i \partial f_i(x) \tag{6.20}$$

für alle $x \in X$.

Beweis. Wir bemerken zunächst, dass $f := \sum_{i=1}^{r} \alpha_i f_i$ eine konvexe Funktion ist (vgl. Lemma 2.15), so dass das konvexe Subdifferential $\partial f(x)$ für jedes $x \in X$ wohldefiniert ist. Wir betrachten zu $x \in X$ die Menge

$$K(x) := \sum_{i=1}^{r} \alpha_i \partial f_i(x) = \left\{ \sum_{i=1}^{r} \alpha_i s_i \mid s_i \in \partial f_i(x) \right\}.$$

Die Menge $K(x)$ ist nach Satz 6.17 (a) nichtleer und, wie man leicht nachprüft, konvex und kompakt. Wir zeigen zunächst

$$K(x) \subseteq \partial f(x). \tag{6.21}$$

Ist $s \in K(x)$, also $s = \sum_{i=1}^{r} \alpha_i s_i$ mit $s_i \in \partial f(x)$, so gelten für die Vektoren s_i nach Definition des Subdifferentials die Ungleichungen

$$f_i(y) \geq f_i(x) + s_i^T(y - x) \quad \text{für alle } y \in X, \quad i = 1, \dots, r.$$

Multiplikation dieser Ungleichungen mit $\alpha_i > 0$ und Addition ergibt

$$f(y) \geq f(x) + s^T(y - x) \quad \text{für alle } y \in X,$$

also $s \in \partial f(x)$, womit (6.21) bewiesen ist.

Nach Satz 6.17 (c) und unter Verwendung von (6.21) gilt nun für jeden Vektor $d \in \mathbb{R}^n$

$$\begin{aligned}
f'(x; d) &= \max_{s \in \partial f(x)} s^T d \\
&\geq \max_{s \in K(x)} s^T d \\
&= \max \left\{ s^T d \mid s = \sum_{i=1}^{r} \alpha_i s_i, s_i \in \partial f_i(x) \right\} \\
&= \max \left\{ \sum_{i=1}^{r} \alpha_i s_i^T d, \mid s_i \in \partial f_i(x) \right\} \\
&= \sum_{i=1}^{r} \alpha_i \max_{s_i \in \partial f_i(x)} s_i^T d \\
&= \sum_{i=1}^{r} \alpha_i f_i'(x; d)
\end{aligned}$$

(das vorletzte Gleichheitszeichen gilt, weil die s_i bei der Maximumbildung unabhängig voneinander variieren). Nun gilt andererseits, wie man anhand der Definition der Richtungsableitung leicht verifiziert,

$$f'(x; d) = \sum_{i=1}^{r} \alpha_i f_i'(x; d).$$

In der obigen Ungleichungs–/Gleichungskette muss somit überall das Gleichheitszeichen stehen. Insbesondere gilt daher

$$\max_{s \in \partial f(x)} s^T d = \max_{s \in K(x)} s^T d. \tag{6.22}$$

Wir zeigen nun die Gleichheit der Mengen $K(x)$ und $\partial f(x)$. Angenommen, es gebe ein $\bar{s} \in \partial f(x)$ mit $\bar{s} \notin K(x)$. Dann ergibt die Anwendung des strikten Trennungssatzes (vgl. Satz 2.24) auf die disjunkten, nichtleeren, konvexen und kompakten Mengen $K(x)$ und $\{\bar{s}\}$ die Existenz eines Vektors $\bar{d} \in \mathbb{R}^n \backslash \{0\}$ und einer Zahl $\gamma \in \mathbb{R}$ mit der Eigenschaft

$$\bar{d}^T s < \gamma < \bar{d}^T \bar{s} \quad \text{für alle } s \in K(x).$$

Hieraus folgt

$$\max_{s \in K(x)} s^T \bar{d} < \bar{s}^T \bar{d}.$$

Wegen (6.22) gilt somit

$$\max_{s \in \partial f(x)} s^T \bar{d} < \bar{s}^T \bar{d},$$

was jedoch wegen $\bar{s} \in \partial f(x)$ nicht möglich ist. Folglich ist $K(x) = \partial f(x)$, womit die Behauptung (6.20) bewiesen ist. $\qquad \square$

Satz 6.20 erlaubt eine einfache Charakterisierung der Lösung des Standortproblems (6.1), siehe Aufgabe 6.9.

Man kann weitere Regeln für das Umgehen mit dem konvexen Subdifferential herleiten, beispielsweise eine Verallgemeinerung der für differenzierbare Funktionen bekannten Kettenregel. (Man vergleiche die in Satz 5.33 formulierte Kettenregel für die Richtungsableitung). Wir gehen hierauf jedoch nicht mehr ein (zumal wir den folgenden Satz auch direkt beweisen können), sondern verweisen auf die Standardbücher [156] von Rockafellar und [86, 87] von Hiriart–Urruty und Lemaréchal.

Wir beschäftigen uns als Nächstes mit der Berechnung des konvexen Subdifferentials für solche Funktionen, die sich als Maximum konvexer oder speziell affin–linearer Funktionen schreiben lassen. Solche Funktionen sind prototypisch für die nichtglatte Optimierung. Wir benötigen dazu die Richtungsableitung einer einfachen Maximum–Funktion.

Lemma 6.21. *Die Funktion $g : \mathbb{R}^m \to \mathbb{R}$, $g(u) := \max_{i=1,\dots,m} u_i$ besitzt für alle $p \in \mathbb{R}^m$ die Richtungsableitung*

$$g'(u; p) = \max_{i \in I(u)} p_i;$$

dabei ist $I(u) := \{i \in \{1, \dots, m\} \,|\, u_i = g(u)\}$.

Beweis. Seien $u, p \in \mathbb{R}^n$. Für $i \notin I(u)$ ist $u_i < g(u)$ und somit aufgrund der Stetigkeit der beteiligten Funktionen $u_i + tp_i < g(u + tp)$ für alle hinreichend kleinen $t > 0$. Für diese t ist also $g(u + tp) = \max_{i \in I(u)}\{u_i + tp_i\}$ und folglich

$$
\begin{aligned}
\frac{g(u + tp) - g(u)}{t} &= \frac{\max_{i \in I(u)}\{u_i + tp_i\} - g(u)}{t} \\
&= \max_{i \in I(u)} \frac{(u_i + tp_i) - g(u)}{t} \\
&= \max_{i \in I(u)} \frac{(u_i + tp_i) - u_i}{t} \\
&= \max_{i \in I(u)} p_i.
\end{aligned}
$$

Hieraus folgt die Behauptung. □

Weiterhin erinnern wir an den Begriff der *konvexen Hülle* von endlich vielen Vektoren $a_i \in \mathbb{R}^n$, $i = 1, \ldots, k$; wir verstehen darunter die Menge

$$
\text{conv}\{a_1, \ldots, a_k\} := \{s \in \mathbb{R}^n \mid s = \sum_{i=1}^{k} \lambda_i a_i \text{ mit } \lambda_i \geq 0 \,\forall i, \sum_{i=1}^{k} \lambda_i = 1\},
$$

vergleiche die Ausführungen im Unterabschnitt 2.1.1. Man prüft leicht nach, dass $\text{conv}\{a_1, \ldots, a_k\}$ eine konvexe und kompakte Menge ist.

Satz 6.22. *Seien $X \subseteq \mathbb{R}^n$ eine offene und konvexe Menge, $F_i : X \to \mathbb{R}$, $i = 1, \ldots, m$, konvexe und stetig differenzierbare Funktionen sowie für $x \in X$*

$$
f(x) := \max_{i=1,\ldots,m} F_i(x)
$$

und $I(x) := \{i \in \{1, \ldots, m\} \mid F_i(x) = f(x)\}$.

(a) Die Funktion f besitzt für alle $d \in \mathbb{R}^n$ die Richtungsableitung

$$
f'(x; d) = \max_{i \in I(x)} \nabla F_i(x)^T d.
$$

(b) Das Subdifferential der Funktion f ist

$$
\partial f(x) = conv\{\nabla F_i(x) \mid i \in I(x)\}. \tag{6.23}
$$

Beweis. (a) Die Behauptung folgt mit Lemma 6.21 aus Satz 5.33 (mit $h(x) := (F_1(x), \ldots, F_m(x))^T$ und der Funktion g aus Lemma 6.21).

(b) Zunächst macht man sich leicht klar, dass die Funktion f konvex ist, man also vom Subdifferential $\partial f(x)$ sprechen kann. Wegen (a) folgt für $x \in X$ aus Satz 6.17 (b)

$$
\nabla F_i(x) \in \partial f(x) \quad \text{für alle } i \in I(x).
$$

Da die Menge $\partial f(x)$ konvex ist, gilt sogar

$$\operatorname{conv}\{\nabla F_i(x) \,|\, i \in I(x)\} \subseteq \partial f(x).$$

(Diese Richtung von (6.23) kann auch leicht ohne Verwendung von (a) bewiesen werden, vgl. Aufgabe 6.10.)

Wir nehmen nun an, es gebe ein $x \in X$ und ein $\bar{s}$ mit den Eigenschaften

$$\bar{s} \in \partial f(x) \quad \text{und} \quad \bar{s} \notin \operatorname{conv}\{\nabla F_i(x) \,|\, i \in I(x)\}$$

Wir wenden (genau wie am Ende des Beweises von Satz 6.20) den strikten Trennungssatz (vgl. Satz 2.24) auf die nichtleeren, konvexen, kompakten und disjunkten Mengen $\{\bar{s}\}$, $\operatorname{conv}\{\nabla F_i(x) \,|\, i \in I(x)\}$ an: Es gibt somit einen Vektor $d \in \mathbb{R}^n$ mit

$$d^T s < d^T \bar{s} \quad \text{für alle } s \in \operatorname{conv}\{\nabla F_i(x) \,|\, i \in I(x)\}.$$

Insbesondere ist dann

$$\nabla F_i(x)^T d < \bar{s}^T d \quad \text{für alle } i \in I(x).$$

Mit (a) folgt hieraus

$$f'(x; d) < \bar{s}^T d.$$

Dies steht wegen $\bar{s} \in \partial f(x)$ in Widerspruch zu Satz 6.17 (b). Damit ist (6.23) bewiesen.   □

Durch Spezialisieren von Satz 6.22 kann man leicht das Subdifferential der Funktion

$$f(x) := \|Ax - b\|_\infty$$

(mit $A \in \mathbb{R}^{m \times n}$, $b \in \mathbb{R}^m$) angeben, vergleiche Aufgabe 6.11.

Zum Abschluss dieses Unterabschnitts kommen wir noch einmal auf das Lagrange–Dualproblem aus dem Abschnitt 6.2 zurück. Wir betrachten also das im Abschnitt 6.2 zugrunde gelegte Optimierungsproblem

$$\min f(x) \quad \text{u.d.N.} \quad g(x) \le 0,\, h(x) = 0,\, x \in X$$

(mit nicht notwendig konvexen und nicht notwendig differenzierbaren Funktionen $f : \mathbb{R}^n \to \mathbb{R}$, $g : \mathbb{R}^n \to \mathbb{R}^m$, $h : \mathbb{R}^n \to \mathbb{R}^p$ und $X \subseteq \mathbb{R}^n$) sowie das zugehörige duale Problem (vgl. (6.6))

$$\max q(\lambda, \mu) \quad \text{u.d.N.} \quad \lambda \ge 0,\, \mu \in \mathbb{R}^p$$

mit

$$q(\lambda, \mu) := \inf_{x \in X} \left\{ f(x) + \lambda^T g(x) + \mu^T h(x) \right\}.$$

Die duale Zielfunktion q ist, wie wir gezeigt haben, konkav auf dem wesentlichen Definitionsbereich $\operatorname{dom}(q)$ ($-q$ ist also konvex auf $\operatorname{dom}(q)$) und im Allgemeinen nicht differenzierbar. Das folgende Lemma zeigt, wie für diese im Allgemeinen nichtglatte Zielfunktion ein Subgradient gefunden werden kann.

Lemma 6.23. *Ist $x = x(\lambda, \mu)$ eine Lösung von*

$$\min f(x) + \lambda^T g(x) + \mu^T h(x) \quad u.d.N. \quad x \in X$$

(bei festem λ und μ), so ist der Vektor $(-g(x), -h(x))$ ein Subgradient der konvexen Funktion $-q$ im Punkte (λ, μ).

Der Beweis wird dem Leser überlassen (vgl. Aufgabe 6.12).

6.3.2 Das Subdifferential für erweiterte Funktionen

Im vorigen Unterabschnitt haben wir das Subdifferential für konvexe Funktionen $f : \mathbb{R}^n \to \mathbb{R}$ eingeführt. In diesem Unterabschnitt wollen wir diesen Begriff nun verallgemeinern auf Funktionen $f : \mathbb{R}^n \to \mathbb{R} \cup \{+\infty\}$, die möglicherweise den Wert $+\infty$ annehmen. Wir werden derartige Funktionen im Folgenden häufig *erweiterte Funktionen* nennen. Da die Ergebnisse dieses Unterabschnittes im Rahmen dieses Buches lediglich zur Behandlung der Regularisierungsverfahren im Abschnitt 6.4 benötigt werden, kann ein an den Regularisierungsverfahren nicht interessierter Leser diesen Unterabschnitt gegebenenfalls auch übergehen.

Ein einfaches Beispiel für eine erweiterte Funktion ist die sogenannte *Indikatorfunktion* (engl.: indicator function)

$$\chi_X(x) := \begin{cases} 0, & \text{falls } x \in X, \\ +\infty, & \text{falls } x \notin X \end{cases} \tag{6.24}$$

einer Menge $X \subseteq \mathbb{R}^n$, die uns etwas weiter unten wieder begegnen wird. (Häufig wird allerdings, abweichend hiervon, die Funktion

$$\mathbf{1}_X(x) := \begin{cases} 1, \text{falls } x \in X, \\ 0, \text{falls } x \notin X \end{cases}$$

als Indikatorfunktion bezeichnet.) Ein zweites Beispiel ist die sogenannte *Trägerfunktion* (engl.: support function)

$$\sigma_X(d) := \sup_{x \in X} x^T d$$

einer nichtleeren Menge $X \subseteq \mathbb{R}^n$, die offenbar ebenfalls den Wert $+\infty$ annehmen kann. Trägerfunktionen werden im Rahmen dieses Buches zwar keine Rolle spielen, sie können jedoch alternativ zur Herleitung des konvexen Subdifferentials verwendet werden, siehe insbesondere [86]. Man vergleiche auch das Buch [35] von Clarke, wo Trägerfunktionen und ihre Eigenschaften zur Definition eines verallgemeinerten Gradienten für lokal Lipschitz–stetige (nicht notwendig konvexe) Funktionen benutzt werden.

Ein weiteres Beispiel einer erweiterten Funktion ist uns bereits bei der Behandlung der Lagrange–Dualität im Abschnitt 6.2 begegnet: Das duale Problem

$$\max q(\lambda, \mu) \quad \text{u.d.N.} \quad \lambda \geq 0$$

zu dem restringierten Optimierungsproblem

$$\min f(x) \quad \text{u.d.N.} \quad g(x) \leq 0, \, h(x) = 0, \, x \in X$$

hat eine Zielfunktion mit Werten in $\mathbb{R} \cup \{-\infty\}$. Formuliert man das duale Problem daher als ein Minimierungsproblem unter Verwendung von $-q$ statt q, so ergibt sich gerade eine restringierte Minimierungsaufgabe mit einer erweiterten Zielfunktion im obigen Sinne.

Schließlich erwähnen wir noch ein Beispiel, das für unsere nachfolgenden Betrachtungen von großer Bedeutung sein wird: Sei $f : \mathbb{R}^n \to \mathbb{R}$ eine gegebene Funktion, $X \subseteq \mathbb{R}^n$ eine gegebene Menge, und betrachte das restringierte Problem

$$\min f(x) \quad \text{u.d.N.} \quad x \in X. \tag{6.25}$$

Bezeichnen wir mit χ_X wieder die Indikatorfunktion von X aus (6.24), so ist ein Vektor $x^* \in \mathbb{R}^n$ offenbar genau dann eine Lösung des restringierten Problems (6.25), wenn x^* die unrestringierte Minimierungsaufgabe

$$\min f(x) + \chi_X(x), \quad x \in \mathbb{R}^n,$$

löst, denn die Zielfunktion ist hier gerade gegeben durch

$$f(x) + \chi_X(x) = \begin{cases} f(x), \text{ falls } x \in X, \\ +\infty, \text{ falls } x \notin X. \end{cases}$$

Auf diese Weise gelingt es also, einem restringierten Problem formal ein unrestringiertes Problem zuzuordnen. Dies wird sich zumindest für die theoretische Behandlung gewisser Verfahren als recht nützlich herausstellen.

Wir führen in der nächsten Definition einige hilfreiche Begriffe für erweiterte Funktionen ein.

Definition 6.24. *Sei $f : \mathbb{R}^n \to \mathbb{R} \cup \{+\infty\}$ eine erweiterte Funktion. Dann heißt die Menge*

$$dom(f) := \{x \in \mathbb{R}^n \mid f(x) < +\infty\}$$

der wesentliche Definitionsbereich *(engl.: domain) von f. Die Funktion f heißt* echt *(engl.: proper), falls $dom(f) \neq \emptyset$ gilt.*

Wir werden es im Folgenden stets mit echten Funktionen zu tun haben, da anderenfalls $f \equiv +\infty$ wäre, was ein denkbar uninteressanter Fall ist. Dabei wollen wir uns vor allem mit konvexen erweiterten Funktionen im Sinne der nächsten Definition auseinandersetzen.

Definition 6.25. *Eine erweiterte Funktion $f : \mathbb{R}^n \to \mathbb{R} \cup \{+\infty\}$ heißt* konvex *(auf dem $\mathbb{R}^n$), wenn die Ungleichung*

$$f(\lambda x + (1 - \lambda)y) \leq \lambda f(x) + (1 - \lambda)f(y)$$

für alle $x, y \in \mathbb{R}^n$ und alle $\lambda \in (0, 1)$ erfüllt ist.

Um die obige Definition zu verstehen, braucht man natürlich gewisse Rechen-
regeln für den Umgang mit $+\infty$. Für beliebiges $\alpha \in \mathbb{R}$ setzen wir daher

$$\alpha + \infty = \infty,$$
$$\infty + \alpha = \infty,$$
$$\infty + \infty = \infty.$$

Ferner definieren wir

$$\alpha \cdot \infty = \infty,$$
$$\infty \cdot \alpha = \infty$$

für jedes $\alpha > 0$ sowie

$$0 \cdot \infty = \infty \cdot 0 = 0.$$

Außerdem gelte

$$\alpha < \infty$$

für jedes $\alpha \in \mathbb{R}$. Hingegen ist ein Ausdruck der Form $\infty - \infty$ nicht definiert.
Mittels dieser Konventionen sieht man sehr leicht das folgende Resultat ein.

Lemma 6.26. *Es gelten die beiden folgenden Aussagen:*

*(a) Ist $X \subseteq \mathbb{R}^n$ eine nichtleere konvexe Menge sowie $f : X \to \mathbb{R}$ eine
konvexe Funktion auf X im Sinne der Definition 2.11, so ist*

$$(f + \chi_X)(x) := f(x) + \chi_X(x) = \begin{cases} f(x), & \text{falls } x \in X, \\ \infty, & \text{falls } x \notin X \end{cases}$$

eine echte konvexe Funktion im Sinne der Definition 6.25.

*(b) Ist umgekehrt $f : \mathbb{R}^n \to \mathbb{R} \cup \{+\infty\}$ eine echte konvexe Funktion auf dem
$\mathbb{R}^n$ im Sinne der Definition 6.25, so ist der wesentliche Definitionsbereich
$X := \mathrm{dom}(f)$ eine nichtleere konvexe Menge und die Restriktion $f|_X$ eine
konvexe Funktion auf X im Sinne der Definition 2.11.*

Beweis. Die Behauptung (a) ergibt sich unmittelbar aus den Regeln für das
Rechnen mit $+\infty$. Zum Nachweis von Teil (b) ist lediglich zu zeigen, dass der
wesentliche Definitionsbereich $X := \mathrm{dom}(f)$ eine nichtleere konvexe Menge
ist.

Zunächst ist $X \neq \emptyset$, da f als echte Funktion vorausgesetzt war. Für den
Beweis der Konvexität seien $x, y \in X$ und $\lambda \in (0, 1)$ beliebig gegeben. Da f
konvex ist, folgt

$$f(\lambda x + (1 - \lambda)y) \leq \lambda f(x) + (1 - \lambda)f(y) < +\infty$$

und daher $\lambda x + (1 - \lambda)y \in X$, was zu zeigen war. $\qquad \square$

Lemma 6.26 garantiert, dass die beiden Definitionen 2.11 und 6.25 einer konvexen Funktion miteinander verträglich sind. Aufgrund des Lemmas 6.26 übertragen sich daher auch eine ganze Reihe von bekannten Eigenschaften über reellwertige konvexe Funktionen auf erweiterte konvexen Funktionen, wenn man letztere nur auf ihrem wesentlichen Definitionsbereich betrachtet. Beispielsweise ist eine reellwertige konvexe Funktion wegen des Satzes 6.14 auf dem Inneren ihres Definitionsbereiches lokal Lipschitz–stetig, insbesondere also stetig. Wegen Lemma 6.26 ist dann auch eine erweiterte konvexe Funktion auf dem Inneren ihres wesentlichen Definitionsbereiches lokal Lipschtitz–stetig. Entsprechend lassen sich einige andere Resultate übertragen.

Nun ist eine erweiterte Funktion $f : \mathbb{R}^n \to \mathbb{R} \cup \{+\infty\}$ offensichtlich unstetig, sofern $\mathrm{dom}(f)$ nicht gerade mit dem gesamten $\mathbb{R}^n$ übereinstimmt. Insofern ist es nicht angebracht, bei erweiterten Funktionen von Stetigkeit zu sprechen. Wir führen deshalb die Begriffe einer nach unten bzw. oben halbstetigen Funktion ein, die allerdings auch bei reellwertigen Funktionen durchaus von Interesse sind.

Definition 6.27. *Sei $f : \mathbb{R}^n \to \mathbb{R} \cup \{+\infty\}$ eine echte erweiterte Funktion. Dann heißt f*

(a) nach unten halbstetig (engl.: lower semicontinuous) in einem Punkt $x \in \mathbb{R}^n$, falls

$$\liminf_{y \to x} f(y) \geq f(x)$$

gilt;

(b) nach oben halbstetig (engl.: upper semicontinuous) in einem Punkt $x \in \mathbb{R}^n$, falls

$$\limsup_{y \to x} f(y) \leq f(x)$$

gilt;

(c) nach unten (bzw. oben) halbstetig auf einer Menge $X \subseteq \mathbb{R}^n$, falls f in jedem Punkt $x \in X$ nach unten (bzw. oben) halbstetig ist.

Wir erinnern den Leser vorsichtshalber an die Definition der oben auftretenden Ausdrücke $\liminf_{y \to x} f(y)$ und $\limsup_{y \to x} f(y)$: Für ein gegebenes $x \in \mathbb{R}^n$ ist

$$\liminf_{y \to x} f(y) := \lim_{\varepsilon \downarrow 0} \left[\inf_{\|y - x\| \leq \varepsilon} f(y) \right]$$

bzw.

$$\limsup_{y \to x} f(y) := \lim_{\varepsilon \downarrow 0} \left[\sup_{\|y - x\| \leq \varepsilon} f(y) \right].$$

Wegen

$$\inf\{ f(y) \mid \|y - x\| \leq \varepsilon \} \leq f(x)$$

für jedes feste $\varepsilon > 0$ gilt daher stets die Ungleichung

$$\liminf_{y \to x} f(y) \le f(x).$$

Die Forderung der unteren Halbstetigkeit von f im Punkte x ist somit äquivalent zu der Gültigkeit der Gleichung

$$\liminf_{y \to x} f(y) = f(x).$$

Entsprechend ergibt sich, dass die Funktion f genau dann in dem Punkte x nach oben halbstetig ist, falls

$$\limsup_{y \to x} f(y) = f(x)$$

gilt.

Man beachte, dass die obige Definition von $\liminf$ bzw. $\limsup$ nur wenig mit dem kleinsten oder größten Häufungspunkt einer Folge zu tun hat, da man hier den $\liminf$ bzw. $\limsup$ über alle gegen x konvergenten Folgen zu bilden hat. Um dies zu verdeutlichen, betrachten wir etwa die Funktion

$$f(x) := \begin{cases} 1, & \text{falls } x \le 0, \\ 2, & \text{falls } x > 0. \end{cases}$$

Dies ist ein typisches Beispiel einer im Punkte $x = 0$ nach unten halbstetigen Funktion (sie wäre im Ursprung offenbar nach oben halbstetig, wenn wir $f(0) := 2$ setzen würden). Betrachtet man nun eine Folge $\{y^k\} \to 0$, die etwa von rechts gegen $x = 0$ konvergiert, so erhält man $\liminf_{k \to \infty} f(y^k) = 2 > 1 = f(0)$. Dies widerspricht jedoch nicht der Definition einer nach unten halbstetigen Funktion, da man ja alle Folgen $\{y^k\} \to 0$ berücksichtigen muss, und im obigen Beispiel gilt offenbar $\liminf_{k \to \infty} f(y^k) = 1 = f(0)$, sofern sich die Folge $\{y^k\}$ von links dem Nullpunkt annähert.

Wir erwähnen noch einige einfache Eigenschaften von halbstetigen Funktionen, deren genauen Beweis wir dem Leser als Aufgaben 6.13 und 6.14 überlassen: Offenbar ist eine Funktion f in einem Punkt x genau dann stetig, wenn sie dort sowohl nach unten als auch nach oben halbstetig ist. Ferner ist die Summe zweier nach unten halbstetiger Funktionen in einem Punkt x wiederum nach unten halbstetig. Entsprechendes gilt für nach oben halbstetige Funktionen. Hingegen ist die Differenz zweier nach unten (oder oben) halbstetigen Funktionen im Allgemeinen weder nach unten noch nach oben halbstetig! Die Indikatorfunktion χ_X einer Menge $X \subseteq \mathbb{R}^n$ ist genau dann nach unten (bzw. oben) halbstetig, wenn X eine abgeschlossene (bzw. offene) Menge ist.

Im Zusammenhang mit Minimierungsproblemen spielen insbesondere die nach unten halbstetigen Funktionen eine große Rolle, während die nach oben halbstetigen Funktionen im Prinzip keine Bedeutung haben. Einer der Gründe hierfür ist in dem folgenden Resultat enthalten.

Lemma 6.28. *Sei* $f : \mathbb{R}^n \to \mathbb{R} \cup \{+\infty\}$ *eine echte erweiterte Funktion. Dann sind äquivalent:*

(a) f ist nach unten halbstetig auf dem $\mathbb{R}^n$.
(b) Die Levelmengen $\mathcal{L}(c) := \{x \in \mathbb{R}^n \mid f(x) \leq c\}$ sind abgeschlossen (evtl. leer) für alle $c \in \mathbb{R}$.

Beweis. (a) $\Longrightarrow$ (b): Sei $c \in \mathbb{R}$ beliebig gegeben. Ist die Levelmenge $\mathcal{L}(c)$ leer, so ist nichts zu zeigen. Anderenfalls sei $\{x^k\} \subseteq \mathcal{L}(c)$ eine gegen einen Vektor $x \in \mathbb{R}^n$ konvergente Folge. Da f nach Voraussetzung nach unten halbstetig ist, folgt

$$f(x) \leq \liminf_{y \to x} f(y) \leq \liminf_{k \to \infty} f(x^k) \leq c,$$

also $x \in \mathcal{L}(c)$. Somit ist $\mathcal{L}(c)$ eine abgeschlossene Menge.

(b) $\Longrightarrow$ (a): Angenommen, es existiert ein Punkt $x \in \mathbb{R}^n$, so dass f in x nicht nach unten halbstetig ist. Dann gibt es eine Zahl $c \in \mathbb{R}$ sowie eine gegen x konvergente (Teil–) Folge $\{y^k\}$ mit $f(y^k) \leq c < f(x)$ für alle $k \in \mathbb{N}$. Also enthält die Levelmenge $\mathcal{L}(c)$ zwar alle Vektoren y^k, jedoch gehört der Grenzwert x per Konstruktion nicht zu $\mathcal{L}(c)$, im Widerspruch zu der vorausgesetzten Abgeschlossenheit der Menge $\mathcal{L}(c)$. $\qquad\qquad\square$

Wir verallgemeinern jetzt den Begriff eines Subgradienten bzw. Subdifferentials einer konvexen und reellwertigen Funktion auf erweiterte Funktionen.

Definition 6.29. *Sei $f : \mathbb{R}^n \to \mathbb{R} \cup \{+\infty\}$ eine echte konvexe Funktion. Dann heißt die Menge*

$$\partial f(x) := \{s \in \mathbb{R}^n \mid f(y) \geq f(x) + s^T(y - x) \ \forall y \in \mathbb{R}^n\}$$

das Subdifferential von f in $x \in \mathbb{R}^n$; jedes Element $s \in \partial f(x)$ heißt Subgradient von f in x.

Formal sind die beiden Definitionen 6.16 und 6.29 also identisch. Insbesondere stimmt die Definition 6.29 im Falle einer reellwertigen Funktion mit jener aus der Definition 6.16 überein. Der Leser sei aber gewarnt: Trotz ihrer formalen Ähnlichkeit haben die beiden Subdifferentiale für reellwertige und für erweiterte Funktionen durchaus unterschiedliche Eigenschaften. Beispielsweise war das Subdifferential $\partial f(x)$ einer reellwertigen Funktion $f : \mathbb{R}^n \to \mathbb{R}$ aufgrund des Satzes 6.17 (a) stets eine nichtleere, konvexe und kompakte Menge. Nun ist auch das Subdifferential $\partial f(x)$ einer erweiterten konvexen Funktion $f : \mathbb{R}^n \to \mathbb{R} \cup \{+\infty\}$ im Sinne der Definition 6.29 offenbar stets eine konvexe und abgeschlossene Menge, sie kann jedoch sowohl leer als auch unbeschränkt sein. Betrachte dazu etwa das Beispiel

$$f(x) := \begin{cases} 0, & \text{falls } x \leq 0, \\ +\infty, & \text{falls } x > 0. \end{cases}$$

Offenbar ist f konvex gemäß Definition 6.25. Für das Subdifferential im Ursprung gilt jetzt $\partial f(0) = [0, +\infty)$, während man für das Subdifferential in jedem Punkt $x > 0$ offensichtlich $\partial f(x) = \emptyset$ erhält.

Dem Leser mögen diese Anmerkungen als Warnung genügen. Wir werden im Folgenden nur einige wenige Eigenschaften des Subdifferentials einer erweiterten konvexen Funktion zusammenfassen, die bei unserer Analyse im Abschnitt 6.4 benötigt werden. Dabei werden ausnahmsweise nicht alle Beweise vollständig ausgeführt, sondern zum Teil auf geeignete Lehrbücher verwiesen, wobei wir bereits an dieser Stelle insbesondere auf das klassische Buch [156] von Rockafellar hinweisen, in dem der Leser auch zahlreiche weitere Eigenschaften des Subdifferentials für erweiterte Funktionen findet.

Wir beginnen zunächst mit einem Resultat, welches den Satz 6.18 verallgemeinert.

Lemma 6.30. *Sei* $f : \mathbb{R}^n \to \mathbb{R} \cup \{+\infty\}$ *eine echte konvexe Funktion. Dann ist* x^* *genau dann ein Minimum von* f*, wenn* $0 \in \partial f(x^*)$ *gilt.*

Beweis. Aus der Definition 6.29 des Subdifferentials für erweiterte konvexe Funktionen ergeben sich unmittelbar die folgenden Äquivalenzen:

$$0 \in \partial f(x^*) \iff f(y) \geq f(x^*) \ \forall y \in \mathbb{R}^n$$
$$\iff x^* \text{ ist ein globales Minimum von } f \text{ auf dem } \mathbb{R}^n.$$

Damit ist der Beweis bereits erbracht. □

Das nächste Resultat verallgemeinert den Satz 6.20.

Lemma 6.31. *Seien* $f_1, f_2 : \mathbb{R}^n \to \mathbb{R} \cup \{+\infty\}$ *zwei echte konvexe Funktionen, und setze* $f := f_1 + f_2$*. Dann gelten die folgenden Aussagen:*

(a) $\partial f_1(x) + \partial f_2(x) \subseteq \partial f(x)$ *für jedes* $x \in \mathbb{R}^n$*.*
(b) $\partial f_1(x) + \partial f_2(x) = \partial f(x)$ *für jedes* $x \in \mathbb{R}^n$*, sofern* $f_2 : \mathbb{R}^n \to \mathbb{R}$ *differenzierbar ist.*

Beweis. Sei $x \in \mathbb{R}^n$ beliebig gegeben.

(a) Sei $s \in \partial f_1(x) + \partial f_2(x)$. Dann gilt

$$s = s_1 + s_2$$

für gewisse Vektoren $s_1 \in \partial f_1(x)$ und $s_2 \in \partial f_2(x)$. Die Definition des Subdifferentials $\partial f_i(x) \, (i = 1, 2)$ liefert

$$f_1(y) \geq f_1(x) + s_1^T(y - x) \quad \forall y \in \mathbb{R}^n,$$
$$f_2(y) \geq f_2(x) + s_2^T(y - x) \quad \forall y \in \mathbb{R}^n.$$

Addition dieser beiden Ungleichungen ergibt unter Verwendung der Definitionen von f und s

$$\begin{aligned} f(y) &= f_1(y) + f_2(y) \\ &\geq f_1(x) + f_2(x) + (s_1 + s_2)^T(y - x) \\ &= f(x) + s^T(y - x) \end{aligned}$$

für alle $y \in \mathbb{R}^n$. Also ist $s \in \partial f(x)$.

(b) Für den Beweis dieser Aussage (die sich noch stark verallgemeinern lässt) verweisen wir auf die entsprechende Spezialliteratur, siehe z.B. Rockafellar [156, Theorem 23.8]. $\qquad\square$

Als Nächstes beweisen wir eine Monotonie–Eigenschaft des Subgradienten für erweiterte Funktionen.

Lemma 6.32. *Sei $f : \mathbb{R}^n \to \mathbb{R} \cup \{+\infty\}$ eine echte konvexe Funktion. Dann gilt*

$$(x^1 - x^2)^T (s^1 - s^2) \geq 0$$

für alle $x^1, x^2 \in \mathbb{R}^n$ und alle $s^1 \in \partial f(x^1)$ und $s^2 \in \partial f(x^2)$.

Beweis. Seien $x^1, x^2 \in \mathbb{R}^n$ sowie $s^1 \in \partial f(x^1)$ und $s^2 \in \partial f(x^2)$ beliebig gegeben. Aus der Definition des Subdifferentials für erweiterte konvexe Funktionen ergibt sich dann

$$f(x) \geq f(x^1) + (s^1)^T (x - x^1)$$

und

$$f(x) \geq f(x^2) + (s^2)^T (x - x^2)$$

für alle $x \in \mathbb{R}^n$. Wählt man speziell $x = x^2$ in der ersten Ungleichung sowie $x = x^1$ in der zweiten Ungleichung, so folgt

$$f(x^2) \geq f(x^1) + (s^1)^T (x^2 - x^1)$$

und

$$f(x^1) \geq f(x^2) + (s^2)^T (x^1 - x^2).$$

Addition dieser beiden Ungleichungen liefert die Behauptung. $\qquad\square$

Abschließend verallgemeinern wir noch den Satz 2.13.

Satz 6.33. *Seien $f : \mathbb{R}^n \to \mathbb{R} \cup \{+\infty\}$ eine echte erweiterte konvexe Funktion sowie $X := dom(f)$ der wesentliche Definitionsbereich von f. Betrachte das Optimierungsproblem*

$$\min f(x), \quad x \in \mathbb{R}^n. \qquad (6.26)$$

Dann gelten die folgenden Aussagen:

(a) Die Lösungsmenge von (6.26) ist konvex (evtl. leer).

(b) Ist f strikt konvex auf X, so besitzt (6.26) höchstens eine Lösung.

(c) Ist f nach unten halbstetig (auf dem $\mathbb{R}^n$) und gleichmäßig konvex auf X, so besitzt (6.26) genau eine Lösung.

Beweis. (a) Seien $x^1, x^2 \in \mathbb{R}^n$ zwei Lösungen von (6.26), also $f(x^1) = f(x^2) = \min_{x \in \mathbb{R}^n} f(x)$. Für $\lambda \in (0,1)$ gilt dann

$$f(\lambda x^1 + (1-\lambda)x^2) \le \lambda f(x^1) + (1-\lambda)f(x^2) = \lambda f(x^1) + (1-\lambda)f(x^1) = f(x^1)$$

aufgrund der vorausgesetzten Konvexität von f. Also ist $\lambda x^1 + (1-\lambda)x^2$ ebenfalls ein Minimum von f.

(b) Angenommen, das Problem (6.26) besitzt zwei verschiedene Lösungen $x^1, x^2 \in \mathbb{R}^n$. Da f nach Voraussetzung eine echte Funktion ist, gilt notwendig $x^1, x^2 \in X = \mathrm{dom}(f)$. Wegen Lemma 6.26 ist die Menge X konvex. Für $\lambda \in (0,1)$ gilt daher $\lambda x^1 + (1-\lambda)x^2 \in X$. Aus der strikten Konvexität von f auf X folgt somit

$$f(\lambda x^1 + (1-\lambda)x^2) < \lambda f(x^1) + (1-\lambda)f(x^2) = f(x^1).$$

Dies steht aber im Widerspruch zur Minimalität von x^1.

(c) Wir führen den Beweis nur für den Fall $\mathrm{int}(X) \ne \emptyset$ durch, geben am Ende aber einige Hinweise, wie sich der Beweis verallgemeinern lässt.

Setze $f^* := \inf_{x \in \mathbb{R}^n} f(x)$. Da f eine echte Funktion ist, gilt $f^* < +\infty$. Gemäß Definition von f^* sind alle Levelmengen der Gestalt $\mathcal{L}(c) := \{x \in \mathbb{R}^n \mid f(x) \le c\}$ für $c > f^*$ nichtleer. Da f nach unten halbstetig ist, sind diese Levelmengen wegen Lemma 6.28 auch abgeschlossen. Wir werden gleich sehen, dass diese Levelmengen auch beschränkt und somit kompakt sind. Sei nun $\{c_k\}$ eine beliebige Folge mit $c_k \downarrow f^*$. Dann gilt $\mathcal{L}(c_{k+1}) \subseteq \mathcal{L}(c_k)$ für alle $k \in \mathbb{N}$. Aufgrund eines bekannten Resultates über kompakte Mengen (Verallgemeinerung des Prinzips der Intervallschachtelung, siehe etwa [109, Seite 31]) ist der Durchschnitt

$$\bigcap_{k=1}^{\infty} \mathcal{L}(c_k)$$

dann eine nichtleere (und kompakte) Menge. Sei x^* ein Element aus diesem Durchschnitt. Dann gilt $f(x^*) \le c_k$ für alle $k \in \mathbb{N}$ und somit auch $f(x^*) \le f^*$, d.h., x^* ist ein Minimum von f. Nach Teil (b) ist x^* notwendig das einzige Minimum von f auf dem $\mathbb{R}^n$.

Wir müssen jetzt noch die Beschränktheit der Levelmengen $\mathcal{L}(c)$ nachweisen. Wähle dazu ein Element $x \in \mathrm{int}(X)$, was aufgrund der gestellten Zusatzvoraussetzung $\mathrm{int}(X) \ne \emptyset$ stets möglich ist. Wegen Satz 6.17 und Lemma 6.26 (vergleiche auch die Bemerkungen im Anschluss an dieses Lemma) ist das Subdifferential $\partial f(x)$ dann nichtleer, also existiert ein Subgradient $s \in \partial f(x)$. Der Beweis erfolgt nun durch Widerspruch. Angenommen, es gibt ein $c \in \mathbb{R}$ sowie eine Folge $\{x^k\} \subseteq \mathcal{L}(c)$ mit $\|x^k\| \to +\infty$. Wegen $x, x^k \in X$ ergibt sich aus der Definition der gleichmäßigen Konvexität von f auf X mit $\lambda = 1/2$ und einem gewissen Modulus $\mu > 0$ dann

$$c \geq f(x^k) \geq -f(x) + 2f(\frac{1}{2}x^k + \frac{1}{2}x) + \frac{\mu}{2}\|x^k - x\|^2$$

für alle $k \in \mathbb{N}$. Wegen $s \in \partial f(x)$ ist

$$f(\frac{1}{2}x^k + \frac{1}{2}x) \geq f(x) + \frac{1}{2}s^T(x^k - x) \geq f(x) - \frac{1}{2}\|s\|\,\|x^k - x\|$$

aufgrund der Cauchy–Schwarzschen Ungleichung. Kombination der beiden letzten Ungleichungen liefert

$$\begin{aligned}
c &\geq f(x) - \frac{1}{2}\|s\|\,\|x^k - x\| + \frac{\mu}{2}\|x^k - x\|^2 \\
&= f(x) + \frac{1}{2}\left(\mu\|x^k - x\| - \|s\|\right)\|x^k - x\|.
\end{aligned} \tag{6.27}$$

Wegen $\|x^k\| \to \infty$ ist der Faktor $\mu\|x^k - x\| - \|s\|$ für alle hinreichend großen $k \in \mathbb{N}$ positiv. Der Grenzübergang $k \to \infty$ in (6.27) ergibt daher den Widerspruch $c \geq +\infty$. Also ist die Levelmenge $\mathcal{L}(c)$ beschränkt.

Damit ist der Beweis unter der Zusatzvoraussetzung $\mathrm{int}(X) \neq \emptyset$ erbracht. Der allgemeine Fall lässt sich im Prinzip genauso verifizieren. Der obige Beweis geht nämlich durch, sofern wir ein $x \in \mathbb{R}^n$ finden können, für welches das zugehörige Subdifferential $\partial f(x)$ nichtleer ist, so dass ein $s \in \partial f(x)$ existiert. Wegen $X \neq \emptyset$ ist zwar das Innere von X unter Umständen leer, das relativ Innere jedoch stets nichtleer, vergleiche etwa [156, Theorem 6.2]. Nun ist aber bekannt, dass das Subdifferential $\partial f(x)$ für einen Punkt x aus dem relativ Inneren von X ebenfalls nichtleer ist, siehe [156, Theorem 23.4]. Der Rest des Beweises ist dann wie oben. □

Man beachte, dass wir in den Aussagen (b) und (c) des Satzes 6.33 die strikte bzw. gleichmäßige Konvexität der Funktion f lediglich auf ihrem wesentlichen Definitionsbereich verlangt haben, da eine erweiterte Funktion $f : \mathbb{R}^n \to \mathbb{R} \cup \{+\infty\}$ außerhalb von $\mathrm{dom}(f)$ offenbar nicht strikt oder gar gleichmäßig konvex sein kann.

6.4 Regularisierungsverfahren

Regularisierungsverfahren sind Methoden, die üblicherweise auf glatte Optimierungsprobleme angewandt werden, die jedoch eine schlechte Kondition aufweisen. Durch Addition eines geeigneten Regularisierungsterms wird dabei die Kondition des Optimierungsproblems verbessert. Da die Theorie der Regularisierungsverfahren ohne große Schwierigkeiten auch für nichtglatte Probleme entwickelt werden kann, besprechen wir sie in diesem Kapitel über die nichtglatte Optimierung. Der Unterabschnitt 6.4.1 behandelt zunächst die sogenannte Moreau–Yosida–Regularisierung einer konvexen Funktion, die im Unterabschnitt 6.4.2 insbesondere zur Beschreibung des Proximal–Punkt–Verfahrens benutzt wird. Der Unterabschnitt 6.4.3 schließlich beschäftigt sich mit der Tikhonov–Regularisierung, die in einem engen Zusammenhang mit dem Proximal–Punkt–Verfahren steht. — Der Abschnitt 6.4 wird für die späteren Abschnitte dieses Kapitels nicht benötigt.

6.4.1 Moreau–Yosida–Regularisierung

In diesem und den folgenden Unterabschnitten betrachten wir ein Optimierungsproblem von der Gestalt

$$\min\ f(x), \quad x \in \mathbb{R}^n, \tag{6.28}$$

mit einer konvexen Funktion $f : \mathbb{R}^n \to \mathbb{R} \cup \{+\infty\}$, die durchgehend als echt und nach unten halbstetig vorausgesetzt wird. Formal handelt es sich hierbei um ein unrestringiertes Optimierungsproblem, was sich im Hinblick auf die theoretische Untersuchung der hier vorzustellenden Verfahren als positiv herausstellt. Da f aber den Wert $+\infty$ annehmen darf, lassen sich auch restringierte konvexe Optimierungsprobleme in der Gestalt (6.28) schreiben, vergleiche dazu die diesbezüglichen Ausführungen im Unterabschnitt 6.3.2. Das formal unrestringierte Problem (6.28) ist insofern durchaus ein relativ allgemeines Optimierungsproblem und umfasst aufgrund der geringen Voraussetzungen an die Zielfunktion f insbesondere auch restringierte konvexe Optimierungsaufgaben.

Das Ziel dieses Unterabschnittes besteht darin, das nichtglatte Problem (6.28) umzuformulieren in ein stetig differenzierbares Optimierungsproblem der Gestalt

$$\min\ f_M(x), \quad x \in \mathbb{R}^n,$$

mit einer geeigneten Funktion f_M derart, dass beide Aufgaben dieselbe Lösungsmenge und dieselben optimalen Funktionswerte besitzen. Die Funktion f_M, die diese Umformulierung erlaubt, ist die sogenannte Moreau–Yosida–Regularisierung von f, die wir in unserer folgenden Definition formal einführen.

Definition 6.34. *Sei* $f : \mathbb{R}^n \to \mathbb{R} \cup \{+\infty\}$ *eine echte und nach unten halbstetige konvexe Funktion, und sei* $\gamma > 0$ *eine gegebene Konstante. Dann heißt die Abbildung*

$$f_M(x) := \min_{y \in \mathbb{R}^n} \left\{ f(y) + \frac{1}{2\gamma} \|y - x\|^2 \right\}$$

die Moreau–Yosida–Regularisierung *von* f.

Setzen wir

$$g(x, y) := f(y) + \frac{1}{2\gamma} \|y - x\|^2,$$

so gilt

$$f_M(x) = \min_{y \in \mathbb{R}^n} g(x, y).$$

Da $g(x, \cdot)$ für jedes feste x eine konvexe und nach unten halbstetige Funktion ist (als Summe zweier nach unten halbstetiger Funktionen, vergleiche Aufgabe 6.13), die auf dem wesentlichen Definitionsbereich von f offenbar gleichmäßig konvex ist, existiert aufgrund des Satzes 6.33 (c) stets ein eindeutiges Minimum $p(x) \in \mathbb{R}^n$ mit

$$g(x, p(x)) = \min_{y \in \mathbb{R}^n} g(x, y).$$

Unter Verwendung dieses $p(x)$ lautet die Moreau–Yosida–Regularisierung von f wie folgt:

$$f_M(x) = f(p(x)) + \frac{1}{2\gamma} \|p(x) - x\|^2.$$

Insbesondere ist f_M daher stets reellwertig, d.h., es ist $f_M : \mathbb{R}^n \to \mathbb{R}$. Das Minimum $p(x)$ heißt *Proximal-Punkt* von x.

Als einfaches Beispiel betrachten wir die nach unten halbstetige konvexe Funktion

$$f(x) = \begin{cases} x, & \text{falls } x \geq 0, \\ \infty, & \text{falls } x < 0 \end{cases}$$

($x \in \mathbb{R}$). Die Funktion

$$g(x, y) = \begin{cases} y + \frac{1}{2\gamma}(y - x)^2, & \text{falls } y \geq 0, \\ \infty, & \text{falls } y < 0 \end{cases}$$

nimmt, wie man leicht nachrechnet, für festes x ihr Minimum im Punkt

$$p(x) = \begin{cases} 0, & \text{falls } x < \gamma, \\ x - \gamma, & \text{falls } x \geq \gamma \end{cases}$$

an. Damit erhält man für die Moreau–Yosida–Regularisierung

$$f_M(x) = p(x) + \frac{1}{2\gamma}(p(x) - x)^2 = \begin{cases} \frac{1}{2\gamma}x^2, & \text{falls } x < \gamma, \\ x - \frac{\gamma}{2}, & \text{falls } x \geq \gamma. \end{cases}$$

Die Funktion f_M ist offenbar stetig differenzierbar, und sie nimmt ihr Minimum in $x = 0$ an (also im selben Punkt wie die Ausgangsfunktion f).

Wie wollen nun allgemein zeigen, dass die Abbildung $x \mapsto p(x)$ global Lipschitz–stetig ist. Dazu benötigen wir noch das folgende Hilfsresultat.

Lemma 6.35. *Seien $f_1 : \mathbb{R}^n \to \mathbb{R} \cup \{+\infty\}$ eine echte und nach unten halbstetige konvexe Funktion, $f_2 : \mathbb{R}^n \to \mathbb{R}$ eine stetig differenzierbare konvexe Funktion, und setze $f := f_1 + f_2$. Sei ferner $x^* \in \mathbb{R}^n$ eine Lösung des Minimierungsproblems*

$$\min f(x), \quad x \in \mathbb{R}^n. \tag{6.29}$$

Dann gilt

$$\nabla f_2(x^*)^T (x - x^*) + f_1(x) - f_1(x^*) \geq 0$$

für alle $x \in \mathbb{R}^n$.

Beweis. Sei $x \in \mathbb{R}^n$ beliebig gegeben. Setze $z := \lambda x^* + (1 - \lambda)x$ für ein $\lambda \in (0, 1)$. Da x^* das Problem (6.29) löst und f_1 eine konvexe Funktion ist, folgt

$$
\begin{aligned}
f_1(x^*) + f_2(x^*) &= f(x^*) \\
&\leq f(z) \\
&= f_1(z) + f_2(z) \\
&\leq \lambda f_1(x^*) + (1 - \lambda)f_1(x) + f_2(\lambda x^* + (1 - \lambda)x).
\end{aligned}
$$

Hieraus ergibt sich

$$
f_2(\lambda x^* + (1 - \lambda)x) - f_2(x^*) + (1 - \lambda)f_1(x) - (1 - \lambda)f_1(x^*) \geq 0.
$$

Division durch $1 - \lambda > 0$ liefert daher

$$
\frac{f_2(x^* + (1 - \lambda)(x - x^*)) - f_2(x^*)}{1 - \lambda} + f_1(x) - f_1(x^*) \geq 0.
$$

Bildet man den Grenzwert $\lambda \to 1$ und verwendet die stetige Differenzierbarkeit von f_2, so erhält man hieraus

$$
\nabla f_2(x^*)^T(x - x^*) + f_1(x) - f_1(x^*) \geq 0.
$$

Da $x \in \mathbb{R}^n$ beliebig gewählt war, folgt die Behauptung. $\qquad \square$

Als relativ einfache Konsequenz des Lemmas 6.35 zeigen wir nun, dass die Proximal–Punkt–Abbildung $x \mapsto p(x)$ global Lipschitz–stetig ist mit der Lipschitz–Konstanten $L = 1$.

Lemma 6.36. *Seien $f : \mathbb{R}^n \to \mathbb{R} \cup \{+\infty\}$ eine echte und nach unten halbstetige konvexe Funktion, $f_M : \mathbb{R}^n \to \mathbb{R}$ die zugehörige Moreau–Yosida–Regularisierung und $x \mapsto p(x)$ die Proximal–Punkt–Abbildung, d.h., für jedes $x \in \mathbb{R}^n$ sei $p(x)$ das eindeutige Minimum des Problems*

$$
\min f(z) + \frac{1}{2\gamma}\|z - x\|^2, \quad z \in \mathbb{R}^n.
$$

Dann gilt

$$
\|p(x) - p(y)\| \leq \|x - y\|
$$

für alle $x, y \in \mathbb{R}^n$.

Beweis. Die Abbildung

$$
g(\xi, z) := f(z) + \frac{1}{2\gamma}\|z - \xi\|^2,
$$

aufgefasst als Funktion von z allein, kann mit $f_1(z) := f(z)$ und $f_2(z) := \frac{1}{2\gamma}\|z - \xi\|^2$ offenbar in der Form $g(\xi, z) = f_1(z) + f_2(z)$ derart zerlegt werden, dass die Voraussetzungen des Lemmas 6.35 erfüllt sind. Da der Proximal–Punkt $p(x)$ das Problem

$$\min g(x, z), \quad z \in \mathbb{R}^n,$$

löst, ergibt sich somit

$$\frac{1}{\gamma}(p(x) - x)^T(z - p(x)) + f(z) - f(p(x)) \geq 0 \quad \forall z \in \mathbb{R}^n \qquad (6.30)$$

aus dem Lemma 6.35. Andererseits ist $p(y)$ Lösung von

$$\min g(y, z), \quad z \in \mathbb{R}^n,$$

so dass wiederum mit Lemma 6.35 folgt:

$$\frac{1}{\gamma}(p(y) - y)^T(z - p(y)) + f(z) - f(p(y)) \geq 0 \quad \forall z \in \mathbb{R}^n. \qquad (6.31)$$

Setzt man $z = p(y)$ bzw. $z = p(x)$ in (6.30) bzw. (6.31) ein, so ergibt sich

$$\frac{1}{\gamma}(p(x) - x)^T(p(y) - p(x)) + f(p(y)) - f(p(x)) \geq 0$$

bzw.

$$\frac{1}{\gamma}(p(y) - y)^T(p(x) - p(y)) + f(p(x)) - f(p(y)) \geq 0.$$

Addition der letzten beiden Ungleichungen liefert

$$\frac{1}{\gamma}(x - p(x) + p(y) - y)^T(p(x) - p(y)) \geq 0$$

und daher auch

$$(x - y + p(y) - p(x))^T(p(x) - p(y)) \geq 0.$$

Durch Umordnung der Terme ergibt sich mit der Cauchy–Schwarzschen Ungleichung somit

$$\begin{aligned}
\|p(x) - p(y)\|^2 &= (p(x) - p(y))^T(p(x) - p(y)) \\
&\leq (x - y)^T(p(x) - p(y)) \\
&\leq \|x - y\| \, \|p(x) - p(y)\|.
\end{aligned}$$

Hieraus folgt die Behauptung.   □

Das nächste Resultat besagt, dass die Moreau–Yosida–Regularisierung f_M eine stetig differenzierbare Funktion ist. Dies ist insofern interessant, als dass die Funktion f selbst nicht notwendig als differenzierbar vorausgesetzt war.

Satz 6.37. *(Satz von Danskin)*
Seien $f : \mathbb{R}^n \to \mathbb{R} \cup \{+\infty\}$ eine echte und nach unten halbstetige konvexe Funktion und $f_M : \mathbb{R}^n \to \mathbb{R}$ die zugehörige Moreau–Yosida–Regularisierung. Dann ist f_M stetig differenzierbar mit Gradient

$$\nabla f_M(x) = \frac{1}{\gamma}(x - p(x))$$

für alle $x \in \mathbb{R}^n$, wobei $p(x)$ wieder den Proximal–Punkt von x bezeichnet.

Beweis. Gemäß Definition der Moreau–Yosida–Regularisierung ist

$$f_M(x) = \min_{y \in \mathbb{R}^n} g(x, y)$$

mit

$$g(x, y) := f(y) + \frac{1}{2\gamma} \|y - x\|^2.$$

Da der Proximal–Punkt $p(x)$ das eindeutig bestimmte Minimum von $g(x, \cdot)$ auf dem $\mathbb{R}^n$ ist, gilt

$$f_M(x) = g(x, p(x)) = f(p(x)) + \frac{1}{2\gamma} \|p(x) - x\|^2.$$

Wir zeigen zunächst, dass f_M in jedem Punkt richtungsdifferenzierbar ist, indem wir die Richtungsableitung explizit ausrechnen. Zu diesem Zweck sei $x \in \mathbb{R}^n$ ein beliebig gegebener Punkt sowie $d \in \mathbb{R}^n$ ein gegebener Richtungsvektor. Aus den Definitionen von f_M und $p(x)$ folgt dann

$$f_M(x + td) - f_M(x) \leq g(x + td, p(x)) - g(x, p(x))$$

für jedes $t > 0$. Division durch $t > 0$ mit anschließendem Grenzübergang $t \downarrow 0$ liefert dann

$$\limsup_{t \downarrow 0} \frac{f_M(x + td) - f_M(x)}{t} \leq \nabla_x g(x, p(x))^T d; \tag{6.32}$$

dabei haben wir berücksichtigt, dass die Funktion g (als Abbildung der ersten Variablen) stetig differenzierbar und somit insbesondere richtungsdifferenzierbar mit der auf der rechten Seite angegebenen Richtungsableitung ist.

Auf ähnliche Weise erhalten wir die Ungleichung

$$f_M(x + td) - f_M(x) \geq g(x + td, p(x + td)) - g(x, p(x + td)) \tag{6.33}$$

für jedes $t > 0$. Aufgrund des Mittelwertsatzes der Differentialrechnung existiert zu jedem $t > 0$ ein Zwischenpunkt $\xi_t \in (x, x + td)$ mit

$$g(x + td, p(x + td)) - g(x, p(x + td)) = t \nabla_x g(\xi_t, p(x + td))^T d.$$

Dividiert man (6.33) durch $t > 0$, so folgt daher

$$\frac{f_M(x + td) - f_M(x)}{t} \geq \nabla_x g(\xi_t, p(x + td))^T d.$$

Für $t \downarrow 0$ liefert die stetige Differenzierbarkeit von g dann

$$\liminf_{t \downarrow 0} \frac{f_M(x + td) - f_M(x)}{t} \geq \nabla_x g(x, p(x))^T d, \qquad (6.34)$$

da offensichtlich $\xi_t \to x$ für $t \downarrow 0$ gilt; hierbei haben wir auch die Stetigkeit von $p(x)$ ausgenutzt, vergleiche Lemma 6.36. Wegen (6.32) und (6.34) müssen lim inf und lim sup gleich sein, so dass f_M richtungsdifferenzierbar im Punkte x in Richtung d ist mit

$$f_M'(x; d) = \nabla_x g(x, p(x))^T d.$$

Da d beliebig gewählt war, impliziert dies

$$\nabla f_M(x) = \nabla_x g(x, p(x)).$$

Wegen

$$\nabla_x g(x, y) = -\frac{1}{\gamma}(y - x)$$

ergibt sich die gewünschte Formel für den Gradienten $\nabla f_M(x)$. Nun ist die Proximal–Punkt–Abbildung $x \mapsto p(x)$ stetig nach Lemma 6.36; also folgt aus der obigen Formel für $\nabla f_M(x)$ unmittelbar, dass die Moreau–Yosida–Regularisierung f_M sogar stetig differenzierbar ist. (Zur Erinnerung: Eine Funktion ist genau dann stetig differenzierbar, wenn alle partiellen Ableitungen existieren und stetig sind.)   □

Man beachte, dass sich die Aussage des Satzes 6.37 von Danskin sogar etwas verschärfen lässt: Da die Proximal–Punkt–Abbildung $x \mapsto p(x)$ Lipschitz–stetig (und nicht nur stetig) ist, ergibt sich aus dem obigen Beweis unmittelbar, dass die Moreau–Yosida–Regularisierung sogar eine differenzierbare Abbildung mit einer Lipschitz–stetigen Ableitung ist.

Wir bemerken ferner, dass sich der Gradient $\nabla f_M(x)$ sehr einfach berechnen lässt, sobald der Proximal–Punkt $p(x)$ bekannt ist. Letzterer muss aber sowieso zur Auswertung der Funktion $f_M(x)$ bestimmt werden, so dass eine Gradientenauswertung von f_M im Prinzip keine zusätzlichen Kosten verursacht.

Unser nächstes Resultat besagt, dass die Moreau–Yosida–Regularisierung f_M eine konvexe Funktion ist, welche dieselben Minima wie die ursprüngliche Abbildung f besitzt; ferner zeigen wir, dass die zugehörigen Optimalwerte übereinstimmen.

Satz 6.38. *Seien $f : \mathbb{R}^n \to \mathbb{R} \cup \{+\infty\}$ eine echte und nach unten halbstetige konvexe Funktion sowie $f_M : \mathbb{R}^n \to \mathbb{R}$ die zugehörige Moreau–Yosida–Regularisierung. Dann gelten die folgenden Aussagen:*

(a) f_M ist eine konvexe Funktion.

(b) x^* ist genau dann ein Minimum von f, wenn x^* die Funktion f_M mini- miert.

(c) Es gilt $f(x^*) = f_M(x^*)$ in jedem Minimum x^* von f (oder, äquivalent, von f_M).

Beweis. (a) Wegen Satz 6.37 ist f_M stetig differenzierbar mit

$$\nabla f_M(x) = \frac{1}{\gamma}(x - p(x)),$$

wobei $p(x)$ natürlich wieder den Proximal–Punkt von x bezeichnet. Aus Lemma 6.36 und der Cauchy–Schwarzschen Ungleichung folgt daher

$$
\begin{aligned}
(x - y)^T (\nabla f_M(x) - \nabla f_M(y)) &= \frac{1}{\gamma}(x - y)^T (x - p(x) - y + p(y)) \\
&= \frac{1}{\gamma}\left(\|x - y\|^2 - (x - y)^T (p(x) - p(y))\right) \\
&\geq \frac{1}{\gamma}\left(\|x - y\|^2 - \|x - y\| \, \|p(x) - p(y)\|\right) \\
&\geq \frac{1}{\gamma}\left(\|x - y\|^2 - \|x - y\| \, \|x - y\|\right) \\
&= 0
\end{aligned}
$$

für alle $x, y \in \mathbb{R}^n$. Also ist ∇f_M eine monotone Abbildung und f_M selbst somit eine konvexe Funktion aufgrund des Satzes 7.10, wobei uns der Leser einmal verzeihen möge, dass wir hier auf ein erst später zu beweisendes Resultat verweisen (die hier benutzte Richtung des Satzes 7.10 ist sehr elementar einzusehen).

(b) Sei x^* ein Minimum von f. Dann ist x^* offenbar auch ein Minimum der Funktion

$$f(y) + \frac{1}{2\gamma}\|y - x^*\|^2, \quad y \in \mathbb{R}^n. \tag{6.35}$$

Per Definition ist der Proximal–Punkt $p(x^*)$ aber das eindeutige Minimum dieser Funktion. Daher gilt $x^* = p(x^*)$. Wegen $\nabla f_M(x^*) = \frac{1}{\gamma}(x^* - p(x^*))$ folgt $\nabla f_M(x^*) = 0$. Da f_M aufgrund des schon bewiesenen Teils (a) eine konvexe Funktion ist, ist x^* somit bereits ein Minimum von f_M.

Sei umgekehrt x^* ein Minimum von f_M. Dann gilt notwendigerweise $\nabla f_M(x^*) = 0$ und daher $x^* = p(x^*)$. Also ist x^* eine Lösung des Optimierungsproblemes (6.35). Daher gilt $0 \in \partial f(x^*)$ wegen Lemma 6.30 und 6.31. Erneut wegen Lemma 6.30 ist x^* daher schon ein Minimum von f.

(c) Sei x^* ein Minimum von f. Wegen Teil (b) ist x^* dann auch ein Minimum von f_M, und es gilt $x^* = p(x^*)$. Somit ist

$$f_M(x^*) = f(p(x^*)) + \frac{1}{2\gamma}\|p(x^*) - x^*\|^2 = f(x^*) + \frac{1}{2\gamma}\|x^* - x^*\|^2 = f(x^*),$$

womit der Beweis vollständig erbracht ist.   □

Aufgrund der obigen Resultate lässt sich das unrestringierte Optimierungs-problem

$$\min f(x), \quad x \in \mathbb{R}^n,$$

mit einer echten und nach unten halbstetigen Funktion $f : \mathbb{R}^n \to \mathbb{R} \cup \{+\infty\}$ (welches möglicherweise durch Umformulierung einer restringierten Minimie-rungsaufgabe entstanden ist) ersetzen durch das glatte Optimierungsproblem

$$\min f_M(x), \quad x \in \mathbb{R}^n,$$

derart, dass die Zielfunktion $f_M : \mathbb{R}^n \to \mathbb{R}$ reellwertig, stetig differenzierbar und konvex ist sowie die gleichen Minima wie die ursprüngliche Zielfunktion f besitzt. Daher lässt sich zur Minimierung der Funktion f_M im Prinzip je-des Standardverfahren aus der unrestringierten Optimierung anwenden, so-fern dieses lediglich erste Ableitungen benötigt. (Tatsächlich ist ∇f_M, wie gesehen, sogar Lipschitz–stetig, was zur Konstruktion von lokal schnell kon-vergenten Verfahren ausgenutzt werden kann, siehe etwa [62, 129].)

Auf der anderen Seite besitzt dieses Vorgehen auch seinen Preis: Zur Auswertung der Funktion f_M in einem Punkte x bedarf es der Berechnung des Proximal–Punktes $p(x)$ und damit der Lösung eines Optimierungspro-blems. Da die Funktion f selbst nicht notwendigerweise differenzierbar ist, handelt es sich hierbei sogar um ein nichtdifferenzierbares Optimierungspro-blem! Aus diesem Grunde wird die Moreau–Yosida–Regularisierung selten explizit zur Lösung von nichtdifferenzierbaren Problemen verwendet. Zwar geht die Theorie für nichtglatte Probleme durch, die Bedeutung der Moreau–Yosida–Regularisierung liegt aber mehr in der Lösung von differenzierbaren und schlecht konditionierten Problemen. Die Moreau–Yosida–Regularisierung wird außerdem zur Herleitung des Proximal–Punkt–Verfahrens benutzt, wor-auf wir im folgenden Unterabschnitt eingehen.

6.4.2 Proximal–Punkt–Verfahren

Wir betrachten weiterhin das Optimierungsproblem

$$\min f(x), \quad x \in \mathbb{R}^n, \tag{6.36}$$

mit einer echten und nach unten halbstetigen Funktion $f : \mathbb{R}^n \to \mathbb{R} \cup \{+\infty\}$. In diesem Unterabschnitt beschäftigen wir uns mit dem sogenannten Proximal–Punkt–Verfahren zur Lösung von (6.36). Zu diesem Zweck begin-nen wir mit einer formalen Beschreibung des Proximal–Punkt–Verfahrens.

Algorithmus 6.39. *(Proximal–Punkt–Verfahren)*

(S.0) Wähle $x^0 \in dom(f)$, und setze $k := 0$.

(S.1) Ist x^k ein Minimum von f: STOP.

(S.2) Wähle $\gamma_k > 0$, und bestimme x^{k+1} als globales Minimum von

$$\min f_k(x), \quad x \in \mathbb{R}^n,$$

wobei

$$f_k(x) := f(x) + \frac{1}{2\gamma_k}\|x - x^k\|^2.$$

(S.3) Setze $k \leftarrow k + 1$, und gehe zu (S.1).

Man beachte den engen Zusammenhang zwischen dem Proximal–Punkt–Verfahren aus dem Algorithmus 6.39 und der Minimierung der Moreau–Yosida–Regularisierung aus dem Unterabschnitt 6.4.2: Die Minimierung der Funktion f_k im Schritt (S.2) des Algorithmus 6.39 entspricht einer Funktionsauswertung der Moreau–Yosida–Regularisierung

$$f_M^k(x^k) := \min_{x \in \mathbb{R}^n}\left\{ f(x) + \frac{1}{2\gamma_k}\|x - x^k\|^2 \right\}$$

im Punkte x^k. Man beachte allerdings, dass der Schritt (S.2) des Algorithmus 6.39 relativ teuer ist, da dort in jeder Iteration ein Optimierungsproblem zu lösen ist. Allerdings ist das im Schritt (S.2) zu lösende Problem im Allgemeinen sehr viel einfacher als das Originalproblem (6.36), da die Zielfunktion jetzt gleichmäßig konvex ist, während f selbst lediglich konvex sein muss.

Diese Beobachtung ist tatsächlich der Hauptgrund dafür, warum sich das Proximal–Punkt–Verfahren zur Lösung von schlecht konditionierten Optimierungsproblemen einer gewissen Popularität erfreut: Die im Schritt (S.2) zu lösenden Teilprobleme sind im Allgemeinen wesentlich besser konditioniert und daher vergleichsweise einfach zu lösen, zumal sich aus unserer Konvergenzanalyse ergeben wird, dass der im Schritt (S.2) auftretende Parameter γ_k im Laufe der Iteration nicht gegen $+\infty$ zu gehen braucht. Dies ist insofern wichtig, als dass sich das Teilproblem im Schritt (S.2) sonst mehr und mehr dem (möglicherweise schlecht konditionierten) Originalproblem (6.36) annähern würde, was man im Prinzip gerne vermeiden würde.

Wir beginnen nun unsere Konvergenzanalyse des Algorithmus 6.39, wobei wir der Arbeit von Güler [73] folgen. Zu diesem Zweck bemerken wir zunächst, dass das Proximal–Punkt–Verfahren zumindest wohldefiniert ist, da die Teilprobleme im Schritt (S.2) des Algorithmus 6.39 aufgrund des Satzes 6.33 (c) stets eine eindeutige Lösung haben, vergleiche auch die diesbezüglichen Ausführungen im Anschluss an die Definition 6.34 der Moreau–Yosida–Regularisierung.

Wir beginnen mit einem einfachen Hilfsresultat.

Lemma 6.40. *Seien $\{x^k\}$ und $\{\gamma_k\}$ die beiden durch den Algorithmus 6.39 erzeugten Folgen, und setze $s^k := (x^{k-1} - x^k)/\gamma_{k-1}$. Dann ist $s^k \in \partial f(x^k)$.*

Beweis. Gemäß Definition ist x^k ein globales Minimum von f_{k-1} auf dem $\mathbb{R}^n$. Aus dem Lemma 6.30 folgt daher

$$0 \in \partial f_{k-1}(x^k).$$

Wegen Lemma 6.31 ist aber

$$\partial f_{k-1}(x^k) = \partial f(x^k) + \frac{1}{\gamma_{k-1}}(x^k - x^{k-1}) = \partial f(x^k) - s^k,$$

woraus sich unmittelbar $s^k \in \partial f(x^k)$ für alle $k = 1, 2, \dots$ ergibt. $\square$

Das nachfolgende Resultat besagt, dass die im Lemma 6.40 definierte Folge $\{\|s^k\|\}$ monoton fällt.

Lemma 6.41. *Seien $\{x^k\}$ und $\{\gamma_k\}$ die beiden durch den Algorithmus 6.39 erzeugten Folgen, und setze $s^k := (x^{k-1} - x^k)/\gamma_{k-1}$. Dann ist die Folge $\{\|s^k\|\}$ monoton fallend.*

Beweis. Wegen Lemma 6.40 ist

$$s^k \in \partial f(x^k) \quad \text{und} \quad s^{k+1} \in \partial f(x^{k+1}).$$

Aus Lemma 6.32 folgt daher

$$(s^{k+1} - s^k)^T (x^{k+1} - x^k) \geq 0 \quad \forall k = 1, 2, \dots$$

Wegen $s^{k+1} = (x^k - x^{k+1})/\gamma_k$ ist daher

$$(s^{k+1} - s^k)^T s^{k+1} \leq 0 \quad \forall k = 1, 2, \dots.$$

Zusammen mit der Cauchy–Schwarzschen Ungleichung ergibt sich hieraus

$$\|s^{k+1}\|^2 \leq (s^k)^T s^{k+1} \leq \|s^k\| \|s^{k+1}\|.$$

Somit ist $\|s^{k+1}\| \leq \|s^k\|$ für alle $k = 1, 2, \dots$. $\square$

Das nächste Resultat enthält den wesentlichen Schritt zum Nachweis der globalen Konvergenz des Proximal–Punkt–Verfahrens.

Lemma 6.42. *Seien $\{x^k\}$ und $\{\gamma_k\}$ die beiden durch den Algorithmus 6.39 erzeugten Folgen. Seien ferner die Folgen $\{s^k\}$ und $\{\sigma_k\}$ definiert durch*

$$s^k := (x^{k-1} - x^k)/\gamma_{k-1} \quad \text{und} \quad \sigma_k := \sum_{j=0}^{k} \gamma_j.$$

Dann gilt die Ungleichung

$$f(x^k) - f(x) \leq \frac{\|x - x^0\|^2}{2\sigma_{k-1}} - \frac{\|x - x^k\|^2}{2\sigma_{k-1}} - \frac{\sigma_{k-1}}{2}\|s^k\|^2$$

für jedes $x \in \mathbb{R}^n$.

Beweis. Wegen Lemma 6.40 ist

$$s^k = (x^{k-1} - x^k)/\gamma_{k-1} \in \partial f(x^k).$$

Aus der Definition des Subgradienten $\partial f(x^k)$ folgt daher

$$f(x) - f(x^k) \geq (s^k)^T (x - x^k) = \frac{1}{\gamma_{k-1}} (x^{k-1} - x^k)^T (x - x^k) \qquad (6.37)$$

für alle $x \in \mathbb{R}^n$. Hieraus ergibt sich nach einigen elementaren Umformungen:

$$\begin{aligned}
2\gamma_{k-1} \big(f(x) - f(x^k) \big) &\geq 2(x^{k-1} - x^k)^T (x - x^k) \\
&= \|x^{k-1} - x^k\|^2 + \|x - x^k\|^2 - \|x - x^{k-1}\|^2 \qquad (6.38) \\
&= \gamma_{k-1}^2 \|s^k\|^2 + \|x - x^k\|^2 - \|x - x^{k-1}\|^2.
\end{aligned}$$

Summiert man (6.38) für $k = 1, 2, \ldots, l$, so erhält man

$$2\sigma_{l-1} f(x) - 2 \sum_{k=1}^{l} \gamma_{k-1} f(x^k) \geq \sum_{k=1}^{l} \gamma_{k-1}^2 \|s^k\|^2 + \|x - x^l\|^2 - \|x - x^0\|^2. \quad (6.39)$$

Ersetzt man x durch x^{k-1} in (6.37), so folgt

$$f(x^{k-1}) - f(x^k) \geq \frac{1}{\gamma_{k-1}} \|x^{k-1} - x^k\|^2 = \gamma_{k-1} \|s^k\|^2. \qquad (6.40)$$

Multiplikation von (6.40) mit σ_{k-2} liefert

$$\sigma_{k-2} f(x^{k-1}) - \sigma_{k-1} f(x^k) + \gamma_{k-1} f(x^k) \geq \gamma_{k-1} \sigma_{k-2} \|s^k\|^2.$$

Summiert man diese Ungleichung für $k = 1, 2, \ldots, l$ (und setzt formal $\sigma_{-1} := 0$), so erhält man

$$-\sigma_{l-1} f(x^l) + \sum_{k=1}^{l} \gamma_{k-1} f(x^k) \geq \sum_{k=1}^{l} \gamma_{k-1} \sigma_{k-2} \|s^k\|^2.$$

Multipliziert man beide Seiten mit 2 und addiert das Ergebnis zu (6.39), so folgt

$$\begin{aligned}
2\sigma_{l-1} &\big(f(x) - f(x^l) \big) \\
&\geq 2 \sum_{k=1}^{l} \gamma_{k-1} \sigma_{k-2} \|s^k\|^2 + \sum_{k=1}^{l} \gamma_{k-1}^2 \|s^k\|^2 + \|x - x^l\|^2 - \|x - x^0\|^2 \\
&\geq \left(2 \sum_{k=1}^{l} \gamma_{k-1} \sigma_{k-2} + \sum_{k=1}^{l} \gamma_{k-1}^2 \right) \|s^l\|^2 + \|x - x^l\|^2 - \|x - x^0\|^2,
\end{aligned}$$

wobei sich die zweite Ungleichung aus dem Lemma 6.41 ergibt. Eine einfache Induktion zeigt aber, dass

$$2\sum_{k=1}^{l} \gamma_{k-1}\sigma_{k-2} + \sum_{k=1}^{l} \gamma_{k-1}^2 = \sigma_{l-1}^2$$

für alle $l = 1, 2, \ldots$ gilt, siehe Aufgabe 6.15. Daher erhält man schließlich

$$2\sigma_{l-1}\left(f(x) - f(x^l)\right) \geq \sigma_{l-1}^2\|s^l\|^2 + \|x - x^l\|^2 - \|x - x^0\|^2$$

für alle $x \in \mathbb{R}^n$. Umordnung dieser Terme ergibt gerade die Behauptung, wenn man den Index l noch durch den Index k ersetzt. $\square$

Als unmittelbare Folgerung des Lemmas 6.42 notieren wir das nächste Resultat.

Korollar 6.43. *Seien $\{x^k\}$ und $\{\gamma_k\}$ die beiden durch den Algorithmus 6.39 erzeugten Folgen. Sei ferner $\{\sigma_k\}$ definiert durch*

$$\sigma_k := \sum_{j=0}^{k} \gamma_j.$$

Dann gilt

$$f(x^k) - f(x) \leq \frac{\|x - x^0\|^2}{2\sigma_{k-1}}$$

für alle $x \in \mathbb{R}^n$.

Beweis. Die Behauptung folgt direkt aus dem Lemma 6.42. $\square$

Nach diesen Vorbereitungen sind wir nun in der Lage, einen globalen Konvergenzsatz für das Proximal–Punkt–Verfahren zu beweisen. Dieser sagt im Prinzip aus, dass jede durch den Algorithmus 6.39 erzeugte Folge $\{x^k\}$ gegen ein Minimum der Funktion f konvergiert, sofern ein solches Minimum existiert.

Satz 6.44. *Seien $\{x^k\}$ und $\{\gamma_k\}$ die beiden durch den Algorithmus 6.39 erzeugten Folgen. Sei $\{\sigma_k\}$ wieder definiert durch*

$$\sigma_k := \sum_{j=0}^{k} \gamma_j.$$

Ferner sei die Lösungsmenge

$$\mathcal{S} := \{x^* \in \mathbb{R}^n \mid f(x^*) = \inf_{x \in \mathbb{R}^n} f(x)\}$$

nichtleer, und es gelte

$$\sigma_k \to \infty$$

für $k \to \infty$. Dann konvergiert die gesamte Folge $\{x^k\}$ gegen ein Element der Lösungsmenge $\mathcal{S}$.

Beweis. Völlig analog zum Beweis des Lemmas 6.42 ergibt sich die Ungleichung

$$2\gamma_{k-1} \left(f(x) - f(x^k) \right) \geq \gamma_{k-1}^2 \|s^k\|^2 + \|x - x^k\|^2 - \|x - x^{k-1}\|^2$$

für alle $x \in \mathbb{R}^n$, wobei wieder $s^k = (x^{k-1} - x^k)/\gamma_{k-1}$ sei, vergleiche (6.38). Dies impliziert

$$2\gamma_{k-1} \left(f(x) - f(x^k) \right) \geq \|x - x^k\|^2 - \|x - x^{k-1}\|^2 \qquad (6.41)$$

für alle $x \in \mathbb{R}^n$. Speziell für $x = x^*$, wobei x^* irgendein Element aus der Lösungsmenge $\mathcal{S}$ sei, folgt dann

$$0 \geq 2\gamma_{k-1} \left(f(x^*) - f(x^k) \right) \geq \|x^* - x^k\|^2 - \|x^* - x^{k-1}\|^2.$$

Also ist die Folge $\{\|x^* - x^k\|\}$ monoton fallend. Insbesondere ist die Folge $\{x^k\}$ daher beschränkt. Sei x^{**} ein Häufungspunkt von $\{x^k\}$ und $\{x^k\}_K$ eine gegen x^{**} konvergente Teilfolge. Wegen

$$f(x^k) - f(x^*) \leq \frac{\|x^* - x^0\|^2}{2\sigma_{k-1}} \to 0$$

für $k \to \infty$ aufgrund des Korollars 6.43 sowie der Voraussetzung $\sigma_{k-1} \to \infty$ ergibt sich durch Grenzübergang $k \to \infty$ für $k \in K$ unter Verwendung der unteren Halbstetigkeit von f:

$$f(x^{**}) \leq \liminf_{y \to x^{**}} f(y) \leq \liminf_{k \in K} f(x^k) \leq f(x^*).$$

Also ist x^{**} ein globales Minimum von f. Verwenden wir $x = x^{**}$ in der Ungleichung (6.41), so folgt völlig analog zu der Argumentation zu Beginn dieses Beweises, dass die Folge $\{\|x^{**} - x^k\|\}$ monoton fällt. Da aber die Teilfolge $\{\|x^{**} - x^k\|\}_K$ gegen Null konvergiert, muss somit bereits die gesamte Folge $\{\|x^{**} - x^k\|\}$ gegen Null gehen, d.h., die gesamte Folge $\{x^k\}$ konvergiert gegen das Element x^{**} aus der Lösungsmenge $\mathcal{S}$. $\qquad\square$

Man beachte, dass die im Satz 6.44 gestellte Voraussetzung $\sigma_k \to \infty$ insbesondere dann erfüllt ist, wenn $\gamma_k = \gamma$ eine konstante Folge ist.

Ferner heben wir an dieser Stelle eine Eigenschaft des Proximal–Punkt-Verfahrens hervor, die uns bislang noch an keiner Stelle begegnet ist (demnächst allerdings häufiger auftreten wird): Die durch den Algorithmus 6.39 erzeugte Folge $\{x^k\}$ konvergiert unter den Voraussetzungen des Satzes 6.44 gegen ein Minimum von f. Dies ist insofern interessant, da f als konvexe Funktion beliebig viele (zusammenhängende) Minima haben kann, so dass uns von anderen Verfahren höchstens bekannt ist, dass jeder Häufungspunkt einer durch ein solches Verfahren erzeugten Folge ein Minimum ist. Die Aussage des Satzes 6.44 ist hier also wesentlich stärker.

Wir erwähnen abschließend noch eine Reihe von Varianten des Proximal–Punkt-Verfahrens aus dem Algorithmus 6.39. Beispielsweise ist es möglich, die im Schritt (S.2) auftretenden Teilprobleme lediglich inexakt zu lösen, ohne dabei die hier bewiesene globale Konvergenz zu verlieren. Der interessierte Leser sei hier insbesondere auf die Arbeit [158] von Rockafellar verwiesen. Außerdem ist es möglich, bei geeigneter Aufdatierung von γ_k unter gewissen Voraussetzungen eine lokal schnelle Konvergenz des Proximal–Punkt–Verfahrens zu beweisen, siehe etwa Luque [121].

Ferner sind in den letzten Jahren eine Reihe von Proximal–Punkt–ähnlichen Verfahren unter Verwendung von sogenannten *Bregman–Funktionen* untersucht worden. Die wesentliche Idee besteht hierbei darin, den quadratischen Regularisierungsterm in der Funktion f_k aus dem Schritt (S.2) des Algorithmus 6.39 durch einen (nichtquadratischen) strikt konvexen Ausdruck zu ersetzen. Wir verweisen den Leser diesbezüglich etwa auf die Arbeit [33] von Chen und Teboulle für ein zugehöriges Konvergenzresultat.

6.4.3 Tikhonov–Regularisierung

Wie in den beiden vorangegangenen Unterabschnitten betrachten wir auch hier ein Minimierungsproblem der Gestalt

$$\min f(x), \quad x \in \mathbb{R}^n, \tag{6.42}$$

mit einer echten und nach unten halbstetigen konvexen Funktion $f : \mathbb{R}^n \to \mathbb{R} \cup \{+\infty\}$. Dieser Unterabschnitt beschäftigt sich mit der Lösung des Problems (6.42) mittels der sogenannten *Tikhonov–Regularisierung*, die wir in dem nachstehenden Algorithmus formal einführen.

Algorithmus 6.45. *(Tikhonov–Regularisierung)*

(S.0) Wähle $x^0 \in dom(f)$, und setze $k := 0$.
(S.1) Ist x^k ein Minimum von f: STOP.
(S.2) Wähle $\varepsilon_k > 0$, und bestimme x^{k+1} als globales Minimum von

$$\min f_k(x), \quad x \in \mathbb{R}^n,$$

wobei

$$f_k(x) := f(x) + \frac{\varepsilon_k}{2}\|x\|^2,$$

(S.3) Setze $k \leftarrow k+1$, und gehe zu (S.1).

Man beachte, dass die im Schritt (S.2) eingeführte Funktion f_k offenbar nach unten halbstetig und auf $dom(f)$ gleichmäßig konvex ist, so dass f_k aufgrund des Satzes 6.33 ein eindeutig bestimmtes Minimum x^{k+1} besitzt. Daher ist der Algorithmus 6.45 insbesondere wohldefiniert.

Wir erwähnen ferner, dass der Algorithmus 6.45 offenbar recht eng mit dem Proximal–Punkt–Verfahren aus dem Algorithmus 6.39 verwandt ist: Während wir hier den strikt konvexen quadratischen Term

$$\frac{\varepsilon_k}{2}\|x\|^2$$

im k–ten Iterationsschritt als Regularisierung von f verwenden, benutzt das Proximal–Punkt–Verfahren den ebenfalls strikt konvexen quadratischen Ausdruck

$$\frac{1}{2\gamma_k}\|x - x^k\|^2$$

zur Regularisierung von f. Trotz dieser formalen Ähnlichkeit wird sich allerdings herausstellen, dass diese beiden Regularisierungsverfahren durchaus unterschiedliche Eigenschaften besitzen.

Wir beginnen nun mit der theoretischen Untersuchung des Algorithmus 6.45. Unser erstes Resultat besagt zunächst, dass jeder Häufungspunkt einer durch den Algorithmus 6.45 erzeugten Folge $\{x^k\}$ bereits eine Lösung des Minimierungsproblems (6.42) ist. Hingegen besagt dieses Resultat nichts über die Existenz von Häufungspunkten.

Lemma 6.46. *Seien $\{x^k\}$ und $\{\varepsilon_k\}$ die beiden durch den Algorithmus 6.45 erzeugten Folgen. Gilt $\varepsilon_k \downarrow 0$, so ist jeder Häufungspunkt der Folge $\{x^k\}$ eine Lösung des Optimierungsproblems (6.42).*

Beweis. Seien x^* ein Häufungspunkt der Folge $\{x^k\}$ sowie $\{x^k\}_K$ eine gegen x^* konvergente Teilfolge. Gemäß Definition ist x^k ein Minimum der Funktion

$$f_{k-1}(x) = f(x) + \frac{\varepsilon_{k-1}}{2}\|x\|^2.$$

Daher gilt

$$f(x^k) + \frac{\varepsilon_{k-1}}{2}\|x^k\|^2 = f_{k-1}(x^k) \leq f_{k-1}(x) = f(x) + \frac{\varepsilon_{k-1}}{2}\|x\|^2$$

für alle $x \in \mathbb{R}^n$ und alle $k = 0, 1, 2, \ldots$. Nimmt man den Grenzwert auf der Teilfolge $\{x^k\}_K$, benutzt die untere Halbstetigkeit von f und verwendet die Voraussetzung $\varepsilon_k \downarrow 0$, so folgt hieraus

$$
\begin{aligned}
f(x^*) &\leq \liminf_{y \to x} f(y) \\
&\leq \liminf_{k \in K} f(x^k) \\
&\leq \liminf_{k \in K} f(x^k) + \frac{\varepsilon_{k-1}}{2}\|x^k\|^2 \\
&\leq \liminf_{k \in K} f(x) + \frac{\varepsilon_{k-1}}{2}\|x\|^2 \\
&= f(x)
\end{aligned}
$$

für alle $x \in \mathbb{R}^n$, d.h., x^* löst das Optimierungsproblem (6.42).   □

Das nächste Resultat ähnelt dem Lemma 6.40.

Lemma 6.47. *Seien $\{x^k\}$ und $\{\varepsilon_k\}$ die beiden durch den Algorithmus 6.45 erzeugten Folgen, und setze $s^k := -\varepsilon_{k-1}x^k$. Dann ist $s^k \in \partial f(x^k)$.*

Beweis. Der Beweis ist analog zu dem des Lemmas 6.40: Da x^k die Funktion f_{k-1} minimiert, ergibt sich

$$0 \in \partial f_{k-1}(x^k) = \partial f(x^k) + \varepsilon_{k-1}x^k = \partial f(x^k) - s^k$$

aufgrund der Lemmata 6.30 und 6.31. Somit ist $s^k \in \partial f(x^k)$. $\qquad\square$

Damit sind wir auch schon in der Lage, den wesentlichen Konvergenzsatz für das Tikhonov–Verfahren zu beweisen.

Satz 6.48. *Seien $\{x^k\}$ und $\{\varepsilon_k\}$ die beiden durch den Algorithmus 6.45 erzeugten Folgen. Ferner sei die Lösungsmenge*

$$\mathcal{S} := \{x^* \in \mathbb{R}^n \mid f(x^*) = \inf_{x \in \mathbb{R}^n} f(x)\}$$

nichtleer, und es gelte

$$\varepsilon_k \downarrow 0.$$

Dann konvergiert die Folge $\{x^k\}$ gegen das eindeutig bestimmte Element in $\mathcal{S}$ mit kleinster (euklidischer) Norm.

Beweis. Da die Lösungsmenge $\mathcal{S}$ des konvexen Optimierungsproblems (6.42) nichtleer, abgeschlossen und konvex ist (vergleiche Satz 6.33 (a)), existiert ein eindeutig bestimmtes Element in $\mathcal{S}$, welches den kleinsten Abstand zum Ursprung besitzt (nämlich $\mathrm{Proj}_\mathcal{S}(0)$). Das heißt aber gerade, dass es ein eindeutig bestimmtes Element mit kleinster euklidischer Norm in $\mathcal{S}$ gibt.

Um die Konvergenz der Folge $\{x^k\}$ gegen diesen eindeutig bestimmten Vektor zu beweisen, wählen wir uns zunächst eine beliebige Lösung $x^* \in \mathcal{S}$ von (6.42) aus. Wegen Lemma 6.30 gilt dann

$$0 \in \partial f(x^*).$$

Auf der anderen Seite ist

$$s^k \in \partial f(x^k)$$

für alle $k = 1, 2, \ldots$ aufgrund des Lemmas 6.47, wobei wir zur Abkürzung wieder $s^k := -\varepsilon_{k-1}x^k$ gesetzt haben. Mit dem Lemma 6.32 folgt hieraus

$$(x^k - x^*)^T s^k = (x^k - x^*)^T (s^k - 0) \geq 0$$

für alle $k = 1, 2, \ldots$. Die Definition von s^k impliziert somit

$$-\varepsilon_{k-1}(x^k - x^*)^T x^k \geq 0$$

und daher

$$(x^k - x^*)^T x^k \leq 0.$$

Mit der Cauchy–Schwarzschen Ungleichung folgt dann

$$\|x^k\|^2 = (x^k)^T x^k \leq (x^k)^T x^* \leq \|x^k\|\,\|x^*\|.$$

Hieraus ergibt sich

$$\|x^k\| \leq \|x^*\| \tag{6.43}$$

für alle $k = 1, 2, \ldots$. Also ist die Folge $\{x^k\}$ insbesondere beschränkt. Sei $\{x^k\}_K$ eine gegen ein Element $\bar{x} \in \mathbb{R}^n$ konvergente Teilfolge. Wegen Lemma 6.46 ist $\bar{x}$ dann ein Element der Lösungsmenge $\mathcal{S}$. Ferner ergibt sich aus (6.43)

$$\|\bar{x}\| \leq \|x^*\|$$

für jede Lösung $x^* \in \mathcal{S}$. Daher ist $\bar{x}$ das eindeutig bestimmte Element aus $\mathcal{S}$ mit kleinster euklidischer Norm, und jeder Häufungspunkt ist bereits gleich diesem Vektor. Somit konvergiert die gesamte Folge $\{x^k\}$ (von der wir die Beschränktheit bereits nachgewiesen haben) gegen $\bar{x}$.   □

Im Hinblick auf das Lemma 6.46 kann eine durch den Algorithmus 6.45 erzeugte Folge $\{x^k\}$ nicht beschränkt sein, wenn die Lösungsmenge des Optimierungsproblems (6.42) leer ist. Daher kann der Satz 6.48 auch wie folgt formuliert werden: Die Folge $\{x^k\}$ konvergiert genau dann, wenn die Lösungsmenge von (6.42) nichtleer ist, und in diesem Fall konvergiert die Folge $\{x^k\}$ gegen den eindeutig bestimmten Lösungspunkt kleinster euklidischer Norm.

Wir geben noch einen kurzen Vergleich zwischen dem Proximal–Punkt–Verfahren aus dem Algorithmus 6.39 und der Tikhonov–Regularisierung aus dem Algorithmus 6.45 an: Der Vorteil der Tikhonov–Regularisierung besteht darin, dass man a priori weiss, gegen welches Element aus der Lösungsmenge von (6.42) die Folge $\{x^k\}$ konvergieren wird. Dies gilt nicht notwendig auch für das Proximal–Punkt–Verfahren. Andererseits wird die Kondition der Teilprobleme bei der Tikhonov–Regularisierung unter Umständen beliebig schlecht, da der Regularisierungsparameter ε_k im zentralen Konvergenzsatz 6.48 gegen Null gehen muss, während der entsprechende Parameter γ_k beim Proximal–Punkt–Verfahren konstant sein darf.

Abschließend sei erwähnt, dass die Theorie beim Tikhonov–Verfahren zwar für nichtglatte Probleme durchgeht, dass die praktische Bedeutung des Tikhonov–Verfahrens (ähnlich wie beim Proximal–Punkt–Verfahren) aber in der Lösung von glatten und schlecht konditionierten Problemen liegt.

6.5 Grundlegende Methoden für nichtglatte Probleme

Wir betrachten das Optimierungsproblem

$$\min f(x) \quad \text{u.d.N.} \quad x \in X, \tag{6.44}$$

wobei $f : \mathbb{R}^n \to \mathbb{R}$ eine konvexe (möglicherweise nichtglatte) Funktion und $X \subseteq \mathbb{R}^n$ eine nichtleere, abgeschlossene und konvexe Menge ist. Wir besprechen zwei grundlegende Methoden zur Lösung dieses Problems: Zunächst übertragen wir die Idee der Projektionsverfahren vom glatten Fall auf das vorliegende Problem. Sodann gehen wir auf Schnittebenenverfahren ein.

6.5.1 Die Subgradientenmethode

Eine Standardtechnik zur Lösung von (6.44) mit einer stetig differenzierbaren Funktion f ist das projizierte Gradientenverfahren, d.h., die Iteration

$$x^{k+1} := \mathrm{Proj}_X[x^k - t_k \nabla f(x^k)], \quad k = 0, 1, 2, \ldots, \qquad (6.45)$$

wobei $t_k > 0$ eine geeignete Schrittweite bezeichnet, welche etwa mit einer Armijo–artigen Strategie so bestimmt wird, dass die Funktionswerte $\{f(x^k)\}$ monoton abnehmen (vgl. Abschnitt 5.8).

Lässt man nichtglatte Funktionen f zu, so muss (6.45) modifiziert werden. Es bietet sich an, (6.45) durch eine Iteration der folgenden Form zu ersetzen:

$$x^{k+1} := \mathrm{Proj}_X[x^k + t_k d^k], \quad k = 0, 1, 2, \ldots;$$

dabei sei $d^k := -s^k / \|s^k\|$ mit einem beliebigen Subgradienten $s^k \in \partial f(x^k)$ von f in x^k (die Normierung ist vorgenommen worden, um später einige Bedingungen an die Schrittweite $t_k > 0$ in einfacherer und üblicherer Weise schreiben zu können). Unglücklicherweise ist die Suchrichtung d^k bei dieser *Subgradientenmethode* im Allgemeinen keine Abstiegsrichtung für die konvexe und nichtglatte Zielfunktion f! Es ist deshalb nicht mehr möglich, eine Schrittweite $t_k > 0$ mittels einer der Standardregeln zu bestimmen, und die mit beliebigen Schrittweiten $t_k > 0$ berechnete Folge $\{f(x^k)\}$ von Funktionswerten ist nicht notwendig monoton fallend.

Beispiel 6.49. Seien $X = \mathbb{R}^2$ und $f(x) := \max\{-x_1, x_1 + 2x_2, x_1 - 2x_2\}$. Nach Satz 6.22 ist für $x^k = (1, 0)^T$

$$\partial f(x^k) = \mathrm{conv}\left\{ \begin{pmatrix} 1 \\ 2 \end{pmatrix}, \begin{pmatrix} 1 \\ -2 \end{pmatrix} \right\}.$$

Für $s^k = (1, 2)^T \in \partial f(x^k)$ ist $d^k = (-\frac{1}{\sqrt{5}}, -\frac{2}{\sqrt{5}})^T$, und man erhält

$$f(x^k + t_k d^k) = \max\{-1 + \frac{1}{\sqrt{5}} t_k, 1 - \frac{5}{\sqrt{5}} t_k, 1 + \frac{3}{\sqrt{5}} t_k\} = 1 + \frac{3}{\sqrt{5}} t_k > 1 = f(x^k)$$

für alle $t_k > 0$. Wir empfehlen dem Leser, ein Höhenlinienbild der Funktion f zu zeichnen und sich damit die Aufstiegseigenschaft der Richtung d^k auch anschaulich klarzumachen.

Wegen der möglichen Nichtmonotonie der Funktionswerte $f(x^k)$ fügen wir in die nachfolgende Beschreibung des Subgradientenverfahrens eine Hilfsfolge $\{m_k\}$ ein, wobei m_k der kleinste bisher erreichte Funktionswert ist. Diese Hilfsfolge wird eine wesentliche Rolle in unserer Konvergenzanalyse des Subgradientenverfahrens spielen.

Algorithmus 6.50. *(Subgradientenverfahren)*

(S.0) Wähle $x^0 \in X$, berechne $m_0 := f(x^0)$, und setze $k := 0$.
(S.1) Falls x^k einem geeigneten Abbruchkriterium genügt: STOP.
(S.2) Berechne $s^k \in \partial f(x^k)$, setze $d^k := -s^k/\|s^k\|$ und

$$x^{k+1} := Proj_X[x^k + t_k d^k]$$

für eine Schrittweite $t_k > 0$.
(S.3) Berechne $m_{k+1} := \min\{f(x^{k+1}), m_k\}$.
(S.4) Setze $k \leftarrow k + 1$, und gehe zu (S.1).

Man beachte, dass man im Schritt (S.2) des Algorithmus 6.50 $s^k \neq 0$ annehmen kann (so dass d^k wohldefiniert ist), da anderenfalls der aktuelle Punkt x^k nach Satz 6.18 ein Minimum von f auf X (sogar auf dem ganzen $\mathbb{R}^n$) wäre. Das Subgradientenverfahren ist einfach zu implementieren, sofern man über ein Werkzeug zur Berechnung des Subgradienten $s^k \in \partial f(x^k)$ verfügt und die Projektionen auf die zulässige Menge X einfach berechnet werden können. Letzteres ist sicherlich dann der Fall, wenn X gleich dem gesamten $\mathbb{R}^n$ ist oder wenn X durch untere und obere Schranken beschrieben wird.

Wir untersuchen nun die globalen Konvergenzeigenschaften des Subgradientenverfahrens aus dem Algorithmus 6.50.

Satz 6.51. *Das konvexe Optimierungsproblem (6.44) besitze eine nichtleere Lösungsmenge, und*

$$f^* := \min\{f(x) \,|\, x \in X\}$$

bezeichne den optimalen Funktionswert. Seien $\{x^k\}$ und $\{m_k\}$ die vom Algorithmus 6.50 erzeugten Folgen, wobei die Schrittweiten $t_k > 0$ den Bedingungen

$$t_k \downarrow 0 \quad und \quad \sum_{k=0}^{\infty} t_k = +\infty \qquad (6.46)$$

genügen mögen. Dann konvergiert die Folge $\{m_k\}$ gegen f^*.

Beweis. Die Folge $\{m_k\}$ ist monoton fallend (per Konstruktion) und nach unten beschränkt (nach Voraussetzung). Somit ist die Folge $\{m_k\}$ konvergent. Der Grenzwert sei mit m_* bezeichnet. Wir haben zu zeigen, dass m_* gleich f^* ist. Offenbar gilt $m_* \geq f^*$. Wir nehmen nun an, dass

$$m_* > f^*$$

gilt, und wählen ein α mit $f^* < \alpha < m_*$. Sei

$$\mathcal{L}_\alpha := \{x \in \mathbb{R}^n \mid f(x) \leq \alpha\}$$

die zugehörige Levelmenge. Sei nun $\hat{x} \in X$ ein beliebiger Vektor mit $f(\hat{x}) < \alpha$. Da die auf dem $\mathbb{R}^n$ konvexe Funktion f stetig ist (vgl. Satz 6.14), ist $\hat{x}$ ein innerer Punkt der Menge $\mathcal{L}_\alpha$. Es existiert also ein $\delta > 0$, so dass $x \in \mathcal{L}_\alpha$ für alle $x \in \mathbb{R}^n$ mit $\|x - \hat{x}\| \leq \delta$. Für die Vektoren

$$z^k := \hat{x} + \delta \frac{s^k}{\|s^k\|}$$

gilt somit $z^k \in \mathcal{L}_\alpha$ für alle $k \in \mathbb{N}$. Andererseits ist wegen $s^k \in \partial f(x^k)$

$$f(z^k) \geq f(x^k) + (z^k - x^k)^T s^k.$$

Mit $f(x^k) \geq m_k > \alpha$ folgt daraus

$$(z^k - x^k)^T s^k \leq f(z^k) - f(x^k) \leq \alpha - m_k < 0.$$

Mit $d^k = -s^k/\|s^k\|$ und $z^k = \hat{x} - \delta d^k$ ergibt dies

$$(x^k - \hat{x})^T d^k < -\delta \quad \text{für alle } k \in \mathbb{N}. \tag{6.47}$$

Wegen Lemma 2.19 gilt für den neuen Punkt $x^{k+1} = \text{Proj}_X[x^k + t_k d^k]$

$$\begin{aligned}
\|x^{k+1} - \hat{x}\|^2 &= \|\text{Proj}_X[x^k + t_k d^k] - \text{Proj}_X[\hat{x}]\|^2 \\
&\leq \|(x^k + t_k d^k) - \hat{x}\|^2 \\
&= \|x^k - \hat{x}\|^2 + t_k^2 + 2t_k(x^k - \hat{x})^T d^k.
\end{aligned}$$

Mit (6.47) erhalten wir hieraus

$$\|x^{k+1} - \hat{x}\|^2 \leq \|x^k - \hat{x}\|^2 + t_k(t_k - 2\delta).$$

Wegen $t_k \downarrow 0$ gibt es eine Zahl $k_0 \in \mathbb{N}$ mit $t_k \leq \delta$ für alle $k \geq k_0$. Folglich gilt

$$\|x^{k+1} - \hat{x}\|^2 \leq \|x^k - \hat{x}\|^2 - \delta t_k \quad \text{für alle } k \geq k_0.$$

Aufsummieren dieser Ungleichungen für $k = k_0, k_0 + 1, \ldots, l$ ergibt

$$\delta \sum_{j=k_0}^{l} t_j \leq \|x^{k_0} - \hat{x}\|^2 - \|x^{l+1} - \hat{x}\|^2 \leq \|x^{k_0} - \hat{x}\|^2$$

für alle $l \geq k_0$. Da die rechte Seite beschränkt ist und die Summe auf der linken Seite nach Voraussetzung gegen $+\infty$ divergiert, erhalten wir den gewünschten Widerspruch. $\qquad\square$

Wir diskutieren nun genauer die Wahl der Schrittweiten $t_k > 0$. Im Hinblick auf die Bedingungen (6.46) bieten sich etwa die Schrittweiten $t_k = 1/(k+1)$ an. Diese Wahl führt allerdings im Allgemeinen zu einer äußerst langsamen Konvergenz (man mache sich dies etwa am Beispiel der Betragsfunktion $f(x) := |x|$ klar). Die folgende Überlegung gibt einen Hinweis für eine praktisch brauchbarere Wahl der t_k. Sie zeigt auch, dass der Abstand der Iterationspunkte x^k von der Lösungsmenge des Problems (6.44) für hinreichend kleine $t_k > 0$ monoton abnimmt (obwohl $\{f(x^k)\}$ nicht notwendig monoton fällt).

Lemma 6.52. *Seien x^* eine Lösung des konvexen Optimierungsproblems (6.44) und $\{x^k\}$ eine vom Algorithmus 6.50 erzeugte Folge mit Schrittweiten t_k, welche der Bedingung*

$$0 < t_k < \frac{2(f(x^k) - f(x^*))}{\|s^k\|} \tag{6.48}$$

genügen; dabei bezeichne s^k den im Schritt (S.2) des Algorithmus 6.50 verwendeten Subgradienten. Dann gilt

$$\|x^{k+1} - x^*\| < \|x^k - x^*\|$$

für alle $k \in \mathbb{N}$.

Beweis. Mit $d^k = -s^k/\|s^k\|$ ist

$$
\begin{aligned}
\|x^k + t_k d^k - x^*\|^2 &= \|x^k - x^*\|^2 - 2t_k(x^* - x^k)^T d^k + t_k^2 \|d^k\|^2 \\
&= \|x^k - x^*\|^2 + 2t_k(x^* - x^k)^T s^k/\|s^k\| + t_k^2
\end{aligned}
$$

für alle $k \in \mathbb{N}$. Wegen $s^k \in \partial f(x^k)$ ist

$$(x^* - x^k)^T s^k \leq f(x^*) - f(x^k).$$

Damit erhält man

$$
\begin{aligned}
\|x^k + t_k d^k - x^*\|^2 &\leq \|x^k - x^*\|^2 + 2t_k(f(x^*) - f(x^k))/\|s^k\| + t_k^2 \\
&= \|x^k - x^*\|^2 + t_k\Big(-2(f(x^k) - f(x^*))/\|s^k\| + t_k \Big)
\end{aligned}
$$

für alle $k \in \mathbb{N}$. Wie man sofort sieht, ist der zweite Term der letzten Zeile für alle t_k, die (6.48) genügen, negativ. Folglich gilt

$$\|x^k + t_k d^k - x^*\| < \|x^k - x^*\|$$

für alle $k \in \mathbb{N}$. Mit Lemma 2.19 erhalten wir schließlich

$$
\begin{aligned}
\|x^{k+1} - x^*\| &= \|\mathrm{Proj}_X[x^k + t_k d^k] - \mathrm{Proj}_X[x^*]\| \\
&\leq \|x^k + t_k d^k - x^*\| \\
&< \|x^k - x^*\|
\end{aligned}
$$

für alle $k \in \mathbb{N}$, womit die Behauptung bewiesen ist. $\square$

Die Einschränkung (6.48) an die Schrittweite t_k ist so nicht implementierbar, da der optimale Funktionswert $f^* = f(x^*)$ im Allgemeinen nicht bekannt ist. Kennt man ihn jedoch, so legt der Beweis von Lemma 6.52 als „optimale" Schrittlänge

$$t_k = \frac{f(x^k) - f^*}{\|s^k\|}.$$

nahe. In der Praxis gibt diese Schrittweite häufig eine schnellere Konvergenz als $t_k = 1/(k+1)$. Wir bemerken noch, dass man für die Subgradientenmethode mit dieser „optimalen" Schrittweitenbestimmung ein Konvergenzresultat beweisen kann, welches jenem im Satz 6.51 sehr ähnlich ist (vgl. Aufgabe 6.16).

Die vorstehenden Überlegungen ändern nichts daran, dass die Konvergenzeigenschaften des Subgradientenverfahrens recht bescheiden sind. Da das Subgradientenverfahren bei einer differenzierbaren Zielfunktion f mit dem projizierten Gradientenverfahren (und im unrestringierten Fall mit dem Verfahren des steilsten Abstiegs) zusammenfällt, ist auch keine schnelle Konvergenz zu erwarten. Man kann sogar zeigen, dass unter den im Konvergenzsatz 6.51 genannten Bedingungen (6.46) an die Schrittweite t_k die Konvergenz langsamer als R–linear ist (vgl. Aufgabe 6.17).

Ein weiterer gravierender Nachteil der Subgradientenmethode besteht darin, dass kein vernünftiges Abbruchkriterium zur Verfügung steht. Ein Standard–Test der Art $\|s^k\| < \varepsilon$ mit einem $\varepsilon > 0$ ist nicht geeignet. Um dies einzusehen, betrachten wir die Betragsfunktion $f(x) := |x|$. Sie hat ihr eindeutig bestimmtes Minimum im Punkt $x^* = 0$. Für jede gegen x^* konvergente Folge (mit $x^k \neq 0$) ist $|s^k| = 1$ für $s^k \in \partial f(x^k)$, so dass die Abbruchbedingung $|s^k| \leq \varepsilon$ für $\varepsilon \in (0, 1)$ nie erfüllt ist!

6.5.2 Schnittebenenmethoden

Auch diesem Unterabschnitt liegt das konvexe Optimierungsproblem (6.44) zugrunde.

Um eine Idee für eine weitere Methode zur Lösung von (6.44) zu entwickeln, nehmen wir an, wir hätten bereits gewisse Iterierte $x^0, x^1, x^2, \ldots, x^k$ (mit $x^j \in X$ für $j = 0, 1, 2, \ldots, k$) zusammen mit zugehörigen Subgradienten $s^0, s^1, s^2, \ldots, s^k$ vorliegen. Wegen $s^j \in \partial f(x^j)$ für $j = 0, 1, 2, \ldots, k$ gilt aufgrund der Definition des konvexen Subdifferentials für alle $x \in X$

$$f(x) \geq f(x^j) + (s^j)^T(x - x^j) \quad \text{für alle } j = 0, 1, 2, \ldots, k.$$

Folglich ist

$$f(x) \geq \max\{f(x^j) + (s^j)^T(x - x^j) \mid j = 0, 1, 2, \ldots, k\} =: f_k^{SE}(x). \quad (6.49)$$

Die so definierte stückweise lineare Funktion f_k^{SE} kann somit als eine untere Approximation an die konvexe Funktion f angesehen werden. Die Grundidee für die Schnittebenenmethode (engl.: cutting plane method) liegt nun darin, das ursprüngliche Minimierungsproblem (6.44) durch ein Teilproblem der Art

$$\min f_k^{SE}(x) \quad \text{u.d.N.} \quad x \in X$$

zu ersetzen; natürlich wird dessen Lösung im Allgemeinen keine Lösung von (6.44) sein, aber sie kann als nächste Iterierte x^{k+1} genommen werden. Die Frage, was dieses Vorgehen mit „Schnittebenen" zu tun hat, werden wir bald klären. Die Ausformulierung der beschriebenen Idee liefert den folgenden Algorithmus.

Algorithmus 6.53. *(Schnittebenenverfahren)*

(S.0) Wähle $x^0 \in X$, und setze $k := 0$.
(S.1) Falls x^k einem geeigneten Abbruchkriterium genügt: STOP.
(S.2) Berechne $s^k \in \partial f(x^k)$, und setze

$$f_k^{SE}(x) := \max\{f(x^j) + (s^j)^T(x - x^j) \mid j = 0, 1, 2, \ldots, k\}.$$

(S.3) Berechne eine Lösung x^{k+1} von

$$\min f_k^{SE}(x) \quad \text{u.d.N.} \quad x \in X. \tag{6.50}$$

(S.4) Setze $k \leftarrow k + 1$, und gehe zu (S.1).

Man beachte, dass die Teilprobleme (6.50) wieder konvexe Optimierungsprobleme sind, jedoch mit einer nichtdifferenzierbaren (stückweise linearen) Zielfunktion. Deshalb ist noch nicht klar, ob diese Teilprobleme wesentlich einfacher zu lösen sind als das Ausgangsproblem (6.44). Die folgende Aussage wird für diese Frage wichtig sein, aber auch zum besseren Verständnis der Schnittebenenmethode beitragen.

Lemma 6.54. *Ein Vektor $x^{k+1} \in \mathbb{R}^n$ löst das Schnittebenen–Teilproblem (6.50) genau dann, wenn $(x^{k+1}, \xi^{k+1}) \in \mathbb{R}^n \times \mathbb{R}$ mit $\xi^{k+1} := f_k^{SE}(x^{k+1})$ eine Lösung des Problems*

$$\begin{aligned}
\min \quad & \xi \\
\text{u.d.N.} \quad & x \in X, \\
& f(x^j) + (s^j)^T(x - x^j) \leq \xi \quad \text{für alle } j = 0, 1, 2, \ldots, k
\end{aligned} \tag{6.51}$$

ist; dabei bezeichnet $s^j \in \partial f(x^j)$ den Subgradienten, der in der Definition der Funktion f_k^{SE} verwendet worden ist.

Beweis. Seien zunächst $x^{k+1} \in \mathbb{R}^n$ eine Lösung des Schnittebenen–Teilproblems (6.50) und $\xi^{k+1} := f_k^{SE}(x^{k+1})$. Dann ist (x^{k+1}, ξ^{k+1}) offenbar zulässig für das Minimierungsproblem (6.51). Angenommen, (x^{k+1}, ξ^{k+1}) ist nicht optimal für (6.51). Dann gibt es einen für (6.51) zulässigen Vektor $(\tilde{x}, \tilde{\xi}) \in \mathbb{R}^n \times \mathbb{R}$ mit der Eigenschaft $\tilde{\xi} < \xi^{k+1}$. Damit erhalten wir

$$f_k^{SE}(\tilde{x}) = \max\{f(x^j) + (s^j)^T(\tilde{x} - x^j) \mid j = 0, 1, 2, \ldots, k\}$$
$$\leq \tilde{\xi}$$
$$< \xi^{k+1}$$
$$= f_k^{SE}(x^{k+1}),$$

was wegen $\tilde{x} \in X$ im Widerspruch dazu steht, dass x^{k+1} eine Lösung von (6.50) ist. Somit ist (x^{k+1}, ξ^{k+1}) tatsächlich eine Lösung von (6.51).

Sei nun umgekehrt $(x^{k+1}, \xi^{k+1}) \in \mathbb{R}^n \times \mathbb{R}$ mit $\xi^{k+1} = f_k^{SE}(x^{k+1})$ eine Lösung von (6.51). Dann ist x^{k+1} offenbar zulässig für das Schnittebenen–Teilproblem (6.50). Angenommen, x^{k+1} ist nicht optimal für (6.50). Dann gibt es einen Vektor $\tilde{x} \in X$ mit $f_k^{SE}(\tilde{x}) < f_k^{SE}(x^{k+1})$. Für $\tilde{\xi} := f_k^{SE}(\tilde{x})$ ist $(\tilde{x}, \tilde{\xi})$ dann zulässig für (6.51) mit

$$\tilde{\xi} = f_k^{SE}(\tilde{x}) < f_k^{SE}(x^{k+1}) = \xi^{k+1},$$

was im Widerspruch dazu steht, dass (x^{k+1}, ξ^{k+1}) eine Lösung von (6.51) ist. Folglich ist x^{k+1} Lösung des Schnittebenen–Teilproblems (6.50).   □

Lemma 6.54 zeigt, dass das Schnittebenen–Teilproblem (6.50) äquivalent ist zu dem glatten Optimierungsproblem (6.51). Ist die Menge X durch endlich viele lineare Ungleichungen und Gleichungen beschrieben (wie dies beispielsweise bei dem Lagrange–Dualproblem der Fall ist, vgl. Abschnitt 6.2), dann ist (6.51) sogar ein lineares Programm, welches mit Standardtechniken wie dem Simplexverfahren oder einer geeigneten Inneren–Punkte–Methode verhältnismäßig einfach gelöst werden kann. Die Schnittebenen–Teilprobleme (6.50) sind also tatsächlich viel einfacher lösbar als das ursprüngliche konvexe (und nichtglatte) Optimierungsproblem (6.44).

Zusätzlich gibt Lemma 6.54 einen genaueren Einblick in die Vorgehensweise des Schnittebenenverfahrens: Sei x^{k+1} eine Lösung des Schnittebenen–Teilproblems (6.50). Dann ist nach Lemma 6.54 (x^{k+1}, ξ^{k+1}) mit $\xi^{k+1} = f_k^{SE}(x^{k+1})$ eine Lösung von (6.51). Wir setzen voraus, dass x^{k+1} noch keine Lösung des ursprünglichen Problems (6.44) ist und dass auch das Abbruchkriterium im Schritt (S.1) des Algorithmus 6.53 nicht greift. Dann wird in der Iteration $k + 1$ zu dem Teilproblem (6.51) die Restriktion

$$\xi \geq f(x^{k+1}) + (s^{k+1})^T(x - x^{k+1}) \tag{6.52}$$

hinzugefügt. Wir zeigen nun, dass der aktuelle Punkt (x^{k+1}, ξ^{k+1}) dieser zusätzlichen Restriktion *nicht* genügt. Würde nämlich (x^{k+1}, ξ^{k+1}) die zusätzliche Restriktion (6.52) erfüllen, so würde aus (6.49) und der Optimalität von x^{k+1} bezüglich (6.50) folgen

$$f(x) \geq f_k^{SE}(x) \geq f_k^{SE}(x^{k+1}) = \xi^{k+1} \geq f(x^{k+1}) \quad \text{für alle } x \in X,$$

d.h., x^{k+1} wäre bereits eine Lösung des ursprünglichen Problems (6.44) im Widerspruch zu unserer Voraussetzung. Unter dieser Voraussetzung wird somit durch die neue Restriktion von dem zulässigen Bereich von (6.51) ein bestimmter Teil abgeschnitten. Dies erklärt den Namen „Schnittebenenverfahren". Dem Leser sei dringend empfohlen, sich die Vorgehensweise der Schnittebenenmethode für das eine oder andere einfache Beispiel selbst zu verdeutlichen, siehe auch Aufgabe 6.18.

Wir klären nun das globale Konvergenzverhalten des Schnittebenenverfahrens.

Satz 6.55. *Jeder Häufungspunkt einer vom Algorithmus 6.53 erzeugten Folge $\{x^k\}$ ist eine Lösung des konvexen Optimierungsproblems (6.44).*

Beweis. Sei x^* ein Häufungspunkt der Folge $\{x^k\}$ und sei $\{x^{k+1}\}_{k \in K}$ eine gegen x^* konvergente Teilfolge. Wegen $x^k \in X$ für alle $k \in \mathbb{N}$ und der Abgeschlossenheit der Menge $X \subseteq \mathbb{R}^n$ folgt, dass x^* ebenfalls zu X gehört, d.h., x^* ist zulässig für (6.44).

Um die Optimalität nachzuweisen, folgern wir aus der Definition von f_k^{SE} in (6.49) und der Eigenschaft von x^{k+1}, eine Lösung des Schnittebenen–Teilproblems (6.50) zu sein, dass für alle $x \in X$ und alle $j = 0, 1, 2, \ldots, k$ gilt

$$
\begin{aligned}
f(x) &\geq f_k^{SE}(x) \\
&\geq f_k^{SE}(x^{k+1}) \\
&= \max\{f(x^j) + (s^j)^T (x^{k+1} - x^j) \mid j = 0, 1, 2, \ldots, k\} \\
&\geq f(x^j) + (s^j)^T (x^{k+1} - x^j).
\end{aligned}
$$

Mittels Grenzübergang $k + 1 \to \infty$ mit $k \in K$ erhält man

$$
f(x) \geq f(x^j) + (s^j)^T (x^* - x^j)
$$

für alle $x \in X$ und alle $j = 0, 1, 2, \ldots$. Durch Grenzübergang auf einer Teilfolge $\{x^j\}_J$, auf der $\{x^j\}_J \to x^*$ gilt, resultiert

$$
f(x) \geq f(x^*)
$$

für alle $x \in X$, da die zugehörige Teilfolge der Subgradienten $\{s^j\}$ nach Lemma 6.19 beschränkt ist. Dies zeigt, dass der Häufungspunkt x^* tatsächlich eine Lösung des konvexen Optimierungsproblems (6.44) ist.   □

Als Nächstes diskutieren wir ein mögliches Abbruchkriterium für die Schnittebenenmethode. Die Situation ist hier glücklicherweise deutlich günstiger als bei der im letzten Unterabschnitt besprochenen Subgradientenmethode. Das folgende Ergebnis führt zu einem brauchbaren Abbruchkriterium.

Lemma 6.56. *Das Optimierungsproblem (6.44) besitze mindestens eine Lösung. Seien $\{x^k\}$ eine vom Algorihmus 6.53 erzeugte Folge, $k \in \mathbb{N}$ und $\xi^{k+1} := f_k^{SE}(x^{k+1})$ die in Lemma 6.54 definierte Zahl. Gilt für ein $\varepsilon > 0$*

$$
f(x^{k+1}) - \xi^{k+1} \leq \varepsilon,
$$

so folgt

$$f(x^{k+1}) - f^* \le \varepsilon,$$

wobei $f^* := \inf\{f(x) \,|\, x \in X\}$ *den Optimalwert des Optimierungsproblems (6.44) bezeichnet.*

Beweis. Sei x^* eine Lösung des Problems (6.44). Dann ist $f^* = f(x^*)$. Weiter ist $x^* \in X$, und wegen $s^j \in \partial f(x^j)$ gilt

$$f(x^j) + (s^j)^T(x^* - x^j) \le f(x^*) \quad \text{für alle } j = 0, 1, 2, \ldots k.$$

Also ist (x^*, f^*) zulässig für (6.51). Andererseits ist (x^{k+1}, ξ^{k+1}) Lösung dieses Teilproblems. Zusammen folgt

$$\xi^{k+1} \le f^*.$$

Dies impliziert

$$f(x^{k+1}) - f^* \le f(x^{k+1}) - \xi^{k+1} \le \varepsilon,$$

also die Behauptung. $\qquad\qquad\qquad\qquad\qquad\qquad\qquad\qquad\qquad\qquad\Box$

Lemma 6.56 legt nahe, das Schnittebenenverfahren zu beenden, wenn für ein hinreichend kleines $\varepsilon > 0$ für die berechnete Lösung (x^{k+1}, ξ^{k+1}) des Teilproblems (6.51) die Testbedingung

$$f(x^{k+1}) - \xi^{k+1} \le \varepsilon$$

erfüllt ist.

Ein Beispiel, für welches Algorithmus 6.53 (in einer leicht modifizierten Form) sogar in endlich vielen Schritten zum Ziel führt, ist in Aufgabe 6.19 zu finden.

Auch die Schnittebenenmethode hat einige Nachteile. Insbesondere können die Schnittebenen–Teilprobleme (6.50) unlösbar sein, wenn die zulässige Menge X unbeschränkt ist. Um diese Schwierigkeit zu überwinden, wird oft zu der Zielfunktion des Schnittebenen–Teilproblems (6.50) ein Zusatzterm („proximal term") addiert und die nächste Iterierte x^{k+1} für ein $\gamma_k > 0$ als Lösung des Minimierungsproblems

$$\min f_k^{SE}(x) + \frac{1}{2\gamma_k}\|x - x^k\|^2 \quad \text{u.d.N.} \quad x \in X \qquad (6.53)$$

berechnet. Da die neue Zielfunktion gleichmäßig konvex ist, besitzt das modifizierte Teilproblem stets eine (eindeutig bestimmte) Lösung. Vom praktischen Standpunkt aus hat das Addieren des Zusatzterms überdies den angenehmen Nebeneffekt, dass diese *Proximal–Cutting–Plane–Methode* häufig robuster ist als die ursprüngliche Schnittebenenmethode.

Übrigens besteht eine enge Beziehung zwischen der Proximal–Cutting–Plane–Methode und den Bundle–Methoden, die wir im Abschnitt 6.7 besprechen werden.

Ein anderer, recht gravierender Nachteil der Schnittebenenmethode liegt darin, dass die umformulierten Teilprobleme (6.51) im Laufe des Verfahrens immer größer werden, da ja nach jeder Iteration eine Restriktion hinzugefügt wird. Jedoch gibt es Varianten der Schnittebenenmethode, welche gewisse dieser Restriktionen wieder entfernen und so mit Teilproblemen einer behandelbaren Größenordnung arbeiten. Auch diese Idee wird bei der Behandlung der Bundle–Methoden genauer diskutiert werden.

Wir beschließen diesen Abschnitt mit einigen Literaturhinweisen. Die Subgradientenmethode wurde vor allem von einigen russischen Mathematikern entwickelt; die Standardreferenz ist das Buch [163] von Shor. Auch die Lehrbücher [10] von Bazaraa, Sherali und Shetty sowie [13] von Bertsekas geben eine kurze Einführung in die Subgradientenmethode. Die Schnittebenenmethode wurde von Kelley [101] entwickelt. Einige Eigenschaften findet man ebenfalls in dem Buch [13].

6.6 Das ε–Subdifferential

Da wir in den folgenden Abschnitten in erster Linie auf Verfahren für unrestringierte konvexe Optimierungsprobleme eingehen werden, setzen wir ab jetzt voraus, dass die auftretenden konvexen Funktionen auf dem gesamten $\mathbb{R}^n$ definiert sind.

In diesem Abschnitt führen wir in das Konzept des ε–Subdifferentials ein und besprechen sodann einen darauf (und auf den im letzten Abschnitt behandelten Basismethoden) beruhenden Modell–Algorithmus zur Lösung nichtglatter konvexer Optimierungsprobleme. Dieser Modell–Algorithmus wird dann im nächsten Abschnitt zu einem implementierbaren Algorithmus ausgebaut.

6.6.1 Konzept und Eigenschaften des ε–Subdifferentials

Wir erinnern zunächst an eine Schwäche der Subgradientenmethode aus dem Algorithmus 6.50: Die zu dem berechneten Subgradienten $s^k \in \partial f(x^k)$ gehörende Richtung $d^k := -s^k/\|s^k\|$ braucht, wie das Beispiel 6.49 zeigte, keine Abstiegsrichtung zu sein. In diesem Beispiel könnte man allerdings leicht Abhilfe schaffen. Wählt man nämlich anstelle von $s^k = (1,2)^T$ als Subgradienten etwa $s^k = (1,0)^T$, so hat man in $d^k := -s^k/\|s^k\|$ eine (sogar sehr gute) Abstiegsrichtung für f im Punkt $x^k = (1,0)^T$. (Wir werden diese Idee — die allerdings mehr Informationen über das Subdifferential erfordert, als wir bei der Subgradientenmethode benötigt haben — am Anfang des nächsten Unterabschnitts aufgreifen.) Durch eine leichte Modifikation von Beispiel 6.49 wird jedoch eine andere, sehr gravierende Schwierigkeit deutlich:

Beispiel 6.57. Seien $f(x) := \max\{-x_1, x_1 + 2x_2, x_1 - 2x_2\}$ und $x^k = (1,\delta)^T$ mit einer sehr kleinen Zahl $\delta \in (0,1)$. Nach Satz 6.22 ist

$$\partial f(x^k) = \left\{ \begin{pmatrix} 1 \\ 2 \end{pmatrix} \right\}.$$

Für die (einzige in Frage kommende) Richtung $d^k = (-\frac{1}{\sqrt{5}}, -\frac{2}{\sqrt{5}})^T$ erhält man

$$f(x^k + t_k d^k) = \max\{-1 + \frac{1}{\sqrt{5}} t_k, 1 + 2\delta - \frac{5}{\sqrt{5}} t_k, 1 - 2\delta + \frac{3}{\sqrt{5}} t_k\}.$$

Damit ist d^k zwar eine Abstiegsrichtung, aber die Ungleichung

$$f(x^k + t_k d^k) < f(x^k)$$

gilt nur für Schrittweiten t_k aus dem sehr kleinen Intervall $(0, \frac{4\sqrt{5}}{3}\delta)$. Man macht somit bei diesem Schritt des Verfahrens nur einen ganz geringen Fortschritt, und wenn der neue Punkt x^{k+1} nicht genau auf der „Tal–Linie" $x_2 = 0$ liegt (was bei Verwendung eines Schrittweitenalgorithmus der Regelfall sein wird), ist die Situation im nächsten Schritt prinzipiell dieselbe.

Die Ursache dieser Problematik liegt darin, dass das Subdifferential im Punkt $(1, \delta)^T$ keine Informationen aus der Nachbarschaft berücksichtigt und insbesondere nicht einbezieht, dass das Subdifferential im Nachbarpunkt $(1, 0)^T$ sehr viel besser geeignete Subgradienten enthält (nämlich zum Beispiel $(1, 0)^T$).

Um die in diesem Beispiel besprochene Schwierigkeit zu überwinden, definieren wir ein modifiziertes Subdifferential.

Definition 6.58. *Seien* $f : \mathbb{R}^n \to \mathbb{R}$ *eine konvexe Funktion,* $x \in \mathbb{R}^n$ *und* $\varepsilon \geq 0$. *Die Menge*

$$\partial_\varepsilon f(x) := \{s \in \mathbb{R}^n \mid f(y) \geq f(x) + s^T(y - x) - \varepsilon \text{ für alle } y \in \mathbb{R}^n\}$$

heißt das ε–Subdifferential *von* f *in* x.

Offenbar gilt

$$\partial f(x) = \partial_0 f(x) \quad \text{und} \quad \partial f(x) \subseteq \partial_\varepsilon f(x) \text{ für jedes } \varepsilon \geq 0. \tag{6.54}$$

Anschaulich ist ein $s \in \mathbb{R}^n$ im Fall $n = 1$ genau dann ein Element des ε–Subdifferentials $\partial_\varepsilon f(x)$, wenn die zugehörige Gerade $f(x) + s^T(y-x) - \varepsilon$ durch den Punkt $(x, f(x) - \varepsilon)$ mit der Steigung s unterhalb (bzw. nicht oberhalb) des Graphen von f liegt. Die Abbildung 6.2 veranschaulicht die Situation, man vergleiche hierzu auch die entsprechende Abbildung 6.1 zur Definition des konvexen Subdifferentials: Durch die Einführung von $\varepsilon > 0$ ergibt sich offenbar eine Lockerung, die im Allgemeinen dafür sorgen wird, dass das ε–Subdifferential mehr Elemente enthält als das übliche Subdifferential.

Wir betrachten als erstes Beispiel die auf $\mathbb{R}$ definierte Funktion $f(x) = x^2$. Man bestätigt leicht, dass das ε–Subdifferential dieser differenzierbaren Funktion stets ein Intervall der Länge $4\sqrt{\varepsilon}$ um den Ableitungswert $2x$ ist:

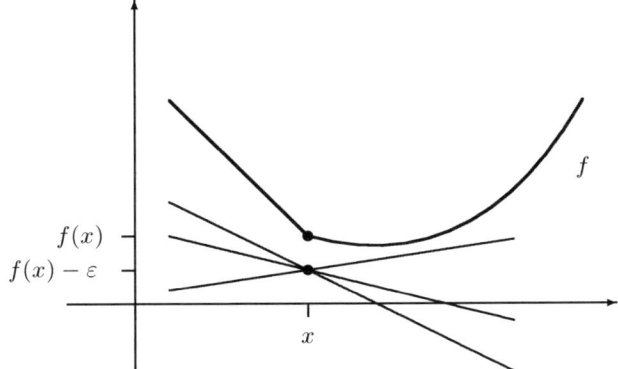

Abb. 6.2. Zum Begriff des ε–Subdifferentials

$$\partial_\varepsilon f(x) = [2x - 2\sqrt{\varepsilon}, 2x + 2\sqrt{\varepsilon}].$$

Interessanter ist das Beispiel der Betragsfunktion $f(x) = |x|$. Man kann unschwer verifizieren, dass das ε–Subdifferential dieser Funktion gegeben ist durch

$$\partial_\varepsilon f(x) = \begin{cases} [-1, 1], & \text{falls } |x| \leq \frac{\varepsilon}{2}, \\ [1 - \frac{\varepsilon}{x}, 1], & \text{falls } x > \frac{\varepsilon}{2}, \\ [-1, -1 - \frac{\varepsilon}{x}], & \text{falls } x < -\frac{\varepsilon}{2} \end{cases}$$

(vgl. Aufgabe 6.20).

Sehen wir uns nun noch einmal Beispiel 6.57 an! Mit der dort betrachteten Funktion $f(x) = \max\{-x_1, x_1 + 2x_2, x_1 - 2x_2\}$ sei wieder $x^k = (1, \delta)^T$ mit einem sehr kleinen $\delta \in (0, 1)$. Man prüft leicht nach, dass $(1, 2)^T$ und, sofern $\varepsilon \geq 4\delta$ gilt, auch $(1, -2)^T$ Elemente von $\partial_\varepsilon f(x^k)$ sind. Unter Verwendung der im späteren Satz 6.61 gezeigten Konvexität von $\partial_\varepsilon f(x^k)$) folgt hieraus

$$\partial_\varepsilon f(x^k) \supseteq \text{conv} \left\{ \begin{pmatrix} 1 \\ 2 \end{pmatrix}, \begin{pmatrix} 1 \\ -2 \end{pmatrix} \right\}, \quad \text{falls} \quad \varepsilon \geq 4\delta.$$

Das ε–Subdifferential enthält also im Fall $\varepsilon \geq 4\delta$ in der Tat die eigentlich erst im Subdifferential des Nachbarpunktes $(1, 0)^T$ auftretenden Vektoren (insbesondere den „guten" Vektor $(1, 0)^T$, diesen übrigens bereits für $\varepsilon \geq 2\delta$).

Wir definieren nun zu dem ε–Subdifferential eine geeignet modifizierte Richtungsableitung.

Definition 6.59. *Seien* $f : \mathbb{R}^n \to \mathbb{R}$ *eine konvexe Funktion,* $x, d \in \mathbb{R}^n$ *und* $\varepsilon \geq 0$. *Dann heißt*

$$f'_\varepsilon(x; d) := \inf_{t > 0} \frac{f(x + td) - f(x) + \varepsilon}{t}$$

die ε–*Richtungsableitung von* f *in* x *in Richtung* d.

Man beachte, dass hier inf nicht durch lim ersetzt werden darf, im Gegensatz zur üblichen Richtungsableitung (vgl. Lemma 6.15 (b)).

Einige einfache Eigenschaften der ε–Richtungsableitung sind in dem folgenden Lemma zusammengestellt.

Lemma 6.60. *Seien $f : \mathbb{R}^n \to \mathbb{R}$ eine konvexe Funktion und $x, d \in \mathbb{R}^n$. Dann gelten folgende Aussagen:*

(a) $f'(x;d) = f_0'(x;d)$, d.h., die ε–Richtungsableitung stimmt für $\varepsilon = 0$ mit der üblichen Richtungsableitung überein.

(b) $f'(x;d) \leq f_\varepsilon'(x;d)$ für jedes $\varepsilon \geq 0$; insbesondere ist die ε–Richtungsableitung für jedes $\varepsilon \geq 0$ eine endliche Zahl.

Beweis. Teil (a) folgt sofort aus der Definition der ε–Richtungsableitung und der Charakterisierung der Richtungsableitung im Lemma 6.15 (b).

Weiter folgt aus Lemma 6.15 (b)

$$f'(x;d) \leq \frac{f(x+td) - f(x)}{t} \leq \frac{f(x+td) - f(x) + \varepsilon}{t}$$

für alle $t > 0$ und alle $\varepsilon \geq 0$. Also ist $f'(x;d) \leq f_\varepsilon'(x;d)$ für alle $\varepsilon \geq 0$.   □

Wir können nun in Analogie zum Satz 6.17 einige wichtige Eigenschaften des ε–Subdifferentials beweisen.

Satz 6.61. *Seien $f : \mathbb{R}^n \to \mathbb{R}$ eine konvexe Funktion und $x \in \mathbb{R}^n$. Dann besitzt das ε–Subdifferential von f in x folgende Eigenschaften:*

(a) Das ε–Subdifferential $\partial_\varepsilon f(x)$ ist eine nichtleere, konvexe und kompakte Menge.

(b) Es gilt

$$\partial_\varepsilon f(x) = \{s \in \mathbb{R}^n \mid s^T d \leq f_\varepsilon'(x;d) \text{ für alle } d \in \mathbb{R}^n\}.$$

(c) Für die ε–Richtungsableitung von f in x gilt

$$f_\varepsilon'(x;d) = \max_{s \in \partial_\varepsilon f(x)} s^T d \quad \text{für alle } d \in \mathbb{R}^n.$$

Beweis. Der Beweis von Satz 6.17 lässt sich durch Einfügen des Buchstabens ε an den richtigen Stellen ziemlich wörtlich auf die jetzige Situation übertragen. Wir demonstrieren dies am Beweis von (b):

Ein Vektor $s \in \mathbb{R}^n$ gehört genau dann zu $\partial_\varepsilon f(x)$, wenn gilt

$$f(y) \geq f(x) - \varepsilon + s^T(y - x) \quad \text{für alle } y \in \mathbb{R}^n,$$

oder, was gleichbedeutend ist,

$$\frac{f(x+td) - f(x) + \varepsilon}{t} \geq s^T d \quad \text{für alle } d \in \mathbb{R}^n \text{ und } t > 0.$$

Dies ist wiederum gleichbedeutend mit

$$f'_\varepsilon(x; d) \geq s^T d \quad \text{für alle } d \in \mathbb{R}^n.$$

Nun zu (a): Wegen $\partial f(x) \subseteq \partial_\varepsilon f(x)$ (vgl. (6.54)) ist die Menge $\partial_\varepsilon f(x)$ nichtleer. Die Abgeschlossenheit, Konvexität und Beschränktheit von $\partial_\varepsilon f(x)$ zeigt man genau wie im Beweis des Satzes 6.17.

Zum Beweis von (c): Wir betrachten dazu die Mengen

$$K_1 := \{(y, z) \in \mathbb{R}^n \times \mathbb{R} \mid z > f(y) + \varepsilon\}$$
$$K_2 := \{(y, z) \in \mathbb{R}^n \times \mathbb{R} \mid y = x + td, z = f(x) + tf'_\varepsilon(x; d), t > 0\}.$$

Der Beweis von Satz 6.17 lässt sich mit geeigneten ε–Einfügungen direkt übertragen. Die aus dem Trennungssatz resultierende Eigenschaft (6.18) lautet jetzt

$$s^T y + \gamma z \leq s^T(x + td) + \gamma\Big(f(x) + tf'_\varepsilon(x; d)\Big)$$
für alle $y \in \mathbb{R}^n$, $z \in \mathbb{R}$ mit $z > f(y) + \varepsilon$ und für alle $t > 0$.

Im Fall $\gamma < 0$ ist der erste Schluss entbehrlich, da wir $\partial_\varepsilon f(x) \neq \emptyset$ bereits bewiesen haben. Aus der modifizierten Eigenschaft (6.19), nämlich

$$s^T x - z \leq s^T(x + td) - \Big(f(x) + tf'_\varepsilon(x; d)\Big) \quad \text{für alle } z > f(x) + \varepsilon \text{ und alle } t > 0,$$

folgt jetzt mit $z \to f(x) + \varepsilon$ und $t \to \infty$ (anstelle von $t := 1$) die gewünschte Ungleichung $f'_\varepsilon(x; d) \leq s^T d$.

Die genaue Anpassung des Beweises an die jetzige Situation sei dem Leser als Aufgabe überlassen. $\qquad\square$

Das Analogon zum Satz 6.18 ist die folgende Charakterisierung ε–optimaler Punkte:

Satz 6.62. *Seien $f : \mathbb{R}^n \to \mathbb{R}$ eine konvexe Funktion und $x^* \in \mathbb{R}^n$. Dann sind die folgenden Bedingungen äquivalent:*

(a) $f(x^*) \leq \inf_{x \in \mathbb{R}^n} f(x) + \varepsilon$, d.h., x^* ist ein ε–optimaler Punkt für f.
(b) $0 \in \partial_\varepsilon f(x^*)$.
(c) $f'_\varepsilon(x^*; d) \geq 0$ für alle $d \in \mathbb{R}^n$.

Beweis. Der Ringschluss (a) $\implies$ (c) $\implies$ (b) $\implies$ (a) ist genauso einfach wie beim Satz 6.18. $\qquad\square$

Das nächste Ergebnis zeigt, dass das ε–Subdifferential $\partial_\varepsilon f(x)$ tatsächlich, wie zu Beginn dieses Abschnitts gewünscht, Informationen des Subdifferentials $\partial f(y)$ für alle Punkte y aus einer gewissen Umgebung von x enthält. Das Resultat wird eine wichtige Rolle bei der Konstruktion der Bundle–Verfahren spielen.

Satz 6.63. *Seien $f : \mathbb{R}^n \to \mathbb{R}$ eine konvexe Funktion, $x \in \mathbb{R}^n$ und $\rho > 0$. Dann existiert eine (von x und ρ abhängige) Zahl $\varepsilon > 0$ mit*

$$\bigcup_{y \in \bar{\mathcal{U}}_\rho(x)} \partial f(y) \subseteq \partial_\varepsilon f(x);$$

dabei ist $\bar{\mathcal{U}}_\rho(x) := \{y \in \mathbb{R}^n \mid \|x - y\| \leq \rho\}$.

Beweis. Die konvexe Funktion f ist nach Satz 6.14 lokal Lipschitz–stetig. Zu der kompakten Menge $\bar{\mathcal{U}}_\rho(x)$ gibt es somit eine Konstante $L > 0$ mit

$$|f(x^1) - f(x^2)| \leq L\|x^1 - x^2\| \tag{6.55}$$

für alle $x^1, x^2 \in \bar{\mathcal{U}}_\rho(x)$, siehe Aufgabe 6.21. Nach Lemma 6.19 existiert eine Zahl $\eta > 0$ mit

$$\bigcup_{y \in \bar{\mathcal{U}}_\rho(x)} \partial f(y) \subseteq \bar{\mathcal{U}}_\eta(0). \tag{6.56}$$

Wir definieren nun $\varepsilon := (L + \eta)\rho$. Dann gilt für alle $y \in \bar{\mathcal{U}}_\rho(x)$, alle $s \in \partial f(y)$ und alle $z \in \mathbb{R}^n$:

$$
\begin{aligned}
s^T(z - x) &= s^T(z - y) + s^T(y - x) \\
&\leq f(z) - f(y) + s^T(y - x) \\
&= f(z) - f(x) + f(x) - f(y) + s^T(y - x) \\
&\leq f(z) - f(x) + L\|x - y\| + \|s\|\,\|y - x\| \\
&\leq f(z) - f(x) + (L + \eta)\rho \\
&= f(z) - f(x) + \varepsilon;
\end{aligned} \tag{6.57}
$$

dabei folgt die erste Ungleichung aus der Definition des Subdifferentials $\partial f(y)$, die zweite Ungleichung benutzt (6.55) sowie die Cauchy–Schwarzsche Ungleichung, und die dritte Ungleichung beruht auf (6.56) und $\|y - x\| \leq \rho$. Da (6.57) für beliebige $z \in \mathbb{R}^n$ gilt, folgt $s \in \partial_\varepsilon f(x)$. Damit ist der Satz bewiesen. □

6.6.2 Ein Modell–Algorithmus

In diesem Unterabschnitt entwickeln wir einen auf dem Begriff des ε–Subdifferentials beruhenden Modell–Algorithmus zur Lösung des unrestringierten Minimierungsproblems

$$\min f(x), \quad x \in \mathbb{R}^n, \tag{6.58}$$

wobei $f : \mathbb{R}^n \to \mathbb{R}$ eine konvexe (nicht notwendig differenzierbare) Funktion sei.

Um diesen Modell–Algorithmus zu motivieren, nehmen wir für einen Augenblick an, dass f stetig differenzierbar ist. Das übliche Vorgehen zur Lösung des Problems (6.58) beruht dann auf der Iteration

$$x^{k+1} := x^k + t_k d^k,$$

wobei $x^k \in \mathrm{I\!R}^n$ den aktuellen Iterationspunkt, $d^k \in \mathrm{I\!R}^n$ eine geeignete Such-richtung und $t_k > 0$ eine Schrittweite bezeichnet, welche zumindest die Ab-stiegseigenschaft $f(x^{k+1}) < f(x^k)$ sicherstellt. Üblicherweise wird von der Suchrichtung d^k sogar $\nabla f(x^k)^T d^k < 0$ gefordert. Beispielsweise kann man die in diesem Sinne „beste" Abstiegsrichtung als Lösung des Problems

$$\min \ \nabla f(x^k)^T d \quad \text{u.d.N.} \quad \|d\| \le 1 \tag{6.59}$$

erhalten. Die Lösung von (6.59) ist bekanntlich die (normierte) Richtung des steilsten Abstiegs

$$d^k = -\nabla f(x^k)/\|\nabla f(x^k)\|.$$

Da für differenzierbare Funktionen $\nabla f(x^k)^T d = f'(x^k; d)$ gilt, liegt es nahe, im nichtdifferenzierbaren Fall das Suchrichtungsproblem (6.59) zu ersetzen durch

$$\min \ f'(x^k; d) \quad \text{u.d.N.} \quad \|d\| \le 1. \tag{6.60}$$

(Man beachte, dass die Richtungsableitung der konvexen Funktion f stets existiert, vgl. Lemma 6.15.) Nach Satz 6.17 (c) gilt

$$f'(x^k; d) = \max_{s \in \partial f(x^k)} s^T d.$$

Folglich lautet das Hilfsproblem (6.60)

$$\min_{\|d\| \le 1} \ \max_{s \in \partial f(x^k)} s^T d. \tag{6.61}$$

Da die Mengen $\{d \,|\, \|d\| \le 1\}$ und $\{s \,|\, s \in \partial f(x^k)\}$ nichtleer, konvex und kom-pakt sind (vgl. Satz 6.17 (a)), folgt aus einem Min–Max–Satz (den wir hier nicht beweisen, da unsere Überlegung lediglich motivierenden Charakter hat, vgl. [13, Proposition 5.4.4]), dass man in (6.61) min und max vertauschen kann. Somit ist unser Hilfsproblem zum Auffinden einer geeigneten Suchrich-tung äquivalent mit

$$\max_{s \in \partial f(x^k)} \ \min_{\|d\| \le 1} s^T d. \tag{6.62}$$

Für gegebenes $s \in \partial f(x^k)$ kann das innere Minimierungsproblem explizit gelöst werden; seine Lösung ist

$$d = -s/\|s\|,$$

(man vergleiche die obige Diskussion für den differenzierbaren Fall). Folglich reduziert sich (6.62) auf

$$\max_{s \in \partial f(x^k)} (-\|s\|),$$

was wiederum äquivalent zu

$$- \min_{s \in \partial f(x^k)} \|s\|$$

ist. Wir haben also ein Element aus $\partial f(x^k)$ mit minimaler Norm zu finden. Mit anderen Worten: Geeignet ist die Suchrichtung

$$d^k := -g^k, \tag{6.63}$$

wobei g^k die Projektion des Nullvektors auf die Menge $\partial f(x^k)$ ist:

$$g^k := \operatorname{Proj}_{\partial f(x^k)}(0). \tag{6.64}$$

Man beachte den Unterschied zu der Subgradientenmethode, wo $d^k = -s^k$ mit einem beliebigen Element s^k aus $\partial f(x^k)$ verwendet wurde!

Bei dieser Überlegung haben wir die Einwände außer Acht gelassen, die im letzten Unterabschnitt zum Ersetzen des Subdifferentials durch das ε–Subdifferential geführt haben. Der springende Punkt war, dass das Subdifferential $\partial f(x^k)$ im Punkt x^k keine Informationen aus der Nachbarschaft von x^k berücksichtigt. Dieser Sachverhalt kann auch dann sehr nachteilig sein, wenn $\partial f(x^k)$ nicht nur aus einem Vektor besteht und die Auswahl von d^k optimal im Sinne von (6.63), (6.64) erfolgt. Dies zeigt recht schön das folgende Beispiel von Demyanov und Malozemov (vgl. [44, Seite 77]).

Beispiel 6.64. Sei

$$f(x) := \max\{5x_1 + x_2, x_1^2 + x_2^2 + 4x_2, -5x_1 + x_2\}$$
$$= \begin{cases} 5x_1 + x_2, & \text{falls} \quad (x_1 - \tfrac{5}{2})^2 + (x_2 + \tfrac{3}{2})^2 \le \tfrac{17}{2} \text{ und } x_1 \ge 0, \\ -5x_1 + x_2, & \text{falls} \quad (x_1 + \tfrac{5}{2})^2 + (x_2 + \tfrac{3}{2})^2 \le \tfrac{17}{2} \text{ und } x_1 < 0, \\ x_1^2 + x_2^2 + 4x_2, & \text{sonst.} \end{cases}$$

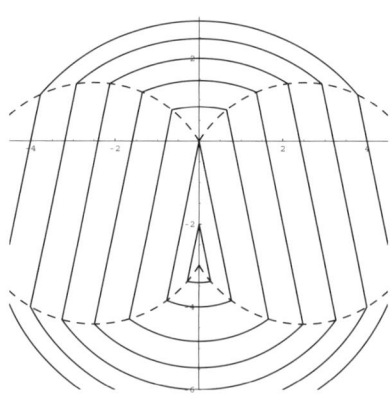

Abb. 6.3. Höhenlinien der Funktion f aus Beispiel 6.64

Startet man im Punkt $x^0 = (1,1)^T$ der Talkurve

$$T_1 := \left\{ (x_1, x_2) \in \mathbb{R}^2 \mid (x_1 - \tfrac{5}{2})^2 + (x_2 + \tfrac{3}{2})^2 = \tfrac{17}{2},\ 0 \le x_1 \le 1,\ x_2 \ge 0 \right\}$$

(vgl. Abbildung 6.3), so ist nach Satz 6.22

$$\partial f(x^0) = \operatorname{conv}\left\{ \begin{pmatrix} 5 \\ 1 \end{pmatrix}, \begin{pmatrix} 2 \\ 6 \end{pmatrix} \right\}.$$

Aus (6.63), (6.64) erhält man nach kurzer Rechnung $d^0 = -\tfrac{14}{17}(5,3)^T$. Führt man eine exakte Liniensuche durch, d.h., bestimmt man, ausgehend von x^0 in Richtung d^0 das exakte Minimum, so landet man im Punkt $x^1 = (1 - 5t, 1 - 3t)^T$ mit $t = (25 - \sqrt{285})/34 \approx 0.239$ und somit in der anderen Talkurve

$$T_2 := \left\{ (x_1, x_2) \in \mathbb{R}^2 \mid (x_1 + \tfrac{5}{2})^2 + (x_2 + \tfrac{3}{2})^2 = \tfrac{17}{2},\ -1 \le x_1 \le 0,\ x_2 \ge 0 \right\}$$

(Wir empfehlen dem Leser, diese Aussage und einige weitere Details nach-zuprüfen, vgl. Aufgabe 6.22). Dies setzt sich so fort, und man erhält eine gegen den Punkt $\hat{x} = (0,0)^T$ konvergente Folge $\{x^k\}$, wobei die Punkte x^k abwechselnd in T_1 und T_2 liegen. Im Punkt $\hat{x}$ liegt jedoch kein Minimum und auch kein stationärer Punkt im Sinne der im Satz 5.46 gegebenen Definition; vielmehr existiert in $\hat{x}$ eine zum tatsächlichen Minimum in $x^* = (0, -3)^T$ zeigende Abstiegsrichtung, nämlich $\hat{d} = (0, -1)^T$ (klar?).

Auch das Beispiel 6.64 legt die Ersetzung des konvexen Subdifferentials in (6.64) durch das ε–Subdifferential nahe. Zusammengenommen haben wir also die Empfehlung begründet, die Suchrichtung d^k aus (6.63) zu bestimmen, wobei für g^k der Vektor

$$g^k := \operatorname{Proj}_{\partial_\varepsilon f(x^k)}(0)$$

zu nehmen ist. Man beachte, dass auch diese Projektion wohldefiniert ist, da die Menge $\partial_\varepsilon f(x^k)$ nach Satz 6.61 (a) nichtleer, abgeschlossen und konvex ist.

Das folgende Ergebnis zeigt, dass man bei diesem Vorgehen eine hinrei-chende Abnahme der Zielfunktion f erhält, vorausgesetzt, es ist $0 \notin \partial_\varepsilon f(x^k)$. (Wäre $0 \in \partial_\varepsilon f(x^k)$, dann wäre x^k nach Satz 6.62 bereits ein ε–optimaler Punkt für f, so dass wir die Iteration beenden könnten.)

Lemma 6.65. *Seien $f : \mathbb{R}^n \to \mathbb{R}$ eine konvexe Funktion, $x^k \in \mathbb{R}^n$ und $\varepsilon \ge 0$. Unter der Voraussetzung $0 \notin \partial_\varepsilon f(x^k)$ gilt für die Suchrichtung $d^k := -g^k$ mit*

$$g^k := \operatorname{Proj}_{\partial_\varepsilon f(x^k)}(0)$$

die Ungleichung

$$\inf_{t > 0} f(x^k + t d^k) < f(x^k) - \varepsilon,$$

d.h., man kann bei Fortschreiten in Richtung d^k den Wert der Zielfunktion mindestens um die feste Zahl ε verkleinern.

Beweis. Aufgrund des Projektionssatzes 2.18 gilt

$$(g^k - 0)^T(s - g^k) \geq 0 \quad \text{für alle } s \in \partial_\varepsilon f(x^k),$$

d.h.,

$$(g^k)^T g^k \leq s^T g^k \quad \text{für alle } s \in \partial_\varepsilon f(x^k).$$

Wegen $d^k = -g^k$ folgt

$$(g^k)^T d^k \geq s^T d^k \quad \text{für alle } s \in \partial_\varepsilon f(x^k).$$

Mit Satz 6.61 (c) erhält man hieraus

$$f'_\varepsilon(x^k; d^k) = \max_{s \in \partial_\varepsilon f(x^k)} s^T d^k \leq (g^k)^T d^k = -\|g^k\|^2 < 0,$$

da nach Voraussetzung $0 \notin \partial_\varepsilon f(x^k)$. Aus der Definition der ε–Richtungsableitung folgt hieraus die Existenz einer Schrittweite $t_k > 0$ mit

$$\frac{f(x^k + t_k d^k) - f(x^k) + \varepsilon}{t_k} < 0.$$

Hieraus resultiert

$$\inf_{t>0} f(x^k + t d^k) \leq f(x^k + t_k d^k) < f(x^k) - \varepsilon,$$

womit die Behauptung bewiesen ist. □

Unsere Überlegungen motivieren das folgende „ε–Subdifferential–Verfahren" zur Lösung des Optimierungsproblems (6.58).

Algorithmus 6.66. *(Modell–Algorithmus)*

(S.0) Wähle $x^0 \in \mathbb{R}^n, \varepsilon > 0$, und setze $k := 0$.
(S.1) Falls x^k einem geeigneten Abbruchkriterium genügt: STOP.
(S.2) Berechne

$$g^k := Proj_{\partial_\varepsilon f(x^k)}(0),$$

und setze

$$d^k := -g^k.$$

(S.3) Berechne eine Schrittweite $t_k > 0$ mit

$$f(x^k + t_k d^k) = \min_{t>0} f(x^k + t d^k).$$

(S.4) Setze $x^{k+1} := x^k + t_k d^k, k \leftarrow k + 1$, und gehe zu (S.1).

Mit Hilfe von Lemma 6.65 ist es nun einfach, eine globale Konvergenzaussage für Algorithmus 6.66 zu beweisen.

Satz 6.67. *Sei $f : \mathbb{R}^n \to \mathbb{R}$ eine konvexe Funktion mit einem endlichen Minimalwert $f^* := \inf_{x \in \mathbb{R}^n} f(x)$. Dann bricht Algorithmus 6.66 nach endlich vielen Iterationen mit einem ε–optimalen Punkt ab, d.h., es gibt einen Iterationsindex k_0, so dass für den zugehörigen Punkt x^{k_0} gilt*

$$f(x^{k_0}) \leq \inf_{x \in \mathbb{R}^n} f(x) + \varepsilon;$$

dabei ist $\varepsilon > 0$ der in Algorithmus 6.66 verwendete Parameter.

Beweis. Da f nach Voraussetzung nach unten beschränkt ist, andererseits der Zielfunktionswert nach Lemma 6.65 bei jedem Schritt um mindestens die feste Zahl ε kleiner wird, muss das Verfahren nach endlich vielen Schritten abbrechen. $\qquad\square$

Trotz dieses hübschen Ergebnisses ist Algorithmus 6.66 lediglich ein Modell–Algorithmus: Er ist im Allgemeinen nicht implementierbar, weil g^k nur berechnet werden kann, wenn das gesamte ε–Subdifferential $\partial_\varepsilon f(x^k)$ bekannt ist. Dies ist aber zumeist nicht der Fall. Selbst wenn $\partial_\varepsilon f(x^k)$ bekannt ist, kann die Berechnung von g^k sehr aufwendig sein. Außerdem ist die Schrittweitenbestimmung im Schritt (S.3) eine exakte Minimierung, welche im Allgemeinen nicht in endlich vielen Schritten durchgeführt werden kann (möglicherweise existiert das Minimum auch gar nicht). Allerdings ist dieser Einwand nicht so gravierend, da der Schritt (S.3) von Algorithmus 6.66 durch eine inexakte Schrittweitenbestimmung ersetzt werden kann, ohne die Aussage des Satzes 6.67 zu zerstören.

Im nächsten Abschnitt werden wir der Frage nachgehen, wie die Menge $\partial_\varepsilon f(x^k)$ in einer geeigneten Weise approximiert werden kann. Algorithmus 6.66 wird insofern die konzeptionelle Grundlage für die dann zu besprechenden Bundle–Verfahren sein.

6.7 Bundle–Verfahren

Wir legen weiterhin das Problem

$$\min f(x), \quad x \in \mathbb{R}^n, \tag{6.65}$$

mit einer konvexen (nicht notwendig differenzierbaren) Funktion $f : \mathbb{R}^n \to \mathbb{R}$ zugrunde und verfeinern den Modell–Algorithmus 6.66 zu einem implementierbaren Algorithmus. Sodann untersuchen wir das globale Konvergenzverhalten dieses Verfahrens. Liegt statt des unrestringierten Problems (6.65) ein restringiertes konvexes Optimierungsproblem vor, so lässt sich das hier zu beschreibende Verfahren beispielsweise auf die zugehörige exakte ℓ_1–Penalty–Funktion anwenden, da diese wiederum unrestringiert ist.

6.7.1 Innere Approximationen des ε–Subdifferentials

Wir gehen von dem Modell–Algorithmus 6.66 aus und versuchen — motiviert durch den Satz 6.63 — die Menge $\partial_\varepsilon f(x^k)$ unter Verwendung von Subgradienten $s \in \partial f(y)$ in Nachbarpunkten y von x^k zu approximieren.

Andererseits wollen wir die Berechnung *neuer* Subgradienten $s \in \partial f(y)$ weitgehend vermeiden. Deshalb verwenden wir neben dem neu zu berechnenden Subgradienten $s^k \in \partial f(x^k)$ die in den früheren Schritten verwendeten Subgradienten $s^j \in \partial f(x^j)$, $j = 0, 1, \ldots, k-1$. Wir versuchen also, $\partial_\varepsilon f(x^k)$ aufgrund dieses *Bündels* von Informationen zu approximieren.

Dazu untersuchen wir, unter welchen Einschränkungen eine Konvexkombination der Subgradienten s^j im ε– Subdifferential $\partial_\varepsilon f(x^k)$ des Punktes x^k liegt. Seien also λ_j Zahlen mit $\lambda_j \geq 0$, $j = 0, 1, \ldots, k$, und $\sum_{j=0}^{k} \lambda_j = 1$. Wegen $s^j \in \partial f(x^j)$ gilt für den *Linearisierungsfehler*

$$\alpha_j^k := f(x^k) - f(x^j) - (s^j)^T(x^k - x^j) \quad \text{für } j = 0, 1, \ldots, k \qquad (6.66)$$

offenbar

$$\alpha_j^k \geq 0 \quad \text{für alle } j = 0, 1, \ldots, k \quad \text{und} \quad \alpha_k^k = 0. \qquad (6.67)$$

Nun ist für alle $x \in \mathbb{R}^n$ und alle $j = 0, 1, \ldots, k$

$$
\begin{aligned}
(s^j)^T(x - x^k) &= (s^j)^T(x - x^j) - (s^j)^T(x^k - x^j) \\
&\leq f(x) - f(x^j) - (s^j)^T(x^k - x^j) \\
&= f(x) - f(x^k) + \alpha_j^k.
\end{aligned}
$$

Durch Multiplikation mit λ_j und Addition erhält man

$$\sum_{j=0}^{k} \lambda_j(s^j)^T(x - x^k) \leq f(x) - f(x^k) + \sum_{j=0}^{k} \lambda_j \alpha_j^k \quad \text{für alle } x \in \mathbb{R}^n.$$

Somit ist

$$\sum_{j=0}^{k} \lambda_j s^j \in \partial_\varepsilon f(x^k),$$

sofern

$$\sum_{j=0}^{k} \lambda_j \alpha_j^k \leq \varepsilon$$

gilt. Mit der Bezeichnung

$$G_\varepsilon^k := \left\{ \sum_{j=0}^{k} \lambda_j s^j \mid \sum_{j=0}^{k} \lambda_j \alpha_j^k \leq \varepsilon, \ \sum_{j=0}^{k} \lambda_j = 1, \lambda_j \geq 0, \ j = 0, 1, \ldots, k \right\} \qquad (6.68)$$

haben wir damit den folgenden Satz bewiesen.

Satz 6.68. *Seien $\varepsilon > 0$, $x^j \in \mathbb{R}^n$ und $s^j \in \partial f(x^j)$ für $j = 0, 1, 2, \ldots, k$. Dann gilt für die in (6.68) definierte Menge G_ε^k*

$$G_\varepsilon^k \subseteq \partial_\varepsilon f(x^k).$$

Wir können also die Menge G_ε^k als eine *innere Approximation* an das ε–Subdifferential $\partial_\varepsilon f(x^k)$ ansehen.

Einige elementare Eigenschaften der Menge G_ε^k halten wir in der folgenden Bemerkung fest.

Bemerkung 6.69. Die in (6.68) definierte polyedrische Menge G_ε^k ist nichtleer, konvex und kompakt.

Betrachtet man die Menge G_ε^k als eine Approximation an $\partial_\varepsilon f(x^k)$, so liegt es nahe, die Suchrichtung d^k im Schritt (S.2) des Algorithmus 6.66 durch $d^k := -g^k$ mit

$$g^k := \text{Proj}_{G_\varepsilon^k}(0). \tag{6.69}$$

zu ersetzen.

Da G_ε^k nach Bemerkung 6.69 eine nichtleere, abgeschlossene und konvexe Menge ist, ist diese Projektion wohldefiniert (vgl. Lemma 2.17). Überdies lässt sich aufgrund der speziellen Bauart der Menge G_ε^k der Vektor g^k als Lösung eines quadratischen Optimierungsproblems berechnen: g^k nach (6.69) ist nämlich gegeben durch

$$g^k = \sum_{j=0}^{k} \lambda_j^k s^j, \tag{6.70}$$

wobei $(\lambda_0^k, \lambda_1^k, \ldots, \lambda_k^k)$ eine Lösung des quadratischen Programms

$$
\begin{aligned}
\min \quad & \tfrac{1}{2}\| \textstyle\sum_{j=0}^{k} \lambda_j s^j \|^2 \\
\text{u.d.N.} \quad & \textstyle\sum_{j=0}^{k} \lambda_j \alpha_j^k \leq \varepsilon, \\
& \textstyle\sum_{j=0}^{k} \lambda_j = 1, \\
& \lambda_j \geq 0, \quad j = 0, 1, 2, \ldots, k
\end{aligned}
\tag{6.71}
$$

ist.

Neben dem durch (6.70), (6.71) definierten Vektor g^k findet man in der Literatur häufig auch die Variante, bei der g^k zwar durch (6.70) gegeben ist, der Vektor $(\lambda_0^k, \ldots, \lambda_k^k)$ jedoch als eine Lösung des verwandten quadratischen Programms

$$
\begin{aligned}
\min \quad & \tfrac{1}{2}\| \textstyle\sum_{j=0}^{k} \lambda_j s^j \|^2 + \textstyle\sum_{j=0}^{k} \lambda_j \alpha_j^k \\
\text{u.d.N.} \quad & \textstyle\sum_{j=0}^{k} \lambda_j = 1, \\
& \lambda_j \geq 0, \quad j = 0, 1, 2, \ldots, k
\end{aligned}
\tag{6.72}
$$

berechnet wird. Man kann vermuten, dass der Unterschied zwischen den beiden quadratischen Programmen nicht allzu groß ist: Das quadratische Programm (6.71) versucht, den wegen $\lambda_j \geq 0$ und $\alpha_j^k \geq 0$ (vgl. (6.67))) nichtnegativen Term

$$\sum_{j=0}^{k} \lambda_j \alpha_j^k$$

mittels der Bedingung $\sum_{j=0}^{k} \lambda_j \alpha_j^k \leq \varepsilon$ klein zu halten, während das Programm (6.72) ihn als Penalty–artigen Term in der Zielfunktion klein machen wird. Um den Zusammenhang zwischen den beiden quadratischen Programmen (6.71) und (6.72) genauer zu fassen, beweisen wir zunächst die folgende Aussage.

Lemma 6.70. *Der Vektor $\lambda^k := (\lambda_0^k, \lambda_1^k, \ldots, \lambda_k^k)$ ist genau dann Lösung des quadratischen Programms (6.72), wenn es einen Vektor $g^k \in \mathbb{R}^n$ und eine Zahl $\xi^k \in \mathbb{R}$ gibt, so dass (λ^k, g^k, ξ^k) den folgenden Bedingungen genügt:*

$$g = \sum_{j=0}^{k} \lambda_j s^j,$$

$$\sum_{j=0}^{k} \lambda_j = 1,$$

$$\lambda_j \geq 0, \quad j = 0, 1, 2, \ldots, k,$$

$$g^T s^j + \alpha_j^k + \xi \geq 0, \quad j = 0, 1, 2, \ldots, k,$$

$$\lambda_j \left(g^T s^j + \alpha_j^k + \xi \right) = 0, \quad j = 0, 1, 2, \ldots, k.$$

Beweis. Da (6.72) ein konvexes quadratisches Programm ist, löst λ^k genau dann (6.72), wenn es Lagrange–Multiplikatoren $\xi^k \in \mathbb{R}$, $\mu_j^k \in \mathbb{R}$, $j = 0, 1, \ldots, k$, gibt, so dass $(\lambda^k, \xi^k, \mu^k)$ zusammen mit dem Vektor

$$g^k := \sum_{j=0}^{k} \lambda_j^k s^j \tag{6.73}$$

den folgenden KKT–Bedingungen von (6.72) genügt:

$$\begin{array}{c} g = \sum_{j=0}^{k} \lambda_j s^j, \\ \sum_{j=0}^{k} \lambda_j = 1, \\ \lambda_j \geq 0, \ \mu_j \geq 0, \ \lambda_j \mu_j = 0, \quad j = 0, 1, \ldots, k, \\ g^T s^j + \alpha_j^k + \xi - \mu_j = 0, \quad j = 0, 1, \ldots, k. \end{array} \tag{6.74}$$

Ersetzt man μ_j mittels der letzten Gleichung, so erhält man die gewünschten Bedingungen. $\qquad \square$

Ist λ^k eine Lösung des quadratischen Programms (6.72), und setzt man

$$\varepsilon := \varepsilon_k := \sum_{j=0}^{k} \lambda_j^k \alpha_j^k \geq 0 \quad \text{und} \quad \rho := 1,$$

so folgt aus Lemma 6.70, dass λ^k zusammen mit g^k aus (6.73) und einem Multiplikator $\xi^k \in \mathbb{R}$ den folgenden Bedingungen genügt:

$$g = \sum_{j=0}^{k} \lambda_j s^j,$$

$$\sum_{j=0}^{k} \lambda_j = 1,$$

$$\lambda_j \geq 0, \quad j = 0, 1, \ldots, k,$$

$$g^T s^j + \rho \alpha_j^k + \xi \geq 0, \quad j = 0, 1, \ldots, k,$$

$$\lambda_j \left(g^T s^j + \rho \alpha_j^k + \xi\right) = 0, \quad j = 0, 1, \ldots, k,$$

$$\rho \geq 0,$$

$$\sum_{j=0}^{k} \lambda_j \alpha_j^k \leq \varepsilon,$$

$$\rho \left(\sum_{j=0}^{k} \lambda_j \alpha_j^k - \varepsilon\right) = 0.$$

Dies sind jedoch genau die KKT–Bedingungen des quadratischen Programms (6.71) (ρ bezeichnet den zu der Ungleichung $\sum_{j=0}^{k} \lambda_j \alpha_j^k \leq \varepsilon$ gehörigen Lagrange–Multiplikator). Eine Lösung λ^k von (6.72) ist somit, da (6.71) ebenfalls ein konvexes Programm ist, für einen geeigneten Wert von ε auch eine Lösung von (6.71)!

Wir halten ferner fest, dass der zu der Gleichungsrestriktion des quadratischen Programms (6.72) gehörige Lagrange–Multiplikator ξ^k explizit berechnet werden kann. Aus Lemma 6.70 folgt nämlich

$$\xi^k = \xi^k \sum_{j=0}^{k} \lambda_j^k$$

$$= \sum_{j=0}^{k} \lambda_j^k \left(-(g^k)^T s^j - \alpha_j^k\right)$$

$$= -(g^k)^T \sum_{j=0}^{k} \lambda_j^k s^j - \sum_{j=0}^{k} \lambda_j^k \alpha_j^k$$

$$= -\|g^k\|^2 - \sum_{j=0}^{k} \lambda_j^k \alpha_j^k$$

$$= -\|d^k\|^2 - \sum_{j=0}^{k} \lambda_j^k \alpha_j^k.$$

Das folgende Ergebnis zeigt, dass die Suchrichtung $d^k = -g^k$ mit g^k aus (6.70) und einer Lösung λ^k von (6.72) interessanterweise auch als Lösung einiger anderer Teilprobleme erhalten werden kann.

Lemma 6.71. *Die folgenden Aussagen sind äquivalent:*

(a) Es gilt

$$d^k = -\sum_{j=0}^{k} \lambda_j^k s^j \quad und \quad \xi^k = -\|d^k\|^2 - \sum_{j=0}^{k} \lambda_j^k \alpha_j^k,$$

wobei $(\lambda_0^k, \ldots, \lambda_k^k)$ *eine Lösung des quadratischen Programms (6.72) ist.*
(b) (d^k, ξ^k) *ist eine Lösung des quadratischen Programms*

$$\min \quad \xi + \tfrac{1}{2}\|d\|^2$$
$$u.d.N. \ (s^j)^T d - \alpha_j^k \le \xi, \quad j = 0, 1, \ldots, k.$$

(c) d^k *ist eine Lösung von*

$$\min \tilde{f}_k^{SE}(d) + \frac{1}{2}\|d\|^2, \quad d \in \mathbb{R}^n,$$

und es ist $\xi^k := \tilde{f}_k^{SE}(d^k)$, *wobei*

$$\tilde{f}_k^{SE}(d) := \max\left\{ (s^j)^T d - \alpha_j^k \mid j = 0, 1, \ldots, k \right\}.$$

Beweis. Die Äquivalenz zwischen (a) und (b) folgt daraus, dass die KKT–Bedingungen von (a) und (b) übereinstimmen und dass beide KKT–Bedingungen notwendige und hinreichende Optimalitätsbedingungen für die zugehörigen quadratischen Programme sind (wir empfehlen dem Leser, die Rechnungen genau durchzuführen, vgl. Aufgabe 6.23). Andererseits kann die Äquivalenz zwischen (b) und (c) ähnlich wie im Beweis von Lemma 6.54 leicht verifiziert werden. □

Wir wollen nun noch die Aussage (c) des Lemmas 6.71 etwas umformen: Offenbar löst d^k das Programm aus (c) genau dann, wenn d^k das Programm

$$\min_{} \max_{j=0,1,\ldots,k} \left\{ f(x^k) + (s^j)^T d - \alpha_j^k \right\} + \frac{1}{2}\|d\|^2, \quad d \in \mathbb{R}^n \qquad (6.75)$$

löst (die beiden Zielfunktionen unterscheiden sich nur um den konstanten Term $f(x^k)$). Schreibt man $d = x - x^k$ und benutzt die Definition von α_j^k, so erhält man

$$f(x^k) + (s^j)^T d - \alpha_j^k$$
$$= f(x^k) + (s^j)^T(x - x^k) - f(x^k) + f(x^j) + (s^j)^T(x^k - x^j)$$
$$= f(x^j) + (s^j)^T(x - x^j).$$

Somit ist das Problem (6.75) äquivalent zu

$$\min \; \max_{j=0,1,\ldots,k} \left\{ f(x^j) + (s^j)^T (x - x^j) \right\} + \frac{1}{2} \| x - x^k \|^2, \quad x \in \mathbb{R}^n.$$

Dies ist aber gerade das am Ende des Abschnitts 6.5 aufgetretene Problem (6.53) (mit $X = \mathbb{R}^n$). Es gibt somit eine enge Verbindung zwischen der dort angesprochenen Proximal–Cutting–Plane–Methode und dem im nächsten Unterabschnitt zu behandelnden Bundle–Algorithmus.

6.7.2 Ein implementierbares Bundle–Verfahren

Wir können nun einen Bundle–Algorithmus zur Lösung des unrestringierten konvexen Minimierungsproblems (6.65) beschreiben. Es handelt sich dabei um eine implementierbare Realisierung des Modell–Algorithmus 6.66 unter Verwendung der Überlegungen des letzten Unterabschnitts.

Algorithmus 6.72. *(Implementierbares Bundle–Verfahren)*

(S.0) Wähle $x^1 \in \mathbb{R}^n, s^1 \in \partial f(x^1), m \in (0,1)$, *und setze* $y^1 := x^1, g^0 := s^1, \alpha_1^1 := \varepsilon_0 := 0, k := 1, K := \emptyset, J_k := \{1\}$.

(S.1) Berechne eine Lösung $\lambda_j^k, \; j \in J_k$, *des Problems*

$$\begin{aligned} \min \quad & \tfrac{1}{2} \| \textstyle\sum_{j \in J_k} \lambda_j s^j \|^2 + \sum_{j \in J_k} \lambda_j \alpha_j^k \\ u.d.N. \quad & \textstyle\sum_{j \in J_k} \lambda_j = 1, \\ & \lambda_j \geq 0, \quad j \in J_k. \end{aligned}$$

(S.2) Setze

$$g^k := \sum_{j \in J_k} \lambda_j^k s^j,$$

$$\varepsilon_k := \sum_{j \in J_k} \lambda_j^k \alpha_j^k,$$

$$d^k := -g^k,$$

$$\xi^k := -\| g^k \|^2 - \varepsilon_k.$$

(S.3) Falls $\xi^k = 0$: *STOP.*

(S.4) Setze $y^{k+1} := x^k + d^k$, *und berechne* $s^{k+1} \in \partial f(y^{k+1})$.

Falls
$$f(x^k + d^k) \leq f(x^k) + m \xi^k,$$

*so setze (*** wesentlicher Schritt ***)*

$$t_k := 1,$$
$$x^{k+1} := x^k + d^k,$$
$$K \leftarrow K \cup \{k\},$$

*anderenfalls setze (*** Nullschritt ***)*

$$t_k := 0,$$
$$x^{k+1} := x^k.$$

(S.5) Setze

$$J_k^p := \{ j \in J_k \mid \lambda_j^k > 0 \},$$
$$J_{k+1} := J_k^p \cup \{ k+1 \},$$
$$\alpha_j^{k+1} := f(x^{k+1}) - f(y^j) - (s^j)^T (x^{k+1} - y^j), \quad j \in J_{k+1}.$$

(S.6) Setze $k \leftarrow k+1$, und gehe zu (S.1).

Wir geben zunächst einige Erläuterungen zu diesem Algorithmus. Im Gegensatz zu früheren Algorithmen wird hier der Startpunkt im Schritt (S.0) mit x^1 anstelle von x^0 bezeichnet. Wir halten uns dabei an eine beim Bundle–Verfahren gängige Konvention. Die in (S.1) initialisierte und in (S.4) aufdatierte Menge K enthält die Nummern der sogenannten wesentlichen Schritte (vgl. weiter unten).

In den Schritten (S.1) und (S.2) wird die Suchrichtung $d^k = -g^k$ berechnet; dabei ist $g^k = \sum_{j \in J_k} \lambda_j^k s^j$, und λ_j^k ist eine Lösung eines quadratischen Programms, welches ähnlich zu dem oben diskutierten Programm (6.72) ist. Der einzige Unterschied liegt darin, dass wir nicht alle früheren Subgradienten verwenden, sondern nur jene, die zu der Indexmenge $J_k \subseteq \{1, \ldots, k\}$ gehören. Durch diese Veränderung bieten sich Möglichkeiten, mittels zusätzlicher Vorschriften die Anzahl der Restriktionen der quadratischen Programme im Laufe des Verfahrens beschränkt zu halten.

Das Abbruchkriterium in Schritt (S.3) wird weiter unten gerechtfertigt werden (vgl. Lemma 6.74). Übrigens gibt es eine Ähnlichkeit mit der beim Schnittebenenverfahren (Algorithmus 6.53) diskutierten Abbruchbedingung; man vergleiche den am Ende des letzten Unterabschnitts hergestellten Zusammenhang zwischen unserem quadratischen Programm aus (S.1) und der Proximal–Cutting–Plane–Methode.

Im Schritt (S.4) wird die Iterierte x^k aufdatiert. Falls die Suchrichtung d^k eine hinreichende Abnahme der Zielfunktion f liefert (mittels eines Armijo–artigen Kriteriums, wobei $\xi^k < 0$ zu beachten ist, vgl. Lemma 6.74 und (S.3)), wird $x^k + d^k$ als neue Iterierte x^{k+1} akzeptiert und der Schritt als *wesentlicher Schritt* bezeichnet; anderenfalls setzen wir einfach $x^{k+1} := x^k$ und sprechen von einem *Nullschritt*. In jedem Fall wird jedoch ein neuer Subgradient s^{k+1} von f im Punkt $x^k + d^k$ berechnet, um ein besseres quadratisches Modell zu erhalten!

Vom praktischen Standpunkt aus ist zu beachten, dass Schritt (S.4) auf eine naheliegende Weise verbessert werden kann: Anstatt immer dann, wenn ein voller Schritt in Richtung d^k nicht zu einer hinreichenden Abnahme von f führt, einen Nullschritt auszuführen, kann man eine Schrittweitenstrategie verwenden und mit einem geeigneten $t_k > 0$ zum Punkt $x^k + t_k d^k$ gehen. Man wird also nur dann auf einen Nullschritt ausweichen, wenn keine geeignete Schrittweite $t_k > 0$ gefunden werden kann (oder es Hinweise gibt, dass keine geeignete Schrittweite existiert). Durch die Verwendung einer solchen Schrittweitenstrategie kann man die Anzahl der Nullschritte zum Teil deutlich verringern und die Effizienz des Verfahrens damit unter Umständen deutlich verbessern.

Schritt (S.5) enthält einige Aufdatierungen, insbesondere für die neue Indexmenge (alle Indizes $j \in J_k$, die nicht zur Berechnung der Suchrichtung $d^k = -g^k = -\sum_{j \in J_k} \lambda_j^k s^j$ beigetragen haben, werden entfernt). Weiter werden die Linearisierungsfehler α_j^{k+1} ähnlich wie im letzten Unterabschnitt definiert.

Wir beginnen nun mit der Untersuchung der Eigenschaften des Algorithmus 6.72.

Lemma 6.73. *Die durch Algorithmus 6.72 erzeugten Zahlen und Vektoren besitzen die folgenden Eigenschaften:*

(a) $\alpha_j^k \geq 0$ und $s^j \in \partial_{\alpha_j^k} f(x^k)$ für alle $j \in J_k$ und alle $k = 1, 2, \ldots$.

(b) $\varepsilon_k \geq 0$ und $g^k \in \partial_{\varepsilon_k} f(x^k)$ für alle $k = 1, 2, \ldots$.

Beweis. (a) Da f konvex ist und $s^j \in \partial f(y^j)$ für alle $j = 1, 2, \ldots$ gilt, ergibt die Definition von α_j^k gerade $\alpha_j^k \geq 0$ für alle $j \in J_k$ und alle $k = 1, 2, \ldots$. Die zweite Aussage gilt für $k = 1$ wegen

$$s^1 \in \partial f(x^1) = \partial_0 f(x^1) = \partial_{\alpha_1^1} f(x^1);$$

für $k \geq 1$ folgt aus

$$\alpha_j^{k+1} = f(x^{k+1}) - f(y^j) - (s^j)^T(x^{k+1} - y^j), \quad j \in J_{k+1},$$

und $s^j \in \partial f(y^j)$ das Bestehen der Ungleichung

$$
\begin{aligned}
f(z) &\geq f(y^j) + (s^j)^T(z - y^j) \\
&= f(x^{k+1}) + (s^j)^T(z - x^{k+1}) - \left[f(x^{k+1}) - f(y^j) - (s^j)^T(x^{k+1} - y^j) \right] \\
&= f(x^{k+1}) + (s^j)^T(z - x^{k+1}) - \alpha_j^{k+1}
\end{aligned}
$$

für alle $z \in \mathbb{R}^n$, woraus $s^j \in \partial_{\alpha_j^{k+1}} f(x^{k+1})$ für alle $j \in J_{k+1}$ resultiert.

(b) Die Definition von ε_k zusammmen mit der ersten Aussage in (a) liefert $\varepsilon_k \geq 0$. Weiterhin folgt wegen $s^j \in \partial_{\alpha_j^k} f(x^k)$ für $j \in J_k$ (vgl. (a))

$$f(z) \geq f(x^k) + (s^j)^T(z - x^k) - \alpha_j^k, \quad j \in J_k,$$

für alle $z \in \mathbb{R}^n$ und alle $k = 1, 2, \ldots$. Aufgrund der Definitionen von g^k und ε_k im Algorithmus 6.72 ergibt dies

$$
\begin{aligned}
f(z) &= \sum_{j \in J_k} \lambda_j^k f(z) \\
&\geq \sum_{j \in J_k} \lambda_j^k \left[f(x^k) + (s^j)^T(z - x^k) - \alpha_j^k \right]
\end{aligned}
$$

$$= f(x^k) + \sum_{j \in J_k} (\lambda_j^k s^j)^T (z - x^k) - \sum_{j \in J_k} \lambda_j^k \alpha_j^k$$

$$= f(x^k) + (g^k)^T (z - x^k) - \varepsilon_k$$

für alle $z \in \mathbb{R}^n$. Dies bedeutet $g^k \in \partial_{\varepsilon_k} f(x^k)$ für alle $k = 1, 2, \ldots$.   □

Das nächste Ergebnis rechtfertigt das Abbruchkriterium im Schritt (S.3) des Algorithmus 6.72.

Lemma 6.74. *Es gelten die folgenden Aussagen:*

(a) $\xi^k \leq 0$ *für alle* $k = 1, 2, \ldots$.
(b) Ist $\xi^k = 0$ *für einen Index* k, *so ist* x^k *ein Minimum von* f.

Beweis. Teil (a) ergibt sich unmittelbar aus $\xi^k = -\|g^k\|^2 - \varepsilon_k$ und $\varepsilon_k \geq 0$, vgl. Lemma 6.73. Im Fall $\xi^k = 0$ ist $g^k = 0$ und $\varepsilon_k = 0$. Somit impliziert Lemma 6.73 (b)

$$0 = g^k \in \partial_0 f(x^k) = \partial f(x^k).$$

Mit Satz 6.18 folgt hieraus, dass x^k ein Minimum von f ist.   □

6.7.3 Globale Konvergenz

Ziel dieses Unterabschnitts ist es, eine globale Konvergenzaussage für das implementierbare Bundle–Verfahren aus dem Algorithmus 6.72 zu beweisen. Dazu benötigen wir das folgende vorläufige Ergebnis.

Lemma 6.75. *Mit einer reellen Zahl* $f^* \in \mathbb{R}$ *sei* $f(x^k) \geq f^*$ *für alle* $k = 1, 2, \ldots$. *Dann gelten die folgenden Aussagen:*

(a) $f(x^k) - f(x^{k+1}) \to 0$ *für* $k \to \infty$.
(b) $\sum_{k=1}^{\infty} \left(t_k \|g^k\|^2 + t_k \varepsilon_k \right) \leq (f(x^1) - f^*)/m$.
(c) Gibt es unendlich viele wesentliche Schritte, etwa mit den Nummern $k_1 < k_2 < k_3 < \ldots$, *so ist* $g^{k_l} \to 0$ *und* $\varepsilon_{k_l} \to 0$ *für* $l \to \infty$.

Beweis. (a) Per Konstruktion ist die Folge $\{f(x^k)\}$ monoton fallend, vergleiche auch Lemma 6.74 (a). Da sie nach Voraussetzung nach unten beschränkt ist, konvergiert sie. Daraus folgt die erste Behauptung.

(b) Für alle $k \in \mathbb{N}$ (also für die wesentlichen Schritte ebenso wie für die Nullschritte) gilt

$$f(x^k) - f(x^{k+1}) \geq m t_k (-\xi^k).$$

Durch Aufsummieren erhält man

$$f(x^1) - f(x^k) \geq m \sum_{j=1}^{k-1} t_j (-\xi^j)$$

für alle $k \in \mathbb{N}$. Wegen $f(x^k) \geq f^*$ folgt hieraus

$$f(x^1) - f^* \geq m \sum_{j=1}^{k-1} t_j(-\xi^j)$$

für alle $k \in \mathbb{N}$. Der Grenzübergang $k \to \infty$ liefert dann

$$f(x^1) - f^* \geq m \sum_{j=1}^{\infty} t_j(-\xi^j).$$

Mit

$$\xi^j = -\|g^j\|^2 - \varepsilon_j$$

erhält man die zweite Aussage.

(c) Nach Definition der t_k ist genau dann $t_k = 1$, wenn $k \in K$ gilt, d.h., genau dann, wenn $k = k_l$ für ein $l \in \mathbb{N}$. Somit folgt die dritte Aussage unmittelbar aus Teil (b). $\qquad\square$

Als Nächstes zeigen wir, dass jeder Häufungspunkt einer vom Algorithmus 6.72 erzeugten Folge eine Lösung des konvexen Optimierungsproblems (6.65) ist, sofern unendlich viele wesentliche Schritte durchgeführt werden.

Lemma 6.76. *Sei $\{x^k\}$ eine vom Algorithmus 6.72 erzeugte Folge, wobei unendlich viele wesentliche Schritte vorkommen. Dann ist jeder Häufungspunkt der Folge $\{x^k\}$ ein Minimum von f.*

Beweis. Sei x^* ein Häufungspunkt der Folge $\{x^k\}$. Da $\{f(x^k)\}$ monoton fallend ist und auf einer Teilfolge gegen $f(x^*)$ konvergiert, gilt $f(x^k) \geq f(x^*) =: f^*$ für alle $k \in \mathbb{N}$ und $f(x^k) \to f(x^*)$ für $k \to \infty$. Wegen Lemma 6.73 (b) gilt für alle $k \in \mathbb{N}$

$$g^k \in \partial_{\varepsilon_k} f(x^k). \tag{6.76}$$

Da x^* ein Häufungspunkt der Folge $\{x^k\}$ ist und sich x^k in einem Nullschritt nicht ändert, ist x^* auch Häufungspunkt der Teilfolge $\{x^k\}_K$, wobei K die im Algorithmus definierte Menge der Nummern der wesentlichen Schritte bezeichnet (klar?). Folglich gibt es unendlich viele Zahlen $k_l \in K$ mit $k_1 < k_2 < k_3 < \ldots$, so dass gilt

$$x^{k_l} \to x^* \quad \text{für } l \to +\infty. \tag{6.77}$$

Wegen $f(x^k) \geq f^*$ für alle $k \in \mathbb{N}$ gilt nach Lemma 6.75 (c)

$$g^{k_l} \to 0 \quad \text{und} \quad \varepsilon_{k_l} \to 0 \quad \text{für } l \to \infty. \tag{6.78}$$

Andererseits folgt aus (6.76)

$$f(z) \geq f(x^{k_l}) + (g^{k_l})^T(z - x^{k_l}) - \varepsilon_{k_l}$$

für alle $z \in \mathbb{R}^n$ und alle $l = 1, 2, \ldots$. Der Grenzübergang $l \to \infty$ ergibt unter Berücksichtigung der Stetigkeit der konvexen Funktion f (vgl. Satz 6.14) und von (6.77) and (6.78)

$$f(z) \geq f(x^*)$$

für alle $z \in \mathbb{R}^n$, d.h., x^* ist ein globales Minimum von f im $\mathbb{R}^n$. $\square$

Wir betrachten nun den Fall, dass der Algorithmus 6.72 nur endlich viele wesentliche Schritte erzeugt.

Lemma 6.77. *Sei $\{x^k\}$ eine vom Algorithmus 6.72 erzeugte Folge, wobei nur endlich viele wesentliche Schritte vorkommen, d.h., es gelte $x^k = x^{k_0}$ für alle $k \geq k_0$ mit einem Index $k_0 \in \mathbb{N}$. Dann ist $x^* := x^{k_0}$ ein Minimum von f.*

Beweis. Wegen $x^{k+1} = x^k$ für alle $k \geq k_0$ ergeben die Aufdatierungsregeln des Algorithmus 6.72, dass

$$\alpha_j^{k+1} = \alpha_j^k \quad \text{für alle } j \in J_k^p \text{ und alle } k \geq k_0.$$

Folglich gilt

$$\eta_k := \sum_{j \in J_k^p} \lambda_j^k \alpha_j^{k+1} = \varepsilon_k \quad \text{für alle } k \geq k_0. \tag{6.79}$$

Wir bezeichnen mit

$$Q_k(\lambda) := \frac{1}{2} \| \sum_{j \in J_k} \lambda_j s^j \|^2 + \sum_{j \in J_k} \lambda_j \alpha_j^k$$

die Zielfunktion des Teilproblems aus dem Schritt (S.1) des Algorithmus 6.72. Seien $\mu \in [0, 1]$ beliebig vorgegeben und $\bar{\lambda}_j$ für $j \in J_k = J_{k-1}^p \cup \{k\}$ auf die folgende Weise definiert:

$$\bar{\lambda}_j := \begin{cases} \mu, & \text{falls } j = k, \\ (1 - \mu)\lambda_j^{k-1}, & \text{falls } j \in J_{k-1}^p, \end{cases}$$

wobei λ_j^{k-1} die Komponenten der Lösung des quadratischen Teilproblems aus dem Schritt (S.1) des Algorithmus 6.72 in der Iteration $k - 1$ sind. Dann ist

$$\bar{\lambda}_j \geq 0 \quad \text{für alle } j \in J_k,$$

und es gilt

$$\sum_{j \in J_k} \bar{\lambda}_j = \mu + (1 - \mu) \sum_{j \in J_{k-1}^p} \lambda_j^{k-1} = \mu + (1 - \mu) \sum_{j \in J_{k-1}} \lambda_j^{k-1} = \mu + (1 - \mu) = 1,$$

d.h., der Vektor $\bar{\lambda}$ mit den Komponenten $\bar{\lambda}_j$, $j \in J_k$, ist zulässig für das quadratische Programm aus dem Schritt (S.1) des Algorithmus 6.72. Somit ist

$$Q_k(\lambda^k) \leq Q_k(\bar{\lambda}).$$

Um $Q_k(\bar{\lambda})$ auszuwerten, verwenden wir wieder die Zerlegung $J_k = J_{k-1}^p \cup \{k\}$. Aus den weiteren Aufdatierungsregeln des Algorithmus 6.72 erhalten wir dann

$$\sum_{j \in J_k} \bar{\lambda}_j s^j = \bar{\lambda}_k s^k + \sum_{j \in J_{k-1}^p} \bar{\lambda}_j s^j = \mu s^k + \sum_{j \in J_{k-1}^p} (1-\mu)\lambda_j^{k-1} s^j = \mu s^k + (1-\mu)g^{k-1}$$

sowie

$$\sum_{j \in J_k} \bar{\lambda}_j \alpha_j^k = \bar{\lambda}_k \alpha_k^k + \sum_{j \in J_{k-1}^p} \bar{\lambda}_j \alpha_j^k$$

$$= \mu \alpha_k^k + \sum_{j \in J_{k-1}^p} (1-\mu)\lambda_j^{k-1} \alpha_j^k$$

$$= \mu \alpha_k^k + (1-\mu)\eta_{k-1},$$

vergleiche (6.79) für die Definition von η_{k-1}. Damit ergibt sich

$$Q_k(\lambda^k) \leq Q_k(\bar{\lambda}) = \frac{1}{2}\|(1-\mu)g^{k-1} + \mu s^k\|^2 + (1-\mu)\eta_{k-1} + \mu \alpha_k^k.$$

Da $\mu \in [0,1]$ beliebig gewählt war, gilt sogar

$$Q_k(\lambda^k) \leq \min_{\mu \in [0,1]} \left\{ \frac{1}{2}\|(1-\mu)g^{k-1} + \mu s^k\|^2 + (1-\mu)\eta_{k-1} + \mu \alpha_k^k \right\}.$$

Definiert man die quadratische Funktion q_k der reellen Variablen μ durch

$$q_k(\mu) := \frac{1}{2}\|(1-\mu)g^{k-1} + \mu s^k\|^2 + (1-\mu)\eta_{k-1} + \mu \alpha_k^k$$

und bezeichnet mit μ_k die Lösung von

$$\min q_k(\mu) \quad \text{u.d.N.} \quad \mu \in [0,1]$$

mit zugehörigem Optimalwert

$$w^k := q_k(\mu^k),$$

so hat man

$$Q_k(\lambda^k) \leq w^k \quad \text{und} \quad w^k = q_k(\mu^k) \leq q_k(\mu) \quad \text{für alle } \mu \in [0,1]. \tag{6.80}$$

Zusammen mit (6.79) erhalten wir somit für alle $k > k_0$:

$$\begin{aligned}
w^k &\leq q_k(0) \\
&= \tfrac{1}{2}\|g^{k-1}\|^2 + \eta_{k-1} \\
&= \tfrac{1}{2}\|g^{k-1}\|^2 + \varepsilon_{k-1} \\
&= \tfrac{1}{2}\|\sum_{j \in J_{k-1}} \lambda_j^{k-1} s^j\|^2 + \sum_{j \in J_{k-1}} \lambda_j^{k-1} \alpha_j^{k-1} \\
&= Q_{k-1}(\lambda^{k-1}) \\
&\leq w^{k-1}.
\end{aligned} \tag{6.81}$$

Es gilt also

$$0 \leq w^k \leq w^{k-1} \leq w^{k_0} \quad \text{für alle } k > k_0 \qquad (6.82)$$

und somit

$$\|g^k\| \leq \sqrt{2w^{k_0}} \quad \text{und} \quad \eta_k \leq w^{k_0} \quad \text{für alle } k \geq k_0. \qquad (6.83)$$

Mit

$$\frac{1}{2}\|g^{k-1}\|^2 \leq \frac{1}{2}\|g^{k-1}\|^2 + \eta_{k-1} \leq w^{k-1}$$

(vgl. (6.81)) zeigt eine einfache Rechnung die Gültigkeit von

$$\begin{aligned}
q_k(\mu) &= \frac{1}{2}\mu^2\|g^{k-1} - s^k\|^2 + \mu\left[(g^{k-1})^T s^k - \|g^{k-1}\|^2\right] + \mu(\alpha_k^k - \eta_{k-1}) \\
&\quad + \frac{1}{2}\|g^{k-1}\|^2 + \eta_{k-1} \\
&\leq \frac{1}{2}\mu^2\|g^{k-1} - s^k\|^2 + \mu\left[(g^{k-1})^T s^k - \|g^{k-1}\|^2\right] + \mu(\alpha_k^k - \eta_{k-1}) \\
&\quad + w^{k-1}
\end{aligned}$$

für alle $k > k_0$. Aus $x^k = x^{k_0}$ für alle $k \geq k_0$,

$$\begin{aligned}
\alpha_k^k &= f(x^k) - f(y^k) - (s^k)^T(x^k - y^k) \\
&= f(x^k) - f(y^k) - (s^k)^T(x^k - x^{k-1} - d^{k-1}) \\
&= f(x^{k-1}) - f(y^k) + (s^k)^T d^{k-1}
\end{aligned}$$

für alle $k > k_0$ sowie $f(y^k) > f(x^{k-1}) + m\xi^{k-1}$ für alle $k > k_0$ (anderenfalls wäre der $(k-1)$-te Schritt kein Nullschritt) folgt

$$-\alpha_k^k + (s^k)^T d^{k-1} = f(y^k) - f(x^{k-1}) > m\xi^{k-1} = -m(\|g^{k-1}\|^2 + \eta_{k-1})$$

für alle $k > k_0$, vgl. (6.79) für die letzte Gleichung. Wegen $d^{k-1} = -g^{k-1}$ können wir diese Ungleichung umformen zu

$$(g^{k-1})^T s^k < m(\|g^{k-1}\|^2 + \eta_{k-1}) - \alpha_k^k.$$

Wir erhalten somit für alle $k > k_0$

$$\begin{aligned}
q_k(\mu) &\leq \frac{1}{2}\mu^2\|g^{k-1} - s^k\|^2 + \mu\left(m[\|g^{k-1}\|^2 + \eta_{k-1}] - \alpha_k^k - \|g^{k-1}\|^2\right) \\
&\quad + \mu(\alpha_k^k - \eta_{k-1}) + w^{k-1} \\
&= \frac{1}{2}\mu^2\|g^{k-1} - s^k\|^2 - \mu(1-m)[\|g^{k-1}\|^2 + \eta_{k-1}] + w^{k-1}.
\end{aligned} \qquad (6.84)$$

Unter Verwendung von (6.83) (und der sich hieraus ergebenden Beschränktheit auch der Folgen $\{d^k\}$ und $\{y^k\}$) sowie der lokalen Beschränktheit von ∂f (vgl. Lemma 6.19) folgt die Existenz einer positiven Konstanten c (für die wir ohne Beschränkung der Allgemeinheit $c \geq 1/2$ annehmen können), so dass gilt

$$\|g^k\| \le c, \ \|s^k\| \le c, \ \eta_k \le c \quad \text{für alle } k \ge k_0. \tag{6.85}$$

Dies impliziert

$$\|g^{k-1} - s^k\|^2 \le \left(\|g^{k-1}\| + \|s^k\|\right)^2 \le 4c^2,$$

wegen (6.84) also

$$q_k(\mu) \le 2c^2\mu^2 - (1-m)\left[\|g^{k-1}\|^2 + \eta_{k-1}\right]\mu + w^{k-1} =: \theta_k(\mu) \tag{6.86}$$

für alle $k > k_0$. Da θ_k eine quadratische Funktion in μ ist, bestätigt man leicht, dass θ_k minimal wird im Punkt

$$\begin{aligned}
\mu_k^* &:= (1-m)\left[\|g^{k-1}\|^2 + \eta_{k-1}\right]/(4c^2) \\
&\le \left[\|g^{k-1}\|^2 + \eta_{k-1}\right]/(4c^2) \\
&\le \left(c^2 + c\right)/(4c^2) \le 1;
\end{aligned}$$

der minimale Funktionswert ist

$$\theta_k(\mu_k^*) = w^{k-1} - (1-m)^2\left[\|g^{k-1}\|^2 + \eta_{k-1}\right]^2/(8c^2). \tag{6.87}$$

Wegen $\mu_k^* \in [0,1]$, (6.80), (6.86) und (6.87) erhält man für alle $k > k_0$

$$w^k = q_k(\mu_k) \le q_k(\mu_k^*) \le \theta_k(\mu_k^*) = w^{k-1} - (1-m)^2\left[\|g^{k-1}\|^2 + \eta_{k-1}\right]^2/(8c^2).$$

Aufsummieren dieser Ungleichung für $j = k_0 + 1, \dots, k+1$ liefert

$$\kappa \sum_{j=k_0}^k \left(\|g^j\|^2 + \eta_j\right)^2 \le w^{k_0} - w^{k+1}$$

mit der Konstanten

$$\kappa := (1-m)^2/(8c^2).$$

Wegen $w^{k+1} \ge 0$ (vgl. (6.82)) folgt hieraus

$$\sum_{j=1}^\infty \left(\|g^j\|^2 + \eta_j\right)^2 < \infty.$$

Dies impliziert

$$g^k \to 0 \quad \text{und} \quad \varepsilon_k = \eta_k \to 0 \quad \text{für } k \to +\infty, \ k \ge k_0.$$

Nun können wir wie im zweiten Teil des Beweises von Lemma 6.76 argumentieren und zeigen, dass x^* ein Minimum von f auf $\mathbb{R}^n$ ist. $\qquad\square$

Nimmt man Lemma 6.76 und Lemma 6.77 zusammen, so erhält man die folgende Konvergenzaussage, die wir im verbleibenden Teil dieses Unterabschnittes allerdings noch verschärfen werden.

Satz 6.78. *Jeder Häufungspunkt einer vom Algorithmus 6.72 erzeugten Folge* $\{x^k\}$ *ist eine Lösung des konvexen Optimierungsproblems (6.65).*

Das nächste Ergebnis sichert die Existenz eines Häufungspunktes einer vom Algorithmus 6.72 erzeugten Folge unter einer relativ schwachen Voraussetzung.

Lemma 6.79. *Die Lösungsmenge* $\mathcal{S} := \{x^* \in \mathbb{R}^n \mid f(x^*) = \inf_{x \in \mathbb{R}^n} f(x)\}$ *des Optimierungsproblems (6.65) sei nichtleer. Ist* $x^* \in \mathcal{S}$ *ein Minimum von* f *und* $\{x^k\}$ *eine vom Algorithmus 6.72 erzeugte Folge, so gelten die folgenden Aussagen:*

(a) $\|x^* - x^k\|^2 \le \|x^* - x^m\|^2 + \sum_{j=m}^{k-1} \left(\|x^{j+1} - x^j\|^2 + 2t_j \varepsilon_j\right)$ *für alle* $m \in \mathbb{N}$ *und für alle* $k \ge m$.
(b) $\sum_{j=1}^{\infty} \left(\|x^{j+1} - x^j\|^2 + 2t_j \varepsilon_j\right) < \infty$.
(c) Die Folge $\{x^k\}$ *ist beschränkt.*

Beweis. (a) Wegen $g^k \in \partial_{\varepsilon_k} f(x^k)$ (nach Lemma 6.73 (b)) und $f(x^k) \ge f(x^*)$ (nach Voraussetzung) gilt

$$0 \ge f(x^*) - f(x^k) \ge (g^k)^T (x^* - x^k) - \varepsilon_k$$

und somit

$$(g^k)^T (x^* - x^k) \le \varepsilon_k.$$

Mit

$$x^{k+1} - x^k = t_k d^k = -t_k g^k \quad \text{und} \quad t_k \ge 0$$

erhält man

$$-(x^* - x^k)^T (x^{k+1} - x^k) \le t_k \varepsilon_k$$

für alle $k = 1, 2, \ldots$. Dies impliziert

$$
\begin{aligned}
\|x^* - x^{k+1}\|^2 &= \|x^* - x^k + x^k - x^{k+1}\|^2 \\
&= \|x^* - x^k\|^2 + \|x^{k+1} - x^k\|^2 - 2(x^* - x^k)^T (x^{k+1} - x^k) \\
&\le \|x^* - x^k\|^2 + \|x^{k+1} - x^k\|^2 + 2t_k \varepsilon_k.
\end{aligned}
$$

Hieraus folgt sofort die Aussage (a).

(b) Beachtet man

$$\|x^{k+1} - x^k\|^2 = t_k^2 \|d^k\|^2 = t_k^2 \|g^k\|^2 \le 2t_k^2 \|g^k\|^2$$

und $t_k \in [0, 1]$, so liefert Lemma 6.75 (b) die Aussage (b):

$$
\begin{aligned}
\sum_{j=1}^{\infty} \left(\|x^{j+1} - x^j\|^2 + 2t_j \varepsilon_j\right) &\le 2 \sum_{j=1}^{\infty} \left(t_j^2 \|g^j\|^2 + t_j \varepsilon_j\right) \\
&\le 2 \sum_{j=1}^{\infty} \left(t_j \|g^j\|^2 + t_j \varepsilon_j\right) \\
&< \infty.
\end{aligned}
$$

(c) Die Beschränktheit der Folge $\{x^k\}$ folgt unmittelbar aus (a) und (b).   □

Nach diesen Vorbereitungen können wir nun unser Hauptergebnis über die globale Konvergenz des Algorithmus 6.72 beweisen.

Satz 6.80. *Die Lösungsmenge* $\mathcal{S} := \{x^* \in \mathbb{R}^n \mid f(x^*) = \inf_{x \in \mathbb{R}^n} f(x)\}$ *des konvexen Optimierungsproblems (6.65) sei nichtleer. Dann konvergiert jede vom Algorithmus 6.72 erzeugte Folge* $\{x^k\}$ *gegen ein Minimum von* f.

Beweis. Nach Lemma 6.79 (c) ist die Folge $\{x^k\}$ beschränkt. Folglich existiert mindestens ein Häufungspunkt x^*. Nach Satz 6.78 ist dieser Häufungspunkt ein Minimum von f. Es bleibt also nur zu zeigen, dass die gesamte Folge $\{x^k\}$ gegen x^* konvergiert.

Sei $\varepsilon > 0$ beliebig gewählt. Da $\{x^k\}$ auf einer Teilfolge gegen x^* konvergiert und überdies die Reihe aus Lemma 6.79 (b) konvergent ist, gibt es eine Zahl $m \in \mathbb{N}$ mit den Eigenschaften

$$\|x^m - x^*\| \le \frac{1}{2}\varepsilon$$

und

$$\sum_{j=m}^{\infty} \left(\|x^{j+1} - x^j\|^2 + 2t_j\varepsilon_j\right) \le \frac{1}{2}\varepsilon.$$

Damit ergibt Lemma 6.79 (a)

$$\|x^k - x^*\|^2 \le \|x^m - x^*\|^2 + \frac{1}{2}\varepsilon \le \frac{1}{2}\varepsilon + \frac{1}{2}\varepsilon = \varepsilon$$

für alle $k \ge m$. Da $\varepsilon > 0$ beliebig vorgegeben war, ist damit die Behauptung bewiesen.   □

Wir beschließen diesen Abschnitt mit einigen Literaturhinweisen. Bundle–Methoden wurden unabhängig voneinander von Wolfe [176] und Lemaréchal [115] eingeführt. Man vergleiche auch die Überblicksartikel [182] von Zowe und [116] von Lemaréchal für Hinweise zur Entwicklung der Bundle–Methoden. Das Buch [87] von Hiriart-Urruty und Lemaréchal ist in erster Linie Bundle–Methoden und ihrem theoretischen Hintergrund gewidmet. Eine populäre Referenz für Bundle–Verfahren ist Kiwiel [106]. In diesem Band werden auch Erweiterungen auf restringierte und nichtkonvexe Probleme behandelt; man vergleiche auch Mifflin [128] für die ursprüngliche Idee einer solchen Erweiterung. Eine interessante Trust–Region–Variante der Bundle–Idee wird in Schramm und Zowe [161] vorgestellt, siehe auch das Buch [140] von Outrata, Kočvara und Zowe.

Für unsere Beschreibung des Bundle–Verfahrens haben wir auch die Vorlesungsausarbeitung [1] von Achtziger and Zowe (für die Motivation der

Bundle–Methode) und den Artikel [107] von Kiwiel (für das implementierbare Bundle–Verfahren und seine Konvergenz) verwendet, jedoch mussten insbesondere bei der Konvergenzuntersuchung des Algorithmus 6.72 einige Anpassungen vorgenommen werden, da Kiwiel [107] etwas andere quadratische Teilprobleme betrachtet.

Aufgaben

Aufgabe 6.1. Gegeben sei das Optimierungsproblem

$$\min f(x) \quad \text{u.d.N.} \quad g(x) \le 0$$

mit stetig differenzierbaren Funktionen $f : \mathbb{R}^n \to \mathbb{R}$, $g : \mathbb{R}^n \to \mathbb{R}^m$; wie üblich sei $L(x, \lambda) := f(x) + \lambda^T g(x)$. Das zugehörige *Wolfe–Dualproblem* lautet

$$\max L(x, \lambda) \quad \text{u.d.N.} \quad \nabla_x L(x, \lambda) = 0, \lambda \ge 0.$$

Man löse das Wolfe–Dualproblem für das Beispiel (vgl. Beispiel 6.7 (a))

$$\min f(x) := x_1^2 - x_2^2 \quad \text{u.d.N.} \quad g(x) := x_1^2 + x_2^2 - 1 \le 0$$

(Es zeigt sich, dass hier für nichtkonvexe Probleme bereits die schwache Dualität nicht mehr gesichert ist).

Weiter überlege man sich, wie (etwa unter geeigneten Konvexitätsvoraussetzungen) das Wolfe–Dualproblem mit dem Lagrange–Dualproblem zusammenhängt.

Aufgabe 6.2. Gegeben sei das Optimierungsproblem

$$\min f(x) \quad \text{u.d.N.} \quad x \in X, g(x) \le 0$$

mit $f : \mathbb{R}^n \to \mathbb{R}$, $g : \mathbb{R}^n \to \mathbb{R}^m$ und $X \subseteq \mathbb{R}^n$. Weiter sei q die zugehörige duale Funktion. Schließlich sei

$$M := \{(g(x), f(x)) \mid x \in X\} \subseteq \mathbb{R}^{m+1}.$$

Die Hyperebene

$$H := \{(v, w) \mid v \in \mathbb{R}^m, w \in \mathbb{R}, \lambda^T v + w = \gamma\} \subseteq \mathbb{R}^{m+1}$$

besitzt den Normalenvektor $(\lambda, 1)$ und schneidet die w–Achse $\{(0, w) \mid w \in \mathbb{R}\}$, die wir uns „nach oben" verlaufend vorstellen, in der Höhe γ. Unter dem zugehörigen positiven Halbraum wird die Menge

$$H^+ := \{(v, w) \mid v \in \mathbb{R}^m, w \in \mathbb{R}, \lambda^T v + w \ge \gamma\} \subseteq \mathbb{R}^{m+1}$$

verstanden.

Man zeige: Lässt man jede Hyperebene mit Normalenvektor $(\lambda, 1)$, deren positiver Halbraum die Menge M als Teilmenge enthält, zur Konkurrenz zu, so ist die größte erreichbare Höhe beim Schnitt einer solchen Ebene mit der w-Achse gerade die Zahl $q(\lambda)$.

Wie kann man in diesem Kontext den Maximalwert $\sup(D)$ charakterisieren?

Schließlich veranschauliche man sich unter Verwendung dieser Überlegungen das Auffinden der Optimalwerte $\inf(P)$ und $\sup(D)$ des primalen und des dualen Problems für das Beispiel (vgl. Beispiel 6.12)

$$\min \ f(x) := \begin{cases} x^2 - 2x & \text{falls } x \geq 0 \\ x & \text{falls } x < 0 \end{cases} \quad \text{u.d.N.} \quad g(x) := -x \leq 0$$

(mit $X = \mathbb{R}$) sowie für das Beispiel 6.7 (a).

Aufgabe 6.3. Betrachte das quadratische Optimierungsproblem

$$\min \frac{1}{2}x^T Q x + c^T x \quad \text{u.d.N.} \quad Ax \leq a, \ Bx = b$$

mit einer symmetrischen positiv definiten Matrix $Q \in \mathbb{R}^{n \times n}$, Matrizen $A \in \mathbb{R}^{m \times n}, B \in \mathbb{R}^{p \times n}$ und Vektoren $a \in \mathbb{R}^m$, $b \in \mathbb{R}^p$.

Man zeige, dass das hierzu duale Problem wieder ein quadratisches Optimierungsproblem ist. Ist die zur Zielfunktion q gehörige Matrix $\tilde{Q}$ stets negativ definit?

Aufgabe 6.4. Betrachte ein Optimierungsproblem der Gestalt

$$\begin{array}{ll} \min & \sum_{i=1}^m f_i(x_i) \\ \text{u.d.N.} & \sum_{i=1}^m g_{ij}(x_i) \leq 0, \quad j = 1, \ldots, r, \\ & x_i \in X_i \quad \forall i = 1, \ldots, m \end{array}$$

mit $f_i : \mathbb{R}^{n_i} \to \mathbb{R}$, $g_{ij} : \mathbb{R}^{n_i} \to \mathbb{R}$, $X_i \subseteq \mathbb{R}^{n_i}$ und $n := n_1 + \ldots + n_m$. Man überlege sich, wie man bei einem geeigneten Dualproblem die zugehörige Zielfunktion möglichst günstig auswerten kann.

Aufgabe 6.5. Betrachte das Optimierungsproblem

$$\min f(x) \quad \text{u.d.N.} \quad g(x) \leq 0, h(x) = 0, x \in X$$

mit $X \subseteq \mathbb{R}^n$ nichtleer, abgeschlossen und konvex, $f, g_i : \mathbb{R}^n \to \mathbb{R}$ stetig differenzierbar und konvex für $i = 1, \ldots, m$ sowie $h : \mathbb{R}^n \to \mathbb{R}^p$ affin–linear. Seien $\inf(P)$ der optimale Funktionswert dieses Problems, $\sup(D)$ der optimale Wert des zugehörigen dualen Problems sowie

$$L(x, \lambda, \mu) := f(x) + \lambda^T g(x) + \mu^T h(x)$$

die zugeordnete Lagrange–Funktion. Man zeige: Existiert ein Tripel

$$(x^*, \lambda^*, \mu^*) \in X \times \mathbb{R}^m \times \mathbb{R}^p$$

mit

$$\nabla_x L(x^*, \lambda^*, \mu^*) = 0,$$
$$h(x^*) = 0,$$
$$g(x^*) \le 0, \ \lambda^* \ge 0, \ g(x^*)^T \lambda^* = 0,$$

so gilt die starke Dualität $\inf(P) = \sup(D)$.

Aufgabe 6.6. Im Zusammenhang mit den Trust–Region–Verfahren in der unrestringierten Optimierung (siehe z.B. [66, Kapitel 14]) tauchen Teilprobleme der Gestalt

$$\min \ \frac{1}{2}x^T Q x + c^T x \quad \text{u.d.N.} \quad \|x\| \le \Delta \qquad (6.88)$$

auf; dabei ist $Q \in \mathbb{R}^{n \times n}$ eine symmetrische (nicht notwendig positiv semi–definite) Matrix, $c \in \mathbb{R}^n$ und $\Delta > 0$. Dann gelten die folgenden Aussagen:

(a) Besitzt Q mindestens einen negativen Eigenwert und ist x^* eine Lösung von (6.88), so gilt $\|x^*\| = \Delta$.

(b) Ist Q positiv semi–definit und singulär (also nicht positiv definit), so besitzt (6.88) eine Lösung x^* mit $\|x^*\| = \Delta$.

Bemerkung: Diese Aufgabe dient nur als Vorbereitung für die Aufgabe 6.7.

Aufgabe 6.7. (Starke Dualität beim Trust–Region–Teilproblem)
Betrachte das Trust–Region–Teilproblem

$$\min \ \frac{1}{2}x^T Q x + c^T x \quad \text{u.d.N.} \quad \|x\| \le \Delta \qquad (6.89)$$

mit $Q \in \mathbb{R}^{n \times n}$ symmetrisch (nicht notwendig positiv semi–definit), $c \in \mathbb{R}^n$ und $\Delta > 0$. Das im Sinne der Lagrange–Dualität zugehörige Dualproblem ist gegeben durch

$$\max \ q(\lambda) \quad \text{u.d.N.} \quad \lambda \ge 0 \qquad (6.90)$$

mit der dualen Zielfunktion

$$q(\lambda) := \inf_{x \in \mathbb{R}^n} \frac{1}{2}x^T Q x + c^T x + \frac{\lambda}{2}\left(\|x\|^2 - \Delta^2\right).$$

Seien $\inf(P)$ und $\sup(D)$ die zugehörigen Optimalwerte von (6.89) und (6.90). Dann gilt $\inf(P) = \sup(D)$, d.h., beim Trust–Region–Teilproblem gilt die starke Dualität, obwohl es sich unter Umständen um ein nichtkonvexes Problem handelt.

(Hinweis: Ist Q positiv semi–definit, so folgt die Behauptung aus dem starken Dualitätssatz. Betrachte daher den Fall, dass der kleinste Eigenwert $\lambda_{\min}$

von Q negativ ist. Man überlege sich dann, warum die folgenden Gleichungen und Ungleichungen gelten:

$$
\begin{aligned}
\inf(P) &= \min_{\|x\| \leq \Delta} \frac{1}{2} x^T Q x + c^T x \\
&= \min_{\|x\| = \Delta} \frac{1}{2} x^T Q x + c^T x \\
&= \min_{\|x\| = \Delta} \frac{1}{2} x^T (Q - \lambda_{\min} I) x + c^T x + \frac{\lambda_{\min}}{2} \|x\|^2 \\
&= \min_{\|x\| = \Delta} \frac{1}{2} x^T (Q - \lambda_{\min} I) x + c^T x + \frac{\lambda_{\min}}{2} \Delta^2 \\
&= \min_{\|x\| \leq \Delta} \frac{1}{2} x^T (Q - \lambda_{\min} I) x + c^T x + \frac{\lambda_{\min}}{2} \Delta^2 \\
&= \sup_{\lambda \geq 0} \min_x \frac{1}{2} x^T (Q - \lambda_{\min} I) x + c^T x + \frac{\lambda}{2} \left(\|x\|^2 - \Delta^2 \right) + \frac{\lambda_{\min}}{2} \Delta^2 \\
&= \sup_{\lambda \geq 0} \min_x \frac{1}{2} x^T Q x + c^T x + \frac{1}{2} (\lambda - \lambda_{\min}) \left(\|x\|^2 - \Delta^2 \right) \\
&\leq \sup_{\lambda \geq \lambda_{\min}} \min_x \frac{1}{2} x^T Q x + c^T x + \frac{1}{2} (\lambda - \lambda_{\min}) \left(\|x\|^2 - \Delta^2 \right) \\
&= \sup(D) \\
&\leq \inf(P);
\end{aligned}
$$

dabei können insbesondere die Aufgabe 6.6 sowie der starke und schwache Dualitätssatz recht nützlich sein.)

Aufgabe 6.8. Betrachte das ganzzahlige Optimierungsproblem (P)

$$\min f(x) \quad \text{u.d.N.} \quad g(x) \leq 0, \ h(x) = 0, \ x_i \in X_i, \ i = 1, \ldots, n,$$

wobei $f : \mathbb{R}^n \to \mathbb{R}$ und $g_i : \mathbb{R}^n \to \mathbb{R}$, $i = 1, \ldots, m$, konvexe Funktionen sind, $h : \mathbb{R}^n \to \mathbb{R}^p$ affin–linear ist und $X_i \subseteq \mathbb{R}$, $i = 1, \ldots, n$, endliche Mengen sind, welche jeweils mindestens zwei Punkte enthalten (ein typisches Beispiel ist $X_i = \{0, 1\}$ für alle i) .

Sei $\hat{X}_i := \text{conv}(X_i)$ die konvexe Hülle von X_i, $i = 1, \ldots, n$. Betrachte damit das „gelockerte" (nicht ganzzahlige) Optimierungsproblem ($\hat{\text{P}}$)

$$\min f(x) \quad \text{u.d.N.} \quad g(x) \leq 0, \ h(x) = 0, \ x_i \in \hat{X}_i, \ i = 1, \ldots, n.$$

Die Optimalwerte von (P) und ($\hat{\text{P}}$) seien mit f^* und $\hat{f}$ bezeichnet. Man zeige, dass $\hat{f}$ eine untere Schranke für f^* ist.

Eine weitere untere Schranke für f^* ist bekanntlich der Optimalwert q^* des Lagrange–Dualproblems von (P). Man zeige: Gibt es einen zum Inneren der Menge $\hat{X} := \hat{X}_1 \times \ldots \times \hat{X}_n$ gehörenden Vektor $\hat{x} \in \mathbb{R}^n$ mit den Eigenschaften $g(\hat{x}) < 0$ und $h(\hat{x}) = 0$, so gilt

$$\hat{f} \le q^*,$$

d.h., die aus dem Dualproblem resultierende untere Schranke q^* ist jedenfalls nicht schlechter als die durch Lockerung von (P) gewonnene Schranke $\hat{f}$.

Aufgabe 6.9. (Standortproblem, siehe auch Beispiel 6.2)
Seien $a_1, \ldots, a_m$ paarweise verschiedene Punkte des $\mathbb{R}^n$, $w_1, \ldots, w_m$ positive reelle Zahlen und

$$f : \mathbb{R}^n \to \mathbb{R}, \quad f(x) = \sum_{i=1}^{m} w_i \|x - a_i\|.$$

Man gebe eine notwendige und hinreichende Bedingung dafür an, dass $x \in \mathbb{R}^n$ Minimum von f ist.

(Hinweis: Man zeige und verwende, dass für die Funktion $g : \mathbb{R}^n \to \mathbb{R}$, $g(x) = \|x\|$ das Subdifferential durch

$$\partial g(x) = \begin{cases} \left\{ \frac{x}{\|x\|} \right\}, & \text{falls } x \neq 0, \\ \{ s \in \mathbb{R}^n \mid \|s\| \le 1 \}, & \text{falls } x = 0. \end{cases}$$

gegeben ist.)

Aufgabe 6.10. Man beweise unter der Voraussetzung des Satzes 6.22, dass die Inklusion

$$\text{conv}\{\nabla F_i(x) \mid i \in J(x)\} \subseteq \partial f(x)$$

gilt, und zwar ohne Verwendung der Richtungsableitung von f.

Aufgabe 6.11. Zu vorgegebenen Vektoren $a_j \in \mathbb{R}^n$ und Zahlen $\beta_j \in \mathbb{R}$ $(j = 1, \ldots, m)$ sei

$$f(x) := \max_{j=1,\ldots,m} |a_j^T x - \beta_j|$$

$(x \in \mathbb{R}^n)$. Für $x \in \mathbb{R}^n$ sei weiter die Indexmenge

$$J(x) := \{ j \in \{1, \ldots, m\} \mid |a_j^T x - \beta_j| = f(x) \}$$

definiert. Zu einer Zahl $u \in \mathbb{R}$ bezeichne schließlich $\text{sgn}(u)$ das Vorzeichen von u, also $\text{sgn}(u) = 1$ für $u > 0$, $\text{sgn}(u) = 0$ für $u = 0$ und $\text{sgn}(u) = -1$ für $u < 0$. Dann gilt für das Subdifferential $\partial f(x)$ der Funktion f in einem Punkt $x \in \mathbb{R}^n$ mit $f(x) > 0$

$$\partial f(x) = \text{conv}\left\{ \left(\text{sgn}(a_j^T x - \beta_j) \right) a_j \mid j \in J(x) \right\}.$$

(Hinweis: Man setze

$$F_{2j-1}(x) := a_j^T x - \beta_j, \quad F_{2j}(x) := -(a_j^T x - \beta_j)$$

$(j = 1, \ldots, m)$ und verwende Satz 6.22 (b). Dabei beachte man, dass zwei benachbarte Indizes $2j - 1$, $2j$ nicht beide zur Menge $I(x)$ gehören können.
— Zusammen mit Satz 6.18 liefert die obige Darstellung des Subdifferentials $\partial f(x)$ eine Charakterisierung der Lösung des diskreten Approximationsproblems

$$\min_{} \max_{j=1,\ldots,m} |a_j^T x - \beta_j|, \quad x \in \mathbb{R}^n,$$

siehe Beispiel 6.3.)

Aufgabe 6.12. Man beweise Lemma 6.23 (Auffinden eines Gradienten für die duale Zielfunktion).

Aufgabe 6.13. (Elementare Eigenschaften halbstetiger Funktionen)
Seien $f, f_1, f_2 : \mathbb{R}^n \to \mathbb{R} \cup \{+\infty\}$ erweiterte Funktionen, $x \in \mathbb{R}^n$ und $\alpha > 0$ gegeben. Dann gelten:

(a) Ist f nach unten (bzw. oben) halbstetig in x, so ist auch αf nach unten (bzw. oben) halbstetig in x.
(b) Sind f_1 und f_2 nach unten (bzw. oben) halbstetig in x, so ist auch $f_1 + f_2$ nach unten (oben) halbstetig in x.
(c) f ist genau dann nach unten halbstetig in x, wenn $-f$ nach oben halbstetig in x ist.
(d) Ist f_1 nach unten halbstetig in x und f_2 nach oben halbstetig in x, so ist $f_1 + f_2$ im Allgemeinen weder nach unten noch nach oben halbstetig in x (Gegenbeispiel!).

Aufgabe 6.14. (Halbstetigkeit von Indikatorfunktionen)
Seien $X \subseteq \mathbb{R}^n$ eine nichtleere Teilmenge und χ_X die zugehörige Indikatorfunktion. Dann gelten:

(a) χ_X ist genau dann nach unten halbstetig auf dem $\mathbb{R}^n$, wenn X abgeschlossen ist.
(b) χ_X ist genau dann nach oben halbstetig auf dem $\mathbb{R}^n$, wenn X offen ist.

Aufgabe 6.15. Sei $\{\gamma_k\}$ eine Folge positiver Zahlen und $\sigma_l := \sum_{k=0}^{l} \gamma_k$. Dann gilt

$$2 \sum_{k=1}^{l} \gamma_{k-1} \sigma_{k-2} + \sum_{k=1}^{l} \gamma_{k-1}^2 = \sigma_{l-1}^2$$

für alle $l = 1, 2, \ldots$, wobei formal $\sigma_{-1} := 0$ gesetzt werde.
Bemerkung: Diese Aufgabe vervollständigt den Beweis des Lemmas 6.42.

Aufgabe 6.16. (Konvergenzsatz für das „optimale" Subgradientenverfahren)
Betrachte das Optimierungsproblem

$$\min f(x) \quad \text{u.d.N.} \quad x \in X$$

mit $f : \mathbb{R}^n \to \mathbb{R}$ konvex und $X \subseteq \mathbb{R}^n$ nichtleer, abgeschlossen und konvex. Die Lösungsmenge dieses Problems sei nichtleer, und

$$f^* := \min\{f(x) \mid x \in X\}$$

bezeichne den optimalen Funktionswert. Seien $\{x^k\}$ und $\{m_k\}$ die durch das Subgradientenverfahren aus dem Algorithmus 6.50 erzeugten Folgen mit der durch den Beweis von Lemma 6.52 motivierten „optimalen" Schrittweite

$$t_k := \frac{f(x^k) - f^*}{\|s^k\|},$$

wobei s^k den im Algorithmus 6.50 berechneten Subgradienten aus $\partial f(x^k)$ bezeichnet. Dann konvergiert die Folge $\{m_k\}$ gegen f^*.

(Hinweis: Ein genauer Blick in den Beweis des Lemmas 6.52 kann recht nützlich sein.)

Aufgabe 6.17. (Langsame Konvergenz des Subgradientenverfahrens) Zur Lösung des unrestringierten Problems

$$\min f(x), \quad x \in \mathbb{R}^n,$$

betrachte man das Subgradientenverfahren aus dem Algorithmus 6.50 mit einer Schrittweite $t_k > 0$, die den beiden Bedingungen

$$\lim_{k \to \infty} t_k = 0 \quad \text{und} \quad \sum_{k=0}^{\infty} t_k = \infty \tag{6.91}$$

aus dem Konvergenzsatz 6.51 genüge. Die durch das Subgradientenverfahren erzeugte Folge $\{x^k\}$ konvergiere gegen einen Punkt x^*. Dann ist die Konvergenz langsamer als R–linear (dabei heißt eine Folge $\{x^k\}$ R–linear konvergent gegen einen Punkt x^*, wenn es Konstanten $c > 0$ und $q \in (0,1)$ gibt mit $\|x^k - x^*\| \leq cq^k$ für alle hinreichend großen $k \in \mathbb{N}$).

(Hinweis: Man nehme an, die Folge konvergiere R–linear gegen x^*. Hieraus folgt dann relativ schnell ein Widerspruch zu den Bedingungen (6.91).)

Aufgabe 6.18. (Schnittebenenverfahren für ein eindimensionales Beispiel) Man betrachte das eindimensionale Optimierungsproblem

$$\min f(x) \quad \text{u.d.N.} \quad x \in X$$

mit

$$f(x) := \max\{f_1(x), f_2(x), f_3(x), f_4(x)\} \quad \text{und} \quad X := [0, 10]$$

sowie

$$f_1(x) := 5 - x, \; f_2(x) := 4 - \frac{1}{2}x, \; f_3(x) := -\frac{3}{2} + \frac{1}{2}x, \; f_4(x) := -5 + x.$$

Man löse dieses Problem (per Hand bzw. graphisch) unter Verwendung des Schnittebenenverfahrens mit dem Startwert $x^0 = 0$. Welche Folge wird durch das Schnittebenenverfahren erzeugt?

Aufgabe 6.19. (Endlicher Abbruch des Schnittebenenverfahrens)
Betrachte das Optimierungsproblem

$$\min f(x) \quad \text{u.d.N.} \quad x \in X$$

mit $X \subseteq \mathbb{R}^n$ nichtleer, abgeschlossen und konvex sowie $f : \mathbb{R}^n \to \mathbb{R}$ gegeben durch

$$f(x) := \max \left\{ a_1^T x + \beta_1, a_2^T x + \beta_2, \ldots, a_m^T x + \beta_m \right\},$$

$a_i \in \mathbb{R}^n$, $\beta_i \in \mathbb{R}$ für $i = 1, \ldots, m$. Für diese Funktion f ist das Subdifferential im Punkt x nach Satz 6.22 gegeben durch

$$\partial f(x) = \operatorname{conv}\{a_i \,|\, i \in I(x)\},$$

wobei $I(x) := \{i \,|\, a_i x + \beta_i = f(x)\}$.

Betrachtet werde das Schnittebenenverfahren mit der folgenden Modifikation von Schritt (S.2) des Algorithmus 6.53:

$$\text{Wähle } s^k = a_{i_k} \text{ für ein } i_k \in I(x^k) \text{ und setze } \ldots.$$

Man zeige, dass dieses Schnittebenenverfahren nach endlich vielen Schritten mit einer Lösung des Problems abbricht (dabei wird natürlich implizit vorausgesetzt, dass die durch das Schnittebenenverfahren erzeugten Iterierten existieren).

Aufgabe 6.20. Man ermittle das ε–Subdifferential der Funktion

$$f : \mathbb{R} \to \mathbb{R}, \quad f(x) = |x|.$$

Aufgabe 6.21. Seien $X \subseteq \mathbb{R}^n$ eine kompakte Menge und $F : X \to \mathbb{R}^m$ lokal Lipschitz–stetig auf X. Dann existiert eine Konstante $L > 0$ (unabhängig von speziellen Elementen $x \in X$) mit

$$\|F(x) - F(y)\| \le L\|x - y\|$$

für alle $x, y \in X$, d.h., F ist Lipschitz–stetig auf X.

Aufgabe 6.22. In Beispiel 6.64 bestätige man die angegebenen Ergebnisse für d^0 und x^1. Weiter zeige man, dass $\hat{d} = (0, -1)^T$ eine Abstiegsrichtung für f im Punkt $\hat{x} = (0, 0)^T$ ist.

Aufgabe 6.23. Man führe den Beweis der Äquivalenz zwischen den Aussagen (a) und (b) im Lemma 6.71 vollständig durch.

Aufgabe 6.24. Man implementiere das Subgradientenverfahren aus dem Algorithmus 6.50 zur Lösung des unrestringierten Problems

$$\min f(x), \quad x \in \mathbb{R}^n,$$

unter Verwendung der

(a) durch den Satz 6.51 motivierten Schrittweite $t_k := 1/(k+1)$;
(b) der „optimalen" Schrittweite $t_k := (f(x^k) - f^*)/\|s^k\|$ aus der Aufgabe 6.16.

Als Abbruchkriterium wähle man

$$f(x^k) - f^* \leq \varepsilon$$

mit (zum Beispiel) $\varepsilon = 10^{-3}$.

Als Testbeispiele können die beiden folgenden Probleme dienen:

(i) Beale–Funktion:

$$f(x) := \sum_{i=1}^{3} (y_i - x_1(1 - x_2^i))^2$$

mit

$$y_1 = 1.5, \quad y_2 = 2.25, \quad y_3 = 2.625.$$

Startvektor: $x^0 = (1, 1)$.
Lösung: $x^* = (3, 0.5)$ mit $f(x^*) = 0$.
Beachte: Die Beale–Funktion ist stetig differenzierbar, aber nicht konvex.

(ii) Crescent–Funktion:

$$f(x) := \max\{x_1^2 + (x_2 - 1)^2 + x_2 - 1, -x_1^2 - (x_2 - 1)^2 + x_2 + 1\}.$$

Startvektor: $x^0 = (-1.5, 2)$.
Lösung: $x^* = (0, 0)$ mit $f(x^*) = 0$.

7. Variationsungleichungen

Dieses Kapitel gibt eine Einführung in die Theorie und Numerik der sogenannten Variationsungleichungen. Derartige Probleme treten in verschiedenen Bereichen der Mathematik (z.B. freie Randwertprobleme), Ingenieurwissenschaften (z.B. Kontaktprobleme) und Wirtschaftswissenschaften (z.B. verschiedene Gleichgewichtsprobleme) auf, wobei sich unsere Darstellung auf die Behandlung von finiten Variationsungleichungen beschränkt; für die Betrachtung entsprechender Probleme in unendlich–dimensionalen Räumen sei etwa auf [105] verwiesen. Da die Variationsungleichungen in einem engen Zusammenhang zu den Optimierungsproblemen stehen, können die hier vorzustellenden Verfahren zum Teil auch zur Lösung von Optimierungsaufgaben verwendet werden.

7.1 Grundlagen

Dieser Abschnitt beschäftigt sich zunächst mit einigen Grundlagen aus der Theorie der Variationsungleichungen. Der Unterabschnitt 7.1.1 führt kurz in die Problemstellung ein und gibt eine Reihe von Beispielen und Spezialfällen an. Der Unterabschnitt 7.1.2 ist dann der Klasse der monotonen Funktionen gewidmet, die zur Lösung von Variationsungleichungen etwa die Bedeutung der konvexen Funktionen bei den Optimierungsproblemen besitzen. Auf die Frage der Existenz und Eindeutigkeit von Lösungen einer Variationsungleichung gehen wir im Unterabschnitt 7.1.3 ein. Schließlich beschäftigen wir uns im Unterabschnitt 7.1.4 mit den sogenannten verallgemeinerten Karush–Kuhn–Tucker–Bedingungen, die in einem engen Zusammenhang zu den üblichen KKT–Bedingungen bei Optimierungsproblemen stehen und auch bei Variationsungleichungen unter gewissen Voraussetzungen notwendige und hinreichende Optimalitätskriterien darstellen.

7.1.1 Definition und Beispiele

Wir beginnen zunächst mit der für dieses Kapitel grundlegenden Definition einer Variationsungleichung.

Definition 7.1. *Seien $X \subseteq \mathbb{R}^n$ nichtleer und abgeschlossen sowie $F : X \to \mathbb{R}^n$ gegeben. Als (finite)* Variationsungleichung *(engl.: variational inequality problem; kurz: VIP(X, F)) versteht man das Problem, einen Vektor $x^* \in X$ zu finden mit*

$$F(x^*)^T (x - x^*) \geq 0 \quad \forall x \in X.$$

Der Vektor x^* heißt dann auch Lösung *der Variationsungleichung VIP(X, F), während X als* zulässige Menge *von VIP(X, F) bezeichnet wird.*

Häufig wird die in der Definition 7.1 auftretende Menge X zusätzlich noch als konvex vorausgesetzt, was wir im Folgenden auch fast ausschließlich tun werden. Lediglich im Unterabschnitt 7.1.4 werden wir bei der Behandlung der sogenannten verallgemeinerten KKT–Bedingungen zum Teil auf diese zusätzliche Voraussetzung verzichten.

In den nachstehenden Resultaten geben wir eine Reihe von wichtigen mathematischen Problemen an, die bei geeigneter Wahl von X und/oder F als Spezialfall einer Variationsungleichung angesehen werden können. Diese Resultate zeigen insbesondere, dass es sich bei einer Variationsungleichung um ein sehr allgemeines Problem handelt.

Wir beginnen zunächst mit dem Zusammenhang zwischen nichtlinearen Gleichungssystemen und Variationsungleichungen.

Lemma 7.2. *Betrachte die Variationsungleichung VIP(X, F) mit $X = \mathbb{R}^n$. Dann ist ein Vektor $x^* \in X$ genau dann eine Lösung von VIP(X, F), wenn er das nichtlineare Gleichungssystem $F(x) = 0$ löst.*

Beweis. Sei x^* zunächst eine Lösung von VIP(X, F) mit $X = \mathbb{R}^n$. Dann ist $F(x^*)^T (x - x^*) \geq 0$ für alle $x \in \mathbb{R}^n$. Speziell für $x = x^* - F(x^*)$ folgt dann:

$$-F(x^*)^T F(x^*) = F(x^*)^T (x - x^*) \geq 0.$$

Also ist $F(x^*) = 0$.

Gilt umgekehrt $F(x^*) = 0$, so ist offensichtlich $F(x^*)^T (x - x^*) = 0 \geq 0$ für alle $x \in \mathbb{R}^n$. □

Bevor wir auf einen weiteren wichtigen Spezialfall einer Variationsungleichung eingehen, geben wir zunächst noch eine Definition an.

Definition 7.3. *Sei $F : \mathbb{R}^n_+ \to \mathbb{R}^n$ gegeben. Das* Komplementaritätsproblem *besteht darin, einen Vektor $x^* \in \mathbb{R}^n$ zu finden, so dass $x = x^*$ dem folgenden System genügt:*

$$x \geq 0, F(x) \geq 0, x^T F(x) = 0.$$

Ist F dabei eine affin–lineare Funktion, d.h., $F(x) = Mx + q$ für ein $M \in \mathbb{R}^{n \times n}$ und ein $q \in \mathbb{R}^n$, so spricht man von einem linearen Komplementaritätsproblem *(engl.: linear complementarity problem; kurz: LCP(q, M)), anderenfalls von einem* nichtlinearen Komplementaritätsproblem *(engl.: nonlinear complementarity problem; kurz: NCP(F)).*

Komplementaritätsprobleme sind von großer eigener Bedeutung. Daher existieren auch zahlreiche Verfahren, die von der speziellen Struktur der Komplementaritätsprobleme Gebrauch machen, siehe etwa [77, 53]. Wir werden im Rahmen dieses Kapitels hierauf nicht weiter eingehen können. Stattdessen zeigen wir lediglich, dass auch das Komplementaritätsproblem als ein Spezialfall einer Variationsungleichung aufgefasst werden kann. Insbesondere lassen sich daher alle später zu beschreibenden Verfahren zur Lösung von Variationsungleichungen auch auf Komplementaritätsprobleme anwenden.

Lemma 7.4. *Seien* $X = \mathbb{R}^n_+$ *und* $F : X \to \mathbb{R}^n$. *Dann löst ein Vektor* $x^* \in \mathbb{R}^n$ *genau dann die Variationsungleichung VIP(X, F), wenn* x^* *das Komplementaritätsproblem NCP(F) löst.*

Beweis. Sei $x^* \in \mathbb{R}^n$ zunächst eine Lösung von VIP(X, F) mit $X = \mathbb{R}^n_+$. Dann gilt $x^* \geq 0$ und $F(x^*)^T (x - x^*) \geq 0$ für alle $x \geq 0$. Speziell für $x := x^* + e_i \geq 0$ ist dann

$$F_i(x^*) = F(x^*)^T (x - x^*) \geq 0 \quad \forall i \in 1, \ldots, n,$$

also $F(x^*) \geq 0$. Insbesondere ist $F(x^*)^T x^* \geq 0$. Angenommen, es existiert ein Index $i \in \{1, \ldots, n\}$ mit $F_i(x^*) x_i^* > 0$. Wähle dann $x := (x_1^*, \ldots, x_{i-1}^*, 0, x_{i+1}^*, \ldots, x_n^*)^T \geq 0$. Damit folgt

$$0 > -F_i(x^*) x_i^* = F(x^*)^T (x - x^*) \geq 0,$$

ein Widerspruch. Somit ist auch $F(x^*)^T x^* = 0$, d.h., x^* löst das Problem NCP(F).

Sei umgekehrt $x^* \in \mathbb{R}^n$ eine Lösung von NCP(F), also $x^* \geq 0, F(x^*) \geq 0$ und $F(x^*)^T x^* = 0$. Sei ferner $x \geq 0$ beliebig. Dann gilt

$$F(x^*)^T (x - x^*) = F(x^*)^T x - F(x^*)^T x^* = F(x^*)^T x \geq 0,$$

d.h., x^* ist eine Lösung von VIP(X, F) mit $X = \mathbb{R}^n_+$.   □

Wir betrachten als Nächstes ein sogenanntes *Nash–Gleichgewichtsproblem* und zeigen, dass es sich hierbei gerade um ein Komplementaritätsproblem handelt. Bei dem hier zu untersuchenden Nash–Gleichgewichtsproblem mögen mehrere Unternehmen dasselbe Produkt herstellen. Wir benutzen die folgenden Bezeichnungen:

i:	Unternehmen i, $i = 1, \ldots, n$,
x_i:	vom Unternehmen i hergestellte Einheiten des Produktes,
$\xi := \sum_{i=1}^n x_i$:	insgesamt hergestellte Einheiten des Produktes,
$p(\xi)$:	Preis (pro Einheit), zu dem der Verbraucher ξ Einheiten des Produktes nachfragt (sogenannte *inverse Nachfragefunktion*),
$c_i(x_i)$:	Produktionskosten des Unternehmens i (gesamt, nicht pro Einheit).

Ein Vektor $x^* \in \mathbb{R}^n$ heißt *Nash–Gleichgewichtspunkt*, wenn jede Komponente x_i^* für $i = 1, \ldots, n$ das Problem

$$\max \ x_i p(x_i + \sum_{j \neq i} x_j^*) - c_i(x_i) \quad \text{u.d.N.} \quad x_i \geq 0 \qquad (7.1)$$

löst, wobei die Voraussetzungen an p und c_i üblicherweise so sind, dass es sich hierbei um ein konkaves Maximierungsproblem handelt. Aus diesem Grunde ist x_i^* genau dann eine Lösung des obigen Maximierungsproblems für $i = 1, \ldots, n$, wenn x^* den folgenden KKT–Bedingungen für $i = 1, \ldots, n$ genügt:

$$x_i \geq 0,$$
$$c_i'(x_i) - p(\xi) - x_i p'(\xi) \geq 0,$$
$$x_i \left(c_i'(x_i) - p(\xi) - x_i p'(\xi) \right) = 0.$$

Diese wiederum sind offenbar nichts anderes als ein nichtlineares Komplementaritätsproblem NCP(F) mit der Funktion

$$F_i(x) := c_i'(x_i) - p(\xi) - x_i p'(\xi) \quad \forall i = 1, \ldots, n.$$

Zum besseren Verständnis kommen wir noch einmal zu dem Problem (7.1) zurück und überlegen uns, was die dortige Zielfunktion sowie die Nebenbedingung eigentlich bedeuten. Die Nebenbedingung ist relativ klar: Das Unternehmen i wird keine negativen Stückzahlen des Produktes herstellen. Der Ausdruck

$$p(x_i + \sum_{j \neq i} x_j^*)$$

hingegen besagt, wieviel das i–te Unternehmen pro Einheit einnehmen kann, wenn (bei festgehaltener „optimaler" Stückzahl x_j^* der Konkurrenzunternehmen $j \neq i$) es selbst x_i Einheiten produziert. Dies wird noch mit der Stückzahl x_i multipliziert und bildet die Einnahmen des Unternehmens i, wovon in der Zielfunktion in (7.1) noch die Ausgaben $c_i(x_i)$ abgezogen werden. Damit erscheint das Modell (7.1) einigermaßen plausibel. Übrigens lässt sich dieses Nash–Gleichgewichtsproblem nicht einfach als ein Optimierungsproblem (bzw. als n Optimierungsprobleme) lösen, da die Werte x_j^* in der Zielfunktion von (7.1) unbekannt sind.

Als einen weiteren Spezialfall einer Variationsungleichung erhält man das Optimierungsproblem

$$\min f(x) \quad \text{u.d.N.} \quad x \in X \qquad (7.2)$$

mit einer stetig differenzierbaren Zielfunktion $f : \mathbb{R}^n \to \mathbb{R}$ und einer geeigneten Menge $X \subseteq \mathbb{R}^n$.

Lemma 7.5. *Seien $f : \mathbb{R}^n \to \mathbb{R}$ stetig differenzierbar und $X \subseteq \mathbb{R}^n$ nichtleer, abgeschlossen und konvex. Dann gelten:*

(a) Ist $x^* \in X$ ein lokales Minimum von (7.2), so löst x^* die Variationsungleichung $VIP(X, \nabla f)$.

(b) Ist f konvex und x^* eine Lösung von $VIP(X, \nabla f)$, so ist x^* ein globales Minimum von (7.2).

Beweis. Die Aussagen sind nichts anderes als eine andere Formulierung des Satzes 5.57. $\qquad\square$

Bemerkenswert am Teil (a) des Lemmas 7.5 ist insbesondere die Tatsache, dass bereits jedes lokale (nicht notwendig globale) Minimum von (7.2) die Variationsungleichung $VIP(X, \nabla f)$ löst.

Als ein weiteres Beispiel einer Variationsungleichung betrachten wir ein *Transportproblem*: Gegeben sei ein gerichteter Graph $G = (E, K)$, wobei K eine Menge von Kanten (z.B. Straßen, Eisenbahnlinien) und E eine Menge von Ecken (z.B. Kreuzungen, Bahnhöfe) repräsentieren. Ferner sei eine Menge $W \subseteq E \times E$ gegeben, deren Elemente also Paare von Ecken sind. Für jedes $w \in W$, etwa $w = (E_i, E_j)$, soll eine Menge $r_w \geq 0$ eines bestimmten Gutes von der „Startecke" E_i zur „Zielecke" E_j transportiert werden. Als Transportweg kommen eventuell mehrere Wege in Frage. Die Menge aller möglichen Wege sei für jedes $w \in W$ mit P_w bezeichnet. Ferner sei $x_p \geq 0$ derjenige Anteil von r_w, der über den Weg $p \in P_w$ transportiert wird.

Ist x dann der Vektor mit Komponenten x_p für alle $p \in P_w$ und alle $w \in W$, so liegt x also in der Menge

$$X := \left\{ x \,\middle|\, x \geq 0, \sum_{p \in P_w} x_p = r_w \;\; \forall w \in W \right\}.$$

Für jeden Weg p sei außerdem eine Funktion $F_p(x)$ gegeben, die z.B. die Transportkosten für den Weg p angibt. Das Transportproblem besteht nun darin, einen Vektor $x^* \in X$ zu finden mit

$$x_p^* > 0 \implies F_p(x^*) \leq F_{p'}(x^*) \quad \forall p' \in P_w, \;\; \forall w \in W, \tag{7.3}$$

d.h., über den Weg p soll nur dann Transport stattfinden, wenn es keinen „kostengünstigeren" Weg p' mit der gleichen Start– und Zielecke gibt.

Bezeichnet F die Funktion mit den Komponenten F_p, wobei die Komponenten analog zu denen des Vektors x angeordnet seien, so können wir das Transportproblem als eine Variationsungleichung formulieren.

Lemma 7.6. *Seien X und F wie zuvor definiert. Dann ist ein Vektor $x^* \in X$ genau dann eine Lösung des Transportproblemes, wenn x^* die Variationsungleichung $VIP(X, F)$ löst.*

Beweis. Sei $x^* \in X$ zunächst eine Lösung des Transportproblems. Für jedes $w \in W$ definiere die „minimalen Transportkosten"

$$F_w^* := \min_{p \in P_w} F_p(x^*).$$

Nun gilt für jedes $x \in X$ per Definition der Menge X:

$$\sum_{p \in P_w} (x_p - x_p^*) = \sum_{p \in P_w} x_p - \sum_{p \in P_w} x_p^* = r_w - r_w = 0 \quad \forall w \in W.$$

Also folgt

$$\begin{aligned} 0 &= \sum_{p \in P_w} (x_p - x_p^*) F_w^* \\ &\leq \sum_{\{p \in P_w \mid x_p > x_p^*\}} (x_p - x_p^*) F_p(x^*) + \sum_{\{p \in P_w \mid x_p < x_p^*\}} (x_p - x_p^*) F_w^*. \end{aligned} \quad (7.4)$$

Wegen (7.3) ist aber $F_p(x^*) = F_w^*$ für alle $p \in P_w$ mit $x_p^* > 0$, so dass sich aus (7.4) ergibt:

$$0 \leq \sum_{p \in P_w} (x_p - x_p^*) F_p(x^*).$$

Summation über alle $w \in W$ liefert daher

$$F(x^*)^T (x - x^*) = \sum_{w \in W} \sum_{p \in P_w} (x_p - x_p^*) F_p(x^*) \geq 0. \quad (7.5)$$

Folglich ist x^* eine Lösung von VIP(X, F).

Sei nun x^* eine Lösung von VIP(X, F). Es gelte also (7.5). Sei $p \in P_w$ ein beliebiger Weg mit $x_p^* > 0$. Sei ferner $\bar{p} \in P_w$ ein Weg mit $F_{\bar{p}}(x^*) = F_w^*$. Ist dann $p = \bar{p}$, so gilt (7.3) offenbar. Sei daher $p \neq \bar{p}$. Definiere dann einen Vektor x durch $x_p := 0, x_{\bar{p}} := x_p^* + x_{\bar{p}}^*$ und $x_{p'} := x_{p'}^*$ für alle $p' \neq p, \bar{p}$. Offensichtlich ist dann $x \in X$. Somit folgt aus (7.5):

$$0 \leq \sum_{w \in W} \sum_{\bar{p} \in P_w} (x_{\bar{p}} - x_{\bar{p}}^*) F_{\bar{p}}(x^*) = -x_p^* F_p(x^*) + x_p^* F_{\bar{p}}(x^*) = x_p^* (F_w^* - F_p(x^*)).$$

Wegen $x_p^* > 0$ ist deshalb $F_p(x^*) \leq F_w^*$, womit auch in diesem Fall die Bedingung (7.3) erfüllt ist. $\square$

Für zahlreiche weitere Beispiele für das Auftreten von Variationsungleichungen und Komplementaritätsproblemen in den Wirtschafts- und Ingenieurwissenschaften verweisen wir den Leser insbesondere auf das Buch [132] von Nagurney sowie den Überblicksartikel [54] von Ferris und Pang.

7.1.2 Monotone Funktionen

Wir führen in diesem Unterabschnitt die Klasse der monotonen Funktionen ein und geben verschiedene Eigenschaften dieser Funktionen an. Insbesondere gibt es einen engen Zusammenhang zwischen den monotonen Funktionen und den bereits bekannten konvexen Funktionen.

Wir beginnen zunächst mit der Definition einer (strikt, gleichmäßig) monotonen Funktion.

Definition 7.7. *Sei $X \subseteq \mathbb{R}^n$ eine gegebene Menge. Eine Funktion $F : X \to \mathbb{R}^n$ heißt*

(i) monoton *(auf X), wenn*

$$(x - y)^T (F(x) - F(y)) \geq 0$$

für alle $x, y \in X$ gilt.

(ii) strikt monoton *(auf X), wenn*

$$(x - y)^T (F(x) - F(y)) > 0$$

für alle $x, y \in X$ mit $x \neq y$ gilt.

(iii) gleichmäßig monoton *(auf X), wenn es ein $\mu > 0$ gibt mit*

$$(x - y)^T (F(x) - F(y)) \geq \mu \|x - y\|^2$$

für alle $x, y \in X$.

Die Konstante $\mu > 0$ im Teil (iii) der Definition 7.7 wird häufig auch als Modulus der gleichmäßigen Monotonie bezeichnet. Anschaulich versteht man im Fall $n = 1$ unter einer (strikt) monotonen Funktion eine (strikt) monoton wachsende Funktion, während eine (strikt) monoton fallende Funktion offenbar nicht (strikt) monoton im Sinne der Definition 7.7 ist.

Offenbar ist jede gleichmäßig monotone Funktion auch strikt monoton, und jede strikt monotone Funktion ist bereits monoton. Die Umkehrungen gelten im Allgemeinen jedoch nicht. Wir geben als Nächstes einige Beispiele von monotonen Funktionen an.

Beispiel 7.8. Sei $F : \mathbb{R} \to \mathbb{R}$. Dann gelten:

(a) Die Funktion $F(x) := c, c$ eine beliebige Konstante, ist monoton, nicht jedoch strikt monoton.

(b) Die Funktionen $F(x) := x^3$ und $F(x) := e^x$ sind strikt monoton, aber nicht gleichmäßig monoton.

(c) Die Abbildung $F(x) := x$ ist gleichmäßig monoton.

Die nächste Bemerkung charakterisiert die Klasse der (strikt, gleichmäßig) monotonen Funktionen im Falle linearer Abbildungen. Der Beweis dieser Bemerkung sei dem Leser dabei als (einfache) Aufgabe 7.1 überlassen.

Bemerkung 7.9. Sei $F : \mathbb{R}^n \to \mathbb{R}^n$ eine affin–lineare Funktion, d.h.,

$$F(x) = Mx + q$$

für gewisse $M \in \mathbb{R}^{n \times n}$ und $q \in \mathbb{R}^n$. Dann lassen sich die folgenden Aussagen leicht verifizieren:

(a) F ist monoton $\Longleftrightarrow$ M ist positiv semi–definit.

(b) F ist strikt monoton $\Longleftrightarrow$ F ist gleichmäßig monoton $\Longleftrightarrow$ M ist positiv definit.

Man beachte, dass die Äquivalenz zwischen den strikt und gleichmäßig monotonen Funktionen bei nichtlinearen Funktionen im Allgemeinen nicht mehr gilt; vergleiche hierzu das Beispiel 7.8 und den Satz 7.11.

Unter Verwendung des Satzes 2.16 sind wir in der Lage, den folgenden Zusammenhang zwischen konvexen und monotonen Funktionen zu beweisen.

Satz 7.10. *Seien $X \subseteq \mathbb{R}^n$ eine offene und konvexe Menge sowie $f : X \to \mathbb{R}$ stetig differenzierbar. Dann gelten:*

(a) f ist genau dann konvex, wenn ∇f monoton ist.
(b) f ist genau dann strikt konvex, wenn ∇f strikt monoton ist.
(c) f ist genau dann gleichmäßig konvex, wenn ∇f gleichmäßig monoton ist.

Beweis. Sei f zunächst als gleichmäßig konvex vorausgesetzt. Wegen des Satzes 2.16 existiert dann ein $\mu > 0$, so dass für alle $x, y \in X$ gilt:

$$f(x) - f(y) \geq \nabla f(y)^T (x - y) + \mu \|x - y\|^2$$

und

$$f(y) - f(x) \geq \nabla f(x)^T (y - x) + \mu \|x - y\|^2.$$

Addiert man diese beiden Ungleichungen, so erhält man

$$(x - y)^T (\nabla f(x) - \nabla f(y)) \geq 2\mu \|x - y\|^2, \tag{7.6}$$

d.h., ∇f ist gleichmäßig monoton.

Analog zeigt man, dass aus der (strikten) Konvexität von f auch die (strikte) Monotonie von ∇f folgt.

Sei jetzt ∇f als monoton vorausgesetzt. Seien $x, y \in X$ fest, aber beliebig. Aufgrund des Mittelwertsatzes der Differentialrechnung existiert dann ein $\vartheta \in (0, 1)$ mit

$$f(x) - f(y) = \nabla f(z)^T (x - y), \tag{7.7}$$

wobei

$$z := y + \vartheta(x - y) \in X \tag{7.8}$$

gesetzt wurde. Aus der Monotonie von ∇f sowie (7.8) folgt:

$$\vartheta(x - y)^T (\nabla f(z) - \nabla f(y)) = (z - y)^T (\nabla f(z) - \nabla f(y)) \geq 0. \tag{7.9}$$

Daher ist

$$f(x) - f(y) = (\nabla f(z) - \nabla f(y))^T (x - y) + \nabla f(y)^T (x - y) \geq \nabla f(y)^T (x - y)$$

wegen (7.7) und (7.9). Also ist f konvex aufgrund des Satzes 2.16.

Analog ergibt sich aus der strikten Monotonie von ∇f die strikte Konvexität von f.

Sei ∇f nun gleichmäßig monoton, d.h., es gelte etwa (7.6) für alle $x, y \in X$. Seien $x, y \in X$ gegeben. Sei ferner $m \geq 0$ eine zunächst feste, aber beliebige natürliche Zahl. Setze $t_k := \frac{k}{m+1}$ für $k = 0, 1, \ldots, m, m+1$. Wiederum aufgrund des Mittelwertsatzes der Differentialrechnung existieren dann Zahlen $\vartheta_k \in (t_k, t_{k+1})$ mit

$$f(y + t_{k+1}(x-y)) - f(y + t_k(x-y)) = (t_{k+1} - t_k)\nabla f(z^k)^T(x-y),$$

wobei $z^k := y + \vartheta_k(x-y)$ gesetzt wurde. Hieraus folgt

$$
\begin{aligned}
f(x) - f(y) &= \sum_{k=0}^{m} [f(y + t_{k+1}(x-y)) - f(y + t_k(x-y))] \\
&= \sum_{k=0}^{m} (t_{k+1} - t_k)\nabla f(z^k)^T(x-y) \\
&= \nabla f(y)^T(x-y) + \sum_{k=0}^{m} (t_{k+1} - t_k)(\nabla f(z^k) - \nabla f(y))^T(x-y) \\
&= \nabla f(y)^T(x-y) + \sum_{k=0}^{m} \frac{(t_{k+1} - t_k)}{\vartheta_k}(\nabla f(z^k) - \nabla f(y))^T(z^k - y) \\
&\geq \nabla f(y)^T(x-y) + 2\mu \sum_{k=0}^{m} \frac{(t_{k+1} - t_k)}{\vartheta_k}\|z^k - y\|^2 \\
&= \nabla f(y)^T(x-y) + 2\mu\|x-y\|^2 \sum_{k=0}^{m} \vartheta_k(t_{k+1} - t_k).
\end{aligned}
$$

Wegen

$$\sum_{k=0}^{m} \vartheta_k(t_{k+1} - t_k) \geq \sum_{k=0}^{m} t_k(t_{k+1} - t_k) = \frac{1}{(m+1)^2} \sum_{k=0}^{m} k = \frac{1}{2}\frac{m}{m+1}$$

folgt somit

$$f(x) - f(y) \geq \nabla f(y)^T(x-y) + \mu\frac{m}{m+1}\|x-y\|^2.$$

Für $m \to \infty$ ergibt sich

$$f(x) - f(y) \geq \nabla f(y)^T(x-y) + \mu\|x-y\|^2.$$

Also ist f gleichmäßig konvex aufgrund des Satzes 2.16. $\square$

Als Nächstes gehen wir auf die Eigenschaften der Jacobi–Matrizen von (strikt, gleichmäßig) monotonen Funktionen ein, die im gewissen Sinne die Bemerkung 7.9 auf nichtlineare Abbildungen verallgemeinern.

Satz 7.11. *Seien $X \subseteq \mathbb{R}^n$ eine offene und konvexe Menge sowie $F : X \to \mathbb{R}^n$ stetig differenzierbar. Dann gelten:*

(a) F ist genau dann monoton (auf X), wenn $F'(x)$ für alle $x \in X$ positiv semi–definit ist.

(b) Ist $F'(x)$ für alle $x \in X$ positiv definit, so ist F strikt monoton (auf X).

(c) F ist genau dann gleichmäßig monoton (auf X), wenn $F'(x)$ gleichmäßig positiv definit auf X ist, d.h., wenn es ein $\mu > 0$ gibt mit

$$d^T F'(x)d \geq \mu \|d\|^2 \tag{7.10}$$

für alle $x \in X$ und für alle $d \in \mathbb{R}^n$.

Beweis. Wir beweisen zunächst Teil (c). Sei F gleichmäßig monoton. Aus der stetigen Differenzierbarkeit von F folgt:

$$
\begin{aligned}
d^T F'(x)d &= d^T \lim_{t \to 0} \frac{F(x + td) - F(x)}{t} \\
&= \lim_{t \to 0} \frac{td^T(F(x + td) - F(x))}{t^2} \\
&\geq \lim_{t \to 0} \frac{1}{t^2}\mu \|td\|^2 \\
&= \mu \|d\|^2
\end{aligned}
$$

für alle $x \in X$ und alle $d \in \mathbb{R}^n$, d.h., $F'(x)$ ist gleichmäßig positiv definit.

Sei umgekehrt (7.10) vorausgesetzt. Aus dem Mittelwertsatz in der Integralform ergibt sich dann

$$(x - y)^T(F(x) - F(y)) = \int_0^1 (x - y)^T F'(y + t(x - y))(x - y)dt \geq \mu \|x - y\|^2, \tag{7.11}$$

d.h., F ist gleichmäßig monoton auf X.

Der Beweis von Teil (a) kann analog erfolgen, indem man einfach $\mu = 0$ setzt.

Zum Nachweis von Teil (b): Sei $F'(z)$ positiv definit für alle $z \in X$. Dann ist $\theta(t) := (x - y)^T F'(y + t(x - y))(x - y) > 0$ für alle $t \in [0, 1]$ und alle $x, y \in X$ mit $x \neq y$. Folglich ist

$$(x - y)^T(F(x) - F(y)) = \int_0^1 \theta(t)dt > 0$$

für alle $x, y \in X$ mit $x \neq y$, vergleiche (7.11). Also ist F strikt monoton. $\square$

Man beachte, dass die Umkehrung der Aussage (b) des Satzes 7.11 im Allgemeinen nicht gilt; z.B. ist die Funktion $F(x) := x^3$ strikt monoton, aber $F'(0) = 0$ ist nur positiv semi–definit.

Als unmittelbare Folgerung aus den Sätzen 7.10 und 7.11 erhält man das

Korollar 7.12. *Seien* $X \subseteq \mathbb{R}^n$ *eine offene und konvexe Menge sowie* $f : X \to \mathbb{R}$ *zweimal stetig differenzierbar. Dann gelten:*

(a) f *ist genau dann konvex (auf X), wenn* $\nabla^2 f(x)$ *für alle* $x \in X$ *positiv semi–definit ist.*

(b) *Ist* $\nabla^2 f(x)$ *für alle* $x \in X$ *positiv definit, so ist* f *strikt konvex (auf X).*

(c) f *ist genau dann gleichmäßig konvex (auf X), wenn* $\nabla^2 f(x)$ *gleichmäßig positiv definit auf X ist.*

Natürlich ist auch die Umkehrung der Aussage (b) des Korollars 7.12 nicht richtig, da die strikt konvexe Funktion $f(x) := x^4$ beispielsweise die nur positiv semi–definite Hesse–Matrix $\nabla^2 f(0) = 0$ besitzt.

7.1.3 Existenz– und Eindeutigkeitssätze

In diesem Unterabschnitt geben wir eine kurze Einführung in die Theorie der Variationsungleichungen. Insbesondere wollen wir untersuchen, unter welchen Voraussetzungen an die Funktion F und/oder die Menge X eine Variationsungleichung VIP(X, F) überhaupt eine Lösung besitzt, und wann diese Lösung eindeutig ist. Dem Leser sei empfohlen, vor der Lektüre dieses Unterabschnittes noch einmal einen Blick auf die im Abschnitt 2.1.3 bewiesenen Eigenschaften von Projektionen zu werfen, da wir diese hier mehrfach verwenden werden.

Um zu einer ersten Existenzaussage zu gelangen, wollen wir zunächst eine äquivalente Formulierung der Variationsungleichung VIP(X, F) als ein Fixpunktproblem angeben. Diese Fixpunktcharakterisierung ist sowohl theoretisch als auch numerisch von erheblicher Bedeutung. In diesem Unterabschnitt werden wir aus diesem Resultat zunächst nur einen Existenzsatz für VIP(X, F) herleiten. In dem Abschnitt 7.2 gehen wir dann auch auf algorithmische Anwendungen ein.

Satz 7.13. *Seien* $X \subseteq \mathbb{R}^n$ *nichtleer, abgeschlossen und konvex,* $F : X \to \mathbb{R}^n$ *sowie* $\gamma > 0$. *Dann ist* $x^* \in \mathbb{R}^n$ *genau dann eine Lösung der Variationsungleichung VIP(X,F), wenn* x^* *ein Fixpunkt der Abbildung* $P(x) := \mathrm{Proj}_X(x - \gamma F(x))$ *ist, d.h., wenn* $x^* = P(x^*)$ *gilt.*

Beweis. Aufgrund des Projektionssatzes 2.18 gelten die folgenden Äquivalenzen:

$$
\begin{aligned}
x^* \text{ löst VIP}(X, F) &\iff F(x^*)^T (x - x^*) \geq 0 \quad \forall x \in X \\
&\iff \gamma F(x^*)^T (x - x^*) \geq 0 \quad \forall x \in X \\
&\iff (x^* - (x^* - \gamma F(x^*)))^T (x - x^*) \geq 0 \quad \forall x \in X \\
&\iff x^* = \mathrm{Proj}_X(x^* - \gamma F(x^*)) = P(x^*).
\end{aligned}
$$

Damit ist der Satz auch schon bewiesen. □

Man beachte, dass es sich bei dem Satz 7.13 im Prinzip nur um eine an die für Variationsungleichungen angepasste Umformulierung des Satzes 5.58 handelt. — Zur Anwendung des Satzes 7.13 benötigen wir noch den fundamentalen Fixpunktsatz von Brouwer, der hier ohne Beweis wiedergegeben wird (Beweise findet man beispielsweise in [85, Seite 603] oder in [59, Seiten 232 f., 251 f., 262 f.]).

Satz 7.14. *(Fixpunktsatz von Brouwer)*
Seien $X \subseteq \mathbb{R}^n$ eine nichtleere, konvexe und kompakte Menge sowie $f : X \to X$ stetig. Dann besitzt f einen Fixpunkt in X.

Als unmittelbare Konsequenz des Fixpunktsatzes von Brouwer erhalten wir nun einen ersten Existenzsatz für solche Variationsungleichungen, bei denen die zulässige Menge X nichtleer, konvex und vor allem kompakt (statt nur abgeschlossen) ist.

Satz 7.15. *Seien $X \subseteq \mathbb{R}^n$ eine nichtleere, konvexe und kompakte Menge sowie $F : X \to \mathbb{R}^n$ stetig. Dann besitzt die Variationsungleichung VIP(X, F) (mindestens) eine Lösung.*

Beweis. Betrachte wieder die im Satz 7.13 eingeführte Abbildung

$$P(x) := \mathrm{Proj}_X(x - \gamma F(x)).$$

Aus Lemma 2.19 und der vorausgesetzten Stetigkeit von F ergibt sich unmittelbar, dass auch die Abbildung P stetig ist. Ferner ist $P : X \to X$, also eine Selbstabbildung von X in X. Da die Menge X außerdem den Voraussetzungen des Brouwerschen Fixpunktsatzes 7.14 genügt, besitzt P daher einen Fixpunkt $x^* \in X$. Nach Satz 7.13 ist dieser Vektor x^* dann auch eine Lösung von VIP(X, F). $\qquad\square$

Wir wollen nun zeigen, dass VIP(X, F) unter gewissen Voraussetzungen an die Funktion F auch dann eine (eindeutige) Lösung besitzt, wenn die Menge X unbeschränkt ist. Dazu beginnen wir zunächst mit einem sehr einfachen Resultat, welches besagt, dass eine Variationsungleichung VIP(X, F) mit strikt monotonem F höchstens eine Lösung hat.

Lemma 7.16. *Seien $X \subseteq \mathbb{R}^n$ nichtleer, abgeschlossen und konvex sowie $F : X \to \mathbb{R}^n$ strikt monoton. Dann besitzt VIP(X, F) höchstens eine Lösung.*

Beweis. Angenommen, VIP(X, F) besitzt zwei Lösungen $x^1, x^2 \in \mathbb{R}^n$ mit $x^1 \neq x^2$. Dann gelten

$$F(x^1)^T(x - x^1) \geq 0$$

und

$$F(x^2)^T(x - x^2) \geq 0$$

für alle $x \in X$. Wegen $x^1, x^2 \in X$ ergeben sich daher insbesondere

$$F(x^1)^T(x^2 - x^1) \geq 0$$

und

$$F(x^2)^T(x^1 - x^2) \geq 0.$$

Addition dieser beiden Ungleichungen liefert unter Anwendung der strikten Monotonie von F

$$0 < (x^1 - x^2)^T(F(x^1) - F(x^2)) \leq 0,$$

ein Widerspruch. □

Der Nachweis der Existenz einer Lösung der Variationsungleichung VIP(X, F) ist etwas schwieriger und bedarf einer weiteren Forderung an das Wachstumsverhalten der Funktion F.

Zunächst führen wir noch einige weitere Bezeichnungen ein. Für ein $r > 0$ sei im Folgenden

$$\bar{\mathcal{U}}_r(0) := \{x \in \mathbb{R}^n |\, \|x\| \leq r\}$$

die abgeschlossene Kugelumgebung um den Nullpunkt vom Radius r. Ist $X \subseteq \mathbb{R}^n$ gegeben, so wird mit X_r die Schnittmenge

$$X_r := X \cap \bar{\mathcal{U}}_r(0)$$

bezeichnet. Ist X abgeschlossen und konvex, so ist offenbar auch X_r abgeschlossen (sogar kompakt) und konvex. Ist ferner X nichtleer, so ist auch die Menge X_r nichtleer für alle hinreichend großen $r > 0$. Die Bedeutung der Menge X_r ergibt sich aus dem nächsten Lemma, welches selbst wiederum für den nachfolgenden Existenzsatz wichtig ist.

Lemma 7.17. *Seien $X \subseteq \mathbb{R}^n$ nichtleer, abgeschlossen und konvex sowie $F : X \to \mathbb{R}^n$ stetig. Dann besitzt VIP(X, F) genau dann eine Lösung x^*, wenn es ein $r > \|x^*\|$ gibt, so dass x^* auch die Variationsungleichung VIP(X_r, F) löst.*

Beweis. Zunächst besitze VIP(X, F) eine Lösung x^*. Wähle dann $r > \|x^*\|$ beliebig. Wegen $X_r = X \cap \bar{\mathcal{U}}_r(0) \subseteq X$ ist x^* insbesondere eine Lösung von VIP(X_r, F).

Sei umgekehrt ein $r > 0$ gegeben, so dass VIP(X_r, F) eine Lösung x^* besitzt mit $\|x^*\| < r$. Sei $x \in X$ beliebig. Für hinreichend kleines $\lambda > 0$ ist dann

$$y := x^* + \lambda(x - x^*) \in X_r.$$

Da x^* das Problem VIP(X_r, F) löst, gilt

$$\lambda F(x^*)^T(x - x^*) = F(x^*)^T(y - x^*) \geq 0$$

und somit auch

$$F(x^*)^T(x - x^*) \geq 0$$

wegen $\lambda > 0$. Also ist x^* bereits eine Lösung von VIP(X, F). □

Im folgenden Satz wird die Existenz einer Lösung von VIP(X, F) auch für nicht notwendig beschränktes X nachgewiesen unter der Voraussetzung, dass die Funktion F einem gewissen Wachstumsverhalten genügt.

Satz 7.18. *Seien $X \subseteq \mathbb{R}^n$ nichtleer, abgeschlossen und konvex sowie $F : X \to \mathbb{R}^n$ stetig. Existiert ein $\bar{x} \in X$ mit*

$$\lim_{x \in X, \|x\| \to \infty} \frac{(x - \bar{x})^T (F(x) - F(\bar{x}))}{\|x - \bar{x}\|} = \infty, \qquad (7.12)$$

so besitzt VIP(X, F) (mindestens) eine Lösung.

Beweis. Aufgrund der Voraussetzung (7.12) existieren Zahlen $\mu > \|F(\bar{x})\|$ und $r > \|\bar{x}\|$ mit

$$(x - \bar{x})^T (F(x) - F(\bar{x})) > \mu \|x - \bar{x}\|$$

für alle $x \in X$ mit $\|x\| \geq r$. Daher ist

$$
\begin{aligned}
F(x)^T (x - \bar{x}) &> \mu \|x - \bar{x}\| + F(\bar{x})^T (x - \bar{x}) \\
&\geq \mu \|x - \bar{x}\| - \|F(\bar{x})\| \, \|x - \bar{x}\| \\
&= (\mu - \|F(\bar{x})\|) \, \|x - \bar{x}\| \\
&\geq (\mu - \|F(\bar{x})\|) \, (\|x\| - \|\bar{x}\|) \\
&> 0
\end{aligned}
\qquad (7.13)
$$

für alle $x \in X$ mit $\|x\| \geq r$. Betrachte nun die Menge $X_r := X \cap \bar{\mathcal{U}}_r(0)$. Diese ist konvex, kompakt und nichtleer wegen $\bar{x} \in X_r$. Aufgrund des Satzes 7.15 besitzt die zugehörige Variationsungleichung VIP(X_r, F) daher eine Lösung x^*. Folglich gilt

$$F(x^*)^T (x - x^*) \geq 0$$

für alle $x \in X_r$. Insbesondere ist daher

$$F(x^*)^T (\bar{x} - x^*) \geq 0,$$

also

$$F(x^*)^T (x^* - \bar{x}) \leq 0.$$

Wegen (7.13) muss somit $\|x^*\| < r$ gelten. Aufgrund des Lemmas 7.17 ist x^* deshalb bereits eine Lösung von VIP(X, F). □

Als unmittelbare Konsequenz aus den obigen Resultaten erhalten wir folgendes Korollar über die Existenz und Eindeutigkeit einer Lösung der Variationsungleichung VIP(X, F) mit einer gleichmäßig monotonen Funktion F.

Korollar 7.19. *Seien $X \subseteq \mathbb{R}^n$ nichtleer, abgeschlossen und konvex sowie $F : X \to \mathbb{R}^n$ stetig und gleichmäßig monoton. Dann besitzt VIP(X, F) genau eine Lösung.*

Beweis. Da F gleichmäßig monoton (auf X) ist, genügt F insbesondere der Wachstumsbedingung (7.12) für ein beliebiges $\bar{x} \in X$. Wegen Satz 7.18 besitzt VIP(X, F) daher mindestens eine Lösung. Auf der anderen Seite ist die gleichmäßig monotone Funktion F insbesondere strikt monoton, so dass VIP(X, F) höchstens eine Lösung besitzt, vergleiche Lemma 7.16. Also hat VIP(X, F) genau eine Lösung. $\qquad\square$

In der Aufgabe 7.6 wird außerdem noch gezeigt, dass eine Variationsungleichung VIP(X, F) mit einer stetigen und monotonen Funktion $F : X \to \mathbb{R}^n$ eine konvexe (eventuell leere) Lösungsmenge besitzt.

7.1.4 Verallgemeinerte KKT–Bedingungen

Betrachte wieder die Variationsungleichung VIP(X, F). In diesem Unterabschnitt wollen wir die sogenannten verallgemeinerten Karush–Kuhn–Tucker–Bedingungen (kurz: KKT–Bedingungen) von VIP(X, F) herleiten, die auch bei der numerischen Lösung von Variationsungleichungen eine große Rolle spielen, vergleiche den Abschnitt 7.5. Die Herleitung dieser verallgemeinerten KKT–Bedingungen ist dabei denkbar einfach: Zunächst ordnet man der Variationsungleichung ein gewisses Minimierungsproblem zu. Auf dieses Minimierungsproblem können dann die aus der Optimierung bekannten KKT–Bedingungen angewandt werden.

Bei dieser Vorgehensweise ist das nachfolgende Lemma von zentraler Bedeutung.

Lemma 7.20. *Sei $x^* \in X$ eine Lösung von VIP(X, F). Dann ist $x^* \in X$ auch eine Lösung des Optimierungsproblems*

$$\min f(x) \quad u.d.N. \quad x \in X, \tag{7.14}$$

wobei

$$f(x) := F(x^*)^T (x - x^*)$$

gesetzt wurde.

Beweis. Da $x^* \in X$ die Variationsungleichung VIP(X, F) löst, gilt

$$F(x^*)^T (x - x^*) \geq 0 \quad \text{für alle } x \in X.$$

Folglich ist

$$0 = f(x^*) \leq f(x) \quad \text{für alle } x \in X,$$

d.h., $x^* \in X$ ist ein globales Minimum von (7.14). $\qquad\square$

Man beachte, dass das Lemma 7.20 im Folgenden zwar von großem theoretischen Interesse ist, dass die praktische Bedeutung des zugeordneten Optimierungsproblems (7.14) allerdings nur sehr gering ist, da man die Zielfunktion f nicht kennt.

Für den Rest dieses Unterabschnittes nehmen wir nun an, dass die zulässige Menge X der Variationsungleichung VIP(X, F) in der folgenden Gestalt geschrieben werden kann:

$$X = \{x \in \mathbb{R}^n \,|\, g(x) \leq 0, h(x) = 0\}, \qquad (7.15)$$

wobei $g : \mathbb{R}^n \to \mathbb{R}^m$ und $h : \mathbb{R}^n \to \mathbb{R}^p$ stetig differenzierbare Funktionen sind. Ferner sei $F : X \to \mathbb{R}^n$ stetig.

Die bislang stets geforderte Konvexität der Menge X wird in diesem Unterabschnitt nur indirekt und auch nicht immer eine Rolle spielen. Sie ergibt sich bei einigen (aber eben nicht allen) der nachfolgenden Resultate aus den Voraussetzungen an die Funktionen g und h.

Wir beginnen zunächst mit einer formalen Definition der verallgemeinerten KKT–Bedingungen.

Definition 7.21. *Ein Tripel* $(x^*, \lambda^*, \mu^*) \in \mathbb{R}^n \times \mathbb{R}^m \times \mathbb{R}^p$ *heißt ein (verallgemeinerter)* KKT–*Punkt von VIP(X, F), wenn es den folgenden sogenannten (verallgemeinerten)* KKT–*Bedingungen von VIP(X, F) genügt:*

$$
\begin{aligned}
F(x) + \sum_{i=1}^{m} \lambda_i \nabla g_i(x) + \sum_{j=1}^{p} \mu_j \nabla h_j(x) &= 0, \\
h(x) &= 0, \\
g(x) &\leq 0, \qquad (7.16) \\
\lambda &\geq 0, \\
g(x)^T \lambda &= 0.
\end{aligned}
$$

Die Vektoren λ^* *und* μ^* *werden dann auch als (verallgemeinerte)* Lagrange–Multiplikatoren *von VIP(X, F) bezeichnet.*

Wir werden die verallgemeinerten KKT–Bedingungen im Folgenden einfach als KKT–Bedingungen bezeichnet. Ebenso werden die verallgemeinerten Lagrange–Multiplikatoren von nun an nur Lagrange–Multiplikatoren genannt.

Gilt $F(x) = \nabla f(x)$ für alle $x \in X$ mit einer stetig differenzierbaren Funktion $f : X \to \mathbb{R}^n$, so stimmen die (verallgemeinerten) KKT–Bedingungen (7.16) offenbar überein mit den KKT–Bedingungen des Optimierungsproblems

$$\min f(x) \quad \text{u.d.N.} \quad x \in X.$$

Im Allgemeinen existiert eine solche Funktion f jedoch nicht.

Durch einfache Kombination des Lemmas 7.20 mit den üblichen Resultaten über die Existenz von Lagrange–Multiplikatoren bei Optimierungsproblemen (siehe Kapitel 2) ergeben sich die folgenden Sätze. Dabei beachte man, dass die verschiedenen Regularitätsbedingungen wie MFCQ oder LICQ im Kapitel 2 formal zwar nur für Optimierungsprobleme definiert waren, dass sie aber letztlich nur von der Struktur der zulässigen Menge abhingen, so dass diese Regularitätsbedingungen auch im Zusammenhang mit Variationsungleichungen definiert sind.

Satz 7.22. *Sei $x^* \in X$ eine Lösung von VIP(X, F), so dass die Mangasarian–Fromovitz–Bedingung MFCQ in x^* erfüllt ist. Dann existieren Lagrange–Multiplikatoren $\lambda^* \in \mathbb{R}^m$ und $\mu^* \in \mathbb{R}^p$, so dass das Tripel (x^*, λ^*, μ^*) ein KKT–Punkt von VIP(X, F) ist.*

Beweis. Wegen Lemma 7.20 ist die Lösung $x^* \in X$ der Variationsungleichung VIP(X, F) ein globales Minimum des Optimierungsproblems (7.14). Da MFCQ in x^* erfüllt ist und X von der Gestalt (7.15) ist, existieren aufgrund des Satzes 2.39 Lagrange–Multiplikatoren $\lambda^* \in \mathbb{R}^m$ und $\mu^* \in \mathbb{R}^p$ mit

$$\nabla f(x^*) + \sum_{i=1}^{m} \lambda_i^* \nabla g_i(x^*) + \sum_{j=1}^{p} \mu_j^* \nabla h_j(x^*) = 0,$$

$$h(x^*) = 0,$$

$$g(x^*) \le 0, \lambda^* \ge 0, g(x^*)^T \lambda^* = 0.$$

Wegen $\nabla f(x^*) = F(x^*)$ folgt die Behauptung. □

Man beachte wieder, dass der Satz 7.22 insbesondere auch dann gilt, wenn die MFCQ–Bedingung durch die LICQ–Bedingung ersetzt wird, wobei in diesem Fall die Lagrange–Multiplikatoren λ^* und μ^* außerdem eindeutig bestimmt sind, siehe Satz 2.41.

Analog zum Beweis des Satzes 7.22 erhält man unter Verwendung des Satzes 2.42 das folgende Resultat im Falle von linearen Restriktionen.

Satz 7.23. *Sei $x^* \in X$ eine Lösung von VIP(X, F). Seien $g : \mathbb{R}^n \to \mathbb{R}^m$ und $h : \mathbb{R}^n \to \mathbb{R}^p$ affin-lineare Funktionen. Dann existieren Lagrange–Multiplikatoren $\lambda^* \in \mathbb{R}^m$ und $\mu^* \in \mathbb{R}^p$, so dass (x^*, λ^*, μ^*) ein KKT–Punkt von VIP(X, F) ist.*

Ebenfalls analog zum Beweis des Satzes 7.22 lässt sich das folgende Resultat aus dem Satz 2.45 herleiten.

Satz 7.24. *Sei $x^* \in X$ eine Lösung von VIP(X, F). Seien $h : \mathbb{R}^n \to \mathbb{R}^p$ affin-linear und jede Komponentenfunktion von $g : \mathbb{R}^n \to \mathbb{R}^m$ konvex. Die Menge X genüge der Slater–Bedingung. Dann existieren Lagrange–Multiplikatoren $\lambda^* \in \mathbb{R}^m$ und $\mu^* \in \mathbb{R}^p$, so dass (x^*, λ^*, μ^*) ein KKT–Punkt von VIP(X, F) ist.*

Beweis. Zum Beweis sei nur erwähnt, dass die im zugeordneten Optimierungsproblem (7.14) auftretende Zielfunktion

$$f(x) = F(x^*)^T (x - x^*)$$

stets linear und somit insbesondere konvex ist. Also lässt sich der Satz 2.45 tatsächlich anwenden. □

Nachdem wir in den Sätzen 7.22, 7.23 und 7.24 gezeigt haben, dass die KKT–Bedingungen unter geeigneten Voraussetzungen notwendige Bedingungen für eine Lösung x^* von VIP(X, F) darstellen, wollen wir als Nächstes auch ein hinreichendes Kriterium angeben.

Satz 7.25. *Sei $(x^*, \lambda^*, \mu^*) \in \mathbb{R}^n \times \mathbb{R}^m \times \mathbb{R}^p$ ein KKT–Punkt von VIP(X,F). Seien $h : \mathbb{R}^n \to \mathbb{R}^p$ affin–linear und alle Komponentenfunktionen von $g : \mathbb{R}^n \to \mathbb{R}^m$ konvex. Dann ist x^* eine Lösung von VIP(X,F).*

Beweis. Unter den genannten Voraussetzungen ist das der Variationsungleichung VIP(X, F) zugeordnete Optimierungsproblem (7.14) konvex (beachte erneut: die Zielfunktion $f(x) = F(x^*)^T(x - x^*)$ ist stets konvex). Somit sind die KKT–Bedingungen für (7.14), welche mit den KKT–Bedingungen von VIP(X, F) übereinstimmen, bereits hinreichende Optimalitätsbedingungen für das Vorliegen eines (globalen) Minimums, siehe Satz 2.46. Also folgt

$$0 = f(x^*) \leq f(x) = F(x^*)^T(x - x^*)$$

für alle $x \in X$, d.h., x^* löst VIP(X, F). □

Es sei ausdrücklich darauf hingewiesen, dass der Satz 7.25 ohne irgendwelche (Monotonie–) Voraussetzungen an die Funktion F gilt. Der Zusammenhang zwischen einer Variationsungleichung und ihren KKT–Bedingungen ist also stärker als bei Optimierungsproblemen. Insbesondere erhalten wir aus den Sätzen 7.23 und 7.25 die folgende Charakterisierung einer Lösung von VIP(X, F) im Falle von affin–linearen Restriktionen.

Korollar 7.26. *Seien $g : \mathbb{R}^n \to \mathbb{R}^m$ und $h : \mathbb{R}^n \to \mathbb{R}^p$ affin–linear. Genau dann ist ein Vektor $x^* \in X$ eine Lösung von VIP(X,F), wenn es Lagrange–Multiplikatoren $\lambda^* \in \mathbb{R}^m$ und $\mu^* \in \mathbb{R}^p$ gibt, so dass (x^*, λ^*, μ^*) ein KKT–Punkt von VIP(X,F) ist.*

7.2 Fixpunktverfahren

Im Satz 7.13 haben wir eine Formulierung der Variationsungleichung als ein Fixpunktproblem kennengelernt. Es erscheint daher naheliegend, diese Formulierung auszunutzen, indem man eine Variationsungleichung durch eine zugehörige Fixpunktiteration zu lösen versucht. Der Unterabschnitt 7.2.1 enthält zunächst ein recht einfaches Fixpunktverfahren, welches unter relativ starken Voraussetzungen an die Funktion F gegen eine Lösung der Variationsungleichung VIP(X, F) konvergiert. Im Unterabschnitt 7.2.2 beschreiben wir mit dem sogenannten Extragradientenverfahren dann eine Variante dieses einfachen Fixpunktverfahrens, bei dem die Voraussetzungen an die Funktion F etwas abgeschwächt werden können. Noch geringere Anforderungen an die Funktion F benötigt das im Unterabschnitt 7.2.3 vorzustellende modifizierte Extragradientenverfahren.

7.2.1 Ein einfaches Fixpunktverfahren

Betrachte wieder die Variationsungleichung VIP(X, F) mit $X \subseteq \mathbb{R}^n$ nichtleer, abgeschlossen und konvex sowie $F : X \to \mathbb{R}^n$. Aufgrund des Satzes 7.13 ist $x^* \in X$ genau dann eine Lösung von VIP(X, F), wenn x^* ein Fixpunkt der Abbildung

$$x \mapsto \mathrm{Proj}_X(x - \gamma F(x))$$

ist, wobei $\gamma > 0$ ein beliebiger Parameter ist. Dies motiviert das folgende Fixpunktverfahren, welches aufgrund der auftretenden Projektion manchmal auch als Projektionsverfahren bezeichnet wird.

Algorithmus 7.27. *(Fixpunkt– oder Projektionsverfahren)*

(S.0) Wähle $x^0 \in X, \gamma > 0$, und setze $k := 0$.
(S.1) Ist x^k Lösung von VIP(X, F): STOP.
(S.2) Setze $x^{k+1} := \mathrm{Proj}_X(x^k - \gamma F(x^k))$.
(S.3) Setze $k \leftarrow k + 1$, und gehe zu (S.1).

Um einen Konvergenzsatz für den Algorithmus 7.27 beweisen zu können, erinnern wir zunächst an den fundamentalen Fixpunktsatz von Banach, der hier nur in etwas vereinfachter Form wiedergegeben wird (Beweise findet man in den meisten Lehrbüchern über Analysis und über Numerische Mathematik, beispielsweise in [109, Seite 106] oder [139, Seite 252]).

Satz 7.28. *(Fixpunktsatz von Banach)*
Seien $X \subseteq \mathbb{R}^n$ eine nichtleere und abgeschlossene Menge sowie $P : X \to X$ eine kontrahierende Selbstabbildung, d.h., es gelte mit einer Konstanten $\kappa \in (0, 1)$

$$\|P(x) - P(y)\| \le \kappa\|x - y\|$$

für alle $x, y \in X$. Dann besitzt P genau einen Fixpunkt x^* in X. Ferner konvergiert jede durch die Vorschrift $x^{k+1} := P(x^k), k = 0, 1, 2, \ldots, x^0 \in X$ beliebig, erzeugte Folge $\{x^k\}$ gegen diesen Fixpunkt x^*.

Durch Anwendung des Fixpunktsatzes von Banach auf die Abbildung

$$P(x) := \mathrm{Proj}_X(x - \gamma F(x))$$

sind wir nun auch schon in der Lage, einen Konvergenzsatz für den Algorithmus 7.27 zu beweisen. Dabei gehen wir davon aus, dass der Algorithmus 7.27 eine unendliche Folge erzeugt, also nicht nach endlich vielen Schritten mit einer Lösung von VIP(X, F) abbricht.

Satz 7.29. *Sei $X \subseteq \mathbb{R}^n$ nichtleer, abgeschlossen und konvex. Sei ferner $F : X \to \mathbb{R}^n$ gleichmäßig monoton mit Modulus $\mu > 0$ sowie Lipschitz–stetig auf X mit der Lipschitz–Konstanten $L > 0$. Sei $\gamma < 2\mu/L^2$. Dann konvergiert die durch den Algorithmus 7.27 erzeugte Folge $\{x^k\}$ gegen die eindeutige Lösung von VIP(X, F).*

Beweis. Offenbar genügt die Menge X den Voraussetzungen des Fixpunkt-satzes 7.28 von Banach. Ferner ist die Abbildung $P(x) := \mathrm{Proj}_X(x - \gamma F(x))$ eine Selbstabbildung von X in X. Nun ist

$$
\begin{aligned}
\|P(x) - P(y)\|^2 &= \|\mathrm{Proj}_X(x - \gamma F(x)) - \mathrm{Proj}_X(y - \gamma F(y))\|^2 \\
&\leq \|x - y + \gamma(F(y) - F(x))\|^2 \\
&= \|x - y\|^2 - 2\gamma(x - y)^T(F(x) - F(y)) + \gamma^2\|F(x) - F(y)\|^2 \\
&\leq (1 + \gamma^2 L^2 - 2\gamma\mu)\|x - y\|^2,
\end{aligned}
$$

wobei die erste Ungleichung aus dem Lemma 2.19 folgt und die zweite Un-gleichung die Voraussetzungen an die Funktion F benutzt. Daher gilt

$$
\|P(x) - P(y)\| \leq \kappa\|x - y\|
$$

für alle $x, y \in X$ mit

$$
\kappa := \sqrt{1 + \gamma^2 L^2 - 2\gamma\mu}.
$$

Wegen $\gamma < 2\mu/L^2$ ist $\kappa \in (0, 1)$, d.h., die Abbildung P ist kontrahierend. Aufgrund des Satzes 7.28 konvergiert die durch den Algorithmus 7.27 erzeugte Folge $\{x^k\}$ daher gegen den eindeutig bestimmten Fixpunkt $x^* \in X$ von P, der aufgrund des Satzes 7.13 auch die eindeutige Lösung von $\mathrm{VIP}(X, F)$ ist. (Dass $\mathrm{VIP}(X, F)$ unter den Voraussetzungen dieses Satzes eine eindeutige Lösung besitzt, folgt natürlich auch unmittelbar aus dem Korollar 7.19.) $\square$

Die Voraussetzungen des Satzes 7.29 sind relativ stark. Weder die gleichmäßi-ge Monotonie noch die (globale) Lipschitz–Stetigkeit von F sind im Allgemei-nen erfüllt. Ferner sind die Konstanten $\mu > 0$ und $L > 0$ oft nicht bekannt, so dass auch eine geeignete Wahl von $\gamma > 0$ Schwierigkeiten bereitet. In den folgenden Unterabschnitten werden wir sehen, wie man diese Schwierigkeiten umgehen kann. Ein wichtiger Spezialfall, bei dem die Voraussetzungen des Satzes 7.29 auch praktisch erfüllbar sind, wird in der folgenden Bemerkung diskutiert.

Bemerkung 7.30. Seien $M \in \mathbb{R}^{n \times n}$ positiv definit (nicht notwendig sym-metrisch), $q \in \mathbb{R}^n$ und $F(x) := Mx + q$. Aufgrund der Bemerkung 7.9 ist F dann eine gleichmäßig monotone Funktion. Genauer gilt für alle $x, y \in \mathbb{R}^n$:

$$
\begin{aligned}
(x - y)^T(F(x) - F(y)) &= (x - y)^T M(x - y) \\
&= \frac{1}{2}(x - y)^T(M + M^T)(x - y) \\
&\geq \frac{1}{2}\lambda_{\min}(M + M^T)\|x - y\|^2,
\end{aligned}
$$

wobei $\lambda_{\min}(A)$ den kleinsten Eigenwert der symmetrischen Matrix $A \in \mathbb{R}^{n \times n}$ bezeichnet. Die positive Definitheit von M garantiert, dass

$$
\mu := \frac{1}{2}\lambda_{\min}(M + M^T) \tag{7.17}
$$

positiv ist und daher als Modulus für die gleichmäßige Monotonie benutzt werden kann. Ferner ist

$$\|F(x) - F(y)\| \le \|M\| \, \|x - y\|$$

für alle $x, y \in \mathbb{R}^n$, also

$$L := \|M\| \tag{7.18}$$

eine geeignete Lipschitz–Konstante für F. Da sowohl μ als auch L aus (7.17) bzw. (7.18) (zumindest approximativ) berechenbar sind, lässt sich für affin–lineares F ein geeignetes $\gamma > 0$ bestimmen, so dass der Algorithmus 7.27 konvergiert.

Man beachte, dass der Algorithmus 7.27 keinerlei Informationen über die Jacobi–Matrix $F'(x)$ verwendet, sondern lediglich Funktionswerte $F(x)$ benötigt. Das Fixpunktverfahren 7.27 konvergiert daher im Allgemeinen auch nur sehr langsam.

Dafür müssen auch keine linearen Gleichungssysteme gelöst werden. Der Hauptaufwand im Algorithmus 7.27 besteht dagegen in der Berechnung der Projektionen eines Vektors auf die Menge X. Diese kann sehr teuer sein, für speziell strukturierte Mengen X, wie sie bei Variationsungleichungen häufig auftreten, gibt es aber sehr effiziente Verfahren. Insbesondere lässt sich diese Projektion sehr einfach berechnen, wenn $X = [l, u] := [l_1, u_1] \times \ldots \times [l_n, u_n] \subseteq \mathbb{R}^n$ ein Rechteck ist. Für $x \in \mathbb{R}^n$ ist $z := \mathrm{Proj}_X(x)$ dann nämlich gegeben durch

$$z_i := \begin{cases} l_i & \text{für } x_i < l_i, \\ x_i & \text{für } l_i \le x_i \le u_i, \\ u_i & \text{für } x_i > u_i \end{cases}$$

für $i = 1, \ldots, n$, vergleiche auch den Unterabschnitt 5.8.2.

Wir erwähnen abschließend eine einfache Anwendung des Fixpunktverfahrens auf Optimierungsprobleme.

Bemerkung 7.31. Betrachte das Optimierungsproblem

$$\min f(x) \quad \text{u.d.N.} \quad x \in X. \tag{7.19}$$

Sei $f : X \to \mathbb{R}$ stetig differenzierbar und gleichmäßig konvex mit ∇f Lipschitz–stetig auf X. Aufgrund des Lemmas 7.5 ist das Optimierungsproblem (7.19) dann äquivalent zu der Variationsungleichung VIP$(X, \nabla f)$. Ferner ist ∇f gleichmäßig monoton wegen Satz 7.10. Daher lässt sich der Konvergenzsatz 7.29 direkt auf das Fixpunktverfahren

$$x^{k+1} = \mathrm{Proj}_X(x^k - \gamma \nabla f(x^k)) \tag{7.20}$$

zur Lösung von (7.19) anwenden. Man beachte, dass (7.20) ein projiziertes Gradientenverfahren mit konstanter Schrittweite $\gamma > 0$ ist (vergleiche Algorithmus 5.59). Für $X = \mathbb{R}^n$ ergibt sich insbesondere das bekannte Gradientenverfahren zur Lösung unrestringierter Optimierungsprobleme, vergleiche etwa [66, Kapitel 8].

7.2.2 Das Extragradientenverfahren

Das Fixpunktverfahren aus dem Algorithmus 7.27 ist eine sehr simple Fixpunktiteration, für welche unter relativ starken Voraussetzungen an die Funktion F ein globaler Konvergenzsatz bewiesen werden konnte. Bei dem hier vorzustellenden Extragradientenverfahren handelt es sich um eine Modifikation des Fixpunktverfahrens aus dem Algorithmus 7.27, das sich im Wesentlichen durch zweimalige Anwendung des Projektionsverfahrens 7.27 innerhalb eines Schrittes ergibt. Wir werden sehen, dass sich hierdurch die Voraussetzungen an die Funktion F nicht unerheblich abschwächen lassen.

Wir geben zunächst eine formale Beschreibung des Extragradientenverfahrens (die Namensgebung wird gegen Ende dieses Unterabschnittes erläutert). Dabei sei $X \subseteq \mathbb{R}^n$ wieder eine nichtleere, abgeschlossene und konvexe Menge sowie $F : X \to \mathbb{R}^n$ eine zumindest stetige Funktion.

Algorithmus 7.32. *(Extragradientenverfahren)*

(S.0) Wähle $x^0 \in X, \gamma > 0$, und setze $k := 0$.
(S.1) Ist x^k eine Lösung von VIP(X, F): STOP.
(S.2) Berechne

$$y^k := Proj_X(x^k - \gamma F(x^k)),$$
$$x^{k+1} := Proj_X(x^k - \gamma F(y^k)).$$

(S.3) Setze $k \leftarrow k + 1$, und gehe zu (S.1).

Der im Schritt (S.2) berechnete Hilfsvektor y^k entspricht gerade der nächsten Iterierten x^{k+1} beim Fixpunktverfahren aus dem Algorithmus 7.27.

Zum Beweis eines globalen Konvergenzsatzes für das Extragradientenverfahren 7.32 benötigen wir das folgende

Lemma 7.33. *Seien $X \subseteq \mathbb{R}^n$ nichtleer, abgeschlossen und konvex sowie $F : X \to \mathbb{R}^n$ monoton und Lipschitz–stetig auf X. Seien $\{x^k\}$ und $\{y^k\}$ die beiden durch das Extragradientenverfahren 7.32 erzeugten Folgen. Dann gilt die Ungleichung*

$$\|x^{k+1} - x^*\|^2 \le \|x^k - x^*\|^2 - (1 - \gamma^2 L^2)\|x^k - y^k\|^2$$

für alle $k \in \mathbb{N}$ und alle Lösungen x^* von VIP(X, F), wobei $L > 0$ die Lipschitz–Konstante von F bezeichnet.

Beweis. Sei $x^* \in \mathbb{R}^n$ eine beliebige Lösung von VIP(X, F). Der Beweis ist in mehrere Teilschritte untergliedert.

(a) Wir beweisen zuerst die Ungleichung

$$F(y^k)^T(x^* - x^{k+1}) \le F(y^k)^T(y^k - x^{k+1}) \quad \forall k \in \mathbb{N}. \qquad (7.21)$$

Zunächst gilt

$$F(x^*)^T(x - x^*) \geq 0 \quad \forall x \in X,$$

da x^* eine Lösung der Variationsungleichung ist. Aufgrund der Monotonie von F gilt daher auch

$$F(x)^T(x - x^*) \geq 0 \quad \forall x \in X.$$

Insbesondere ist

$$F(y^k)^T(y^k - x^*) \geq 0 \quad \forall k \in \mathbb{N}$$

wegen $y^k \in X$. Dies impliziert

$$\begin{aligned}
F(y^k)^T(x^* - x^{k+1}) &= F(y^k)^T(x^* - y^k) + F(y^k)^T(y^k - x^{k+1}) \\
&\leq F(y^k)^T(y^k - x^{k+1}) \quad \forall k \in \mathbb{N},
\end{aligned}$$

d.h., (7.21) gilt.

(b) Wir zeigen nun die Gültigkeit der Ungleichung

$$(x^{k+1} - y^k)^T(x^k - \gamma F(y^k) - y^k) \leq \gamma \|x^{k+1} - y^k\| \, \|F(x^k) - F(y^k)\| \quad \forall k \in \mathbb{N}. \tag{7.22}$$

In der Tat ergibt sich für alle $k \in \mathbb{N}$ unter Verwendung der Abkürzung $u^k := x^k - \gamma F(x^k)$, des Projektionssatzes 2.18 sowie der Ungleichung von Cauchy–Schwarz:

$$\begin{aligned}
&(x^{k+1} - y^k)^T(x^k - \gamma F(y^k) - y^k) \\
&= (x^{k+1} - y^k)^T(u^k - y^k) + \gamma(x^{k+1} - y^k)^T(F(x^k) - F(y^k)) \\
&\leq (x^{k+1} - \mathrm{Proj}_X(u^k))^T(u^k - \mathrm{Proj}_X(u^k)) + \gamma \|x^{k+1} - y^k\| \, \|F(x^k) - F(y^k)\| \\
&\leq \gamma \|x^{k+1} - y^k\| \, \|F(x^k) - F(y^k)\|,
\end{aligned}$$

so dass (7.22) folgt.

(c) Hier beweisen wir die Ungleichung

$$\|v^k - x^*\|^2 \geq \|v^k - \mathrm{Proj}_X(v^k)\|^2 + \|x^* - \mathrm{Proj}_X(v^k)\|^2 \quad \forall k \in \mathbb{N}, \tag{7.23}$$

wobei zur Abkürzung $v^k := x^k - \gamma F(y^k)$ gesetzt wurde. Diese Ungleichung folgt unmittelbar aus

$$\begin{aligned}
\|v^k - x^*\|^2 &= \|(v^k - \mathrm{Proj}_X(v^k)) + (\mathrm{Proj}_X(v^k) - x^*)\|^2 \\
&= \|v^k - \mathrm{Proj}_X(v^k)\|^2 + \|\mathrm{Proj}_X(v^k) - x^*\|^2 + \\
&\quad 2(v^k - \mathrm{Proj}_X(v^k))^T(\mathrm{Proj}_X(v^k) - x^*),
\end{aligned}$$

da der letzte Summand aufgrund des Projektionssatzes 2.18 nichtnegativ ist.

(d) Im letzten Teilabschnitt dieses Beweises wollen wir nun die Aussage des Lemmas beweisen.

Aus der Lipschitz–Stetigkeit von F ergibt sich mittels der Teile (a)–(c) die folgende Ungleichungskette, wobei zur Abkürzung wieder $v^k := x^k - \gamma F(y^k)$ gesetzt wird:

$$
\begin{aligned}
\|x^{k+1} - x^*\|^2 &= \|\operatorname{Proj}_X(v^k) - x^*\|^2 \\
&\overset{(7.23)}{\leq} \|v^k - x^*\|^2 - \|v^k - \operatorname{Proj}_X(v^k)\|^2 \\
&= \|(x^k - x^*) - \gamma F(y^k)\|^2 - \|(x^k - x^{k+1}) - \gamma F(y^k)\|^2 \\
&= \|x^k - x^*\|^2 - \|x^k - x^{k+1}\|^2 + 2\gamma(x^* - x^{k+1})^T F(y^k) \\
&\overset{(7.21)}{\leq} \|x^k - x^*\|^2 - \|x^k - y^k + y^k - x^{k+1}\|^2 \\
&\quad + 2\gamma(y^k - x^{k+1})^T F(y^k) \\
&= \|x^k - x^*\|^2 - \|x^k - y^k\|^2 - \|y^k - x^{k+1}\|^2 \\
&\quad - 2(x^k - y^k)^T(y^k - x^{k+1}) + 2\gamma(y^k - x^{k+1})^T F(y^k) \\
&= \|x^k - x^*\|^2 - \|x^k - y^k\|^2 - \|y^k - x^{k+1}\|^2 \\
&\quad + 2(x^{k+1} - y^k)^T(x^k - \gamma F(y^k) - y^k) \\
&\overset{(7.22)}{\leq} \|x^k - x^*\|^2 - \|x^k - y^k\|^2 - \|y^k - x^{k+1}\|^2 \\
&\quad + 2\gamma L\|x^{k+1} - y^k\|\,\|x^k - y^k\| \\
&\leq \|x^k - x^*\|^2 - \|x^k - y^k\|^2 - \|y^k - x^{k+1}\|^2 \\
&\quad + \gamma^2 L^2\|x^k - y^k\|^2 + \|x^{k+1} - y^k\|^2 \\
&= \|x^k - x^*\|^2 - (1 - \gamma^2 L^2)\|x^k - y^k\|^2,
\end{aligned}
$$

wobei sich die letzte Ungleichung aus der elementaren Abschätzung $2\alpha\beta \leq \alpha^2 + \beta^2$ für alle $\alpha, \beta \in \mathbb{R}$ ergibt, indem man

$$
\alpha := \gamma L\|x^k - y^k\|, \quad \beta := \|x^{k+1} - y^k\|
$$

wählt. Damit ist das Lemma schließlich bewiesen. $\qquad\square$

Wir sind nun in der Lage, einen Konvergenzsatz für das Extragradientenverfahren aus dem Algorithmus 7.32 zu beweisen.

Satz 7.34. *Seien $X \subseteq \mathbb{R}^n$ nichtleer, abgeschlossen und konvex, $F : X \to \mathbb{R}^n$ monoton und Lipschitz–stetig auf X mit der Lipschitz–Konstanten $L > 0$, $\gamma < 1/L$ und die Lösungsmenge von $VIP(X, F)$ nichtleer. Dann konvergiert jede durch das Extragradientenverfahren 7.32 erzeugte Folge $\{x^k\}$ gegen eine Lösung der Variationsungleichung $VIP(X, F)$.*

Beweis. Sei $x^* \in X$ eine beliebige Lösung von $VIP(X, F)$. Wegen $\gamma < 1/L$ ist

$$
\kappa := 1 - \gamma^2 L^2 \in (0, 1). \tag{7.24}
$$

Da die Folge $\{\|x^k - x^*\|\}$ im Hinblick auf Lemma 7.33 monoton fällt, ist die Folge $\{x^k\}$ insbesondere beschränkt und besitzt damit einen Häufungspunkt $\bar{x}$. Da X nach Voraussetzung abgeschlossen ist, gilt $\bar{x} \in X$. Sei $\{x^k\}_K$ eine gegen $\bar{x}$ konvergente Teilfolge. Wir zeigen nun, dass $\bar{x}$ eine Lösung von $\text{VIP}(X, F)$ ist.

Wegen (7.24) ergibt sich aus dem Lemma 7.33 unmittelbar

$$\kappa \sum_{k=0}^{\infty} \|x^k - y^k\|^2 \leq \|x^0 - x^*\|^2 < \infty.$$

Dies impliziert

$$\|x^k - y^k\| \to 0 \quad \text{für} \quad k \to \infty.$$

Da die Teilfolge $\{x^k\}_K$ gegen $\bar{x}$ konvergiert, gilt somit auch

$$y^k \to \bar{x}, k \in K. \tag{7.25}$$

Andererseits ergibt sich aus der Aufdatierungsvorschrift im Schritt (S.2) des Algorithmus 7.32 sowie der Stetigkeit von F und der Projektion (vergleiche Lemma 2.19):

$$y^k = \text{Proj}_X(x^k - \gamma F(x^k)) \to \text{Proj}_X(\bar{x} - \gamma F(\bar{x})) \text{ für } k \in K. \tag{7.26}$$

Aus (7.25) und (7.26) folgt

$$\bar{x} = \text{Proj}_X(\bar{x} - \gamma F(\bar{x})),$$

d.h., $\bar{x}$ ist eine Lösung von $\text{VIP}(X, F)$ wegen Satz 7.13.

Es verbleibt daher zu zeigen, dass bereits die gesamte Folge $\{x^k\}$ gegen $\bar{x}$ konvergiert. Zu diesem Zweck bemerken wir zunächst, dass das Lemma 7.33 für jede Lösung x^* von $\text{VIP}(X, F)$ gilt. Insbesondere lässt sich dieses Lemma daher auf die spezielle Lösung $\bar{x}$ anwenden. Somit erhält man, dass die Folge $\{\|x^k - \bar{x}\|\}$ monoton fällt und daher konvergiert, da sie offensichtlich nach unten beschränkt ist. Auf der anderen Seite konvergiert aber die Teilfolge $\{x^k\}_K$ per Definition gegen $\bar{x}$. Hieraus ergibt sich unmittelbar die Konvergenz der gesamten Folge $\{x^k\}$ gegen $\bar{x}$. $\qquad\square$

Man beachte, dass die im Konvergenzsatz 7.34 gestellte Bedingung $\gamma < 1/L$ im Allgemeinen größere Werte von γ zulassen wird als die entsprechende Forderung $\gamma < 2\mu/L^2$ im Satz 7.29. Dies kann von erheblicher praktischer Bedeutung sein. Ferner weisen wir an dieser Stelle darauf hin, dass die Konvergenz der gesamten Folge $\{x^k\}$ gegen einen Lösungspunkt x^* von $\text{VIP}(X, F)$ bewiesen werden konnte, obgleich eine Variationsungleichung mit einer monotonen Funktion F durchaus unendlich viele Lösungen besitzen kann.

Wir erwähnen abschließend wieder eine Anwendung auf Optimierungsprobleme.

Bemerkung 7.35. Betrachte das Problem

$$\min f(x) \quad \text{u.d.N.} \quad x \in X$$

mit $X \subseteq \mathbb{R}^n$ nichtleer, abgeschlossen und konvex sowie $f : X \to \mathbb{R}^n$ stetig differenzierbar und konvex. Ist der Gradient ∇f Lipschitz–stetig und ist $\gamma < 1/L$ ($L > 0$ die Lipschitz–Konstante von ∇f), so konvergiert das Extragradientenverfahren

$$x^{k+1} := \text{Proj}_X(x^k - \gamma \nabla f(\text{Proj}_X(x^k - \gamma \nabla f(x^k)))) \tag{7.27}$$

wegen des Lemmas 7.5 und der Sätze 7.10 und 7.34 gegen eine Lösung des obigen Optimierungsproblemes, sofern dieses eine nichtleere Lösungsmenge besitzt. Die Iterationsvorschrift (7.27) macht auch deutlich, warum der Algorithmus 7.32 als Extragradientenverfahren bezeichnet wird: Man hat in jeder Iteration eine Gradientenauswertung von f mehr durchzuführen als bei dem projizierten Gradientenverfahren aus der Bemerkung 7.31.

7.2.3 Ein modifiziertes Extragradientenverfahren

In diesem Unterabschnitt betrachten wir eine Modifikation des Extragradientenverfahrens aus dem Algorithmus 7.32. Bei dieser Modifikation wird insbesondere der bislang konstant gehaltene Parameter γ durch ein γ_k ersetzt, wobei sich γ_k in jeder Iteration aus einer Schrittweitenstrategie ergibt. Auf diese Weise sind wir in der Lage, auch ohne die Voraussetzung der Lipschitz–Stetigkeit von F ein globales Konvergenzresultat zu beweisen. Tatsächlich werden wir F nur als stetig und monoton vorauszusetzen haben.

Wir geben zunächst das modifizierte Extragradientenverfahren explizit an. Dabei sei erwähnt, dass es in der neueren Literatur durchaus mehrere Varianten des Extragradientenverfahrens mit im Prinzip ähnlichen globalen Konvergenzeigenschaften gibt, siehe etwa [78, 167, 166]. Die hier angegebene Modifikation stammt von Iusem und Svaiter [94].

Algorithmus 7.36. *(Modifiziertes Extragradientenverfahren)*

(S.0) Wähle $x^0 \in X, \gamma > 0, \beta \in (0,1), \sigma \in (0,1)$, und setze $k := 0$.
(S.1) Ist x^k eine Lösung von VIP(X, F): STOP.
(S.2) Setze

$$y^k := x^k - \gamma F(x^k)$$

und berechne $t_k := \max\{\beta^\ell \mid \ell = 0, 1, 2, \ldots\}$ derart, dass

$$F\left(t_k Proj_X(y^k) + (1 - t_k)x^k\right)^T (x^k - Proj_X(y^k)) \geq \frac{\sigma}{\gamma}\|x^k - Proj_X(y^k)\|^2.$$

(S.3) Setze

$$z^k := t_k Proj_X(y^k) + (1 - t_k)x^k,$$

$$\gamma_k := \frac{F(z^k)^T(x^k - z^k)}{\|F(z^k)\|^2},$$

$$w^k := x^k - \gamma_k F(z^k),$$

$$x^{k+1} := Proj_X(w^k).$$

(S.4) Setze $k \leftarrow k + 1$, und gehe zu (S.1).

Das modifizierte Extragradientenverfahren berechnet die neue Iterierte also gemäß der Vorschrift

$$x^{k+1} = \mathrm{Proj}_X(x^k - \gamma_k F(z^k))$$

für ein vom Iterationsindex abhängiges $\gamma_k > 0$ und einen Hilfsvektor z^k, der sich mittels einer Schrittweitenstrategie als Konvexkombination von x^k und $\mathrm{Proj}_X(y^k)$ ergibt.

Wir beginnen unsere Konvergenzanalyse des Algorithmus 7.36 mit einem einfachen technischen Resultat über Projektionen.

Lemma 7.37. *Seien $X \subseteq \mathbb{R}^n$ nichtleer, abgeschlossen und konvex. Dann gelten die folgenden Aussagen:*

(a) Es ist

$$\|Proj_X(x) - Proj_X(y)\|^2 \le \|x - y\|^2 - \|Proj_X(x) - x + y - Proj_X(y)\|^2$$

für alle $x, y \in \mathbb{R}^n$.

(b) Es ist

$$(x - y)^T(x - Proj_X(y)) \ge \|x - Proj_X(y)\|^2$$

für alle $x \in X$ und alle $y \in \mathbb{R}^n$.

Beweis. (a) Dies folgt unmittelbar aus dem Beweis des Lemmas 2.19; dazu hat man lediglich die Definition des Vektors u in dem dortigen Beweis zu beachten.

(b) Für alle $x \in X$ und alle $y \in \mathbb{R}^n$ gilt

$$(y - \mathrm{Proj}_X(y))^T(x - \mathrm{Proj}_X(y)) \le 0$$

aufgrund des Projektionssatzes 2.18. Hieraus folgt

$$\begin{aligned}
\|x - \mathrm{Proj}_X(y)\|^2 &= (x - \mathrm{Proj}_X(y))^T(x - \mathrm{Proj}_X(y)) \\
&= (x - y + y - \mathrm{Proj}_X(y))^T(x - \mathrm{Proj}_X(y)) \\
&= (x - y)^T(x - \mathrm{Proj}_X(y)) + (y - \mathrm{Proj}_X(y))^T(x - \mathrm{Proj}_X(y)) \\
&\le (x - y)^T(x - \mathrm{Proj}_X(y)),
\end{aligned}$$

was den Beweis vervollständigt. $\quad\square$

Das folgende Resultat impliziert insbesondere, dass der Algorithmus 7.36 wohldefiniert ist.

Lemma 7.38. *Seien $F : X \to \mathbb{R}^n$ stetig und x^k eine durch den Algorithmus 7.36 erzeugte Iterierte. Dann gelten die folgenden Aussagen:*

(a) Es ist $x^k \in X$.

(b) Die Schrittweitenstrategie in (S.2) ist wohldefiniert in der k–ten Iteration.

(c) Es ist $F(z^k)^T(x^k - z^k) > 0$; insbesondere gilt $F(z^k) \neq 0$.

Beweis. (a) Dies folgt unmittelbar aus der Definition des Vektors x^k im Algorithmus 7.36.

(b) Der Beweis erfolgt durch Widerspruch: Angenommen, es ist

$$F\left(\beta^\ell \mathrm{Proj}_X(y^k) + (1 - \beta^\ell)x^k\right)^T (x^k - \mathrm{Proj}_X(y^k)) < \frac{\sigma}{\gamma}\|x^k - \mathrm{Proj}_X(y^k)\|^2$$

für alle $\ell \in \mathbb{N}$. Multiplikation mit $\gamma > 0$ liefert dann für $\ell \to \infty$

$$\gamma F(x^k)^T(x^k - \mathrm{Proj}_X(y^k)) \leq \sigma\|x^k - \mathrm{Proj}_X(y^k)\|^2 \tag{7.28}$$

aufgrund der Stetigkeit von F. Die Definition von y^k im Schritt (S.2) des Algorithmus 7.36 liefert

$$\gamma F(x^k) = x^k - y^k.$$

Mit (7.28), Teil (a) und Lemma 7.37 (b) folgt daher

$$\sigma\|x^k - \mathrm{Proj}_X(y^k)\|^2 \geq (x^k - y^k)^T(x^k - \mathrm{Proj}_X(y^k)) \geq \|x^k - \mathrm{Proj}_X(y^k)\|^2.$$

Wegen $\sigma \in (0,1)$ impliziert dies $\|x^k - \mathrm{Proj}_X(y^k)\| = 0$. Aufgrund des Satzes 7.13 ist x^k dann aber eine Lösung der Variationsungleichung, so dass der Algorithmus 7.36 im Schritt (S.1) hätte abbrechen müssen.

(c) Aus der Definition von z^k im Schritt (S.3) des Algorithmus 7.36 ergibt sich

$$\begin{aligned}
F(z^k)^T(x^k - z^k) &= t_k F(z^k)^T(x^k - \mathrm{Proj}_X(y^k)) \\
&\geq \frac{\sigma}{\gamma} t_k \|x^k - \mathrm{Proj}_X(y^k)\|^2 \\
&> 0
\end{aligned}$$

wegen $\|x^k - \mathrm{Proj}_X(y^k)\| > 0$ (sonst wäre x^k wieder Lösung von VIP(X, F)). $\qquad\square$

Das nächste Lemma ist von zentraler Bedeutung zum Nachweis des nachfolgenden Konvergenzsatzes für den Algorithmus 7.36.

Lemma 7.39. *Seien $F : X \to \mathbb{R}^n$ stetig und monoton sowie die Lösungs-menge von VIP(X,F) nichtleer. Sei $\{x^k\}$ eine durch den Algorithmus 7.36 erzeugte Folge. Dann gelten die folgenden Aussagen:*

(a) Die Folge $\{\|x^k - x^*\|\}$ ist monoton fallend (und daher konvergent) für jede Lösung x^* von VIP(X,F).

(b) Die Folge $\{x^k\}$ ist beschränkt.

(c) Es ist $\lim_{k \to \infty} F(z^k)^T (x^k - z^k) = 0$.

(d) Ist einer der Häufungspunkte der Folge $\{x^k\}$ eine Lösung von VIP(X,F), so konvergiert bereits die gesamte Folge $\{x^k\}$ gegen diese Lösung.

Beweis. (a) Definiere

$$L_k := \{x \in \mathbb{R}^n \mid F(z^k)^T (x - z^k) \leq 0\},$$
$$H_k := \{x \in \mathbb{R}^n \mid F(z^k)^T (x - z^k) = 0\},$$

und bezeichne mit Proj_{L_k} bzw. Proj_{H_k} die Projektionsoperatoren auf die nichtleeren, abgeschlossenen und konvexen Mengen L_k bzw. H_k (H_k ist eine Hyperebene, und L_k ist eine der beiden durch H_k erzeugten Halbräume).

Wir zeigen zunächst, dass jede Lösung x^* von VIP(X,F) für alle $k \in \mathbb{N}$ zu der Menge L_k gehört. Da der Vektor z^k aus dem Schritt (S.3) des Algorithmus 7.36 in der Menge X liegt (denn X ist konvex und z^k ist eine Konvexkombination zweier Punkte aus X) und x^* eine Lösung von VIP(X,F) ist, gilt

$$F(x^*)^T (z^k - x^*) \geq 0$$

für alle $k \in \mathbb{N}$. Die Monotonie von F impliziert daher

$$F(z^k)^T (z^k - x^*) \geq 0.$$

Dies zeigt $x^* \in L_k$ für alle $k \in \mathbb{N}$.

Insbesondere ist somit

$$\mathrm{Proj}_{L_k}(x^*) = x^*. \tag{7.29}$$

Auf der anderen Seite folgt aus dem Lemma 7.38 (c), dass x^k nicht zu der Menge L_k gehört. Aus den Aufdatierungsvorschriften im Schritt (S.3) des Algorithmus 7.36 folgt daher relativ leicht

$$\mathrm{Proj}_{L_k}(x^k) = \mathrm{Proj}_{H_k}(x^k) = w^k, \tag{7.30}$$

siehe Aufgabe 7.8 für einen formalen Beweis. Aus $x^* \in X$, Lemma 7.37 (a) und der Definition von x^{k+1} im Algorithmus 7.36 ergibt sich

$$\|x^{k+1} - x^*\|^2 = \|\mathrm{Proj}_X(w^k) - \mathrm{Proj}_X(x^*)\|^2$$
$$\leq \|w^k - x^*\|^2 - \|\mathrm{Proj}_X(w^k) - w^k\|^2. \tag{7.31}$$

Mit (7.30), (7.29) und Lemma 7.37 (a) folgt

$$\begin{aligned}
\|w^k - x^*\|^2 &= \|\mathrm{Proj}_{L_k}(x^k) - \mathrm{Proj}_{L_k}(x^*)\|^2 \\
&\leq \|x^k - x^*\|^2 - \|\mathrm{Proj}_{L_k}(x^k) - x^k\|^2 \\
&= \|x^k - x^*\|^2 - \|w^k - x^k\|^2.
\end{aligned} \tag{7.32}$$

Kombination von (7.31) und (7.32) liefert

$$\begin{aligned}
\|x^{k+1} - x^*\|^2 &\leq \|x^k - x^*\|^2 - \|w^k - x^k\|^2 - \|\mathrm{Proj}_X(w^k) - w^k\|^2 \\
&\leq \|x^k - x^*\|^2.
\end{aligned} \tag{7.33}$$

Somit ist die Folge $\{\|x^k - x^*\|\}$ monoton fallend. Da sie auch nach unten beschränkt ist, folgt insbesondere die Konvergenz dieser Folge.

(b) Dies ergibt sich unmittelbar aus der gerade bewiesenen Behauptung (a).

(c) Aus der ersten Ungleichung in (7.33) ergibt sich

$$\begin{aligned}
0 &\leq \|w^k - x^k\|^2 \\
&\leq \|x^k - x^*\|^2 - \|x^{k+1} - x^*\|^2 - \|\mathrm{Proj}_X(w^k) - w^k\|^2 \\
&\leq \|x^k - x^*\|^2 - \|x^{k+1} - x^*\|^2.
\end{aligned} \tag{7.34}$$

Da die Folge $\{\|x^k - x^*\|\}$ aufgrund des Teils (a) konvergiert, geht der Ausdruck auf der rechten Seite von (7.34) gegen Null für $k \to \infty$. Die Definition von w^k im Schritt (S.3) des Algorithmus 7.36 und Lemma 7.38 (c) implizieren daher

$$0 = \lim_{k \to \infty} \|w^k - x^k\| = \lim_{k \to \infty} \frac{F(z^k)^T (x^k - z^k)}{\|F(z^k)\|}. \tag{7.35}$$

Aus der Beschränktheit von $\{x^k\}$ (wegen Teil (b)) und der Stetigkeit von F ergibt sich auch die Beschränktheit der Folge $\{F(x^k)\}$. Die Definition von y^k im Schritt (S.2) des Algorithmus 7.36 impliziert daher die Beschränktheit der Folge $\{y^k\}$. Wegen $t_k \in (0,1]$ ist dann aber auch die Folge $\{z^k\}$ beschränkt. Somit ist $\{F(z^k)\}$ aus Stetigkeitsgründen ebenfalls beschränkt. Aus (7.35) und Lemma 7.38 (c) folgt daher

$$\lim_{k \to \infty} F(z^k)^T (x^k - z^k) = 0$$

was zu zeigen war.

(d) Sei x^* eine Lösung von VIP(X, F) derart, dass x^* auch ein Häufungspunkt der Folge $\{x^k\}$ ist. Sei $\{x^k\}_K$ eine gegen x^* konvergente Teilfolge, also

$$\lim_{k \in K, k \to \infty} \|x^k - x^*\| = 0.$$

Da es sich bei x^* um eine Lösung von VIP(X, F) handelt, ist die Folge $\{\|x^k - x^*\|\}$ aufgrund von Teil (a) konvergent. Da eine Teilfolge hiervon aber gegen Null geht, konvergiert bereits die gesamte Folge gegen Null:

$$\lim_{k\to\infty} \|x^k - x^*\| = 0.$$

Also konvergiert $\{x^k\}$ gegen x^*. □

Wir sind nun in der Lage, einen globalen Konvergenzsatz für den Algorithmus 7.36 zu beweisen. Man beachte, dass dieser im Prinzip (außer der Monotonie) nur die Stetigkeit von F voraussetzt.

Satz 7.40. *Seien $X \subseteq \mathbb{R}^n$ nichtleer, abgeschlossen und konvex, $F : X \to \mathbb{R}^n$ stetig und monoton sowie die Lösungsmenge von VIP(X, F) nichtleer. Dann konvergiert die durch den Algorithmus 7.36 erzeugte Folge $\{x^k\}$ gegen eine Lösung von VIP(X, F).*

Beweis. Aus Lemma 7.39 (c) und der Definition z^k im Schritt (S.3) des Algorithmus 7.36 ergibt sich zunächst

$$0 = \lim_{k\to\infty} F(z^k)^T (x^k - z^k) = \lim_{k\to\infty} t_k F(z^k)^T (x^k - \mathrm{Proj}_X(y^k)). \qquad (7.36)$$

Wir betrachten nun zwei Fälle:

Fall 1: $\liminf_{k\to\infty} t_k > 0$.
Dann existiert eine Konstante $\bar{t} > 0$ mit $t_k \geq \bar{t}$ für alle $k \in \mathbb{N}$. Aus (7.36) ergibt sich hieraus

$$\lim_{k\to\infty} F(z^k)^T \left(x^k - \mathrm{Proj}_X(y^k)\right) = 0. \qquad (7.37)$$

Aus der Definition von z^k und der Festlegung von t_k im Schritt (S.2) des Algorithmus 7.36 folgt andererseits

$$F(z^k)^T (x^k - \mathrm{Proj}_X(y^k)) \geq \frac{\sigma}{\gamma} \|x^k - \mathrm{Proj}_X(y^k)\|^2 \geq 0 \qquad (7.38)$$

für alle $k \in \mathbb{N}$. Aus (7.37), (7.38) und der Definition von y^k im Schritt (S.2) des Algorithmus 7.36 ergibt sich

$$0 = \lim_{k\to\infty} \|x^k - \mathrm{Proj}_X(y^k)\| = \lim_{k\to\infty} \|x^k - \mathrm{Proj}_X(x^k - \gamma F(x^k))\|. \qquad (7.39)$$

Da die Folge $\{x^k\}$ wegen Lemma 7.39 (b) beschränkt ist, existiert eine gegen einen Vektor $x^* \in X$ (beachte: X ist abgeschlossen) konvergente Teilfolge $\{x^k\}_K$. Der Grenzübergang $k \to \infty$ für $k \in K$ liefert aufgrund der Stetigkeit von F und der Stetigkeit des Projektionsoperators (siehe Lemma 2.19) dann

$$0 = \|x^* - \mathrm{Proj}_X(x^* - \gamma F(x^*))\|. \qquad (7.40)$$

Also ist $x^* = \mathrm{Proj}_X(x^* - \gamma F(x^*))$ und x^* somit eine Lösung von VIP(X, F) (vgl. Satz 7.13). Somit besitzt die Folge $\{x^k\}$ einen Häufungspunkt, der eine Lösung von VIP(X, F) ist. Mit Lemma 7.39 (d) folgt nun die Behauptung.

Fall 2: $\liminf_{k\to\infty} t_k = 0$.

Durch Übergang auf eine Teilfolge können wir dann o.B.d.A. annehmen, dass bereits $\lim_{k\to\infty} t_k = 0$ gilt. Dann ist auch

$$\lim_{k\to\infty} \frac{1}{\beta} t_k = 0. \tag{7.41}$$

Setze

$$\hat{z}^k := \frac{1}{\beta} t_k \mathrm{Proj}_X(y^k) + (1 - \frac{1}{\beta} t_k) x^k. \tag{7.42}$$

Sei x^* ein Häufungspunkt von $\{x^k\}$ und $\{x^k\}_K$ eine gegen x^* konvergente Teilfolge. (Beachte, dass ein solcher Häufungspunkt aufgrund des Lemmas 7.39 (b) existiert.) Wegen (7.41) und (7.42) ist

$$\lim_{k\to\infty, k\in K} \hat{z}^k = x^*. \tag{7.43}$$

Wegen $t_k \to 0$ ergibt sich aus der Schrittweitenstrategie in (S.2) des Algorithmus 7.36 sowie der Definition von $\hat{z}^k$, dass

$$F(\hat{z}^k)^T(x^k - \mathrm{Proj}_X(y^k)) < \frac{\sigma}{\gamma} \|x^k - \mathrm{Proj}_X(y^k)\|^2 \tag{7.44}$$

für alle $k \in \mathbb{N}$ hinreichend groß ist. Aus der Stetigkeit von F und der Konvergenz der Teilfolge $\{x^k\}_K$ ergibt sich auch die Konvergenz der Teilfolge $\{y^k\}_K$ gegen einen Vektor y^* mit

$$y^* = x^* - \gamma F(x^*). \tag{7.45}$$

Grenzübergang in (7.44) auf dieser Teilfolge liefert mit (7.43) daher

$$F(x^*)^T(x^* - \mathrm{Proj}_X(y^*)) \leq \frac{\sigma}{\gamma} \|x^* - \mathrm{Proj}_X(y^*)\|^2. \tag{7.46}$$

Da X eine abgeschlossene Menge ist, ergibt sich aus dem Lemma 7.38 (a) insbesondere $x^* \in X$. Mit (7.45) und Lemma 7.37 (b) folgt daher

$$\gamma F(x^*)^T(x^* - \mathrm{Proj}_X(y^*)) = (x^* - y^*)^T(x^* - \mathrm{Proj}_X(y^*))$$
$$\geq \|x^* - \mathrm{Proj}_X(y^*)\|^2. \tag{7.47}$$

Kombination von (7.46) und (7.47) liefert

$$\|x^* - \mathrm{Proj}_X(y^*)\|^2 \leq \sigma \|x^* - \mathrm{Proj}_X(y^*)\|^2. \tag{7.48}$$

Wegen $\sigma \in (0,1)$ impliziert dies $\|x^* - \mathrm{Proj}_X(y^*)\| = 0$, d.h., x^* ist eine Lösung von VIP(X, F) aufgrund des Satzes 7.13. Wir haben damit wiederum gezeigt, dass die Folge $\{x^k\}$ einen Häufungspunkt besitzt, der zu der Lösungsmenge von VIP(X, F) gehört, so dass die Behauptung auch im Fall 2 aus dem Lemma 7.39 (d) folgt. $\square$

Auch das modifizierte Extragradientenverfahren lässt sich auf Optimierungsprobleme der Gestalt

$$\min f(x) \quad \text{u.d.N.} \quad x \in X$$

mit $f : \mathbb{R}^n \to \mathbb{R}$ stetig differenzierbar und konvex sowie $X \subseteq \mathbb{R}^n$ nichtleer,
abgeschlossen und konvex anwenden. Es ergibt sich dann wieder eine Art
projiziertes Gradientenverfahren, das in diesem Fall unter analogen Voraussetzungen wie jenes aus dem Abschnitt 5.8 konvergent ist, wobei jetzt sogar
die Konvergenz der gesamten Folge gegen einen Lösungspunkt bewiesen werden kann, was für das Verfahren aus dem Unterabschnitt 5.8.2 nicht der Fall
war.

7.3 Gap–Funktionen

Wir untersuchen in diesem Abschnitt Umformulierungen der Variationsungleichung als Optimierungsprobleme. Im Unterabschnitt 7.3.1 steht dabei insbesondere die von Fukushima [61] eingeführte regularisierte Gap–Funktion im
Mittelpunkt, mit der man die Variationsungleichung als ein restringiertes Minimierungsproblem formulieren kann. Aus der regularisierten Gap–Funktion
lässt sich dann die sogenannte D–Gap–Funktion herleiten, die im Prinzip
auf Peng [145] zurückgeht und eine Umformulierung der Variationsungleichung als ein unrestringiertes Minimierungsproblem erlaubt. Diese D–Gap–
Funktion wird im Unterabschnitt 7.3.2 behandelt, der in seiner Darstellung
weitgehend der Arbeit [179] von Yamashita, Taji und Fukushima folgt.

7.3.1 Die (regularisierte) Gap–Funktion

In diesem gesamten Unterabschnitt seien $X \subseteq \mathbb{R}^n$ eine nichtleere, abgeschlossene und konvexe Menge sowie $F : \mathbb{R}^n \to \mathbb{R}^n$ eine zumindest stetige Funktion. Für die Belange dieses Unterabschnitts würde es im Prinzip genügen,
wenn die Funktion F nur auf der Menge X definiert wäre, da wir einige der
hier zu beschreibenden Resultate im nachfolgenden Abschnitt jedoch auf dem
gesamten $\mathbb{R}^n$ benötigen, werden wir unsere Resultate bereits hier geeignet
formulieren.

Wir betrachten wieder die Variationsungleichung VIP(X, F): Finde ein
$x^* \in X$ mit

$$F(x^*)^T(x - x^*) \geq 0 \quad \text{für alle } x \in X.$$

Dieses Problem ist offenbar äquivalent dazu, einen Vektor $x^* \in X$ zu finden
mit

$$F(x^*)^T(x^* - x) \leq 0 \quad \text{für alle } x \in X.$$

Diese Formulierung der Variationsungleichung VIP(X, F) ist für die Zwecke
dieses und des folgenden Unterabschnittes manchmal angemessener.

Wir beginnen mit der Definition der sogenannten Gap–Funktion.

Definition 7.41. *Die durch*

$$g(x) := \sup_{y \in X} \{F(x)^T (x - y)\}$$

definierte Funktion $g : \mathbb{R}^n \to \mathbb{R} \cup \{+\infty\}$ *heißt die der Variationsungleichung* *VIP(X, F) zugeordnete* Gap–Funktion.

Das folgende Lemma fasst die beiden wohl wichtigsten Eigenschaften der Gap–Funktion zusammen.

Lemma 7.42. *Sei g die Gap–Funktion von VIP(X, F). Dann gelten:*

(a) $g(x) \geq 0$ *für alle* $x \in X$.
(b) $g(x) = 0, x \in X \iff x$ *löst VIP(X, F).*

Beweis. (a) Sei $x \in X$ beliebig. Dann gilt:

$$g(x) = \sup_{y \in X} \{F(x)^T (x - y)\} \geq F(x)^T (x - x) = 0.$$

Damit ist Teil (a) bereits bewiesen.

(b) Sei zunächst $x \in \mathbb{R}^n$ eine Lösung von VIP(X, F). Dann ist $x \in X$, und es gilt

$$F(x)^T (x - y) \leq 0 \quad \text{für alle } y \in X,$$

also $g(x) = 0$ wegen Teil (a). Sei umgekehrt $x \in X$ gegeben mit $g(x) = 0$, also

$$\sup_{y \in X} \{F(x)^T (x - y)\} = 0.$$

Daraus folgt

$$F(x)^T (x - y) \leq 0 \quad \text{für alle } y \in X,$$

d.h., $x \in X$ ist Lösung von VIP(X, F). □

Das Lemma 7.42 legt nahe, die Variationsungleichung VIP(X, F) umzuformulieren als ein restringiertes Optimierungsproblem der Gestalt

$$\min g(x) \quad \text{u.d.N.} \quad x \in X.$$

Dieses Optimierungsproblem hat jedoch einige Nachteile, da es der Gap–Funktion an einigen wünschenswerten Eigenschaften mangelt: Zum einen ist g im Allgemeinen nicht überall stetig differenzierbar, und zum anderen ist der Wertebereich der Gap–Funktion nicht notwendig endlich. Obgleich das letztgenannte Problem im Fall einer beschränkten und damit kompakten Menge X nicht zutrifft (in diesem Fall lässt sich das Supremum in der Definition der Gap–Funktion durch ein Maximum ersetzen), wollen wir auf die Gap–Funktion im Rahmen unserer Untersuchungen nicht weiter eingehen, verweisen den interessierten Leser aber beispielhaft auf die beiden Arbeiten [127, 126] für algorithmische Anwendungen der Gap–Funktion.

Eine Modifikation der Gap–Funktion wird uns im Folgenden aber auf die sogenannte regularisierte Gap–Funktion führen, die in diesem Unterabschnitt von zentraler Bedeutung ist.

Definition 7.43. *Sei* $\alpha > 0$ *beliebig gegeben. Die durch*

$$g_\alpha(x) := \max_{y \in X} \left\{ F(x)^T (x - y) - \frac{\alpha}{2} \|x - y\|^2 \right\}$$

definierte Funktion $g_\alpha : \mathbb{R}^n \to \mathbb{R}$ *heißt die der Variationsungleichung* *VIP(X, F) zugeordnete* regularisierte Gap–Funktion.

Wir wollen im Folgenden zeigen, dass die regularisierte Gap–Funktion nicht mehr die weiter oben erwähnten Nachteile der Gap–Funktion besitzt. Zu diesem Zweck setzen wir zunächst

$$f_\alpha(x, y) := F(x)^T (x - y) - \frac{\alpha}{2} \|x - y\|^2.$$

Dann ist

$$g_\alpha(x) = \max_{y \in X} f_\alpha(x, y).$$

Da die Funktion $f_\alpha(x, .)$ gleichmäßig konkav bzgl. der y–Variablen ist, besitzt das Maximierungsproblem

$$\max_{y \in X} \left\{ F(x)^T (x - y) - \frac{\alpha}{2} \|x - y\|^2 \right\} \tag{7.49}$$

bzw. das hierzu äquivalente gleichmäßig konvexe Minimierungsproblem

$$\min_{y \in X} \left\{ F(x)^T (y - x) + \frac{\alpha}{2} \|x - y\|^2 \right\} \tag{7.50}$$

bekanntlich eine eindeutige Lösung für jedes feste x (siehe Satz 2.13 bzw. [66, Satz 3.10]), d.h., $g_\alpha(x)$ ist stets wohldefiniert und endlich. Man beachte, dass der „Regularisierungsterm" $-\frac{\alpha}{2} \|x - y\|^2$ in der Definition von g_α hierbei von entscheidender Bedeutung ist. Im Hinblick auf den Unterabschnitt 6.4.1 lässt sich die regularisierte Gap–Funktion übrigens auch als Moreau–Yosida–Regularisierung der Gap–Funktion aus der Definition 7.43 auffassen.

Im folgenden Resultat gehen wir auf eine explizite Darstellung der eindeutigen Lösung von (7.49) ein.

Lemma 7.44. *Sei* $\alpha > 0$ *beliebig gegeben. Dann ist*

$$H_\alpha(x) := Proj_X \left(x - \frac{1}{\alpha} F(x) \right)$$

die eindeutig bestimmte Lösung des Problems (7.49).

Beweis. Wie bereits erwähnt, ist das Maximierungsproblem (7.49) äquivalent zu dem Minimierungsproblem (7.50). Da sich die Lösung eines Minimierungsproblems durch Addition einer Konstanten und durch Multiplikation der Zielfunktion mit einer positiven Zahl nicht ändert, ist (7.50) wiederum äquivalent zu

$$\min_{y \in X} \left\{ \frac{2}{\alpha} F(x)^T (y - x) + \|x - y\|^2 + \frac{1}{\alpha^2} F(x)^T F(x) \right\} ; \qquad (7.51)$$

hierzu beachte man, dass nur bezüglich y minimiert wird und x daher konstant ist. Durch einfache Umformulierung der Zielfunktion in (7.51) erhält man die folgende äquivalente Formulierung von (7.51):

$$\min_{y \in X} \|y - (x - \frac{1}{\alpha} F(x))\|^2. \qquad (7.52)$$

Per Definition ist

$$H_\alpha(x) := \mathrm{Proj}_X (x - \frac{1}{\alpha} F(x))$$

aber gerade die eindeutige Lösung von (7.52) und damit auch von (7.49).   □

Wir beweisen nun das Analogon des Lemmas 7.42 für die regularisierte Gap–Funktion.

Lemma 7.45. *Sei $\alpha > 0$ beliebig gegeben. Sei ferner g_α die regularisierte Gap–Funktion von VIP(X, F). Dann gelten:*

(a) $g_\alpha(x) \geq 0$ für alle $x \in X$.
(b) $g_\alpha(x) = 0, x \in X \Longleftrightarrow x$ löst VIP(X, F).

Beweis. Es bezeichne $H_\alpha(x)$ wieder die im Lemma 7.44 definierte Lösung von (7.49), so dass die regularisierte Gap–Funktion g_α durch

$$g_\alpha(x) = F(x)^T (x - H_\alpha(x)) - \frac{\alpha}{2} \|x - H_\alpha(x)\|^2 \qquad (7.53)$$

gegeben ist. Eine einfache algebraische Manipulation zeigt, dass sich g_α auch wie folgt schreiben lässt:

$$g_\alpha(x) = \frac{\alpha}{2} \left(\|\frac{1}{\alpha} F(x)\|^2 - \|H_\alpha(x) - (x - \frac{1}{\alpha} F(x))\|^2 \right).$$

Da der erste Term $\|\frac{1}{\alpha} F(x)\|$ gerade den Abstand zwischen $x - \frac{1}{\alpha} F(x)$ und $x \in X$ angibt und der zweite Term $\|H_\alpha(x) - (x - \frac{1}{\alpha} F(x))\|$ gerade der Abstand von $x - \frac{1}{\alpha} F(x)$ und seiner Projektion $H_\alpha(x)$ auf X ist, vergleiche Lemma 7.44, ergibt sich unmittelbar die Behauptung (a).

Auf der anderen Seite ist $g_\alpha(x) = 0$ genau dann, wenn diese beiden Abstände gleich sind, was gleichbedeutend mit $H_\alpha(x) = x$ ist. Letzteres ist aufgrund des Lemmas 7.44 und des Satzes 7.13 aber äquivalent dazu, dass x die Variationsungleichung VIP(X, F) löst.   □

Lemma 7.45 motiviert wieder, die Variationsungleichung VIP(X, F) als ein restringiertes Optimierungsproblem

$$\min g_\alpha(x) \quad \text{u.d.N.} \quad x \in X \qquad (7.54)$$

aufzufassen. Wir wollen im Folgenden zeigen, dass es sich hierbei um ein stetig differenzierbares Optimierungsproblem handelt. Dazu benötigen wir zunächst den folgenden Satz.

Satz 7.46. *(Satz von Danskin)*
Seien $X \subseteq \mathbb{R}^n$ nichtleer, abgeschlossen und konvex, $f : \mathbb{R}^n \times \mathbb{R}^n \to \mathbb{R}$ stetig differenzierbar und $f(x, \cdot)$ als Funktion in der zweiten Variablen gleichmäßig konkav. Dann existiert zu jedem $x \in \mathbb{R}^n$ ein eindeutig bestimmtes Element $H(x) \in X$ mit

$$f(x, H(x)) = \max_{y \in X} f(x, y).$$

Ist die hierdurch definierte Abbildung

$$x \mapsto H(x)$$

stetig, so ist die durch

$$g(x) := \max_{y \in X} f(x, y) = f(x, H(x))$$

definierte Funktion $g : \mathbb{R}^n \to \mathbb{R}$ stetig differenzierbar mit

$$\nabla g(x) = \nabla_x f(x, H(x)).$$

Beweis. Der formale Beweis wird dem Leser als Aufgabe 7.10 überlassen, er ergibt sich aber weitgehend analog zu dem des Satzes 6.37. □

Als unmittelbare Konsequenz des Satzes 7.46 von Danskin erhalten wir nun das folgende Resultat.

Satz 7.47. *Seien $X \subseteq \mathbb{R}^n$ nichtleer, abgeschlossen und konvex, $\alpha > 0$ sowie $F : \mathbb{R}^n \to \mathbb{R}^n$ stetig differenzierbar. Dann ist auch die regularisierte Gap–Funktion $g_\alpha : \mathbb{R}^n \to \mathbb{R}$ stetig differenzierbar mit*

$$\nabla g_\alpha(x) = F(x) + (F'(x)^T - \alpha I)(x - H_\alpha(x)).$$

Beweis. Die Behauptung ergibt sich durch einfache Anwendung des Satzes 7.46 von Danskin auf die Funktion $f := f_\alpha$. Hierzu sei nur daran erinnert, dass das Maximierungsproblem (7.49) die eindeutige Lösung $H_\alpha(x)$ besitzt, siehe Lemma 7.44. □

Wegen Satz 7.47 handelt es sich bei dem Optimierungsproblem (7.54) um eine stetig differenzierbare Umformulierung der Variationsungleichung VIP(X, F). Daher lassen sich eine Reihe bekannter Verfahren der restringierten Optimierung auf das Problem (7.54) anwenden. Da diese Verfahren zumeist nur stationäre Punkte von (7.54) finden werden, untersuchen wir in unserem nächsten Resultat, unter welchen Voraussetzungen ein solcher Punkt bereits ein globales Minimum von (7.54) und somit eine Lösung von VIP(X, F) ist.

Satz 7.48. *Seien $X \subseteq \mathbb{R}^n$ nichtleer, abgeschlossen und konvex, $\alpha > 0$ sowie $F : \mathbb{R}^n \to \mathbb{R}^n$ stetig differenzierbar. Sei x^* ein stationärer Punkt des Optimierungsproblems (7.54) im Sinne von*

$$\nabla g_\alpha(x^*)^T (x - x^*) \geq 0 \qquad (7.55)$$

für alle $x \in X$ (vgl. Lemma 7.5). Sei ferner die Jacobi–Matrix $F'(x^*)$ positiv definit. Dann löst x^* die Variationsungleichung VIP(X, F).

Beweis. Aus (7.55) und Satz 7.47 folgt

$$[F(x^*) + (F'(x^*)^T - \alpha I)(x^* - H_\alpha(x^*))]^T (x - x^*) \geq 0$$

für alle $x \in X$. Speziell für $x = H_\alpha(x^*)$ ist daher

$$[F(x^*) - \alpha(x^* - H_\alpha(x^*))]^T (H_\alpha(x^*) - x^*) \geq \\ (H_\alpha(x^*) - x^*)^T F'(x^*)(H_\alpha(x^*) - x^*). \tag{7.56}$$

Wegen Lemma 7.44 ist aber

$$H_\alpha(x^*) = \mathrm{Proj}_X(x^* - \frac{1}{\alpha}F(x^*)),$$

so dass sich aus dem Projektionssatz 2.18 ergibt:

$$(x^* - \frac{1}{\alpha}F(x^*) - H_\alpha(x^*))^T (x - H_\alpha(x^*)) \leq 0$$

für alle $x \in X$. Insbesondere für $x = x^*$ ist damit

$$(x^* - \frac{1}{\alpha}F(x^*) - H_\alpha(x^*))^T (x^* - H_\alpha(x^*)) \leq 0.$$

Multiplikation mit $\alpha > 0$ liefert somit

$$(F(x^*) - \alpha(x^* - H_\alpha(x^*)))^T (H_\alpha(x^*) - x^*) \leq 0.$$

Also folgt aus (7.56) sofort

$$(H_\alpha(x^*) - x^*)^T F'(x^*)(H_\alpha(x^*) - x^*) \leq 0.$$

Die positive Definitheit von $F'(x^*)$ impliziert daher

$$H_\alpha(x^*) = x^*,$$

so dass x^* aufgrund des Lemmas 7.44 und des Satzes 7.13 in der Tat eine Lösung der Variationsungleichung VIP(X, F) ist. $\square$

Aufgrund des Satzes 7.11 ist die im Satz 7.48 benutzte Voraussetzung der positiven Definitheit von $F'(x^*)$ sicherlich dann erfüllt, wenn F eine gleichmäßig monotone Funktion ist. Somit eignet sich die regularisierte Gap–Funktion insbesondere zur Lösung von gleichmäßig monotonen Variationsungleichungen mittels Optimierungstechniken.

7.3.2 Die D–Gap–Funktion

Sei weiterhin $X \subseteq \mathbb{R}^n$ eine nichtleere, abgeschlossene und konvexe Menge. Sei ferner $F : \mathbb{R}^n \to \mathbb{R}^n$. In diesem Unterabschnitt untersuchen wir eine Umformulierung der Variationsungleichung VIP(X, F) als ein unrestringiertes Minimierungsproblem. Von zentraler Bedeutung ist dabei die

Definition 7.49. *Seien $0 < \alpha < \beta$ zwei beliebig vorgegebene Parameter sowie $F : \mathbb{R}^n \to \mathbb{R}^n$. Dann heißt die durch*

$$g_{\alpha\beta}(x) := g_\alpha(x) - g_\beta(x)$$

definierte Funktion $g_{\alpha\beta} : \mathbb{R}^n \to \mathbb{R}$ die der Variationsungleichung $VIP(X, F)$ zugeordnete D–Gap–Funktion; dabei bezeichnet g_γ für $\gamma \in \{\alpha, \beta\}$ die regularisierte Gap–Funktion zum Parameter γ.

Der Name „D–Gap–Funktion" stammt von Sun, Fukushima und Qi [169] und soll andeuten, dass $g_{\alpha\beta}$ gerade die Differenz zweier regularisierter Gap–Funktionen ist. Aus den uns bereits bekannten Eigenschaften der regularisierten Gap–Funktion folgt unmittelbar, dass die D–Gap–Funktion stets wohldefiniert und endlich ist. Im Falle einer stetig differenzierbaren Funktion $F : \mathbb{R}^n \to \mathbb{R}^n$ ergibt sich aus dem Satz 7.47 auch die stetige Differenzierbarkeit von $g_{\alpha\beta}$ mit

$$\nabla g_{\alpha\beta}(x) = F'(x)^T (H_\beta(x) - H_\alpha(x)) + \beta(x - H_\beta(x)) - \alpha(x - H_\alpha(x)), \quad (7.57)$$

wobei $H_\gamma(x), \gamma \in \{\alpha, \beta\}$, die im Lemma 7.44 definierte Größe bezeichnet.

Das nächste Lemma wird zum Beweis des nachfolgenden Satzes 7.51 benötigt.

Lemma 7.50. *Es ist*

$$\frac{\beta - \alpha}{2} \|x - H_\beta(x)\|^2 \leq g_{\alpha\beta}(x) \leq \frac{\beta - \alpha}{2} \|x - H_\alpha(x)\|^2$$

für alle $x \in \mathbb{R}^n$.

Beweis. Aus den Definitionen der D–Gap–Funktion und der regularisierten Gap–Funktion ergibt sich unter Verwendung des Lemmas 7.44 unmittelbar:

$$g_{\alpha\beta}(x)$$
$$= \max_{y \in X} \left\{ F(x)^T (x - y) - \frac{\alpha}{2} \|x - y\|^2 \right\} - \max_{y \in X} \left\{ F(x)^T (x - y) - \frac{\beta}{2} \|x - y\|^2 \right\}$$
$$\geq F(x)^T (x - H_\beta(x)) - \frac{\alpha}{2} \|x - H_\beta(x)\|^2 -$$
$$\quad F(x)^T (x - H_\beta(x)) + \frac{\beta}{2} \|x - H_\beta(x)\|^2$$
$$= \frac{\beta - \alpha}{2} \|x - H_\beta(x)\|^2$$

für alle $x \in \mathbb{R}^n$. Völlig analog lässt sich die rechte Ungleichung verifizieren, so dass wir hier auf die Details verzichten. $\square$

Als unmittelbare Konsequenz des Lemmas 7.50 erhalten wir den nachstehenden und sehr wichtigen

Satz 7.51. *Seien $0 < \alpha < \beta$ sowie $g_{\alpha\beta}$ die D–Gap–Funktion von VIP(X, F). Dann gelten die folgenden Aussagen:*

(a) $g_{\alpha\beta}(x) \geq 0$ für alle $x \in \mathbb{R}^n$.
(b) $g_{\alpha\beta}(x) = 0 \Longleftrightarrow x$ löst VIP(X, F).

Beweis. Teil (a) ergibt sich unmittelbar aus der linken Ungleichung des Lemmas 7.50. Betrachte daher Teil (b). Gilt $g_{\alpha\beta}(x) = 0$, so ist $x = H_\beta(x)$ wiederum aufgrund des Lemmas 7.50. Folglich ist x eine Lösung von VIP(X, F) aufgrund des Satzes 7.13 sowie des Lemmas 7.44. Ist umgekehrt x eine Lösung von VIP(X, F), so ist aus denselben Gründen auch $x = H_\alpha(x)$. Daher ist $g_{\alpha\beta}(x) = 0$ aufgrund der rechten Ungleichung im Lemma 7.50. $\square$

Der Satz 7.51 besagt, dass man die Variationsungleichung VIP(X, F) als ein *unrestringiertes* Minimierungsproblem

$$\min g_{\alpha\beta}(x), \quad x \in \mathbb{R}^n,$$

auffassen kann, das aufgrund der Bemerkungen im Anschluss an die Definition 7.49 sogar stetig differenzierbar ist.

Im Folgenden wollen wir ein hinreichendes Kriterium dafür angeben, dass ein stationärer Punkt der D–Gap–Funktion $g_{\alpha\beta}$ bereits ein globales Minimum dieses Minimierungsproblemes und damit eine Lösung der Variationsungleichung VIP(X, F) ist. Dazu benötigen wir zunächst das

Lemma 7.52. *Seien $0 < \alpha < \beta$ sowie $g_{\alpha\beta}$ die D–Gap–Funktion von VIP(X, F). Dann gilt*

$$(H_\beta(x) - H_\alpha(x))^T [\beta(x - H_\beta(x)) - \alpha(x - H_\alpha(x))] \geq 0$$

für alle $x \in \mathbb{R}^n$.

Beweis. Sei $x \in \mathbb{R}^n$ beliebig. In Analogie zu unserer früheren Bezeichnungsweise setzen wir

$$f_\gamma(x, y) := F(x)^T(x - y) - \frac{\gamma}{2}\|x - y\|^2$$

für $\gamma \in \{\alpha, \beta\}$. Dann ist $H_\gamma(x)$ die Lösung des Problems

$$\max_{y \in X} f_\gamma(x, y)$$

oder, äquivalent, des Problems

$$\min_{y \in X} -f_\gamma(x, y),$$

vergleiche das Lemma 7.44. Aufgrund des Lemmas 7.5 (a) ist $H_\gamma(x)$ deshalb Lösung der Variationsungleichung VIP(X, $-\nabla_y f_\gamma(x, y)$). Wegen

$$-\nabla_y f_\gamma(x, y) = F(x) - \gamma(x - y)$$

ist daher

$$[F(x) - \gamma(x - H_\gamma(x))]^T (z - H_\gamma(x)) \geq 0$$

für alle $z \in X$. Insbesondere sind dann

$$(F(x) - \alpha(x - H_\alpha(x)))^T (H_\beta(x) - H_\alpha(x)) \geq 0 \qquad (7.58)$$

und

$$(F(x) - \beta(x - H_\beta(x)))^T (H_\alpha(x) - H_\beta(x)) \geq 0. \qquad (7.59)$$

Nun ist

$$
\begin{aligned}
&(H_\beta(x) - H_\alpha(x))^T (\beta(x - H_\beta(x)) - \alpha(x - H_\alpha(x))) \\
&= (H_\beta(x) - H_\alpha(x))^T (\beta(x - H_\beta(x)) - F(x)) + \\
&\quad (H_\beta(x) - H_\alpha(x))^T (F(x) - \alpha(x - H_\alpha(x))) \\
&\geq 0
\end{aligned}
$$

wegen (7.58) und (7.59), womit die Behauptung auch schon bewiesen ist. $\square$

Wir kommen jetzt zu dem bereits angekündigten Resultat über den Zusammenhang zwischen den stationären Punkten der D–Gap–Funktion $g_{\alpha\beta}$ und den Lösungen der Variationsungleichung VIP(X, F).

Satz 7.53. *Seien $0 < \alpha < \beta, F : \mathbb{R}^n \to \mathbb{R}^n$ stetig differenzierbar, $g_{\alpha\beta}$ die D–Gap–Funktion von VIP(X, F) und x^* ein stationärer Punkt von $g_{\alpha\beta}$, so dass die Jacobi–Matrix $F'(x^*)$ positiv definit ist. Dann ist x^* bereits eine Lösung von VIP(X, F).*

Beweis. Sei $x^* \in \mathbb{R}^n$ ein stationärer Punkt von $g_{\alpha\beta}$. Wegen (7.57) ist dann

$$
\begin{aligned}
0 &= \nabla g_{\alpha\beta}(x^*) \\
&= F'(x^*)^T (H_\beta(x^*) - H_\alpha(x^*)) + \beta(x^* - H_\beta(x^*)) - \alpha(x^* - H_\alpha(x^*)).
\end{aligned}
$$
(7.60)

Multiplikation von links mit $(H_\beta(x^*) - H_\alpha(x^*))^T$ liefert daher

$$
\begin{aligned}
0 &= (H_\beta(x^*) - H_\alpha(x^*))^T F'(x^*)^T (H_\beta(x^*) - H_\alpha(x^*)) + \\
&\quad (H_\beta(x^*) - H_\alpha(x^*))^T [\beta(x^* - H_\beta(x^*)) - \alpha(x^* - H_\alpha(x^*))].
\end{aligned}
$$

Der erste Summand ist nichtnegativ aufgrund der positiven Definitheit von $F'(x^*)^T$, und der zweite Summand ist nichtnegativ wegen Lemma 7.52. Daher ist insbesondere

$$(H_\beta(x^*) - H_\alpha(x^*))^T F'(x^*)(H_\beta(x^*) - H_\alpha(x^*)) = 0$$

und somit

$$H_\beta(x^*) = H_\alpha(x^*),$$

da $F'(x^*)$ nach Voraussetzung positiv definit ist. Aus (7.60) ergibt sich daher

$$0 = (\beta - \alpha)(x^* - H_\alpha(x^*)).$$

Dies impliziert wegen $\alpha \neq \beta$ unmittelbar

$$x^* = H_\alpha(x^*).$$

Wegen Lemma 7.44 und Satz 7.13 ist x^* dann bereits eine Lösung von VIP(X, F). □

Zusammenfassend lässt sich sagen, dass sich die D–Gap–Funktion (ebenso wie die regularisierte Gap–Funktion) insbesondere zur Lösung von gleichmäßig monotonen Variationsungleichungen eignet.

7.4 Josephy–Newton–Verfahren

In diesem Abschnitt beschreiben wir das sogenannte Josephy–Newton–Verfahren. Dieses wurde von Josephy [95] entwickelt und basiert im Wesentlichen auf entsprechenden Arbeiten von Robinson [155] zur Lösung von Optimierungsproblemen und verwandten Aufgaben. Bei dem Josephy–Newton–Verfahren handelt es sich um ein lokal schnell konvergentes Verfahren, was wir im Unterabschnitt 7.4.1 beweisen werden. Auf eine mögliche Globalisierung dieses lokalen Verfahrens unter Verwendung der regularisierten Gap–Funktion gehen wir dann im Unterabschnitt 7.4.2 ein.

7.4.1 Das lokale Josephy–Newton–Verfahren

Betrachte wieder die Variationsungleichung VIP(X, F) mit einer nichtleeren, abgeschlossenen und konvexen Menge $X \subseteq \mathbb{R}^n$ sowie einer stetig differenzierbaren Funktion $F : X \to \mathbb{R}^n$. Die zentrale Idee des Josephy–Newton–Verfahrens besteht darin, eine Folge $\{x^k\}$ zu erzeugen, wobei x^{k+1} Lösung einer im Allgemeinen einfacher zu lösenden Variationsungleichung VIP(X, F_k) ist; hier bezeichnet $F_k : X \to \mathbb{R}^n$ eine noch näher zu spezifizierende Funktion, wobei man beim Josephy–Newton–Verfahren die Linearisierung

$$F_k(x) := F(x^k) + F'(x^k)(x - x^k) \tag{7.61}$$

wählt. Andere Verfahren unterscheiden sich hiervon durch eine andere Wahl von F_k. Insbesondere wird die Jacobi–Matrix $F'(x^k)$ in (7.61) nicht ungerne durch eine geeignete Approximation ersetzt.

Hier beschränken wir uns aber auf das klassische Josephy–Newton–Verfahren mit der Wahl (7.61) für F_k. Das Verfahren wird im nachfolgenden Algorithmus formal beschrieben.

Algorithmus 7.54. *(Josephy–Newton–Verfahren)*

(S.0) Wähle $x^0 \in X$, und setze $k := 0$.

(S.1) Ist x^k eine Lösung von VIP(X, F): STOP.

(S.2) Sei F_k gemäß (7.61) definiert, und bestimme x^{k+1} als Lösung von VIP(X, F_k), d.h.:

$$\left(F(x^k) + F'(x^k)(x^{k+1} - x^k)\right)^T (x - x^{k+1}) \geq 0 \quad \forall x \in X.$$

(S.3) Setze $k \leftarrow k + 1$, und gehe zu (S.1).

Ähnlich wie beim Newton–Verfahren zur Lösung von nichtlinearen Gleichungen löst das Josephy–Newton–Verfahren also eine Folge von Variationsungleichungen VIP(X, F_k), welche aus dem ursprünglichen Problem VIP(X, F) dadurch entstehen, dass die Funktion F in jeder Iteration um den Punkt x^k linearisiert wird. Hingegen wird die zulässige Menge X nicht verändert (im Gegensatz etwa zum SQP–Verfahren in der restringierten Optimierung, welches in jeder Iteration auch den zulässigen Bereich durch Linearisierung approximiert).

Man beachte ferner, dass das im Schritt (S.2) zu lösende Hilfsproblem VIP(X, F_k) im Allgemeinen tatsächlich einfacher zu lösen sein wird als das Ausgangsproblem VIP(X, F) selbst, da die Funktion F_k nur linear ist. Diese Aussage ist zumindest intuitiv klar, wenngleich wir an dieser Stelle hierauf nicht weiter eingehen wollen. Stattdessen verweisen wir den interessierten Leser auf die Bücher [40, 131], in denen für den Spezialfall eines Komplementaritätsproblems (also $X = \mathbb{R}^n_+$, vergleiche Lemma 7.4) eine Reihe von Pivotisierungsverfahren angegeben werden, die unter gewissen Voraussetzungen eine Lösung des linearisierten Problems in *endlich* vielen Schritten liefern.

Wir wollen im Folgenden zeigen, dass das Josephy–Newton–Verfahren 7.54 unter gewissen Voraussetzungen lokal wohldefiniert ist und superlinear bzw. sogar quadratisch konvergiert (an die Begriffe superlineare bzw. quadratische Konvergenz haben wir vor dem Satz 5.26 erinnert). Als Vorbereitung hierzu benötigen wir noch das folgende Resultat.

Lemma 7.55. *Seien $X \subseteq \mathbb{R}^n$ nichtleer, $x^* \in X$ und $F : X \to \mathbb{R}^n$ stetig differenzierbar mit $F'(x^*)$ positiv definit. Dann existieren Konstanten $\delta > 0$ und $\alpha > 0$ mit*

$$d^T F'(x)d \geq \alpha \|d\|^2$$

für alle $x \in \mathbb{R}^n$ mit $\|x - x^*\| \leq \delta$ und alle $d \in \mathbb{R}^n$, d.h., die Jacobi–Matrizen $F'(x)$ sind lokal gleichmäßig positiv definit.

Beweis. Angenommen, die Behauptung ist falsch. Dann existiert eine Folge $\{x^k\}$ mit $x^k \to x^*$ sowie Vektoren $d^k \in \mathbb{R}^n$ mit

$$(d^k)^T F'(x^k)d^k < \frac{1}{k}\|d^k\|^2. \tag{7.62}$$

O.B.d.A. kann dabei angenommen werden, dass $\|d^k\| = 1$ für alle $k \in \mathbb{N}$ gilt. Dann besitzt die Folge $\{d^k\}$ eine gegen ein $d^* \neq 0$ konvergente Teilfolge $\{d^k\}_K$. Wegen $F'(x^k) \to F'(x^*)$ ergibt sich aus (7.62) durch Grenzübergang auf dieser Teilfolge dann

$$(d^*)^T F'(x^*) d^* \leq 0.$$

Wegen $d^* \neq 0$ widerspricht dies jedoch der vorausgesetzten positiven Definitheit von $F'(x^*)$. □

Wir kommen nun zu dem schon angekündigten lokalen Konvergenzsatz für das Josephy–Newton–Verfahren.

Satz 7.56. *Seien $X \subseteq \mathbb{R}^n$ eine nichtleere, abgeschlossene und konvexe Menge sowie $F : X \to \mathbb{R}^n$ stetig differenzierbar. Sei ferner $x^* \in X$ eine Lösung der Variationsungleichung VIP(X, F), so dass die Jacobi–Matrix $F'(x^*)$ positiv definit ist. Dann existiert ein $\delta > 0$, so dass für jeden Startwert $x^0 \in \mathbb{R}^n$ mit $\|x^0 - x^*\| \leq \delta$ die folgenden Aussagen gelten:*

(a) Das Josephy–Newton–Verfahren 7.54 ist wohldefiniert.
(b) Die Folge $\{x^k\}$ konvergiert superlinear gegen x^*.
(c) Die Folge $\{x^k\}$ konvergiert quadratisch gegen x^*, falls F sogar eine lokal Lipschitz–stetige Ableitung besitzt.

Beweis. Wegen Lemma 7.55 existieren ein $\delta_1 > 0$ und ein $\alpha > 0$ mit

$$d^T F'(x) d \geq \alpha \|d\|^2 \tag{7.63}$$

für alle $d \in \mathbb{R}^n$ und alle $x \in \mathbb{R}^n$ mit $\|x - x^*\| \leq \delta_1$. Sei $r \in (0, 1)$ fest gewählt. Aufgrund des Lemmas 5.25 (a) existiert dann ein $\delta_2 > 0$ mit

$$\|F(x) - F(x^*) - F'(x)(x - x^*)\| \leq \frac{r\alpha}{2} \|x - x^*\| \tag{7.64}$$

für alle $x \in \mathbb{R}^n$ mit $\|x - x^*\| \leq \delta_2$. Setze nun $\delta := \min\{\delta_1, \delta_2\}$, und wähle $x^0 \in \mathbb{R}^n$ mit $\|x^0 - x^*\| \leq \delta$. Dann ist $F'(x^0)$ positiv definit wegen (7.63). Also besitzt die im Schritt (S.2) des Josephy–Newton–Verfahrens auftretende Variationsungleichung VIP(X, F_0) wegen Korollar 7.19 eine eindeutige Lösung x^1, denn die Funktion F_0 ist aufgrund der Bemerkung 7.9 gleichmäßig monoton.

Als Lösung von VIP(X, F_0) genügt $x^1 \in X$ der Ungleichung

$$\left(F(x^0) + F'(x^0)(x^1 - x^0)\right)^T (x - x^1) \geq 0 \quad \forall x \in X. \tag{7.65}$$

Ferner ist $x^* \in X$ Lösung von VIP(X, F), so dass

$$F(x^*)^T (x - x^*) \geq 0 \quad \forall x \in X \tag{7.66}$$

gilt. Einsetzen von $x = x^*$ in (7.65) und $x = x^1$ in (7.66) und anschließende Addition dieser beiden Ungleichungen ergibt

$$(x^* - x^1)^T \left(F(x^0) - F(x^*) - F'(x^0)(x^0 - x^* + x^* - x^1) \right) \geq 0. \qquad (7.67)$$

Aus (7.63)–(7.67) erhält man unter Verwendung der Cauchy–Schwarzschen Ungleichung:

$$\begin{aligned}
\alpha \|x^1 - x^*\|^2 &\leq (x^* - x^1)^T F'(x^0)(x^* - x^1) \\
&\leq (x^* - x^1)^T \left(F(x^0) - F(x^*) - F'(x^0)(x^0 - x^*) \right) \\
&\leq \|x^* - x^1\| \, \|F(x^0) - F(x^*) - F'(x^0)(x^0 - x^*)\| \\
&\leq \tfrac{r\alpha}{2} \|x^* - x^1\| \, \|x^0 - x^*\|.
\end{aligned} \qquad (7.68)$$

Hieraus ergibt sich

$$\|x^1 - x^*\| \leq \frac{r}{2} \|x^0 - x^*\| < \|x^0 - x^*\|, \qquad (7.69)$$

d.h., auch x^1 liegt in der δ–Umgebung von x^*. Durch Induktion ergibt sich daher die Wohldefiniertheit des Josephy–Newton–Verfahrens. Außerdem liefert (7.69) mittels Induktion unmittelbar

$$\|x^k - x^*\| \leq \left(\frac{r}{2} \right)^k \|x^0 - x^*\|$$

und damit wegen $r \in (0,1)$ die Konvergenz von $\{x^k\}$ gegen x^*.

Ebenfalls durch Induktion ergibt sich aus (7.68) die Ungleichung

$$\alpha \|x^{k+1} - x^*\|^2 \leq \|x^* - x^{k+1}\| \, \|F(x^k) - F(x^*) - F'(x^k)(x^k - x^*)\|,$$

also

$$\alpha \|x^{k+1} - x^*\| \leq \|F(x^k) - F(x^*) - F'(x^k)(x^k - x^*)\|.$$

Die beiden Aussagen über die lokale Konvergenzgeschwindigkeit folgen daher unmittelbar aus dem Lemma 5.25. $\qquad \square$

Die im Konvergenzsatz 7.56 geforderte Bedingung der positiven Definitheit von $F'(x^*)$ lässt sich noch erheblich abschwächen, wenn etwas mehr über die lokale Struktur der zulässigen Menge X in einer Umgebung von x^* bekannt ist. Wir gehen hierauf aber nicht weiter ein und verweisen nur auf die Arbeit [95] von Josephy. Auf der anderen Seite ist die Bedingung der positiven Definitheit von $F'(x^*)$ sicherlich für gleichmäßig monotones F erfüllt, vergleiche den Satz 7.11.

7.4.2 Eine Globalisierung des Josephy–Newton–Verfahrens

Im vorigen Unterabschnitt haben wir gesehen, dass es sich bei dem Josephy–Newton–Verfahren um ein lokal schnell konvergentes Verfahren handelt. Hier wollen wir zumindest andeuten, wie die regularisierte Gap-Funktion g_α dazu benutzt werden kann, um das Josephy–Newton–Verfahren zu globalisieren.

Zu diesem Zweck seien wieder $X \subseteq \mathbb{R}^n$ eine nichtleere, abgeschlossene und konvexe Menge sowie $F : X \to \mathbb{R}^n$ eine stetig differenzierbare Funktion.

Betrachte das im k–ten Schritt auftretende Teilproblem VIP(X, F_k), wobei erneut $F_k : \mathbb{R}^n \to \mathbb{R}^n$ die Linearisierung

$$F_k(x) := F(x^k) + F'(x^k)(x - x^k)$$

von F um den Punkt x^k sei, vergleiche (7.61). Für die Beschreibung des globalisierten Josephy–Newton–Verfahrens ist das folgende Lemma von zentraler Bedeutung.

Lemma 7.57. *Seien $X \subseteq \mathbb{R}^n$ nichtleer, abgeschlossen und konvex, $\alpha > 0$ sowie $F : X \to \mathbb{R}^n$ stetig differenzierbar und gleichmäßig monoton mit Modulus $\mu > 0$. Ist $x^k \in X$ noch keine Lösung von VIP(X, F) und ist $\bar{x}^k$ die eindeutige Lösung des Teilproblems VIP(X, F_k), so genügt der Vektor $d^k := \bar{x}^k - x^k$ der Ungleichung*

$$\nabla g_\alpha(x^k)^T d^k < -\left(\mu - \frac{\alpha}{2}\right) \|d^k\|^2.$$

Insbesondere ist d^k daher eine Abstiegsrichtung für g_α, falls $\alpha < 2\mu$ gilt.

Beweis. Aus Satz 7.47 und $d^k = \bar{x}^k - x^k$ ergibt sich durch Einfügen einer geeigneten Null:

$$
\begin{aligned}
\nabla g_\alpha(x^k)^T d^k &= F(x^k)^T(\bar{x}^k - x^k) + (\bar{x}^k - x^k)^T(F'(x^k)^T - \alpha I)(x^k - H_\alpha(x^k)) \\
&= \big(F(x^k) + F'(x^k)(\bar{x}^k - x^k)\big)^T (\bar{x}^k - x^k) \\
&\quad - (\bar{x}^k - x^k)^T F'(x^k)^T (\bar{x}^k - x^k) \\
&\quad + \big(F(x^k) + F'(x^k)(\bar{x}^k - x^k)\big)^T (x^k - H_\alpha(x^k)) \\
&\quad - F(x^k)^T(x^k - H_\alpha(x^k)) - \alpha(\bar{x}^k - x^k)^T(x^k - H_\alpha(x^k)) \\
&= -\big(F(x^k) + F'(x^k)(\bar{x}^k - x^k)\big)^T (H_\alpha(x^k) - \bar{x}^k) \\
&\quad + F(x^k)^T(H_\alpha(x^k) - x^k) + \frac{\alpha}{2}\|H_\alpha(x^k) - x^k\|^2 \\
&\quad - (d^k)^T F'(x^k)^T d^k + \frac{\alpha}{2}(d^k)^T d^k - \frac{\alpha}{2}\|\bar{x}^k - H_\alpha(x^k)\|^2.
\end{aligned}
$$

Im Folgenden wollen wir die letzten drei Terme dieser Gleichungskette näher untersuchen. Da $\bar{x}^k$ das linearisierte Problem VIP(X, F_k) löst, gilt

$$-\big(F(x^k) + F'(x^k)(\bar{x}^k - x^k)\big)^T (H_\alpha(x^k) - \bar{x}^k) \leq 0.$$

Auf der anderen Seite ist der zweite Term gleich $-g_\alpha(x^k)$, vergleiche (7.53); da x^k nach Voraussetzung noch keine Lösung von VIP(X, F) ist, folgt somit

$$F(x^k)^T(H_\alpha(x^k) - x^k) + \frac{\alpha}{2}\|H_\alpha(x^k) - x^k\|^2 < 0$$

wegen Lemma 7.45. Aus der gleichmäßigen Monotonie von F und Satz 7.11 ergibt sich ferner

$$(d^k)^T F'(x^k)^T d^k = (d^k)^T F'(x^k) d^k \geq \mu \|d^k\|^2.$$

Daher gilt aufgrund der Cauchy–Schwarzschen Ungleichung die folgende Abschätzung für den dritten Term:

$$-(d^k)^T F'(x^k)^T d^k + \frac{\alpha}{2}(d^k)^T d^k - \frac{\alpha}{2}\|\bar{x}^k - H_\alpha(x^k)\|^2$$

$$\leq -(d^k)^T F'(x^k)^T d^k + \frac{\alpha}{2}(d^k)^T d^k$$

$$\leq \left(\frac{\alpha}{2} - \mu\right) \|d^k\|^2.$$

Insgesamt folgt also

$$\nabla g_\alpha(x^k)^T d^k < -\left(\mu - \frac{\alpha}{2}\right) \|d^k\|^2.$$

Hieraus ergibt sich die Behauptung. □

Das vorstehende Lemma motiviert zumindest das folgende Verfahren.

Algorithmus 7.58. *(Globalisiertes Josephy–Newton–Verfahren)*

(S.0) Wähle $x^0 \in X, \beta \in (0,1), \sigma \in (0,1), \gamma \in (0,1), \varepsilon \geq 0, \alpha > 0$, und setze $k := 0$.

(S.1) Ist x^k eine Lösung von VIP(X, F): STOP.

(S.2) Bestimme eine Lösung $\bar{x}^k$ der linearisierten Variationsungleichung VIP(X, F_k), und setze $d^k := \bar{x}^k - x^k$.

(S.3) (a) Falls

$$g_\alpha(x^k + d^k) \leq \gamma g_\alpha(x^k),$$

so setze $t_k := 1$, und gehe zu (S.4). Anderenfalls gehe zu (b).

(b) Bestimme eine Schrittweite $t_k := \max\{\beta^\ell | \ell = 0, 1, 2, \ldots\}$ mit

$$g_\alpha(x^k + t_k d^k) \leq g_\alpha(x^k) + \sigma t_k \nabla g_\alpha(x^k)^T d^k.$$

(S.4) Setze $x^{k+1} := x^k + t_k d^k, k \leftarrow k + 1$, und gehe zu (S.1).

Ist $F : X \to \mathbb{R}^n$ stetig differenzierbar und gleichmäßig monoton und gilt $\alpha < 2\mu$, so lässt sich leicht einsehen, dass der Algorithmus 7.58 wohldefiniert ist und die Folge $\{x^k\}$ zumindest in dem zulässigen Bereich X verbleibt. Ferner lässt sich beweisen, dass diese Folge sogar gegen den eindeutigen Lösungsvektor x^* von VIP(X, F) konvergiert, und zwar für jeden beliebigen Startvektor $x^0 \in X$. Außerdem kann man zeigen, dass der Test im Schritt (S.3) (a) unter einer geeigneten Zusatzvoraussetzung (strikte Komplementarität der Lösung x^*) lokal stets erfüllt ist, vergleiche [170]. Daher wird lokal stets die volle Schrittweite $t_k = 1$ akzeptiert, so dass der Algorithmus 7.58 lokal mit dem Josephy–Newton–Verfahren 7.54 übereinstimmt. Insbesondere ist das globalisierte Josephy–Newton–Verfahren 7.58 lokal ebenfalls superlinear bzw. quadratisch konvergent, vergleiche hierzu den Satz 7.56.

7.5 Nichtglatte Newton–Verfahren

Dieser Abschnitt beschäftigt sich mit der Beschreibung eines nichtglatten Newton–Verfahrens zur Lösung von Variationsungleichungen. Die wesentliche Idee besteht darin, dass man die zu einer Variationsungleichung zugehörigen KKT–Bedingungen zu lösen versucht, indem man diese umformuliert als ein nichtlineares (und nichtdifferenzierbares) Gleichungssystem, auf welches dann eine Art Newton–Verfahren angewandt werden kann. Im Unterabschnitt 7.5.1 wird dieses Verfahren zunächst hergeleitet. Der Unterabschnitt 7.5.2 untersucht anschließend die globalen Konvergenzeigenschaften dieses Verfahrens.

7.5.1 Herleitung des Verfahrens

In diesem gesamten Unterabschnitt sei $F : \mathbb{R}^n \to \mathbb{R}^n$ eine stetig differenzierbare Funktion. Ferner sei die Menge $X \subseteq \mathbb{R}^n$ gegeben durch

$$X := \{x \in \mathbb{R}^n \,|\, Ax = b, x \geq 0\} \tag{7.70}$$

für eine gewisse Matrix $A \in \mathbb{R}^{p \times n}$ und einen Vektor $b \in \mathbb{R}^p$, d.h., X sei ein Polyeder in Normalform. Wir wollen hier ein Verfahren beschreiben, mit dem man die zugehörige Variationsungleichung VIP(X, F) lösen kann. Dieses Verfahren lässt sich im Prinzip auch auf Variationsungleichungen mit allgemeineren Mengen X anwenden, was einige der nachfolgenden Erörterungen aber nicht unerheblich verkomplizieren würde; der interessierte Leser sei diesbezüglich insbesondere auf die Arbeit [51] verwiesen.

Betrachte also VIP(X, F) mit X gemäß (7.70). Aufgrund des Korollars 7.26 ist die Variationsungleichung VIP(X, F) dann äquivalent zu ihren KKT–Bedingungen, die wie folgt lauten:

$$\begin{aligned} F(x) + A^T \mu - \lambda &= 0, \\ Ax &= b, \\ x \geq 0, \lambda \geq 0, x^T \lambda &= 0. \end{aligned} \tag{7.71}$$

Ist $\varphi : \mathbb{R}^2 \to \mathbb{R}$ eine beliebige NCP–Funktion (vergleiche Definition 4.30), so sind diese KKT–Bedingungen äquivalent zu dem Gleichungssystem

$$\Phi(w) = 0 \tag{7.72}$$

mit $\Phi : \mathbb{R}^n \times \mathbb{R}^p \times \mathbb{R}^n \to \mathbb{R}^n \times \mathbb{R}^p \times \mathbb{R}^n$ definiert durch

$$\Phi(w) := \Phi(x, \mu, \lambda) := \begin{pmatrix} F(x) + A^T \mu - \lambda \\ Ax - b \\ \phi(x, \lambda) \end{pmatrix} \tag{7.73}$$

und

$$\phi(x, \lambda) := (\varphi(x_1, \lambda_1), \ldots, \varphi(x_n, \lambda_n))^T \in \mathbb{R}^n.$$

Um die nachstehenden Untersuchungen etwas zu vereinfachen, gehen wir davon aus, dass φ im Folgenden stets die Fischer–Burmeister–Funktion aus dem Beispiel 4.32 (b) bezeichnet:

$$\varphi(a,b) := a + b - \sqrt{a^2 + b^2}.$$

Bei dem System (7.72) handelt es sich um ein nichtlineares Gleichungssystem mit $n + p + n$ Unbekannten und ebenso vielen Gleichungen, so dass sich zur Lösung von (7.72) im Prinzip das Newton–Verfahren anbietet. Dieses erzeugt üblicherweise eine Folge $\{w^k\} = \{(x^k, \mu^k, \lambda^k)\}$ gemäß der Vorschrift

$$w^{k+1} := w^k - \Phi'(w^k)^{-1}\Phi(w^k), \quad k = 0, 1, 2, \ldots. \qquad (7.74)$$

Nun ist die Abbildung Φ aus (7.73) allerdings nicht überall differenzierbar, so dass die Jacobi–Matrix $\Phi'(w^k)$ nicht notwendig existiert. Aus diesem Grunde ersetzen wir die Vorschrift (7.74) hier durch

$$w^{k+1} := w^k - H_k^{-1}\Phi(w^k), \quad k = 0, 1, 2, \ldots, \qquad (7.75)$$

wobei H_k eine geeignete Approximation an die im Allgemeinen nicht existierende Jacobi–Matrix von Φ im Punkte w^k sein soll.

Zwecks Konstruktion einer solchen Matrix H_k betrachten wir uns zunächst einmal die Gestalt von $\Phi'(w)$ in einem Punkt $w = (x, \mu, \lambda) \in \mathbb{R}^n \times \mathbb{R}^p \times \mathbb{R}^n$, sofern diese Jacobi–Matrix existiert. Da die Fischer–Burmeister–Funktion nur im Nullpunkt nicht differenzierbar ist, existiert $\Phi'(w)$ genau dann, wenn $(x_i, \lambda_i) \neq (0, 0)$ für alle $i = 1, \ldots, n$ gilt. In diesem Fall gilt offenbar

$$\Phi'(w) = \Phi'(x, \mu, \lambda) = \begin{pmatrix} F'(x) & A^T & -I \\ A & 0 & 0 \\ D_a & 0 & D_b \end{pmatrix}$$

mit Diagonalmatrizen

$$D_a := \operatorname{diag}(a_1, \ldots, a_n) \in \mathbb{R}^{n \times n}$$

und

$$D_b := \operatorname{diag}(b_1, \ldots, b_n) \in \mathbb{R}^{n \times n},$$

bei denen die Diagonalelemente gerade die in den Punkten (x_i, λ_i) ausgewerteten partiellen Ableitungen von der Fischer–Burmeister–Funktion φ sind, d.h.,

$$a_i := \frac{\partial \varphi}{\partial a}(x_i, \lambda_i) \quad \forall i = 1, \ldots, n,$$

$$b_i := \frac{\partial \varphi}{\partial b}(x_i, \lambda_i) \quad \forall i = 1, \ldots, n.$$

Ist nun $w = (x, \mu, \lambda)$ ein beliebiger Punkt, bei dem möglicherweise Komponenten $i \in \{1, \ldots, n\}$ mit $(x_i, \lambda_i) = (0, 0)$ existieren, so haben wir bei der obigen Konstruktion von $\Phi'(w)$ lediglich Probleme in der Definition der Diagonalmatrizen D_a und D_b. In diesem Fall wählen wir als Matrix H dann

$$H := \begin{pmatrix} F'(x) & A^T & -I \\ A & 0 & 0 \\ D_a & 0 & D_b \end{pmatrix}$$

mit durch

$$a_i := \begin{cases} \frac{\partial\varphi}{\partial a}(x_i, \lambda_i), & \text{falls } (x_i, \lambda_i) \neq (0,0), \\ 1, & \text{falls } (x_i, \lambda_i) = (0,0) \end{cases}$$

und

$$b_i := \begin{cases} \frac{\partial\varphi}{\partial b}(x_i, \lambda_i), & \text{falls } (x_i, \lambda_i) \neq (0,0), \\ 0, & \text{falls } (x_i, \lambda_i) = (0,0) \end{cases}$$

definierten Diagonalmatrizen

$$D_a = \text{diag}(a_1, \ldots, a_n) \quad \text{und} \quad D_b = \text{diag}(b_1, \ldots, b_n).$$

Auf diese Weise wird zumindest garantiert, dass $H = \Phi'(w)$ in allen differenzierbaren Punkten $w = (x, \mu, \lambda)$ gilt.

Um die obige Definition der Diagonalelemente a_i und b_i im Falle $(x_i, \lambda_i) = (0,0)$ besser zu verstehen, approximieren wir $(x_i, \lambda_i) = (0,0)$ beispielsweise durch die Punkte $(x_i^k, \lambda_i^k) := (0, 1/k)$ für $k \in \mathbb{N}$. Offenbar gilt dann

$$\lim_{k \to \infty} (x_i^k, \lambda_i^k) = (x_i, \lambda_i).$$

Ferner ist die Fischer–Burmeister–Funktion in den Punkten (x_i^k, λ_i^k) stetig differenzierbar mit

$$\frac{\partial\varphi}{\partial a}(x_i^k, \lambda_i^k) = 1 \quad \text{und} \quad \frac{\partial\varphi}{\partial b}(x_i^k, \lambda_i^k) = 0$$

für alle $k \in \mathbb{N}$. Nimmt man insbesondere die Grenzwerte dieser beiden partiellen Ableitungen, so ergeben sich die oben definierten Größen für die Diagonalelemente a_i und b_i. (Es ist klar, dass man mittels anderer Folgen auch andere Ansätze für die Diagonalmatrizen D_a, D_b motivieren könnte.)

Hinter dieser Vorgehensweise steht eine allgemeinere Idee: Das so konstruierte H ist nämlich ein Element der sogenannten *verallgemeinerten Jacobi–Matrix* von Clarke [35], die bei nur noch lokal Lipschitz–stetigen Funktionen als eine Art Ersatz für die Jacobi–Matrix angesehen werden kann. Basierend auf dem Konzept der verallgemeinerten Jacobi–Matrix haben Kummer [112], Qi und Sun [153] sowie Qi [152] dann eine Theorie für nichtglatte Newton–Verfahren entwickelt, auf die wir hier nicht weiter eingehen wollen; allerdings ist das in (7.75) beschriebene Verfahren letztlich ein Spezialfall von [112, 153, 152].

Im Gegensatz zu [112, 153, 152] wollen wir durch Ausnutzung der hier vorliegenden speziellen Situation das durch die Vorschrift (7.75) definierte nichtglatte Newton–Verfahren noch globalisieren. Dazu benutzen wir die Funktion

$$\Psi(w) := \frac{1}{2}\Phi(w)^T\Phi(w) = \frac{1}{2}\|\Phi(w)\|^2.$$

Obwohl Φ nicht überall differenzierbar ist, kann man relativ leicht einsehen, dass die Funktion Ψ in allen Punkten $w = (x, \mu, \lambda) \in \mathbb{R}^n \times \mathbb{R}^p \times \mathbb{R}^n$ stetig differenzierbar ist, vergleiche auch die Bemerkung im Anschluss an das Lemma 7.61. Damit können wir insbesondere das folgende Verfahren zur Lösung von (7.72) formulieren.

Algorithmus 7.59. *(Nichtglattes Newton–Verfahren)*

(S.0) Wähle $w^0 = (x^0, \mu^0, \lambda^0) \in \mathbb{R}^n \times \mathbb{R}^p \times \mathbb{R}^n, \rho > 0, \beta \in (0,1), \sigma \in (0, 1/2), q > 2, \varepsilon \geq 0,$ *und setze* $k := 0.$

(S.1) Ist $\|\nabla\Psi(w^k)\| \leq \varepsilon$: *STOP.*

(S.2) Setze

$$H_k := \begin{pmatrix} F'(x) & A^T & -I \\ A & 0 & 0 \\ D_a^k & 0 & D_b^k \end{pmatrix}$$

mit Diagonalmatrizen $D_a^k = diag(a_1^k, \ldots, a_n^k)$ *und* $D_b^k = diag(b_1^k, \ldots, b_n^k),$ *deren Elemente gegeben sind durch*

$$a_i^k := \begin{cases} \frac{\partial\varphi}{\partial a}(x_i^k, \lambda_i^k), & \textit{falls } (x_i^k, \lambda_i^k) \neq (0,0), \\ 1, & \textit{falls } (x_i^k, \lambda_i^k) = (0,0) \end{cases}$$

und

$$b_i^k := \begin{cases} \frac{\partial\varphi}{\partial b}(x_i^k, \lambda_i^k), & \textit{falls } (x_i^k, \lambda_i^k) \neq (0,0), \\ 0, & \textit{falls } (x_i^k, \lambda_i^k) = (0,0). \end{cases}$$

(S.3) Berechne eine Lösung d^k *des linearen Gleichungssystems*

$$H_k d = -\Phi(w^k). \tag{7.76}$$

Ist dieses System nicht lösbar oder der Abstiegstest

$$\nabla\Psi(w^k)^T d^k \leq -\rho\|d^k\|^q \tag{7.77}$$

nicht erfüllt, so setze $d^k := -\nabla\Psi(w^k).$

(S.4) Bestimme eine Schrittweite $t_k := \max\{\beta^\ell \,|\, \ell = 0, 1, 2 \ldots\}$ *derart, dass*

$$\Psi(w^k + t_k d^k) \leq \Psi(w^k) + \sigma t_k \nabla\Psi(w^k)^T d^k. \tag{7.78}$$

(S.5) Setze $w^{k+1} := w^k + t_k d^k, k \leftarrow k + 1,$ *und gehe zu (S.1).*

Die Vorgehensweise des Algorithmus 7.59 ist relativ leicht zu durchschauen: Im Schritt (S.2) wird unter Verwendung der von uns zuvor benutzten Konstruktion zunächst eine Matrix H_k als Ersatz für die unter Umständen nicht existierende Jacobi–Matrix $\Phi'(w^k)$ bestimmt. Der Schritt (S.3) berechnet dann eine Lösung der zugehörigen Newton–Gleichung (7.76). Lässt sich das

Gleichungssystem (7.76) nicht lösen oder genügt die so bestimmte Newton–Richtung d^k nicht dem hinreichenden Abstiegstest aus (7.77), so wählen wir stattdessen den negativen Gradienten von Ψ als Suchrichtung. Auf diese Weise wird stets garantiert, dass der Vektor d^k zumindest eine Abstiegsrichtung von Ψ ist. Aus diesem Grunde ist die Armijo–Regel im Schritt (S.4) insbesondere wohldefiniert und liefert eine positive Schrittweite $t_k > 0$, mit der das lokale Verfahren aus (7.75) globalisiert wird.

7.5.2 Globale Konvergenz

Wir untersuchen in diesem Unterabschnitt die globalen Konvergenzeigenschaften des Algorithmus 7.59. Zu diesem Zweck gehen wir wieder davon aus, dass der Abbruchparameter ε gleich Null ist und das Verfahren eine unendliche Iterationsfolge erzeugt.

Unser erstes Resultat besagt, dass jeder Häufungspunkt einer durch den Algorithmus 7.59 erzeugten Folge zumindest ein stationärer Punkt der Funktion Ψ ist.

Satz 7.60. *Sei $\{w^k\}$ eine durch den Algorithmus 7.59 erzeugte Folge. Dann ist jeder Häufungspunkt w^* dieser Folge ein stationärer Punkt von Ψ.*

Beweis. Ohne Beschränkung der Allgemeinheit konvergiere die gesamte Folge $\{w^k\}$ gegen den Häufungspunkt w^*. Gilt dann $d^k = -\nabla\Psi(w^k)$ für unendlich viele Iterationen, so folgt die Behauptung aus bekannten Resultaten über das Gradientenverfahren, siehe etwa [66, Satz 8.3 und Bemerkung 8.4]. Daher können wir im Folgenden annehmen, dass die Suchrichtung d^k stets als Lösung der Newton–Gleichung (7.76) gegeben ist (und damit auch der Abstiegstest (7.77) stets erfüllt ist).

Der Beweis erfolgt durch Widerspruch: Wir nehmen an, dass $\nabla\Psi(w^*) \neq 0$ gilt. Aus (7.76) folgt zunächst

$$\|\Phi(w^k)\| = \|H_k d^k\| \leq \|H_k\| \, \|d^k\|.$$

Wegen $\|H_k\| \neq 0$ (sonst wäre $H_k = 0$ und somit auch $\Phi(w^k) = 0$ wegen (7.76), so dass der Algorithmus 7.59 nach k Schritten einen KKT–Punkt von VIP(X, F) gefunden hätte) ergibt sich hieraus

$$\|d^k\| \geq \|\Phi(w^k)\|/\|H_k\| \tag{7.79}$$

für alle $k \in \mathbb{N}$.

Wir zeigen nun, dass es positive Konstanten γ_1 und γ_2 gibt mit

$$0 < \gamma_1 \leq \|d^k\| \leq \gamma_2 \tag{7.80}$$

für alle $k \in \mathbb{N}$. Wäre nämlich $\{\|d^k\|\}_K \to 0$ auf einer Teilmenge $K \subseteq \mathbb{N}$, so wäre auch $\{\|\Phi(w^k)\|\}_K \to 0$ wegen (7.79), da die zugehörige Matrizenfolge

$\{\|H_k\|\}_K$ offenbar beschränkt ist. Aus Stetigkeitsgründen ergäbe sich dann aber $\Phi(w^*) = 0$. Dies wiederum impliziert $\Psi(w^*) = 0$, so dass w^* ein globales Minimum und daher auch ein stationärer Punkt von Ψ wäre im Widerspruch zu unserer Annahme $\nabla\Psi(w^*) \neq 0$. Auf der anderen Seite kann die Folge $\{\|d^k\|\}$ nicht unbeschränkt sein, da dies wegen $q > 1$ dem Abstiegstest (7.77) widersprechen würde. Somit gilt (7.80) für gewisse Konstanten $\gamma_2 \geq \gamma_1 > 0$.

Nach diesen Vorbereitungen kommen wir nun zum eigentlichen Beweis: Da die Folge $\{\Psi(w^k)\}$ wegen (7.78) monoton fällt und offenbar nach unten beschränkt ist, konvergiert sie gegen eine nichtnegative Zahl. Insbesondere gilt daher

$$\Psi(w^{k+1}) - \Psi(w^k) \to 0.$$

Aus der Armijo–Bedingung folgt dann

$$t_k \nabla\Psi(w^k)^T d^k \to 0. \tag{7.81}$$

Wir betrachten nun die beiden Fälle $\liminf_{k\to\infty} t_k = 0$ und $\liminf_{k\to\infty} t_k > 0$, wobei wir beide Fälle zum Widerspruch führen werden.

Fall 1: $\liminf_{k\to\infty} t_k = 0$.
Durch Übergang auf eine (weitere) Teilfolge kann ohne Beschränkung der Allgemeinheit $\lim_{k\to\infty} t_k = 0$ angenommen werden. Also genügt die Schrittweite $\alpha_k := t_k/\beta$ für hinreichend große k nicht der Armijo–Bedingung (7.78). Somit gilt

$$\frac{\Psi(w^k + \alpha_k d^k) - \Psi(w^k)}{\alpha_k} > \sigma\nabla\Psi(w^k)^T d^k.$$

Aus dem Mittelwertsatz der Differentialrechnung folgt hieraus

$$\nabla\Psi(\xi^k)^T d^k > \sigma\nabla\Psi(w^k)^T d^k \tag{7.82}$$

für einen Zwischenpunkt ξ^k auf der Verbindungsstrecke von w^k zu $w^k + \alpha_k d^k$. Wegen (7.80) kann $d^k \to d^*$ für einen geeigneten Vektor d^* angenommen werden. Aus $w^k \to w^*$ und $\alpha_k \to 0$ ergibt sich wegen (7.82) dann

$$\nabla\Psi(w^*)^T d^* \geq \sigma\nabla\Psi(w^*)^T d^*,$$

also $\nabla\Psi(w^*)^T d^* \geq 0$. Andererseits folgt aus dem Abstiegstest (7.77) durch Grenzübergang $k \to \infty$ sofort

$$\nabla\Psi(w^*)^T d^* \leq -\rho\|d^*\|^q < 0,$$

was uns den gewünschten Widerspruch im Fall 1 liefert.

Fall 2: $\liminf_{k\to\infty} t_k > 0$.
Dann existiert ein $\bar{t} > 0$ mit $t_k \geq \bar{t}$ für alle $k \in \mathbb{N}$. Aus (7.81) folgt dann $\nabla\Psi(w^k)^T d^k \to 0$, was aufgrund der Abstiegsbedingung (7.77) unmittelbar $\|d^k\| \to 0$ impliziert. Dies aber steht im Widerspruch zu (7.80).

Damit ist der Satz vollständig bewiesen.   □

Wir wollen im Folgenden noch untersuchen, unter welchen Bedingungen an die Variationsungleichung VIP(X, F) ein stationärer Punkt von Ψ bereits ein globales Minimum und somit eine Lösung von VIP(X, F) selbst ist. Dazu benötigen wir die Funktion

$$\psi(a, b) := \left(a + b - \sqrt{a^2 + b^2} \right)^2, \tag{7.83}$$

die gerade das Quadrat der Fischer–Burmeister–Funktion ist. Wir fassen zunächst die wesentlichen Eigenschaften von ψ zusammen.

Lemma 7.61. *Die Funktion ψ aus (7.83) besitzt die folgenden Eigenschaften:*

(a) ψ ist stetig differenzierbar auf ganz $\mathbb{R}^2$; insbesondere gilt $\nabla\psi(0, 0) = (0, 0)^T$.

(b) $\psi(a, b) \geq 0$ für alle $a, b \in \mathbb{R}$.

(c) $\psi(a, b) = 0 \iff a \geq 0, b \geq 0, ab = 0$.

(d) $\frac{\partial\psi}{\partial a}(a, b)\frac{\partial\psi}{\partial b}(a, b) \geq 0$ für alle $a, b \in \mathbb{R}$.

(e) $\psi(a, b) = 0 \iff \nabla\psi(a, b) = 0 \iff \frac{\partial\psi}{\partial a}(a, b) = 0 \iff \frac{\partial\psi}{\partial b}(a, b) = 0$.

Beweis. Die Beweise sind allesamt elementar und werden dem Leser als Aufgabe 7.18 überlassen. ☐

Unter Verwendung der Funktion ψ lässt sich die Abbildung Ψ offenbar wie folgt schreiben:

$$\Psi(x, \mu, \lambda) := \frac{1}{2} \left(\|F(x) + A^T\mu - \lambda\|^2 + \|Ax - b\|^2 + \sum_{i=1}^{n} \psi(x_i, \lambda_i) \right).$$

Insbesondere ergibt sich aus dem Lemma 7.61 (a) nochmals die stetige Differenzierbarkeit von Ψ.

Von zentraler Bedeutung ist nun der nachstehende Satz, dessen Beweis ganz entscheidend die verschiedenen Eigenschaften der Funktion ψ ausnutzt.

Satz 7.62. *Sei $(x^*, \mu^*, \lambda^*) \in \mathbb{R}^n \times \mathbb{R}^p \times \mathbb{R}^n$ ein stationärer Punkt von Ψ. Der zulässige Bereich X der Variationsungleichung VIP(X, F) sei nichtleer, und die Jacobi–Matrix $F'(x^*)$ sei positiv semi–definit. Dann ist x^* bereits eine Lösung von VIP(X, F).*

Beweis. Zur Abkürzung setzen wir

$$\frac{\partial\psi}{\partial a}(x^*, \lambda^*) := \left(\dots, \frac{\partial\psi}{\partial a}(x_i^*, \lambda_i^*), \dots \right)^T \in \mathbb{R}^n$$

und, analog,

$$\frac{\partial\psi}{\partial b}(x^*, \lambda^*) := \left(\dots, \frac{\partial\psi}{\partial b}(x_i^*, \lambda_i^*), \dots \right)^T \in \mathbb{R}^n.$$

Da (x^*, μ^*, λ^*) ein stationärer Punkt von Ψ ist, ergeben sich die folgenden Bedingungen:

$$A^T(Ax^* - b) + F'(x^*)^T [F(x^*) + A^T\mu^* - \lambda^*] + \frac{\partial\psi}{\partial a}(x^*, \lambda^*) = 0, \quad (7.84)$$

$$A[F(x^*) + A^T\mu^* - \lambda^*] = 0, \quad (7.85)$$

$$-[F(x^*) + A^T\mu^* - \lambda^*] + \frac{\partial\psi}{\partial b}(x^*, \lambda^*) = 0. \quad (7.86)$$

Multipliziert man (7.84) von links mit $[F(x^*) + A^T\mu^* - \lambda^*]^T$ und berücksichtigt (7.85) und (7.86), so folgt

$$[F(x^*) + A^T\mu^* - \lambda^*]^T F'(x^*)^T [F(x^*) + A^T\mu^* - \lambda^*]$$
$$+ \frac{\partial\psi}{\partial a}(x^*, \lambda^*)^T \frac{\partial\psi}{\partial b}(x^*, \lambda^*) = 0.$$

Aufgrund der positiven Semi–Definitheit von $F'(x^*)^T$ und Lemma 7.61 (d) ergibt sich hieraus

$$\frac{\partial\psi}{\partial a}(x_i^*, \lambda_i^*) \frac{\partial\psi}{\partial b}(x_i^*, \lambda_i^*) = 0 \quad \forall i = 1, \ldots, n \quad (7.87)$$

und somit

$$\psi(x_i^*, \lambda_i^*) = 0 \quad \forall i = 1, \ldots, n$$

wegen Lemma 7.61 (e). Im Hinblick auf Lemma 7.61 (c) ist dies wiederum äquivalent zu

$$x^* \geq 0, \lambda^* \geq 0, (x^*)^T\lambda^* = 0. \quad (7.88)$$

Aus (7.87) und Lemma 7.61 (e) folgt außerdem

$$\frac{\partial\psi}{\partial a}(x^*, \lambda^*) = 0 \quad \text{und} \quad \frac{\partial\psi}{\partial b}(x^*, \lambda^*) = 0,$$

so dass wir zunächst aus (7.86)

$$F(x^*) + A^T\mu^* - \lambda^* = 0 \quad (7.89)$$

erhalten und damit aus (7.84) auch

$$A^T(Ax^* - b) = 0.$$

Letzteres ist äquivalent dazu, dass x^* das konvexe quadratische Optimierungsproblem

$$\min \frac{1}{2}\|Ax - b\|^2, \quad x \in \mathbb{R}^n,$$

löst. Wegen $X \neq \emptyset$ nach Voraussetzung gilt daher

$$Ax^* = b. \quad (7.90)$$

Aus (7.88)–(7.90) ergibt sich unmittelbar, dass das Tripel (x^*, μ^*, λ^*) ein KKT–Punkt von $\text{VIP}(X, F)$ ist, so dass x^* wegen Korollar 7.26 bereits die Variationsungleichung $\text{VIP}(X, F)$ löst. $\qquad\square$

Wegen Satz 7.11 ist die Jacobi–Matrix $F'(x)$ für alle $x \in \mathbb{R}^n$ positiv semi–definit, sofern F eine monotone Funktion ist. Insbesondere gilt die Aussage des Satzes 7.62 daher für monotone Abbildungen F.

Weiterhin kann man für den Algorithmus 7.59 unter gewissen Voraussetzungen auch lokal schnelle (superlineare bzw. quadratische) Konvergenz beweisen, was man von einem Newton–Verfahren auch erwarten würde. Der interessierte Leser sei diesbezüglich insbesondere auf die Arbeiten [51, 43] verwiesen.

Aufgaben

Aufgabe 7.1. Man beweise die Bemerkung 7.9.

Aufgabe 7.2. Betrachte die Variationsungleichung VIP(X, F) mit $X \subseteq \mathbb{R}^n$ nichtleer, abgeschlossen und *offen* sowie $F : X \to \mathbb{R}^n$. Dann ist x^* genau dann eine Lösung der Variationsungleichung VIP(X, F), wenn x^* dem restringierten Gleichungssystem

$$F(x) = 0, \;\; x \in X,$$

genügt.

Aufgabe 7.3. Seien $F : \mathbb{R}^n \to \mathbb{R}^n$ und $X \subseteq \mathbb{R}^n$ ein Rechteck, d.h.,

$$X = \Pi_{i=1}^n [l_i, u_i]$$

mit gewissen $l_i \in \mathbb{R} \cup \{-\infty\}$ und $u_i \in \mathbb{R} \cup \{+\infty\}$, $i = 1, \ldots, n$. Man zeige, dass ein Vektor $x^* \in \mathbb{R}^n$ genau dann eine Lösung der Variationsungleichung VIP(X, F) ist, wenn

$$F_i(x^*)(x_i - x_i^*) \geq 0$$

für alle $x \in X$ und alle $i = 1, \ldots, n$ gilt.

Bemerkung: Variationsungleichungen mit einer rechteckigen Menge X heißen in der Literatur manchmal auch *gemischte Komplementaritätsprobleme*.

Aufgabe 7.4. Seien $X \subseteq \mathbb{R}^n$ nichtleer, abgeschlossen und konvex sowie $F : X \to \mathbb{R}^n$. Definiere die sogenannte *Normal Map* durch

$$H(y) := F(y_+) + y - y_+,$$

wobei wir zur Abkürzung

$$y_+ := \mathrm{Proj}_X(y)$$

gesetzt haben. Dann gelten die folgenden Aussagen:

(a) Ist x^* eine Lösung der Variationsungleichung VIP(X, F), so ist $y^* := x^* - F(x^*)$ eine Lösung des nichtlinearen Gleichungssystems $H(y) = 0$.

(b) Ist y^* eine Lösung des nichtlinearen Gleichungssystems $H(y) = 0$, so ist $x^* := y^*_+$ eine Lösung der Variationsungleichung VIP(X, F).

Aufgabe 7.5. Seien $X \subseteq \mathbb{R}^n$ nichtleer, abgeschlossen und konvex sowie $F : X \to \mathbb{R}^n$ stetig und monoton. Man zeige, dass dann die folgenden beiden Aussagen äquivalent sind:

(a) x^* löst die Variationsungleichung VIP(X, F), d.h., $F(x^*)^T(x - x^*) \geq 0$ für alle $x \in X$.
(b) Es gilt $F(x)^T(x - x^*) \geq 0$ für alle $x \in X$.

Aufgabe 7.6. Seien $X \subseteq \mathbb{R}^n$ nichtleer, abgeschlossen und konvex sowie $F : X \to \mathbb{R}^n$ stetig und monoton. Dann ist die Lösungsmenge der Variationsungleichung VIP(X, F) konvex (eventuell leer).
    (Hinweis: Aufgabe 7.5.)

Aufgabe 7.7. Seien $X \subseteq \mathbb{R}^n$ nichtleer, abgeschlossen und konvex. Die Funktion $F : \mathbb{R}^n \to \mathbb{R}^n$ möge den folgenden Bedingungen genügen:

(a) F ist global Lipschitz–stetig auf dem $\mathbb{R}^n$ mit der Lipschitz–Konstanten $L > 0$.
(b) F ist gleichmäßig monoton auf dem $\mathbb{R}^n$ mit Modulus $\mu > 0$.

Dann gilt

$$\|x - x^*\| \leq \frac{L + 1}{\mu}\|r(x)\|$$

für alle $x \in \mathbb{R}^n$, wobei x^* die eindeutige Lösung von VIP(X, F) sei und $r(x) := x - \mathrm{Proj}_X(x - F(x))$ gesetzt wurde.

Aufgabe 7.8. Man verifiziere die Gültigkeit der beiden Gleichungen

$$\mathrm{Proj}_{L_k}(x^k) = w^k \quad \text{und} \quad \mathrm{Proj}_{H_k}(x^k) = w^k,$$

wobei wir von den Bezeichnungen aus dem Algorithmus 7.36 (modifiziertes Extragradientenverfahren) Gebrauch gemacht haben sowie

$$L_k := \{x \in \mathbb{R}^n \mid F(z^k)^T(x - z^k) \leq 0\}$$

und

$$H_k := \{x \in \mathbb{R}^n \mid F(z^k)^T(x - z^k) = 0\}$$

seien.
    Bemerkung: Diese Aufgabe vervollständigt den Beweis des Lemmas 7.39.

Aufgabe 7.9. Sei $X \subseteq \mathbb{R}^n$ eine gegebene Teilmenge. Eine Funktion $F : X \to \mathbb{R}^n$ heißt *pseudomonoton* (auf X), falls für alle $x, y \in X$ die Implikation

$$(x - y)^T F(y) \geq 0 \Longrightarrow (x - y)^T F(x) \geq 0$$

gilt (offenbar sind monotone Funktionen stets pseudomonoton). Man zeige:

(a) Die Aussagen der Aufgaben 7.5 und 7.6 gelten auch für pseudomonotone Funktionen.
(b) Der globale Konvergenzsatz 7.34 für das Extragradientenverfahren aus dem Algorithmus 7.32 gilt auch für pseudomonotone Funktionen.
(c) Der globale Konvergenzsatz 7.40 für das modifizierte Extragradienten-verfahren aus dem Algorithmus 7.36 gilt ebenfalls für pseudomonotone Funktionen.

Aufgabe 7.10. Man beweise den Satz von Danskin in der Form der Satzes 7.46.
(Hinweis: Siehe Satz 6.37.)

Aufgabe 7.11. Seien $X \subseteq \mathbb{R}^n$ nichtleer, abgeschlossen und konvex, $\alpha > 0, F : X \to \mathbb{R}^n$ stetig und gleichmäßig monoton (auf X) mit Modulus $\mu > 0$ sowie x^* die eindeutige Lösung von VIP(X, F). Dann gilt

$$g_\alpha(x) \geq \left(\mu - \frac{\alpha}{2}\right) \|x - x^*\|^2$$

für alle $x \in X$, wobei g_α die regularisierte Gap–Funktion bezeichnet. Insbesondere sind die Levelmengen

$$\mathcal{L}_X(c) := \{x \in X \mid g_\alpha(x) \leq c\}$$

kompakt für jedes feste $c \in \mathbb{R}$, falls $\alpha < 2\mu$ gilt.

Aufgabe 7.12. Seien $X \subseteq \mathbb{R}^n$ nichtleer, abgeschlossen und konvex, $F : \mathbb{R}^n \to \mathbb{R}^n, 0 < \alpha < 1 < \beta, g_{\alpha\beta}$ die D–Gap–Funktion von VIP(X, F) sowie $r(x) := x - \text{Proj}_X(x - F(x))$. Dann existieren Konstanten $c_1 > 0$ und $c_2 > 0$ mit

$$c_1 \|r(x)\|^2 \leq g_{\alpha\beta}(x) \leq c_2 \|r(x)\|^2$$

für alle $x \in \mathbb{R}^n$.
(Hinweis: Lemma 5.61 und Lemma 7.50.)

Aufgabe 7.13. Betrachte die Funktion

$$\psi_\alpha(a, b) := ab + \frac{1}{2\alpha} \left(\max^2\{0, a - \alpha b\} - a^2 + \max^2\{0, b - \alpha a\} - b^2\right)$$

für einen Parameter $\alpha > 1$. Man verifiziere die folgenden Eigenschaften der Funktion ψ_α:

(a) $\psi_\alpha(a, b) \geq 0$ für alle $(a, b)^T \in \mathbb{R}^2$.
(b) ψ_α ist eine NCP–Funktion, d.h., $\psi_\alpha(a, b) = 0 \iff a \geq 0, b \geq 0, ab = 0$.
(c) $\psi_\alpha(a, b) = 0 \iff \nabla\psi_\alpha(a, b) = 0$.
(d) $\frac{\partial\psi_\alpha}{\partial a}(a, b)\frac{\partial\psi_\alpha}{\partial b}(a, b) \geq 0$ für alle $(a, b)^T \in \mathbb{R}^2$.

Bemerkung: Diese Aufgabe gilt als Vorbereitung für die nachstehenden Aufgaben 7.14–7.16.

Aufgabe 7.14. Betrachte das nichtlineare Komplementaritätsproblem

$$x_i \geq 0,\ F_i(x) \geq 0,\ x_i F_i(x) = 0 \quad \forall i = 1, \ldots, n$$

mit einer stetig differenzierbaren Funktion $F : \mathbb{R}^n \to \mathbb{R}^n$. Sei ψ_α wie in Aufgabe 7.13 definiert, und setze

$$\Psi_\alpha(x) := \sum_{i=1}^{n} \psi_\alpha(x_i, F_i(x)).$$

Man zeige:

(a) $\Psi_\alpha(x) \geq 0$ für alle $x \in \mathbb{R}^n$.

(b) $\Psi_\alpha(x) = 0 \iff x$ löst NCP(F).

(c) Ψ_α ist stetig differenzierbar auf dem $\mathbb{R}^n$ mit

$$\nabla \Psi_\alpha(x) = \frac{\partial \psi_\alpha}{\partial a}(x, F(x)) + F'(x)^T \frac{\partial \psi_\alpha}{\partial b}(x, F(x)),$$

wobei wir zur Abkürzung

$$\frac{\partial \psi_\alpha}{\partial a}(x, F(x)) := \left(\frac{\partial \psi_\alpha}{\partial a}(x_1, F_1(x)), \ldots, \frac{\partial \psi_\alpha}{\partial a}(x_n, F_n(x)) \right)^T \in \mathbb{R}^n$$

und

$$\frac{\partial \psi_\alpha}{\partial b}(x, F(x)) := \left(\frac{\partial \psi_\alpha}{\partial b}(x_1, F_1(x)), \ldots, \frac{\partial \psi_\alpha}{\partial b}(x_n, F_n(x)) \right)^T \in \mathbb{R}^n$$

gesetzt haben.

(d) Ist $x^* \in \mathbb{R}^n$ ein stationärer Punkt von Ψ_α und die Jacobi–Matrix $F'(x^*)$ eine P–Matrix, so ist x^* bereits eine Lösung von NCP(F); dabei heißt eine Matrix $M \in \mathbb{R}^{n \times n}$ P–$Matrix$, wenn für alle $x \in \mathbb{R}^n$ mit $x \neq 0$ ein (von x abhängiger) Index $i_0 = i_0(x) \in \{1, \ldots, n\}$ existiert mit $x_{i_0}[Mx]_{i_0} > 0$ (die Klasse der P–Matrizen verallgemeinert offenbar die Klasse der positiv definiten Matrizen).

(Hinweis: (a), (b) und (c) sind klar. Zum Beweis von (d) folge man weitgehend dem Beweis des Satzes 7.62 und verwende dabei die Aufgabe 7.13.)

Aufgabe 7.15. Betrachte das nichtlineare Komplementaritätsproblem

$$x \geq 0,\ F(x) \geq 0,\ x^T F(x) = 0$$

mit einer gegebenen Funktion $F : \mathbb{R}^n \to \mathbb{R}^n$. Betrachte ferner das zugehörige Optimierungsproblem

$$\min x^T F(x) \quad \text{u.d.N.} \quad x \geq 0,\ F(x) \geq 0. \tag{7.91}$$

Man zeige: Formuliert man die Multiplier–Penalty–Funktion (siehe Unterabschnitt 5.4.2) zu dem Problem (7.91) und ersetzt — motiviert durch die in einer Lösung von (7.91) geltenden Beziehungen $x_i F_i(x) = 0$ für alle $i = 1, \ldots, n$ — die Lagrange–Multiplikatoren zu der Restriktion $x \geq 0$ durch den Vektor $F(x)$ sowie die Lagrange–Multiplikatoren zu der Restriktion $F(x) \geq 0$ durch den Vektor x, so ergibt sich gerade die Funktion Ψ_α aus der Aufgabe 7.14.

Bemerkung: Aufgrund dieser Herleitung der Funktion Ψ_α über den Multiplier–Penalty–Zugang (bzw. erweiterten Lagrange–Zugang) wird die Funktion Ψ_α von Mangasarian und Solodov [124] auch als *implizite Lagrange–Funktion* bezeichnet.

Aufgabe 7.16. Betrachte die D–Gap–Funktion $g_{\alpha\beta}$ für den Spezialfall eines nichtlinearen Komplementaritätsproblems (also $X = \mathbb{R}^n_+$, vergleiche Lemma 7.4) mit dem Parameter $\alpha = 1/\beta$ für ein $\beta > 1$. Man zeige, dass die D–Gap–Funktion $g_{\alpha\beta}$ dann gerade die implizite Lagrange–Funktion Ψ_β aus den Aufgaben 7.14 und 7.15 ist.

Aufgabe 7.17. Im Algorithmus 7.59 taucht ein Parameter q auf, für den im Schritt (S.0) die Forderung $q > 2$ gestellt wird. Man überlege sich, ob diese Forderung in der globalen Konvergenztheorie benötigt wird.

Aufgabe 7.18. Man beweise das Lemma 7.61, d.h., bezeichnet

$$\varphi(a, b) := a + b - \sqrt{a^2 + b^2}$$

die Fischer–Burmeister–Funktion und ist

$$\psi(a, b) := \varphi(a, b)^2$$

das Quadrat der Fischer–Burmeister–Funktion, so verifiziere man die folgenden Eigenschaften von ψ:

(a) ψ ist stetig differenzierbar auf dem gesamten $\mathbb{R}^2$; insbesondere gilt $\nabla\psi(0, 0) = (0, 0)^T$.

(b) $\psi(a, b) \geq 0$ für alle $a, b \in \mathbb{R}$.

(c) $\psi(a, b) = 0 \iff a \geq 0, b \geq 0, ab = 0$.

(d) $\frac{\partial\psi}{\partial a}(a, b)\frac{\partial\psi}{\partial b}(a, b) \geq 0$ für alle $a, b \in \mathbb{R}$.

(e) $\psi(a, b) = 0 \iff \nabla\psi(a, b) = 0 \iff \frac{\partial\psi}{\partial a}(a, b) = 0 \iff \frac{\partial\psi}{\partial b}(a, b) = 0$.

(Hinweis zu (a): Es gilt offenbar die Ungleichung

$$|\varphi(a, b)| \leq 3\|(a, b)\|$$

für alle $(a, b)^T \in \mathbb{R}^2$.)

Aufgabe 7.19. Betrachte das nichtlineare Komplementaritätsproblem

$$x_i \geq 0, \ F_i(x) \geq 0, \ x_i F_i(x) = 0 \quad \forall i = 1, \ldots, n$$

mit einer stetig differenzierbaren Funktion $F : \mathbb{R}^n \to \mathbb{R}^n$. Sei

$$\varphi(a, b) := a + b - \sqrt{a^2 + b^2}$$

die Fischer–Burmeister–Funktion sowie

$$\psi(a, b) := (\varphi(a, b))^2$$

deren Quadrat. Setze

$$\Psi(x) := \sum_{i=1}^{n} \psi(x_i, F_i(x))$$

und zeige:

(a) $\Psi(x) \geq 0$ für alle $x \in \mathbb{R}^n$.

(b) $\Psi(x) = 0 \iff x$ löst NCP(F).

(c) Ψ ist stetig differenzierbar auf dem $\mathbb{R}^n$ mit

$$\nabla \Psi(x) = \frac{\partial \psi}{\partial a}(x, F(x)) + F'(x)^T \frac{\partial \psi}{\partial b}(x, F(x)),$$

wobei wir zur Abkürzung

$$\frac{\partial \psi}{\partial a}(x, F(x)) := \left(\frac{\partial \psi}{\partial a}(x_1, F_1(x)), \ldots, \frac{\partial \psi}{\partial a}(x_n, F_n(x)) \right)^T \in \mathbb{R}^n$$

und

$$\frac{\partial \psi}{\partial b}(x, F(x)) := \left(\frac{\partial \psi}{\partial b}(x_1, F_1(x)), \ldots, \frac{\partial \psi}{\partial b}(x_n, F_n(x)) \right)^T \in \mathbb{R}^n$$

gesetzt haben.

(d) Ist $x^* \in \mathbb{R}^n$ ein stationärer Punkt von Ψ und die Jacobi–Matrix $F'(x^*)$ eine P_0–Matrix, so ist x^* bereits eine Lösung von NCP(F); dabei heißt eine Matrix $M \in \mathbb{R}^{n \times n}$ P_0–*Matrix*, wenn für alle $x \in \mathbb{R}^n$ mit $x \neq 0$ ein (von x abhängiger) Index $i_0 = i_0(x) \in \{1, \ldots, n\}$ existiert mit $x_{i_0} \neq 0$ und $x_{i_0}[Mx]_{i_0} \geq 0$ (die Klasse der P_0–Matrizen verallgemeinert offenbar die Klasse der positiv semi–definiten Matrizen).

(Hinweis: (a), (b) und (c) sollten klar sein. Für (d) folge man weitgehend dem Beweis des Satzes 7.62 und verwende dabei die spezielle Struktur von Komplementaritätsproblemen.)

Aufgabe 7.20. Seien

$$\varphi(a, b) := \lambda \left(a + b - \sqrt{a^2 + b^2} \right) + (1 - \lambda)a_+ b_+$$

die penalized Fischer–Burmeister–Funktion (mit $\lambda \in (0, 1)$ fest) sowie

$$\psi(a, b) := \varphi(a, b)^2$$

deren Quadrat. Man zeige, dass ψ die folgenden Eigenschaften besitzt (vergleiche auch die Aufgabe 7.18 für die entsprechenden Eigenschaften der quadrierten Fischer–Burmeister–Funktion):

(a) ψ ist stetig differenzierbar auf dem gesamten $\mathbb{R}^2$; insbesondere gilt $\nabla\psi(a,b) = (0,0)^T$ für alle Vektoren $(a,b)^T \in \mathbb{R}^2$ mit $a \geq 0, b \geq 0, ab = 0$.

(b) $\psi(a,b) \geq 0$ für alle $a,b \in \mathbb{R}$.

(c) $\psi(a,b) = 0 \iff a \geq 0, b \geq 0, ab = 0$.

(d) $\frac{\partial\psi}{\partial a}(a,b)\frac{\partial\psi}{\partial b}(a,b) \geq 0$ für alle $a,b \in \mathbb{R}$.

(e) $\psi(a,b) = 0 \iff \nabla\psi(a,b) = 0 \iff \frac{\partial\psi}{\partial a}(a,b) = 0 \iff \frac{\partial\psi}{\partial b}(a,b) = 0$.

Aufgabe 7.21. Man zeige, dass alle Aussagen des Abschnittes 7.5.2 auch dann gelten, wenn dort statt der Fischer–Burmeister–Funktion

$$\varphi(a,b) = a + b - \sqrt{a^2 + b^2}$$

überall die penalized Fischer–Burmeister–Funktion

$$\varphi(a,b) = \lambda\left(a + b - \sqrt{a^2 + b^2}\right) + (1-\lambda)a_+b_+$$

(mit $\lambda \in (0,1)$ fest) gewählt wird.

(Hinweis: Aufgabe 7.20.)

Aufgabe 7.22. Betrachte die Variationsungleichung VIP(X,F) mit

$$X := \{x \in \mathbb{R}^n \mid Ax = b, x \geq 0\}$$

für eine Matrix $A \in \mathbb{R}^{p\times n}$ und einen Vektor $b \in \mathbb{R}^p$ sowie $F : \mathbb{R}^n \to \mathbb{R}^n$ stetig differenzierbar. Betrachte ferner das zu den KKT–Bedingungen von VIP(X,F) zugeordnete Optimierungsproblem

$$\min \Psi(x,\mu,\lambda) \quad \text{u.d.N.} \quad x \geq 0, \lambda \geq 0 \tag{7.92}$$

mit der Zielfunktion

$$\Psi(x,\mu,\lambda) := \frac{1}{2}\left(\|F(x) + A^T\mu - \lambda\|^2 + \|Ax - b\|^2 + (x^T\lambda)^2\right).$$

Dann gelten die folgenden Aussagen:

(a) Genau dann genügt ein Vektor $w^* = (x^*,\mu^*,\lambda^*)$ den KKT–Bedingungen von VIP(X,F), wenn w^* ein globales Minimum von (7.92) mit $\Psi(w^*) = 0$ ist.

(b) Ist $w^* = (x^*,\mu^*,\lambda^*)$ ein stationärer Punkt von (7.92) mit $F'(x^*)$ positiv semi–definit und ist die zulässige Menge X nichtleer und beschränkt, so ist x^* bereits eine Lösung von VIP(X,F).

Literaturverzeichnis

1. Achtziger, W., und Zowe, J. (1997): Nichtglatte Optimierung. Vorlesungsskript, Universität Erlangen–Nürnberg.
2. Alizadeh, F. (1995): Interior point methods in semidefinite programming with applications to combinatorial optimization. SIAM Journal on Optimization **5**, 13–51.
3. Alizadeh, F., Haeberly, J.-P. A, und Overton, M.L. (1998): Primal-dual interior-point methods for semidefinite programming: Convergence rates, stability and numerical results. SIAM Journal on Optimization **8**, 746–768.
4. Anderson, E.J., und Nash, P. (1987): Linear Programming in Infinite-dimensional Spaces. John Wiley & Sons, Chichester.
5. Avriel, M., und Dembo, R.S. (1979): Engineering optimization. Mathematical Programming Study **11**, 1–207.
6. Balinski, M.L., und Lemaréchal, C. (1978): Mathematical programming in use. Mathematical Programming Study **9**, 1–195.
7. Bartels, R.H. (1971): A stabilization of the simplex method. Numerische Mathematik **16**, 414–434.
8. Bartels, R.H., und Golub, G.H. (1969): The simplex method of linear programming using LU-decomposition. Communications of the ACM **12**, 266–268, 275–278.
9. Bazaraa, M.S., Jarvis, J.J., und Sherali, H.D. (1990): Linear Programming and Network Flows. John Wiley & Sons, New York, NY (2. Auflage).
10. Bazaraa, M.S., Sherali, H.D., und Shetty, C.M. (1993): Nonlinear Programming. Theory and Algorithms. John Wiley & Sons, New York, NY (2. Auflage).
11. Beale, E.M.L. (1955): Cycling in the dual simplex algorithm. Naval Research Logistics Quarterly **2**, 269–275.
12. Bertsekas, D.P. (1982): Constrained Optimization and Lagrange Multiplier Methods. Academic Press, New York, NY.
13. Bertsekas, D.P. (1999): Nonlinear Programming. Athena Scientific, Belmont, MA (2. Auflage).
14. Bertsekas, D.P. (1998). Network Optimization: Continuous and Discrete Models. Athena Scientific, Belmont, MA.
15. Bertsimas, D., und Tsitsiklis, J.N. (1997): Introduction to Linear Optimization. Athena Scientific, Belmont, MA.
16. Birge, J.R., Qi, L., und Wei, Z. (1997): A variant of the Topkins-Veinott method for solving inequality constrained optimization problems. Technical Report, School of Mathematics, University of New South Wales, Sydney, Australien.
17. Bland, R.G. (1977): New finite pivoting rules for the simplex method. Mathematics of Operations Research **2**, 103–107.
18. Blatt, H.P., Herzfeld, U., und Klotz, V. (1977): Ein Approximationsproblem aus der Pharmakokinetik. Journal of Approximation Theory **21**, 89–106.

19. Borgwardt, K.H. (1987): The Simplex Method. A Probabilistic Analysis. Springer–Verlag, Berlin.

20. Boyd, S., El Ghaoui, L., Feron, E., und Balakrishnan, V. (1994): Linear Matrix Inequalities in System and Control Theory. SIAM, Philadelphia, PA.

21. Bracken, J., und McCormick, G.P. (1968): Selected Applications of Nonlinear Programming. John Wiley and Sons, New York.

22. Brooke, A., Kendrick, D., und Meeraus, A. (1988): GAMS: A User's Guide. The Scientific Press, South San Francisco, CA.

23. Bryson, A.E., und Ho, Y.-Ch. (1975): Applied Optimal Control – Optimization, Estimation, and Control. Hemispere Publ. Corp., Washington.

24. Burke, J.V., und Han, S.P. (1989): A robust sequential quadratic programming method. Mathematical Programming **43**, 277–303.

25. Burke, J.V., und Xu, S. (1998): The global linear convergence of a noninterior path-following algorithm for linear complementarity problems. Mathematics of Operations Research **23**, 719–734.

26. Burke, J.V., und Xu, S. (1999): A non-interior predictor-corrector path-following method for LCP. In: Fukushima, M., und Qi, L. (Hrsg.): Reformulation: Nonsmooth, Piecewise Smooth, Semismooth and Smoothing Methods. Kluwer Academic Publishers, 45–63.

27. Burke, J.V., und Xu, S. (2000): A non-interior-predictor-corrector path following algorithm for the monotone linear complementarity problem. Mathematical Programming **87**, 113–130.

28. Byrd, R.H., und Nocedal, J. (1991): An analysis of reduced Hessian methods for constrained optimization. Mathematical Programming **49**, 285–323.

29. Calamai, P.H., und Moré, J.J. (1987): Projected gradient methods for linearly constrained problems. Mathematical Programming **39**, 93–116.

30. Chamberlain, R.M., Lemaréchal, C., Pederson, H.C., und Powell, M.J.D. (1982): The watchdog technique for forcing convergence in constrained optimization. Mathematical Programming **16**, 1–17.

31. Chen, B., Chen, X., und Kanzow, C. (2000): A penalized Fischer–Burmeister NCP–function. Mathematical Programming **88**, 211–216.

32. Chen, B., und Harker, P.T. (1993): A non-interior-point continuation method for linear complementarity problems. SIAM Journal on Matrix Analysis and Applications **14**, 1168–1190.

33. Chen, G., und Teboulle, M. (1993): Convergence analysis of a proximal-like optimization algorithm using Bregman functions. SIAM Journal on Optimization **3**, 538–543.

34. Chvátal, V. (1983): Linear Programming. W.H. Freeman, New York, NY.

35. Clarke, F.H. (1983): Optimization and Nonsmooth Analysis. John Wiley & Sons, New York, NY (Nachdruck bei SIAM, Philadelphia, PA, 1990).

36. Collatz, L., und Wetterling, W. (1971): Optimierungsaufgaben. Springer–Verlag, Berlin (2. Auflage).

37. Coleman, T.F., und Conn, A.R. (1984): On the local convergence of a quasi–Newton method for the nonlinear programming problem. SIAM Journal on Numerical Analysis **21**, 755–769.

38. Conn, A.R., Gould, N.I.M., und Toint, Ph.L. (1988): Testing a class of methods for solving minimization problems with simple bounds on the variables. Mathematics of Computation **50**, 399–430.

39. Conn, A.R., Gould, N.I.M., und Toint, Ph.L. (1991): Convergence of quasi-Newton matrices generated by the symmetric rank one update. Mathematical Programming **50**, 177–195.

40. Cottle, R.W., Pang, J.-S., und Stone, R.E. (1992): The Linear Complementarity Problem. Academic Press, Boston.

41. Courant, R. (1943): Variational methods for the solution of problems of equilibrium and vibrations. Bulletin of the Americal Mathematical Society **49**, 1–23.
42. Dantzig, G.B. (1963): Linear Programming and Extensions. Princeton University Press, Princeton, NJ.
43. De Luca, T., Facchinei, F., und Kanzow, C. (1996): A semismooth equation approach to the solution of nonlinear complementarity problems. Mathematical Programming **75**, 407–439.
44. Demyanov, V.F., und Malozemov, V.N. (1974): Introduction to Minimax. John Wiley & Sons, New York, NY.
45. Dennis, J.E., und Schnabel, R.B. (1983): Numerical Methods for Unconstrained Optimization and Nonlinear Equations. Prentice-Hall, Englewood Cliffs, 1983 (Nachdruck bei SIAM, Philadelphia, PA, 1996).
46. Di Pillo, G. (1994): Exact penalty methods. In: Spedicato, E. (Hrsg.): Algorithms for Continuous Optimization. The State of the Art. NATO ASI Series 434, Kluwer Academic Publishers, Dordrecht, Niederlande, 209–253.
47. Di Pillo, G., und Facchinei, F. (1992): Regularity conditions and exact penalty functions in Lipschitz programming problems. In: Giannessi, F. (Hrsg.): Nonsmooth Optimization – Methods and Applications. Gordon and Breach.
48. Di Pillo, G., Facchinei, F., und Grippo, L. (1992): An RQP algorithm using a differentiable exact penalty function for inequality constrained problems. Mathematical Programming **55**, 49–68.
49. Engelke, S., und Kanzow, C. (2000): Predictor-corrector smoothing methods for the solution of linear programs. Preprint 153, Institut für Angewandte Mathematik, Universität Hamburg.
50. Facchinei, F. (1997): Robust recursive quadratic programming algorithm model with global and superlinear convergence properties. Journal of Optimization Theory and Applications **92**, 543–579.
51. Facchinei, F., Fischer, A., und Kanzow, C. (1998): Regularity properties of a semismooth reformulation of variational inequalities. SIAM Journal on Optimization **8**, 850–869.
52. Feichtinger, G., und Hartl, R.F. (1986): Optimale Kontrolle ökonomischer Prozesse. Walter de Gruyter, Berlin.
53. Ferris, M.C., und Kanzow, C. (2001): Complementarity and related problems. Pardalos, P.M., und Resende, M.G.C. (Hrsg.): Handbook on Applied Optimization. Oxford University Press.
54. Ferris, M.C., und Pang, J.-S. (1997): Engineering and economic applications of complementarity problems. SIAM Review **39**, 669–713.
55. Fiacco, A.V., und McCormick, G.P. (1968): Nonlinear Programming: Sequential Unconstrained Minimization Techniques. John Wiley & Sons, New York, NY (Nachdruck bei SIAM, Philadelphia, PA, 1990).
56. Fischer, A. (1992): A special Newton-type optimization method. Optimization **24**, 269–284.
57. Fletcher, R. (1987): Practical Methods of Optimization. John Wiley & Sons, New York (2. Auflage).
58. Fourer, R., Gay, D.M., und Kernighan, B.W. (1993): AMPL: A Modeling Language for Mathematical Programming. Duxbury Press.
59. Franklin, J. (1980): Methods of Mathematical Economics – Linear and Nonlinear Programming, Fixed–Point Theorems. Springer–Verlag, New York, NY.
60. Fukushima, M. (1986): A successive quadratic programming algorithm with global und superlinear convergence properties. Mathematical Programming **35**, 253-264.

61. Fukushima, M. (1992): Equivalent differentiable optimization problems and descent methods for asymmetric variational inequality problems. Mathematical Programming **53**, 99–110.
62. Fukushima, M., und Qi, L. (1996): A globally and superlinearly convergent algorithm for nonsmooth convex minimization. SIAM Journal on Optimization **6**, 1106–1120.
63. Gafni, E.M., und Bertsekas, D.P. (1984): Two–metric projection methods for constrained optimization. SIAM Journal on Control and Optimization **22**, 936–964.
64. Gay, D.M. (1981): Computing optimal locally constrained steps. SIAM Journal on Scientific and Statistical Computing **2**, 186–197.
65. Geiger, C. (1998): Optimierung. Vorlesungsskript, Universität Hamburg (2. Auflage).
66. Geiger, C., und Kanzow, C. (1999): Numerische Verfahren zur Lösung unrestringierter Optimierungsaufgaben. Springer–Verlag, Berlin–Heidelberg.
67. Gill, P.E., Murray, W., und Wright, M.H. (1981): Practical Optimization. Academic Press, London.
68. Glashoff, K., und Gustafson, S.A. (1978): Einführung in die lineare Optimierung. Wissenschaftliche Buchgesellschaft, Darmstadt.
69. Griewank, A. (2000): Evaluating Derivatives. Principles and Techniques of Algorithmic Differentiation. SIAM Society for Industrial and Applied Mathematics, Philadelphia, PA.
70. Griewank, A., Juedes, D., und Utke, J. (1996): Algorithm 755: ADOL-C: A package for the automatic differentiation of algorithms written in C/C++. ACM Transactions on Mathematical Software **22**, 131–167.
71. Großmann, C., und Kleinmichel, H. (1976): Verfahren der nichtlinearen Optimierung. Teubner–Verlag, Leipzig.
72. Großmann, C., und Terno, J. (1997): Numerik der Optimierung. Teubner–Verlag, Stuttgart (2. Auflage).
73. Güler, O. (1991): On the convergence of the proximal-point algorithm for convex minimization. SIAM Journal on Control and Optimization **29**, 403–419.
74. Güler, O., Hoffman, A.J., und Rothblum, U.G. (1995): Approximations to solutions to systems of linear inequalities. SIAM Journal on Matrix Analysis and Applications **16**, 688–696.
75. Han, S.P. (1977): A globally convergent method for nonlinear programming. Journal of Optimization Theory and Applications **22**, 297–309.
76. Han, S.P., und Mangasarian, O.L. (1979): Exact penalty functions in nonlinear programming. Mathematical Programming **17**, 251–269.
77. Harker, P.T., und Pang, J.-S. (1990): Finite dimensional variational inequality and nonlinear complementarity problems: a survey of theory, algorithms and applications. Mathematical Programming **48**, 161–220.
78. He, B. (1994): A new method for a class of linear variational inequalities. Mathematical Programming **66**, 137–144.
79. Helmberg, C., und Rendl, F. (2000): A spectral bundle method for semidefinite programming. SIAM Journal on Optimization **10**, 673–696.
80. Helmberg, C., Rendl, F., Vanderbei, R.J., und Wolkowicz, H. (1996): An interior-point method for semidefinite programming. SIAM Journal on Optimization **6**, 342–361.
81. Hestenes, M.R. (1966): Calculus of Variations and Optimal Control Theory. John Wiley & Sons, New York, NY.
82. Hestenes, M.R. (1969): Multiplier and gradient methods. Journal of Optimization Theory and Applications **4**, 303–320.

83. Hettich, R., und Kortanek, K.O. (1993): Semi-infinite programming: Theory, methods, and applications. SIAM Review **35**, 380–429.

84. Hettich, R., und Zencke, P. (1982): Numerische Methoden der Approximation und semi-infiniten Optimierung. Teubner–Verlag, Stuttgart.

85. Heuser, H. (1983): Lehrbuch der Analysis, Teil 2. Teubner–Verlag, Stuttgart.

86. Hiriart-Urruty, J.B., und Lemaréchal, C. (1993): Convex Analysis and Minimization Algorithms I. Springer–Verlag, Berlin.

87. Hiriart-Urruty, J.B., und Lemaréchal, C. (1993): *Convex Analysis and Minimization Algorithms II*. Springer–Verlag, Berlin.

88. Hofer, E., und Lunderstädt, R. (1975): Numerische Methoden der Optimierung. Oldenbourg–Verlag, München.

89. Hoffman, A.J. (1952): On approximate solutions of systems of linear inequalities. Journal of Research of the National Bureau of Standards **49**, 263–265.

90. Hoffmann, K.H., und Krabs, W. (1984): Optimal Control of Partial Differential Equations. Birkäuser, Basel.

91. Horn, R.A., und Johnson, C.R. (1991): Topics in Matrix Analysis. Cambridge University Press, New York, NY.

92. Horst, R. (1979): Nichtlineare Optimierung. Carl Hanser Verlag, München.

93. Ishutkin, V.S., und Kleinmichel, H. (1985): Verfahren der zulässigen Richtungen unter Benutzung reduzierter Gradienten für nichtlineare Optimierungsprobleme. Optimization **16**, 373–390.

94. Iusem, A.N., und Svaiter, B.F. (1997): A variant of Korpelevich's method for variational inequalities with a new search strategy. Optimization **42**, 309–321.

95. Josephy, N.H. (1979): Newton's method for generalized equations. Technical Summary Report 1965, Mathematical Research Center, University of Wisconsin, Madison, WI.

96. Kanzow, C. (1996): Some noninterior continuation methods for linear complementarity problems. SIAM Journal on Matrix Analysis and Applications **17**, 851–868.

97. Kanzow, C. (1999): Convex and Nonsmooth Analysis with Applications. Vorlesungsskript, Fachbereich Mathematik, Universität Hamburg.

98. Kanzow, C. (2000): Optimierung. Vorlesungsskript, Fachbereich Mathematik, Universität Hamburg.

99. Kanzow, C. (2000): Nonsmooth Optimization. Vorlesungsskript, Fachbereich IV — Mathematik, Universität Trier.

100. Karmarkar, N. (1984): A new polynomial-time algorithm for linear programming. Combinatorica **4**, 373–395.

101. Kelley, J.E. (1960): The cutting-plane method for solving convex programs. Journal of the Society for Industrial and Applied Mathematics **8**, 703–712.

102. Kelley, C.T. (1995): Iterative Methods for Linear and Nonlinear Equations. SIAM, Philadelphia, PA.

103. Kelley, C.T., und Sachs, E.W. (1998): Local convergence of the symmetric rank-one iteration. Computational Optimization and Applications **9**, 43–63.

104. Khachian, L.G. (1979): A polynomial algorithm in linear programming (in Russian). Doklady Akademiia Nauk SSSR **244**, 1093–1096 (English translation: Soviet Mathematics Doklady **20**, 191–194).

105. Kinderlehrer, D., und Stampacchia, G. (1980): An Introduction to Variational Inequalities and their Application. Academic Press, New York, NY.

106. Kiwiel, K.C. (1985): Methods of Descent for Nondifferentiable Optimization. Lecture Notes in Mathematics 1133, Springer–Verlag, Berlin.

107. Kiwiel, K.C. (1983): An aggregate subgradient method for nonsmooth convex minimization. Mathematical Programming **27**, 320–341.

108. Klee, V., und Minty, G.J. (1972): How good is the simplex algorithm? In: Shisha, O. (Hrsg.): Inequalities. Academic Press, New York, NY, 159–175.
109. Königsberger, K. (1997): Analysis 2. Springer–Verlag, Berlin, (2. Auflage).
110. Kosmol, P. (1989): Methoden zur numerischen Behandlung nichtlinearer Gleichungen und Optimierungsaufgaben. Teubner–Verlag, Stuttgart.
111. Krabs, W. (1983): Einführung in die lineare und nichtlineare Optimierung für Ingenieure. Teubner–Verlag, Stuttgart.
112. Kummer, B. (1988): Newton's method for nondifferentiable functions. In: Guddat, J., et al. (Hrsg.): Mathematical Research, Advances in Mathematical Optimization. Akademie–Verlag, Berlin, 114–125.
113. Lasdon, L.S., und Waren, A.D. (1980): Survey of nonlinear programming applications. Operations Research **28**, 1029–1073.
114. Lawler, E.L. (1980): The great mathematical sputnik of 1979. The Mathematical Intelligencer **2**, 191–198.
115. Lemaréchal, C. (1975): An extension of Davidon method to nondifferentiable problems. Mathematical Programming Study **3**, 95–109.
116. Lemaréchal, C. (1989): Nondifferentiable optimization. In: Nemhauser, G.L., Rinnooy Kan, A.H.G., und Todd, M.J. (Hrsg.): Handbooks in Operations Research and Management Sciences, Volume 1: Optimization. North Holland, Amsterdam.
117. Lewis, A.S., und Overton, M.L. (1996): Eigenvalue optimization. Acta Numerica, 149–190.
118. Lin, C.J., und Moré, J.J. (1999): Newton's method for large bound-constrained optimization problems. SIAM Journal on Optimization **9**, 1100–1127.
119. Lucidi, S. (1990): Recursive quadratic programming algorithm that uses an exact augmented Lagrangian function. Journal of Optimization Theory and Applications **67**, 227–245.
120. Luenberger, D.G. (1969): Optimization by Vector Space Methods. John Wiley & Sons, New York, NY.
121. Luque, F.J. (1984): Asymptotic convergence analysis of the proximal point algorithm. SIAM Journal on Control and Optimization **22**, 277–293.
122. Mäkelä, M.M. (1990): Nonsmooth Optimization: Theory and Algorithms with Applications to Optimal Control. Dissertation, University of Jyväskylä, Department of Mathematics, Jyväskylä, Finnland.
123. Mangasarian, O.L. (1969): Nonlinear Programming. McGraw-Hill, New York, NY (Nachdruck bei SIAM, Philadelphia, PA, 1994).
124. Mangasarian, O.L., und Solodov, M.V. (1993): Nonlinear complementarity as unconstrained and constrained minimization. Mathematical Programming **62**, 277–297.
125. Maratos, N. (1978): Exact penalty function algorithms for finite dimensional and control optimization problems. Ph.D. Thesis, Imperial College, London.
126. Marcotte, P. (1989): A sequential linear programming algorithm for solving monotone variational inequalities. SIAM Journal on Control and Optimization **27**, 1260–1278.
127. Marcotte, P., und Dussault, J.-P. (1987): A note on a globally convergent Newton method for solving monotone variational inequalities. Operations Research Letters **6**, 35–42.
128. Mifflin, R. (1977): Semismooth and semiconvex functions in constrained optimization. SIAM Journal on Control and Optimization **15**, 957–972.
129. Mifflin, R., Sun, D. und Qi, L. (1998): Quasi–Newton bundle–type methods for nondifferentiable convex optimization. SIAM Journal on Optimization **8**, 583–603.

130. Moré, J.J., und Wright, S.J. (1993): Optimization Software Guide. SIAM, Philadelphia, PA.
131. Murty, K.G. (1988): Linear Complementarity, Linear and Nonlinear Programming. Heldermann Verlag, Berlin.
132. Nagurney, A. (1993): Network Economics – A Variational Inequality Approach. Kluwer Academic Publishers, Dordrecht, The Netherlands.
133. Nemhauser, G.L., und Wolsey, L.A. (1988): Integer and Combinatorial Optimization. John Wiley & Sons, New York, NY.
134. Nesterov, Y., und Nemirovskii, A. (1994): Interior-Point Polynomial Algorithms for Convex Programming. SIAM, Philadelphia, PA.
135. Nesterov, Y., und Todd, M.J. (1997): Self-scaled barriers and interior-point methods in convex programming. Mathematics of Operations Research **22**, 1–42.
136. Nesterov, Y., und Todd, M.J. (1998): Primal-dual interior-point methods for self-scaled cones. SIAM Journal on Optimization **8**, 324–364.
137. Nocedal, J., und Overton, M.L. (1985): Projected Hessian updating algorithms for nonlinearly constrained optimization. SIAM Journal on Numerical Analysis **22**, 821–850.
138. Nocedal, J., und Wright, S.J. (1999): Numerical Optimization. Springer–Verlag, New York, NY.
139. Opfer, G. (2001): Numerische Mathematik für Anfänger. Vieweg, Braunschweig (3. Auflage).
140. Outrata, J., Kočvara, M., und Zowe, J. (1998): Nonsmooth Approach to Optimization Problems with Equilibrium Constraints. Kluwer Academic Publishers, Dordrecht.
141. Pang, J.-S. (1990): Newton's method for B-differentiable equations. Mathematics of Operations Research **15**, 311–341.
142. Pang, J.-S. (1991): A B-differentiable equation-based, globally and locally quadratically convergent algorithm for nonlinear programs, complementarity and variational inequality problems. Mathematical Programming **51**, 101–131.
143. Pang, J.-S. (1997): Error bounds in mathematical programming. Mathematical Programming **79**, 299–332.
144. Papadimitriou, C.H., und Steiglitz, K. (1982): Combinatorial Optimization: Algorithms and Complexity. Prentice–Hall, Englewood Cliffs, NJ.
145. Peng, J.-M. (1997): Equivalence of variational inequality problems to unconstrained optimization. Mathematical Programming **78**, 347–356.
146. Poljak, B.T. (1987): Introduction to Optimization. Optimization Software Inc., New York, NY.
147. Powell, M.J.D. (1969): A method for nonlinear constraints in minimization problems. In: Fletcher, R. (Hrsg.): Optimization. Academic Press, New York, NY, 283–298.
148. Powell, M.J.D. (1978): A fast algorithm for nonlinearly constrained optimization calculations. Lecture Notes in Mathematics 630, Springer–Verlag, Berlin, 144–157.
149. Powell, M.J.D. (1978): The convergence of variable metric methods for nonlinearly constrained optimization calculations. In: Mangasarian, O.L., Meyer, R.R., und Robinson, S.M. (Hrsg.): Nonlinear Programming 3. Academic Press, New York, NY, 27–63.
150. Powell, M.J.D. (1986): Convergence properties of algorithms for nonlinear optimization. SIAM Review **28**, 487–500.
151. Powell, M.J.D., und Yuan, Y. (1986): A recursive quadratic programming algorithm that uses differentiable exact penalty functions. Mathematical Programming **35**, 265–278.

152. Qi, L. (1993): Convergence analysis of some algorithms for solving nonsmooth equations. Mathematics of Operations Research **18**, 227–244.
153. Qi, L., und Sun, J. (1993): A nonsmooth version of Newton's method. Mathematical Programming **58**, 353–367.
154. Rall, L.B., und Corliss, G.F. (1996): An introduction to automatic differentiation. In: Berz, M., et al. (Hrsg.): Computational Differentiation: Techniques, Applications, and Tools. SIAM, Philadelphia, PA, 1–18.
155. Robinson, S.M. (1980): Strongly regular generalized equations. Mathematics of Operations Research **5**, 43–62.
156. Rockafellar, R.T. (1970): Convex Analysis. Princeton University Press, Princeton, NJ.
157. Rockafellar, R.T. (1973): The multiplier method of Hestenes and Powell applied to convex programming. Journal of Optimization Theory and Applications **12**, 555–562.
158. Rockafellar, R.T. (1976): Monotone operators and the proximal point algorithm. SIAM Journal on Control and Optimization **14**, 877–898.
159. Rudin, W. (1976): Principles of Mathematical Analysis. McGraw Hill (3. Auflage).
160. Schittkowski, K. (1981): The nonlinear programming method of Wilson, Han and Powell with an augmented Lagrangian type line search function. Numerische Mathematik **38**, 83–114.
161. Schramm, H., und Zowe, J. (1992): A version of the bundle idea for minimizing a nonsmooth function: Conceptual idea, convergence analysis, numerical results. SIAM Journal on Optimization **2**, 121–152.
162. Schrijver, A. (1986): Theory of Linear and Integer Programming. John Wiley & Sons, Chichester.
163. Shor, N.Z. (1985): Minimization Methods for Nondifferentiable Functions. Springer–Verlag, Berlin.
164. Smale, S. (1983): On the average speed of the simplex method. Mathematical Programming **27**, 241–262.
165. Smale (1987): Algorithms for solving equations. In: Proceedings of the International Congress of Mathematicians. AMS, Providence, 172–195.
166. Solodov, M.V., und Svaiter, B.F. (1999): A new projection method for variational inequality problems. SIAM Journal on Control and Optimization **37**, 765–776.
167. Solodov, M.V., und Tseng, P. (1996): Modified projection–type methods for monotone variational inequalities. SIAM Journal on Control and Optimization **34**, 1814–1830.
168. Spellucci, P. (1993): Numerische Verfahren der nichtlinearen Optimierung. Birkhäuser–Verlag, Basel.
169. Sun, D., Fukushima, M., und Qi, L. (1997): A computable generalized Hessian of the D-gap function and Newton-type methods for variational inequality problems. In: Ferris, M.C., und Pang, J.-S. (Hrsg.): Complementarity and Variational Problems. State of the Art. SIAM, Philadelphia, PA, 452–473.
170. Taji, K., Fukushima, M., und Ibaraki, T. (1993): A globally convergent Newton method for solving strongly monotone variational inequalities. Mathematical Programming **58**, 369–383.
171. Todd, M.J., Toh, K.C., und Tütüncü, R.H. (1998): On the Nesterov-Todd direction in semidefinite programming. SIAM Journal on Optimization **8**, 769–796.
172. Topkins, D.M., und Veinott, A.F. (1967): On the convergence of some feasible direction algorithms for nonlinear programming. SIAM Journal on Control **5**, 268–279.

173. Vandenberghe, L., und Boyd, S. (1996): Semidefinite programming. SIAM Review **38**, 49–95.

174. Werner, J. (1992): Numerische Mathematik 2. Vieweg–Verlag, Braunschweig–Wiesbaden.

175. Wilkinson, J.H. (1965): The Algebraic Eigenvalue Problem. Clarendon Press, Oxford.

176. Wolfe, P. (1975): A method of conjugate subgradients for minimizing nondifferentiable convex functions. Mathematical Programming Study **3**, 145–173.

177. Wright, M.H. (1992): Interior methods for constrained optimization. In: Iserles, A. (Hrsg.): Acta Numerica 1992. Cambridge University Press, New York, NY, 341–407.

178. Wright, S.J. (1997): Primal-Dual Interior-Point Methods. SIAM, Philadelphia, PA.

179. Yamashita, N., Taji, K., und Fukushima, M. (1997): Unconstrained optimization reformulations of variational inequality problems. Journal of Optimization Theory and Applications **92**, 439–456.

180. Zhou, G. (1997): A modified SQP method and its global convergence. Journal of Global Optimization **11**, 193–205.

181. Zoutendijk, G. (1960): Methods of Feasible Directions. Elsevier, Amsterdam.

182. Zowe, J. (1985): Nondifferentiable optimization. In: Schittkowski, K. (Hrsg.): Computational Mathematical Programming. Springer–Verlag, Berlin, 323–356.

Sachverzeichnis

Druck: Strauss Offsetdruck, Mörlenbach
Verarbeitung: Schäffer, Grünstadt